高等学校工程教育与新工科重点教材

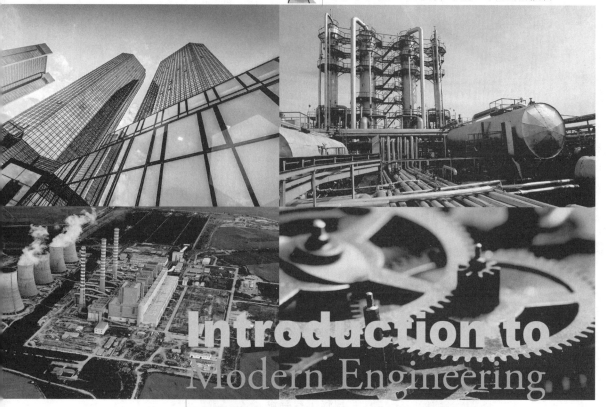

Introduction to
Modern Engineering

现代工程
导论

李志义 主编

U0245030

大连理工大学出版社
Dalian University of Technology Press

图书在版编目(CIP)数据

现代工程导论 / 李志义主编. -- 大连：大连理工
大学出版社，2021.9(2023.3重印)
　ISBN 978-7-5685-2977-8

　Ⅰ.①现… Ⅱ.①李… Ⅲ.①工程－高等学校－教材
Ⅳ.①T

中国版本图书馆 CIP 数据核字(2021)第 066145 号

现代工程导论
XIANDAI GONGCHENG DAOLUN

大连理工大学出版社出版
地址：大连市软件园路 80 号　邮政编码：116023
发行：0411-84708842　邮购：0411-84703636　传真：0411-84707345
E-mail：dutp@dutp.cn　URL：http://dutp.dlut.edu.cn
大连图腾彩色印刷有限公司印刷　　　大连理工大学出版社发行

幅面尺寸：185mm×260mm　　　印张：27.5　　字数：700 千字
2021 年 9 月第 1 版　　　　　2023 年 3 月第 2 次印刷

责任编辑：王　伟　李宏艳　　　　　责任校对：周　欢
封面设计：冀贵收

ISBN 978-7-5685-2977-8　　　　　　　定　价：68.00 元

本书如有印装质量问题，请与我社发行部联系更换。

前　言

　　简单地讲,工程就是人类改造世界的实践活动,或称"造物"活动。它是应用数学和科学使物质的性质和自然界的能源通过各种结构、机器、产品、系统和过程,以最短的时间和最少的人力、物力做出高效、可靠且对人类有用的东西。这里,对人类有用的东西就是"工程物",它是通过工程实践活动生成的,而工程实践活动是按照一定的程序进行和开展的。"工程物"及生成"工程物"的工程活动的方案,是由工程师构想设计的。工程师利用通过工程教育和工程实践获得的数学、科学知识和工程经验,设计和开发新的结构、机器、产品、系统和过程,使我们的生活更美好。工程师是一个富有挑战和价值的职业,因为"工程物"及其生成方案通常是不能复制的,这就需要工程师通过不断的创新、创造和创意,开发新的解决方案来解决以前从未解决过的问题。

　　工程教育,尤其是高等工程教育肩负着培养未来工程师的使命。关于如何认识工程教育,美国密歇根大学的一篇研究报告《变革世界的工程:工程实践、研究和教育的未来之路》中的描述,对我们会有启发:工程教育作为一门科学,在技术驱动的 21 世纪可能作为"通识课程";工程教育作为一种职业,是社会急需但同样面临着诸多挑战;工程教育作为知识基础,在知识经济中支撑着创新创业以及价值创新活动;工程教育作为一种教育体系,在培养工程师和工程研究中需要具备优质、严格以及多样化的特性,并能带来繁荣、安全以及社会福利。工程教育致力于培养这样的人,他能将通过学习、体验和实践所获得的科学技术基础知识用于开发,并经济有效地利用自然资源,使其造福人类。

　　我国 20 世纪五六十年代培养了一批适应当时经济建设需要的工程师,他们对我国工业的兴起和工业体系的形成起到了举足轻重的作用。然而,他们的专业面比较窄,其基本素质特征主要体现于"会不会做"。这样的设计工程师和工艺工程师是难以适应现代工程需要的。现代工程呈现出科学性、社会性、实践性、创新性、复杂性等特征,并构成以研究、开发、设计、制造、运行、营销、管理、咨询等主要环节的"工程链",而这一链中的每一个环节都不可能孤立地解决问题。与此相适应的现代工程师的基本素质特征,不仅体现于"会不会做",而且体现于"该不该做"(取决于个人的道德品质和价值取向)、可不可做(取决于社会、环境、文化等外部约束)和"值不值做"(取决于经济与社会效益)。高等工程教育培养的未来工程师应该是具有上述基本素质特征的现代工程师。他们不仅要有扎实的专业知识和技能,而且要有高尚的道德品质,还要有一定的政治、经济、法律、人文、环境、管理等知识,以及与之相应的素养与技能。

　　为了满足现代工程对工程教育的新需求,我国《工程教育认证标准》提出了 12 条毕业要求(以下简称标准毕业要求):(1)工程知识,能够将数学、自然科学、工程基础和专业知识用于解决复杂工程问题;(2)问题分析,能够应用数学、自然科学和工程科学的基本原理,识别、表达,并通过文献研究分析复杂工程问题,以获得有效结论;(3)设计/开发解决方案,能够设计针对复杂工程问题的解决方案,设计满足特定需求的系统、单元(部件)或工艺流程,并能够在设计环节中体现创新意识,考虑社会、健康、安全、法律、文化以及环境等因素;(4)研究,能够基于科学原理并采用科学方法对复杂工程问题进行研究,包括设计实验、分析与解释数据,并通过信息综合得到合理有效的结论;(5)使用现代工具,能够针对复杂工程问题,开发、选择与使用恰当的技术、资源、现代工程工具和信息技术工具,包括对复杂工程问题的预测与模拟,并能够理解其局限性;(6)工程与社会,能够基于工程相关背景知识进行合理分析,评价专业工程实践和复杂工程问题解决方案对社会、健康、安全、法律以及文化的影响,并理解应承担的责任;(7)环境和可持续发展,能够理解和评价针对复杂工程问题的工程实践对环境、社会可持续发展的影响;(8)职业规范,具有人文社会科学素养、社会责任感,能够在工程实践中理解并遵守工程职业道德和规范,履行责任;(9)个人和团队,能够在多学科背景下的团队中承担个体、团队成员以及负责人的角色;(10)沟通,能够就复杂工程问题与业界同行及社会公众进行有效沟通和交流,包括撰写报告和设计文稿、陈述发言、清晰表达或回应指令,具备一定的国际视野,并能够在跨文化背景下进行沟通和交流;(11)项目管理,理解并掌握工程管理原理与经济决策方法,并能在多学科环境中应用;(12)终身学习,具有自主学习和终身学习的意识,有不断学习和适应发展的能力。

分析标准毕业要求的整体结构,有助于对其内在联系与内涵的总体把握,以及对工程教育专业人才培养的深刻理解。有学者指出:"设计是工程的心脏"。据此,我们构建了反映标准毕业要求内在逻辑关系的"543"能力结构模型(图1)。其中,"5"是指5项专业技术能力,包括标准毕业要求(1)工程知识、(2)问题分析、(3)设计/开发解决方案、(4)研究和(5)使用现代工具;"4"是指4项约束处置能力,包括标准毕业要求(6)工程与社会、(7)环境和可持续发展、(8)职业规范和(11)项目管理;"3"是指3项非技术能力,包括标准毕业要求(9)个人和团队、(10)沟通和(12)终身学习。

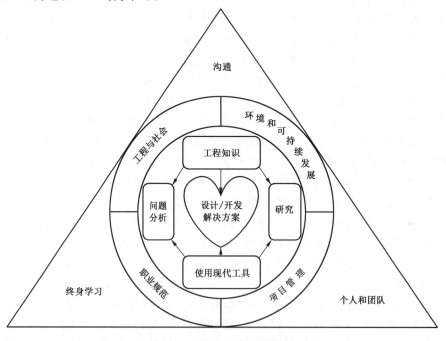

图1 标准毕业要求"543"能力结构模型

工程设计的特点是开放性,任何一个设计都不可能只有一种方案,设计者必须要对多个方案进行比较和权衡,从中选出比较好的方案。在进行初步设计前,必须进行方案分析与比较,包括选择设计策略和收集设计信息等。也就是说,标准毕业要求(2)问题分析是(3)设计/开发解决方案前端的必要环节。在原型设计和定型设计完成后,一般要通过试验研究的方式进行设计确认。也就是说,标准毕业要求(4)研究是(3)设计/开发解决方案后端的必要环节。工程设计离不开工程知识和现代工具的支撑,因此,标准毕业要求(1)工程知识和(5)使用现代工具是(3)设计/开发解决方案的基础,同时也是(2)问题分析和(4)研究的基础。标准毕业要求(1)～(5)构成了专业技术能力,它们决定了"会不会做"。标准毕业要求(6)工程与社会、(7)环境和可持续发展、(8)职业规范和(11)项目管理都是工程设计[(3)设计/开发解决方案]的约束条件。正是这些约束条件,决定了"该不该做"[(8)职业规范]、可不可做[(6)工程与社会和(7)环境和可持续发展]和"值不值做"[(11)项目管理]。工程活动的复杂性和挑战性,就在于需要处置这些广泛交互、相互冲突的工程约束。如果说标准毕业要求"543"结构模型中的"5"体现的是一个人的专业水平与能力,那么其中"4"体现的是一个人的工程意识与能力。(9)个人和团队、(10)沟通和(12)终身学习被称为"非技术能力"。"非技术能力"是开展复杂工程活动必备的个人素养。设计是由人主导的复杂工程活动,因而这3项毕业要求是支撑其余9项毕业要求的"铁三角"。

在"543"能力结构模型中,"4"和"3"曾一度被认为与专业教育"无关"而被排除在专业教育之外。恰恰这些"无关"的能力培养,成为现代工程教育的重点和难点。在我国工程教育专业认证实践中,这些工程意识、能力以及非技术能力的达成,成为专业教育的"软肋"。有些专业为了满足认证标准,不得不采取开设多门课程或在其他课程中加入一些补充内容的补救措施,使得本来完整的工程教育打上了许多"补丁"。

现代工程导论课程就是不再让工程教育专业"打补丁",它完整、系统地告诉学生工程是什么、工程做什么和工程如何做,以及工程师是什么、工程师做什么和工程师怎么做。这门课程的作用可以用图2来说明。工程导论课程是拱形的框架,位于所有课程中心,用于支撑数学与自然科学、工程基础、专业基础以及专业课程构建。一旦专业的"压顶石"课程完成后,整个专业知识结构就搭建完毕,中心的拱形框架就可以移除。现代工

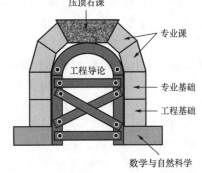

图2　现代工程导论课程的作用

程导论课程让学生快速了解工程实践和工程师的角色,它为学生对所学习的工程专业给出一个早期的完整概念,使他们事先清楚应该学什么和如何学。对于我国工程教育而言,现代工程导论课程还有一个专业作用,是对学生的工程意识与能力("543"能力结构模型中的"4")和非技术能力("543"能力结构模型中的"3")进行培养。

本教材是为了适应这样的现代工程导论课程的教学而编写的,主要内容按标准毕业要求的"543"能力结构模型进行设计。本教材共有11章。第1章"工程与工程师",首先回答了工程是什么、工程做什么、工程怎么做等问题,介绍了工程的定义及其历史演进,科学、技术与工程三者间的关系,工程的基本特征,常见的工程学科,当代工程观和工程方法论;然后回答了工程师是什么、工程师做什么、怎样才能成为一名工程师等问题,介绍了工程师及其职业变迁,工程师的角色与作用,工程师的素质特征以及工程师的成才特征等。第2章"工程伦理",首先介绍了道德规范与工程伦理的基本概念、联系与区别;然后围绕工程风险、工程价值、工程环境、工程职业四个工程实践方面的伦理问题,分析了其伦理基本原则;最后介绍了工程伦理分析技术和相关规范。第3章"工程经济",首先介绍了工程经济的地位和作用,以及学习工程经济的必要性;然后从资金时间价值出发,介绍了一定利率下不同支付方

式的现金流量及等值计算方法,项目的总投资构成、成本费用、销售收入税金及利润估算,工程项目的经济评价、风险评价及不确定性分析方法等;最后通过一个综合案例,展示了典型新建工程项目的工程经济分析全过程。第4章"工程与社会",围绕工程与文化、工程与法律、工程与环境、工程与安全及工程与健康等主题,分别介绍了工程与文化、法律、环境、安全、健康及可持续发展的关系,以及工程及工程活动对文化、法律、环境等的影响;介绍了正确处理这些关系、消除或减轻不利影响的方法与途径,以及工程师为此应承担的社会责任。第5章"工程设计",首先介绍工程设计的相关概念;然后根据一件产品从"无"到"有"的过程,阐述了工程设计的实施步骤;最后介绍现代设计的理论基础及其设计方法与发展趋势,并用实例系统地介绍产品全寿命设计的具体过程。第6章"工程分析",首先介绍了工程分析的概念及其在工程中的作用;然后介绍了如何采用模型分析方法将数学知识引入到工程中,以解决工程问题,包括类比法、图论法、量纲分析法、相似分析法及数据拟合法等;最后介绍了大数据分析及其应用。第7章"工程研究",首先介绍了工程研究的一般方法,包括工程研究的思维方式、理论研究和综合研究等;然后介绍了实验研究及实验设计方法,包括单因素实验设计、二因子实验设计、正交实验设计以及响应面设计等;最后介绍了实验结果的数据处理和误差分析的方法。第8章"工程项目管理",首先介绍了工程项目管理的基本概念、主要特征及工程项目管理过程;然后介绍了工程项目整个生命周期中项目管理的方法与技术,包括整合管理、范围管理、进度管理、成本管理、质量管理和风险管理等,并结合相应的案例,使学生更好地理解和掌握工程管理原理与经济决策方法。第9章"工程工具",首先介绍了金山WPS表格、MATLAB和MATHEMATICA等常用工程计算工具,ANSYS、COMSOL Multiphysics和MSC Adams等工程模拟工具,以及CAXA电子图板、AutoCAD和SolidWorks等绘图工具;结合实例,使学生更好理解这些工程工具的应用与方法;最后介绍了人工智能、大数据、云计算和物联网等新型工程工具。第10章"工程素养",首先介绍了个人与团队的内在联系,阐述了团队合作的重要性以及如何通过团队合作实现个人与团队的共同成长;然后介绍了PPT、工程技术报告、信函与电子邮件等主要沟通方式的表达技能与方法;最后阐述了开展终身学习的必要性和重要性,从而建立不断学习和适应发展的能力。第11章"工程教育及认证",首先介绍了《华盛顿协议》和我国专业认证与认证标准,然后介绍了成果导向教育理念的内涵、特点、实施原则与实施要点,最后介绍了成果导向的教学设计、实施与评价。

本教材由大连理工大学化工机械与安全系部分教师集体编写,由李志义进行整体结构设计、制订编写大纲并组织编写。第1章和第11章由李志义执笔,第2章由王泽武执笔,第3章由代玉强执笔,第4章由刘学武执笔,第5章由刘培启执笔,第6章由刘凤霞执笔,第7章由魏炜执笔,第8章由武锦涛执笔,第9章由许晓飞执笔,第10章由周一卉执笔,最后由李志义统稿。

本教材作为大连理工大学"新工科"系列精品教材编写立项,得到了大连理工大学的经费支持和大连理工大学教务处的指导,在此表示感谢!

编　者
2021 年 4 月

目　录

第1章　工程与工程师

1.1　导　言

作为修读工程类专业的大学生,准备成为一名工程师,在刚刚踏入工程教育殿堂时,一定要清楚这是什么地方、来这里干什么、应该干什么等一系列问题。或者说,应该清楚工程是什么、工程做什么、工程怎么做,以及工程师是什么、工程师做什么、怎样才能成为一名工程师等问题。本章就带领大家来寻求这些问题的答案。

工程是什么?这也是工程哲学的一个命题。由于工程的概念是一个历史和社会的范畴,是伴随着社会的发展、科学技术的进步以及人类工程实践的不断深化而朝着多元方向发展的,因而必须从更宽广的时空尺度和中外对比的维度,从工程的动态演变以及工程与科学、技术的关系上,去理解和把握其基本内涵和本质特征。现代工程活动具有复杂性、集成性、创新性、科学性、实践性、规模性、社会性、生态性、效益性、风险性等基本特征。了解这些特征,一方面能使我们更加深刻理解工程的内涵与本质,另一方面也能使我们更好地理解工程师的角色和作用。工程有许多领域,也有许多学科,如果你浏览理工科类高等学校的网页,就会发现有许多不同的工程教育专业。有人认为工程师是高度专业化的人士,与其他领域几乎没有互动。事实恰好相反,优秀的工程师不仅要精通自己的专业,也要熟悉其他学科和专业。因此,了解一些常见的工程学科与专业,不仅有助于大学生选择自己感兴趣的工程专业,而且有助于将来成为优秀的工程师。

工程观是人类关于工程活动的基本理念,是人们认识和进行工程活动的指南。传统工程观与传统的经济增长模式相适应,是一种粗放式的工程活动模式,是生态环境不断恶化的重要原因。当代工程观应该是在对传统工程观反思与批判的基础上,根据当代工程问题的基本特点所建构的新的工程理念。当代工程观反映了当代工程科学和工程技术与社会、经济、文化、生态交叉融合、协调构建的新趋势,对于开展和接受工程教育、培养和成长为工程师十分重要。

古往今来,各种各样的工程活动在长期的实践中都形成了特定的工程方法,工程方法是指人们在工程认识和实践活动中采用的思维方式和实践程序。从哲学上对这些丰富多彩的工程方法的共性进行归纳和总结,就构成具有普遍意义的工程方法论。工程方法论可以指导工程实践,减少其盲目性,从而更有效、有序地推动工程的顺利开展。了解工程方法论对有志成为工程师的受教育者是非常重要的。

工程师是一个具有悠久发展历史的职业,工程师的概念也随着时代的变迁和社会的发展而变化,不同历史时期对工程师的要求和解读有所不同。作为一个特殊的职业群体,工程师是随着近现代产业革命和经济发展的进程以及科学技术进步、工程活动规模扩大、社会分工不断细化而逐步职业化并发展壮大的。在人类科技进步和生产力发展的进程中,工程师职业群体发挥着十分重要的作用。当今社会,科学技术是第一生产力,工程科技是第一生产力的重要组成部分,而工程师不但是造物活动的主体,也是发明活动的主力军和新兴产业的开拓者,是推动新生产力发展和社会进步的中坚力量。

作为一名工程师,如何才能扮演好上述职业角色、发挥好社会作用? 首先,应该具备合理的知识、能力、素质结构。知识包括科学理论知识、专业技术知识、人文社会知识和实践经验知识等;能力包括工程实践能力、工程设计能力和工程集成能力等;素质包括严谨求实、团队协作和献身精神等。要成长为一名优秀的工程师,需要经历教育成才和岗位成才两个阶段。教育成才包括大学前教育和大学教育两个阶段,大学前教育奠定了知识和心智基础,大学教育是形成合理的知识、能力、素质结构的关键;岗位成才是工程师胜任力不断完善和持续提高的重要途径。

1.2 理解工程

工程是人类改造世界的一项实践活动,对工程这一概念的理解既要有历史的深度,也要有现实的广度。从工程哲学角度,理清工程是什么、从哪里来、与其他相关概念的关系、自身的特征,才能更加深刻地理解工程。

1.2.1 工程的定义

什么是工程? 面对这个问题,我们也许会联想到"三峡工程""曼哈顿工程""阿波罗工程""希望工程""阳光工程""精神文明工程" 等。前三种的对象为物质,是基于技术活动和以物质形态产品为表现形式的自然工程,有时称为"硬工程";后三种的对象为人文,是基于人类社会活动和以精神形态产品为表现形式的社会工程,有时称为"软工程"。因此,可将工程分为广义工程和狭义工程。广义工程包括自然工程和社会工程,而狭义工程只包括自然工程。除非有特殊说明,否则本书的工程均指狭义工程。

工程是人类的一项创造性的实践活动,是人类为了改善自身生存、生活条件,并根据当时对自然规律的认识而进行的一项物化劳动的过程。它应早于科学,并成为科学诞生的一个源头。对于工程,至今还没有统一的定义,因为人类的工程活动随着科学技术的进步和社会实践的不断深化而不断拓展,因而工程的内涵也在不断丰富。学者王章豹梳理了国内外一些著名工具书对工程的定义[1],见表 1.1。

表 1.1 国内外一些著名工具书对工程的定义

编号	工程定义	来源
1	一项重要且精心设计的工作,其目的是建造或制造一些新的事物,或解决某个问题	《朗文当代高级英语辞典》(第六版)
2	一项有计划的工作,其目的是寻找一些事物的信息,生产一些新的东西,或改善一些事物	《牛津高阶英语词典》(第九版)
3	一项精心计划和设计以实现一个特定目标的单独进行或联合实施的工作	《新牛津英语词典》

（续表）

编号	工程定义	来源
4	一项有计划的、要通过一段时间完成，并且要实现一个特定目标的工作或活动	《剑桥国际英语词典》
5	对以下几方面的利用：①原材料；②由原材料得到的金属和其他产品；③天然能源；④科学方法，用以制造想要达到某种特定目的的机器或装置	《枫丹娜现代思潮辞典》
6	将自然科学的原理应用到工农业生产部门中去而形成的各学科的总称。现代工程专业包括设计、营造、生产机器装置及系统、建筑物等	《加拿大百科全书》
7	应用科学原理使自然资源最佳地转化为结构、机械、产品、系统和过程以造福人类的专门技术	《不列颠百科全书》
8	把通过学习、经验以及实践所获得的数学与自然科学知识，有选择地应用到开辟合理使用自然材料和自然力的途径上来为人类谋福利的专业的总称	《美国百科全书》
9	将科学知识系统地运用于结构和机器的设计、创造、使用中	《麦克米伦百科全书》
10	可以将自然中的物质特性和能量、力量的来源变得在结构、机械和产品方面对人类有用的科学	《麦克劳-希尔科学和技术术语词典》（第三版）
11	将自然科学的原理应用到实际中去而形成的各学科的总称。如土木建筑工程、水利工程、冶金工程、机电工程、化学工程、海洋工程、生物工程等。这些学科是应用数学、物理学、化学、生物学等基础科学的原理，结合在科学实验及生产实践中所积累的技术经验而发展出来的	《辞海》（第七版）
12	土木建筑或其他生产、制造部门用比较大而复杂的设备来进行的工作，如土木工程、机械工程、化学工程、采矿工程、水利工程等，也指具体的建设工程项目	《现代汉语词典》（第七版）
13	有关土木、机械、冶金、化工等的设计、制造工作的总称	《四角号码新词典》（第十版）
14	需要用比较大而复杂的设备来进行的工作或基本建设项目。工程浩大，如系统工程、水利工程、土木工程	《当代汉语词典》
15	系统运用科学知识开发和应用技术去解决问题的生产活动。涉及工程设计（技术设计）、设计试验和工程决策等环节	《应用伦理学辞典》
16	工程是将自然科学原理应用于生产实践所形成的各学科，如土木工程、机械工程、化学工程等，与"技术"一词相近。也常用指基于这些学科的具体生产过程，如建房、修路、筑坝和制造设备等生产过程。具体工程项目以及这些生产项目的成果也泛称为工程	《中国百科大辞典》
17	把数学和科学技术知识应用于规划、研制、加工、试验和创制人工系统的活动和结果	《自然辩证法百科全书》

　　在国外，工程最早诞生于军事领域，后来拓展到民用建筑领域，接着又出现于其他造物领域[1]。英文"engineering"来自古拉丁语 ingenero，意思是"产生""生产"。它的含义最初是与军事联系在一起的。比如"engineer"最早指的就是军队中那些设计和操作战争工事的人。在工程刚出现于军事领域的时候，人类生产活动的规模都还比较小，复杂程度比较低。随着人类实践活动的深入和社会化大生产的出现，个体劳动者之间既分工又协作的大规模生产方式应运而生。这种密切合作的生产方式是有目的、有组织地改造世界的活动，它可以被理解为工程。到了 21 世纪，工程被视为包含关于各种装备设施的构想、规划、设计、研制、制造、测试、实施、使用、改进和处理的创造性思维及技术熟练性行为，它常常追求达到某种能直接感受到的社会效益。

　　从表 1.1 中国外一些著名工具书（编号 1～10）以及国外一些机构对工程的定义来看，

国外对工程大致有三种理解。其一,将工程视为科学(知识、原理)的应用,或视为一种专门技术或艺术,这与表 1.1 中《不列颠百科全书》对工程对工程的定义基本一致。有学者甚至认为"engineering 就是应用科学"。其二,将工程看成一项有目标、有计划、需要精心设计、单独进行或联合实施的工作或活动,这种活动通常是指在有限条件下的设计和建造。有学者甚至认为"设计就是 engineering 的同义词"。其三,将工程理解为工程专业或与工程师的身份和职责相关的职业,这是学术界对工程的一种专业性认识,这与表 1.1 中《美国百科全书》对工程的定义基本一致。多个专门组织认可这种定义,例如美国工程师专业发展委员会(ECPD)和美国工程与技术认证委员会(ABET)。ABET 在其年度报告中指出:工程是通过研究、经验和实践所获得的自然科学和数学知识,并依靠判断发展多种途径来有效利用自然物质和力量造福人类的一种职业。美国麻省理工学院(MIT)将工程定义为:工程是关于科学知识和技术的开发与应用,以便在物质、经济、人力、政治、法律和文化限制内满足社会需要的一种创造力的专业。

在我国古代,工程一词主要是指大型工事活动,特别是城墙、运河、房屋、桥梁、庙宇等土木水利工程的建造。到了近代,受西方影响,工程的含义慢慢脱离原来的词意而接近西方的含义。在洋务运动时期,江南制造局翻译馆的英国人傅兰雅(Fryer)及其合作者翻译了几部题名包含"工程"的书籍,如《井矿工程》(1879)、《行军铁路工程》(1894)、《工程致富论略》(1894)、《工程机器器具图说》(1898)、《开办铁路工程学略》等。他们将 engineering 翻译为工程或工程学,赋予汉字工程新的含义,即从原有的土木建造工程拓展为各种工程。一直到现代,对于工程还没有形成一个统一的概念。就表 1.1 中我国一些著名工具书对工程的定义(编号 11~17)来看,它们已经远远超越了古代对工程是土木建筑的理解,而是在借鉴西方有些概念的基础上,将其延伸到更多、更广泛的生产和生活领域。工程的内涵因此获得进一步的丰富和发展,大都将其视为把自然科学原理应用于生产的实践活动及其所形成的学科。

20 世纪 80 年代以来,国内不同学科领域的一些学者和知名专家从工程学、工程哲学、社会学、管理学等不同角度,提出不同的"工程"概念。学者王章豹对此进行了梳理[1]:有的把工程理解为专门技术或技术系统,有的把工程理解为工程学科,有的把工程看成人类有组织地改造自然界、构建人工实在的实践活动,有的把工程理解为把数学和科学知识应用于改造自然的活动和过程的总和,有的把工程视为人工系统,有的把工程看成大规模的人工物建造活动、大型生产活动或建筑项目,有的把工程视为有组织地造物或改变事物性状的集成性活动或过程,有的把工程理解为改造客观世界、创造新的实体的具体实践活动及其成果,有的把工程理解为一种存在方式和人的自我实现,有的把工程理解为社会建构活动及其成果,还有的把工程视为一种管理,或理解为一种职业和专业。

显然,学者们对于工程的定义各具特色,当前国内还不能形成一个统一的、被广泛认可的定义。王章豹认为[1],殷瑞钰、李伯聪、汪应洛等在《工程方法论》和《工程哲学》两本书中给出的定义最能反映目前我国哲学界和工程界对工程的一般看法,即工程是指认识自然和改造世界的"有形"的人类实践活动,如建设工厂、修造铁路、开发新产品等。参照诸多学者的定义,王章豹对工程给出了这样的定义[1]:工程是人类为了某种特定目的和需要,综合运用科学理论、技术手段和实践经验,有效地配置和集成必要的知识资源、自然资源和社会资源,有计划、有组织、规模化地创造、建构和运行社会存在物的物质性实践活动和过程,以及所取得的具有使用价值的工程实体或人工物系统。而实现工程活动的专门学科、技术手段和方法的知识体系则称为工程学。我们认为,这个定义更加有助于学习工程专业或对工程专业感兴趣的学生对工程的认识与理解。

值得指出的是,我们往往在阅读国外相关资料时,将"engineering"与"工程"直接对译。从上面的分析可见,二者的对译存在不对称性。尹文娟认为[2],中西方工程研究者在诸多基本问题上至今依旧各执一词的一个可能原因在于双方将"工程"与"engineering"进行直接对译,并按照自身文化语境中赋予源出语的含义来理解译入语,阻碍了彼此真实意图的表达。她将二者置于各自内生历史文化场景下进行概念史考察,指出了二者在含义上的不对称性,认为与"engineering"相比,"工程"具有三个明显的独特属性。其一,建造(操作)才是工程过程的最核心和最关键的环节,设计只是工程活动的基点、一个组成部分而已。其二,"工程"在现代汉语中总是与生产相关的,而且指的是大型生产的全生命周期过程。也就是说,我国的"工程"含义涉及生产的整个过程,那么工程活动显然就是一个集体性活动,不但工程师是不可缺少的,而且投资者、管理者、工人和其他利益相关者也是不可能缺席的。其三,工程的选择、集成和建构特征使得工程依靠自身具有本体的位置而不是依附的位置,因此,"工程"在汉语语境中不仅可以指具体的工程项目,也可以作为抽象的概念框架进行本体论、方法论层面的考察。

1.2.2　科学、技术与工程

科学致力于发现,是以探索发现为核心的人类实践活动;技术致力于发明,是以发明革新为核心的人类实践活动;工程致力于建造,是以集成建构为核心的人类实践活动。这三种不同的实践活动所产生的结果也是不一样的:科学发现的结果是科学概念、科学理论、科学规律;技术发明的结果是技术专利或技术方法;工程活动的结果是直接的物质财富,例如,三峡工程、西气东输工程,其结果都是形成了直接的物质财富。科学、技术、工程三者之间既相互联系、彼此互动,又相对独立、相互区别。一方面,科学、技术、工程之间有着明显的区别,各自相对独立地并行发展;另一方面,科学、技术、工程之间又有着密切的联系,并且越来越呈现出相互渗透、相互融合的发展态势。

学者王章豹对科学、技术、工程三者的区别从实践对象、实践目的、知识形态、实施主体、成果形式、评价标准、研究规范、应用范围、价值取向、活动过程和研究方法这 11 个方面进行了比较分析,见表 1.2[1]。

表 1.2　科学、技术、工程三者的区别

主题	科学	技术	工程
实践对象	以发现为核心,直接以自然或社会为实践对象,其特点是探索、发现和开拓	以发明为核心,以人工物为实践对象,包括发明方法、装置、工具、仪器仪表等,追求构思与诀窍,其特点是发明、革新和创造	以建造为核心,以人工自然物为实践对象,其特点是集成、建构和创新
实践目的	认识世界,揭示自然规律,发现真理,解决自然界"是什么""为什么"的问题	改造世界,实现对自然物和自然力的利用,解决"做什么""怎么做"的问题	创造世界,具有很明确的特定经济目的或特定的社会服务目标

（续表）

主题	科学	技术	工程
知识形态	科学知识是描述性、言传性知识，以文字、数字、图形等方式存在、传播与共享，其功能主要是解释和预测	技术知识既包括理论形态也包括经验形态，有些是言传性知识，有些是意会性知识（如技能、诀窍），其功能在于发明和申请专利	工程知识是科学知识、技术知识以及相关知识的集成与综合，大多是情景化、境域化的知识，具有复杂性、难言性、不可复制的特点；它服务于具体的造物活动
实施主体	科学家	发明家	一个复杂的共同体，一般包括投资者、管理者、工程师和工人
成果形式	最终结果是知识形态的科学概念、科学理论、科学规律，以论文和著作的形式公开发表，具有公有性或共享性	技术专利、图纸、配方、诀窍，在一定时间（专利保护期）内属私有	物质产品、物质设施、信息类和服务类产品
评价标准	评价是非正误，讲求以真理为准绳，坚持真善美统一和同行评价原则	讲求价值性评价与事实性评价两大原则，用是否有效作为评判标准，评价利弊得失	讲求价值，重视环保，用好与坏和善与恶评价，工程达不到预期目标就意味着失败
研究规范	科学知识的基本单元是科学概念、科学定理或定律，它遵循的研究规范是"普遍性、公有性、无私性、创造性和有条理的怀疑主义"	技术知识的基本单元是技术发明和技术诀窍，它以获取经济和物质利益为目的，具有私有和保密的特性，即事前多保密，事后有专利	工程项目都是一次性、规模较大的项目，就某一具体工程而言，它是唯一的，不具有普适性
应用范围	科学研究的目标相对不确定，其成果是带有一定普遍性和可重复性的"规律"，任何时候、任何国家（地区）的任何人都可以拥有、共享和运用	技术研究的目标相对确定，其成果是带有一定普遍性和可重复性的"方法"，使用范围受一定的限制	工程建成后表现为物质财产，由出资建设的业主运行以产生新的效益，或者制造出产品推向市场，由消费者使用和消费
价值取向	好奇取向。与社会现实的联系相对较弱，一般是价值中立的，但也具有长远的经济价值	任务取向。与社会现实的关系密切，在技术中时时处处体现直接的经济价值	显示出更强的实践价值依赖性。一项工程的实施不仅与技术的有效集成有关，还对资源的合理利用和环境保护负有责任，工程不是价值中立的
活动过程	追求的是精确的数据和完备的理论，要从认识的经验水平上升到理论水平，属于认识由实践向理论转化的阶段	追求比较确定的应用目标，要利用科学理论解决实际问题，属于认识由理论向实践转化的阶段	有明确的起点和终点。工程活动过程主要涉及工程目标的确定、工程方案的设计和施工、工程结果的运行和评价等，它是知识资源、自然资源和社会资源的综合利用，较之技术更需要组织协调
研究方法	目标常常不甚明了，探索性强，偶然性多，采用的研究方法主要是实验、推理、归纳、演绎等	应用目的较明确，偶然性较少，多采用调查、设计、实验、修正等方法	系统性和集成性强，多采用基于工程全生命周期的工程方法、工程管理方法、工程活动中的思维方法、美学方法和法治方法等

　　科学、技术、工程之间存在上述区别，并不意味着三者之间是割裂的。事实上，科学、技术、工程三者之间是密切联系、不可分离的。科学是技术的基础，技术是工程的基础。没有不依托于工程的科学和技术，也没有不运用科学和技术的工程。下面主要以王章豹的观点说明工程与科学以及工程与技术之间的联系及互动关系[1]。

　　工程与科学之间的联系非常密切。一方面，工程和科学都是协调人和自然关系的重要中介，它们的本质在于都反映了人对自然界的能动关系，都是人类不断认识和改造自然的实践活动。另一方面,工程与科学之间又是互为条件、双向互动的。现代科学研究越来越需要以技术、工程为手段和载体,以各种各样的仪器、装备为工具,以工程实践中提出的许多新问题,特别是工程科学问题为研究对象。科学也必须经过工程的活动才能转化为现实生产力,伴随科学的不断技术化和工程化,技术与工程也不断科学化,由此形成与自然科学并驾齐驱的技术科学和工程科学[3]。因此,工程必须遵循科学理论的指导,符合科学的基本原则和定律,否则就不会成功。

同时,工程也越来越建立在科学的基础上,科学是工程的理论基础和必须遵循的原则。在人们不自觉地运用科学理论时,工程建造活动是经验性的,进程是缓慢的。在以集成建造为核心的现代工程活动中,科学原理已得到越来越多的应用。随着人类对客观世界认识的深入,科学发展和分化为许多大的门类,形成众多相互交叉的学科群。相应地,有更多更完整的科学理论体系在指导着工程实践。现代工程的集成建构活动形成了特殊的工程科学研究领域,对工程集成建造规律的研究推动着工程科学的发展和工程集成建造模式的创新。所谓工程科学,是指人们为了解决工程建设、生产和社会中出现的问题,将科学知识、技术或经验用以设计产品,建造各种工程设施、生产机器或材料的科学技术,它包括相关工程所应用的材料、设备和所进行的勘察设计、施工、制造、维修和相应的管理等技术[4]。如果没有科学理论作为基础,工程的建造和工程活动的开展将是无源之水、无本之木。

现代意义上的技术是指"人类为了满足社会需要,运用科学知识,在改造、控制、协调多种要素的实践活动中所创造的劳动手段、工艺方法和技能体系的总称",表现为技术诀窍、工艺方法、仪器仪表、生产装备、信息处理系统及新产品等。工程与技术的联系可以概括为以下几点[1]:

(1)从起源上看,技术的出现要早于工程。技术是与人类文明演化过程相伴随而生的劳动技能、技巧、经验和知识体系,而工程是在人类技术和生产力发展达到一定阶段后才出现的。

(2)技术是工程的构成要素,工程是各类技术的集成。技术是工程的支撑和基础,是工程设计及工程活动的基本要素。工程作为改造世界的活动,必须有技术的支撑,关键技术是工程成败的关键。

(3)工程较之技术更具有社会性特点。虽然没有无技术的工程,但也没有"纯技术"的工程。工程活动不是一种单纯的技术活动,而是技术与政治、社会、经济、管理、文化、环境、伦理等非技术因素综合集成的产物。

(4)技术是联结科学与工程的桥梁。作为工程基本要素的诸项技术都以基本的科学原理为前提,科学知识必须物化为技术手段和生产手段,通过技术创新,实现工程化和产业化,才能对生产力发展起作用[3]。

(5)工程是技术的载体,是技术的物化和应用过程。技术包括三个相互联系的形态,即技术的操作形态、实物形态和知识形态。技术发明的物化过程,就是工程活动的过程。当一项技术经过物化转变成工具、仪器等新存在物时,这个新存在物的制造过程就是工程活动,这种工程是获得实物形态技术的工程。工程是技术的应用,这个应用的过程是一个转化的过程,是技术从知识(理论)形态向实物形态转化的过程,而转化过程之后必然有新的物质(工程实体)出现,这个转化过程是复杂的、有条件的。当代社会中大部分存在物都是技术发明、技术转化的产物,也都是工程活动的产物。也可以说,工程是技术的载体,一个工程要运用多项技术。工程的发展大大扩展了技术的使用范围,推动了技术的革新和进步,同时又推动技术走向成熟。一项复杂技术的成熟必须通过工程施工或生产条件下的中间试验。

综上所述,作为活动手段的技术与作为活动过程的工程,在任何时候、任何情况下都是不可分离的。一般而言,没有不依托工程的技术,也没有不运用技术的工程;技术是工程的构成要素,工程是技术的集成;技术是工程的支撑,工程是技术的载体和应用。因此,人们常常把工程和技术这两个名词组合起来,形成了"工程技术"这个复合词。

1.2.3 工程的基本特征

学者王章豹基于对工程划界问题以及工程本质的哲学分析,得出工程的 10 个基本特征:复杂性、集成性、创新性、实践性、科学性、规模性、社会性、生态性、效益性和风险性[1]。

1. 工程的复杂性

工程是由各种因素组成的复杂系统,其复杂性主要体现在:现代工程项目规模大,协作面广,投资大,建设周期长;有新知识、新工艺的要求,技术复杂,往往是非常复杂的组织系统或技术群;由许多专业组成,有众多工程建设单位、复杂的社会管理系统和复杂的利益群体的参与及共同协作;工程实施过程复杂,工程项目要通过具体的设计、建造(制造)和使用等实施过程来完成,包括构思、决策、规划设计、采购供应、施工、验收使用和运行维护等环节;除技术因素外,工程还涉及社会、政治、法律、文化、伦理、环境和安全等复杂因素;工程系统中的这些因素有较强的不确定性,若干因素间常常又有不确定的联系,一项工程往往存在多方案、多技术、多路径的选择和决策问题。工程的复杂性特征要求工程从业人员(特别是管理者和工程师)必须具有系统的理念和思维,把握总体目标任务,注重全过程的协调和局部之间的联系。要善于将不同经历、不同利益诉求和来自不同组织的人有机地组织在一个特定的组织内,在多种约束条件下实现预期目标;为了达到效益最大、成本最低、风险最小的目的,决策者、管理者和工程师必须自觉或不自觉地采用最优化技术或系统技术,要经常使用多因素分析、多方案的选择和决策等复杂问题研究方法。

2. 工程的集成性

工程是按照一定目标和规则对科学、技术和社会的动态整合及对各种要素的有机组合与集成。换句话说,工程就是对 STS(科学、技术与社会)诸要素的协调与整合。因此,对于各类工程活动,不仅要求对其中的科学、技术要素进行优化整合,而且必须在工程整体尺度上对技术、市场、产业、经济、环境、社会、文化以及相应的管理等层面进行更为综合的优化整合。工程建构活动实际上是在一定社会、经济条件下对诸多要素的集成过程和作用方式,集成是工程的内涵与本质,工程活动中的"造物"是集成基础上的建构,集成是建构的基础,建构是集成的目的。每个工程系统往往是由若干部分组合的、具有一定系统圈层结构形式的综合体。工程"圈层结构"的内圈结构是多个技术单元的集成系统,它构成工程的基本内涵;外圈结构是包括资源、环境、管理与组织、社会经济、政治与文化等非技术性要素的集成系统,它形成工程活动过程中的"边界条件";内圈层与外圈层的优化与集成所形成的更大一级系统就是工程[5]。每项工程往往有多种技术、多个方案、多条实施路径可供选择,涉及人流、物质流、能量流、信息流等方面的问题,工程活动就是要在发展理念、发展战略、工程决策、工程设计、施工技术和组织、生产运行优化等过程中,按照一定的目标以及一定的集成方式、规则和模式,努力寻求和实现在一定边界条件下的重组与优化集成,以更大程度地提高集成体的整体功能。

3. 工程的创新性

创新是工程的重要特征,工程活动通过各种要素的组合创造出世界上原本不存在的人造物。创新是工程的灵魂,创新思维是工程创新的核心。工程不是科学的简单应用,也不是相关技术的机械组合,工程追求的是在优化组合各类技术、组织协调各类资源的过程中,创造出全新的存在物。工程中所采用的技术不一定是全新的,但其技术组合却是全新的。因此,工程创新主要是组合创新与集成创新。工程创新活动需要对多个学科、多种技术和非技术要素在较大的时空尺度上进行选择、组织与优化集成,即工程不能只依靠单一技术的创新,而需要与之相结合的多学科知识及相关技术的协同支撑。工程的创新性更多体现在设计上。设计本质上是一种具有创造性的预见活动。重复性生产劳动不需要做设计,但如果新产品试制和工程项目建设中所采用的技术都是现成的,也要进行集成创新[6]。如果某项技术是稀缺的或不成熟的,在工程实施过程中也要进行技术创新和集成创新。

4. 工程的实践性

工程是改造客观物质世界的实践活动,它是通过建造实现的。工程本身既是实践活动,又是实践活动的结构和结果,离开了工程的实践是抽象的实践。每个工程项目都要通过具体的设计、施工、运行和维护等实施过程来完成。工程本身就是一个复杂的建构和运行实践过程。可以说,工程活动是人类最基本的实践活动,是人类的存在方式;现代社会生活中工程更是无处不在,工程实践已经渗透到经济建设和社会发展的各个领域。工程的实践性特点还体现为工程必须考虑现实的可行性,必须接受实践的检验。

5. 工程的科学性

工程是改造世界的实践活动,但改造世界必须首先认识世界,而认识世界正是科学活动的目的和任务。工程不是技术和装备的简单堆砌与拼凑,工程在集成过程中有其自身的理论、原则和规律,都必须建立在科学性的基础之上。工程就是将科学知识和技术成果转化为现实生产力的活动,任何工程建造活动都具有多种基础学科交叉、复杂技术综合运用的特点,特别是工程中运用和集成的关键性技术及技术群,它们都有自然科学甚至社会科学的原理为依据。工程需要在一定约束条件下的技术集成与优化,必须正确应用和遵循科学规律,必须依据一定的科学理论,尤其是工程科学、系统科学的理论和方法,还要考虑管理、组织等社会科学的要素以及环境科学的规制。违背科学的工程,注定是要失败的[7]。

6. 工程的规模性

工程通常有较大的规模,是复杂的组织系统或社会化系统。工程是人类对个人能力有限性妥协的一种体现,是实践推动和社会分工合作的结果。工程是个人无法完成的项目,需要许多人的劳动分工与协作,需要有组织者和管理者,而普遍合作的结果就是人类劳动的规模越来越大。习惯上,很多人是在用规模衡量工程,规模庞大也是工程与技术的重要区别之一。工程(特别是大型工程建设活动)作为规模庞大、人数众多、投资额大、生产和发明潜力巨大的人类合作方式,正在全国热烈地开展。由于大型工程(特别是基础设施建设工程)活动成果的重要性,加之建设规模庞大、实施地域广阔、项目投资巨大、使用寿命较长,往往由政府部门投资、组织实施和进行宏观调控。

7. 工程的社会性

工程处在社会大环境中,与社会具有不可分割的联系。因为人类的需要,工程才得以开展,才有了价值。工程活动有明确的社会目标,即增进社会利益和满足社会需求。一切工程活动都是因为人类的需要而开展的,工程项目都有其特殊对象、特殊目标以及科学的设计步骤和实施阶段,工程的价值只有通过满足社会和人们的生活需要才得以实现。可以说,社会性是现代工程的显著特征,它主要体现在两个方面:

(1)工程实施主体的社会性。工程的主体通常是一个有组织、有结构、分层次的工程共同体,而共同体内部有不同的社会角色,主要包括投资者、管理者、工程师和工人。现代工程(特别是大型、特大型工程)往往是由成百上千个工程参建单位和十几万甚至几十万名工程建设者组成的。工程主体通过建构和创造新的社会存在,带来新的经济效益、社会效益和生态效益。

(2)工程(特别是大型工程)往往对社会的经济、政治及文化的发展具有直接的、显著的影响和作用。工程的这种社会性客观上要求人们在考察、评价和反思工程问题时,应当多视角、全方位地认识和理解工程,工程建成后还必须接受全社会的监督和评价。一个好的工程总是会综合考虑经济效益、社会效益和生态效益,并把它们作为方案设计和择优的依据。

8. 工程的生态性

工程是人类改造自然和征服自然的产物,是在自然界中建造的人造系统。许多工程一经建设,会长期甚至永久性占用土地,破坏植被和污染环境,原有的生态状况不复存在,该地域将来也不可能复原到原生态。大规模的工程建设会有效推动社会经济的发展,极大地提高人们的生活水平;同时,也会对社会、经济、文化、环境保护以及人们的生活带来一些负面影响,如耗费大量资源,破坏环境与生态平衡,产生施工噪声、污染等,会制约全社会的可持续发展。我们必须充分考虑工程活动过程中涉及的科学、技术、经济、社会和生态、环境、资源等方面规律的制约,建设绿色工程、生态工程,实现经济、社会和生态效益的优化组合以及人与自然、工程与自然的协调一致及和谐发展。绿色工程是指充分应用现代科学技术,在工程规划和建设中加强环境保护和资源节约,优化建构环节和工程技术,建造质量优良、经济效益高、生命周期长、社会效益好的工程。

9. 工程的效益性

工程活动都有明确的效益目标,工程效益主要表现为经济效益、社会效益和生态效益。也就是说,一个成功的工程项目,不但在技术上是先进的和可行的,而且在效益上也是合算的。这里所说的效益主要指经济效益。经济效益是指有效地利用有限的资源,用尽可能低的工程造价、尽可能快的速度和优良的工程质量建成工程项目,使其实现预定的功能。要做到经济上的合理性,就要多目标优化设计方案、科学选址选型、进行系统综合平衡及成本效益核算、降低资源消耗,最优地实现工程项目的质量、投资、工期、安全、环保五大目标,在经济效益、社会效益和生态效益协调上达到利益最大化。

10. 工程的风险性

工程是有风险的。工程的安全和风险是指在工程建设和运行过程中产生的人和财产的损失及这种损失存在的可能性[7]。任何工程都是人工建构的产物,都不可能是理想和完美的,必然存在偶然性和多种风险,包括决策风险、经济风险、安全风险、技术风险、自然风险、环境风险、市场运营风险等。工程风险的本质就是工程活动本身因各种不确定性因素而存在的风险。工程活动的不确定性和风险性体现在多个方面。第一,工程活动会因为实施场地和实际情况不同,所以产生的不确定因素也不同。第二,像自然灾害、经济危机、战争、社会冲突等自然属性和社会属性也会造成不确定性。第三,工程在进行中也会受到政治上的影响。比如民族矛盾、政权动荡,甚至政府对该项目的有关政策,特别是对项目有制约或限制的政策。第四,社会经济因素的不确定性。比如某一在建工程项目所在地区的经济发展阶段和发展水平,地区的工业布局、经济结构、银行的货币供应能力和条件等。以上所罗列的都是一些能影响工程活动的不确定性和风险性因素。我们应该对工程活动中的不确定因素进行有效的控制,减少和降低风险。

1.3　走进工程

前面介绍了工程的总体概念,当我们走进工程时就会发现,工程有许多类型和领域。工程有多种分类方法,因而就划分出不同的工程领域。按照工程所在的国民经济产业分类:第一产业是以自然存在物为活动对象的产业,可分为农业工程、林业工程、畜牧工程、渔业工程等;第二产业是加工初级产品的产业,可分为矿业工程、制造工程、电力工程、燃气和自来水工程、土木工程等;第三产业是为传递产品而提供劳务的产业,可分为电子商务工程、电子信息工程、医学工程、大科学工程、水利工程、交通工程等。按照工程的用途分类,可分为:住宅工程,这类工程主要是居民的住房,包括城市各种类型的房地产建设工程和农村的大多数私人自建房工程;公共建筑工程,这类工程按照不同用途还可以细分为大型公共建筑(如医院、机场、公共图书馆、学校、旅游建筑等)和商业用建筑(如大型购物场所、智能化写字楼、电影院等);土木水利工程,这类工程主要指水利枢纽工程、港口工程、大坝工程、水电工程、高速公路、铁路、隧道、桥梁、运输管道和城市基础设施工程;工业工程,这类工程主要指化工、医药、冶金、石化、火电、核电、汽车等工程。

按照工程学科进行分类,主要依据国务院学位委员会、教育部印发的《学位授予和人才培养学科目录》。该目录是国家进行学位授权审核与学科管理、学位授予单位开展学位授予与人才培养工作的基本依据,适用于硕士、博士的学位授予、招生和培养,并用于学科建设和教育统计分类等工作。该目录分学科门类和一级学科,其代码分别为两位和四位阿拉伯数字。在 2018 年版的《学位授予和人才培养学科目录》中共有 13 个学科门类,其中与工程相对应的学科门类主要是工学学科(代码为 08),工学学科门类下设 39 个一级学科,分别是:0801 力学(可授工学、理学学位),0802 机械工程,0803 光学工程,0804 仪器科学与技术,0805 材料科学与工程(可授工学、理学学位),0806 冶金工程,0807 动力工程及工程热物理,0808 电气工程,0809 电子科学与技术(可授工学、理学学位),0810 信息与通信工程,0811 控制科学与工程,0812 计算机科学与技术(可授工学、理学学位),0813 建筑学,0814 土木工程,0815 水利工程,0816 测绘科学与技术,0817 化学工程与技术,0818 地质资源与地质工程,0819 矿业工程,0820 石油与天然气工程,0821 纺织科学与工程,0822 轻工技术与工程,0823 交通运输工程,0824 船舶与海洋工程,0825 航空宇航科学与技术,0826 兵器科学与技术,0827 核科学与技术,0828 农业工程,0829 林业工程,0830 环境科学与工程(可授工学、理学、农学学位),0831 生物医学工程(可授工学、理学、医学学位),0832 食品科学与工程(可授工学、农学学位),0833 城乡规划学,0834 风景园林学(可授工学、农学学位),0835 软件工程,0836 生物工程,0837 安全科学与工程,0838 公安技术,0839 网络空间安全。

下面主要基于工程学科分类,将常见的几种工程领域做以简单介绍。

1.3.1 土木工程简介

土木工程是建筑、桥梁、道路、隧道、岩土工程、地下工程、铁路工程、矿山设施、港口工程等的统称,其内涵为用各种土木建筑材料修建上述工程的生产活动及其相关工程技术,包括勘测、设计、施工、维护、管理等。土木工程是国家重要行业和支柱产业,为人民的生活和生产提供各类设施,是提高人民生活水平和社会物质文明的基础保障,对拉动社会经济有重要作用。现代土木工程也促进了材料、能源、环保、机械、服务业等领域的快速发展。土木工程在今后相当长的阶段会面临更高居住质量,更高出行需求,更全方位的空间拓展,更系统的基础设施维护、改造与升级,以及更强抵御灾害能力等诸多方面的挑战,这些挑战也构成了土木工程专业长久不衰、不断创新的原动力。

土木工程师设计运输系统、道路、桥梁、建筑、机场,以及像水处理厂、蓄水层和废物管理设施等。设计这种大型结构需要丰富的专业知识,包括土力学、水力学、材料力学、混凝土工程等科学知识和施工实践的知识。土木工程师在未来将面对全球范围内日渐老化的基础设施,使它们重新焕发生机,同时还要处理水资源、空气质量、全球变暖和垃圾处理等环境问题。与其他工程专业相比,土木工程师需要面对的特殊困难是,他们不得不依赖物理模型、计算、计算机建模和过去的经验来确定设计结构的性能。这是因为大多数土木工程项目都不可能允许工程师去建立一个同等规模的模型来进行实验测试。土木工程师很少通过建立一个简单原型的方式进行全面的测试验证,而是在设计过程中通过不断的建模和模拟以验证最终建造的工程是否能够满足设计要求。例如,我们不可能刻意去压塌一座桥以验证它的最大承重能力。

1.3.2 化学工程简介

化学工程是研究以化学工业为代表的各类工业生产中有关化学过程与物理过程的一般原理和规律,并应用这些原理和规律来解决过程及装置的开发、设计、操作及优化问题的工程学科,包括化学工程、化学工艺、生物化工、应用化学和工业催化。学科内容体现基础与应用并重的特点,包括基础理论、基本方法和基本实验技术,以及工艺开发、过程设计、系统模拟与优化和操作控制、产品研发等,这是化学工业的技术基础、力量核心和发展的原动力。

化学工程师的任务是把一个化学反应从实验室状态扩展到能够进行大规模生产的状态。为了实现这一目标,化学工程师需要设计反应容器、输送机构、混合室和测量装置,并且还要确保这个过程是一个可以进行大规模操作且能够取得效益的工程。化学工程师受聘于许多行业,包括建筑、微电子、生物技术、食品加工、环境分析,同时也经常参与石油产品、石油化工、塑料、化妆品和药品等行业的工作。在生产过程中,无论化学反应过程是有机的还是无机的,只要需要生产量级的反应控制,都需要化学工程师的工作。化学工程师必须充分利用他们所掌握的数学知识和科学知识,尤其是化学知识,针对这些技术问题给出安全而又经济的解决方案。

1.3.3 机械工程简介

机械工程是一门利用物理定律为机械系统做分析、设计、制造及维修的工程学科。机械工程是以有关的自然科学和技术科学为理论基础,结合生产实践中的技术经验,研究和解决在开发、设计、制造、安装、运用和维修各种机械过程中的全部理论和实际问题的应用学科。

机械工程是一门古老学科。19 世纪时,机械工程的知识总量还很有限,在西方一般还与土木工程综合为一个学科,被称为民用工程,19 世纪下半叶才逐渐成为一个独立学科。机械工程一向以增加生产、提高劳动生产率、提高生产的经济性,即以提高人类的利益为目标来研制和发展新的机械产品。未来,新产品的研制将以降低资源消耗,发展洁净的再生能源,治理、减轻以至消除环境污染作为发展目标。机械可以完成人用双手直接完成和不能直接完成的工作,而且完成得更快、更好。现代机械工程创造出越来越精巧和越来越复杂的机械和机械装置,使过去的许多幻想成为现实。人类已能上游天空和宇宙,下潜大洋深层,远窥百亿光年,近察细胞和分子。

机电一体化技术和机电一体化产品是在机电产品中引入微电子元器件和技术之后形成的。机电一体化技术又称机械微电子技术,是机械工程、微电子技术、信息处理技术等多种技术融合而成的一种系统技术。机电一体化产品是运用机电一体化技术设计、生产的一种带有软、硬件系统的多功能的单机或成套装置,通常由机械本体、微电子装置、传感器和执行机构等组成。机电一体化技术涉及的学科有机械工程(如机构学、机械加工和精密技术等)、电工与电子技术(如电磁学、计算机技术和电子电路等)、共性技术(如系统技术、控制技术和传感器技术等)。机电一体化产品主要有商品生产用(如机器人、自动生产线和工厂等)、商品流通用(如数控包装机械及系统、微机控制交通运输机具和数控工程机械设备等)、商品贮存销售用(如自动仓库、自动称量和销售及现金处理系统等)、社会服务性(如自动化办公机械和医疗及环保等自动化设施等)和家庭、科研、农林牧渔、航空航天及国防等用的机电一体化产品。机电一体化使机械工业的技术结构,产品结构、功能和构成,生产方式和管理体系等发生了巨大变化。

机械工程师负责设计和建造各种物理结构。涉及机械运动的任何装置,汽车、自行车、发动机、磁盘驱动器、键盘、流体阀或者喷气发动机的涡轮机、风力涡轮机或飞行结构等,都需要机械工程师的专业知识。机械工程师熟悉静力学、动力学、材料学、结构和固体力学、流体力学、热力学、热传递和能量转换。他们将这些科目应用于各种工程问题,包括精密加工、环境工程、声学系统、流体系统、燃烧系统、发电系统、机器人、运输与制造系统等。机械工程师很容易与其他工程师协作,因为他们的教育背景非常宽泛。机械工程的最新研究领域之一就是纳米技术,用于在原子尺度上处理微小的微观颗粒和结构。纳米技术也与生物技术有密切关系。微电子机械系统(MEMS)与纳米技术的结合将演变为纳米机电系统(NEMS)。MEMS 和 NEMS 技术将为机械工程带来的变革,就像集成电路技术对电子行业的影响一样巨大,工程师有可能将一个大规模的完整系统整合进一个小型的简单材质中。

1.3.4　计算机工程简介

计算机工程包括硬件、软件以及数字通信等门类,也包括互联网和云等新兴概念。计算机工程师将工程和计算机科学的基础理论应用于设计计算机网络、数据中心(服务器群)、软件系统、交互系统、嵌入式处理器和微控制器。计算机工程师还设计和建造计算机之间以及计算机与其他组件之间的连接方式,形成分布式计算机、无线和局域网(LAN)、因特网服务器和其他设备。例如,面向硬件的计算机工程师将微处理器、闪存、磁盘驱动器、显示设备、

LAN卡和驱动器组合在一起,制造出了大容量服务器;而软件工程师的职责则是建立图形用户界面和嵌入式系统等部分。该学科还包括传感器网络、高可靠性的硬件和软件系统、无线接口、操作系统和汇编语言程序设计等。传统意义上,计算机科学家比计算机工程师更偏重数学,但他们也越来越多地参与到计算机软件、网站用户界面、数据库管理系统和客户端应用程序设计等工作中。与计算机科学家不同,计算机工程师对于现代计算机系统的硬件和软件更加精通和熟练。在计算机系统的发展过程中,软件和硬件有着同样重要的作用,例如网络接口、笔记本电脑、智能手机和平板电脑的设计,以及移动电话网络、全球定位系统、微机或因特网控制设备、自动化制造和医疗仪器等,都是软硬件结合的产物。

进入21世纪,计算机技术的发展跨上了新的台阶,给计算机工程师带来了新的挑战。量子计算、纳米技术、人工智能(例如,有思想和情感机器人)、人脑和计算机之间的直接连接等新型技术正在快速发展。

1.3.5 电子信息工程简介

电子信息工程主要涉及电子科学与技术、信息与通信工程和光学工程学科领域的基础理论、工程设计及系统实现技术。电子科学与技术领域主要涵盖物理电子学、微电子学与固体电子学、电路与系统、电磁场与微波技术,研究电子和光子等微观粒子在场中的运动与相互作用规律,包括新型光电磁材料与元器件、微波电路与系统、集成电路、电子设备与系统等。信息与通信工程领域主要涵盖通信与信息系统、信号与信息处理,研究信息获取、处理、传输和应用的理论与技术,以及相关的设备、系统、网络与应用,包括信号探测与处理、信息编码与调制、信息网络与传输、多媒体信息处理、信息安全及新型通信与信息处理技术等。光学工程领域主要涵盖光电子技术与光子学、光电信息技术与工程,研究光的产生和传播规律、光与物质相互作用、光电子材料与器件、光电仪器与设备,包括光信息的产生、传输、处理、存储及显示技术,以及光通信、光电检测、光能应用、光加工、新型光电子技术等。

信息科学和技术的发展对人类进步与社会发展产生了重大影响,信息技术和产业迅速发展,成为世界各国经济增长和社会发展的关键要素。进入21世纪,信息科学和技术的发展依然是经济持续增长的主导力量之一,发展信息产业是推进新型工业化的关键。

1.3.6 生物医学工程简介

生物医学工程是运用工程学的原理和方法解决生物医学问题、提高人类健康水平的综合性学科,是多学科融合且具有特定内涵的学科。它在生物学和医学领域融合数学、物理、化学、信息与计算机科学,运用工程学的原理与方法获取和产生新知识,促进生命科学和医疗卫生事业的发展,从分子、细胞、组织、器官、生命系统各层面丰富生命科学的知识宝库,推动生命科学的研究进程,深化人类对生命现象的认识,为疾病的预防、诊断、治疗和康复,创造新设备,研发新材料,提供新方法,实现提高人类健康、延长人类寿命的使命。

生物医学工程促进了现代生物科学和医学的发展。分子生物学、细胞生物学、神经生物学与工程学科的融合,加强了分子和细胞层次的生物医学研究与新技术的开发,加速了生命组学和神经工程学时代的到来。各种检验、诊断、治疗、植入和康复技术的发展,极大地提高了现代医学的水平。生物医学工程促进了工程学科的发展。从大型医学成像设备到集成化微型系统,从人工假体到各种先进医用材料,生物医学工程产品取得了高精度、集成化、智能化、远程化的巨大成就。生物医学工程通过对人体复杂系统的结构、信息传递、记忆、能量转换、反馈调节与控制的研究为工程科学提供了发展范本,产生了仿生学、人工智能、机器人等新的工程学科分支,并促进了这些领域的飞速发展。

生物医学工程在国家发展和经济建设中具有重要战略地位,是医疗卫生事业发展的重要基础和推动力量,其涉及的医学仪器、医学材料等是世界上发展迅速的支柱性产业。高端医学仪器和先进医学材料成为国家科技水平和核心竞争力的重要标志,是国家经济建设中优先发展的重要领域。

生物医学工程师与医生和生物学家有着密切的联系,他们通过将现代工程方法应用到医学和人类健康的研究,加深了对人体的了解。工程技能与生物学、生理学和化学知识相结合,促进了医疗器械、假肢、辅助器具、移植体的发展以及神经肌肉诊断技术的进步。在过去的半个世纪中,生物医学工程师参与设计了许多有助于改善医疗护理条件的设备。许多生物医学工程师在毕业后又进入医学院学习,还有些人进入医学院的研究生院,或者寻求与医学或健康相关行业的工作。近年来生物技术的迅速发展架起了工程与遗传学之间的桥梁,这个领域同样需要生物医学工程师。未来的医学研究将主要面向基因层面,生物医学工程师将引导产生新的医学发现。因为细胞是以纳米级存在的,所以纳米技术也起到了至关重要的作用。例如,"人类基因组计划"在很大程度上依赖于生物学家、化学家和其他方面的专家之间的密切合作,并且创造了一个新兴的学科领域——生物信息学。这是生物工程与计算机科学的交叉学科。生物医学工程师也涉及微流体和纳米材料等新兴领域。在微流体研究中,试图在硅或其他材料制成的小芯片上建立微小的生物处理系统。这项技术是微纳机电系统(MEMS/NEMS)领域的一部分,有时也被称为"芯片上的实验室"。纳米材料的研究成果提供了人工合成材料与人体组织的结合方式,这种技术广泛应用在骨骼移植、皮肤移植、体内供给药物系统等多种医疗手段中。

1.3.7　环境工程简介

环境工程涉及人与环境相互作用及其调控理论、技术、工程和管理,具有问题导向性、综合交叉性和社会应用性三大基本特征。环境工程的主要任务是研究环境演化规律,揭示人类活动和自然生态系统的相互作用关系,探索人类与环境和谐共处的途径和方法,研究控制环境污染、保护环境与自然资源的基本理论、技术、工程、规划和管理方法,保护生态环境,实现社会、经济、环境、资源协调发展。

环境问题的复杂性和综合性、人与环境相互作用的广泛性以及环境污染防控目标和方法的多样性,导致环境工程同自然科学、技术科学、工程科学、人文社会科学等学科专业之间相互交叉、渗透和融合。随着经济社会和人类文明的发展,环境问题的内容、形式也在不断变化,环境工程的内涵不断丰富,外延不断拓展,在社会发展中的地位越来越重要,对其他学科的渗透和影响也越来越深入。

环境工程师依靠生物和化学原理来解决与环境相关的问题。环境工程是一门新兴的学科,在世界各地的各种团体中有无数重要的工作,正在等待着熟悉这门学科的人去完成。环境工程师需要参与水和空气的污染治理、回收、废物处理等工作,还有一些公共卫生问题的研究,例如酸雨、全球变暖、碳排放、野生动物保护和臭氧损耗等。他们设计城市供水和工业废水处理系统,开展危险废物管理研究,还要协助制定防止环境灾害的相关法规。

1.3.8　材料工程简介

材料工程是一门主要涉及物理学、化学、计算科学、工程学和材料科学的综合型交叉学科,它是伴随着社会发展对材料研究的需要而形成和发展起来的。材料是人类用于制造物品、器件、构件、机器及其他产品的物质。材料的应用非常广泛,渗透到各个行业,许多领域都与材料的制备、性质、应用等密切相关,材料是科技发展和人类社会进步的物质基础。材料类专业承担着材料类专门人才的培养重任,直接影响着我国新材料技术的发展和传统材料产业的升级,进而影响着我国的经济建设与社会发展。21 世纪以来,材料的发展又出现了新的格局。一方面,纳米材料与器件、信息功能材料与器件、能量转换与存储材料、生物医药与仿生材料、环境友好材料、重大工程及装备用关键材料、基础材料高性能化与绿色制备技术、材料设计与先进制备技术将成为材料领域研究与发展的主导方向。不难看出,这些主导方向体现了材料科学与工程学科的一个重要发展趋势,即材料科学与工程同其他众多高新科学技术领域交叉融合的特征越来越显著。另一方面,新材料的开发更加依赖于材料合成、制备与表征科学技术;材料研究将向着多层次、跨尺度的多级耦合方向发展;材料全寿命成本控制和环境因素需被充分考虑;结构与功能一体化是新材料高效利用的重要途径,已成为新材料研究的重要方向。

材料工程师能够将关于材料属性的各种知识应用到工程问题的解决方案中。在当今高科技社会中,对于所有工程活动来说,对材料的理解都至关重要。例如,航天飞船返回舱的热保护层、燃料电池的先进概念、节能车辆使用的轻型复合材料,甚至设计更轻、更节能的手持式电子产品,在这些技术发展的过程中,材料工程师都扮演了十分重要的角色。接受过这一学科培训的工程师,能够了解材料属性以及随之而来的性能和耐久性之间的关系,能够在多学科交叉的设计团队中做出与众不同的贡献。在过去的几十年中,材料工程师几乎专门从事冶金和陶瓷工作。传统的材料工程师关心的是提取矿石,将其转换为可以利用的形式,并了解它们的材质特征。新材料的发展(例如,在 20 世纪后半期塑料的发展)大大拓展了材料工程师的领域,并创造出了新产品甚至新产业。现在,该学科的大学课程包括化学工程、机械工程、土木工程和电气工程等。现代材料工程涉及大量材料,包括工程聚合物、高科技陶瓷、复合材料、半导体、生物材料和纳米材料等。

1.3.9　核工程简介

核工程以认识微观世界的核物理为基础,包括一系列与核能和核技术相关的科学研究及工程应用领域。从 19 世纪末发现放射性元素开始,仅仅经历了百余年的发展,人类已经开创了一个应用核能与核技术的新时代,产生了核电、核武器、核动力等影响人类发展进程的重大成就,核技术在国民经济与人民生活中也获得了越来越广泛的应用。近年来,随着核科学技术的迅猛发展,特别是国家对清洁能源的迫切需求,核工程类专业出现了蓬勃发展的新局面。"核"的研究在人类认识世界的进程中发挥了不可替代的作用,由"核"研究产生的核能与核技术已广泛应用于能源、动力、工业、农业、国防、安全、医学、材料、地质、天文以及基础研究等领域,并且与国家的能源战略和国防安全息息相关,在强国富民的发展进程中占有重要地位。

核工程师利用原子物理学的知识解决工程问题。他们主要研究舰艇和发电厂中使用的核反应堆的设计和操作方式。单从自然资源的角度来看,原子能技术是我们面对日益减少的化石燃料的一种有效的替代方案,也能够有效减少碳排放量。核工程师能够理解辐射以及核反应中产生的放射性原子的特性。他们中的大多数人在研发实验室工作,有些人可能在兴建核电厂的建筑工地工作。核工程师还需要管理燃料装载操作,监视核废料存储有关的步骤。核工程师的工作还包括微型核动力源的研发,在深度太空探索中当阳光不充足时提供动力。20 世纪下半叶,核工程在努力寻找和利用原子能方面也得到了广泛发展。然而,在 21 世纪初,随着两次严重的核电站事故以及核废物处置带来的危害日渐得到人们的关注,核电渐渐不再受到追捧。在 21 世纪,日益增长的人口对能源的需求重新激发了人们对核研究的兴趣。尽管全世界的技术人员做出了很多努力,但是人类对于能源的需求已经大大超过了可再生资源和替代能源的供给能力。如何找到更加安全的操作方法和更加合理的废物处置方案,如何更好地了解核反应的危害,都是核工程师需要面对的挑战。

1.3.10　农业工程简介

农业工程师将天文学、力学、流体力学、热传递、燃烧学、优化理论、统计学、气候学、化学和生物学等专业知识应用到大规模食物生产中。21 世纪的最大挑战之一就是让全世界的人们能够吃饱。地球上可耕地的数量是一定的,但随着人口的增加,食物需求量也在增加。在如何提高农作物产量,如何增加粮食产量,如何提高土地利用率,如何建立高效环保的病虫害防治和耕作方法等问题上,农业工程师发挥着重要作用。同时,农业工程师还与生态学家、生物学家、化学家以及自然科学家一起,探讨人类农业活动对生态系统的影响。

1.4　当代工程观

工程观是人类关于工程活动的基本理念,是人们认识和进行工程活动的指南。从历史的维度看,不同历史时期的工程问题的性质不同,造物的模式也不同。工程观存在着传统工程观与当代工程观的分野。

传统工程观的基本特点及局限性如下[8]:

(1)仅仅将生态环境与人的社会活动规律作为工程决策、工程运行与工程评估的外在约束条件,没有把生态规律与人的社会活动规律视为工程活动的内在因素。

(2)工程活动虽然具有规模庞大的特点,但是工程科学的理念尚未形成,缺乏对工程现象进行系统的研究并建立起科学的理论。表现在工程管理中的经验性特征,在工程过程的工程决策与工程评估中缺乏工程科学与工程哲学的理论分析。

(3)工程活动指的是改造自然的人类活动,主要体现的是人与自然的关系中人类改造自然的一面,忽视了自然对人类的限制和反作用的一面,而且更不重视工程对社会结构与社会变迁的影响和社会对工程的促进、约束和限制的作用,因而不能全面把握二者的互动关系。

随着人类社会的发展,经济活动的规模日益膨胀,工程活动对生态环境的影响日益增大,已对人类的生活质量产生了愈来愈强的负面影响,使人们不得不对传统工程的基本观念进行彻底的反思。当代工程活动不应是一味改变自然的造物活动,而应是协调人与自然的关系、造福人类及其子孙后代的造物活动。因此,树立当代工程观念具有迫切的现实意义[9]。

汪应洛院士从工程哲学角度审视了当代工程观,提出了工程价值观、工程系统观、工程生态观和工程社会观[10]。

1.4.1　工程价值观

工程价值观的基本思想是以人、自然、社会协调统一与可持续发展为基础的人类福利价值创造。这种价值观体现了价值综合的特点,具有多元价值统摄的特点。工程的规模性是现代工程的基本特征之一,面对规模巨大的造物活动,其价值追求是多元化的,其中包括科学价值、经济价值、社会价值、军事价值、生态价值等。这些价值之间有些可能是协调的,但许多可能是冲突的,当代工程决策的关键是如何协调多元价值之间的冲突。从多元价值视角评价工程,对工程活动具有很强的导向作用,会使工程活动的过程与结果更趋于理性化与人本化。工程活动的前提是形成一个统一的价值观,这个统一的价值观不是消除多元价值观的差异,而是实现多元价值观的协调与统一。因此,这个统一的工程价值观具有对不同的价值观的统摄作用。

1.4.2　工程系统观

工程活动是典型的人工系统,工程目标是工程决策主体确定的,工程的实施步骤与方式是工程实施主体运作的。工程活动的过程和结果必须与其他系统相协调,工程的结构和功能要与生态结构与功能、社会结构与功能、文化结构与功能、经济结构与功能以及政治结构与功能相协调。工程活动作为一个相对独立的社会活动,其创新思维的核心是综合集成与协调。当代社会建设与发展中出现的"大工程"现象,都具有"科学群"的特征。我国的三峡工程就涉及地质科学、水利科学、建筑科学、电力电子科学、材料科学、生态科学、经济学、伦理学、社会学等学科。至于航空航天工程、人类登月工程等,涉及的学科类型就更多了。工程科学中涉及的各种学科都围绕着同一个工程对象展开,这就需要把工程对象所涉及的学科因素都包容进来,研究在特定工程对象限定下的不同学科的理论和方法的综合问题。因此,在工程研究、工程设计和工程实践中要树立系统科学的观念,采取系统思维的方法,科学地处理工程实践中的系统问题。

1.4.3　工程生态观

工程活动不是单纯地以改造自然为目的,而是要遵循生态活动的规律,在更高的社会生活水平上重塑生态活动的方式,使社会、经济、生态和谐共处,实现可持续发展。当代的工程生态观视生态环境为其外生因素,同时,生态环境更是工程活动的内生因素。工程活动不但受生态环境的制约,而且要按照生态规律重塑生态活动的方式。我们必须树立科学的工程生态观,把工程理解为生态循环系统之中的生态社会现象。工程的创新与建设,必须符合生态循环的规律。应当把我们所建造的工程现象作为整个生态循环过程中的一个环节,工程的社会经济和科技功能必须顺应和服从生态循环规律。

1.4.4　工程社会观

工程活动本身不只是一种纯粹的技术活动,也是一种社会活动。在技术要素集成与综合过程中,同时发生着社会要素的综合与集成,发生着与技术过程、技术结构相适应的社会关系结构的形成。与此同时,工程活动的进行与工程项目的实现会促进社会结构的变革。工程活动的标准与管理规范要与特定的社会文化和社会目标相协调,不同的社会目标又规范着工程活动的不同模式、过程与特征。我们不能认为,工程活动仅仅包含改造自然的工程活动,工程只是对不同领域的技术发明的综合集成,从而把人及由人组成的社会过程排除在工程活动之外。当我们新建一个工程项目时,也要创造与这项工程活动的结构相一致的社会组织形式,以及进行人与人之间的社会关系的重组。一般而言,随着工程项目的进行和实现,与这个工程项目的运行相一致的社会组织形式也将随之产生。所以,工程实践的过程就是社会结构与社会关系重新构建的过程。因此,当代工程观下的工程活动既包括改造自然的工程,也包括变革社会的过程。

1.5　工程方法论

现代工程活动越来越成为具有高度组织化、系统化和复杂化结构的造物实践活动,要使工程顺利进行,决策者、工程师、管理者等工程主体也就越来越迫切需要更系统、更科学的哲学观与方法论来指导。

1.5.1　工程决策方法论

工程决策是工程活动的"首发环节",它对工程活动的影响是全局性和决定性的,其正确与否直接决定着工程的成败。一个合理、科学的决策过程必须具备以下 5 个步骤[11]:

(1)发现问题。发现问题和认识问题是决策过程的第一步,弄清问题产生的原因、背景,是保证做出正确决策的基础。及时发现问题既要求决策者具有丰富的经验和敏锐的洞察力,也要求决策者掌握一定的方法和技巧。

(2)确定目标。目标是在一定的环境和条件下,决策系统所期望达到的状态。只有先明确了目标,方案的拟订和选择才有依据。因此,确定目标在决策过程中起着至关重要的作用。

(3)拟订方案。拟订方案就是寻找解决问题、实现目标的方法和途径。决策者应在客观环境及自身条件下,根据决策目标及收集整理的相关信息,尽可能拟订多个可行的备选方案。

(4)选择方案。选择方案是决策过程中最重要的一步。在多个备选方案中,我们需要进行比较、分析和评价,得出备选方案的优劣顺序,从中选出几个较为满意的方案供最终抉择。

(5)实施方案。方案选定后,决策的过程并没有结束,因为决策方案的可行与否最终要受实践的检验。在方案的实施过程中,要对方案的实施进行追踪控制,针对方案在实施中遇到新情况、新问题,要及时修正。

工程决策的方法一般有定性分析法、定量分析法和综合分析法[11]：

(1)定性分析法。是指决策者在占有一定的事实资料、实践经验、理论知识的基础上，利用其直观判断能力和逻辑推理能力对决策问题进行定性分析的方法。在决策的过程中，决策者经常遇到所掌握的数据不多、决策问题比较复杂并且难以用数学模型表示的问题。如生态平衡、环境污染等问题，又如广告的效果、产品的功效等概念，都无法从定量的角度来考虑，只能凭借决策者的主观经验，运用逻辑的思维方法，把相关资料加以综合，进行定性的分析和判断。这种方法简便易行，是一种不可或缺的、灵活的决策分析方法。但是，由于此方法不同于科学的定量计算，主要依靠和取决于决策者自身的经验、理论、业务水平，因此，不同的决策者由于理论水平和实践经验不同，对同样的决策问题可能会做出不同的判断，得出不同的结论，在准确度上很难进行把控。

(2)定量分析法。是指决策者在占有历史数据和统计资料的基础上，运用数学和其他分析技术建立起可以表现数量关系的数学模型，并利用它进行决策的方法。以调查统计的资料和信息为依据，建立数学模型，对决策问题进行科学的定量分析，从数量关系上找出符合决策者目标的最优决策，这也是运筹学研究的主要内容。运筹学就是为决策者提供定量的决策分析方法的工具。但是，使用这种方法要求外界环境和因素相对稳定，因为如果不考虑定性的因素，一旦外界环境和某些因素发生变化，定量分析的结果就会出现误差。

(3)综合分析法。将定性分析和定量分析两种方法相结合，就形成了综合分析法。对于一些复杂的问题，并不存在大量的数量性指标，这些问题的指标很难量化，只能进行定性分析。另外，通过数学等分析技术建立的数学模型是一个理想化的模型，按照这个模型得出的最优解在实际中不一定也是最优的，这时就需要运用定性的分析方法，让决策结果更接近实际。因此，定性分析是定量分析的基础，定量分析又可以使定性分析更加深入和具体。综合分析法使定性方法和定量方法各取所长，互相补充，能够对量化的指标建立起精确的数学模型，同时又考虑到不能量化的因素，是一种切合实际的较优的决策分析法。

1.5.2 工程设计方法论

工程设计是指设计师运用各学科知识、技术和经验，通过科学方法统筹规划、制订方案，最后用设计图纸与设计说明书等来完整表现设计者的思想、设计原理、外形和内部结构、设备安装等。因此，工程设计是一种创造性的思维活动，它具有如下基本特点[11]：

(1)创造性。工程设计需要创造出先前不存在的东西。

(2)复杂性。工程设计总是涉及具有多变量、多参数、多目标和多重约束条件的复杂问题。

(3)选择性。在各个层次上，工程设计者都必须在许多不同的解决方案中做出选择。

(4)妥协性。工程设计者常常需要在多个相互冲突的目标及约束条件之间进行权衡和折中。

工程设计从提出设计要求到完成设计，一般需要经历几个阶段[11]：概念设计、初步设计和详细设计。

(1)概念设计。此阶段主要进行任务分析和设计方案确定，研究项目的目的、要求和所需资源，将其转化为基本的功能要求，进而提出设计方案的初步概念和设想，形成一个具有战略指导意义的大框架。这是整个工程设计中重要的一环，是整个工程设计的基础，体现了总设计师对工程项目的理解,在很大程度上决定了工程未来的"命运"。

(2)初步设计。此阶段要验证基本方案设计的可行性,并进行认真的功能分析,把系统的技术要求准确合理地逐级分解及分配到各个子设计系统中去。在初步设计完成时,工程项目的具体设计方案应该已经确定,并且已经用规范的文件详细地确定下来。

(3)详细设计。在此阶段,设计人员要把选中的各个技术方案变成可以加工、制造的图纸和文件,要详细到可以完全满足"按图施工"的要求。

工程设计的基本方法有创造性思维方法、系统设计方法和经验积累方法[11]。

(1)创造性思维方法。创造性思维方法是工程设计的基本方法。创造性思维就是通过对过去的经验和知识的分解与综合,使之成为新事物的过程。工程设计本身就是创造性思维,没有创造性思维,就谈不上设计。发散性思维与收敛式思维是创造性思维的一种。发散性思维提倡设计师开阔思路,思路越开阔,思维的发散量越大,有价值的答案出现的概率就越大。设计师思索多个方案或试探性地进行构思草图,就是思维流畅和发散性思维活动的真实记录。收敛式思维是指遵循逻辑推理,进一步完善发散性思维设想的方案,收敛的过程就是综合的过程、评价的过程。创造性思维的发散与收敛是对立统一的辩证关系,创造性思维一般以发散性开始,以收敛性结束。

(2)系统设计方法。系统理论、系统工程已经渗透到当今社会实践的各个领域,工程设计也不能例外。系统是由相互作用、相互依赖的若干部分结合成的具有特定功能的有机整体。系统方法就是从系统的观点出发,从事物的整体与元素之间及整体与外部环境的相互联系、相互作用的关系中,综合地考察和研究对象,来达到最佳解决问题的一种方法。系统设计方法就是设计师进行工程设计时的一种思维方法和工作方法,系统设计是按所要求的目标或目的,运用最优化的方法建立一个最佳系统的过程。系统设计的顺序是确定目标、进行系统设想、按照设计原理进行分解和全面分析、选出最佳方案、进行评价和设计。

(3)经验积累方法。一个优秀的设计师应该有一套自己的设计方法,不断地采用新技术和新方法来完成优质的工程设计。并且在设计方法上不断积累、概括和总结,提炼出科学的设计方法。设计师应该客观地评价自己,既要看到自己的进步又要看到自己设计方法的不足。设计师还要善于进行实践:首先,设计方法的积累是建立在实践的基础上的;其次,要将积累的设计方法投入到实际设计活动中去检验。

1.5.3 工程实施方法论

无论多么好的计划和方案都不会自动地变成现实,任何计划和方案都必须通过人的实践、人的操作实施才能变成现实。因此,工程实施是工程活动最关键的环节。工程实施的特征有以下几个方面[11]:

(1)工程实施有明确的目标性。工程实施与科学家的探索、发现和揭示等研究活动不同,工程实施从一开始就有明确的目标、具体的实现周期步骤和预期的工程结果。

(2)工程实施有鲜明的价值性。工程实施是为了使人们的物质和精神需求都得到满足,工程实施的根本目标是实现它的价值意义,工程实施结果取决于我们的评判标准。

(3)工程实施过程中的资源约束性。工程实施活动是改变世界和人们自身的实践活动,然而,无论改造还是构建都离不开客观规律的约束。在科学、技术、经济、社会、生态和环境众多方面的多重规律相互作用和资源约束的条件下,工程实施活动才能进行构建性活动。

常见的组织方式有以下几种[11]：

(1)平行承发包模式。工程业主将工程项目进行分解,分别委托几家承包单位进行建设,有利于提高效率,但不利于组织管理。

(2)总承包模式。工程业主把工程系统实施任务委托给一家施工单位,然后该承包施工单位再将其承包任务分包给其他施工单位,这种方式大大减少了工程业主的组织管理的工作量,但是由于业主与分包单位没有直接的承发包关系,从而增大了成本和质量控制的风险。

(3)承包联营模式。这种模式又称"共担风险",是目前国际上比较流行的一种承包组织方式。它是指若干企业为了完成某项项目施工任务而聚集各企业的人力、财力、物力,临时成立一个联营机构,以便和业主签订承包合同,等工程施工完成后,联营体便解散。这种方式使这个临时联营体实力增强、资源丰富,有利于工程的顺利实施。

(4)承包监理模式。工程业主将施工任务全包或分包给承包单位,然后再与社会监理机构签订委托监理合同,委托监理机构对工程承包单位进行监督管理。

1.5.4　工程评价方法论

工程在经过工程实施后,就进入运行阶段。在运行之前以及运行过程中都会涉及工程的评价问题。工程评价包括对工程的技术、质量、环境保护因素、投入产出效益、社会影响等多方面的综合评价,可以说是对工程的再认识问题。

工程评价按照时间可分为事前评价与事后评价。事前评价是指方案的预评价,其目的是确定项目是否可以立项。它是站在项目的起点,主要应用预测技术来分析评价项目未来的效益,以确定项目投资是否值得及可行。事后评价是在项目建成或投入使用后的一定时期,对项目的运行进行全面评价,即对投资项目的实际费用-效益进行审核。将项目决策初期效果与项目实施后的终期实际结果进行全面、科学、综合对比考核,对建设项目投资产生的财务、经济、社会和环境等方面的效益与影响进行客观、科学、公正的评估。通过项目活动实践的检查总结,确定项目预期的目标是否达到,项目的主要效益指标是否实现。通过分析评价,达到肯定成绩、总结经验、吸取教训、提出意见、改进工作、不断提高项目决策水平和投资效果的目的。

项目评价遵循以下基本原则[11]：

(1)保证评价资料的全面性和可靠性。

(2)防止评价人员的倾向性。

(3)评价人员的组成要有代表性、全面性。

(4)保证评价人员能自由地发表言论。

(5)保证专家人数在评价人员中占有一定比例。

(6)项目评价的内容要能满足审批项目建议书和设计任务书的要求。

(7)项目评价不但要考虑经济评价,还应结合工程技术、环境、政治和社会各方面因素进行综合评价。

(8)项目评价必须确保科学性、公正性和可靠性,必须坚持实事求是的原则,不允许实用主义和无原则的迁就。

工程项目的事后评价一般有三种基本方法[11]：

（1）资料收集。资料收集是工程项目事后评价中的一项重要内容和环节，可以召开专题调查会，请到会人员针对某一专题广开思路，各抒己见，争取获得有价值的信息。

（2）市场预测。为了与事前评价进行对比分析，事后评价需要根据实际情况对项目运营全过程进行重新预测。可以聘请有经验的专家，对工程项目做定性预测和分析，特点是简单、直观、费用较少。

（3）分析研究。资料的积累和经验的借鉴都必须经过专家的加工处理，采取一定的方法深入分析，发现问题，提出改进措施。事后评价的内容包括：目标评价、执行情况评价、成本效益评价、影响评价和持续性评价。

1.6　走近工程师

高等工程教育的目标是培养未来的工程师。对于大多数学生而言，修读工科专业的目的是成为工程师。那么，工程师是什么？工程师做什么？工程师如何做？怎样成为一名有成就的工程师？下面对这些问题做以简单介绍。

1.6.1　工程师及其职业变迁

工程师是一个具有悠久历史的职业，工程师的概念也随着时代的变迁和社会的发展而变化，不同历史时期对工程师的要求和解读有所不同。在古代，工程师概念与军事有关，主要指军事机械的设计者和操纵者以及建造城防工事的工匠，即"军事工程师"。随着时间的推移和技术的进步，工程活动变得愈来愈复杂，工程师工作渐渐从手工操作中解脱出来，他们与军人的联系也日渐弱化，工程师一词开始从军事领域扩展到民用领域，例如"民用工程师"（Civil Engineer，土木工程师）。随着 18 世纪产业革命的到来，工程师的含义发生了巨大变化。第一次产业革命后，机器生产逐步取代手工生产，规模较大的工程活动方式逐渐取代手工生产方式，成为社会的主要生产活动方式。工程师也发展为与工业家、普通工人和科研工作者并列的一种专门职业。再后来，工程师常用以指设计、制造或者维护发动机、机械、桥梁、铁路以及从事采矿工作等人员。进入 20 世纪后，随着科学和工程技术的迅猛发展以及工程教育的开展，工程师职业日趋分化和完善，工程师的社会地位也不断提高。现代意义上的工程师是一个比较复杂的概念，西方学者对其有不同的定义。例如，美国普渡大学的W. K. 乐博（W. K. Lebold）认为：工程师是产品生产过程或工程系统的开发者、设计者，应用数学和基本理论来解决工程技术问题是他们的典型工作。麻省理工学院原校长 K. T. 康普顿（K. T. Compoton）认为：所谓工程师者，乃运用数理化与生物诸科学以及经济学之知识，再济之以从观察、实验研究、发明所得之结果，然后利用大自然之质料与能力，以造福社会之人才。《简明不列颠百科全书》认为，工程的设计者称工程师，例如土木工程师就是房屋、街道、给排水系统以及其他民用工程的设计者。《牛津高阶英汉双解词典》（第九版）给出的解释：工程师是对机械、设备、桥梁、铁路、矿山等进行设计、建造或加以维护的人。"维基百科"给出的定义：工程师是指在工程专业领域使用知识来驾驭技术以解决实际问题的人。美国国家航空航天局（NASA）对工程师的描述为：工程师用数学及科学知识设计新的物品，构思新技术以解决新的实际问题。

在我国,工程一语古已有之,而从事工程活动或具有一定技能的劳作之人则称为"工匠"、"匠工"或"匠人"。工匠中技艺高者,成为身份高于普通工匠的匠人,并拥有"工师"等头衔。"工程师"作为 engineer 的译语,是在洋务运动时期才开始出现的,它是根据"工师"等近似的中文传统称谓而构造出的一个与西文相对应的词。1912 年,詹天佑创立中华工程师会之后,他们自称"工程师"。像詹天佑、吴仰曾、邝景扬、梁如浩这样的中国第一批近代工程师都产生于晚清留美幼童中。在他们的带领下,中国近代工程事业改变了被列强控制的局面,中国工程师开始出现在人们的视野中,其职业群体也不断壮大。《现代汉语词典》(第七版)对工程师的解释为:技术干部的职务名称之一。能够独立完成某一专门技术任务的设计、施工工作的专门人员。《应用伦理学辞典》对工程师的定义是:工程师是利用科学技术知识和设计谋略解决实际问题的认知主体。国内一些专家学者也给"工程师"下了不同的定义。何放勋认为[12]:今天的工程师是指那些具有坚实的数学、自然科学和工程科学基础,能够把工程原理和那些超出技术范畴的经济、社会、法律、艺术、环境和伦理等问题结合起来,从而去创造还没有的人工事物来为人类服务的一些人。任娟娟认为[13]:工程师是指那些在土木、环境、生物、电子信息等工程专业领域开展工程设计、开发、制造、管理、维护等方面活动的工程技术人员。关惠平等认为[14]:工程师是通指在工程学的一个范畴持有职业权威部门或机构认证的学术性学位或相等工作经验的人士,他们是工程活动的主体,也是工程建设的主要承担者。

尽管目前对工程师仍缺乏一个统一定义,但从上述定义也能看出,工程师应具有以下特点[1]:

(1)在工作领域方面,工程师不同于科学家,他们不能自由地选择自己感兴趣的问题进行探索,而必须解决工程专业领域中面临的实际问题。

(2)在工作职责方面,工程师承担工程领域的研究、开发、设计、制造(施工)、运行、维护、营销、咨询和教育等职责。

(3)在工作目的方面,工程师主要运用自身的科学知识和技术技巧去完成各类工程建构任务,工程实践本身即工作目的。

(4)在学历水平或工作经验方面,工程师须拥有工程学专业学位或拥有同等工作经验。

1.6.2　工程师的角色与作用

李伯聪等曾形象地比喻[15]:工程活动中,工程共同体的不同成员各有其特定的、不可取代的重要作用。如果把工程共同体比喻为一支军队,那么工人就是士兵,管理者相当于各级司令员,工程师是各级参谋,投资人则相当于后勤部长。从功能和作用上看,如果把工程活动比喻为一部坦克或铲土机,那么投资人就是油箱和燃料,管理者(企业家)就是方向盘,工程师就是发动机,工人就是火炮或铲斗,其中每个部分对于整部机器的正常运转都是不可缺少的。工程师是专业技术人员,一般受过高等教育,掌握一般人所缺乏的科学理论、专业知识和技能,他们运用所掌握的科学知识和先进技术,通过建构各种各样的工程,服务于雇主,造福于大众。可以说,工程师在工程活动中起着主导作用,决定工程建设的性质、水平和方向。

殷瑞钰等认为[7],工程活动的基本阶段与过程包括工程理念与工程决策、工程规划与设计、工程组织与调控、工程实施、工程运行与评估以及工程更新与改造。如从"工程链"的角度看,总的工程(项目或产品)过程大体上由规划决策(研究开发)、设计、施工(制造)、运行管理(营销服务)这四个阶段或四个具体过程构成。在这四个阶段,工程师均扮演着主要角色,发挥着主导作用。《不列颠百科全书》解释 engineering 范畴相对应的工程师职能是:research(研究)、development(开发)、design(设计)、construction(构建)、production(生产)、operation(操作)、management and other function(管理及其他职能)。总之,工程师在不同的工程阶段肩负着不同的职能,但其主要内容总离不开规划(研究与开发)、设计、实施(建造或生产制造)、运行管理等方面[1]。

在工程规划决策阶段,工程师要制订规划(计划)。规划可以有多种方案,需要通过可行性论证,从多种方案中选择、确定最佳方案,这就是决策。规划是一个能动的过程,方案的设计和决策必须充分发挥想象力、创造力、智慧力和意志力的作用,而这些能动力又必须建立在对经济、政治、文化等社会形势的客观分析,充分考虑环境、资金、技术、设备、工艺、人才等各种主客观条件的制约,尊重工程建设固有的客观规律的基础上[16]。在工程决策阶段,工程决策者和管理者在确定工程的目标,对工程的立项、方案做出决策时,必须充分考虑作为技术权威的工程师的建议。因为一项工程目标的选择除了要考虑社会需要和公众需求,更重要的是要考察在技术上是否可行,能够真正在工程中做出技术决策的是工程师。

在工程设计阶段,工程师是工程设计的执行者,承担着工程设计安全的职责。他们要根据工程的目标和约束条件(如技术、资源性能、成本等),依靠自身的知识和经验,设计、制订出工程的具体实施方案及行动计划,并保证技术上可行、经济上合理。工程师如果出现设计错误,就会影响整个工程或整批产品的质量,造成严重的经济损失。

在工程施工阶段,工程师既是现场施工(生产)的技术指导者和技术操作者,又是工程(技术)的管理者和实施目标的监督者。他们要通过技术知识对工程建造的材料进行选取,对建造技术进行优化与组合,对工人的操作规程进行规范,同时要监督工程活动是否按照原有设计进行,每个步骤的质量是否达到设计要求等。

在运行管理阶段,工程师(特别是管理工程师)除了负责对人员和资源进行调度及管理以保障工程的有效运行,还承担着验收和评估工程质量的任务。在任何一项工程结束时,工程师都要根据质量标准,对建造结果和各个环节的质量逐一进行验收及评估。

总之,工程师在工程的各个阶段都起着举足轻重的作用,他们不仅是工程的设计者和制造(建造)者,而且是现场施工的技术指导者、技术管理者和技术维护者,同时也是工程知识的创造者和工程技术的应用者。工程师是最有创意的群体,他们的"创意对象是产品,包括大型工程产品或者小型用具等"[17]。工程师在组织化的社会中主要是一种集成作用,工程师的任务是构建整体,也就是能够针对预定任务的要求,充分利用已有的资源——技术、工艺、原材料、配套元部件、装备、软件、标准等,对其加以组织、加工和集成,以较低的成本、规定的质量、较小的风险,在合同或计划预定的期限内,实现预定的目标[18]。

1.6.3　工程师的素质特征

中国工程院 2009 创新型工程科技人才培养研究报告《走向创新》中提出了新时代创新型工程科技人才(包括工程师)的胜任能力,具体体现在知识结构、能力结构和素质结构三个层面(图 1.1)。在此基础上,还应具备创新精神。

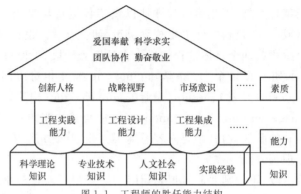

图 1.1　工程师的胜任能力结构

1.知识结构

创新型工程师要具备扎实的科学理论知识、专业技术知识、人文社会知识和实践经验。创新型工程师创新能力的形成过程,也是积累丰富的科学和技术知识的过程,只有及时掌握最先进的科学知识和技术知识,才能始终站在工程创新的前沿。培根说,"知识就是力量",但对工程科技而言,只有工程化的知识才能成为改造世界的强大力量。创新型工程师不等于应用科学家,他既基于自然科学,又基于社会科学,更要基于所积累的实践经验。

创新型工程师的知识结构还应该是一个不断适应、不断创新的动态平衡系统,它能适时地将不同的知识经过系统化、网络化后重新组合,既掌握自然科学,又涉猎人文社会科学,将科学知识和工程技术相互融合,将显性知识和隐性知识(专业经验知识)汇聚,将各种知识广泛交叉渗透,形成全方位的、综合的、立体的、动态的知识结构。

2.能力结构

创新型工程师的创新能力首先是以创新主体的知识结构、学习能力和创造技能的内在整合为基础,突出创新主体知识结构的复合性和学科交叉性,体现为创新型工程师要具有多元复合的工程设计能力、工程集成能力、工程实践能力以及其他相关能力和要求。

工程设计能力:创新型工程师应具备的重要能力。我国的工程科技水平欲进一步追赶并超越世界先进水平,必须大力提高工程设计水平。创新是从创意产生直至成功商业化的系统过程。创新型工程师在推进创新成功的过程中,把设计从研究与开发中分离出来,成为一项独立的重要技能。工程设计(特别是主导设计)是制定工程标准的关键。设计具有审美、情感化的思维形式,需要足够的文化自信来更新工程参数;设计达成的工艺水平、美观度、象征意义和人性化等"软"质量,可以使工程项目得到更大的增值。培养具有高水平的设计和开发人才,特别是创造性设计人才,是产业与工程创新能力的根本所在。

工程集成能力:工程集成是创新的重要手段。以信息技术为主要标志的高科技进步日新月异,高科技成果向现实生产力的转化越来越快,获取大量有价值的信息是有效创新的基础。因此,在技术资源日益丰富的时代,创新型工程师需要具有较强的信息获取、分析和整合能力,以及使用多种高效的信息数据处理工具和信息沟通设备的能力。工程师能够快速捕捉瞬息万变的信息,同时要更加重视多种技术的识别、选择、集成与融合,开展更多的工程集成工作,才能使自己在创新中立于不败之地。

工程实践能力:工程实践是创新型工程师培养中的一个极为重要的环节,是实现创新成果转化的重要途径。工程技术人员通过实践,不仅能够巩固所学的专业技术和理论知识,而且能够培养和提高灵活运用专业知识、发现问题和解决问题的能力。坚持学习专业理论知识，不断地把工作中的实际问题与学到的基础理论联系起来，不断地把学习到的理论知识运用到工作实践中去，是创新型工程师的基本能力。

知识学习能力：创新型工程师不可或缺的基本能力。在工程科技活动中，学习和补充所需知识与技能，进行知识储备，是工程科技创新和各项工作的基础。只有达到了相当的知识水平才能具有较高的认知能力，把握技术创新的方向，实现高水平的技术突破。在现代工程科技领域，知识更新快，这就要求工程技术人才具有较强的获取新知识的能力，坚持终身学习，不断更新知识，能从科技创新活动的要求出发，快速掌握所需的知识，构建广博而精深的知识结构，善于运用科学方法和科学手段，解决科技问题，实现工程科技创新。

创造性思维能力：能突破传统观念，学会创造性思维，并具有敏锐的观察力、丰富的想象力和开拓新领域的能力。创造性思维能力是开展技术创新的重要方面，创造性思维是技术创新的灵魂。凡是创新活动都离不开创造者的创造性思维，因此，技术创新者应具备创造性思维的能力。以渐进式或突进式两种飞跃方式，升华所出现的思想闪光和顿悟，从而形成具有社会价值的新的观点、新的理论、新的技术、新的方法和新的产品。

开拓创新能力：在工作中改进工作效率和解决复杂疑难问题的能力。许多现代工程科技涉及高技术、高风险的尖端技术，可以引领相关学科和工业技术的发展，它不仅需要工程科技人员对事业的兴趣和热爱，更需要开拓和创新能力，能够承受挫折和失败，要勇于突破权威、突破技术，要敢于超越、不断创新，只有这样，才有可能实现工程科技领域的重大突破。

创新能力的综合要求：创新型工程师从事创新活动，需要各种能力，绝不是单凭一种能力或某几种能力就能达到创新预期目标的。要使创新型工程师创造出符合社会意义和个人价值的具有独特性和革新性的产品，就必须使创新能力构成要素联成一个整合体，发挥主体创新综合效应。

3. 素质结构

创新型工程师的素质不仅包括主体的创新人格、驱动创新的战略视野和市场意识等，还包括创造精神。这些素质在组织创新氛围的影响下，通过相互作用，促进创意的产生和创新的推进。

创新人格：创新人格是创新主体个性特质和创新精神的内在整合，它是创新能力发挥的内驱力。创新的个性特质可表现为探索精神、好奇心、锲而不舍、合作精神、拼搏精神、职业素养等素质特征，创新精神是融合在这些个性特征中的表征和实质。

战略视野：创新具有不确定性和风险性，创新的资源在一定的时空条件下是有限的，从战略高度对技术创新进行科学的判断是保证创新工作高质量、高速度、高效率进行的首要条件。为此，大型工程项目必须运用系统的战略思维方式来分析、处理和部署从研究、开发到技术创新的各个环节和方面。

市场意识：培养市场意识是提高创新主体的创新能力的关键。现代创新理论认为，推动创新的根本动力，来源于市场与生产的需求，这种推动力已经大大超过了新知识本身发展的推动力。人们将它概括为"需求是技术创新之母"。从客观来看，工程创新来源于社会需要。因此，培养创新主体的市场意识，有助于培养创新者的市场洞察力，把握市场与用户的潜在需求，这是创新成功的关键。

创造思维：培养创新主体的创造思维，需要理解创造思维能力是抽象思维与形象思维、发散思维与聚合思维、横向思维与纵向思维、逆向思维与正向思维、潜意识思维与显意识思维的有机整合体，需要培养创造思维的独创性、变通性、流畅性、敏锐性和精密性等。

4.创新精神

创新型工程师不仅需要较高的智力因素，也需要较高的非智力因素，非智力因素甚至比智力因素更为重要。有创新思维而没有勇气胆识、献身精神和坚强意志，不可能完成艰巨的工程创新过程。创新型工程师一般应该具备以下几个方面的价值观和精神面貌。

爱国奉献精神：中国航空航天产业之所以取得卓越成就，是因为航空航天工程师具有"以国为重、以人为本、以质取信、以新图强"的价值观，具有崇高理想和爱国主义的民族精神，具有立志为发展祖国的航空航天事业奉献青春的责任感和使命感，具有对科学技术事业执着追求的毅力。在钱学森等老一辈航空航天科技工作者身上，充分体现了"特别能吃苦、特别能战斗、特别能攻关、特别能奉献"的航空航天精神。

科学求实精神：工程创新是在约束条件下的再创造。对业务精益求精和对科学技术努力钻研学习，具备扎实的基础知识和很强的学习能力，善于思考，勤于思考，博学笃行，切问近思，不断吸收先进的科学技术知识，并将其转化为工程应用。

团队协作精神：现代工程专业面很广，综合性极强，学科门类多，学科知识更新快。仅凭个人的知识和经历，不可能在专业领域取得有影响的技术创新成果。在现代科研工作中，团队精神、集体力量、团结合作是科研工作取得成功的重要保证。

勤奋敬业精神：做事要有敬业精神，有进取心，对于工作和任务具有强烈的责任心，能尽个人最大努力把它做到最好。有责任心，才能有使命感，才能自觉地融入科研事业，勇于负责，敢于承担任务。

1.6.4 工程师的成才特征

研究表明，工程师的成才具有显著的差异性。主要表现在以下三个方面。

1.年龄特征：成才周期较长

科学人才一般有一个相对集中的创造高峰期，而工程师的成长需要更长时间的工程实践锻炼和积累。所以，工程师的成才时间（创造高峰期的来临）要比科学人才晚5～10年，但是创造高峰期会持续较长时间，形成一个创造高峰平台（图1.2）。这是由工程科技的特点决定的，高层次工程师的成长需要长时间的工程实践的积累，其经验形成后会持续保持并能够得到不断的丰富。

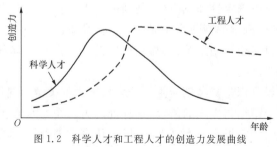

图1.2 科学人才和工程人才的创造力发展曲线

根据对245位院士成才情况的统计分析，工程技术人员在大学本科毕业后一般经过

10～15 年的成长期,开始在学术上崭露头角,发表代表性论文或取得有显示度的科技成果。到 40 岁左右时,逐步成为项目或工程负责人,担当重任。再经过 5～10 年的工程技术积累,一般会在工程方面取得突出成就。在 41～55 岁获得国家和省部级奖励,其中少数贡献突出、成就较大的当选为院士,多数还要经过 10 年左右的成熟期,才能得到科技界的肯定和社会的认可。在 51～60 岁时最有可能当选为院士。因此,从大学毕业到具备院士的条件一般要经过 25～35 年的成长、积累和成熟期,这是工程技术人才成长的一般规律。

因此,从校园毕业进入企业的前 15～20 年非常关键。如何在这 15～20 年中培养和造就工程人才,如何在珍贵的 15～20 年科学地使用与多方面激励人才,提供科技创新的珍贵机遇与发展条件,使他们在人生最黄金的阶段多出成果、出重要成果,是培养未来创新型工程师重点要思考的问题。

2.成长特征:岗位成才

教育成才与岗位成才相结合是培养创新型工程师的主要规律(图 1.3)。

首先,大学前教育是创新人才的重要基础。优秀的创新型工程师一般都受过良好的基础教育。

其次,高等教育是创新人才培养的重要平台。高等教育肩负着培养创新人才的重大历史使命,是创新人才培养的重要平台之一,对经济

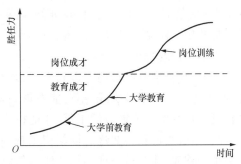

图 1.3　工程师胜任力发展阶段

建设和社会发展具有重要的促进作用。高等工程教育是创新型工程师培养的基础,是培养具备"献身、负责、求实"精神,能适应职业需求并能持续发展的宽口径工程师的第一阶段。

最后,岗位成才是创新能力持续提高和实现创新价值的重要途径。工程师工作岗位的工程实践可以综合利用学习和积累的知识与技能,发现并分析存在的问题,激发自己的创新潜力,实现技术上的突破和产品的创新,并在创新中提高自身的创新能力,实现创新价值。研究表明,成功的创新型工程师从学校毕业后,一般要经历工程实践锻炼、实践性的工程科技探索、工程科技的创新和工程科技的项目管理,最后成为技术带头人或者主要经营管理者。在工程师的岗位成才过程中,由于工程科学技术的迅猛发展,知识更新周期加快,一劳永逸的"一次性教育"在今天的时代背景下已不复存在。现阶段创新型工程师的培养,单靠学校的课程教学、实验教学等是无法完成的。工程类科技人员的教育除了要加强不断更新的科学基础教育外,还要努力实施和强化适应性的专业技能的终身教育和持续的岗位锻炼。

3.环境特征:团队育才

现代工程越来越趋向大型化、复杂化和多样化,任何一项工程都不是个人所能完成的,而需要多方协作努力。因此,基于大型复杂项目的创新型团队是工程领域进行科技研发、创新的主要组织形式。各工程专业领域的调查研究表明,创新型工程师的形成高度依赖于良好的团队环境。创新型团队的主要特征可以概括为以下五个方面:

其一,优秀的团队负责人。创新型工程科技团队的领导一般是重大项目的负责人,或是某学科的学术带头人,或是优秀的工程科技专家。他们要协调团队人员的工作,增强团队的向心力和凝聚力;他们要具备战略眼光,为团队建设和发展做战略规划;他们要成为团队与组织间沟通的使者,以利于更好地实现团队绩效和组织目标;他们要保留大的决策权,有效

配置团队资源以提高资源利用率。同时,团队领导还应注意自身素质的提高和领导风格的转变,以适应外部环境对团队发展的需要。卓越的团队领军人物是优秀创新型工程科技团队的核心,更是创新型工程科技团队建设成功的关键。作为团队的核心人物,要具有思维超前、学术精湛、品德高尚、凝聚人才的领军才能,这样才能带领团队成员团结协作,刻苦攻关,在科学研究和人才培养中取得辉煌成就。

其二,优良的人员结构。创新型工程科技团队需要优良的人员结构,从而使团队整体的知识结构和专业结构更趋合理。创新型工程科技团队是典型的知识信息共享与内生知识和经验平台,团队所表现出来的能力远远高于成员个人能力的简单叠加。创新型工程科技团队的人员结构应日趋合理化,形成科学合理的人才生态群落。在知识结构上,未来的创新型工程科技团队需要拓展知识的外延;在人才选拔上,注重个体的智能结构,以便形成团队的智源库;在专业结构上,工程科技创新需要一支具有高学历、高素质、高效率和敢于创新的技术人员队伍。团队成员知识结构合理,优势互补,学科交叉,资源共享,这是优秀创新型工程科技团队形成与发展的基础。

其三,获得项目的机遇。创新型工程师需要在大型工程项目的建设中锻炼成长。没有大量、丰富的工程项目实践,不可能造就高素质的创新型工程师。只有经过企业的实际体验才会发现自身知识或能力的不足,才能得到提高,成为一名优秀的工程科技人员。

其四,鼓励创新的文化。创新型工程科技团队需要建设以学习型文化为核心的特定创新文化。首先,要营造一种支持性的创新氛围。创新型工程科技团队的成员通常来自组织的不同部门,组织应该鼓励科研人员自由组合,为创新型工程科技团队提供必要的物质资源和精神支持。其次,要营造学习文化。学习能力是未来创新型工程师必须具备的能力之一,倡导求真务实、勇于创新的科学精神,倡导团结协作、淡泊名利的团队精神;倡导学术自由和民主,鼓励敢于探索、勇于冒尖,大胆提出新的理论和学说,激发创新思维,活跃学术气氛,努力形成宽松和谐、健康向上的创新文化氛围。

其五,高效管理和运作模式。创新型工程科技团队因其知识和能力的有机凝结而成为一种能力放大机制,它具有高倍放大的性质,特别是在创新、适应性方面表现出巨大的能力。若要使这种能力放大机制有效运作,未来需要对创新型工程科技团队进行高效的职业化管理。

习题与思考题

1. 为什么工程有不同的定义?你最认可的是哪一种,为什么?

2. 请列举一个你比较熟悉或感兴趣的现实工程,剖析它具备哪些基本特征(至少5个)。

3. 请列举一个你比较熟悉或感兴趣的现实工程,通过查阅相关文献,分析说明该工程主要应用了哪些科学原理,采用了哪些关键技术以及包含了哪些工程活动,并说明科学、技术和工程之间的关系在该工程中是如何体现的。

4. 就工程的学科分类而言,举出 1～2 个你最感兴趣的工程学科,说明你感兴趣的理由和你对未来职业的期望。

5. 请列举一个或多个现实工程,分析说明工程与社会、经济、文化、生态之间的关系。

6. 工程方法论对工程设计、实施、评价具有什么指导意义?

7. 请结合工程实例说明工程师的社会作用。

8. 工程师应该具备什么样的知识、能力、素质结构? 它们对从事工程职业的必要性是什么么?

9. 分析说明大学前教育对形成工程师知识、能力、素质结构的作用。

10. 为了形成良好的工程师知识、能力、素质结构,你对自己的大学学习有什么样的规划?

参考文献

[1] 王章豹.工程哲学与工程教育[M].上海:上海科技教育出版社,2018.

[2] 尹文娟.工程哲学视域下"工程"与"engineering"的转译不对称分析[J].自然辩证法研究,2017,33(8):33-38.

[3] 刘则渊,许振亮,庞杰,等.现代工程前沿图谱与中国自主创新策略[J].科学学研究,2007(2):193-203.

[4] 成虎.工程管理概论[M].2版.北京:中国建筑工业出版社,2011.

[5] 蔡乾和.哲学视野下的工程演化研究[M].沈阳:东北大学出版社,2013.

[6] 沈珠江.论工程在人类发展中的作用[J].中国工程科学,2007(1):23-27.

[7] 殷瑞钰,汪应洛,李伯聪,等.工程哲学[M].3版.北京:高等教育出版社,2018.

[8] 汪应洛.迫切需要树立当代工程观念[N].学习时报,2007-11-19(7).

[9] 汪应洛.以当代工程观引领工程教育改革[N].中国教育报,2007-11-13(12).

[10] 汪应洛.当代工程观与工程教育[J].中国工程科学,2008,10(3):17-20.

[11] 王宇.工程方法论初探[D].西安:西安建筑科技大学,2013.

[12] 何放勋.工程教育范式演变与工程师责任[J].煤炭高等教育,2006,24(3):38-40.

[13] 任娟娟.工程师群体的地位获得问题研究——以西安市高新技术产业示范区为例[D].天津:南开大学,2013.

[14] 关惠平,李文渊,徐涛."卓越计划"之工程师伦理责任教育[J].教育与教学研究,2014,28(5):101-104.

[15] 李伯聪等.工程社会学导论:工程共同体研究[M].杭州:浙江大学出版社,2010.

[16] 徐长山.论工程系统[J].自然辩证法研究,2009,25(1):69-75.

[17] 李曼丽.工程师与工程教育新论[M].北京:商务印书馆,2010.

[18] 张济生,王成.工程集成与工程师知识结构的优化[J].高等工程教育研究,2005(6):70-72.

第 2 章　工程伦理

2.1　导　言

近年来,随着我国经济的飞速发展,城市化进程不断加快,对工程技术人员的综合素养要求也越来越高:一方面,要求掌握扎实的理论技术;另一方面,也要求必须具备职业道德和工程伦理。在工程实践活动中会涉及法律、生态、历史保护等相关领域的问题,解决工程实践中出现的这类问题,是广大工程技术人员不容回避的现实,需要工程技术人员同时具备较好的专业能力和工程伦理素养。在我国教育部的倡议和领导下,2014 年全国工程专业学位研究生教育指导委员会开始启动工程伦理课程的建设,呼吁加强对工科人才的工程伦理教育。

根据《工程教育认证标准解读及使用指南(2020 版,试行)》毕业要求之"3.8 职业规范",要求学生具有人文社会科学素养、工程职业道德和社会责任感,能够在工程实践中理解并遵守工程职业道德和规范,履行责任。"工程职业道德和规范"是指工程团体的人员必须共同遵守的道德规范和职业操守,其核心要义是诚实公正、诚信守则。工程专业的毕业生除了要求具备一定的思想道德修养和社会责任,更应该强调工程职业的道德和规范,尤其是对公众的安全、健康和福祉,以及环境保护的社会责任。

针对工程教育认证标准对工程职业道德和规范的要求,以及工程技术本身引发的健康(Health)、安全(Safety)、环境(Environment)以及社会(Society)等工程伦理问题。本章首先阐述道德规范与工程伦理基本概念、联系与区别,然后围绕工程风险、工程价值、工程环境、工程职业四个工程实践方面的伦理问题,分析其伦理原则和方法,最后提出工程伦理分析技术和基本规范,从而培养学生的伦理意识和伦理责任,提升学生的工程伦理分析技术和决策能力。

通过本章工程伦理知识的学习,学生能够明确工程伦理基本概念,具有工程伦理问题的敏感性,理解工程师对公众的安全、健康和福祉,以及环境保护的社会责任,能够在工程实践中自觉履行责任,掌握工程伦理的基本行为准则,在工程实践中遇到伦理困境时做出理性决策。

2.2　伦理学与工程伦理问题

2.2.1　伦理、道德与法律

伦理学是哲学的一个分支,研究个人、团体或社会所执行的对与错行为。伦理学定义了善、恶、对、错、美德、正义和犯罪的概念,其中大多数与人类道德有关。工程伦理(Engineering Ethics)是伦理学的一个分支,主要研究与工程有关的个人和组织所面临的道德问题和决策方法,以及研究与技术发展有关的人与组织相互关系时应遵循的基本准则。

伦理和道德在英语中的概念分别来源于拉丁文中的 moralis 与希腊语中的 ethos[1]。在古罗马时代，一位思想家用拉丁文中的 moralis 作为希腊语 ethos 的翻译词，导致二者形成了密切的关系，出现了一些学者对"道德"与"伦理"及"道德认同"与"伦理认同"等概念的随意混用现象。但是也有一些学者指出二者是不相同的，道德（normal）一词更多包含了美德、德行和品行的含义[2]，"道"是指做人的根本原则与方法，但此做人的原则与方法有其本体论、存在论基础，不是任意为之。德则有三个最基本方面：其一为循天道，是循具有必然性的成人之道；其二为诚，是表里一致、言行一致；其三为正，为人正直。二字合用指个体在心性上对宇宙人生奥秘的领悟和把握，以及由其而形成的德行。伦理专门用于指人与人的交往关系。理的引申为事物的内在机理、秩序，二者合用是人们处理相互关系应遵循的行为准则。把"伦理"与"道德"关联起来发现，这两个概念区别在于道德更突出个人因为遵循规则而具有德行，而伦理突出依照规范来处理好人与人、人与社会、人与自然之间的关系。道德更倾向于个体的意识，行为与准则、法则的关系，是个体性、主观性的；伦理侧重社会这个共同体中的人与人之间的关系，是社会性、客观性的。

伦理是基于一定的规范来处理各种关系的，伦理规范反映了人与人、个人与共同体相互关系的要求，并通过在一定情况下确定行为的选择界限和责任来实现[3]，规定了应该做的以及不应该做的。根据伦理规范在社会上的认可程度，主要将其分为两类：一类是制度性的伦理规范，另一类是描述性的伦理规范。对于制度性的伦理规范，它有着明确的界定和判断标准，对有关的行动者都明确进行判定，对其进行着约束，他们都承担着相关的责任问题。而描述性的伦理规范没有清晰的界定标准，只是用来解释某种行为是否恰当，因此在执行中往往会遇到关于界定的争论。对于社会中一些新产生的行为，缺乏相关制度性的伦理规范，只能由描述性规范逐渐探索与实践，最终再形成制度性规范。

同样作为规范、准则，除了道德与伦理之外，还有法律，它们的区别在于法律通过设置一些必须要满足的限制条件来防止非法行为的发生。法律是以正义为其存在的基础，以国家的强制力为其实施的手段者，构建社会上人与人之间关系的规范。法律是建立在伦理道德之上的，伦理有时也需要依靠法律这种强制执行力。道德不是法律，法律可以说是道德规范，现今的法律就是对道德的进一步规范，也可以说现在的法律就是现代社会的基本道德标准。法律与伦理的关系如同道德与伦理的关系，法律是对道德与伦理的维护，即法律包含道德，道德包含伦理，伦理影响道德，道德影响法律[4]。虽然伦理没有法律这种强制执行力，但是工程活动必须遵守基本的伦理原则。

2.2.2　工程伦理学

在第一次工业革命下，新的工业活动出现，工程师这个职业也随之出现，在之前都是工匠。19 世纪早期，成立了首批职业工程学会，如 1818 年在英国成立的土木工程师学会，是最早的工程师职业组织。18 世纪欧洲资本主义迅速发展，西欧与印度间贸易日益频繁，英国在与其他国家竞争中逐渐取得优势，这时在交易过程中工程师的责任问题开始出现。随着 19 世纪工业不断地演进，工程学逐渐发展成为专门职业，大多数工程师认为自己是独立职业从事者或大型企业的技术员工。在 19 世纪末期与 20 世纪初期，由于发生了一系列重大的结构损坏事件，比如阿什塔比拉河铁路灾难（Ashtabula River Railroad Disaster，1876年）、泰河桥灾难（Tay Bridge Disaster，1879 年）、魁北克桥灾难（Quebec Bridge Disaster，

1879年),这些灾难给工程职业带来了深刻的冲击,迫使整个行业积极面对技术与建筑工作所存在的许多问题,并且思考伦理规范是否存在瑕疵。为回应这些冲击,大多数的美国州政府与加拿大省政府发布规定,要求工程师需要执业资格,或者通过特别立法,赋予同业工会发给职衔的权利。比如加拿大规定,假若工程师的工作领域可能会对生命、健康、财产、公共福祉、环境造成任何风险,则必须领取执照。自20世纪70年代起,工程伦理学在美国等一些发达国家开始兴起。在20世纪80年代,美国工程和技术鉴定委员会(ABET)便明确要求凡欲通过鉴定的工程教育的修订本需要包含工程伦理的内容。法国、德国、英国、加拿大、澳大利亚等工业发达国家的各类工程专业组织也都制定了本专业的伦理规范。20世纪90年代中期,中国台湾工程界和教育界也把工程伦理素养作为工程师必备专业素养的一部分,并在高校中开设了工程伦理课程,这标志着工程伦理学的壮大发展。中国大陆工程伦理学的研究晚于法国、德国等国家,1999年肖平的《工程伦理学》出版,标志着中国工程伦理学的诞生。2007年首届国际工程伦理学学术会议在我国浙江杭州召开后,国内工程伦理研究开始逐渐增多,相关论著也逐渐增多。

工程伦理学的发展壮大主要得益于职业注册制度的确立,工程教育认证的兴起,工程师团队伦理章程的发展与完善,工程伦理学的形成与发展。随着这四方面的推动,一门新型的学科由此诞生。工程伦理学作为一门新的学科,它具有历史性、社会性、复杂性的特点。历史性主要是与发展有关,从第一次工业革命到当今社会,不断涌现出新的工程问题,这也就出现了新的伦理问题,并随着时代的变化而不断完善;社会性是由于它与多方面的利益相关,工程问题涉及众多的参与人员,每个人都有自己的利益诉求,导致了社会因素的众多参与;历史性与社会性的出现也带动了它的复杂性,主要就是诸多影响因素的相互交织,使得工程伦理学问题变得更加错综复杂。

随着工程伦理学这门学科的不断完善,至今形成了四种主要思想:功利论、义务论、契约论和美德论。功利论关注行为的后果,强调的就是功利最大化,追求的是大多数人的最大利益。将其应用在工程活动中,功利主义就是工程师在履行职业义务时应当将公众的安全、健康和福祉放在首位。功利主义不考虑一个人的动机与手段,侧重考虑的是实施行动后的结果能不能带来最大的快乐,这种思想是在18世纪末和19世纪初期由英国哲学家Jeremy Bentham和Charles F. Bahmuller提出的。功利主义一般遵循三个原则:根据结果去判断行为的对错;判断是非的标准是大多数人的最大幸福;每个人只能被当作一个个体来计算,而不能被当作一个以上的个体来计算。义务论也可以被称为道义论、本务论,它关注行为的动机,指人的行为必须要遵守某种道德原则或者按照某种正当性去行动的道德理论。朱贻庭指出义务论认为判断人的行为是否符合道德,不是看行为产生的后果,而是看行为本身是否符合道德规范,动机是否善良,是否出于义务心等[4]。义务论认为正确的行为是那些尊重个体的自由所要求的原则,它更多关注人们行为的动机,强调行为的出发点要遵循道德规范。契约论最早来源于古罗马时期,当时提出了契约自由的理论。契约论以契约为核心,通过一个规则性的框架体系,将个人行为的动机和规范伦理看作一种社会协议。事实上,如今的大多数伦理规范正是由原始的传统风俗以及行为习惯经过订立不同形式的契约最终形成的。它作为伦理学中的一个重要思想,目的是通过契约的形式,构建起某种伦理行为规范。伦理学思想中需要人进行自我分析的便是美德论,它是指以个人内在德行完成或完善为基本价值(善与恶、正当与不正当)尺度或评价标准的道德观念体系,以行为者为中心。核心的问题是:我要成为什么样的人？它注重美德、品行,而不是行为的动机或者结果的好坏。以上四种思想在发展的过程中不断交融,也促进着工程伦理不断向前发展。

工程伦理学的内涵主要包括两个方面,分别是从规范意义和描述意义上来界定。从规范意义上,工程伦理学一方面是等同于道德的,它包括相关人员的责任和权利;另一方面工程伦理学是研究道德的学问,是研究工程实践中道德的决策、政策与价值。从描述行为来看,一方面主要是看工程师类似的团体如何利用伦理学问题,另一方面就是社会学家对伦理学的研究。工程伦理学研究范围包括两个层次的道德现象:一是工程师个人的道德观念、道德良心、道德行为;二是工程组织的伦理准则。另外,工程伦理学又可分为狭义的工程伦理学与广义的工程伦理学[6]。狭义的工程伦理学是指将工程伦理学定义为工程师的职业伦理学。因为工程师是活动的主体,在工程活动中往往起着非常重要的作用。这种狭义的定义的研究也取得了许多重要的研究成果,它不仅促进了工程师以及工程共同体的伦理自觉和伦理水平,还推动了工科大学生的职业伦理教育。而广义的工程伦理学关注的不仅仅是工程师的职业伦理,还关注着工程活动全过程的相关人员的道德决策和行为,以及这些道德决策对工程活动产生的影响。这种广义的定义脱离了严重的束缚,大大扩展了工程伦理学的研究范围和空间。

2.2.3　工程伦理基本问题

工程实践中主要的工程伦理问题包括:工程风险伦理问题、工程价值伦理问题、工程环境伦理问题和工程职业责任伦理问题,如图 2.1 所示。工程风险伦理问题是由于工程内部技术、外部环境和工程活动中人诸多因素的不确定性引发的工程风险,以及涉及的社会伦理问题。工程价值伦理问题表现在:工程为谁服务？为什么目的服务？公平公正的确定工程实践中利益攸关方和社会成本承担问题。工程环境伦理问题包括自然界的内在价值问题、自然界和生命的权利问题以及人与自然和谐发展问题。工程职业责任伦理问题是指工程师作为一种职业形式,在工程实践中应如何遵循伦理章程、伦理规范,如何建立理论责任意识,提升职业伦理的决策能力。

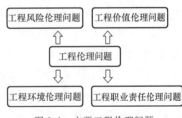

图 2.1　主要工程伦理问题

处理工程伦理问题的基本思路包括:

(1)培养工程实践主体的伦理意识。

(2)利用伦理原则、底线原则与相关情境相结合的方式化解工程实践中的伦理问题。

(3)遇到难以抉择的伦理问题时,需多方听取意见。

(4)根据工程实践中遇到的伦理问题及时修正相关伦理准则和规范。

(5)逐步建立遵守工程伦理准则的相关保障制度。

一般意义上来说,处理好工程实践中的诸多伦理问题,行为者首先需辨识工程实践场景中的伦理问题,然后通过对当下工程实践及其生活的反思和对规范的再认识,将伦理规范所蕴含的"应当"转化为自愿、积极的"正确行动"。

面对工程实践中的伦理问题,要掌握伦理行为的基本准则:人道主义原则、社会公正原则、人与自然和谐发展原则。人道主义原则是处理工程与人关系的基本原则,它主要提倡的思想就是关怀与尊重,主张人人平等,以人为本;社会公正原则是处理工程与社会关系的基本原则,用来协调处理工程与社会各群体关系,做到尽可能的公平、知情同意,同时还要兼顾好群体的未来发展等问题;人与自然和谐发展原则是工程与自然关系遵守的基本原则。自然是人类赖以生存的物质基础,在工程实践中要尽量减少对环境的破坏。基于伦理的这三条基本的原则,逐渐形成更多的行为准则,制定出更合理的规范。伦理学规范是指特定社会处理人与人、人与社会、人与自然之间关系的一般原则,它明确了行为者的选择原则、范围,以及相应的责任,同时规定了什么是应当做的,什么是不应当做的。

2.3 工程风险伦理

2.3.1 工程风险

在进行工程活动中,由于工程内部技术、外部环境和工程活动中人诸多不确定性因素,总会出现一些突发的、无法预料到的事故,这就形成了工程风险。广义上的风险表示事故形成过程中的不确定性,体现了危险出现的概率、发生何种事故的概率以及导致何种损失的概率。危险指事物所处的一种不安全状态,在这种状态下,将可能导致某种事故或一系列的损害或损失事件。事故指一种可能造成人员伤害或财产损失意外事件。狭义上的风险指侧重事故所造成的损失,体现了这种不确定的损失期望值。根据国际标准化组织的定义(ISO 13702),工业中风险特指特定危险事件发生的概率与后果的结合。工业中的风险又称工程风险,描述了工业系统危险程度的客观量,用 $R = f(P, L)$ 表示(P 表示 Probability,L 表示 Loss,R 表示 Risk)。工程风险度 R 具有概率(P)和后果(L)的二重性。

工程风险总是伴随着工程活动,这是工程本身的性质导致的。一般来说工程风险主要由四种因素造成:技术的不确定性、环境的不确定性、人为因素的不确定性和管理的不确定性。技术因素属于工程内部物的因素,例如零部件磨损和老化,安全防护装置失灵,物质的堆放、整理有缺陷等。环境因素是不可控的,比如岩石、地质、水文、气象等自然环境的异常,又如照明、温度、湿度、通风、采光、噪声、振动、空气质量、颜色等生产环境的不良。人的因素包括设计理念缺陷、施工质量缺陷、操作人员渎职,这都会带来工程的风险问题。管理因素包括工艺流程、操作方法存在缺陷,劳动组织不合理,人员选择不当和教育培训不够等。工程风险是在实际工程项目中客观存在的、影响工程项目目标实现的各种不确定性因素的总和。

随着工程活动的不断增多,对工程风险的研究也形成了比较完善的理论体系。工程风险包括宏观风险、政府风险、经济风险、环境风险等。宏观风险贯穿整个工程的寿命周期。同时对工程起着至关重要的作用,对宏观环境的忽视往往会对工程造成无法挽回的损失。而国内工程的宏观环境和国际工程的宏观环境又不尽相同,这就为国内企业在国际工程上提供了难题。政府风险主要是指战乱风险、政策变动风险、恐怖袭击风险、政府信用、办事效率以及为政治目的服务的一些限制性政策风险,甚至出于对本国企业的保护而对外来企业设置的一系列限制。经济风险指经济方面因素的影响导致我国企业蒙受损失的情况,包括通货膨胀风险、外汇风险、利率变动等。环境风险包括自然风险和社会人文风险。从自然环境来看,施工项目所处地的地质条件、水文气候、季节交替等都会为工程带来影响,如施工工期应尽量避开雨季。从社会人文来看,民族习俗、公共服务、生活习惯都会影响工程的进行。

风险等级常被分为红、橙、黄、蓝四级。红色表示高风险,即不可接受的风险,需要采取紧急措施,降低风险到合理水平才能恢复工作。橙色表示中等风险,即不期望有的风险,需要努力降低风险,在规定的时间内恢复正常工作。黄色为较低风险,为有限接受的风险,评审是否需要另外的防御控制措施。蓝色为低风险,表示可以接受的风险,可以正常运行,见表 2.1。

表 2.1　风险等级划分与风险预警控制

风险等级	预警色	风险预警控制
Ⅰ(高)	红色	不可接受的风险。紧急出动,采取措施降低风险到合理水平方可恢复工作。
Ⅱ(中)	橙色	不期望有的风险。集结待命,降低风险在规定时间内恢复工作。
Ⅲ(较低)	黄色	有限接受的风险。原地待命,考虑是否需要另外的控制措施。
Ⅳ(低)	蓝色	可以接受的风险。正常运行。

2.3.2　工程风险伦理问题

工程风险评价不仅需要通过复杂的理论计算获取准确的风险度(R)值,还需要建立合理的安全指标(Rc)值。工程风险评价核心问题之一就是建立"工程风险在多大程度上是可接受的"准则,其本身就是一个伦理问题,即工程风险可接受性的社会公正问题,既要考虑现有技术水平、社会经济能力,又要反映公众的价值观、工程灾害的承受能力。

制定可接受风险安全指标(Rc),除了考虑人员伤亡和财产损失外,环境污染和对人的健康潜在危险影响也是一个重要因素。如美国国家环保局和国际卫生组织颁发的《致癌风险评价准则》《健康手册》《环境评价手册》等,都是风险安全指标(Rc)制定的评价依据。不同行业由于其自身的特殊性,风险评价标准也各不相同,但是风险评价标准的制定必须具有科学性和可操作性,即在技术上是可行的,在应用中具有可操作性。

工程风险虽然不可能完全消除,但是可以对其进行有效管理,我国目前形成了比较完善的工程风险管理体系。风险管理是指企业通过识别风险、衡量风险、分析风险,从而有效地控制风险,用最经济的方法来综合处理风险,以实现最佳安全生产保障的科学管理方法。如图 2.2 所示,做好风险管理,要降低风险度[$R = f(L,P)$],首先是提高保护措施,降低事故造成的损失(L),要进行好施工全过程的检查、监督与管理,消除各种不利因素,使工程项目都符合标准。其次就要提高预防措施,降低事故的可能性(P),从重复性的事故以及可能出现的事故两方面入手,做好事故的防范工作。最后还要做好事故的应急处置,将事故对环境和财产造成的损失降到最低限度。

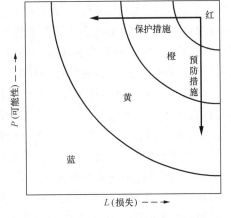

图 2.2　风险预防与保护措施影响示意图

对于工程风险评价的结果,人们往往认为风险度越小越好,实际上这是一个错误的概念,减少风险是要付出代价的。无论减少危险发生的概率还是采取防范措施使发生危险造成的损失降到最小,都要投入资金、技术和劳务。通常的做法是将风险限定在一个合理的、可接受的水平上,根据影响风险的因素,经过优化寻求最佳的投资方案。在风险水平和成本之间做出一个折中,即为最低合理可行(As Low as Reasonably Practicable,ALARP)原则,又称为"二拉平原则"。任何系统都有一定的风险,没有绝对的安全。从这一观念出发,可以认为安全就是一种可以容许的危险。但需要确定,系统中的风险度小到什么程度,才算是安全的。进行定量安全评价时,将计算出的系统的风险度与已确定的、公认为安全的风险度数值进行比较,以判别系统是否安全。这个安全风险度数值就叫作安全指标,它是根据多年的经验积累并为公众所承认的指标。一般称社会公认的安全风险度数值为安全指标(Rc),即要求风险度(R)不大于安全指标(Rc)。

2.3.3　工程风险伦理原则

在制定工程风险评价原则时要遵守以下主要原则:

(1)以人为本的原则

在风险评估中体现"人不是手段而是目的"的伦理思想,充分保障人的安全、健康和全面发展,避免狭隘的功利主义。该原则还体现在重视公众对风险的及时了解,尊重当事人的知情同意权。

(2)预防为主原则

在工程风险的伦理评估中要实现从"事后处理"到"事先预防"的转变,坚持预防为主的风险评估原则,做到充分预见工程可能产生的负面影响,加强日常安全隐患排查,强化监督管理,完善预警机制等。

(3)整体主义原则

在工程风险的伦理评估中要有大局观念,要从社会整体和生态整体的视角来思考某一具体的工程实践活动所带来的影响,对于那些严重影响生态环境的工程必须一票否决。

(4)制度约束原则

许多事情的最终根源不在于个人,而在于制度的合理性,所以,建立完善的制度是实现工程伦理有效评估的切实保障途径。首先要建立健全安全管理法规体系,其次要建立并落实安全生产问责机制,最后要建立媒体监督制度。工程风险的伦理评估途径主要由工程风险专家评估、工程风险社会评估和工程风险评估的公众参与。工程风险专家评估相对于其他评估而言是比较专业和客观的评估途径,一般情况下都采用成本-收益分析法,在最小的破坏下达到利益最大化,在具体操作时会采用专家会议法和特尔斐法(Delphi Method)来进行评估判断。工程风险社会评估方式关注广大民众切身利益,不像专家评估方式一样考虑利益,它与专家评估成互补关系,使风险评估更加全面和科学。工程风险的公众参与评估方式的核心问题就是必须要有大量的公众合理的参与,否则起不到作用。公众参与的前提条件是相关的机构要将具体的信息公布,这样才能完成对专家评估等方式的补充。

要实现评估,必须要明确工程风险伦理评估方法。首先要明确评估的主体,评估主体在工程风险的伦理评估体系中处于核心地位,发挥着主导作用,决定着伦理评估结果的客观有效性和社会公信力。评估主体分为外部评估主体和内部评估主体,内部评估主体是指参与工程政策、设计、建设、使用的主体。外部评估主体指工程主体以外的组织和个人,如专家学者、民间组织、大众传媒和社会公众。

工程风险评估的具体步骤为:

(1)信息公开。对于大多数非专业人员来讲,他们无法得到准确的有关评估的信息,因此专业人员要将工程风险的信息准确地传递给群众,做出合理选择。

(2)确立利益攸关方,分析其中的利益关系。在利益攸关方的选择上要坚持周全、准确、不遗漏的原则。

(3)按照民主原则,组织利益攸关方就工程风险进行充分的商谈和对话。具有多元化价值取向的利益攸关方对工程风险具有不同的感知,要让具有不同伦理关系的利益攸关方充分发表他们的意见和合理诉求,使工程决策在公共理性和专家理性之间保持合理的平衡。工程风险伦理评估方法还要考虑它执行的效力,效力包括目标确定、实现目标的能力以及目标的实现效果三个核心要素[7]。在具体评估效力时要遵循公平原则、和谐原则、战略原则。

2.3.4 案例分析

英国的泰坦尼克号(RMS Titanic)是当时世界上体积最大、内部设施最豪华的巨型游轮,有 11 层楼高,相当于 3 个足球场长,排水量为 46 000 t,1909 年 3 月 31 日在哈兰德与沃尔夫造船厂动工建造,1911 年 5 月 31 日下水,1912 年 4 月 2 日完工试航,不幸的是在 1912 年 4 月 14 日的处女航中,泰坦尼克号便遭厄运,沉没于大西洋海底 3 700 m 处。在 4 月 14 日午夜,该船以 41 km 的时速与 46 000 t 重的巨大浮冰相撞,因 5 个水密舱破裂而导致全船沉没,泰坦尼克号游轮上有 2 224 人,然而救生艇只能容纳 1 178 人,造成 1 513 人丧生。

泰坦尼克号游轮沉没的关键因素之一在于对当时造船技术的过度自信,而缺乏对技术风险的理性认识。在泰坦尼克号被冠以"永不会沉没之船"美誉之后,船长更是过度自信,为了创下通过大西洋最短时间的纪录,船长对收到周边游轮关于冰山隐患的警告信号不重视,继续以 22.3 节极速航行(最大航速为 23 节)。虽然船体设有双层船底,配备 16 个水密舱,可以有效防止它的沉没,但是在当时由于金属冶炼技术不成熟(硫、磷含量过高)、铆接技术存在缺陷(没有焊接技术)、断裂力学未产生等许多技术因素的制约,在冰冷的大西洋、在巨大撞击力的作用下,脆性较强的材料和拙劣的铆接技术不堪一击,船体断裂一分为二,最终导致泰坦尼克号游轮在 2 h 之内迅速下沉,造成大量人员死亡。

涉及的工程伦理问题:

(1)工程师对技术过度自信,缺乏对工程技术风险和工程风险伦理的认知。

(2)船长的不重视、船员的错误操作以及过少的救生艇也违反了自身的职业伦理,没有将公众的生命放在首位。

(3)造成了非常大的负面社会影响。

2.4 工程价值伦理

2.4.1 工程价值

在工程活动中往往渗透着人类的价值追求,这种价值是具有综合性的,是经济价值、科学价值、政治价值、社会价值、文化价值和环境价值等的综合体现。工程价值的特点也是很明显,首先,它具有导向性。纵观历史的发展,工程给人类带来了巨大的正面价值,推动了社会的发展,同时工程活动带动人们自觉主动地变革自然,成为驱动力。在当今形势下,工程活动的价值导向性问题,特别是从社会伦理的角度思考工程活动的目的,确保工程符合公平、公正等基本伦理责任,变得非常重要。其次,工程价值具有多元性,工程不仅具有经济价值,也具有科学、政治、社会、文化、生态等方面的价值。工程的科学价值,包括工程制造的科学仪器、设备、基础设施都是现代科学研究不可或缺的基本条件。工程的政治价值的一个极端表现是其军事价值,先进的工程技术往往率先被用于开发先进武器装备。工程的社会价值,体现在科技成果的工程化、产业化,改善了人们的生活,提高了人们的生活质量。工程的文化价值体现在文化事业需要先进的工程技术为之提供基础设施、物质装备和技术支持。工程的生态价值体现在传统工程以自然界为作用对象,从自然界获取资源和能源来满足人类的生存和发展。另外,工程价值具有综合性。工程作为改革自然的造物实践,是一个集成了科学、技术、经济、管理、社会、生态等各方面要素的整体,一项工程往往包含着多种价值,对于一项工程价值的评判需要综合这些方面的属性与功能。

2.4.2　工程价值伦理问题

由工程的目标价值导向性,可以引入以下重要的伦理问题:工程为什么人群服务,为什么目的服务?

工程往往能够带来多方面的利益与好处,这些利益与好处该如何公平、公正分配呢?具体分配给谁呢?这就需要确定工程的服务对象,工程所服务的对象就是它的目标人群,也就是它的预期受益者。工程活动是一个项目一个项目进行的,项目是工程活动的基本单元,而工程项目在时空分布上是不均匀的,它将资金、技术、人力、材料等资源聚集于特定时空点,只能服务于特定的人群,而不是所有人。在市场经济中,企业的产品开发和组织是瞄准目标市场、瞄准目标人群的。如何确定什么人群可以首先享用到工程成果,或者如何确定人们享受的顺序,实际上是工程资源的分配问题。工程受益人群的确定,最终是由市场中"看不见的手"进行调控,依据的是享受者的购买能力。以产品价格为例,对企业而言,其生产销售的产品价格是影响企业经济效益的一个非常重要的因素,一般来说,从企业营利的角度来说,企业希望产品价格越高越好;从企业角度来看,企业为产品制定合适的价格是为了获得满意的回报,使企业利益最大化。从消费者的角度来说,一件产品或者一项服务的价格应当与它能为消费者提供的利益或好处相当。所以,工程产品是联系工程与社会的重要纽带,其价格是供需双方都非常关注的参数,它直接反映着工程主体与工程用户之间的利益关系。工程价值伦理要重点关注工程价值目标服务对象的可及性及普惠性。

另一方面,传统的工程观在进行成本考虑时主要考虑收益和付出,很少考虑社会为工程的付出。随着工程活动的副作用不断累积,工程的社会成本逐渐完善,主要表现为以下几个方面:

(1)对环境、资源影响所形成的社会成本。例如各种污染以及材料的损耗,固体废弃物的丢置。

(2)对社会影响所形成的社会成本。污染对于当地居民生活质量的影响、大型项目造成的群众不安定等。

(3)对经济影响形成的社会成本,例如项目的施工干扰了附近商铺的正常运营等,这些都属于工程活动带来的社会成本。

随着工业化、城市化进程的进一步发展,居民权利意识、风险意识和环保意识的增强,邻避冲突的发生数量将呈上升趋势。近年来我国各地陆续发生因为建设项目选址而引发的社会群体事件。邻避行为突出反映了工程项目建设的利益-损害承担不公平问题：设计时主观预期的公共效益为广大人群享受，建成后也会达到这样的目的，但项目周围居民蒙受危害或者担心受到危害，即大众与周围居民之间出现利益损失分配上的不平衡。公平性问题一直是邻避冲突中抗争居民要求的焦点。公共基础建设项目会产生这类工程价值伦理冲突问题，其他工程项目以及工程产品的使用也会遇到同样的伦理冲突问题。

2.4.3　工程价值伦理原则

为了工程价值最终实现公平、公正，在工程实践中需要合理运用以下三个基本原则。

（1）基本公平原则

工程领域的分配公平是指工程活动不应该危及个体与特定人群的基本生存与发展的需要。个人以及集体要合理分配成本与效益，对于工程活动中处于不利地位的人群给予适当的补偿。在工程活动中，公正的实现要考虑现实目标的效率，没有效率是不会有公平的，其次对效率的合理追求活动中，必须体现对创新者或有突出贡献者的激励，这不仅是对效率的促进，也是应该实现的公平[7]。

（2）利益补偿原则

分配公正的基本实现途径是，在不同利益与价值追求的个人与团体之间的对话基础上，达成有普遍约束力的分配与补偿原则。这些原则实质上是最低限度的，称之为底线原则，它反映了在当前时代文明程度下，面对工程活动中复杂的利益分配行为，不同伦理观念和道德水准人群达成的伦理共识。这些实际上是以程序公正来保证分配公正的。为了在工程实践中实现基本公正，在工程项目过程中需要建立和完善以下几个方面的问题：①进行项目社会评价；②针对事前无法准确预测项目的全部后果，以及前期未加考量的公平问题，应引入评估机制；③针对特定人群的局限，应扩大关注的视域，开展利益攸关方分析。

（3）利益协调原则

我国传统的工程管理体制多是自上而下的科层制结构，在决策过程中，重行政和精英主导，缺乏公众参与。在工程建设和管理方面，注重工程建设，忽略运行管理。在工程效应评估中，偏重经济效应，而忽视社会效应，在工程快速审批和实施的同时，往往伴随着诸多不可调和或未经考虑的矛盾冲突。为改变这种局面，必须建立相关者的利益协调机制，吸收广大公众参与工程的决策、设计和实施全过程。

2.4.4　案例分析

（1）三峡大坝

1992 年 4 月 3 日，第七届全国人民代表大会第五次会议通过了《国务院关于提请审议兴建长江三峡工程的议案》。2006 年 5 月 20 日，三峡大坝全线建成。三峡工程是中国，也是世界上最大的水利枢纽工程，是治理和开发长江的关键性骨干工程。它的建成，有效地促进了长江流域的防洪、航运、发电以及调节水资源季节分配不均，避免了水资源的浪费。但是三峡大坝的建立也引发了一些具体的伦理利益问题。首先是工程与社会的利益关系，大坝工程以大范围淹没为代价，损失很大。库区永久淹没川东、鄂西 14 个县，150 万人迁移。这是世界大坝史上前所未有的淹没，这里涉及了利益的分配、补偿问题，一旦做不好移民的安置问题,不能公正合理地进行补偿,会引发大的反响。其次就是工程与自然的利益关系,因为此工程破坏了大量著名的人文景观,例如:巴楚文化遗址、涪陵白鹤梁石刻群、瞿塘峡入口处的粉壁墙、孟良梯、古栈道等,需要对生态进行补偿,重建人工生态系统,减少对历史建筑的损害,还有大量的珍稀动植物的保护工作[9]。

(2)南水北调工程

南水北调工程主要是将长江流域的水资源抽取并送到华北与西北地区,缓解北方地区水资源严重短缺的局面。南水北调工程划分为东、中、西三条路线从长江调水,横穿长江、淮河、黄河、海河四大流域。在三条路线的实施过程中也做出了很大的牺牲,例如,湖北十堰关闭了多家企业,同时还淹没了许多良田,导致大批渔民歇业及迁移等问题。伴随着这些问题出现的就是有些地区、有些人群受益,而有些人群做出了牺牲,这涉及了复杂的不同人群的利益补偿、利益协调问题,公平、公正问题也较为突出。

对于上述两种工程都属于水利工程,在一定程度上连接了南北方,通过航运等方式解决了西北等地区的吃水困难问题,促进了西部大开发的需要,也利用水资源进行发电高效地提高了发电量,工程的建设提高了人民生活水平,关乎国民经济的可持续发展,具有重要的工程价值。但是在整个实施过程中也伴随着工程价值伦理问题,比如移民补偿不当、拆迁补偿不当、生态补偿不公平等利益分配是否公平问题。

2.5 工程环境伦理

2.5.1 工程环境保护

环境保护是指人类为解决现实的或潜在的环境问题,协调人类与环境的关系,保障经济社会的持续发展而采取的各种行动的总称。其方法和手段有工程技术的、行政管理的,也有法律的、经济的、宣传教育的[10]。其内容主要有:

(1)防治由生产和生活活动引起的环境污染,包括防治工业生产排放的"三废"(废水、废气、废渣)、粉尘、放射性物质以及产生的噪声、振动、恶臭和电磁微波辐射,交通运输活动产生的有害气体、液体、噪声,海上船舶运输排出的污染物,工业生产和人民生活使用的有毒有害化学品,城镇生活排放的烟尘、污水和垃圾等造成的污染。

(2)防止由建设和开发活动引起的环境破坏,包括防止由大型水利工程、铁路、公路干线、大型港口码头、机场和大型工业项目等工程建设对环境造成的污染和破坏,农垦和围湖造田活动、海上油田、海岸带和沼泽地的开发、森林和矿产资源的开发对环境的破坏和影响,新工业区、新城镇的设置和建设等对环境的污染和破坏。

(3)保护有特殊价值的自然环境,包括对珍稀物种及其生活环境、特殊的自然发展史遗迹、地质现象、地貌景观等提供有效的保护。另外,城乡规划、控制水土流失和沙漠化、植树造林、控制人口的增长和分布、合理配置生产力等,也都属于环境保护的内容。环境保护已成为当今世界各国政府和人民的共同行动和主要任务之一。中国则把环境保护宣布为中国的一项基本国策,并制定和颁布了一系列环境保护的法律、法规,以保证这一基本国策的贯彻执行。

工程与环境作为两个不同的系统,存在着相互依存的关系,如图2.3所示。工程作为一个开放的社会系统,它与环境系统不断进行着物质、能量和信息交换,如此工程才能存在和发展。首先,环境提供了各类物质资源作为工程的原材料,如矿产资源、生物资源等。其次,工程系统的运行离不开一定的环境空间,工程的过程就是空间生产的过程。再次,从工程系统的输出来看,环境是容纳工程活动产品和排放物("三废")的场所[11]。

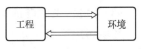

图 2.3　工程与环境关系

随着经济的发展,很多工程建设中也会给大自然带来很严重的影响,工程活动对环境提出了挑战,具体包括水污染、空气污染、噪声、固废物四个方面。这时需要对环境进行及时保护,因为一旦环境对工程进行反扑,将会带来不可估量的损失。工程环境保护就是通过人类为减少工业化生产过程和人类生活过程对环境的影响,采用污染治理工程手段,进行环境质量改善,保证人类的身体健康和生存以及社会的可持续发展。

工程建设是对环境造成最直接影响的人类行为之一,也对环境造成最大伤害的人类活动之一。工程建设既是经济强大的重要手段,又是环境保护工作的重点关照对象,而环境保护又需要以强大的经济实力为基础,因此工程建设与环境保护具有一荣共荣、一损俱损的相互依存发展关系。在理清了二者关系的基础上,需要进一步探索工程建设中应有的环境伦理思想,通过将环境保护观念深入工程建设之中,实现工程建设与环境保护的良性循环,以期达到工程对环境影响的最小化,实现人与自然的和谐共生。

2.5.2　工程环境伦理问题

工程环境保护力度增大的同时,人们也在思考工程环境中出现的伦理问题该归于哪里。美国学者 P. A. Vesilind 等人撰写的《工程、伦理与环境》一书中提出"把环境伦理学融入工程中",说明了工程中存在环境伦理问题,并从传统伦理理论和规范、道德共同体等方面进行了论证,证明了工程环境伦理的存在性[12]。从源头上讲,人类的工程活动就是干预自然和改变环境,需要直接与自然打交道,为此必须对环境负有责任。另外在通过工程建设发展经济的时候,环境保护也需要同步进行,工程与环境的关系涉及更高的相互要求与制约,这便出现了工程环境伦理。工程环境伦理是工程伦理与环境保护的交集,它涉及了人与自然环境的道德关系,一个好的工程必须要认真对待工程活动的环境伦理问题。

环境保护过程中遇到的四个主要的工程环境伦理问题。

(1)环境保护工程的公益性

实施环境保护工程的单位往往并不是直接受益方,基于环境保护职责而进行环境保护工程,可能不会带来直接的经济效益或社会效益,而是长远的环境效益。这就使在环境工程活动中出现了直接效益与间接效益之间矛盾的伦理问题,以及短期利益与长远利益之间矛盾的伦理问题。

(2)环境保护整体与局部利益分配问题

环境工程主要是保护或增加公共利益,大多会不可避免涉及以减损私人利益和其他利益,因此在界定公共利益时不仅要对局部公共利益与整体公共利益、短期公共利益与长期公共利益进行评判,也要对可能涉及的私人利益与可能增长的公共利益进行合理考量,对实现公共利益的不同方式加以论证。如果仅仅以减损私人利益的方式却又不给予合理补偿,这种增进公共利益的方式就有违公平和正义。这也是环境工程活动中会遇到的伦理问题之一。

（3）环境污染问题的追溯与责任主体

环境污染纠纷主要有三种情况：政府责任型环境污染纠纷、企业责任型环境污染纠纷、混合责任型环境污染纠纷。例如，土壤重金属污染具有隐蔽性、潜伏性和复杂性，重金属进入环境后不能被分解和净化，受到重金属污染的土壤会对重金属进行富集，进而导致农作物的重金属超标，影响使用安全，危害人体健康。农民为了生存可能只能选择使用受污染的农田种植农作物，如此便形成了一个恶性循环。重金属污染在事实认定、污染溯源、举证责任、责任分担等方面的难度非常大，涉及很多相关伦理问题。

（4）环境相关工程中的特殊伦理问题

工程师的功利观既有为人类谋福祉的"大我"功利动机，也有个人谋求生计、牟利发财的"小我"功利动机。相对于其他工程师及非环境工作者来说，环境工程师应该负有更加特殊和更加重要的环境伦理责任。为了阻止自然环境的进一步恶化，工程师需要扭转一味追求技术效率和最大产出的功利观，确立起自然环境的伦理地位，明确对自然环境的伦理责任。

另外，环境正义问题、环境公平问题以及环境责任的分配问题也是工程环境伦理中需要重点解决的问题。环境正义是社会理念的延伸和突破，是源自对环境问题的伦理关注，体现着环境责任与生态利益。《伦理学大辞典》对环境正义的定义有两层含义：一是指所有人都应拥有平等地享受清洁环境的权利，二是环境享用的权利和环境保护的责任与义务相统一[5]。这充分强调了对于环境保护的划分问题，如果你享受的是较好的环境，你就要付出与之成正比的努力去保护环境，不能出现邻避现象。环境公平方面考虑的问题就是代际公平、代内公平、生存公平三个方面的问题。代际公平就是当代人和后代人在使用自然资源来满足自身利益时，必须保证二者在生存与发展上拥有均等的权利，也就是当代人必须给后代人的生存和发展提供必要的环境资源和自然资源；代内公平是同代人对自然资源开发以及享受清洁和健康的环境这两方面的利益有均等的权利；生存公平便是人类应该得到一次次的惨痛教训后才发现的公平、正义，主要是指在整个生存环境中，人类应当尊重其他生物种群的生存权利，尊重和保护其生长环境。环境责任分配问题源于"低碳经济"的讨论。由于全球温室气体的排放导致了气候的恶化，人们形成了"低碳经济"理论，目的就是通过节能减排、资源再利用等途径寻找人类与环境的协调发展。公平的环境责任分配应当是兼顾到包括政府、企业和社会公众等在内的所有主体，由他们进行合理的讨论后才能够实现公平性，在此基础上形成污染者付费原则等。

2.5.3　工程环境伦理原则

如今虽然对于工程环境保护非常重视，但是保护环境的依据可能是不同的。依据是否以人类的利益作为价值和道德判断的标准，可以将环境伦理的思想分为人类中心主义和非人类中心主义。人类中心主义始终把人类的利益放在第一位，在进行价值判断时以本身的利益为尺度。这类似于环境保护中的资源保护主义，自然界是人类为了获得利益的工具，自然界的利益是次要的，可以忽略的。一切的出发点都是满足人的需求，不存在人对自然环境的直接义务。非人类中心主义就提出了不同的观点，认为不能以人成为衡量一切事物的尺度，人类不是宇宙的中心，也不是一切价值的源泉，人类只是自然整体的一部分。这时就需要确定道德关怀的对象。有学者将其扩大到动物身上，还有的直接将其扩大到整个自然界及其生态过程，形成了动物解放论、动物权力论、生物中心主义等理论，可以看出道德关怀的对象群体在不断地扩大、这些不同的环境伦理思想,反映着人们理解人与自然关系不同的道德境界。基于第一种思想,人类会将自然环境看作人类的资源仓库,自然价值最终的收益人群也是人类。但是环境伦理的兴起对这种观念提出了挑战,逐渐发现自然界存在的价值不仅仅是工具性的价值,而是呈现出多样性。美国著名环境伦理学家 H. 罗尔斯顿(H. Rolston)就对自然界呈现的价值进行了阐述,指出环境具有多种价值,如支撑生命的价值、经济价值、消遣价值、科学价值、审美价值、使基因多样性的价值、历史价值、文化象征的价值、塑造性格的价值、多样性和统一性的价值、稳定性和自发性的价值、生命价值、宗教价值等[13]。将这些价值归类可以概括为工具价值与内在价值,工具价值就是主要针对人而言的,自然界对应人类的使用价值,而内在价值与人无关,是自然环境本身拥有的。

环境伦理学是有关人类和自然环境之间的道德关系的伦理学,可以作为改善人与自然关系的理论基础,但是,对已有环境伦理理论盲目吸收或者拒斥都是不理智,也是不可能的。因此,人类理当把环境伦理学的触角深入工程建设之中,从改造工程师的环境伦理观念入手,进而建立起新型、实用的工程环境伦理学,从思想源头上减少工程对环境的破坏,推动和谐社会的工程环境建设,从而实现资源利用效率显著提高、生态环境明显好转等环境建设的目标。

蕾切尔·卡逊(Rachel Carson)于 1962 年出版了《寂静的春天》一书,并在 20 世纪 60 年代发起了环境保护运动。近年来,面临着越来越严重的经济效益和环境恶化之间的冲突。为了不形成环境对人类的巨大威胁,保护环境的力度也在逐渐加大。在工程实践领域,保护环境成为工程活动的重要目标。如今保护环境形成两种思路,分别是资源保护主义与自然保护主义,虽然二者出发点都是为了保护环境,但是它们的价值观却不相同。资源保护主义强调利用科学的方法去进行管控,使用资源要得当,为了以后更好地开发利用资源,这种思路最终还是涉及经济,是为了人类共同利益;而自然保护主义超越了经济的束缚,关注的是自然本身,不是对于自然的利用。人类应当更多地学习后者的思想,将其看作自己的责任,去保护好身边的环境,做到合理的利用与开发。为此,需要严格遵守国家关于环境保护、控制环境污染的规定,按照国家环境保护部的要求,依据"预防为主、保护优先、开发与保护并重"的原则,采取相关措施,进行环境保护,把周边环境影响降至最低限度。

工程环境伦理基本原则是生态整体利益和长远利益高于一切,最终目标是实现人类和自然生态系统的可持续发展。工程环境伦理原则主要包括以下四个方面的内容:

(1)尊重原则,体现在对于自然的道德态度,行动的首要原则。

(2)整体性原则,在资源开发时要考虑自然环境整体性,不是一味地为了人类利益。

(3)不损害原则,这是一项义务,不得对环境造成损害。

(4)补偿原则,当对环境造成了损害,要做出必要的补偿,恢复生态。在工程活动中人类的利益与自然利益发生冲突时就要按照整体利益高于局部利益原则、补偿性原则来进行处理,这样能准确地判断行为的正当性。

2.5.4 案例分析

(1)松花江水污染

2005 年 11 月 13 日,中国石油天然气集团公司所属中国石油天然气股份有限公司吉林分公司双苯厂的苯胺车间因操作错误发生剧烈爆炸并引起大火,导致 100 t 苯类污染物进入松花江水体(含苯和硝基苯,属难溶于水的剧毒、致癌化学品),导致江水硝基苯与苯严重超标,造成整个松花江流域生态环境严重破坏,还引发了哈尔滨市民哄抢自来水以及对于俄罗斯水体污染等问题。该案例中工程活动对自然界环境造成了巨大的破坏,严重违背了工程环境伦理中的规范。人们本应该肩负着事关人类的福祉、延续地球未来的责任,但是在该事故中没有得到体现。在工程实践中,他们不明白其应有的伦理责任对整个工程乃至周围的社会群体具有怎样的影响,这是在相关的工程活动伦理培训中不可忽视的一点。工程人员要遵守伦理守则规范,尽到自己该尽的责任,做好自然环境的保护[10],相关文件可参阅:国务院关于松花江流域水污染防治规划(2006—2010)的批复;环境保护部办公厅下发《松花江水污染事故环境监测方案》。

(2)淮河水污染

淮河是中国东部的主要河流之一,淮河干流源于河南省桐柏山北麓,流经豫、皖至江苏扬州三江营入长江,为中国第六大河。2010 年 4 月 14 日,中石化鲁宁线盱眙淮河大桥段发生输油管道泄漏,导致淮河盱眙段水体受到一定程度污染。发生这样的事故的原因在于对人与自然间的伦理关系缺乏足够的认识。工程上的工作人员没有尽到自己对生态环境该尽的责任,不遵守环境伦理规范去进行操作,对自身行为的伦理影响缺乏足够的认识。针对淮河流域水污染防治文件可参阅国务院办公厅下发的《淮河流域水污染防治"十五"计划》。

2.6　工程职业伦理

2.6.1　工程职业

职业指的是性质相近的工作总称。广义地讲,职业是提供社会服务并获得谋生手段的任何工作,但是在工程领域中是指那些涉及高深的专业知识、自我管理和对公共事务协调服务的工作形式。在工程背景下,职业也呈现一种新的形式,这就出现了工程职业。工程职业的起源是伴随着雇主所要求的忠诚与所在的职业中独立性之间的紧张关系而开始的。一开始它应用于近代军事工程,并逐渐扩展到了民用工程。在西方的工业初期,工程师都是受雇于企业的个体打工者。随着工程师的不断壮大,出现了属于自己的团体,他们共同要求强调职业道德并促进工程职业的兴起。早期的工程职业是一个统一的职业,随着技术的进步、社会需求的分化,工程逐渐发展为众多的细分专业,比如机械工程、化学工程、生物工程、网络工程、信息工程、绿色环保工程、林业工程等。从某种意义上说工程职业也是社会的一种组织形式,它的作用是规范了工程上存在的职业,并形成一定的层次,对工程师要求进行规范化,同时职业共同体在这个过程中也逐步成立,促进工程职业不断完善。

工程师是工程职业的从业者,在工程建设中发挥着重要作用。一般把工程师定义为拥有科学知识和应用技巧,在人类改造物质自然界,建造人工自然的全部实践活动和过程中从事研发、设计与生产施工活动的主体。中国工程院原副院长朱高峰院士认为,现代工程师应该能够综合运用科学的方法、观点和技术手段来分析和解决各种工程问题,承担工程科学与技术的研发与应用任务。工程社团是工程职业的组织形态,工程社团的出现能够促进团体中成员多做职业伦理的工作。著名工程伦理学家迈克尔·戴维斯(Michael Davis)提出:"当一个行业把自身组织成为一种职业的时候,伦理章程一般就会出现[14]。"工程社团的伦理章程以规范和准则的形式出现,为工程师从事职业活动、开展职业行为提供了标准。工程社团以职业共同体为组织形式,为工程职业化提供了自我管理和科学治理的现实路径,通过制定职业的技术规范与从业者的行为规范,实现对工程职业及其从业者的内部治理和社会治理。

随着工程职业的发展,为了更好地让工程师能够尽职尽责,形成了工程职业制度,具体包括职业准入制度、职业资格制度和执业资格制度。工程师职业准入制度是成为工程师的第一步,它包括高等教育及专业评估认证、职业实践、资格考试、注册执业管理、继续教育五个环节。高校工程专业教育是首要环节,对申请者的教育程度进行了限定。职业实践包括尝试性实践、模拟性实践、职业性实践和参观性实践。资格考试要求工程专业学生积累了相应的实践经验之后才可以申请资格考试。资格考试主要分为基础考试与专业考试,通过后会获得资格证书,然后可以进行申请职业注册,最终取得执业资格证书。职业资格制度以职业资格为核心,包括从业资格范围与执业资格范围,主要是围绕着考核、鉴定、证书颁发等流程建立起来的制度与机构的总称。从一定的程度上来说,执业资格制度属于职业资格制度的一部分,是专业技术人员从事技术、提升能力的必备标准。具体包括的制度如图 2.4 所示。

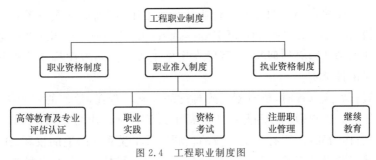

图 2.4　工程职业制度图

2.6.2　工程师的职业伦理

随着工程职业的不断壮大,工程师也逐渐形成属于自己的伦理章程来明确做事的原则,这确立了工程职业伦理。作为职业伦理的工程伦理可以从三个方面进行说明。首先,作为职业伦理的工程伦理是一种预防性伦理,它主要包含两种维度:第一种维度是工程师要明确自己的职业行为需要承担哪些责任,牢牢掌握伦理章程的原则,前瞻性地去思考问题,做出自己认为合理的决定,这样就可以预防大多数的基本错误。第二种维度是工程师自己去分析行为的后果,进行自我判定。其次,作为职业伦理的工程伦理是一种规范伦理,这就涉及了最重要的责任问题,工程师的首要责任就是公众的安全、健康与福祉,这是被大多数工程伦理章程都接受的。最后,作为职业伦理的工程伦理是一种实践伦理,它倡导工程师的职业精神。职业精神主要包括三个维度,其一,它孕育工程师良好的工程环境意识和职业道德素养,在面对工程问题时,工程师首先就会考虑道德、伦理问题,主动地承担起伦理责任,追求卓越的工程。其二,帮助工程师树立了职业良心,督促工程师主动地依照伦理章程去处理工程问题。作为工程师,始终有一颗职业良心,做出对雇主负责、对公众尽责的工程,它会不断地激励着工程师去做得更好,同时这也是一个不断地提升自己的道德情操的过程。其三,它外显为工程师的职业责任感,最重要的就是确保公众的安全、健康与福祉,并以他律的形式表达了职业对伦理的集体承诺[15],也就是工程师从多个方面进行具体的职业责任划分。

工程职业伦理对工程师以及公众都传递出一致性,就是要遵守必要的伦理章程。伦理章程就是一种伦理要旨,工程师的伦理章程就是为公众提供常规并重要的服务,它的作用包括：

(1)伦理章程代表了工程职业对整个社会做出的共同承诺。

(2)伦理章程可以给工程师职业行为以积极的鼓励，即在道德上给予支持，确保工程师在他们专业的领域中的能力。

(3)伦理章程向公众展现了职业的良好形象，承诺从事高标准的职业活动并保护公众的利益。

(4)伦理章程还可以获得更大的职业自我管理的权力，而减少政府的管制。工程师职业伦理章程能够表达工程师会坚守规范要求的承诺，它是由工程师职业责任观演变而来，它的核心部分就是确保工程师遵守职业标准并尽职尽责。详细地来说，工程师要对个人、职业、社会三个层面负责。工程伦理章程不仅从职业伦理的角度去要求工程师做出好工程，而且给予工程师一种期望，让工程师本身形成良好的职业精神，心甘情愿地去做好工程。

工程社团通过职业伦理章程对工程师的责任做出了明确的规定，要求工程师对自己的职业行为负责。专业协会和组织会制定行业的行为准则，以确保其成员遵守这些准则。国家专业工程师协会（National Society of Professional Engineers，NSPE）应制定更为全面的伦理章程。职业伦理章程必须回答：工程师在实施工程时需要考虑哪些伦理问题？该对什么负责？具体又由谁负责？

工程师在履行职业章程时，要时刻明确自己的权利和责任，他们的权利必须得到尊重，是与责任相对等的。工程师的权利是指工程师个人的权利。作为个人，工程师有追求自己正当利益的权利；作为雇员，享有接受工资的权利以及不受雇主胁迫的权利；作为职业人员，享有职位的特殊权利以及相关义务下产生的权利。在一般情况下，工程职业人员享有的权利包括：

(1)使用注册职业名称。

(2)在规定范围内从事执业活动。

(3)在本人执业活动中形成的文件上签字并加盖执业印章。

(4)保管和使用本人注册证书、执业印章。

(5)对本人执业活动进行解释和辩护。

(6)接受继续教育。

(7)获得相应的劳动报酬。

(8)对侵犯本人权利的行为进行申述。

享有权利的同时，工程师也要承担相应的责任。首先，工程师必须遵守法律、标准的规范与惯例，避免出现不正当的行为，不得歪曲或更改事实，不辜负客户以及大众对自己的信任，努力提高自己的声誉。其次，伦理章程严厉禁止工程师不负责任的行为，应避免所有欺骗公众的行为，不得以个人的尊严和诚信为代价来提高自己的利益。最后，工程师应遵循诚实和正直的最高标准以及可持续发展的原则，致力于为公共利益服务，不断学习提升自己的职业能力。

权利与责任同在，怎样才能做好二者的平衡呢？首先，工程师尽可能在工作与其引发的工程风险中间寻找平衡；其次，工程师要处理好拒绝的问题，始终将最善的一面展示出来，承担着相应的责任；最后，工程师要保持着自己的完整性。在工程中的完整性是指在工程活动中本身的德行不受外在侵蚀，做到绝对忠诚，学会拒绝妥协，主动承担社会责任，将工程师诚实可靠、尽职尽责、忠实服务的综合美德传承下去。

工程师既是社会的普通一员，又是掌握特定技术的工作人员，具有双重身份。工程师所遇到的工程伦理问题一般可分为三个层次：第一个层次是技术道德；第二个层次是职业道德；第三个层次是社会道德。比如一个建筑师，首先应该遵守建筑工程的技术规范，以保证建筑的安全与质量；其次必须遵守职业规范与道德，如重视、勤勉等；最后应遵循社会道德准则，即担当社会责任，为社会可持续发展服务。工程师在履行其专业职责时，应当：

（1）致力于公众的安全、健康和福祉。

（2）仅在其权限范围内提供服务。

（3）仅以客观真实的方式发表公开声明。

（4）为每个雇主或客户充当忠实的代理人或受托人。

（5）避免欺骗行为。

（6）诚实、负责任、合乎道德和合法行事，以提高专业的荣誉、声誉和实用性。

2.6.3 工程师职业伦理责任

工程与风险总是相伴相生的，为了消除风险，工程师要明确首要责任原则，包括对安全的义务、可持续发展、忠诚与举报。当工程上出现风险，要及时地解决、处理。工程职业伦理章程对风险的控制，不仅要求工程师通过自我反思而达到一种自我认识，更需要现实的行动。同时工程师要对自然界主动承担起节约资源、保护环境的责任，不能只顾眼前的利益，要站在为人类安全、健康的基础上着眼全面发展，为了整体利益与长远利益。工程师在处理伦理问题时可能会遇到一个问题，就是：举报工程对于雇主是否是一种背叛？一个举报者之所以冒着风险，正是因为他意识到自己所肩负的社会责任，举报是工程师对社会的忠诚，对于雇主谈不上背叛，是在帮助他减少损失，承担起社会责任。工程师伦理责任主要包括职业伦理责任、社会伦理责任和环境伦理责任。

1.职业伦理责任

职业伦理是从业人员在自己所从业范围内采纳的一套标准，不同于常提到的个人伦理以及公共伦理。工程师的职业伦理责任在某种意义上就是要对工程风险承担责任，具体表现在且不限于以下方面：

（1）工程师不得未经同意披露与他们所服务的任何现任或前任客户或雇主或公共机构的业务或技术过程有关的机密信息。

（2）未经所有利益相关方的同意，工程师不得参加与已获得特定专业知识的特定项目有关的新工作。

（3）工程师不得接受材料或设备供应商的财务或其他考虑因素，包括免费的工程设计，以指定其产品。

（4）工程师不得直接或间接从承包商或其他方接受与工程师负责的工作有关的佣金或津贴。

（5）工程师应仅在与雇主的政策相一致且符合道德考虑的范围内接受兼职工作。

（6）工程师未经允许不得使用雇主的设备、用品、实验室或办公设施进行外部私人工作。

（7）工程师不得通过对其他工程师不当地批评或其他不当的方法来试图获得工作、晋升或专业工作。

（8）工程师不得试图直接或间接地恶意或错误地损害其他工程师的专业声誉和工作前景。如果认为其他工程师犯有不道德或违法行为，那么应将此类信息提供给适当的主管部门。

（9）工程师不应因利益冲突而影响工程师的专业职责。

（10）工程师应在整个职业生涯中继续其专业学习，并应通过从事专业实践、参加继续教育课程，阅读技术文献以及参加专业会议和研讨会来保持其专业领域的最新发展。

2. 社会伦理责任

社会伦理责任主要是针对工程师而言的，当其所在公司进行的工程对环境、社会和公众的人身安全产生危害时，工程师就要将其进行揭发，这是他们应该承担的社会伦理责任。虽然工程活动在实施之前经过了周密的论证，做了详尽的策划，但仍具有很大的不确定性，工程师一定要审慎，也就是要对社会负责，这一点至关重要。当然，工程师对社会所负的责任能力也是有限的，但是工程师还是有理由来负这个责任：①虽然工程师对于不可预测的工程实践和研究结果难以负责，但是他们对于可预测的结果应当负责。②工程师也是社会的一分子，应承担有造福社会、不作恶等其他有利于社会的道德义务。③工程师有职业上的责任，增进福祉，避免伤害。作为专业人士，人们期待工程师能产生对社会有价值的产品以及服务，并赋予工程师以权威、责任及信任。工程师应该肩负起社会责任，从而获得公众的信任，推动公众对工程事业的支持和对工程职业的信赖，由此服务社会，树立工程师的正面形象。

3. 环境伦理责任

工程师还应具有保护与改善工程环境职业责任。在进行工程活动时，工程师往往需要对多方进行负责，它需要在经济的产生与投入之间、在环境的实际状况和环境的优化之间进行权衡，其中对于自然环境的负责尤为重要。因为他们进行的工程活动可能对环境造成较大的破坏，因此需要重视环境伦理，工程师仅仅依靠自己的职业道德是不够的，他们还要承担环境问题的道德和法律责任。环境伦理责任作为一种新的责任形式，要求工程师对环境有全面而整体的认识，维护好生态的健康发展。作为一名工程师需要承担的环境伦理责任包括维护人类健康，使人免受环境污染和生态破坏带来的痛苦和不便，以及维护自然生态环境不遭受破坏，避免其他物种承受其破坏带来的影响。工程师环境伦理责任的建立可以减少环境的污染，促进自然生态系统的稳定和平衡。同时工程师如果发现其工作有可能产生以上的破坏时，有权利立即停止正在进行的工作。

虽然现在的工程师已经承担了对于自然环境的责任，但是不能保证在具体的工程活动中采取了正确的方法。工程师面对实践问题时需要考虑工程本身的设计以及对雇主的负责、对群众利益的负责、对环境与社会的责任等，往往会陷入一个困境之中，需要具体的伦理规范作为对环境伦理的行动指南。它不仅可以为工程师在解决工程与环境的利益冲突中提供支持，而且可以帮助工程师处理好雇主的责任以及对整个社会的责任之间的冲突。工程师的环境伦理责任行为规范是随着时间不断进行完善的。最开始是 19 世纪英国建立了一些环境法规，然后澳大利亚工程师协会制定了《工程师环境原则》来推动可持续发展。在考虑环境方面，美国的土木工程师协会的章程是高于其他工程社团的，它在 1997 年制定的规范中，就强调工程师对社会大众和环境承担的责任，指出工程师要把公众的安全、健康和福祉摆在首要位置上，由此可以看出对环境保护的重要性。

环境的伦理责任主要包括以下几个方面：

（1）评估、消除或减少工程决策所带来的环境影响。

（2）减少工程项目以产品在整个生命周期对于环境以及社会的负面影响，尤其是在使用阶段。

（3）建立一种透明和公开的文化，使得关于工程的环境风险的真实信息能够和公众进行平等的交流。

（4）促进技术的正面发展用来解决难题，同时减少技术的环境风险。

（5）认识到环境的内在价值，而不要将环境看作免费产品。

（6）国际间以及代际间的资源分配问题。

（7）促进合作而不是竞争战略[8]。

虽然人们逐渐认识到环境的重要性，但是在实施过程中处理得并不是很好，相关的共同体应该制定专门的环境伦理规范。随后各国也在不断地进行完善，目前世界工程组织联盟提出的《工程师环境伦理规范》，要求工程师的责任表现在且不限于以下方面：

（1）尽最大的能力、勇气、热情和奉献精神，取得出众的技术成就，有助于提供舒适的环境，促进人类的健康。

（2）使用尽可能少的原材料与能源，并只产生最少的废物和任何其他污染，来达到工程目标。

（3）必须研讨设计方案和行动本身产生的后果——不论是直接的或间接的、短期的或长期的——对人类健康、社会公平和当地价值系统产生的影响。

（4）充分调研可能影响环境的因素以及这些因素对社会经济的影响，最终选出有利于环境和可持续发展的最佳方案。

（5）对环境保护手段有深入理解，如有可能，改善可能破坏环境的因素，并将它们写入设计方案中。

（6）拒绝任何牵涉不公平的破坏居住环境和自然的请托，并通过协商取得最佳可能的社会与政府解决办法。

（7）意识到保持生态系统的相互依赖性、物种多样性、资源恢复性以及彼此间的协调发展才能确保人类可持续发展[12]。

工程师提供的服务需要诚实、公平和公正，并且必须致力于保护公众健康、安全和福祉，工程师必须按照要求遵守最高道德操守原则的专业行为标准开展工作。只有工程师在环境伦理规范的指导下不断增强环境责任意识，才会给人类带来更多环境友好工程。

2.6.4　案例分析

（1）三聚氰胺毒奶粉事件

2008 年甘肃省多名婴幼儿被发现患有肾结石，引起了外界关注。经过调查，发现这些婴幼儿都食用过三鹿集团的奶粉，随即对该奶粉进行检验，发现奶粉中都存在化工原料三聚氰胺，而且严重超标。三聚氰胺的长期摄入会导致人体泌尿系统、膀胱、肾等部位产生结石，并有可能引发膀胱癌。国家质量技术监督局对国内的奶粉进行检验，发现包括蒙牛、伊利、光明、圣元等多个品牌中都含有三聚氰胺。该事件重创了中国制造商品的信誉，多个国家禁止销售中国奶制品。从伦理角度对该事件的发生进行分析：首先，企业唯利是图，缺乏公共伦理责任,为了追求利益,没有很好地承担公共伦理责任,原因在于企业的核心文化体系中缺乏公共伦理思想;其次,该事件表现出政府监管部门社会伦理观念的缺失,还有就是当初的监测标准等存在缺陷。三鹿奶粉事件提醒我们社会的发展需要每个人自觉承担、主动参与社会责任与公民义务[10]。国家层面多部门联合成立乳品质量安全标准工作协调小组,制定了《完善乳品质量安全标准工作方案》,出台了一系列规章加强管控。

(2)汉芯造假案

"汉芯事件"是指 2003 年 2 月上海交通大学微电子学院院长陈进教授发明的"汉芯一号"造假,且陈进借助"汉芯一号"申请了数十个科研项目,骗取了上亿元的科研基金。中国亟待在高新科技领域有所突破,自主研发高性能芯片是我国科技的一大梦想。陈进利用这种期盼,骗取了无数的资金与荣誉,使原本该给国人带来自豪感的"汉芯一号",变成了一起让人瞠目结舌的重大科研造假事故。该事件发生的原因包括科研界与社会环境的问题、科技工作者本身的道德伦理问题以及缺乏社会监管问题。在当时的背景下,中国人希望在科技上能快速地腾飞,创造出属于自己的芯片,正是这种民族主义情节对此起到推波助澜的作用。由此事件可以看出,必须要处理好科技与伦理之间的问题,尤其对于科技工作者,要时刻去承担对社会的责任,不能为了利益放弃道德底线。2006 年11 月 7 日,科学技术部发布了《国家科技计划实施中科研不端行为处理办法(试行)》,进一步加强对科研不端行为的管控。

(3)解决就业中的伦理困境的途径

当前,许多工程师担心因指出公司内部存在的伦理问题时犯下错误的后果,以及对失去工作的恐惧,而且后期诉讼成功的可能性及其对个人生活和职业发展的影响可能是巨大的。大多数公司都了解这些担忧,并为员工提供了提出问题的机会,而不必担心。在许多公司政策中规定,只要员工的举报是真诚的,无论员工的举报是否准确,都可以保护其免受惩罚。对于尚未制定有关举报不道德、违法或安全事项的政策和程序的公司中,当面对不道德的商业行为或法律问题时,员工有权利和义务寻求必要的咨询和指导。应采取的措施:前往公司内部可信赖的相关部门,寻求进一步措施的建议。如果公司内部没有人愿意与员工讨论此事,那么员工应寻求社会中受信任的专业人员,以寻求有关正确处理情况的建议(例如,可以使用哪些法律选择,员工可能承担哪些法律义务,员工应该辞职还是继续工作,等等)。

2.7 工程伦理分析

2.7.1 工程伦理理论基础

工程伦理最终要应用到具体的工程问题中,当真正面临伦理问题时需要根据如图 2.5 所示伦理问题分析基本思路,分析相关的伦理问题,从而避免事故的发生。

工程伦理意识和思维正在不断地被工程师所接纳,在进行工程活动时他们会主动思考工程是否存在伦理问题,并将可能的伦理问题列出并进行深入剖析,但工程伦理问题该如何分析呢?伦理学在发展的过程中形成了独特的理论基础和分析技术。首先是建模,利用构建模型可以帮助解决伦理理论问题并对其产生结果进行预测,进而提高人们理解伦理问题和解决伦理问题的能力。具体的一个伦理学模型要从三个方面提出问题:第一,是否存在用于判断正确行为并概述其蕴含的主要思想的伦理准则? 第二,伦理问题的社会功能或目的

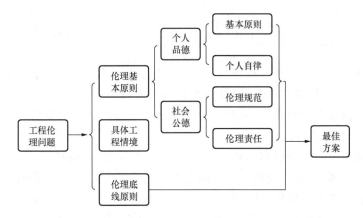

图 2.5 处理工程实践中伦理问题基本思路

是什么? 第三,什么样的理由或证据可以证明一种伦理决策是正当的? 伴随着这三个问题,有两种伦理问题分析模型:功利主义伦理模型和尊重人的伦理模型。功利主义伦理模型是以人类幸福最大化为出发点,然后进行该标准下的行为,如果能够促进人类的福祉,那么对其进行支持;而尊重人的伦理模型是那些进行保护作为道德主体的人类的行动或实践。道德主体具体是指有能力去选择自己的目标或目的。但是这两种理论模型均无法圆满地解释伦理问题的所有方面,因此在对伦理学问题建模时,尚不能够完全依靠模型来分析问题。

除了可以用建模来分析伦理问题,伦理推理方法也是重要的工程理论基础。伦理推理是指一般推理在工程伦理领域中的延伸和扩展,它是伦理认知的高级阶段,是由伦理认知向伦理行为直接跨越的桥梁,伦理推理实现了将伦理从现有到应有的思维跨越。伦理推理的三个过程:求知过程,目的在于获得对自然、社会和事件的确切认识;释理过程,目的在于发现和解释外部世界存在状况以及运行规律;价值判断,带有明显伦理性质的认知,是认识主体对认识客体的判断。依靠这三步让人自觉自愿地采取正确的伦理决策和行为。

在进行伦理决策前要明确伦理学的概念。迈克尔·约瑟夫(Michael Joseph)提出了"是"与"应该"的伦理学概念。"是"描述的是行为的标准,没有判断对与错,这种观念不产生伦理评价行为;"应该"是规范伦理,涉及了每个人的行为规范,描述一个人在已定义了什么是正确的和恰当的特定价值观和原则的基础上,应该怎样表示。这种观念提供了一种人认识和解决各种道德问题的手段。决策正是基于相关分析,认为道德不是事物是什么样子,而是事物应该是什么样子。工程伦理决策是指针对工程中特定的伦理问题,依据相应的伦理准则和道德规范进行分析、推导而得出不同备选方案,并从中选出最合适的,以求解决面临的伦理问题的过程[16]。如图 2.6 所示,伦理决策的步骤一般如下:

(1)道德清楚,识别相关的道德价值。

(2)概念清楚,澄清关键概念。

(3)了解事实,获得相关信息。

(4)征集意见,综合考虑所有意见。

(5)合理推测,选用合适理论模型和方法。

(6)形成决策。在做伦理决策时除了意识到伦理的重要性外,还需要保持对抉择后果的敏感性,这样有利于做出精准的决策。

比如,员工采取行动之前要考虑的其他问题。我的行为是否遵守所有适用本地的、国家

图 2.6　伦理决策的步骤

的和国际的法律？我的行为是否符合受雇公司的价值观？我的行为在各个方面是否诚实和公平？如果我的上司、同事、下属或朋友知道我的行为，该行为会受到正面评价吗？如果报纸或其他媒体披露了我的行为，我的行为会对我和我的公司产生积极的影响吗？我的行为是否符合公司的政策、程序或原则？

　　如果员工对所有问题的回答都是"是"，并且员工按照公司的程序告知问题，那么员工的行为举止合乎伦理要求，并可能符合公司的政策。如果员工对任何问题的回答为"否"，或者如果员工认为自己没有采取行动的权利，那么员工应寻求进一步的建议。该建议应来自员工信任的主管或公司中的其他资源（如果有）。建议在公司内部所有可用资源都用尽后，员工可再在公司外部寻求帮助。

2.7.2　工程伦理分析技术

　　工程伦理问题繁多而复杂，运用具体的工程伦理分析技术可以将其进行适当的简化。现在对于涉及道德问题的争议采用的多是划界法，它可以用来解决应用问题，将道德问题进行适当的分类。对于划界法，现采用一个经典的例子来阐述它的原理。Victor 是一家大型建筑公司的工程师，他的任务是作为唯一负责人，去为一座公寓大楼的建设推荐铆钉。经过一番研究和测试后，他决定推荐 ACME 的铆钉，因为他认为 ACME 的铆钉价格最低并且质量最好。在 Victor 做出决定的当天，一位 ACME 的代表拜访了他，给了他一张去牙买加参加 ACME 年度技术论坛的免费预付券。这次旅行将有相当大的教育价值，如果他接受的话，还可以去海滩和其他感兴趣的景点短途旅行。如果 Victor 接受了这次旅行，那么他是接受贿赂吗？

　　在回答上面的问题前先分析一个明确受贿的情况。某个供应商给工程师一大笔钱，然后让工程师推荐使用他公司的产品。再加上以下情境：礼物是贵重的；在工程师决定使用哪家产品前提供一大笔钱；工程师出于个人利益接受了；对于决策，工程师是唯一的负责人；该供应商的产品是市场上最贵的；该产品可能有质量问题。毫无疑问，这是受贿，表 2.2 详细展示了这些方面。

表 2.2　贿赂的范例

贿赂的特征	贿赂范式的举例	贿赂的特征	贿赂范式的举例
礼物价值	大（金额大于 10 000 美元）	决策责任	单独的
时间	在决策之前	产品质量	行业中最差
理由	个人所得	产品价格	行业中最高

　　再讨论 Victor 这个案例，直接将其认定为贿赂是有争议的，应该采用贿赂与非贿赂的范式来测试。案例中每个特征值"×"来观察它的接近情况，具体见表 2.3。在表中通过测试表明 Victor 这件事不是一个贿赂范式。划界法这种分析方法已经被应用到具体的例子中，可以方便地处理伦理的归属问题。

表 2.3　概念的划界测试法

特征	范式(贿赂)	待测试的案例	范式(非贿赂)	特征	范式(贿赂)	待测试的案例	范式(非贿赂)
礼物价值	大	×	小	决策责任	单独的	×	非单独的
时间	在决策之前	×	在决策之后	产品质量	行业中最差	×	同类产品中最好
理由	个人所得	×	具有教育意义	产品价格	行业中最高	×	同类产品中最低

在上节提出的伦理建模思想,将伦理问题分为功利主义伦理模型和尊重人的伦理模型来处理。功利主义的方法中常用的分析技术方法是行为功利主义方法与规则功利主义方法,它们二者是有区别的,一个注重于探寻单一行为后果的效用,而另一个是完整地探寻一种一般实践的后果,因为这种实践已经被载入章程。利用二者分析同一个行为,得到的结果可能也是不同的,从行为功利主义的角度来看是正当的行为,而从规则功利主义角度看是错误的。例如在夜晚碰上了红灯。从行为功利主义角度出发,闯红灯会更方便些,因为旁边没有人,所以没有人会受到伤害。另一方面,从规则功利主义的角度来看,毫无疑问,像不遵守交通信号灯、停车标志、让路标志和其他道路规则的这些普通的不服从行为,对每个人来说都是灾难性的,包括对自己。再者,从规则功利主义的角度来看,在那些服务于功利目的并被广泛遵守的规则才是正当的。如果人们认为不正当,应该通过诉诸相关机构来证明自己的行为是正当的。在绝大多数的情况下,人们应该遵循普通规则,甚至不去考虑在某种特殊情况下违规是否是正当的。规则功利主义尽管在使用时可能有许多的复杂性,但是在考虑具有广泛性社会后果的法律与社会政策问题时,非常有用。因此为了恰当使用这种方法要遵循以下步骤:

(1)确定要评估的对象。

(2)制定出描述对象的规则。

(3)确定规则所适用的受众以及所涉及规则对受众的影响。

(4)综合各方面,选择对人类福祉最有利的规则。

(5)评估规则的正当性,分析是否可以运用到社会政策中。

尊重人的模型要求每一个人作为道德主体那样值得尊重并加以对待。分析它的思想主要有两种方式:黄金法则方法和权力方法。黄金法则方法运用的主要理念是可逆性。首先尊重人的方法采用的是普适性的理念,也就是每一个人都熟悉的理念,大家都可以进行行为的判断。可逆性是普适性理念的一种特殊应用,它强调的是站在对方的角度来共同分析问题,对待他人时应将心比心,不要求别人做我们自己都会反对的事情。但是黄金法则方法在运用中会遇到很多问题,用它来测试伦理允许的行为,其结果可能会有所不同,主要取决于行动者的价值观与信念。它需要人们从更普遍的角度去考虑问题,其中一个角度就是我们努力按照我们可以分享的标准来对待他人。但需要牢记,黄金法则方法提醒我们始终把自己视为潜在的主体和接受者。尊重人从某种程度上就是我们给予别人必要的权力,以便他们行使道德责任并追求幸福,这里的权利与责任就是相关的。权利是一种保护性的屏障,保护个人免受他人对道德主题的不当侵犯。哲学家艾伦·格威斯(Alan Gewirth)提出了一种思路[17],他提出权利的三个等级层次的分布,第一层是最基本的权利,行动的基本先决条件:生命、身体的完整性和生理健康。第二层包括维持个人奋斗已达到的目标水平的权利。这一类权利包括不被叛变或欺骗的权利、对不寻常的风险和其他领域的知情同意权利、财产不被盗的权利、不被诽谤的权利、不遭受失信的权利。第三层权利包括提升自己奋斗目标水平所需要的权利,包括试图获得财产和财富的权利。从这个权利等级分布上就可以确定发生权利冲突时优先处理哪些事情,这可以帮助我们更好地尊重他人。

2.7.3 工程伦理分析规范

伦理章程和规范是职业的一个必要特征,职业伦理规范是职业伦理的重要载体。工程职业组织制定的伦理规范是职业成员表达权利、义务及责任的正式文件。由此可见,完善的工程伦理规范对于工程伦理的发展起着重要的推动作用。

中国、美国两国的工程伦理规范经过长期发展并形成了不同的轨迹[18]。美国的工程伦理规范大致分为四个阶段:

(1)工程伦理规范的孕育时期。在这段时期内,开始对伦理规范有了一定的认识,但是工程职业组织认为正式的伦理规范不是必需的,不干涉工程师的个体活动,并强调了工程师个体责任。

(2)工程伦理规范的产生时期。工程职业取得了巨大的发展,工程师也被认可,他们也开始更加关注职业自治。各协会也先后制定属于自己的工程伦理规范。工程伦理规范作为一种工具来提升职业发展与荣誉,它强调工程师应当忠诚于雇主。

(3)工程伦理规范的发展时期。早期工程师关注雇主的利益,但是第二次世界大战后进行了转变,开始强调公众的责任。各工程职业组织对规范进行了修改,这标志着工程师在认识自身职业责任和伦理方面进入了新阶段。

(4)工程伦理规范的完善时期。随着工业的不断发展,环境污染问题也变得严重起来,因此工程职业组织开始注重对环境的保护。21世纪后,遇到了更多新的挑战,工程伦理规范也在不断地完善。

中国工程伦理规范的发展经过三个阶段:

(1)工程伦理规范的产生。由于前期清政府闭关锁国,导致其起步较晚,鸦片战争后开始出现这种思想。随着中国工程事业的起步,詹天佑等工程师开始注重工程师的作用。直到1933年,制定了职业伦理规范。

(2)工程伦理规范的发展时期。中国工程师学会将其不断修改,重在强调国家、民族的利益。

(3)工程伦理规范的分化时期。抗日战争胜利后,中国的工程伦理形成了中国台湾和大陆两方面的发展。在中国台湾开始注重环境、公众的责任,而大陆发展缓慢,直到2000年起全面开展了注册工程师职业资格制度,开始加快完善的脚步。总体来说,我国已进入工程大国时代,但是工程伦理规范属于重新起步阶段,要不断吸取先进的经验,建立起适合我国工程职业发展的伦理规范体系。

以下列出了一些主要的并不局限于以下相关伦理规范:

(一)中国大陆工程师信条

(1)1993年《中国工程师学会信守规条》

(2)1941年《中国工程师信条》

(3)1976年《中国工程师信条》

(4)1996年《中国工程师信条》

(5)1996 年《中国工程师信条实行细则》

(二)中国台湾工程伦理守则

(1)对个人责任:善尽个人能力,强化专业形象

(2)对专业的责任:蕴含创意思维,持续技术成长

(3)对同僚的责任:发挥团队精神,共创团队绩效

(4)对雇主/组织的责任:维护雇主权益,严守公正诚信

(5)对业主/客户的责任:体察业主需求,达成工作目标

(6)对承包商的责任:公平对待承包商,分工完成任务

(7)对人文社会的责任:落实安全环保,增进公众福祉

(8)对自然环境的责任:重视自然生态,珍惜地球资源

(三)美国土木工程师协会(ASCE)工程伦理规范

(1)ASCE 1914 年工程伦理规范

(2)ASCE 1996 年工程伦理规范

(四)美国电气工程师协会(AIEE)伦理规范(1912)

(五)美国电气和电子工程师协会(IEEE)工程伦理规范(1990)

(六)美国化学工程师协会(AIChE)工程伦理规范(2003)

习题与思考题

1. 伦理、道德与法律的联系与区别是什么?

2. 基于功利论、义务论等不同伦理立场,思考并讨论:工程实践中的伦理困境是如何产生的? 面对工程中的伦理困境时,作为个人应该如何做出伦理选择?

3. 遇到著名的"电车悖论"相关伦理问题,该如何做出选择?

4. 引起工程风险主要因素包括哪些? 为什么说工程风险可接受性评价指标的制订涉及伦理问题?

5. 关于水利工程移民,涉及哪些伦理问题?

6. 如何看待低、中放射性水平固体废物处置场规划的工程伦理问题?

7. 工程伦理与工程师伦理是否是一回事? 如何理解二者的关系? 工程师需要承担哪些伦理责任?

8. 人工智能的发展带来的工程伦理问题包括哪些方面?

9. 设想 60 多岁的患者甲,多年酗酒,肝脏功能衰竭,正在住院治疗并等待肝脏移植。青年乙因抓歹徒被歹徒刺伤肝脏,也住进同一家医院,也急需肝脏移植。正好有一可供移植的肝脏,组织配型与二人均相容。甲付得起医疗费用,而乙无力负担。问题是:可供移植的肝脏应该移植给谁? 优先需要考虑的分配标准是什么?

10. Ben 的上司 Joe 委托 Ben 对一种超声波测距仪进行改造。在从事这个项目的时候,Ben 发现,如果对该设备进行一些改造就可以把它应用于军事潜水艇。一旦改造成功,公司就会获得大额利润。然而,Ben 是一位和平主义者,他不愿意以任何方式对军事装备的发展有所贡献。所以,Ben 既没有就自己的新思路进一步展开研究,也没有向公司中的任何人透露他的想法。Ben 已经和公司签了一项协议:本人在工作期间所做出的一切发明均属于

公司资产。但他认为,在这种情况下,协议是不适用的。因为,第一,他的这个想法并未展开。第二,上司知道他的反军事倾向。但 Ben 仍然感到困惑的是,自己向雇主隐瞒新思路,这在工程伦理上是否正当,为什么?

参考文献

[1] 李正风,丛杭青,王前. 工程伦理[M]. 北京:清华大学出版社,2016.

[2] 尧新瑜."伦理"与"道德"概念的三重比较义[J]. 伦理学研究,2006(4):21-25.

[3] 宋希仁. 论道德的"应当"[J]. 江苏社会科学,2000(4):25-31.

[4] 李三虎. 关于工程的政治、法律和伦理方法论问题探讨[J]. 伦理学研究,2016(4):115-121.

[5] 朱贻庭. 伦理学大辞典[M]. 上海:上海辞书出版社,2010.

[6] 李伯聪. 关于工程伦理学的对象和范围的几个问题——三谈关于工程伦理学的若干问题[J]. 伦理学研究,2006(6):24-30.

[7] 赵立莹,郝际平. 美国博士生教育质量评估的效力诉求[J]. 中国高教研究,2009(9):40-44.

[8] 肖显静. 论工程共同体的环境伦理责任[J]. 伦理学研究,2009(6):65-70.

[9] 余谋昌. 关于工程伦理的几个问题_余谋昌[J]. 武汉科技大学学报(社会科学版),2002,4(1):1-3.

[10] 徐海涛,王辉. 工程伦理[M]. 北京:电子工业出版社,2020.

[11] 高蔷,安吉南. 工程建设中的环境保护措施分析[J]. 工程管理,2018(36):124.

[12] 维西林德,岗恩. 工程、伦理与环境[M]. 北京:清华大学出版社,2003.

[13] HOLMESR. Environmental ethics:duties to and values in the natural world[M]. Philadelphia:Temple University Press,1987.

[14] 戴维斯. 像工程师那样思考[M]. 丛杭青,沈琪,译. 杭州:浙江大学出版社,2012.

[15] 马丁,辛津格. 工程伦理学[M]. 李世新,译. 北京:首都师范大学出版社,2010.

[16] 唐丽,陈凡. 工程伦理决策策略分析[J]. 中国科技论坛,2006(6):95-98.

[17] GEWIRTH A. Reason and Morality[J]. Chicago:University of Chicago Press,1978.

[18] 徐海涛,王辉. 工程伦理[J]. 北京:电子工业出版社,2020.

第3章 工程经济

3.1 导 言

著名经济学家保罗·萨缪尔森(Paul A. Samuelson)说过,在人的一生中,从摇篮到坟墓,你永远都无法回避无情的经济学真理。作为社会人,经济行为遍布于我们生活的方方面面,掌握相关经济学知识,我们会更加明智地参与各类活动,会更加理性、更加从容地思考我们的生活;作为工程师,在工程项目或产品的设计与实施过程中,为使其经济价值最大化,需深度参与过程管理,对实施过程的成本构成进行分析,对实施方案做出科学经济决策[1-2];作为工科生,按照工程教育认证通用标准要求,需具备"理解并掌握工程管理原理与经济决策方法,并能在多学科环境中应用的工程管理能力",具体来说,就是掌握工程项目中涉及的管理与经济决策方法;了解工程及产品全周期、全流程的成本构成,理解其中涉及的工程管理与经济决策问题;能在多学科环境下,在设计开发解决方案的过程中,运用工程管理与经济决策方法[3]。

要掌握工程经济原理及技术,需要学会思考并理解如下问题:

(1)体会到重要性:深刻理解现代工程项目的过程管理是技术先进、经济可行、本质安全的过程管理,工程师必须克服重技术轻经济、为安全忽视经济等片面观点,学习经济知识、建立经济意识,已经成为现代工程技术人员的必修课。

(2)意识到实用性:不能将工程经济束之高阁,空喊概念;工程经济是实用工具,是工程技术实践的经济效果评定,是指引理性思考、科学决策的重要工具。

(3)深入到项目实践中:即使是相同项目,由于方案不同,经济行为可能互斥,可能独立,也可能关联,经济决策也会发生变化。

通过本章的学习,学生应了解在设计开发工程及产品的解决方案过程中全流程、全周期的成本构成分析、经济决策等所使用的工程经济基础知识,涉及现金流量、费用估算、财务评价和经济决策等内容。

现金流量:包括资金时间价值和等值原则。

费用估算:费用包括从项目投资开始到项目终结的整个生命周期(包括建设期和运营期)内所发生的全部费用。

对于新建项目来说,在了解项目总投资构成的基础上,完成各构成要素的费用估算,并明确各构成要素的区别与联系,提高估算精度。完成费用估算后,学生应该知悉资金筹措措施、类型及还款方式,正确评估资金筹措风险。

财务评价:在费用估算基础上,工程师应该能够使用财务评价指标对工程项目进行财务评价,评估项目的财务可行性。在掌握常见财务评价指标的基础上,学生应了解填列财务评价所需的各种财务报表,学会利用财务报表完成评价指标的计算及评估。

经济决策:是指工程师应具备利用得到的经济指标对工程项目解决方案进行决策的能力。

工程项目经常面临多种技术方案或解决方案的优选,学生应了解并学会对常用方案进行比较来完成科学的经济决策。

3.2 资金的时间价值、等值原则与现金流量

工程师在项目实施过程的成本构成分析及费用估算等行为,不可避免地需要考虑发生的资金在跨越项目计算期时具有不同的价值,即资金的时间价值。工程师要对不同计算期发生的资金进行相应的等值换算,目的是使得项目进行经济行为的对比、现金流量的加减等具有相同的比较基准。

3.2.1 资金的时间价值

资金具有时间价值。也即是说,银行愿意用明年的 10 500 元来交换今年的 10 000 元,其中差值 500 元体现了资金在一年的时间价值。显然,原资金即本金,也称为现值 P(Present Value),经过一段时间(一年或三个月等)增值了,其增值部分或收益额称为利息 I(Interest);此处的一段时间,称为付息周期,可以包含 n 个计息周期。利息 I 与本金 P 之比与利率密切相关。

3.2.2 利息与利率

在一个计息周期(计息周期可以是年、月、季、周或日等)内所得的利息与本金之百分比,称为利率 i(Interest Rate)。对于多个计息周期,自第二个计息周期始,根据利息是否产生新的利息,可将利息分为单利(Simple Interest)和复利(Compound Interest)。

在 n 个计息周期内,对于单利,仅本金生息,有

$$I = Pni \tag{3.1}$$

在 n 个计息周期内,对于复利,利息也生息,有

$$I = P[(1+i)^n - 1] \tag{3.2}$$

有了复利概念,计息周期也称为复利期(Compounding Period,CP)。显然,经过复利期后,本利和或将来付款额 F(Future Worth)为本金和利息之和,即

$$F = I + P = \begin{cases} P(1+ni) & \text{单利} \\ P(1+i)^n & \text{复利} \end{cases} \tag{3.3}$$

复利计算通常以年为单位。如果每年有多个计息周期,名义利率(Nominal Interest Rate)为单一计息周期利率×计息周期数。如果名义利率为 i,计息周期数为 m,则一年后有

$$F = P\left(1 + \frac{i}{m}\right)^m \tag{3.4}$$

有效利率 i_e(Effective Interest Rate)即实际利率,则

$$i_e = \frac{F - P}{P} = \left(1 + \frac{i}{m}\right)^m - 1 \tag{3.5}$$

若每年计息周期无限大,即利息时刻生息,则

$$F = \lim_{m \to \infty} P\left(1 + \frac{i}{m}\right)^m = Pe^i \tag{3.6}$$

换算关系变为

$$i_e = \frac{F-P}{P} = e^i - 1 \tag{3.7}$$

例如,某工科专业毕业生每月向退休账户存款 300 元,该账户以 6％的名义年利率获息,约定每月计息,35 年后该账户价值多少? 根据约定,该毕业生享受月利率 $i_m = i/m = \frac{0.06}{12} = 0.005$,月付款 A 在第 t 月的付款额 $F_t = A(1+i_m)^t$,共 $n = 35 \times 12 = 420$ 个计息周期,则将来付款额为

$$F = \sum_{t=0}^{n-1} A(1+i_m)^t = A\frac{(1+i_m)^n-1}{i_m} = 300 \times \frac{(1+0.005)^{420}-1}{0.005} = 427\ 413.09\ \text{元}$$

3.2.3　现金流量和现金流量图

由于资金具有时间价值,现金流量[包含支出(Cash Out)和收入(Cash In)]在一个项目的整个生命周期中的分布很重要。为便于财务交易可视化,现金流量通常使用现金流量表(Cash Flow Table)和现金流量图(Cash Flow Diagram)表达,二者一一对应。如图 3.1 所示,现金流量图的横轴表示项目整个周期内的持续时间,横轴上各点将轴线等分间隔,间隔通常以年为单位;纵轴表示时点上发生的现金流量,箭头向上表示现金流入(CI),箭头向下表示现金流出(CO),箭头长度和数字表达该笔现金流量的金额大小。除非另有说明,$t=0$ 时为现值 P;$t=1$ 时开始定期付款 A,终值 F 绘制在最后一笔交易结束时。

图 3.1 的现金流量图表示项目一开始购进设备 50 000 元,五年折旧后残值 8 000 元,每年维护费 1 000 元,利用该设备每年收入 15 000 元。对 3.2.2 节中的实例,其现金流量图可以表示成图 3.2,其资金流动实现了可视化。

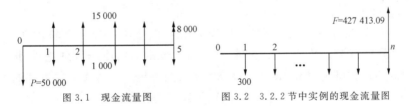

图 3.1　现金流量图　　　　　图 3.2　3.2.2 节中实例的现金流量图

对于工程项目来说,可以从项目整个生命周期的现金流量图、现金净流量图以及累积现金净流量图很直观地得到项目的投资回收期等重要经济指标。

3.2.4　资金等值计算

在现金流量图中,不同时点发生的现金流量不可以直接加减,必须换算成同一时点才能进行分析,该换算过程称为资金等值计算。例如,将来付款额 F(终值)换成当前的现值 P,需乘以系数 $(1+i)^{-n}$,该系数称为现值系数或贴现因子(Discount Factor)。在资金等值计算中,如果根据现值求终值,该系数称为终值系数(Compound Amount Factor)。

1.简单支付系列

根据支付方式的不同,现金流量的发生常有一次支付、等额分付、等差支付和等比支付等方式[4-5]。

(1)一次支付(Single Payment)

一次支付就是在单个时点上发生单笔金额,其现金流量图如图 3.3 所示。一次支付现值和终值的等值互算过程为:给定现值 P,求终值 F,称为复利过程(Compounding Process);给定终值 F,求现值 P,称为折现过程(Discounting Process)。可采用如下两个关系:

$$F/P = (1+i)^n = (F/P, i, n) \tag{3.8}$$

$$P/F = (1+i)^{-n} = (P/F, i, n) \tag{3.9}$$

其中 SPCAF $= (F/P, i, n) = (1+i)^n$ 为一次支付终值系数(Single-Payment Compound Amount Factor);SPPWF $= (P/F, i, n) = (1+i)^{-n}$ 为一次支付现值系数(Single-Payment Present Worth Factor)。

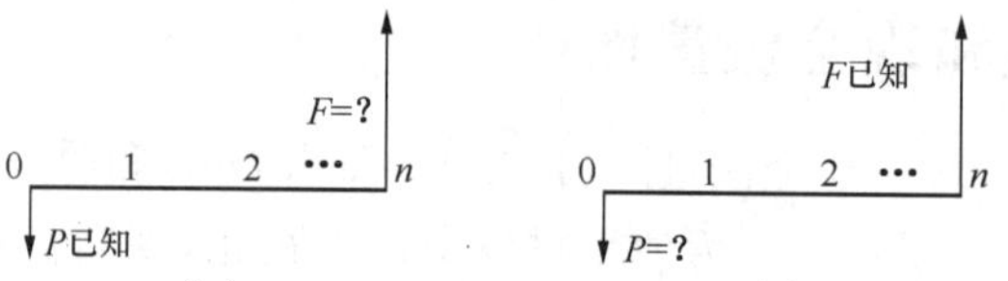

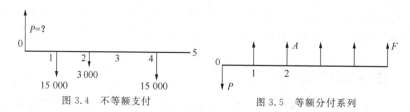

图 3.3 一次支付在现金流量图上的表示

在现金流量图上,对于发生多次不等额支付的过程,需要将其拆分成一次支付过程,分别进行等值计算。例如,某账户在第 1,2 和 4 时点上发生 3 次消费(分别为 15 000 元、3 000 元、15 000 元)后,余额为零,求该账户原来的存款,名义年利率为 6%。如图 3.4 所示,绘制现金流量图,将 $n=1,2$ 和 4 的现金折现到 $n=0$ 时即可,则

$$P = F_1(P/F, i, n) + F_2(P/F, i, n) + F_4(P/F, i, n)$$

$$= \frac{15\ 000}{1+6\%} + \frac{3\ 000}{(1+6\%)^2} + \frac{15\ 000}{(1+6\%)^4} = 28\ 702.34$$

(2)等额分付系列(Uniform Series)

如图 3.5 所示,从计息周期 1 开始到周期 n 结束的时点上,有一等额的现金流 A,这种有规律的等额分付行为经常在租金支付(Rental Payment)、债券付息兑付(Bond Interest Payment)和分期付款(Installment Plans)等经济行为中出现。等额分付系列的等额现金也称等额年值(Uniform Annuity),我们关心 A、P 和 F 之间的关系。

图 3.4 不等额支付

图 3.5 等额分付系列

①等额分付系列现值计算

将每个 A 值视为终值,并计算各自现值,然后求和,可得 P 的表达式为

$$P = A(1+i)^{-1} + A(1+i)^{-2} + \cdots + A(1+i)^{-n} = A\frac{(1+i)^n - 1}{i(1+i)^n} \tag{3.10}$$

计 $(P/A, i, n) = \frac{(1+i)^n - 1}{i(1+i)^n}$ 为等额分付系列现值系数(Uniform Series Present Worth Factor, USPWF)。

②等额分付系列资金回收计算

当给定 P 且需要确定 A 时,逆方程为等额分付系列资金回收公式,即

$$A = P\frac{i(1+i)^n}{(1+i)^n-1} \tag{3.11}$$

计 $(A/P,i,n) = \dfrac{i(1+i)^n}{(1+i)^n-1}$ 为等额分付系列资金回收系数(Uniform Series Capital Recovery Factor,USCRF)。

③等额分付系列终值公式

当给定年值 A 且要确定终值 F 时,等比数列求和即可得等额分付系列终值公式,即

$$F = A + A(1+i)^1 + \cdots + A(1+i)^{n-1} = A\frac{(1+i)^n-1}{i} \tag{3.12}$$

计 $(F/A,i,n) = \dfrac{(1+i)^n-1}{i}$ 为等额分付系列终值系数,或称等额分付系列复利因子(Uniform Series Compound Amount Factor,USCAF)。

④等额分付系列偿债基金公式

给定 F 且要确定 A 为等额分付系列终值计算的逆过程,其计算公式为

$$A = F\frac{i}{(1+i)^n-1} \tag{3.13}$$

计 $(A/F,i,n) = \dfrac{i}{(1+i)^n-1}$ 为等额分付系列偿债基金系数,或称沉没资金因子(Sinking Fund Factor)。显然,等额分付系列偿债基金系数与等额分付系列资金回收系数相差一 i 值,即

$$(A/F,i,n) = (A/P,i,n) - i \tag{3.14}$$

现在回头看 3.2.2 节中的实例,该经济活动实际上就是一个等额分付复利计算问题。如果按年计息,则

$$F = A(F/A,i,n) = A\frac{(1+i)^n-1}{i} = (300\times12)\times\frac{(1+0.06)^{35}-1}{0.06}$$
$$= 401\ 165.21$$

如果按月计息,则

$$F = A(F/A,i,n) = A_m\frac{(1+i_m)^n-1}{i_m} = 300\times\frac{(1+0.06/12)^{35\times12}-1}{0.06/12}$$
$$= 427\ 413.09$$

对比按月计息,终值减少,$427\ 413.09 - 401\ 165.21 = 26\ 247.88$,说明计息周期越短,本利和越大。

如果等额分付系列的年金持续发生,永不终止,我们称之为永续年金(Perpetual Annuity)。永续年金经常出现在优先股股息、可永久发挥作用的无形资产(如商誉)等经济往来活动中。由于没有终止时间,永续年金没有终值,只有现值。根据等额分付系列现值公式,取 $n\to\infty$,得

$$(P/A,i,\infty) = \lim_{n\to\infty}\frac{(1+i)^n-1}{i(1+i)^n} = \frac{1}{i} \tag{3.15}$$

即永续年金现值 $P = A/i$。

例如,某保险公司理财产品约定,客户每年交 10 000 元,连续交 20 年,每年可领取

3 000 元生活津贴至终老。如果利率为 5%，定量评估该保单。

绘制现金流量图如图 3.6 所示，假定用户寿命无限大，其现值为

$$P = A_1(P/A, i, n_1) + A_2(P/A, i, \infty) = -A_1 \frac{(1+i)^{20}-1}{i(1+i)^{20}} + \frac{A_2}{i}$$

$$= -10\,000 \times \frac{(1+0.05)^{20}-1}{0.05 \times (1+0.05)^{20}} + \frac{3\,000}{0.05} = -64\,622.10$$

现值为 −64 622.10，意味着在当前年利率下，即使客户把钱存到银行内也会赔 64 622.10 元。这里没有考虑保险公司的投资收益情况。

（3）等差支付系列

如图 3.7 所示，从计息周期 1 开始到周期 n 结束的时点上，有现金流 A 系列的下一计息周期总比当前时点差一恒定的差额 G，这种恒定梯度（可正可负）现金系列称为等差系列现金流（也称为线性梯度系列，Arithmetic Gradient Series）。

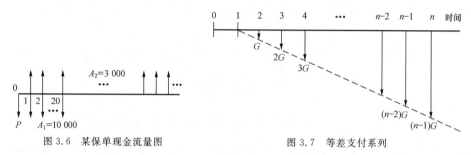

图 3.6 某保单现金流量图　　　　　图 3.7 等差支付系列

第 t 时点的现金流为

$$A_t = (t-1)G \quad (t=1,2,\cdots,n) \tag{3.16}$$

等差支付系列的等值换算涉及终值、限值和年值之间的互算，工程师都应掌握，它们在不同项目支付行为中均可能发生。

①等差支付系列终值公式

F 可以看成 $n-1$ 个等额分付现金流的终值之和，年值均为 G，年数分别为 $1,2,\cdots,n-1$，即有

$$\frac{F}{G} = \sum_{t=1}^{n} A_t (1+i)^{n-t}/G = \sum_{t=1}^{n}(t-1)(1+i)^{n-t}$$

$$= (F/A, i, n-1) + (F/A, i, n-2) + \cdots + (F/A, i, 2) + (F/A, i, 1)$$

$$= \left[\frac{(1+i)^{n-1}-1}{i} + \frac{(1+i)^{n-2}-1}{i} + \cdots + \frac{(1+i)^2-1}{i} + \frac{(1+i)-1}{i} \right]$$

$$= \frac{1}{i} \left[\frac{(1+i)^n-1}{i} - n \right] \tag{3.17}$$

计 $(F/G, i, n) = \dfrac{1}{i}\left[\dfrac{(1+i)^n-1}{i} - n\right]$ 为等差支付系列终值系数（Arithmetic Gradient Factor to Compound Amount）。

②等差支付系列现值公式

$$P/G = (P/F, i, n)(F/G, i, n) = (1+i)^{-n} \frac{1}{i}\left[\frac{(1+i)^n-1}{i} - n\right]$$

$$= \frac{(1+i)^n - in - 1}{i^2(1+i)^n} \tag{3.18}$$

计 $(P/G, i, n) = \frac{(1+i)^n - in - 1}{i^2(1+i)^n}$ 为等差支付系列现值系数(Arithmetic Gradient Factor to Present Worth)。

③等差支付系列年值公式

等差支付系列年值公式用于把等差支付系列换算成等额支付系列。根据等差支付系列现值公式和等额分付资金回收公式,有

$$A/G = (P/G, i, n)(A/P, i, n) = \frac{(1+i)^n - in - 1}{i^2(1+i)^n} \cdot \frac{i(1+i)^n}{(1+i)^n - 1}$$

$$= \frac{(1+i)^n - in - 1}{i[(1+i)^n - 1]} \tag{3.19}$$

计 $(A/G, i, n) = \frac{(1+i)^n - in - 1}{i[(1+i)^n - 1]}$ 为等差支付系列年值系数。

如果等差支付系列初值不为零,就不能直接使用上述公式。初值在其后的计息周期都会生息,可按照等额支付系列情形计算。如图 3.8 所示的现金流量图,由于等差支付自 $N = 2$ 开始,其现值的计算需分为两步:首先计算 $N = 1$ 时的现值,然后再转化成 $N = 0$ 时的现值。

$$P_{N=1} = 10\,000 + 12\,000(P/A, 5\%, 19) + 500(P/G, 5\%, 19)$$

$$= 10\,000 + 12\,000 \times \frac{(1+5\%)^{19} - 1}{5\% \times (1+5\%)^{19}} + 500 \times \frac{(1+5\%)^{19} - 19 \times 5\% - 1}{(5\%)^2 \times (1+5\%)^{19}}$$

$$= 200\,687.61$$

$$P = F(P/F, i, n) = P_{N=1}(P/F, 5\%, 1) = 200\,687.61 \times (1+5\%)^{-1} = 191\,131.05$$

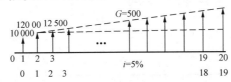

图 3.8 等差支付系列,期初 $N \neq 0$

(4)等比支付系列

如图 3.9 所示,从计息周期 1 开始到周期 n 结束的时点上,现金流 A 系列的下一计息周期与当前时点的现金流的比值恒为 g,这种以恒定百分比递增或递减的现金系列称为等比支付系列(也称为几何梯度系列,Geometric Gradient Series),恒比例 g 为复利增长率(Compound Growth),可正可负。等比支付系列常用于工程经济中的建设费用支出,维护费用支出或由于通胀造成的价格变化等场合。

第 t 时点的现金流为

$$A_t = A_1(1+g)^{t-1} \quad (t = 1, 2, \cdots, n) \tag{3.20}$$

工程师应掌握等比支付系列的等值换算,涉及终值、限值的换算,它们在不同项目支付行为中均可能发生。

①等比支付系列现值公式

$$P/A_1 = \sum_{t=1}^{n}(1+g)^{t-1}(P/F,i,t) = \sum_{t=1}^{n}(1+g)^{t-1}(1+i)^{-t}$$

$$= \begin{cases} \dfrac{1-(1+g)^n(1+i)^{-n}}{i-g}, & i \neq g \\ \dfrac{n}{1+i}, & i = g \end{cases} \tag{3.21}$$

$$计(P/A_1,g,i,n) = \begin{cases} \dfrac{1-(1+g)^n(1+i)^{-n}}{i-g}, & i \neq g \\ \dfrac{n}{1+i}, & i = g \end{cases}$$ 为等比支付系列现值系数（Geomet-

ric-Gradient-Series Present Worth Factor），请注意 $i = g$ 的特殊情况。

如果定义利率函数 $g' = (i-g)/(1+g)$，则可以证明

$$P/A_1 = \begin{cases} \dfrac{1}{1+g}\sum_{t=1}^{n}(1+g')^{-t} = \dfrac{1}{1+g}(P/A,g',n), & i \neq g \\ \dfrac{n}{1+i}, & i = g \end{cases} \tag{3.22}$$

②等比支付系列终值公式

当给定 A_1 且要确定 F 时，此为等比支付系列终值计算过程，计算公式为

$$F/A_1 = (1+i)^n \left[\frac{1-(1+g)^n(1+i)^{-n}}{i-g} \right] \tag{3.23}$$

$计(F/A_1,g,i,n) = (1+i)^n \left[\dfrac{1-(1+g)^n(1+i)^{-n}}{i-g} \right]$ 为等比支付系列终值系数（Geometric-
Gradient-Series Compound Amount Factor）。

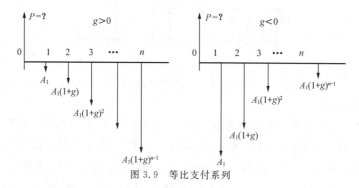

图 3.9　等比支付系列

2.复合现金流

大多数投资项目都包含多种类型的资金流动，即复合现金流。分析时，需要将该复合现金流拆分成简单现金流分别进行等值计算，然后进行整体现金流的分析。因此简单现金流中的一次支付终值和现值公式、等额分付系列终值和现值公式、等额分付系列偿债，基金和资金回收公式、等差支付系列终值和现值公式、年值公式以及等比支付系列现值与终值公式都是经常遇到的经济活动，表 3.1 列出了这些简单现金流的工程经济学因子，以供查阅。

表 3.1　简单现金流的工程经济学因子

转换方向	符号表示	公式	Excel 函数
现值 P 转终值 F	$(F/P,i,n)$	$(1+i)^n$	$FV(i,n,,P,0)$
终值 F 转现值 P	$(P/F,i,n)=\dfrac{1}{(F/P,i,n)}$	$(1+i)^{-n}$	$PV(i,n,,F,0)$
终值 F 转年值 A	$(A/F,i,n)$	$\dfrac{i}{(1+i)^n-1}$	$PMT(i,n,,F,0)$
年值 A 转终值 F	$(F/A,i,n)=\dfrac{1}{(A/F,i,n)}$	$\dfrac{(1+i)^n-1}{i}$	$PV(i,n,A,0)$
现值 P 转年值 A	$(A/P,i,n)=(A/F,i,n)\cdot(F/P,i,n)$	$\dfrac{i(1+i)^n}{(1+i)^n-1}$	$PMT(i,n,p,,0)$
年值 A 转现值 P	$(P/A,i,n)=\dfrac{1}{(A,P,i,n)}$	$\dfrac{(1+i)^n-1}{i(1+i)^n}$	$PV(i,n,A,,0)$
梯度 G 转现值 P	$(P/G,i,n)$	$\dfrac{(1+i)^n-1}{i^2(1+i)^n}-\dfrac{n}{i(1+i)^n}$	—
梯度 G 转终值 F	$(F/G,i,n)=(P/G,i,n)\cdot(F/P,i,n)$	$\dfrac{(1+i)^n-1}{i^2}-\dfrac{n}{i}$	—
梯度 G 转年值 A	$(A/G,i,n)=(P/G,i,n)\cdot(A/P,i,n)$	$\dfrac{1}{i}-\dfrac{n}{(1+i)^n-1}$	—

3.2.5　EXCEL 利率函数及计算

对于部分简单现金流,如等额分付资金回收系数 $(A/P,i,n)=\dfrac{i(1+i)^n}{(1+i)^n-1}$,有时需要计算复利期数 n,如果采用试差法进行迭代计算,运算量较大,使用 Excel 等电子表格提供的工程经济学财务函数 NPER() 可以很好地解决该问题。表 3.1 中列出的常见求现值、终值和年值 Excel 函数在现金流等值计算中应用广泛。

(1)函数 FV(rate,nper,pmt,[pv],[type])

返回值:现金流的终值(Future Value);

参量:

rate:各计息周期利率,如利率为 5% 时,使用 5%/4 计算季度利率;

nper:复利期数;

pmt:等额分付金额,在函数计算期内不变;

pv:计算开始时点已经入账的款项,若未指定,默认为 0;

type:指定付款时间是期初还是期末。1= 期初;0 或忽略为期末。

(2)函数 PV(rate,nper,pmt,[fv],[type])

返回值:现金流的现值(Present Value);

参量:

fv:终值;

其余同 FV。

(3)函数 PMT(rate,nper,pv,[fv],[type])

返回值:现金流的年值;

参量:同 FV 和 PV。

（4）函数 NPER(rate,pmt,pv,[fv],[type])

返回值：计算期数；

参量：同 FV 和 PV。

（5）函数 RATE(nper,pmt,pv,[fv],[type],[guess])

返回值：利率；

参量：

guess：初始值；

其余同 FV 和 PV。

例如，利用 Excel 工程经济函数计算上文中的保险公司保单，在 PV 函数中计息周期数需确定，此处假定客户寿命万岁，如图 3.10 所示，其现值为¥－64 622.10，与前面计算结果相符。

校园贷、美容贷

图 3.10　利用 Excel 计算现值

3.3　投资、成本、收入与利润

进行财务分析前，需要在对投资项目进行总体了解和对市场、环境、技术方案充分调查的基础上，收集并预测相关基础数据。主要包括：建设投资估算、流动资金估算等投资估算；预计产品销量及各年度产量，预计产品价格及价格变动幅度；估算生产成本费用及其构成。由于数据大部分为预估的，因此其预测质量是决定财务分析质量甚至成败的关键。财务预估后，通常使用若干基础财务报表进行归纳整理。基础财务报表主要有投资估算表、折旧表、成本费用表、损益表等。

进行财务分析前，通常还需要对可能的资金来源进行估算，主要估算银行贷款数量及种类、股票、债券、公司的自由资金状况和可能的偿还债务资金，以及是否有政府补贴等，据此和项目计划编制资金规划，即资金平衡表。接下来，根据财务基础数据和资金规划，编制现金流量表。有了现金流量表，便可进行各个经济指标计算等财务评价工作了。

3.3.1　总投资构成

按投资主体构成，新建工程项目通常分为新建国内工程项目、新建引进工程项目和新建中外合资工程项目等，图 3.11、图 3.12 和图 3.13 分别表示这三类新建工程项目的总投资构成。一般来说，建设项目总投资由建设投资、固定资产投资方向调节税、建设期借款利息和流动资金等构成。其中，建设投资分为固定资产费用、无形资产费用、递延资产费用及预备费。固定资产费用一般包括工程费用和固定资产其他费用，工程费用包括设备及工器具费、建筑工程费、安装工程费和其他工程费等；建设投资的预备费包括基本预备费和涨价预备费，在可行性研究阶段为简化目的，也计入固定资产[6]。估算形成的固定资产的现值（将建设期利息同时并入）可用于财务分析中折旧费的计算。

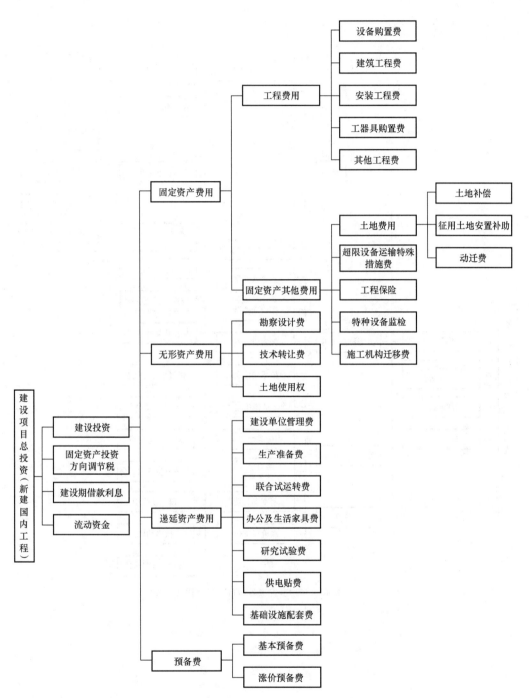

图 3.11 新建国内工程项目总投资构成

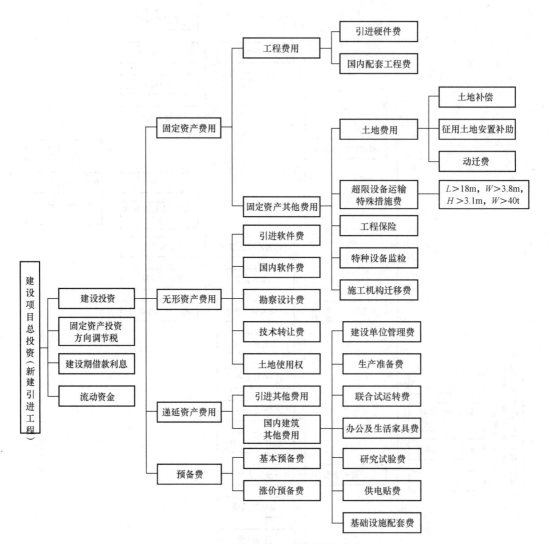

图 3.12　新建引进工程项目总投资构成

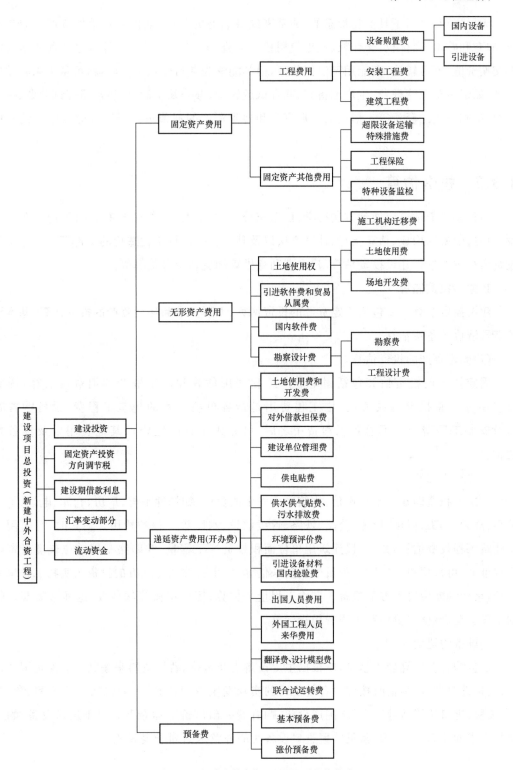

图 3.13　新建中外合资工程项目总投资构成

无形资产,是指不具实物形态的、能带来经济利益的、可辨认的非货币性资产。如专利权、非专利技术、商标权、著作权、土地使用权和商誉等。与无形资产不同,递延资产本身没有交换价值,不可转让,不能用于清偿债务,但其能够为项目创造未来收益,可从未来收益期抵补,如建设单位管理费、生产准备费、联合试运转费、办公及生活家具费、研究试验费、供电贴费、基础设施配套费等。形成的无形资产和递延资产的现值可用于财务分析中摊销费的计算。

3.3.2 投资估算

项目总投资估算应做到方法科学、依据充分。常采用的估算依据有专门机构发布的建设工程造价费用构成、估算指标、计算方法以及其他有关计算工程造价的文件等。新建项目投资估算主要进行建设投资估算、建设期利息供算和流动资金估算等。

1.建设投资估算

建设投资估算主要包括固定资产的投资估算、无形资产和递延资产的投资估算、基本预备费及涨价预备费估算。

(1)固定资产的投资估算

固定资产的投资估算包括固定资产工程费用估算和固定资产其他费用估算,详细可参阅项目总投资构成表,其中工程费用是指各单项工程的建筑工程费、设备购置费以及安装工程费。在汇总各工程费用之后,可完成工程固定资产其他费用以及预备费的估算。

①建筑工程费

建筑工程费即建造永久性建、构筑物所发生的费用,如场地平整、厂房、仓库、电站、工业炉窑、桥梁、码头、堤坝、隧道、公路、铁路、管线敷设、水库等工程的费用。估算时,可采用单位建筑工程投资估算,如工、民建筑用单位面积投资×工程量,铁路路基用单位长度投资×工程量等;可采用单位实物工程量的投资来估算,如土石方用每立方的投资×实物工程量来估算,路面铺摊用每平方的投资×实物工程量来估算;还可用概算法估算,这通常需要详细的工程资料、原材料价格和工程费用指标等。

②设备购置费

设备购置费估算较为基础,应根据主要设备表及价格、费用资料来编制。无论是国产设备,还是进口设备,估值时按照设备就位时的实际发生费用计算,一般包括出厂价和运杂费(含关税、进口从属费等)。对于国产设备,购置费=出厂价+运杂费。对于进口设备,购置费的构成如图3.14所示,常见购置进口设备时的外贸术语列于表3.2。

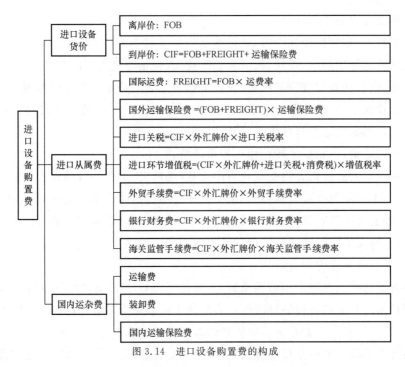

图 3.14 进口设备购置费的构成

表 3.2 常见购置进口设备时的外贸术语

缩写	含义
FREIGHT	国际运费
OCEAN FREIGHT	海运费
AIR FREIGHT	空运费
CARRIAGE	内陆运费,短途运费
FOB(Free On Board)	船上交货价,离岸价
FOR(Free On Rail)	铁路交货价
FOT(Free On Truck)	敞车交货价
EXW,FXW,EX Works	工厂交货价
FCA(Free Carrier)	货交承运人,卖方将货物在指定地点交给买方指定承运人,并办完出口清关手续
CIF(Cost,Insurance and Freight)	到岸价,货物在港口越过船舷时,卖方即完成交货
FAS(Free Alongside Ship)	船边交货,卖方在指定码头或驳船上把货物交至船边,从此刻起买方承担货物的全部费用和风险

③安装工程费

安装工程费包括与设备安装相关的机电装配与安装工程、设备工作台、梯子等装设工程、附属于设备的管线铺设工程、设备的绝热防腐工程以及设备试运转、联调联动试运转费用等。按照行业或专业机构报价定额、取费标准和指标进行估算。

(2)无形资产和递延资产的投资估算

无形资产计费较为复杂,一般包括专利权、专有技术、商标权、著作权、特许权、土地使用权等。由于在项目周期中无形资产的增值、贬值情况复杂多变,无法准确预知无形资产在各计算期内的实际价值,在新建项目估值计算中,一般按照以取得该无形资产并使之达到预定用途而发生的全部支出进行计算。

对于专有技术,如勘察设计费等,包括编制项目建议书、可行性报告、环评、工程咨询以及为上述文件所进行的勘察、设计、研究实验等费用,包括委托进行的初步设计、施工图设计及概预算费用,也包括自行进行的勘察、设计工作所发生的费用。具体可参照"关于《工程勘察设计收费管理规定》的通知"(计价格〔2002〕10 号)、国家计委《关于印发建设项目前期工作咨询收费暂行规定的通知》(计价格〔1999〕1283 号)。

对于技术转让费,按照技术转让协议报价计费。

土地使用权指的是投资方将企业现有的土地(场地)使用权的价值作为投资的资费。

按照图 3.11 所示的投资构成可知,递延资产费用包括建设单位管理费、生产准备费、联合试运转费、办公及生活家具费、研究试验费、供电贴费、基础设施配套费等。

财务分析中,无形资产和递延资产均计入摊销费中。

(3)基本预备费及涨价预备费估算

基本预备费也称工程建设不可预见费,主要针对难以事先预料的设计变更及施工额外增加的工程费用。基本预备费估算以固定资产的工程费用为基数,其计算公式为

$$基本预备费 = 固定资产的工程费用 \times 基本预备费率 \tag{3.24}$$

涨价预备费也称为价格变动不可预见费,是考虑建设周期较长的项目在建设期间可能会发生的材料、人工或设备的涨价而预留的费用,其估算方式类似于基本预备费,以第 t 年的固定资产工程费用 I_t 为基数,乘以一个包含价格上涨指数 f 的校正因子,即

$$涨价预备费 = \sum_{t=1}^{n} I_t [(1+f)^t - 1] \tag{3.25}$$

2. 建设期利息估算

建设期利息专指项目借款在建设期内计入固定资产的利息,其估算一般根据借款来源构成分别计算各笔借款利息,然后加和。如果第 t 年各笔借款利率相同,则利息简化估算公式为

$$第 t 年利息 = 年利率 \times (年初借款本息累计 + 本年借款额/2) \tag{3.26}$$

3. 流动资金估算

生产经营性项目建成后所需原材料、燃料、工人工资及其他经营活动所需的周转资金,即为流动资金。流动资金为流动资产和流动负债的差,其各项构成如图 3.15 所示。在项目可行性研究阶段,流动资金估算只对存货、现金、应收和应付账款进行估算,它们在一年中均会周转多次,因此需计及周转次数,其周转次数参照同类项目平均值并结合项目技术特点确定,即

$$流动资金 = 流动资产 - 流动负债 \tag{3.27}$$

在产成品资金估算时,需计算经营成本,可详见第 3.2.3 节内容。

为避免漏项,流动资金估算可填入流动资金估算表中,见表 3.3。至此,项目总投资估算可填入总投资估算表中,见表 3.4。

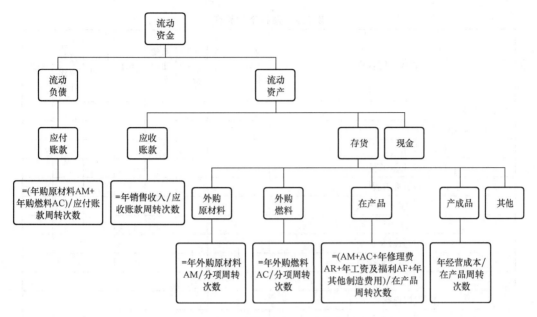

图 3.15　流动资金的构成及估算方法

表 3.3　流动资金估算表

序号		项目	周转次数	建设期			投产期			达产期/100%			
				1	2	3	4	5	6	7	8	…	n
1	流动资产												
	1.1	应收账款											
	1.2	存货											
		1.2.1　原材料											
		1.2.1　燃料											
		1.2.3　在产品											
		1.2.4　产成品											
		1.2.5　其他											
	1.3	现金											
2	流动负债												
	2.1	应付账款											
3	流动资金 1−2												

注:表格选自文献[6]、[7]、[8],有删改。

表 3.4 总投资估算表

工程或费用名称	建筑工程费	设备购置费	安装工程费	其他建设费	合计	其中：外币	占建设投资比例/%	备注
1 建设投资								
1.1 固定资产费用								
1.1.1 工程费用								
1.1.1.1 主体工程								
(1)引进工程								
①×××装置								
②……								
贸易从属费								
国内运杂费								
小计								
(2)国内配套								
①×××装置								
②……								
小计								
1.1.1.2 辅助工程								
……								
小计								
1.1.1.3 公用工程								
……								
小计								
1.1.1.4 服务性工程								
……								
小计								
1.1.1.5 生活福利设施								
……								
小计								
1.1.1.6 厂外工程								
……								
小计								
1.1.2 固定资产其他费用								
1.1.2.1 超限设备运输特殊措施费								
1.1.2.2 工程保险费								
1.1.2.3 设备材料检验费								
1.1.2.4 锅炉压力容器检验费								
1.1.2.5 施工机构迁移费								
……								

（续表）

工程或费用名称	建筑工程费	设备购置费	安装工程费	其他建设费	合计	其中：外币	占建设投资比例/%	备注
1.2 无形资产费用								
1.2.1 引进部分软件费								
1.2.1.1×××系统								
1.2.1.2……								
贸易从属费								
小计								
1.2.2 土地（场地）使用权								
1.2.3 商标权								
1.2.4 勘察设计费								
小计								
1.3 开办费								
1.3.1 土地使用费和开发费								
1.3.2 建设单位管理费								
1.3.3 生产准备费								
1.3.4 联合试运转费								
1.3.5 办公及生活家具费								
1.3.6 外国工程技术人员来华费用								
1.3.7 出国人员费								
1.3.8 对外借款担保费								
1.3.9 供电贴费								
1.3.10 研究试验费								
……								
小计								
1.4 预备费								
1.4.1 基本预备费								
1.4.2 涨价预备费								
小计								
建设投资合计								
2 固定资产投资方向调节税								
3 建设期借款利息								
4 流动资金								
5 项目总投资合计								

注：表格选自文献[7]，有删改。

3.3.3　资金筹措及还款

在估算项目所需资金后，要依据资金的可获得性、充足性和持久性以及融资成本的高低等确定资金渠道。图 3.16 所示为建设项目资金的构成。自有资金与借款资金之比称为资金结构比,借款资金与资金总额之比称为债务比。资本金是指项目投资者提供的资金。我国试行资本金制度,针对各行业最低要求,要求经营性项目要有符合最低比例的资本金。资本金与债务金的比例过低,将给项目建设和生产运营带来潜在风险。

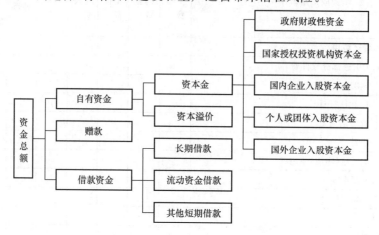

图 3.16　建设项目资金的构成

常见融资模式有 BOT、BT、TOT、TBT 和 PPP 等,其基本特点见表 3.5。贷款还款方式有一次性偿还、等额本息、等额利息、等额本金和偿债基金等,其计算公式详见表 3.6。

表 3.5　常见融资模式基本特点

融资模式	基本特点
BOT(建设-经营-转让,Build-Operate-Transfer)	由项目发起人通过投标从委托人手中获取项目特许权,随后组成项目公司并负责进行项目的融资、建设和运营。在特许期内,通过运营及政府给予的优惠回收资金及利润。特许期结束后,应将项目无偿地转让给政府
BT(建设-转让,Build-Transfer)	项目发起人通过与投资者签订合同,由投资者负责项目的融资、建设,并在规定时限内将竣工后的项目移交项目发起人。项目发起人根据事先签订的回购协议分期向投资者支付项目总投资及确定的回报
TOT(转让-经营-转让,Transfer-Operate-Transfer)	通过出售现有资产以获得增量资金进行新建项目融资的一种新型融资方式。私营企业用私人资本或资金购买某项资产的全部(部分)产权(经营权)后,对项目进行开发和建设,在约定时间内通过经营收回投资并取得合理回报。特许期结束后,将所得到的产权(经营权)无偿移交给原所有人
TBT(转让-建设-转让,Transfer-Build-Transfer)	将 TOT 与 BOT 组合起来,以 BOT 为主、TOT 为辅,主要目的实施 BOT。政府通过招标将已运营的项目 A 和未来若干年的经营权无偿转让给投资人;投资人组建项目公司去负责建设和经营待建项目 B;项目 B 建成经营后,政府从 BOT 项目公司获得与项目经营权等值的收益;按照 TOT 和 BOT 协议,投资人相继将项目经营权归还给政府。实质上,是政府将一个已建项目和一个待建项目打包处理,获得一个逐年增加的协议收入(来自待建项目),最终收回待建项目的所有权益
PPP(公私合作,Public-Private-Partnerships)	主要用于基础设施等公共项目。政府针对具体项目特许新建一家项目公司,并对其提供扶持措施。然后,项目公司负责项目的融资和建设,融资来源包括项目资本金和贷款;项目建成后,由政府特许企业进行项目的开发和运营,而贷款人除了可以获得项目经营的直接收益外,还可获得通过政府扶持所转化的效益

表 3.6　不同还款方式的偿还本息计算公式

还款方式	偿还利息（INT）	偿还本金（CP）	说明
一次性偿还	$(\text{INT}+\text{CP})_t=\begin{cases}0, & t=1,2,\cdots,n-1 \\ l_a(1+i)^n, & t=n\end{cases}$		最后一期偿还本利
等额本息	$(\text{INT}+\text{CP})_t=l_a\dfrac{i(1+i)^n}{(1+i)^n-1},t=1,2,\cdots,n$		l_a 转年值 $\text{PMT}(i,n,l_a)$
等额利息	$(\text{INT})_t=l_a i,t=1,2,\cdots,n$	$(\text{CP})_t=\begin{cases}0, & t=1,2,\cdots,n-1 \\ l_a, & t=n\end{cases}$	最后一期偿还贷款
等额本金	$(\text{INT})_t=l_a i\left(1-\dfrac{t-1}{n}\right),$ $t=1,2,\cdots,n$	$(\text{CP})_t=\dfrac{1}{n}l_a$	每期偿还等额贷款
偿债基金	$(\text{INT})_t=l_a i,t=1,2,\cdots,n$	$(\text{CP})_t=l_a\dfrac{i_s}{(1+i_s)^n-1}$	每期偿还贷款利息,同时等额现金存款,期末存款正好偿付贷款本金 l_a,终值转年值

注:l_a 为贷款本金;i 为贷款利率;i_s 为存款利率。

对项目进行经济评价时,需要填写借款偿还计划表,见表 3.7。利用该表可计算借款偿还期,详见 3.4.2 节。

表 3.7　借款偿还计划表

序号	项目	建设期			投产期			达产期/100%				合计
		1	2	3	4	5	6	7	8	…	n	
	生产负荷/%							100%	100%	…	100%	
1	借款和债券											
	1.1　年初本息余额											
	1.2　本年借款											
	1.3　本年应计利息											
	1.4　本年还本金											
	1.5　本年还利息											
	1.6　年末本息余额											
2	还本资金来源											
	2.1　当年用于还本的未分配利润											
	2.2　当年可用还本的折旧和摊销											
	2.3　以前结余可用还本资金											
	2.4　用于还本的短期借款											
	2.5　可用于还款的其他资金											

注:表格选自文献[6]、[7],有删改。

3.3.4　总成本费用估算

总成本费用是指项目在运营期内为生产产品或提供服务所发生的全部费用。其由生产成本(制造成本)和期间费用组成。其中,生产成本(制造成本)不用于经济分析与评价,是指企业为生产产品而发生的成本,是生产过程中各种资源利用状况的货币表现,是衡量企业技术和管理水平的重要指标,包括直接材料费、直接工资、其他直接费用以及分配转入的间接费用;期间费用是指在一定会计期间发生的与生产经营关系不直接的管理费用、财务费用和销售费用。

总成本费用按照生产要素进行估算,即

$$总成本费用=经营成本+(折旧费+摊销费)+借款利息 \tag{3.28}$$

在进行盈亏平衡(BEP)分析时,需将总成本费用分解为固定成本和可变成本。固定成本指不随产品产量及销售量变化而变化的各项成本费用,如非生产性人员工资、折旧、摊销费、修理费、办公费、管理费以及长期借款利息等;可变成本指随产量及销售量变化而变化的费用,如原材料、燃料动力、包装费和生产人员费用等。

1.经营成本

经营成本是为进行经济分析而在现金流量分析中所采用的一个特定概念,是从总成本费用中分离出来的一种费用,是生产、经营过程中的支出,即运营期内的主要现金流出,即

$$经营成本=外购原材料费+燃料动力费+工资福利费+修理费+其他费 \tag{3.29}$$

2.折旧费

固定资产在使用过程中会逐渐磨损,其价值损失通常通过提取折旧费得以补偿。故折旧费计入成本费用是项目回收固定资产投资的常用手段。在项目评价中,为简化计算,常用直线折旧法计算折旧费,即

$$固定资产原值P=建设投资中的固定资产费用+预备费+建设期利息 \tag{3.30}$$

$$固定资产残值L=固定资产原值P×残值率l(3\%～5\%) \tag{3.31}$$

$$折旧费D=(原值P-残值L)/折旧年限N=(原值P-残值L)×折旧率d \tag{3.32}$$

3.摊销费

无形资产和递延资产的原始价值要在规定的年限内,按计算期转移到产品的成本之中,这部分被转移的价值称为摊销费。项目需通过计提摊销费,回收无形资产和递延资产等支出。无形资产和递延资产不留残值,其摊销费采用直线法计算,即

$$摊销费=无形资产原值/无形资产摊销年限+递延资产原值/递延资产摊销年限 \tag{3.33}$$

项目成本费用与安全可靠性辩证关系

4.利息支出

利息支出是指生产经营期所发生的建设投资借款利息和流动资金借款利息之和,即

$$利息支出=建设投资借款利息+流动资金借款利息 \tag{3.34}$$

3.3.5　销售收入、税金及利润估算

销售收入也称营业收入,是出售产品的货币收入,是现金流入的重要组成部分,即

$$销售收入=销售量×产品单价 \tag{3.35}$$

税金及附加[1]是根据产品的流转额而征收的税金,包含营业收入的营业税(已取消)、消费税、资源税、城市维护建设税、城镇土地使用税和教育费附加以及"四小税"[2]等内容。在工程经济分析中,增值税为价外税,不计入成本费用,也不计入销售收入,不包含在税金及附加中,即

$$税金及附加＝资源税＋城市维护建设税＋教育费附加 \qquad (3.36)$$

值得注意,无论是一般纳税企业还是小规模纳税企业,均应在"应交增值税明细表"中单独反映增值税,根据"利润表"中对应指标的本年累计数填列,其计算公式为

$$增值税＝销项税额－进项税额 \qquad (3.37)$$

$$销项税额＝含税营业收入/(1＋增值税率)×增值税率 \qquad (3.38)$$

$$进项税额＝外购原料、燃料动力费/(1＋增值税率)×增值税率 \qquad (3.39)$$

消费税是对特定消费品或消费行为征收的一种税。消费税计税办法为从价定率、从量定额,或者二者复合计税,即

$$消费税＝应税产品销售额×比例税率 \qquad (3.40)$$

$$消费税＝应税产品销售数量×定额税率 \qquad (3.41)$$

$$消费税＝应税产品销售额×比例税率＋应税产品销售数量×定额税率 \qquad (3.42)$$

资源税为国家对在境内开采矿产(如油、气、煤、矿产、盐等)而征收的税种,其计算公式为

$$资源税＝课税数量×单位税额 \qquad (3.43)$$

城市维护建设税和教育费附加,计算方法相同,即

$$城市维护建设税和教育费附加＝(增值税＋消费税)×相应的税率 \qquad (3.44)$$

利润总额、所得税和净利润的计算公式为

$$利润总额＝营业收入－总成本费用－税金及附加 \qquad (3.45)$$

$$所得税＝应纳税所得额×适用的税率 \qquad (3.46)$$

$$净利润\ NP＝利润总额－所得税 \qquad (3.47)$$

3.3.6　财务评价使用的报表

财务评价是指通过一系列财务报表的编制,通过计算各种评价指标,考察项目的财务状况。图 3.17 为财务报表的基本组成。

上述财务报表均有固定的格式可以遵循,详情参阅相关文献[6]、[7]、[8]。

1.现金流量表

现金流量表分为两种,分别为全部投资现金流量表和自有资金现金流量表。全部投资现金流量表用于计算所得税前后的净现值和内部收益率等经济指标,考察项目总投资的盈利能力,见表 3.8;自有资金现金流量表从出资者角度出发,把借款本金偿还和利息支付作为现金流出,用于计算自有资金的内部收益率和净现值等评价指标,考察项目资本金的盈利能力,见表 3.9。

---

[1]自 2016 年 5 月 1 日起,我国全面实行营业税改征增值税,利润表中营业税金及附加改为税金及附加。

[2]2016 年 5 月 1 日之前是在"管理费用"科目中列支的"四小税"(房产税、土地使用税、车船税、印花税),2016 年 5 月 1 日之后调整到"税金及附加"科目。

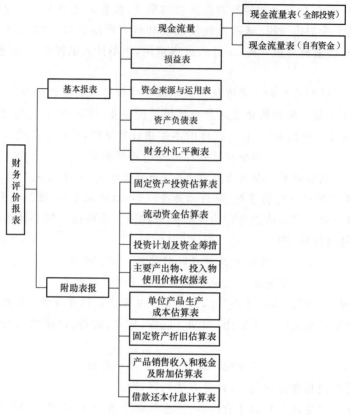

图 3.17 财务报表的基本组成

表 3.8 全部投资现金流量表

序号		项目	建设期			投产期			达产期/100%				合计
			1	2	3	4	5	6	7	8	…	n	
		生产负荷/%							100%	100%	…	100%	
1		现金流入											
	1.1	产品销售(营业收入)											
	1.2	回收固定资产残值											
	1.3	回收流动资金											
2		现金流出											
	2.1	固定资产投资(含固定资产调节税)											
	2.2	流动资金											
	2.3	经营成本											
	2.4	税金及附加											
	2.5	所得税											
	2.6	维持运营投资											
3		净现金流量(1−2)											
4		累计净现金流量											
5		所得税前净现金流量(3+2.5+2.6)											
6		累计所得税前净现金流量											
计算指标		财务净现值 FNPV	所得税前		$I_c=$ %:			所得税后		$I_c=$ %:				
		财务内部收益率 FIRR,%	所得税前					所得税后						
		投资回收期	所得税前					所得税后						

注:表格选自文献[7]。

表 3.9　自有资金现金流量表

序号		项目	建设期			投产期			达产期/100%				合计
			1	2	3	4	5	6	7	8	…	n	
		生产负荷/%							100%	100%	…	100%	
1		现金流入											
	1.1	产品销售（营业收入）											
	1.2	回收固定资产残值											
	1.3	回收流动资金											
2		现金流出											
	2.1	自有资金											
	2.2	借款本金偿还											
	2.3	借款利息支付											
	2.4	经营成本											
	2.5	税金及附加											
	2.5	所得税											
3		净现金流量 1—2											
计算指标		财务净现值 FNPV（$I_c=$　%）											
		财务内部收益率 FIRR,%											

注：表格选自文献[7]。

2.总成本分析表

总成本分析表为综合表格,见表 3.10。

表 3.10　总成本分析表

序号		项目	建设期			投产期			达产期/100%				合计
			1	2	3	4	5	6	7	8	…	n	
		生产负荷/%							100%	100%	…	100%	
1		外购原料											
	1.1	……											
2		外购燃料及动力											
	2.1	……											
3		工资及福利费											
4		修理费											
5		折旧费											
6		矿山维检费											
7		摊销费											
8		利息支出											
9		其他费用											
其中		土地使用税											
10		总成本费用(1+2+…+9)											
其中		a 固定成本											
		b 可变成本											
11		经营成本(10-5-6-7-8)											

注：表格选自文献[7],并做适当改动。

3.4 工程项目经济评价

项目建设方案、投资估算、融资方案等确定后，便可进行工程项目的财务评价。财务评价是在国家财税制度和市场价格体系下，分析预测项目的财务效益与费用，计算财务评价指标，考察拟建项目的盈利能力、偿债能力，据以判断项目的财务可行性。

经济评价指标体系如图 3.18 所示。

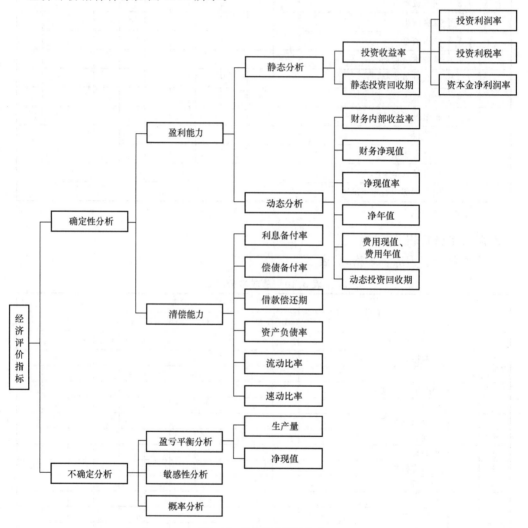

图 3.18　经济评价指标体系

3.4.1 营利能力评价

1.静态指标

（1）投资收益率

项目投资收益率泛指投资利税率、投资利润率（Return on Investment，ROI）和资本金净利润率（Return on Equity，ROE），用于投资获利分析[6-8]。

投资利税率是指项目达产后年利税或年平均利税与项目总投资(Total Investment,TI)的比率,其中

$$利税率 = \frac{利税}{TI} \times 100\% \tag{3.48}$$

$$利税 = 营业收入 - 总成本费用 \tag{3.49}$$

投资利润率 ROI 指项目达产后年息税前利润或年平均息税前利润(Earnings Before Interest and Tax,EBIT)与项目总投资(TI)的比率,即

$$ROI = \frac{EBIT}{TI} \times 100\% \tag{3.50}$$

$$EBIT = 利润总额 + 利息支出 \tag{3.51}$$

式中,利润总额公式见式(3.45),总投资由表3.4确定。

资本金净利润率 ROE 是指项目达产后净利润或年平均净利润(NP)与项目资本金(EC)的比率,即

$$ROE = \frac{NP}{EC} \times 100\% \tag{3.52}$$

式中,净利润 NP = 利润总额 - 所得税,见式(3.47)。

上述指标可根据损益表(称利润与利润分配表,见表3.11)相关数据求得。如果投资利润率、平均利税率和平均资本金净利润率高于本行业平均利润率、平均利税率和平均资本金净利润率,则项目盈利能力达到本行业平均水平。

注意区别,年息税前利润 EBIT 是项目支付利息和缴纳所得税之前的利润,包含了项目公司、国家及债权人的收益,反映项目整体盈利能力;利润总额是项目支付利息后、缴纳所得税前的利润,包含项目公司和国家的收益;净利润 NP 是指项目支付利息和缴纳所得税后的利润,收益归于项目公司。此处"息税"仅从字面理解容易出错。

表 3.11　损益表(利润与利润分配表)

序号	项目	建设期			投产期			达产期/100%				合计
		1	2	3	4	5	6	7	8	…	n	
1	营业收入											
2	税金及附加											
3	总成本费用											
4	利润总额(1-2-3)											
5	弥补前期亏损											
6	应纳税所得额(4-5)											
7	所得税											
8	净利润 NP(4-7)											

（续表）

序号	项目	建设期			投产期			达产期/100%				合计
		1	2	3	4	5	6	7	8	⋯	n	
9	期初未分配利润											
10	可供分配的利润（9＋8）											
11	提取法定盈余公积金											
12	投资者可分配利润（10－11）											
13	应付优先股股利											
14	提取任意盈余公积金											
15	应付普通股股利（12－13－14）											
16	各投资方利润分配											
	其中：××方											
17	未分配利润（15－16）											
18	息税前利润 EBIT（4＋利息支出）											
19	息税折旧摊销前利润（18＋折旧＋摊销）											

注：表格选自文献[6]、[7]，并依据张建奎的"贝斯特通用经济评价软件"输出表格略做改动。

（2）静态投资回收期

投资回收期 Pt(Payout Time，或 P. P)是指用项目的净收益回收投资所需时间，其定义式为

$$\sum_{t=1}^{\text{Pt}} (\text{CI} - \text{CO})_t = 0 \tag{3.53}$$

可借助项目投资现金流量表（表 3.8）计算。累计净现金流量由负数变为 0 的时点即为投资回收期，其实用化计算公式为

$$\text{Pt} = T - 1 + \frac{\left| \sum_{t=1}^{T-1} (\text{CI} - \text{CO})_t \right|}{(\text{CI} - \text{CO})_T}, T \in \mathbf{Z}^+ \tag{3.54}$$

式中，T 是项目各年累计净现金流量现值首次≥0 的年份；CI 表示现金流入；CO 表示现金流出。

投资回收期越短，说明项目投资回收快，抵挡风险能力强。

2.动态指标

财务评价盈利能力动态指标有财务净现值（Financial Net Present Value，FNPV）、净现值率（Net Present Value Ratio，NPVR）、净年值（Financial Net Annual Value，FNAV）、财务内部收益率（Financial Internal Rate of Return，FIRR）、差额内部收益率（Differential Internal Rate of Return,DIRR)及动态投资回收期(Dynamic Payout Time)等。

(1)财务净现值 FNPV、净现值率 NPVR 和净年值 FNAV

在现金流量表中,将各计算期的净现金流量折现到建设初期并求和,即净现值FNPV,净现值率为净现值 FNPV 除以投资现值 I_0,即

$$FNPV = \sum_{t=0}^{n}(CI-CO)_t(P/F,i_0,t) \tag{3.55}$$

$$NPVR = FNPV/I_0 = FNPV/\sum_{t=0}^{n}I_t(1+i_0)^{-t} \tag{3.56}$$

式中,I_t 为第 t 年投资额;i_0 为行业平均收益率。

在现金流量表中,可利用 EXCEL 经济函数 NPV(rate,A_1,A_2,$\cdots$,A_n)计算出上述FNPV、CO现值和 I_t 现值,rate 为行业平均收益率 i_0。

一般情况下,财务盈利能力分析只计算项目的投资财务净现值,可根据需要选择计算所得税前 FNPV 或所得税后 FNPV。按照设定的折现率计算得到 FNPV$\geqslant$0,则项目方案在财务上可考虑接受。

值得说明,FNPV 用于对生命周期相同的方案的评价时,投资额大的方案通常 FNPV大,这时需要用能反映投资使用效率的 NPVR 来辅助判断;用于对生命周期不同的方案比较时,使用净年值 FNAV 较为方便。FNAV 的计算根据净现值直接转年值求得,即

$$FNAV = FNPV(A/P,i_0,n) = \left[\sum_{t=0}^{n}(CI-CO)_t(P/F,i_0,t)\right](A/P,i_0,n) \tag{3.57}$$

FNAV 越大,方案越优。

(2)成本现值 PC 和成本年值 FAC

与净现值 FNPV 相对应的概念是成本现值 PC (Present Cost),即

$$PC = \sum_{t=0}^{n}CO_t(P/F,i_0,t) \tag{3.58}$$

在现金流量表中,也可利用 EXCEL 经济函数 NPV(rate,A_1,A_2,$\cdots$,A_n)直接算出现金流出的现值。成本年值 FAC 的计算根据成本现值直接转年值求得,即

$$FAC = PC(A/P,i_0,n) = \left[\sum_{t=0}^{n}CO_t(P/F,i_0,t)\right](A/P,i_0,n) \tag{3.59}$$

显然,PC 和 FAC 越小,方案越优。

(3)动态投资回收期

动态投资回收期 Pt',是指考虑资金时间价值,用项目各年的净收益回收全部投资所需要的时间,即

$$\sum_{t=0}^{Pt'}(CI-CO)_t(1+i_0)^{-t} = 0 \tag{3.60}$$

可借助项目投资现金流量表(表 3.8)计算。累计净现金流量现值由负数变为 0 的时点即为动态投资回收期,其实用化计算公式为

$$Pt' = T-1+\frac{\left|\sum_{t=1}^{T-1}(CI-CO)_t(1+i_0)^{-t}\right|}{(CI-CO)_T(1+i_0)^{-t}},T \in \mathbf{Z}^+ \tag{3.61}$$

式中，T 是项目各年累计净现金流量现值首次 $\geqslant 0$ 的年份。

当项目 $Pt' > Pc'$（Pc' 为基准动态投资回收期），项目可行。

（4）财务内部收益率 FIRR 及差额内部收益率 DIRR

财务内部收益率 FIRR（Financial Inner Returns Ratio）是指该项目在整个计算期内各年净现金流量现值累计等于 0 时的折现率，FIRR 表征项目对所占资金的回收能力，是衡量项目优劣的重要指标，即

$$FNPV = \sum_{t=0}^{n} (CI - CO)_t (P/F, FIRR, t) = 0 \tag{3.62}$$

求解方法可采用插值法：

①在 EXCEL 现金流量表中，初设 $irr_L < irr_R$，利用函数 $NPV(rate, A_1, A_2, \cdots, A_n)$ 计算，使得 $FNPV(irr_L)FNPV(irr_R) < 0$，则 FIRR 必然介于 irr_L 与 irr_R 之间。

②利用线性差值公式求得 irr_{temp} 为

$$irr_{temp} = irr_L + \frac{|FNPV(irr_L)| \cdot (irr_R - irr_L)}{|FNPV(irr_L)| + |FNPV(irr_R)|} \tag{3.63}$$

③计算 $FNPV(irr_{temp})$。若 $FNPV(irr_{temp})FNPV(irr_L) < 0$，则 $irr_R = irr_{temp}$，否则 $irr_L = irr_{temp}$。

④重复步骤②，直至 $|irr_L - irr_R| < \varepsilon$。

当 FIRR 大于行业基准收益率 i_c 时，项目可行。值得注意，当遇到非常规项目时，FIRR 可能有多个解，慎重判断 FIRR 的值，避免决策失误。

差额内部收益率 DIRR（Differential Inner Returns Ratio）常用于方案比较。对于两个备选方案，如果现金流 $(CI - CO)_{II} > (CI - CO)_I$，使用差额现金流计算 FNPV 等于 0 的折现率，即

$$FNPV = \sum_{t=0}^{n} [(CI - CO)_{II} - (CI - CO)_I](1 + DIRR)^{-t} = 0 \tag{3.64}$$

如果 $DIRR > i_c$，则方案 II 优于方案 I，即投资大的方案为优。在进行多方案比较时，通常先按投资大小，自小到大排序，然后依次就相邻方案两两比较，从中择优。

若两方案的计算期不同，则采用年值相同即 $NAV(A/P, DIRR, n_I) = NAV(A/P, DIRR, n_{II})$ 的方式计算 DIRR，即

$$\left[\sum_{t=0}^{n_I} (CI - CO)_I (P/F, DIRR, t) \right](A/P, DIRR, n_I)$$

$$= \left[\sum_{t=0}^{n_{II}} (CI - CO)_{II} (P/F, DIRR, t) \right](A/P, DIRR, n_{II}) \tag{3.65}$$

3.4.2　清偿能力评价

清偿能力评价用于对项目的偿债能力和变现能力进行分析，常用指标有资产负债率、借款偿还期、流动比率和速动比率等。可通过填写项目的资金负债表，计算项目的上述指标。资金负债表见表 3.12。

表 3.12　资金负债表

序号	计算项目		建设期			投产期			达产期/100%				合计
			1	2	3	4	5	6	7	8	…	n	
1 资产													
	1.1 流动资产总额												
		1.1.1 货币资金											
		1.1.2 应收账款											
		1.1.3 预付账款											
		1.1.4 存货											
		1.1.5 其他											
	1.2 在建工程												
	1.3 固定资产净值												
	1.4 无形及其他资产净值												
2 负债及所有者权益													
	2.1 流动负债总额												
		2.1.1 短期借款											
		2.1.2 应付账款											
		2.1.3 预收账款											
		2.1.4 其他											
	2.2 建设投资借款												
	2.3 流动资金借款												
	2.4 负债小计												
	2.5 所有者权益												
		2.5.1 资本金											
		2.5.2 资本公积金											
		2.5.3 累计盈余公积金											
		2.5.4 累计未分配利润											
计算指标		资产负债率											
		流动比率											
		速动比率											

注:表格选自文献[7],并略做改动。

1.资产负债率

资产负债率是反映项目各计算期所面临的财务风险程度及偿还能力的指标,其计算公式为

$$资产负债率＝负债总额/资产总额 \tag{3.66}$$

从债权人角度,该指标越低越好;从项目公司股东角度,只要全部资本利润率高于借款利率,股东就可从负债资金中获得额外利润,该指标越大越好;从项目经营角度,该指标越大,债务风险加大。一般可接受的资产负债率低于100%。若高于100%,则表明企业已经开始资不抵债,存在破产可能。

2.借款偿还期

借款偿还期用于计算最大偿还能力,是指项目投产后获得的可用于还本付息的资金偿

还全部本息所需的时间,其计算与投资回收期类似,即

借款偿还期=(偿清债务年份-1)+偿清债务当年应付本息/当年可用于偿债的资金总额

$$\tag{3.67}$$

3. 流动比率

流动比率是反映项目各年偿付流动负债能力的指标,是流动资产与流动负债之比,即

$$流动比率=流动资产/流动负债 \tag{3.68}$$

一般认为项目合理的最低流动比率为200%。

4. 速动比率

速动比率是反映项目快速偿付流动负债能力的指标,是速动资产与流动负债之比,一般应接近100%,即

$$速动比率=速动资产/流动负债 \tag{3.69}$$

$$速动资产=流动资产-存货 \tag{3.70}$$

3.4.3 经济决策,方案比选

项目工程师应具备工程经济分析能力,完成设计开发项目在全生命周期中可能存在的工艺路线、设计、建造、施工、运维和安全管理等方面的经济决策,寻求最优解决方案。接下来的内容完全建立在前面所讨论的内容基础之上,帮助工程师通过各种经济指标完成工程经济方面的可行性判定和方案的优选工作。

对于新建设项目,技术上可行的各方案之间,存在的关系有如下几种:(1)方案间互相排斥、互不相容;(2)各方案现金流量互相独立,无相关性;(3)二者混合的复杂关系。备选方案之间的关系及经济决策指标如图3.19所示[4,8]。

1. 独立方案的经济决策

所谓独立方案,是指各备选方案的现金流量互相独立,无关联性,任一方案的决策结果不影响其余方案的决策。独立方案的决策只取决于方案本身的经济特性,只需要检验该方案的财务净现值、净年值和内部收益率指标是否通过即可[4],即

$$FNPV \geqslant 0 \tag{3.71}$$

$$FNAV \geqslant 0 \tag{3.72}$$

$$FIRR \geqslant i_0 \tag{3.73}$$

2. 互斥方案的经济决策

(1)寿命期相同的互斥方案选择

对于寿命期相同的互斥方案,进行经济决策时,首先应满足各自方案具有可行性,即各自满足$(FNPV)_k \geqslant 0$ 和$(FIRR)_k \geqslant i_0$。受投资额不同的影响,有时FNPV最大和FIRR最大的方案不一致,易造成决策失误。决策原则是净现值最大原则[4],即

$$opt=\max\{(FNPV)_k, k=1,2,\cdots,K\} \tag{3.74}$$

$$opt=\max\{(FNAV)_k, k=1,2,\cdots,K\} \tag{3.75}$$

$$opt=\min\{(PC)_k, k=1,2,\cdots,K\} \tag{3.76}$$

$$opt=\min\{(FAC)_k, k=1,2,\cdots,K\} \tag{3.77}$$

差额内部收益率只能用于方案比较,其只反映增量现金流的经济性,不能反映方案本身

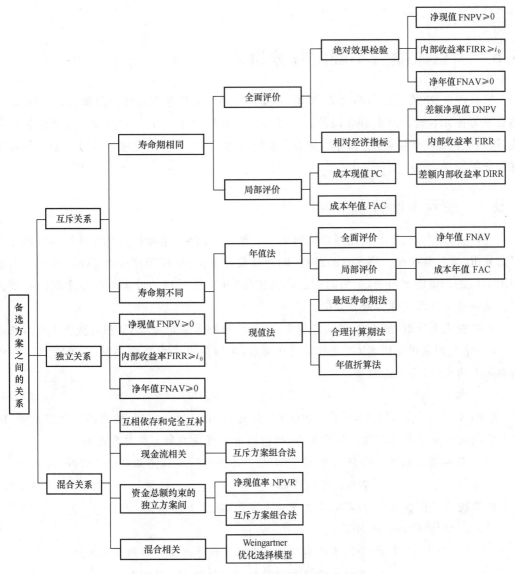

图 3.19 备选方案之间的关系及经济决策指标

的绝对经济效果。在进行方案比较时，应判断方案间的增量投资是否能带来满意的增量收益。利用增量现金流方程解出 DIRR，若 DIRR $\geq i_0$，则方案 II 更优；反之，方案 I 更优。

（2）寿命期不等的互斥方案

对于寿命期不等的互斥方案，最简单的指标为净年值，其计算公式为

$$\text{FNAV} = \text{FNPV}(A/P, i_0, n) = \Big[\sum_{t=0}^{n}(\text{CI} - \text{CO})_t(P/F, i_0, t)\Big](A/P, i_0, n)$$

若方案 II 的 FNAV 大于方案 I 的 FNAV，则认为方案 II 更优。净年值法假定寿命期短的方案在寿命期结束时仍以原经济效果水平接续。

对于寿命期不等的互斥方案进行比较，还有现值法。由于各方案现值在各自寿命期不

具有可比性,通常采用一个假定的共同计算期,然后进行分析比较。相关内容可参考相关专业资料。

3.5 项目风险与不确定性分析

项目评价、决策所采用的投资、成本、产量和价格等基础数据来自预测和估算,不可避免地会因为各种不确定因素造成误差。为了弄清楚并减少不确定因素对项目经济效果的影响,预测项目抵抗风险的能力,考察财务分析的可靠性,要有选择地进行盈亏平衡分析或敏感性分析。

3.5.1 盈亏平衡分析

在投资、成本、销售等变化因素达到某一临界点,就会出现项目的盈亏转变。所谓盈亏平衡分析,就是寻找这一临界点的过程,即计算盈亏平衡点(BEP,Break Even Point),求取BEP 对应的产量或销售量(分析时假定产销相等)并分析项目的成本与收益之间的平衡关系。盈亏平衡分析又称为损益分析。

根据总成本分析表(表 3.10),总成本 C_T 可以分解为固定成本 C_F 和可变成本 C_V,总成本 C_T 与单位产品可变成本 C_O 之间呈线性关系,在年总成本 C-年产销量 N 图(图 3.20)中为斜向上的直线,关系式为

$$C_T = C_F + C_V = C_F + C_O N \tag{3.78}$$

在图 3.20 中可以绘制年税后销售收入(表 3.11 中,1 项-2 项,然后减掉年增值税,即年营业收入-年税金及附加-年增值税)与销售量的直线关系。其关系式为

$$税后销售收入=年产销量 N×(单位产品售价-单位产品税金及附加-$$
$$单位产品增值税) \tag{3.79}$$

如果税后销售收入=总成本,则处于盈亏平衡,联立上述两式,可得:

(1)以年产销量表示的 BEP

$$BEP(产量)=年固定成本/(单位产品售价-单位产品可变成本-$$
$$单位产品税金及附加-单位产品增值税) \tag{3.80}$$

(2)以生产能力利用率表示的 BEP

$$BEP(\%)=年固定成本/(年销售收入-年可变成本-年税金及附加-$$
$$年增值税)×100\% \tag{3.81}$$

显然,BEP(%)与 BEP(产量)间相差一设计生产能力 N:

$$BEP(产量)=BEP(\%)×年产销量 N \tag{3.82}$$

当产量大于BEP(产量)时,项目盈利。

分析图 3.20 易知,提高税后收入或降低总成本费用,均可使 BEP 点左移,项目适应市场变化能力或抗风险能力增强。

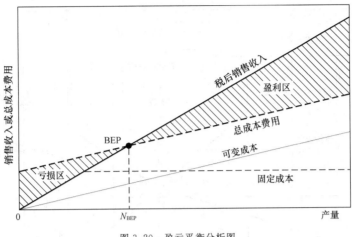

图 3.20　盈亏平衡分析图

3.5.2　敏感性分析

所谓敏感性分析,就是分析项目的产品和原材料的价格、产量、建设投资和汇率等主要不确定因素的变化对经济评价指标(如 FNPV,FIRR 等)的变化幅度,确定各因素对预期目标的影响程度,并分析其达到临界值时项目的承受能力。敏感性分析是经济决策中常用的一种不确定分析方法,具体分为单因素分析方法和多因素分析方法。分析时,常用敏感性分析表和敏感性分析图表示。

在敏感性分析表中(表 3.13),将不确定因素及变化率列于表中,计算 FIRR 和 FNPV 等评价指标的变化率,计算二者之比(敏感系数),计算与基准收益率 IRR_{cr}(基准或基准财务净现值 NPV_{cr})等交点来获取临界点或临界值。将敏感性分析表的数据绘制在图中,便得敏感性分析图,如图 3.21 所示。

表 3.13　敏感性分析表

序号	不确定因素	变化率/%	FIRR/%	敏感系数	临界点/%
0	设计方案		36.00		
1	生产负荷	10.0 −10.0	48.99 23.01	1.299	−5.389
2	销售价格	10.0 −10.0	42.03 29.97	0.603	−11.609
3	原材料价格	10.0 −10.0	26.78 45.22	−0.922	7.592
4	建设投资	10.0 −10.0	28.14 43.86	−0.786	8.906
5	工资	10.0 −10.0	19.78 52.22	−1.622	4.316

在敏感性分析图中,当各影响因素不发生变化时为项目的初始方案,各曲线均经过(0,FIRR)或(0,FNPV)点,敏感曲线的斜率即为敏感系数,可正可负,而且敏感曲线不一定为线性。敏感曲线与行业基准的交点为临界点,某因素越过该临界点,意味着项目会发生收

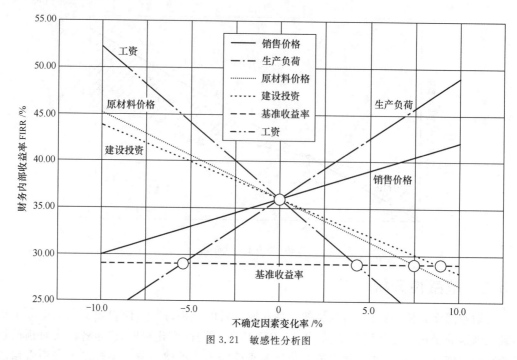

图 3.21　敏感性分析图

益性质转变。

对项目进行敏感性分析可以找到项目的最敏感因素。在图 3.21 中,生产负荷和工人工资为最敏感因素。敏感性分析可以找到最敏感因素,但不能回答这些敏感因素发生的概率。如果需要确定这些敏感因素出现的概率分布,计算项目的 FNPV、FIRR 的概率分布,确定项目偏离预期指标的概率和程度,以判断项目的风险程度,则需要进行风险概率分析,详见文献[4]、[6]、[8]。

3.6　建设项目的财务评价案例

新建项目的经济评价对于优化投资结构、规避投资风险、提高投资决策科学水平具有重要意义,是项目建设前期工作的重要内容之一。在我国,建设项目经济评价的重要依据是国家发展改革委和建设部联合颁发的〔2006〕1325 号文的附件《关于建设项目经济评价工作的若干规定》和文件《建设项目的经济评价方法与参数》。

实际上,建设项目的经济评价应包括项目的财务评价和国民经济评价。财务评价评价的是项目财务的可行性,是在国家财税制度和价格体系下,计算项目的财务效益和费用,分析其盈利能力和清偿能力,评价时坚持定量分析为主和动态分析为主的原则。国民经济评价评价的是项目对国家宏观经济贡献的合理性,是合理配置社会资源的前提下,分析项目的经济效率及对社会的影响。对于费用效益计算简单、建设期和运营期较短、不涉及进出口平衡的一般建设项目,进行投资决策时,可只做财务评价;对于重大建设项目或关系公共利益、国家安全和市场不能有效配置资源的项目,应加做国民经济评价。

本节以一简单案例简要概括本章基本内容,完成某一新建成套装置项目的基本经济评价工作[①]。

【例 1】　某项目的建设投资情况列于表 3.14。该项目为 BOT 项目,无补贴收入,项目总投资 63 411.74 万元,其中建设投资总计 58 042.90 万元,流动资金 4 000.00 万元,建设期利息 1 368.84 万元,建设期 1.5 年,运营期 20.5 年,第 2 年 7 月开始投运。项目自有资金 15 318.90 万元,借款 48 092.84 万元,其中长期借款 43 924.00 万元,分第 1 期 15 476.00 万元和第 2 期 28 448.00 万元分期借入。项目行业财税背景为:基准收益率税前为 9%,社会折现率为 8%,短期和流动资金借款利率为 5.76%,长期借款利率为 5.3%。

项目具体的建设投资组成及分期计划列于表 3.15,所有这些费用将分别进入固定资产、无形及递延资产等,用于在现金流量表中填列现金支出。现金支出项目需要填列的还有流动资金 4 000.00 万元(其中 2 800.00 万元为流动资金借款)及建设期利息。在现金流量表中的现金流入主要为营业收入、资本金投入及借款收入等部分。

表 3.14　项目总投资与资金筹措表　　　　万元

序号	项目	1	2	3	4	合计
1	总投资	29 729.00	31 482.75	1 700.00	500.00	63 411.74
1.1	建设投资	29 193.88	28 849.02	—	—	58 042.90
1.2	建设期利息	535.11	833.73	—	—	1 368.84
1.3	流动资金	—	1 800.00	1 700.00	500.00	4 000.00
1.4	融资租赁保证金					
2	资金筹措	29 729.00	31 482.75	1 700.00	500.00	63 411.74
2.1	项目资本金	13 717.88	941.02	510.00	150.00	15 318.90
2.1.1	用于建设投资	13 717.88	401.02	0.00	0.00	14 118.90
2.1.2	用于流动资金	—	540.00	510.00	150.00	1 200.00
2.2	债务资金	16 011.11	30 541.73	1 190.00	350.00	48 092.84
2.2.1	用于建设投资	15 476.00	28 448.00	—	—	43 924.00
2.2.2	用于建设期利息	535.11	833.73	—	—	1 368.84
2.2.3	用于流动资金	—	1 260.00	1 190.00	350.00	2 800.00
2.3	其他资金					

表 3.15　建设投资组成及分期计划表　　　　万元

序号	项目	合计	1	2
1	建设投资	58 042.90	29 193.88	28 849.02
1.1	建筑工程费	16 000.00	9 600.00	6 400.00
1.2	设备购置费	20 574.90	10 000.00	10 574.90
1.3	安装工程费	11 565.00	5 500.00	6 065.00
1.4	工器具购置费	36.00	12.00	24.00
1.5	其他工程费用	3 210.00	639.66	2 570.34
1.6	土地费用	865.00	865.00	—
1.7	专利及专有技术费	4 042.00	2 000.00	2 042.00
1.8	其他资产费用	1 000.00	200.00	800.00
1.9	基本及涨价预备费	750.00	377.23	372.77

---

①本计算案例采用张建奎的贝斯特通用经济评价软件(软件著作权 2010SR018387),所用基础数据为任意选取,仅用作概念解析,请勿代用;所列表格为该软件输出格式,有删减。

表 3.16 为利润与利润分配表,利用该表可得到项目的投资利润率等经济指标:达产后年息税前利润 EBIT = 8 368.42 万元,项目总投资 63 411.74 万元,则总投资收益率 = 8 368.42/63 411.74 = 13.20%。项目运营期平均净利润 NP = 6 146.87 万元,项目资本金 EC = 15 318.90 万元,项目资本金净利润率 ROE = NP/EC = 40.13%。

表 3.17 为项目投资现金流量表,据此可计算项目的财务净现值,对所得税前 $FNPV(i_c = 9\%)$ 为

$$FNPV = -29\ 193.88/(1+9\%)^1 + (-23\ 267.94)/(1+9\%)^2 + \cdots +$$
$$23\ 136.71/(1+9\%)^{22} = 36\ 510.59\ 万元$$

也可利用 EXCEL 中的 NPV 函数计算,即

$$FNPV = NPV(9\%, -29\ 193.88\ -23\ 267.94, \cdots, 23\ 136.71) = 36\ 510.59$$

同理可计算所得税后 FNPV 为 22 801.85 万元,项目具有财务可行性。

利用该现金流量表,借助 EXCEL 中的 IRR 函数解得所得税前 $FIRR = IRR(-29\ 193.88, -23\ 267.94, \cdots, 23\ 136.71) = 17.49\%$,高于行业平均收益率 9%,同理可求得税后 FIRR = 14.40%。项目具有财务可行性。

对所得税前项目投资回收期,首次出现正净现金流量(10 936.71 万元)的年份为 $T = 8$,则

$$PT = 8 - 1 + \frac{|-1\ 114.63|}{10\ 936.71} = 7.10\ 年$$

项目的动态回收期为 9.59 年。同理可计算所得税后静态投资回收期为 8.13 年,所得税后动态回收期为 11.99 年。

表 3.18 为借款还本付息计划表,项目采用的是等额偿还本、利息照付方式,每期还的本金为

$$(45\ 292.84 - 800.56 - 3\ 131.55)/9 = 4\ 595.64\ 万元$$

利息为上期借款本金余额×借款利率(本项目为 5.3%),如第 3 期利息 $(INT)_3 = 44\ 492.29 \cdot i = 2\ 358.09$ 万元,其余可类似算出。

表 3.19 和表 3.20 为总成本费用估算表和营业收入、税金及附加和增值税估算表,该项目产品定额内和定额外单价不同,产品无消费税,税金及附加仅包括城市维护建设税和教育费附加。第 2 期达产 60%,第 3 期达产 90%,第 4 期及以后为全负荷运营。成本费用中折旧费和摊销费合并计入。总成本费用表中单独填列固定成本和可变成本,便于填列盈亏分析表,计算 BEP 等。

表 3.21 为融资前税前敏感分析表,主要考察了产品价格、产品销量、建设投资以及经营成本对项目影响的敏感性,据此可绘制基于 FIRR 和 FNPV 的敏感性分析图,如图 3.22 所示。

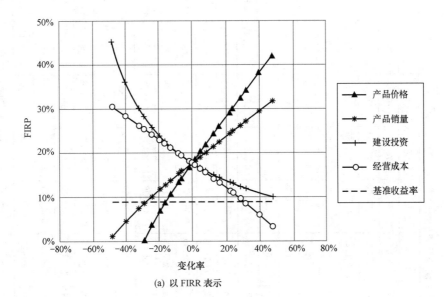

(a) 以 FIRR 表示

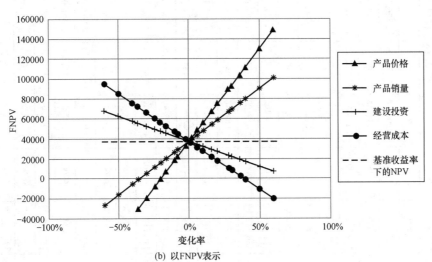

(b) 以 FNPV 表示

图 3.22 项目的敏感性分析图

表 3.16　利润与利润分配表

序号	项目	合计	1	2	3	4	5	6	7	8	9	10	11
1	营业收入	484 686.00	0.00	13 500.00	20 250.00	23 256.00	23 760.00	23 760.00	23 760.00	23 760.00	23 760.00	23 760.00	23 760.00
2	税收及附加	3 605.63	0.00	111.48	165.74	178.06	175.02	175.02	175.02	175.02	175.02	175.02	175.02
3	总成本费用	323 766.74	0.00	8 176.23	14 853.02	16 747.03	17 248.80	17 005.23	16 761.66	16 518.09	16 274.52	16 030.95	15 827.11
4	补贴收入	0.00	0.00	0.00	0.00	0.00	0.00	0.00	0.00	0.00	0.00	0.00	0.00
5	利润总额	157 313.63	0.00	5 212.29	5 231.24	6 330.91	6 336.18	6 579.75	6 823.32	7 066.89	7 310.46	7 554.03	7 757.87
6	弥补以前年度亏损	800.00	0.00	800.00	0.00	0.00	0.00	0.00	0.00	0.00	0.00	0.00	0.00
7	所得税前抵扣和免税	0.00	0.00	0.00	0.00	0.00	0.00	0.00	0.00	0.00	0.00	0.00	0.00
8	应纳所得税额	156 513.63	0.00	4 412.29	5 231.24	6 330.91	6 336.18	6 579.75	6 823.32	7 066.89	7 310.46	7 554.03	7 757.87
9	所得税	31 302.73	0.00	882.46	1 046.25	1 266.18	1 267.24	1 315.95	1 364.66	1 413.38	1 462.09	1 510.81	1 551.57
10	净利润	126 010.91	0.00	4 329.83	4 184.99	5 064.72	5 068.95	5 263.80	5 458.66	5 653.51	5 848.37	6 043.22	6 206.30
12	可供分配的利润	7 707.10	0.00	4 329.83	4 184.99	6 727.37	8 958.46	10 686.45	12 395.43	14 085.42	15 756.40	17 408.39	19 724.60
13	提取法定盈余公积金	6 300.55	0.00	216.49	209.25	253.24	253.45	263.19	272.93	282.68	292.42	302.16	310.31
14	可供投资者分配利润	119 710.36	0.00	4 113.34	3 975.74	6 474.13	8 705.02	10 423.26	12 122.50	13 802.74	15 463.98	17 106.23	19 414.29
15	应付优先股股利	0.00	0.00	0.00	0.00	0.00	0.00	0.00	0.00	0.00	0.00	0.00	0.00
16	提取任意盈余公积金	5 985.52	0.00	205.67	198.79	240.57	240.78	250.03	259.29	268.54	277.80	287.05	294.80
17	应付普通股股利	231 311.16	0.00	3 907.67	3 776.96	6 233.56	8 464.24	10 173.23	11 863.21	13 534.20	15 186.19	16 819.18	19 119.49
18	各投资方利润分配	113 724.84	0.00	3 907.67	2 114.31	2 344.04	3 041.60	3 236.45	3 431.31	3 626.16	3 821.02	3 300.87	4 218.67
	投资方 a:	113 724.84	0.00	3 907.67	2 114.31	2 344.04	3 041.60	3 236.45	3 431.31	3 626.16	3 821.02	3 300.87	4 218.67
	投资方 b:	0.00	0.00	0.00	0.00	0.00	0.00	0.00	0.00	0.00	0.00	0.00	0.00
20	息税前利润	174 045.70	0.00	6 118.60	7 730.45	8 606.71	8 368.42	8 368.42	8 368.42	8 368.42	8 368.42	8 368.42	8 328.70
21	息税折旧摊销前利润	233 828.87	0.00	7 581.07	10 655.41	11 531.66	11 336.71	11 336.71	11 336.71	11 336.71	11 336.71	11 336.71	11 336.71

（续表）

序号	项目	合计	12	13	14	15	16	17	18	19	20	21	22
1	营业收入	484 686.00	23 760.00	23 760.00	23 760.00	23 760.00	23 760.00	23 760.00	23 760.00	23 760.00	23 760.00	23 760.00	23 760.00
2	税收及附加	3 605.63	175.02	175.02	175.02	175.02	175.02	175.02	175.02	175.02	175.02	175.02	175.02
3	总成本费用	323 766.74	15 583.54	15 417.56	15 417.56	15 417.56	15 417.56	15 417.56	15 417.56	15 456.91	15 413.58	15 413.58	13 951.10
4	补贴收入	0.00	0.00	0.00	0.00	0.00	0.00	0.00	0.00	0.00	0.00	0.00	0.00
5	利润总额	157 313.63	8 001.44	8 167.42	8 167.42	8 167.42	8 167.42	8 167.42	8 167.42	8 128.07	8 171.40	8 171.40	9 633.88
6	弥补以前年度亏损	0.00	0.00	0.00	0.00	0.00	0.00	0.00	0.00	0.00	0.00	0.00	0.00
7	所得税前抵扣和免税	800.00	0.00	0.00	0.00	0.00	0.00	0.00	0.00	0.00	0.00	0.00	0.00
8	应纳所得税额	156 513.63	8 001.44	8 167.42	8 167.42	8 167.42	8 167.42	8 167.42	8 167.42	8 128.07	8 171.40	8 171.40	9 633.88
9	所得税	31 302.73	1 600.29	1 633.48	1 633.48	1 633.48	1 633.48	1 633.48	1 633.48	1 625.61	1 634.28	1 634.28	1 926.78
10	净利润	126 010.91	6 401.16	6 533.93	6 533.93	6 533.93	6 533.93	6 533.93	6 533.93	6 502.45	6 537.12	6 537.12	7 707.10
12	可供分配的利润	7 707.10	21 301.97	21 334.17	18 089.10	14 844.04	11 598.97	8 353.90	6 533.93	6 502.45	6 537.12	6 537.12	7 707.10
13	提取法定盈余公积金	6 300.55	320.06	326.70	326.70	326.70	326.70	326.70	326.70	325.12	326.86	326.86	385.36
14	可供投资者分配利润	119 710.36	20 981.91	21 007.48	17 762.41	14 517.34	11 272.27	8 027.20	6 207.24	6 177.33	6 210.26	6 210.26	7 321.75
15	应付优先股股利	0.00	0.00	0.00	0.00	0.00	0.00	0.00	0.00	0.00	0.00	0.00	0.00
16	提取任意盈余公积金	5 985.52	304.05	310.36	310.36	310.36	310.36	310.36	310.36	308.87	310.51	310.51	366.09
17	应付普通股股利	231 311.16	20 677.86	20 697.12	17 452.05	14 206.98	10 961.91	7 716.84	5 896.87	5 868.46	5 899.75	5 899.75	6 955.66
18	各投资方利润分配	113 724.84	5 877.62	9 141.94	9 141.94	9 141.94	9 141.94	7 716.84	5 896.87	5 868.46	5 899.75	5 899.75	6 955.66
	投资方 a:	113 724.84	5 877.62	9 141.94	9 141.94	9 141.94	9 141.94	7 716.84	5 896.87	5 868.46	5 899.75	5 899.75	6 955.66
	投资方 b:	0.00	0.00	0.00	0.00	0.00	0.00	0.00	0.00	0.00	0.00	0.00	0.00
19	息税前利润	174 045.70	8 328.70	8 328.70	8 328.70	8 328.70	8 328.70	8 328.70	8 328.70	8 289.35	8 332.68	8 332.68	9 795.16
20	息税折旧摊销前利润	233 828.87	11 336.71	11 336.71	11 336.71	11 336.71	11 336.71	11 336.71	11 336.71	11 336.71	11 336.71	11 336.71	11 336.71

表 3.17　项目投资现金流量表

序号	项目	合计	1	2	3	4	5	6	7	8	9	10	11
1	现金流入	496 886.00	0.00	13 500.00	20 250.00	23 256.00	23 760.00	23 760.00	23 760.00	23 760.00	23 760.00	23 760.00	23 760.00
1.1	营业收入	484 686.00	0.00	13 500.00	20 250.00	23 256.00	23 760.00	23 760.00	23 760.00	23 760.00	23 760.00	23 760.00	23 760.00
1.2	补贴收入及营业外净收支	0.00	0.00	0.00	0.00	0.00	0.00	0.00	0.00	0.00	0.00	0.00	0.00
1.3	回收资产余值	0.00		0.00	0.00	0.00	0.00	0.00	0.00	0.00	0.00	0.00	0.00
1.4	回收流动资金	4 000.00	0.00	0.00	0.00	0.00	0.00	0.00	0.00	0.00	0.00	0.00	0.00
1.5	回收移交准备金	8 200.00	0.00	0.00	0.00	0.00	0.00	0.00	0.00	0.00	0.00	0.00	0.00
2	现金流出（所得税前）	323 252.03	29 193.88	36 767.94	11 694.59	13 274.34	12 823.29	12 823.29	12 823.29	12 823.29	12 823.29	13 538.29	12 823.29
2.1	建设投资	58 042.90	29 193.88	28 849.02	0.00	0.00	0.00	0.00	0.00	0.00	0.00	0.00	
2.2	流动资金	4 000.00	0.00	1 800.00	1 700.00	500.00	0.00	0.00	0.00	0.00	0.00	0.00	0.00
2.3	经营成本	24 7251.51	0.00	5 807.45	9 428.85	11 546.27	12 248.27	12 248.27	12 248.27	12 248.27	12 248.27	12 248.27	12 248.27
2.4	税收及附加	3 605.63		111.48	165.74	178.06	175.02	175.02	175.02	175.02	175.02	175.02	175.02
2.5	维持运营投资	2 152.00		0.00	0.00	650.00	0.00	0.00	0.00	0.00	0.00	715.00	0.00
2.6	移交准备金	8 200.00		200.00	400.00	400.00	400.00	400.00	400.00	400.00	400.00	400.00	400.00
3	所得税前净现金流量	173 633.97	−29 193.88	−23 267.94	8 555.41	9 981.66	10 936.71	10 936.71	10 936.71	10 936.71	10 936.71	10 221.71	10 936.71
4	累计所得税前净现金流量	173 633.97	−29 193.88	−52 461.83	−43 906.42	−33 924.75	−22 988.05	−12 051.34	−1 114.63	9 822.07	20 758.78	30 980.49	41 917.19
5	调整所得税	34 649.14	0.00	1 063.72	1 546.09	1 721.34	1 673.68	1 673.68	1 673.68	1 673.68	1 673.68	1 673.68	1 665.74
6	所得税后净现金流量	138 984.83	−29 193.88	−24 331.66	7 009.32	8 260.32	9 263.02	9 263.02	9 263.02	9 263.02	9 263.02	8 548.02	9 270.97
7	累计所得税后净现金流量	138 984.83	−29 193.88	−53 525.55	−46 516.23	−38 255.91	−28 992.88	−19 729.86	−10 466.84	−1 203.81	8 059.21	16 607.23	25 878.20

（续表）

序号	项目	合计	12	13	14	15	16	17	18	19	20	21	22
1	现金流入	496 886.00	23 760.00	23 760.00	23 760.00	23 760.00	23 760.00	23 760.00	23 760.00	23 760.00	23 760.00	23 760.00	35 960.00
1.1	营业收入	484 686.00	23 760.00	23 760.00	23 760.00	23 760.00	23 760.00	23 760.00	23 760.00	23 760.00	23 760.00	23 760.00	23 760.00
1.2	补贴收入及营业外净收支	0.00	0.00	0.00	0.00	0.00	0.00	0.00	0.00	0.00	0.00	0.00	0.00
1.3	回收资产余值	0.00	0.00	0.00	0.00	0.00	0.00	0.00	0.00	0.00	0.00	0.00	0.00
1.4	回收流动资金	4000.00	0.00	0.00	0.00	0.00	0.00	0.00	0.00	0.00	0.00	0.00	4000.00
1.5	回收移交准备金	8200.00	0.00	0.00	0.00	0.00	0.00	0.00	0.00	0.00	0.00	0.00	8200.00
2	现金流出(所得税前)	323 252.03	12 823.29	12 823.29	12 823.29	12 823.29	12 823.29	12 823.29	13 610.29	12 823.29	12 823.29	12 823.29	12 823.29
2.1	建设投资	58 042.90											
2.2	流动资金	4 000.00	0.00	0.00	0.00	0.00	0.00	0.00	0.00	0.00	0.00	0.00	0.00
2.3	经营成本	247 251.51	12 248.27	12 248.27	12 248.27	12 248.27	12 248.27	12 248.27	12 248.27	12 248.27	12 248.27	12 248.27	12 248.27
2.4	税收及附加	3 605.63	175.02	175.02	175.02	175.02	175.02	175.02	175.02	175.02	175.02	175.02	175.02
2.5	维持运营投资	2 152.00	0.00	0.00	0.00	0.00	0.00	0.00	787.00	0.00	0.00	0.00	0.00
2.6	移交准备金	8 200.00	400.00	400.00	400.00	400.00	400.00	400.00	400.00	400.00	400.00	400.00	400.00
3	所得税前净现金流量	173 633.97	10 936.71	10 936.71	10 936.71	10 936.71	10 936.71	10 936.71	10 149.71	10 936.71	10 936.71	10 936.71	23136.71
4	累计所得税前净现金流量	173 633.97	52 853.90	63 790.61	74 727.31	85 664.02	96 600.73	107 537.43	117 687.14	128 623.85	139 560.55	150 497.26	173 633.97
5	调整所得税	34 649.14	1 665.74	1 665.74	1 665.74	1 665.74	1 665.74	1 665.74	1 665.74	1 657.87	1 666.54	1 666.54	1 959.03
6	所得税后净现金流量	138 984.83	9 270.97	9 270.97	9 270.97	9 270.97	9 270.97	9 270.97	8 483.97	9 278.84	9 270.17	9 270.17	21 177.68
7	累计所得税后净现金流量	138 984.83	35 149.17	44 420.14	53 691.10	62 962.07	72 233.04	81 504.01	89 987.97	99 266.81	108 536.98	117 807.15	138 984.83

表 3.18 借款还本付息计划表

序号	项目	合计	1	2	3	4	5	6	7	8	9	10	11
1	长期银行借款												
1.1	期初借款余额(Max)	44 492.29	0.00	16 011.11	44 492.29	39 896.65	35 301.01	30 705.38	26 109.74	21 514.10	16 918.46	12 322.82	7 727.19
1.2	当期借款	43 924.00	15 476.00	28 448.00	0.00	0.00	0.00	0.00	0.00	0.00	0.00	0.00	0.00
1.3	建设期利息	1 368.84	535.11	833.73	0.00	0.00	0.00	0.00	0.00	0.00	0.00	0.00	0.00
1.4	当期应计利息	14 632.89	410.11	1 602.46	2 358.09	2 114.52	1 870.95	1 627.38	1 383.82	1 140.25	896.68	653.11	409.54
1.5	其他融资费用	190.00	125.00	65.00	0.00	0.00	0.00	0.00	0.00	0.00	0.00	0.00	0.00
1.6	当期还本	45 292.84	0.00	800.56	4 595.64	4 595.64	4 595.64	4 595.64	4 595.64	4 595.64	4 595.64	4 595.64	4 595.64
	等额还本利息照付	45 292.84	0.00	800.56	4 595.64	4 595.64	4 595.64	4 595.64	4 595.64	4 595.64	4 595.64	4 595.64	4 595.64
1.7	当期付息	13 454.05	0.00	833.73	2 358.09	2 114.52	1 870.95	1 627.38	1 383.82	1 140.25	896.68	653.11	409.54
1.8	期末借款余额		0.00	16 011.11	44 492.29	39 896.65	35 301.01	30 705.38	26 109.74	21 514.10	16 918.46	12 322.82	3 131.55
2	借款还本付息合计	0.00											
2.1	期初借款余额(Max)	44 492.29	0.00	16 011.11	44 492.29	39 896.65	35 301.01	30 705.38	26 109.74	21 514.10	16 918.46	12 322.82	7 727.19
2.2	当期借款	43 924.00	15 476.00	28 448.00	0.00	0.00	0.00	0.00	0.00	0.00	0.00	0.00	0.00
2.3	建设期利息	1 368.84	535.11	833.73	0.00	0.00	0.00	0.00	0.00	0.00	0.00	0.00	0.00
2.4	当期应计利息	14 632.89	410.11	1 602.46	2 358.09	2 114.52	1 870.95	1 627.38	1 383.82	1 140.25	896.68	653.11	409.54
2.5	其他融资费用	190.00	125.00	65.00	0.00	0.00	0.00	0.00	0.00	0.00	0.00	0.00	0.00
2.6	当期还本付息	58 746.89	0.00	1 634.29	6 953.73	6 710.16	6 466.59	6 223.02	5 979.45	5 735.89	5 492.32	5 248.75	5 005.18
	其中:还本	45 292.84	0.00	800.56	4 595.64	4 595.64	4 595.64	4 595.64	4 595.64	4 595.64	4 595.64	4 595.64	4 595.64
	其中:付息	13 454.05	0.00	833.73	2 358.09	2 114.52	1 870.95	1 627.38	1 383.82	1 140.25	896.68	653.11	409.54
2.7	期末借款余额	0.00	16 011.11	44 492.29	39 896.65	35 301.01	30 705.38	26 109.74	21 514.10	16 918.46	12 322.82	7 727.19	3 131.55

（续表）

序号	项　目	合计	1	2	3	4	5	6	7	8	9	10	11
3	借款和债券合计	0.00	16 011.11	44 492.29	39 896.65	35 301.01	30 705.38	26 109.74	21 514.10	16 918.46	12 322.82	7 727.19	3 131.55
	期初借款余额（Max）	44 492.29	0.00	16 011.11	44 492.29	39 896.65	35 301.01	30 705.38	26 109.74	21 514.10	16 918.46	12 322.82	7 727.19
3.1	当期借款	43 924.00	15 476.00	28 448.00	0.00	0.00	0.00	0.00	0.00	0.00	0.00	0.00	0.00
3.2	当期应计利息	14 822.89	535.11	1 667.46	2 358.09	2 114.52	1 870.95	1 627.38	1 383.82	1 140.25	896.68	653.11	409.54
3.3	建设期末支付利息	1 368.84	535.11	833.73	0.00	0.00	0.00	0.00	0.00	0.00	0.00	0.00	0.00
3.4	经营期末支付利息	13 454.05	0.00	833.73	2 358.09	2 114.52	1 870.95	1 627.38	1 383.82	1 140.25	896.68	653.11	409.54
3.5	还本合计	45 292.84	0.00	800.56	4 595.64	4 595.64	4 595.64	4 595.64	4 595.64	4 595.64	4 595.64	4 595.64	4 595.64
3.6	还息合计（含建设期支付）	13 454.05	0.00	833.73	2 358.09	2 114.52	1 870.95	1 627.38	1 383.82	1 140.25	896.68	653.11	409.54
4	流动资金和短期借款还本付息	6 078.02	0.00	72.58	141.12	161.28	161.28	161.28	161.28	161.28	161.28	161.28	161.28
4.1	流动资金和短期借款还本	2 800.00	0.00	0.00	0.00	0.00	0.00	0.00	0.00	0.00	0.00	0.00	0.00
4.2	流动资金和短期借款付息	3 278.02	0.00	72.58	141.12	161.28	161.28	161.28	161.28	161.28	161.28	161.28	161.28
5	合计还本付息	64 824.91	0.00	1 706.86	7 094.85	6 871.44	6 627.87	6 384.30	6 140.73	5 897.17	5 653.60	5 410.03	5 166.46
5.1	合计还本	48 092.84	0.00	800.56	4 595.64	4 595.64	4 595.64	4 595.64	4 595.64	4 595.64	4 595.64	4 595.64	4 595.64
5.2	合计付息	16 732.06	0.00	906.31	2 499.21	2 275.80	2 032.23	1 788.66	1 545.10	1 301.53	1 057.96	814.39	570.82
6	还本资金	183 642.08	0.00	5 592.31	6 709.95	6 939.68	7 637.24	7 832.09	8 026.95	8 221.34	8 416.66	7 896.51	8 814.31
6.1	当期可用于还本的利润	126 010.91	0.00	4 329.83	4 184.99	5 064.72	5 068.95	5 263.80	5 458.66	5 653.51	5 848.37	6 043.22	6 206.30
6.2	当期可用于还本的折旧和摊销	59 783.17	0.00	1 462.48	2 924.96	2 924.96	2 968.29	2 968.29	2 968.29	2 968.29	2 968.29	2 968.29	3 008.01
6.3	维持运营投资	−2 152.00	0.00	0.00	0.00	−650.00	0.00	0.00	0.00	0.00	0.00	−715.00	0.00
	利息备付率（%）	8.41		6.75	3.09	3.78	4.12	4.68	5.42	6.43	7.91	10.28	14.59
	偿债备付率（%）	1.85		3.81	1.30	1.34	1.46	1.51	1.56	1.61	1.68	1.61	1.82

（续表）

序号	项目	合计	12	13	14	15	16	17	18	19	20	21	22
1	长期银行借款												
1.1	期初借款余额(Max)	44 492.29	3 131.55	0.00	0.00	0.00	0.00	0.00	0.00	0.00	0.00	0.00	0.00
1.2	当期借款	43 924.00	0.00	0.00	0.00	0.00	0.00	0.00	0.00	0.00	0.00	0.00	0.00
1.3	建设期利息	1 368.84	0.00	0.00	0.00	0.00	0.00	0.00	0.00	0.00	0.00	0.00	0.00
1.4	当期应计利息	14 632.89	165.97	0.00	0.00	0.00	0.00	0.00	0.00	0.00	0.00	0.00	0.00
1.5	其他融资费用	190.00	0.00	0.00	0.00	0.00	0.00	0.00	0.00	0.00	0.00	0.00	0.00
1.6	当期还本	45 292.84	3 131.55	0.00	0.00	0.00	0.00	0.00	0.00	0.00	0.00	0.00	0.00
	等额还本 利息照付	45 292.84	3 131.55	0.00	0.00	0.00	0.00	0.00	0.00	0.00	0.00	0.00	0.00
1.7	当期付息	13 454.05	165.97	0.00	0.00	0.00	0.00	0.00	0.00	0.00	0.00	0.00	0.00
1.8	期末借款余额	0.00	0.00	0.00	0.00	0.00	0.00		0.00	0.00	0.00	0.00	0.00
2	借款还本付息合计	0.00											
2.1	期初借款余额(Max)	44 492.29	3 131.55	0.00	0.00	0.00	0.00	0.00	0.00	0.00	0.00	0.00	0.00
2.2	当期借款	43 924.00	0.00	0.00	0.00	0.00	0.00	0.00	0.00	0.00	0.00	0.00	0.00
2.3	建设期利息	1 368.84	0.00	0.00	0.00	0.00	0.00	0.00	0.00	0.00	0.00	0.00	0.00
2.4	当期应计利息	14 632.89	165.97	0.00	0.00	0.00	0.00	0.00	0.00	0.00	0.00	0.00	0.00
2.5	其他融资费用	190.00	0.00	0.00	0.00	0.00	0.00	0.00	0.00	0.00	0.00	0.00	0.00
2.6	当期还本付息	58 746.89	3 297.52	0.00	0.00	0.00	0.00	0.00	0.00	0.00	0.00	0.00	0.00
	其中：还本	45 292.84	3 131.55	0.00	0.00	0.00	0.00	0.00	0.00	0.00	0.00	0.00	0.00
	其中：付息	13 454.05	165.97	0.00	0.00	0.00	0.00	0.00	0.00	0.00	0.00	0.00	0.00
2.7	期末借款余额	0.00	0.00	0.00	0.00	0.00	0.00	0.00	0.00	0.00	0.00	0.00	0.00

（续表）

序号	项　目	合计	12	13	14	15	16	17	18	19	20	21	22
3	借款和债券合计	0.00	0.00	0.00	0.00	0.00	0.00	0.00	0.00	0.00	0.00	0.00	0.00
3.1	期初借款余额（Max）	44 492.29	3 131.55	0.00	0.00	0.00	0.00	0.00	0.00	0.00	0.00	0.00	0.00
3.2	当期借款	43 924.00	0.00	0.00	0.00	0.00	0.00	0.00	0.00	0.00	0.00	0.00	0.00
3.3	当期应计利息	14 822.89	165.97	0.00	0.00	0.00	0.00	0.00	0.00	0.00	0.00	0.00	0.00
3.4	建设期末支付利息	1 368.84	0.00	0.00	0.00	0.00	0.00	0.00	0.00	0.00	0.00	0.00	0.00
3.5	经营期支付利息	13 454.05	165.97	0.00	0.00	0.00	0.00	0.00	0.00	0.00	0.00	0.00	0.00
3.6	还本合计	45 292.84	3 131.55	0.00	0.00	0.00	0.00	0.00	0.00	0.00	0.00	0.00	0.00
3.7	还息合计（含建设期支付）	13 454.05	165.97	0.00	0.00	0.00	0.00	0.00	0.00	0.00	0.00	0.00	0.00
4	流动资金和短期借款付息	6 078.02	161.28	161.28	161.28	161.28	161.28	161.28	161.28	161.28	161.28	161.28	2 961.28
4.1	流动资金和短期借款还本	2 800.00	0.00	0.00	0.00	0.00	0.00	0.00	0.00	0.00	0.00	0.00	2 800.00
4.2	流动资金和短期借款付息	3 278.02	161.28	161.28	161.28	161.28	161.28	161.28	161.28	161.28	161.28	161.28	161.28
5	合计还本付息	64 824.91	3 458.80	161.28	161.28	161.28	161.28	161.28	161.28	161.28	161.28	161.28	2 961.28
5.1	合计还本	48 092.84	3 131.55	0.00	0.00	0.00	0.00	0.00	0.00	0.00	0.00	0.00	2 800.00
5.2	合计付息	16 732.06	327.25	161.28	161.28	161.28	161.28	161.28	161.28	161.28	161.28	161.28	161.28
6	还本资金	183 642.08	9 009.17	9 141.94	9 141.94	9 141.94	9 141.94	9 141.94	8 354.94	9 149.81	9 141.15	9 141.15	17 048.65
6.1	当期可用于还本的利润	126 010.91	6 401.16	6 533.93	6 533.93	6 533.93	6 533.93	6 533.93	6 533.93	6 502.45	6 537.12	6 537.12	7 707.10
6.2	当期可用于还本的折旧和摊销	59 783.17	3 008.01	3 008.01	3 008.01	3 008.01	3 008.01	3 008.01	3 008.01	3 047.36	3 004.03	3 004.03	1 541.55
6.3	维持运营投资	−2 152.00	0.00	0.00	0.00	0.00	0.00	0.00	−787.00	0.00	0.00	0.00	0.00
	利息备付率（%）	8.41	25.45										
	偿债备付率（%）	1.85	2.70										

表3.19 总成本费用估算表

序号	项目	合计	1	2	3	4	5	6	7	8	9	10	11
1	外购原材料	160 410.00	0.00	3 960.00	5 940.00	7 410.00	7 950.00	7 950.00	7 950.00	7 950.00	7 950.00	7 950.00	7 950.00
2	外购燃料及动力	27 940.00	0.00	600.00	900.00	1 240.00	1 400.00	1 400.00	1 400.00	1 400.00	1 400.00	1 400.00	1 400.00
3	工资及福利费	29 050.51	0.00	675.45	1 427.85	1 418.27	1 418.27	1 418.27	1 418.27	1 418.27	1 418.27	1 418.27	1 418.27
4	修理费	22 136.00	0.00	400.00	800.00	1 100.00	1 102.00	1 102.00	1 102.00	1 102.00	1 102.00	1 102.00	1 102.00
5	其他费用	7 715.00	0.00	172.00	361.00	378.00	378.00	378.00	378.00	378.00	378.00	378.00	378.00
6	经营成本	247 251.51	0.00	5 807.45	9 428.85	11 546.27	12 248.27	12 248.27	12 248.27	12 248.27	12 248.27	12 248.27	12 248.27
7	折旧费	0.00	0.00	0.00	0.00	0.00	0.00	0.00	0.00	0.00	0.00	0.00	0.00
8	摊销费	59 783.17	0.00	1 462.48	2 924.96	2 924.96	2 968.29	2 968.29	2 968.29	2 968.29	2 968.29	2 968.29	3 008.01
9	利息支出	16 732.06	0.00	906.31	2 499.21	2 275.80	2 032.23	1 788.66	1 545.10	1 301.53	1 057.96	814.39	570.82
10	总成本费用合计	323 766.74	0.00	8 176.23	14 853.02	16 747.03	17 248.80	17 005.23	16 761.66	16 518.09	16 274.52	16 030.95	15 827.11
10.1	其中:可变成本	205 520.43	0.00	4 917.02	7 578.04	9 495.41	10 196.11	10 196.11	10 196.11	10 196.11	10 196.11	10 196.11	10 196.11
10.2	固定成本	118 246.31	0.00	3 259.21	7 274.97	7 251.62	7 052.69	6 809.12	6 565.55	6 321.98	6 078.41	5 834.84	5 631.00

（续表）

序号	项目	合计	12	13	14	15	16	17	18	19	20	21	22
1	外购原材料	160 410.00	7 950.00	7 950.00	7 950.00	7 950.00	7 950.00	7 950.00	7 950.00	7 950.00	7 950.00	7 950.00	7 950.00
2	外购燃料及动力	27 940.00	1 400.00	1 400.00	1 400.00	1 400.00	1 400.00	1 400.00	1 400.00	1 400.00	1 400.00	1 400.00	1 400.00
3	工资及福利费	29 050.51	1 418.27	1 418.27	1 418.27	1 418.27	1 418.27	1 418.27	1 418.27	1 418.27	1 418.27	1 418.27	1 418.27
4	修理费	22 136.00	1 102.00	1 102.00	1 102.00	1 102.00	1 102.00	1 102.00	1 102.00	1 102.00	1 102.00	1 102.00	1 102.00
5	其他费用	7 715.00	378.00	378.00	378.00	378.00	378.00	378.00	378.00	378.00	378.00	378.00	378.00
6	经营成本	247 251.51	12 248.27	12 248.27	12 248.27	12 248.27	12 248.27	12 248.27	12 248.27	12 248.27	12 248.27	12 248.27	12 248.27
7	折旧费	0.00	0.00	0.00	0.00	0.00	0.00	0.00	0.00	0.00	0.00	0.00	0.00
8	摊销费	59 783.17	3 008.01	3 008.01	3 008.01	3 008.01	3 008.01	3 008.01	3 008.01	3 047.36	3 004.03	3 004.03	1 541.55
9	利息支出	16 732.06	327.25	161.28	161.28	161.28	161.28	161.28	161.28	161.28	161.28	161.28	161.28
10	总成本费用合计	323 766.74	15 583.54	15 417.56	15 417.56	15 417.56	15 417.56	15 417.56	15 417.56	15 456.91	15 413.58	15 413.58	13 951.10
10.1	其中:可变成本	205 520.43	10 196.11	10 196.11	10 196.11	10 196.11	10 196.11	10 196.11	10 196.11	10 196.11	10 196.11	10 196.11	10 196.11
10.2	固定成本	118 246.31	5 387.43	5 221.46	5 221.46	5 221.46	5 221.46	5 221.46	5 221.46	5 221.46	5 260.81	5 217.47	5 217.47	3 755.00

表 3.20 营业收入、税金及附加和增值税估算表

序号	项目	合计	1	2	3	4	5	6	7	8	9	10	11
1	销售（营业）收入	484 686.00	0.00	13 500.00	20 250.00	23 256.00	23 760.00	23 760.00	23 760.00	23 760.00	23 760.00	23 760.00	23 760.00
1.1	额度内产品内销	461 250.00	0.00	13 500.00	20 250.00	22 500.00	22 500.00	22 500.00	22 500.00	22 500.00	22 500.00	22 500.00	22 500.00
	单价	0.45	0.00	0.45	0.45	0.45	0.45	0.45	0.45	0.45	0.45	0.45	0.45
	销售量	1 025 000.00	0.00	30 000.00	45 000.00	50 000.00	50 000.00	50 000.00	50 000.00	50 000.00	50 000.00	50 000.00	50 000.00
	销项税额	59 962.50	0.00	1 755.00	2 632.50	2 925.00	2 925.00	2 925.00	2 925.00	2 925.00	2 925.00	2 925.00	2 925.00
1.2	额度外产品内销	23 436.00	0.00	0.00	0.00	756.00	1 260.00	1 260.00	1 260.00	1 260.00	1 260.00	1 260.00	1 260.00
	单价	0.36	0.00	0.00	0.00	0.36	0.36	0.36	0.36	0.36	0.36	0.36	0.36
	销售量	65 100.00	0.00	0.00	0.00	2 100.00	3 500.00	3 500.00	3 500.00	3 500.00	3 500.00	3 500.00	3 500.00
	销项税额	3 046.68	0.00	0.00	0.00	98.28	163.80	163.80	163.80	163.80	163.80	163.80	163.80
2	税收及附加	3 605.63	0.00	111.48	165.74	178.06	175.02	175.02	175.02	175.02	175.02	175.02	175.02
2.1	消费税	0.00	0.00	0.00	0.00	0.00	0.00	0.00	0.00	0.00	0.00	0.00	0.00
2.2	城市维护建设税	2 523.94	0.00	78.03	116.02	124.64	122.51	122.51	122.51	122.51	122.51	122.51	122.51
2.3	教育费附加	1 081.69	0.00	33.44	49.72	53.42	52.51	52.51	52.51	52.51	52.51	52.51	52.51
3	应纳增值税	36 056.27	0.00	1 114.76	1 657.42	1 780.62	1 750.19	1 750.19	1 750.19	1 750.19	1 750.19	1 750.19	1 750.19
3.1	内销产品应纳税额	36 056.27	0.00	1 114.76	1 657.42	1 780.62	1 750.19	1 750.19	1 750.19	1 750.19	1 750.19	1 750.19	1 750.19
3.2	销项税额	63 009.18	0.00	1 755.00	2 632.50	3 023.28	3 088.80	3 088.80	3 088.80	3 088.80	3 088.80	3 088.80	3 088.80
3.3	进项税额	26 952.91	0.00	640.24	975.08	1 242.66	1 338.61	1 338.61	1 338.61	1 338.61	1 338.61	1 338.61	1 338.61

（续表）

序号	项目	合计	12	13	14	15	16	17	18	19	20	21	22
1	销售（营业）收入	484 686.00	23 760.00	23 760.00	23 760.00	23 760.00	23 760.00	23 760.00	23 760.00	23 760.00	23 760.00	23 760.00	23 760.00
1.1	定额内内销收入	461 250.00	22 500.00	22 500.00	22 500.00	22 500.00	22 500.00	22 500.00	22 500.00	22 500.00	22 500.00	22 500.00	22 500.00
	单价	0.45	0.45	0.45	0.45	0.45	0.45	0.45	0.45	0.45	0.45	0.45	0.45
	销售量	1025000.00	50 000.00	50 000.00	50 000.00	50 000.00	50 000.00	50 000.00	50 000.00	50 000.00	50 000.00	50 000.00	50 000.00
	销项税额	59 962.50	2 925.00	2 925.00	2 925.00	2 925.00	2 925.00	2 925.00	2 925.00	2 925.00	2 925.00	2 925.00	2 925.00
1.2	额度外内销收入	23 436.00	1 260.00	1 260.00	1 260.00	1 260.00	1 260.00	1 260.00	1 260.00	1 260.00	1 260.00	1 260.00	1 260.00
	单价	0.36	0.36	0.36	0.36	0.36	0.36	0.36	0.36	0.36	0.36	0.36	0.36
	销售量	65 100.00	3 500.00	3 500.00	3 500.00	3 500.00	3 500.00	3 500.00	3 500.00	3 500.00	3 500.00	3 500.00	3 500.00
	销项税额	3 046.68	163.80	163.80	163.80	163.80	163.80	163.80	163.80	163.80	163.80	163.80	163.80
2	税收及附加	3 605.63	175.02	175.02	175.02	175.02	175.02	175.02	175.02	175.02	175.02	175.02	175.02
2.1	消费税	0.00	0.00	0.00	0.00	0.00	0.00	0.00	0.00	0.00	0.00	0.00	0.00
2.2	城市维护建设税	2 523.94	122.51	122.51	122.51	122.51	122.51	122.51	122.51	122.51	122.51	122.51	122.51
2.3	教育费附加	1 081.69	52.51	52.51	52.51	52.51	52.51	52.51	52.51	52.51	52.51	52.51	52.51
3	应纳增值税	36 056.27	1 750.19	1 750.19	1 750.19	1 750.19	1 750.19	1 750.19	1 750.19	1 750.19	1 750.19	1 750.19	1 750.19
3.1	内销产品应纳税额	36 056.27	1 750.19	1 750.19	1 750.19	1 750.19	1 750.19	1 750.19	1 750.19	1 750.19	1 750.19	1 750.19	1 750.19
3.2	销项税额	63 009.18	3 088.80	3 088.80	3 088.80	3 088.80	3 088.80	3 088.80	3 088.80	3 088.80	3 088.80	3 088.80	3 088.80
3.3	进项税额	26 952.91	1 338.61	1 338.61	1 338.61	1 338.61	1 338.61	1 338.61	1 338.61	1 338.61	1 338.61	1 338.61	1 338.61

表3.21　融资前税前敏感分析表

各因素变化率	产品价格变化			产品销量变化			建设投资变化			经营成本变化		
	FIRR	FNPV	Pt	FIRR	FNPV	Pt	FIRR	FNPV	Pt	FIRR	FNPV	Pt
−60%	—	—	—	1.11%	−27 407.05	21.36	45.30%	67 303.09	3.91	30.51%	94 789.65	4.93
−50%	—	—	—	4.45%	−1 6691.13	15.82	36.24%	62 234.96	4.45	28.41%	85 140.42	5.16
−40%	—	—	—	7.44%	−5 974.83	12.43	30.19%	57 166.83	4.98	26.31%	75 491.20	5.43
−36%	0.19%	−30 475.84	21.90	8.57%	−1 688.20	11.49	28.29%	55 139.58	5.19	25.47%	71 631.51	5.55
−30%	3.74%	−19 247.49	17.08	10.20%	4 741.87	10.35	25.83%	52 098.70	5.51	24.20%	65 841.98	5.74
−24%	6.90%	−8 019.13	12.98	11.78%	11 172.07	9.39	23.74%	49 057.82	5.83	22.92%	60 052.44	5.96
−20%	8.86%	−533.56	11.29	12.81%	15 458.96	8.86	22.51%	47 030.57	6.04	22.07%	56 192.75	6.11
−16%	10.74%	6 952.02	10.03	13.82%	19 745.90	8.42	21.40%	45 003.31	6.25	21.22%	52 333.06	6.28
−10%	13.45%	18 180.38	8.58	15.32%	26 176.44	7.86	19.89%	41 962.44	6.57	19.93%	46 543.53	6.56
−8%	14.33%	21 923.16	8.22	15.81%	28 319.98	7.69	19.43%	40 948.81	6.68	19.50%	44 613.68	6.66
−2%	16.91%	33 151.52	7.34	17.28%	34 750.70	7.24	18.15%	37 907.93	7.00	18.19%	38 824.15	6.98
0%	17.49%	36 894.31	7.10	17.49%	36 894.31	7.10	17.49%	36 894.31	7.10	17.49%	36 894.31	7.10
+2%	18.60%	40 637.09	6.88	18.24%	39 037.93	6.97	17.38%	35 880.68	7.21	17.32%	34 964.46	7.23
+6%	20.27%	48 122.66	6.48	19.20%	43 325.22	6.73	16.65%	33 853.43	7.42	16.44%	31 104.77	7.49
+10%	21.92%	55 608.24	6.14	20.15%	47 612.57	6.51	15.97%	31 826.18	7.63	15.55%	27 245.08	7.78
+16%	24.37%	66 836.59	5.72	21.56%	54 043.71	6.21	15.03%	28 785.30	7.95	14.21%	21 455.55	8.28
+20%	26.00%	74 322.17	5.47	22.50%	58 331.22	6.04	14.45%	26 758.04	8.16	13.30%	17 595.86	8.65
+28%	29.23%	89 293.31	5.07	24.36%	66 906.42	5.72	13.39%	22 703.54	8.59	11.45%	9 876.48	9.61
+30%	30.04%	93 036.10	4.98	24.83%	69 050.26	5.65	13.14%	21 689.91	8.69	10.98%	7 946.64	9.90
+36%	32.45%	104 264.46	4.74	26.21%	75 481.88	5.44	12.43%	18 649.04	9.01	9.54%	2 157.10	10.82
+40%	34.06%	111 750.03	4.60	27.14%	79 769.70	5.32	11.99%	16 621.78	9.24	8.57%	−1 702.59	11.55
+50%	38.07%	130 463.96	4.30	29.43%	90 489.52	5.04	10.96%	11 553.65	9.81	6.03%	−11 351.81	14.01
+60%	42.09%	149 177.89	4.05	31.72%	101 209.74	4.81	10.05%	6 485.52	10.35	3.30%	−21 001.03	18.30
计算结果	敏感系数	临界点	零点	敏感系数	临界点	零点	敏感系数	临界点	零点	敏感系数	临界点	零点
结果	0.42	−0.197 1	−0.363 1	0.24	−0.344 2	−0.632 1	−0.19	0.728 3	2.989 2	−0.22	0.38	0.71

习题与思考题

1. 美国 A. M. Wellington 曾简明地指出,工程经济是"一门少花钱、多办事的艺术",请结合本章所述内容,思考如何理解工程与经济的关系。

2. 调查自己或亲友的保单,利用本章所学内容绘制现金流量图,分析并提取该份保单的计算方法。

3. 调查自己家庭或朋友的购房贷款,利用本章所学知识,验证银行出具的还款明细,并仔细体会等额本金和等额本息还款法的区别。

4. 固定资产在使用过程中由于磨损而逐渐损耗,其价值损失在工程项目中常通过计提折旧费来补偿,将折旧费计入成本费用是工程项目回收固定资产投资的一种手段。查询相关资料,学习并掌握常用折旧费计算方法。

5. 结合本章内容,并查询相关资料,仔细体会项目的投资估算表、投资计划及资金筹措表、折旧与摊销表、借款及偿还计划表、成本费用估算表、销售收入、税金及利润分配表、资金来源与运用表、现金流量表及资产负载表等之间的关系。明确具体数额关系,厘清各项明细的具体所指及相互区别。

6. 销售收入、税金及附加项中,增值税是重要组成,理解并掌握进项、销项税金计算,并尝试阅读企业销售收入、税金及附加等相关财务报表。

7. 进行总成本估算时,还需区分固定成本和可变成本,以用于盈亏平衡分析。查询资料,体会固定成本、可变成本的具体分类明细,并注意区分可变成本和流动资本的差别。

8. 使用 EXCEL 经济函数计算本章相关经济指标简洁快速,尝试利用 EXCEL 完成某一项目的净现值、净现值率、内部收益率等参数的计算。

9. 结合自己感兴趣的专业,查询相关行业的新建项目可行性研究报告案例,仔细研究该项目投资估算、资金筹措、还款计划及经济评价等步骤,进行项目各类经济指标的计算,并据此做出科学经济决策的过程。

10. 以小组为单位,尝试做出你们拟筹划创新创业项目的经济可行性报告。

参考文献

[1]　MAZUMDER Q H. Introduction to Engineering：An Assessment and Problem Solving Approach[M]. CRC Press,2016.

[2]　MOAVENI S. Engineering Fundamentals：An Introduction to Engineering. Fourth Edition[M]. Cengage Learning,2010.

[3]　中国工程教育专业认证协会.工程教育认证通用标准解读及使用指南(2020 版,试行).2020.

[4]　傅家骥,仝允桓.工业技术经济学[M].3 版.北京:清华大学出版社,1996.

[5]　PARK CHAN S. Fundamentals of Engineering Economics[M]. 2nd Edition. Pearson International Edition,2012.

［6］ 《投资项目可行性研究指南》编写组.投资项目可行性研究指南(试用版).北京:中国电力出版社,2017.

［7］ 中国石化集团上海工程有限公司.化工工艺设计手册[M].4 版.北京:化学工业出版社,2013.

［8］ 国家发展改革委　建设部.建设项目经济评价方法与参数[M].3 版.北京:中国计划出版社,2006.

第4章　工程与社会

4.1　导　言

　　人类通过工程活动促进经济和社会的发展，从而造福人类，但工程活动也可能在一定条件下对人类生存环境和可持续发展带来消极后果。大部分人"心安理得"地享受工程活动带来的舒适生活，没有或很少注意其对社会发展带来的负面影响。实际上，工程活动对人类社会各个方面都有很大影响，从文化、法律、环境与可持续发展，到人类安全和健康等方面，都存在直接或间接的作用。

　　工程与社会包含的内容很多，本书无法全部涉及，只能介绍工程活动中一些常涉及的内容，诸如文化、法律、环境、安全与健康等方面。工程与社会之间的关系比较丰富，也比较复杂，难以在一章内容中进行充分解释并阐述清楚。本章旨在简要介绍工程与社会、环境与可持续发展之间的某些关系，这些关系不仅存在更加灵活和复杂的情况，还会随着社会进步、科技发展，仍然在不断地变化。

　　工程教育专业认证针对工程与社会、环境与可持续发展提出了具体要求。

　　工程教育专业认证对工程与社会的具体要求：能够基于工程相关背景知识进行合理分析，评价专业工程实践和复杂工程问题的解决方案对社会、健康、安全、法律以及文化的影响，并理解应承担的责任。

　　工程教育专业认证对环境与可持续发展的具体要求：能够理解和评价针对复杂工程问题的工程实践对环境与可持续发展的影响。

　　本章以具有典型意义的工程与文化、工程与法律、工程与环境、工程与安全、工程与健康为例，对工程与社会的关系、环境与可持续发展的相互作用进行分析与介绍，旨在启发读者认真思考工程师的角色、设计工作、工程活动对社会的影响（包括对社会好的、进步的影响，以及一些不利的，甚至是有害的影响），并能对其影响进行正确的评价，理解作为一名工程师应该承担的责任。

　　工程与文化是两种不同的形态，二者既有共性，又有区别。作为一种相对独立的社会活动，工程在广义文化中拥有独特而重要的作用，同时又深刻影响着文化；文化承载着工程，并贯穿在整个工程活动中，与工程活动共生、共存，并对工程活动起到标志、促进或抑制等作用。因此，工程往往具有时代特征，反映一定时期人类精神文化生活的需要和心理活动。

　　在工程设计与施工阶段，有不同类型的法律、法规及行业规范对其进行约束，有各种法律问题需要工程设计者和施工者加以考虑。工程所涉及的法律关系种类繁多，按法律属性进行简单划分，可分为民法、行政法与刑法。按工程中出现的法律问题进行归属，工程师能方便地对法律问题给出基本判断，确定法律类型并找到解决途径等。

　　自然环境是人类生存和活动的场所，也是向人类提供生产和消费所需要的自然资源的供应基地，对人类的重要性不言而喻。工程活动本身是创造社会财富的过程，也是对自然与生态环境有深刻影响的过程。我们要改变只是利用工程活动从自然界汲取能源、对大自然进行无限制改造和征服的态度，要对大自然负责任，使工程活动适应大自然的生态循环，与大自然和谐相处，并能可持续发展。

工程建设、工业生产过程中肯定有危险因素的存在，比如生产与生活中火灾的发生、油品与化学品的泄漏及其引发的爆炸、有毒气体的扩散及危害、核辐射对人类健康的影响等。有的危险是很难觉察到的，一旦发生就是重大事故。但我们也要注意到，大部分危害都属于安全责任事故，本来可以避免发生，或者能降低损失，只是由相关人员的疏忽与粗心、管理不到位、责任心不强而引起的。因此，更需要工程师、建设者、管理者及其他从业者多思考如何在工作与生活中降低安全风险，避免安全事故的发生。

工程活动产生的各种光污染、噪声污染、扬尘污染及雾霾污染，与我们的生活、健康密切相关。有很多污染又是由我们个体的活动直接造成的，比如广告牌上的霓虹灯、夜晚的广场舞等。因此，如何既能保证自己本身尽量减少污染、不妨碍他人的正常生活，又能避免他人对我们的健康造成伤害？对于转基因工程，表面上我们感受不到其快速发展，但其实转基因工程与技术已经延伸到我们生产和生活的多个领域，如何正确认识转基因工程与技术，对我们每个人也是一种考验。

4.2 工程与文化

4.2.1 文化的概念及分类

文化是相对于政治、经济而言的人类全部文明教化（精神活动）及其产品的总称，属于人文或人本主义精神范畴。文化在本质上不仅是一种认知方式、情感方式，更是一种生活行为方式、一种人生观和宇宙观（主要是价值观和信仰）[1]。

一般而言，文化是人类所创造的物质成果和精神成果的总和，是人类在长期的历史活动中所积淀的结果。文化本质上由人类的物质活动和精神活动所创造，反过来，人类的物质活动和精神活动又受到文化惯势的影响与约束。

目前，对文化的分类主要有以下两种形式。

1.文化按范围分为"广义文化"与"狭义文化"

广义文化指人类创造的物质成果和精神成果的总和，涉及从生产领域、经济基础到上层建筑、意识形态等社会生活的各个领域，包括物质文化、精神文化和制度文化三个层面。如农工生产借之以用的器具技术及与之相关的社会制度等，社会治安所依赖的国家政治、法律、宗教信仰、道德习惯等，以及人类创造的文字、图画等都属于广义文化的范畴。

狭义文化指社会的意识形态及与之相适应的制度和组织机构，排除了人类社会历史生活中关于物质创造活动及结果的部分，侧重于精神创造活动及精神活动产生的结果。

2.文化按形态分为"无形文化"与"有形文化"

无形文化指不能固化的精神、思想、价值观、道德约束等。

有形文化即物质方面的文化，是看得见、摸得着的东西。饮食、服饰、建筑、交通、生产工具及乡村、城市等是无形文化的物化形式。

以工程为例，处处可看到人类建立的物质文化成果。从古代宫殿庙宇、京杭大运河、万里长城，到现代的众多水利大坝、高速公路、高速铁路、摩天大厦等，都是人类创造的有形文化的成果,体现了人类创造物质文化的智慧。

4.2.2 工程与文化的相互影响

"工程"和"文化"既有共同性,又有差异性。广义文化包含着工程,文化既作为背景,承载着工程,又贯穿在整个工程活动中;作为一种相对独立的社会活动,工程在广义文化中拥有独特而重要的作用,同时又深刻影响着文化。

文化与工程活动共生、共存,并对工程活动起到标志、促进或抑制等作用。因此,工程往往具有时代特征,反映一定时期人类精神文化生活的需要和心理活动。

显而易见,工程能够体现某种文化特性。工程的目的或用途,有时直接表现为人类或某些人的信仰和文化方面的需求,如金字塔、教堂;而有的工程则彰显了设计者对"人性善"的追求,既能展现出设计者对社会责任、经济需求的融合,又能对居住环境和城市布局具有协调能力。工程或工程产品的表现形式,往往也表现出设计者对美的理解或追求,展现设计师的文化风格,甚至使产品切合使用者的文化品位。

1.工程对文化的影响

工程与文化很早就联系在了一起,如古代的建筑体现了当时的文化因素。雨果说"建筑是石头的史书",歌德说"建筑是凝固的音乐",我国著名建筑学家吴良镛认为"建筑的问题必须从文化的角度去考虑,因为建筑正是从文化的土壤中培养出来的;同时,建筑作为文化发展的过程,成为文化之有形和具体的表现"。

中国的宫殿、陵墓、庙宇、园林等都融入了当时的人文精神、美感等因素,体现了社会对文化与建筑的和谐追求[2]。古罗马的角斗场是罗马帝国征服耶路撒冷后,为纪念皇帝威斯巴西安的丰功伟绩而建的,甚至一直影响着现代大型体育场的建筑。埃及金字塔是法老为了让国民崇拜、四方"蛮夷"心灵震撼而修建的,代表了埃及第四皇朝充沛的劳动力和繁盛的国力。

对于现代的工程,同样要融合许多现代文化因素,使其成为具有时代特征的工程。如北京奥运场馆中最具代表性的"鸟巢""水立方"及国家大剧院,都是充满创意并与文化紧密结合在一起的。

一些具有代表性的工程,如青藏铁路、三峡工程、港珠澳大桥、南水北调、西电东送、西气东输等,往往要集中国家和人民的意志,形成某种民族凝聚力、国家整合力、人民战斗力的精神价值,这些都是工程活动中最有意义的文化元素,最能体现当代文化特征,是中华民族的宝贵精神财富。

下面以港珠澳大桥、都江堰水利工程为例,进一步阐述工程对文化的影响。

(1)港珠澳大桥

港珠澳大桥是一座连接香港、珠海和澳门的桥隧工程,位于广东省珠江口伶仃洋海域内,将三地紧密联系在一起,从而带动粤港澳大湾区的快速发展。其因巨大工程规模、罕见施工难度、精湛工程技术闻名于世界,被英国《卫报》称为 21 世纪"世界新七大奇迹"之一。港珠澳大桥的设计师与工程技术人员,生动地阐释了中国能蓬勃发展所必需的"工匠精神""大国制造精神"。正是这种勇于探索、迎难而上、敢于创新、甘于付出的精神才创造了奇迹,同样也正是这种精神,催生出了中国建桥史上的壮丽篇章。

在浩渺的伶仃洋上,港珠澳大桥就像一条优美的银线,将香港、珠海、澳门紧密连在一起,真正实现了三地文化互融。香港、澳门两地人民长久以来基于想象认同的文化共同体,已经变成以港珠澳大桥为实践的文化互联体,在一定程度上增强了两地人民对中华文化的认同感。

（2）都江堰水利工程

都江堰是战国时期秦国蜀郡太守李冰主持修建而成的大型灌溉工程,至今已有两千多年的历史,结构上主要由鱼嘴分水堤、飞沙堰溢洪道、宝瓶口进水口三大部分和百丈堤、人字堤等附属工程构成,具有内外二江分水、溢洪及水位控制作用,是中国古代劳动人民智慧的结晶。都江堰水利工程的水利文明熠熠生辉、润泽苍生,已成为世界水利文明之典范。

都江堰是世界文化遗产,于2000年被联合国教科文组织列入"世界文化遗产"名录,并产生了具有强烈地域色彩的都江堰水文化,包括水文学、水文物、水神学等。诸如"二王庙""伏龙观""观景台"等处的人文景观,改建鱼嘴时出土的东汉李冰石像和"饮水思源"石刻,歌颂李冰父子降龙治水的民间传说和具有一定宗教神学色彩的祭祀活动,及由此而产生的祭水、祭神、祭人的诗、词、书画等,形成了独具特色的都江堰水文化。

都江堰水文化是人类优秀文化遗产中的一座丰碑,既代表着我国科学技术的物质文明,也代表着我国悠久文化的精神文明,其治水理念、治水法则、"人水和谐、道法自然"的文明精髓以及绚丽多姿的水文化,对当代的工程仍然有极大的借鉴作用。

都江堰水文化具有可持续发展的思想与理念,以人为中心,从经济社会及生态环境的相互关系的角度去探索与实现人类社会经济发展的可持续性,强调人与自然的和谐关系,以提高人类生活质量为目标,正确认识"人与自然""人与人"的关系。因此,可持续发展观的核心是文化观念的转变,把人看作自然界的一部分,人必须与自然界保持和谐。这也是都江堰水文化的又一种体现。

2.文化对工程的影响

当然,人类的工程活动又受到文化惯势的影响与约束。我们以故宫为典型例子,阐述文化对工程的影响与作用。

（1）紫禁城的历史由来

故宫是现存最重要的皇家宫殿之一,是明、清两代皇帝及家眷的居住地,是封建王朝时全国的权力中心。明、清两代的皇宫在建成时,原本就叫作"紫禁城"。故宫是我们现在对它的称呼。那么,为什么会起名为"紫禁城"呢?

紫禁城的来源与星星有关。中国古代天文学家曾把天上的恒星分为三垣、二十八宿和其他星座。三垣包括太微垣、紫微垣和天市垣。紫微垣在三垣中央,明亮耀眼。太微垣和天市垣陪设两旁,因而有"紫微正中"的说法,并且发现紫微垣居于中天,位置不变。

在中国古代的神话传说中,世间存在着一个玉皇大帝。玉皇大帝法身无上、统驭诸天、主宰宇宙且权衡三界。玉皇大帝日常工作和休息的地方就是"天宫","天宫"应该在天空的正中央,而紫微正好在天的正中央,位置又一直没有变化,便成了古人心目中天宫应在的场所。因此,玉皇大帝居住的天宫也被称为"紫宫"。

历代封建王朝的皇帝都将自己喻为"上天之子",即"天子",也就是玉皇大帝的儿子。既然玉皇大帝在天上住的是"紫宫",那么,皇帝在人间的住所也应该称为"紫宫",而且,皇帝居住的皇宫四周警戒森严,有严格的宫禁,寻常百姓随便出入就是"犯禁",因此,"紫宫"也就成了一座"禁城",合起来称呼,就是"紫禁城"。

《论语·为政》载:"为政以德,譬如北辰,居其所而众星共之。"北极星就成了"帝星"。古代占卜学认为,命宫主星是紫微(北极星)的人就是具有帝王之相的人。(现在人们知道,北极星不是恒久不变的,宇宙中的所有天体都不是静止不变的。)

因此,受这种传统文化的影响,整座皇城也是按照"紫微正中"的格局而修建的,城内有城,城中套城,共有房屋八千多间,而紫禁城就建在北京城的中心。太微垣南有三颗星被人视为三座门,即端门、左掖门、右掖门。与此相应,紫禁城前面设立端门、午门,东、西两侧设立左掖门、右掖门;午门和太和门之间,有金水河蜿蜒穿过,象征天宫中的银河;宫中的太和殿居高临下,象征天的威严;乾清宫和坤宁宫两座帝后寝宫象征天地乾坤;东西十二宫院象征十二星辰;十二宫院后面的数组宫阁象征群星环绕。

这些象征天、地、日、月、星辰的建筑模式,充分展现了古代文化对当时人们思想的影响,同时也通过这些建筑,深刻体现了皇帝的威严和神圣。

注释:乾清宫本是皇帝寝宫,后来也用于皇帝处理政事、批阅奏章、接见外国使节等。乾清宫象征皇帝公正廉明、光明正大,也象征国家安定,人民安居乐业。坤宁宫早期是皇后居住的寝宫,后来成了供奉萨满教的祭祀场所,同时还是举办皇帝大婚典礼的宫殿。

(2)中国文化对国家体育场的影响

国家体育场(俗称"鸟巢")承办了北京奥运会、残奥会开闭幕式、田径比赛及足球比赛等相关活动和赛事。国家体育场整体设计新颖,外观如同孕育生命的巢,更像一个摇篮,寄托了人类对未来的希望,因而成为2008年北京奥运会的标志性建筑,博得了世界的瞩目。

中国古代建筑的最主要特征是木结构,"巢"就是用木搭建的"家"。《说文解字》对"巢"的解释是:"鸟在木上曰巢,在穴曰窠,从木象形。"可见鸟巢就是木构建筑的"始祖"。在五行上,"鸟巢"属木,代表东方。堪舆学认为木代表"生气",具有生意盎然、生气蓬勃的内涵。体育场以钢材为"树枝"建筑"鸟巢",象征生命与运动,其意义与体育功能正好相符。

北京在古代称为"燕京",奥运会吉祥物福娃中妮妮是一只展翅飞翔的燕子。在北京城的城市中轴线北端建筑一个巨大的"鸟巢",将使这座具有几千年历史的名城大放异彩,其吉祥寓意可想而知。

"鸟巢"形状和其名字一样,外观像鸟筑成的巢穴,一丝一丝缠绕在一起,但丝毫感觉不到混乱,却体现出一种凌乱的美感,这也与中国传统镂空雕刻技术、剪纸雕花手艺息息相关。其中间稍微凹进去,这样的设计增加了"鸟巢"的立体感。巢穴的上边缘不是长方形的,上面比下面的底座大一些,倾泻下来,加上凹进去的设计,让"鸟巢"充满了时尚气息及深厚的文化底蕴。

4.2.3　工程与文化协调发展

在工程设计及工程活动过程中,需要特别强调工程与周围环境的相互协调。以建筑为例,设计师、工程师有责任为人们提供设计合理、造型美观及使用价值高的建筑工程,同时要充分考虑建筑工程与周边建筑风格及人文环境的关系。

新的建筑工程既要有地方性、时代性,还要有协调性,体现在建筑风格上是相辅相成的。工程地方性是指建筑工程受到地理、气候、文化、风俗和习惯等因素的制约和影响;工程时代性是指建筑工程是科学技术和生产力水平不断发展的必然反映,要求建筑形式不会只有一种模式,而是与时代特性相符合;工程协调性是指建筑工程要立足于区域文化、地方特色、文化环境等方面,要与周围建筑及文化相协调。

1.备受争议的中央电视台总部大楼

中央电视台总部大楼位于北京商务中心区,包含央视总部大楼、电视文化中心、服务楼、庆典广场等,由荷兰人雷姆·库哈斯和德国人奥雷·舍人带领大都会建筑事务所(OMA)设计,其建筑外形前卫,被美国《时代》评选为 2007 年世界十大建筑奇迹。

2014 年 4 月,中国当代十大建筑评审委员会从 1 000 多座地标性建筑中,综合"建筑年代""建筑规模""艺术性""影响力"等指标,初次评选出了二十个有特点的地标性建筑,再根据网上投票、评委投票,最后评选出了"十大当代建筑"。中央电视台总部大楼虽然进入了初评,但最终还是落榜了。现场评委称,中央电视台总部大楼所承载的建筑文化获得的社会认可度并不高,网上投票排名比较靠后,综合得分不高,最终落选。而入选中国当代十大建筑的"中央公园广场"(位于北京朝阳公园南门),引入了"城市山水"的设计理念,将传统文化韵味与舒适现代感巧妙结合、浑然天成,深刻阐述了中国式绿色建筑群,具有天人合一的生态理念;入选中国当代十大建筑的"象山校园"(中国美术学院象山校区)的设计理念,来自"合院"形式,这是对传统古代书院的沿袭;入选中国当代十大建筑的"中国尊"(北京中信大厦)的构思源于"尊"的意象,取"天圆地方"之意,这是中国传统礼器之重宝,自下而上呈弧度收敛且逐渐变宽,形成双曲线外观造型,整体呈现出一种庄重、优雅的美。中国当代十大建筑评委会主席王明贤称,评选结果是中国当代文化状态的最真实记录,在现代化潮流中,中国城市和建筑发生了巨大变化,其丰富性和复杂性令所有研究者都无法回避。而评委会成员、作家刘心武也表示:"中国建筑的标准化生产,致使城市建筑文化的多样性遭到扼杀[3]。"这其实也说明一个问题,即由建筑产生的文化、建筑与周围环境的协调性是非常重要的。

中央电视台总部大楼为了造型需要,挑战了力学原理和消防安全底线,为结构的稳定性、消防疏散的安全性带来了严重隐患,同时带来了超高的工程造价,由原定的 50 亿元预算到竣工后的 100 亿元,翻了一番。中央电视台总部大楼在某种程度上可以说已经被异化为一个满足广告需要的超尺度装置艺术[4]。

当然,事物总是有争议的,更别说建筑了。现代化的北京的建筑应该是复杂的、包容的。

艺术可以追求完美,个性是注定受到批评和审视的,作为设计者、建造者的工程师,是否应该多一些思考呢?

2.苏州东方之门大楼

位于苏州市的东方之门大楼也是饱受争议的一大建筑。东方之门大楼 2004 年开工,2015 年封顶,总高度超过 300 米,投资金额高达 45 亿元。

东方之门大楼的设计灵感来自苏州的古城门,建设完成后是一座双塔连体门式建筑,耗时长,耗资大,但其建成后却没有预想中那样深受大众的赞美,反而遭到很多人无情的吐槽。

东方之门大楼的造型就像一条大裤衩。东方之门大楼名列第五届中国十大丑陋建筑。但是,很多人都十分好奇该建筑的造型,都想亲眼见见该建筑有多丑,因此,反而吸引了众多游客来观看。每个人都有自己的审美,参观过东方之门大楼的游客各有看法,有的说造型具有现代美,有的说造型像大裤衩。但不可否认,该建筑是备受争议的。

4.3 工程与法律

4.3.1 工程与法(法律)关系概述

1.法(法律)概念介绍

法是汉语常用字,最早见于西周金文。"法"的本意是法律、法令。它的含义古今变化不大。在古代有时特指刑法,后来由"法律"义引申出"标准""方法"等义。现代的"法"多指统治者为了实现统治并管理国家的目的,经过一定立法程序,所颁布的一切规范的总称。广义上讲,法包括宪法、法律、行政法规、地方性法规、自治条例和单行条例[5]。

法律是国家的产物,是指统治阶级(统治集团)为了实现统治并管理国家的目的,经过一定立法程序,所颁布的基本法律和普通法律。法律是法的一种表现形式,且是法的高级形式。法律是全体国民意志的体现,是国家的统治工具。

在我国,法律则是由享有立法权的立法机关(全国人民代表大会和全国人民代表大会常务委员会行使国家立法权),依照宪法法定程序进行制定、修改并颁布的,并由国家强制力保证实施的基本法律和普通法律的总称。

宪法是高于其他法律部门(法律、行政法规、地方性法规、自治条例和单行条例)的国家根本大法。法律是从属于宪法的强制性规范,是宪法的具体化。宪法是国家法的基础与核心,法律则是国家法的重要组成部分。

基本法律主要有刑法、刑事诉讼法、民法通则、民事诉讼法、行政诉讼法、行政法、商法、国际法等。

普通法律主要有商标法、文物保护法等。

行政法规是国家行政机关(国务院)根据宪法和法律,制定的行政规范的总称。

2.工程与法(法律)的关系

不同类型、不同阶段的工程,要受到不同法律规范的约束,由此形成各种法律问题。既然工程领域中的法律问题比较复杂,我们该如何认识工程领域中涉及的这些法律问题呢?

从法律层面,可以考虑从部门法的属性进行理解。对不同的部门法进行区分,意义在于针对不同的法律问题或法律纠纷,适用不同的法律规范,并通过不同的法律途径加以解决。

在工程领域,由于所涉及的法律关系种类繁多、性质各异,其归属的部门法的属性也就各不相同,由此可划分为不同部门法的属性的法律问题。按目前的划分,工程领域中的法律问题可包括如下三个层面:民法问题、行政法问题、刑法问题。

(1)工程领域中的民法问题

在工程生命周期中,无论是工程的勘探、设计、施工、监理、运营、维护等,大都以合同的方式来确立工程主体之间的权利与义务关系,这属于一种民事性质的工程关系,应该由民法规范来加以约束及调整,属于工程领域的民法问题。例如,工程建设、工程施工合同等事宜,要通过民法的途径加以认识,解决出现的问题。

(2)工程领域中的行政法问题

在工程生命周期中,不仅工程的立项、决策和规划专属于行政权管辖的范围,在民事主体完成的设计、施工、监理等工程阶段仍然需要合理的行政干预,以维护公共利益。工程周期的不同阶段也要由不同的行政主管部门进行管辖。工程领域中涉及众多的行政法问题。

（3）工程领域中的刑法问题

在工程建设领域，还会涉及一些严重的违法犯罪问题，需要动用刑法加以制裁。例如，工程建设中的重大安全事故罪、渎职罪、贪污受贿罪、串通招标投标罪等涉及工程犯罪的问题，都属于刑法问题。

以上是按部门法的属性对工程中的法律问题进行分类，这样，我们可以分门别类地对其进行了解、研究及学习，在工程中遇到法律问题时，能够给出基本的判断，判断其应该属于什么类型的法律问题以及如何解决。

4.3.2 工程需要遵循的相关法律

1.与环境相关的法律、法规

工程师从事某种职业，必须遵守与其职业相关的法律、法规，其中，所有工程师都应了解及遵守的一类重要法律是环境法。

环境法旨在通过限制排放数量、化学成分以及处理环境释放物和废料的方法来保护人类健康、自然资源和环境。其中一些法律限制向空气和水中排放有毒物质；一些法律限制危险废料的储存、运输、处理和处置方式；还有一些法律对危险废料的生产方规定了严格的责任，要求责任方清理受到污染的场所；对于新商品的制造商，在将新商品引入市场之前，需要遵守一系列的监管要求。

《中华人民共和国环境保护法》是为保护和改善环境、防治污染和其他公害、保障公众健康、推进生态文明建设、促进经济社会可持续发展而制定的法律。《中华人民共和国环境保护法》包括总则、监督管理、保护和改善环境、防治污染和其他公害、信息公开和公众参与、法律责任及附则。由第十二届全国人民代表大会常务委员会第八次会议于2014年4月24日修订通过，自2015年1月1日起施行。

《中华人民共和国水污染防治法》《中华人民共和国环境噪声污染防治法》《中华人民共和国大气污染防治法》《中华人民共和国固体废物污染环境防治法》《中华人民共和国清洁生产促进法》《中华人民共和国水法》《中华人民共和国节约能源法》《中华人民共和国环境影响评价法》等都是由全国人民代表大会颁布的相关法律。

国务院颁布的"行政法规"，原环境保护部、原建设部及原环保总局颁布的"部门规章"，国家标准化管理委员会颁布的"国家标准"，也需要工程师在设计、施工、运行及管理过程中密切关注。

2.与安全生产相关的法律、法规

《中华人民共和国安全生产法》是为加强安全生产工作，防止和减少生产安全事故，保障人民群众生命和财产安全，促进经济社会持续健康发展而制定的法律。《中华人民共和国安全生产法》包括总则、生产经营单位的安全生产保障、从业人员的安全生产权利义务、安全生产的监督管理、生产安全事故的应急救援与调查处理、法律责任、附则。由第十三届全国人民代表大会常务委员会第二十九次次会议于2021年6月10日修改通过，自2021年9月1日起施行。

与安全生产相关的法律法规为保护劳动者的安全与健康提供法律保障，进一步加强安全生产责任的法制化管理，指导和推动安全生产工作发展，推动生产力进步，以保证企业效益的实现和国家经济建设事业的顺利发展。

与安全生产相关的其他法律有:《中华人民共和国职业病防治法》《中华人民共和国消防法》《中华人民共和国劳动法》《中华人民共和国工会法》《中华人民共和国突发事件应对法》等。

与安全生产相关的行政法规有:《危险化学品安全管理条例》《安全生产许可条例》《易制毒化学品管理条例》《工伤保险条例》《国务院关于特大安全事故行政责任追究的规定》《中华人民共和国运输管理条例》《中华人民共和国尘肺病防治条例》等。

安全生产管理部门制定的规章有:原国家安监总局制定的《生产安全事故应急预案管理办法》《安全生产违法行为行政处罚办法》《安全生产事故隐患排查治理暂行规定》,人力资源和社会保障部制定的《工伤认定办法》,原劳动部制定的《爆炸危险场所安全规定》,原化工部制定的《化学工业部安全生产禁令》等。

3.工程建筑中涉及的相关法律

《中华人民共和国建筑法》是为加强对建筑活动的监督管理,维护建筑市场秩序,保证建筑工程质量和安全,促进建筑业健康发展而制定的。应当确保建筑工程质量和安全,符合国家建筑工程安全标准;从事建筑活动应当遵守法律、法规,不得损害社会公共利益和他人合法权益;任何单位和个人都不得妨碍和阻挠依法进行的建筑活动。《中华人民共和国建筑法》包括总则、建筑许可、建筑工程发包与承包、建筑工程监理、建筑安全生产管理、建筑工程质量管理、法律责任、附则。由第十三届全国人民代表大会常务委员会第十次会议于 2019 年 4 月 23 日修订通过、施行。

与工程建设相关的法律还有:《中华人民共和国劳动合同法》《中华人民共和国招标投标法》《中华人民共和国土地管理法》《中华人民共和国城市规划法》《中华人民共和国城市房地产管理法》《中华人民共和国环境保护法》《中华人民共和国环境影响评价法》,以及一些相关的行政法规、部门规章等,如国务院制定的《建设工程安全生产管理条例》等。

在工程建设的设计、施工、监理、验收、运行及管理等阶段,会涉及不同类型的法律、法规,要能够正确区分及使用。

4.特种设备行业中涉及的法律、法规及标准

特种设备是指涉及生命安全、危险性较大的锅炉、压力容器(含气瓶)、压力管道、电梯、起重机械、客运索道、大型游乐设施和场(厂)内专用机动车辆这八大类设备。为保障特种设备的安全运行,国家对各类特种设备从生产、使用、检验检测三个环节都有严格规定,实行的是全过程的监督。

《中华人民共和国特种设备安全法》是为加强特种设备安全工作,预防特种设备事故,保障人身和财产安全,促进经济社会发展而制定的。《中华人民共和国特种设备安全法》包括总则,生产、经营、使用,检验、检测,监督管理、事故应急救援与调查处理、法律责任、附则。由第十二届全国人民代表大会常务委员会第三次会议于 2013 年 6 月 29 日通过,自 2014 年 12 月 1 日起施行。

国家通过特种设备法规规范,提出对特种设备的安全监察、安全管理和安全性能要求,该法规规范由法律、行政法规、部门行政规章、安全技术规范、引用标准构成。

(1)法律

涉及特种设备安全和特种设备安全监察工作及节能工作的法律主要有《中华人民共和国劳动法》《中华人民共和国产品质量法》《中华人民共和国商品检验法》《中华人民共和国安全生产法》《中华人民共和国行政许可法》《中华人民共和国节约能源法》。

（2）行政法规

行政法规包括行政法规、法规性文件和地方法规等。其中，行政法规、法规性文件由国务院制定，如《国务院关于特大安全事故行政责任追究的规定》等；地方法规由省、自治区、直辖市及有立法权的较大城市的人民政府制定，如《特种设备安全管理条例》《劳动安全监察条例》《特种设备安全监察条例》等。

（3）部门行政规章

部门行政规章包括国务院部门行政规章和地方规章（省、自治区、直辖市和较大城市的人民政府制定）。国务院部门行政规章是指以国务院行政部门首长（如原国家质检总局局长）"令"的形式颁布、行政管理内容较突出的文件（相关办法、规定），如《特种设备质量监督与安全监察规定》《锅炉压力容器压力管道特种设备事故处理规定》《锅炉压力容器特种设备安全监察行政处罚规定》《气瓶安全监察规定》《特种设备作业人员监督管理办法》等。地方规章是指由省、自治区、直辖市和较大城市的人民政府制定的规章。

（4）安全技术规范

安全技术规范指原国家质量监督检验检疫总局依据《中华人民共和国特种设备安全法》对特种设备的安全性能进行相应设计、制造、安装、改造、维修、使用和检验检测等制定颁布的强制性规定，是特种设备法规规范体系的重要组成部分，可对特种设备相关的法律、法规和规章具体化，如《压力管道元件制造许可规则》《特种设备制造、安装、改造、维修质量保证体系基本要求》等。

（5）引用标准

引用标准主要指安全技术规范中引用的国家标准和行业标准。安全技术规范与引用标准之间的关系：①安全技术规范是强制性的，标准被安全技术规范引用后其引用部分也是强制性的；②安全技术规范是提出特种设备安全要求的主体，标准被引用后是对安全技术规范的补充；③安全技术规范是对特种设备全方位、全过程的最低安全要求，标准中要清晰给出实现安全技术规范的最低安全要求。

4.3.3　工程活动需要在法律、法规保障下进行

任何工程活动都应该遵循相关的法律、法规及技术规范，如设计及建立一个大型化工厂，在设计阶段就需要考虑所要遵守的法律、法规及相关部门的行政命令、国家标准和行业标准等。

下面以"恒力石化（大连）有限公司年产250万吨PTA-5项目可行性研究报告"为例，进行说明。

恒力石化（大连）有限公司成立于2014年3月10日，是恒力石化的全资子公司。恒力2 000万吨/年炼化一体化项目是国家对民营企业开放的第一个重大民营炼化项目，被列入国务院（国发〔2014〕28号）文件，也是国家发展改革委确定的"东北地区老工业基地振兴三年滚动重点推进项目"。

关于报告正文，可查阅相关资料，下面给出设计报告中相关的编制依据。

14　职业安全卫生

14.1　编制依据

14.1.1　国家法律

（1）《中华人民共和国安全生产法》（中华人民共和国主席令〔2002〕第七十号）。

(2)《中华人民共和国消防法》(中华人民共和国主席令〔2008〕第六号)。

(3)《中华人民共和国环境保护法》(中华人民共和国主席令〔2014〕第九号)。

(4)《中华人民共和国职业病防治法》(中华人民共和国主席令〔2001〕第六十号)。

(5)《中华人民共和国突发事件应对法》(中华人民共和国主席令〔2007〕第六十九号)。

(6)《中华人民共和国道路交通安全法》(中华人民共和国主席令〔2003〕第八号)。

(7)《中华人民共和国防震减灾法》(中华人民共和国主席令〔2008〕第七号)。

(8)《中华人民共和国防洪法》(中华人民共和国主席令〔1997〕第八十八号)等。

14.1.2　行政法规及文件

(1)《危险化学品安全管理条例》(中华人民共和国国务院令〔2011〕第 591 号)。

(2)《使用有毒物品作业场所劳动保护条例》(中华人民共和国国务院令〔2002〕第 352 号)。

(3)《建设工程安全生产管理条例》(中华人民共和国国务院令〔2003〕第 393 号)。

(4)《特种设备安全监察条例》(中华人民共和国国务院令〔2009〕第 549 号)。

(5)《工伤保险条例》(中华人民共和国国务院令〔2010〕第 586 号)(2010 年修订)。

(6)《易制毒化学品管理条例》(中华人民共和国国务院令〔2005〕第 445 号)。

(7)《中华人民共和国监控化学品管理条例》(中华人民共和国国务院令〔1995〕第 190 号)。

(8)《安全生产许可证条例》(中华人民共和国国务院令〔2004〕第 397 号)。

(9)《突发公共卫生事件应急条例》(中华人民共和国国务院令〔2003〕第 376 号)等。

……

14.1.3　部委规章及行业规定

(1)《危险化学品建设项目安全许可实施办法》(国家安全生产监督管理总局令〔2006〕第 8 号)。

(2)《关于危险化学品建设项目安全许可和试生产(使用)方案备案工作的意见》(安监总危化〔2007〕第 121 号)。

(3)《关于督促化工企业切实做好几项安全环保重点工作的紧急通知》(安监总危化〔2006〕第 10 号)。

(4)《关于开展作业场所职业病危害申报工作的通知》(安监总职安〔2007〕第 20 号)。

(5)《生产经营单位安全培训规定》(国家安全生产监督管理总局令〔2006〕第 3 号)。

(6)《关于开展重大危险源监督管理工作的指导意见》(安监管协调字〔2004〕第 56 号)。

……

14.1.4　主要技术标准和规范

(1)《石油化工企业设计防火规范》(GB 50160—2008)。

(2)《建筑设计防火规范》(GB 50016—2014)。

(3)《建筑物防雷设计规范》(GB 50057—2010)。

(5)《建筑灭火器配置设计规范》(GB 50140—2005)。

(6)《建筑抗震设防分类标准》(GB 50223—2008)。

……

14.4.3　应急措施

依据《中华人民共和国安全生产法》《危险化学品安全管理条例》等有关法律、法规的要求,结合企业实际情况制定综合应急救援预案和专项应急预案。建立重大事故应急救援预案,如防自然灾害应急预案、防火灾事故应急预案、防爆炸事故应急预案、防中毒事故应急预案、防化学品泄漏事故应急预案、防重大危险源事故应急预案、防液氮冻伤事故应急预案、防关键设备故障应急预案等,并定期进行演练。

建设项目要配备必要的应急救援器材、设备,并进行经常性维护、保养,确保应急救援器材随时处于备用状态。通过定期演练来评价其有效性,并作为持续改进的依据。同时还应考虑将应急预案与地方政府有关部门的应急预案相衔接。根据有关要求,事故应急预案应报当地安全生产监督管理部门备案。

在项目的后续过程中,应当依据《生产安全事故应急预案管理办法》(国家安全生产监督管理总局令〔2009〕第17号)的有关要求,严格执行对应急预案的编制和管理。

本项目投产后应进一步分析周围环境对本厂区可能造成的影响,并据此制定事故应急预案,组织员工加以演练,做到防患于未然。

4.4　工程与环境

分析工程对环境的影响及作用,目的在于使人们认识到工程、工程活动对环境的重要影响,有的属于直接影响,有的属于间接影响;有的属于好的方面的影响,有的属于消极的,甚至是极坏的影响。因此,通过本部分内容的介绍,使工程师在设计、建造工程时能趋利避害,达到经济效益与环境效益的双赢。

4.4.1　环境污染发展历程及治理

传统观念认为,人与自然的关系是人类通过工程来汲取自然界的能量,从自然界获得物质财富,大自然是人类工程活动改造和征服的对象,而不是人类道德关怀的对象。人类主要关心的是从自然界攫取更多的物质财富,忽视了自然界在为人类提供物质财富之外的其他意义。

在远古时代、古代,由于人类力量的不足,人类对大自然的改造不是那么明显,自然对人类和人类社会的负面影响也不强。但是到了近现代,工程技术活动和技术产品越来越多,人类改造自然的力量也越来越强大,大型工程项目不断出现,人类的工程技术活动对自然环境产生的影响也越来越明显,甚至产生严重的环境污染和生态污染。

《中华人民共和国环境保护法》明确指出:"本法所称环境,是指影响人类生存和发展的各种天然的和经过人工改造的自然因素的总体,包括大气、水、海洋、土地、矿藏、森林、草原、湿地、野生生物、自然遗迹、人文遗迹、自然保护区、风景名胜区、城市和乡村等。"这里强调了环境是"影响人类生存和发展的各种天然的和经过人工改造的自然因素的总体"。

1.工程活动对环境的危害

工程活动造成环境严重污染的案例非常多。

1984年12月,美国联合碳化物公司在印度博帕尔的分公司发生氰化物泄漏事故,引发了严重后果,造成2.5万人直接致死、55万人间接致死,另外有20多万人永久残疾的人间惨剧,目前当地居民患癌率及儿童夭折率仍然因这场灾难而远高于其他城市。

1986年4月,苏联的切尔诺贝利核电站发生核泄漏,8吨强辐射物质倾泻而出,使5万多平方公里的土地受到污染。时至今日,这场核事故造成的生态灾难后果远未消逝。大量放射性核元素通过空气流动与扩散,严重污染了事发地点周边的空气、土壤和河流,极大破坏了当地自然环境与生态系统。据估测,事故的严重后果还要经过一个世纪才能完全消除。

1989 年 3 月,美国"埃克森·瓦尔迪兹号"超级油轮满载原油在阿拉斯加水域触礁,将近 5 000 万升原油漏出,漏油覆盖海面达 1 300 平方公里,并冲上了 1 300 公里长的海岸,清除漏油的工作由于启动迟缓、地点偏僻以及地面冻结等而受阻。在事故发生后几天内,有 3 万只海鸟以及海豹、其他哺乳动物和无数的鱼惨死。在原油泄漏数量上及其对生态系统造成的影响上,这一事故都是历史上最为严重的原油泄漏事故之一。

2010 年 7 月,位于辽宁省大连市保税区的大连中石油国际储运有限公司原油库输油管道发生爆炸,引发大火并造成大量原油泄漏,导致部分原油、管道和设备烧损,另有部分泄漏原油流入附近海域造成污染,事故造成作业人员 1 人轻伤、1 人失踪;在灭火过程中,消防战士 1 人牺牲、1 人重伤。据统计,事故造成的直接财产损失为 22 330.19 万元。

这些事故对人类和生态环境的危害极大,特别是发生在大连市保税区的原油泄漏引发了大火,危及周围数十个大型化工储罐的安全,事发时已严重威胁到了全市安全。为起到警示效果,该事故已被拍成了电影《烈火英雄》。

但我们也应该注意到,这类事故往往属于责任事故,或是由安全失效引发的,正常情况下发生的概率较低,影响范围也相对集中,并非所有的工程、工程活动对自然环境、对人类的伤害都是以这种突然爆发的形式发生。工程活动对环境的破坏、不利影响还有另外一种形式,即在大多数情况下,对环境的负面作用、不良影响是由众多个体的行为日积月累形成的,具有一定的客观性,但这种行为对环境造成的伤害往往也是很大的。

以快递行业为例,"网购"已成为现代大多数人的消费习惯,快递在给我们带来方便和快捷的同时,其产生的大量快递垃圾却对生态环境造成了巨大压力。相关数据显示,2017 年"双 11"期间产生 28 亿件快递包裹,按业内每个包装箱 0.2 千克的通常标准保守计算,28 亿件快递包裹至少产生超过 56 万吨的垃圾;2019 年全国快递业务量超 600 亿件,这意味着一年至少产生 1 200 万吨垃圾,但总体回收率小于 20%。快递垃圾无害化处理率低,尤其是塑料垃圾,处理不当会造成土壤板结和肥力下降、塑料颗粒进入地下水循环等危害性后果,塑料中的重金属和多环芳烃会对耕地土壤造成难以逆转的污染,严重威胁生态安全。如何能尽快完善相关法规、标准的建立及普及,推进快递业绿色化、可持续发展,已成为全社会迫切需要解决的问题。

2. 环境污染发展历程

环境污染由来已久。早在 14 世纪初,英国就有了煤烟污染;17 世纪,伦敦煤烟污染加重时,有人提出过改善大气方案,不过那时污染只在少数地方存在,污染物也较少,依靠大自然的自净能力,尚不至于造成重大危害。环境污染发生质的变化,并演变成一种威胁人类生存与发展的全球性危机,则始于 18 世纪末兴起的工业革命。从这个时期开始,可以把环境污染分成三个发展阶段:环境污染发生期、环境污染加剧期和环境污染泛滥期。每个阶段都与当时的科学技术发展直接相关。

(1)环境污染发生期

18 世纪末到 20 世纪初期,首先在英国,随后在西欧、北美、日本相继出现了产业革命,资本主义工业化使社会生产力得到百倍的增长。伴随煤炭、冶金、化学等重工业的建立和发展,以及城市化的推进,这些国家出现了烟雾腾腾的城镇,发生了烟雾中毒事件,河流等水体也受到污染。

尽管如此,这一时期的环境污染尚处于初发阶段,污染源相对较少,污染范围不广,污染事件只是局部性的,污染只发生在个别国家。

(2)环境污染加剧期

随着工业化的发展和科学技术的进步,西方国家煤的产量和消耗量逐年上升。据估算,在20世纪40年代初期,世界范围内工业生产所释放的二氧化硫每年高达几千万吨,其中三分之二是由煤炭燃烧产生的,污染程度和范围进一步扩大,由此酿成多起严重的燃煤大气污染公害事件。

同时,内燃机经过不断改进,已在工业生产中广泛替代了蒸汽机。20世纪30年代前后,以内燃机为动力的汽车、拖拉机和机车等在世界先进国家普遍地发展起来。显然,到这一阶段,在原有污染范围扩大、危害程度加重的情况下,以汽车工业和石油化工为代表的污染源不断增加,新的、更为复杂的污染形式出现,因而公害事故增多,公害病患者和死亡人数扩大,环境污染危机愈加明显和深重。

(3)环境污染泛滥期

20世纪50年代起,世界经济由战后恢复转入发展时期。西方大国竞相发展经济,工业化和城市化进程加快,经济持续高速增长。在这种增长的背后,隐藏着破坏环境和污染环境的危机。工业化与城市化的发展与推进,一方面带来了资源和原料的大量需求和消耗,另一方面使得工业生产和城市生活的大量废弃物排向土壤、河流和大气之中,最终造成环境污染的大爆发,使世界环境污染危机进一步加重。

这一时期的污染种类主要有:①工业生产将大量化学物质排入水体而造成的水体污染;②煤和石油燃烧排放的污染物而造成的大气污染;③工业废水、废渣排入土壤造成的土壤污染;④有毒化学物质和致病生物等进入食品而造成的食品污染;⑤沿岸海域发生的海洋污染和海洋生态被破坏;⑥利用原子能和发展核电厂而产生的放射性污染;⑦农药等有机合成化学物的大量生产和使用带来的有机氯化物的污染。

总之,环境污染泛滥期造成的污染,已成为西方国家重大的社会问题,公害事故频繁发生,公害病患者和死亡人数大幅度上升,这段时期被称为"公害泛滥期"。

3.环境污染控制和治理过程

环境污染发生初期,各个国家采取过一些限制性措施,颁布了一些环境保护法规。如英国1863年颁布的《碱业法》,1876年颁布的《河流防污法》;日本1877年颁布的《工厂管理条例》等。此后美国、法国等也陆续颁布了防治大气、水、食品等污染的法规。

在这个时期,由于人们尚未搞清污染产生的原因和机理,仅采取一些限制性措施或颁布某些保护性法规,未能阻止环境污染蔓延的势头。

20世纪50年代至70年代初,环境污染问题日益加重时,西方国家相继成立环境保护专门机构,试图解决这一问题。当时环境污染还只是被看作由工业污染产生的,整治的重点主要是治理污染源,减少排污量;给工厂企业补助资金,帮助建立净化设施,并通过征收排污费或实行"谁污染,谁治理"的原则,解决环境污染的治理费用问题。

此外,西方政府颁布和制定了一些环境保护的法规和标准,以加强法治,但这类被人们归结为"尾部治理"的措施,从根本上说是被动的,收效不显著。频繁发生的污染公害事件,不仅影响了经济发展,且污染了环境,极大损害了人们的健康,终于使公众认识到良好环境的重要性。在学者和广大公众的强烈要求下,在各国舆论的压力下,1972 年 6 月,联合国在瑞典斯德哥尔摩召开了"人类环境会议"。这次会议成为世界环境保护工作的里程碑,加深了人们对环境问题的认识,扩大了环境保护范围,冲破了以环境论环境的狭隘观点,把环境与人口、资源和发展联系在一起,力图从整体上解决环境问题。

西方发达国家开始对环境认真治理,制定经济增长、合理开发利用资源与环境保护相协调的长期政策。20 世纪 70 年代开始,这些国家在治理环境污染上不断增加投资,如美国、日本的环境保护投资占国民生产总值的 1‰~2‰,各国政府重视环境规划与管理,制定各种法律条例,采取强有力措施,控制和预防污染。

到了 20 世纪 80 年代,西方国家基本上控制了污染,解决了国内环境污染问题。其中,英国的情况最具有代表性,1981 年英国城市上空烟尘的年平均浓度只有 20 年前的 1/8。

1992 年 6 月,全世界 183 个国家的首脑、各界人士和环境工作者聚集里约热内卢,举行联合国环境与发展大会(里约峰会),就世界环境与发展问题共商对策,探求协调今后环境与人类社会发展的方法,以实现可持续发展。

里约峰会正式否定了工业革命以来的"高生产、高消费、高污染"的传统发展模式,标志着包括西方国家在内的世界环境保护工作又迈上了新的征途——从治理污染扩展到更为广阔的人类发展与社会进步的范围,环境保护和经济发展相协调的主张成为人们的共识,"环境与发展"则成为世界环保工作的主题。

发达国家环境污染与治理的历史表明,工业革命以来人类对自然的认识经历了一个由否定自然到肯定自然的过程,经历了由征服自然、改造自然到合理利用自然的转变。在生态危机威胁人类生存与发展的今天,许多发展中国家依然重蹈发达国家覆辙的情况下,呼吁全人类树立科学的环境价值观,激发人们保护环境的道德责任感,这更加凸显社会与环境协调一致、走可持续发展道路的重要性。

4.4.2 工程对大气环境的影响

近些年,我们可直接感受到世界范围内的极端天气越来越多。我国东南沿海一带每年都会有几次大型台风登陆,给人们带来巨大财产损失;厄尔尼诺现象越来越明显,受其影响,1998 年我国还发生了特大洪水,但局部地区常年持续干旱;一些沙漠也发生了变化,不是长久保持干旱状态,也有局部降雨过程,甚至有些地方形成了一些小的"湖泊"。

气候的持续变化是多方面作用的综合体现。一方面可能是由自然界内部进程变化所引起的;另一方面,则源于人类持续对大气环境和土地成分进行改变,也就是人类工程活动、创造物质财富的过程中对大自然的过度开发与索取。

通过对环境变化的持续研究,人们已达成共识,太阳辐射和地球轨道变化、活火山频繁喷发、大气与海洋环流等是造成全球气候变化的自然因素。人类各种活动,特别是工业革命以来的工程活动、工程建设,是造成目前以全球变暖为主要特征的气候变化的主要原因,其中包括人类生产、生活所造成的二氧化碳等温室气体的排放,对土地过度利用、城市化进程加快等,已严重超过了大自然本身的恢复能力。

1.温室效应的产生及防范

温室效应又称为"花房效应",是指透射阳光的密闭空间由于与外界缺乏热对流而形成的保温效应。从大的环境方面讲,温室效应是指太阳短波辐射可透过大气射入地面,而地面增暖后放出的长波辐射却被大气中的二氧化碳等物质所吸收,引起二氧化碳温度上升,从而产生大气变暖的效应。因此,大气中二氧化碳就像一层玻璃一样盖住了地球,把地球变成了一个大暖房。

如果没有大气,地球会变成什么样子呢?研究表明,没有大气的保护,地表平均温度会下降到$-23\ ℃$,将不适合人类居住。正是由于有了大气的保护,我们的实际地表平均温度为$15\ ℃$,也就是说温室效应使地表温度提高了$38\ ℃$。

大气中的二氧化碳浓度增大,阻止地球热量的散失,使地球气温升高,这就是"温室效应"。

人类的工程活动是如何影响温室效应的?而温室效应对人类的生存又有多大的负面影响呢?

根据研究结果及一些资料记载,在过去的几千年,全球平均温度变化总体很小,地球和大气系统始终处于准辐射平衡状态,但从最近100年的观测来看,地球大气系统变暖毋庸置疑。

(1)地球变暖后产生的危害

从自然灾害到生物链断裂,地球变暖的危害涉及人类生存的各个方面。

全球变暖会使全球降水量重新分配,冰川和冻土消融,海平面上升,这不仅危害自然生态系统的平衡,还极大威胁人类的生存空间。

北极冰川正以极快的速度融化。据统计,自1979年到现在,全球的冰川面积减少了30%以上,其大小甚至比印度的国土面积还大。北极海底至少蕴藏着4 000亿吨的甲烷,如果北极冰盖完全融化,造成甲烷大规模释放,将急剧加速暖化进程,甲烷造成的温室效应是二氧化碳的23倍。如果北极的冰雪全部融化,地球的海平面就会上升7米,到那时,北极熊何处安家?人类如何生存?

南极大陆同样覆盖着厚厚的冰层。南极和北极的冰川完全融化,地球的海平面将上升70米。按照人类社会不加节制地加速发展的趋势,南极冰川有可能在一二百年之内全部融化。

气温的变化让极地动物的虫卵过早孵化,苔原植物提前生长。许多鸟类错过捕食的季节,也逐渐死去。

气温升高后,掌控全球气候变化的极地系统瘫痪,气温一度飙升。在高纬度的地区,已连续发生了多次森林失火现象,对生态环境造成了巨大的影响。而许多国家也因为气温升高导致居民死亡。

如果海平面升高,地球重心失去了两极冰川的平衡作用,会发生极点大转移,导致地球自转方向、洋流和大气循环途径改变,海陆重新分布,给地球上的生物带来灭绝性的灾难。

另由于陆地温室气体排放造成大陆气温升高,与海洋温差变小,进而造成了空气流动减慢,雾霾无法短时间内被吹散,造成很多城市雾霾天气增多,从而影响人们的身体健康。

(2)联合国采取的防治措施

为阻止全球变暖趋势,联合国于1992年在里约热内卢签署生效了《联合国气候变化框架公约》,已有197个国家正式批准了该公约。依据该公约,发达国家在2000年之前将他们释放到大气层的二氧化碳及其他"温室气体"排放量降至1990年时的水平;同时,这些发达国家(每年二氧化碳排放量占到全球二氧化碳总排放量的60%)还同意将相关技术和信息转让给发展中国家,以共同应对气候的全球性变化。

为免受气候变暖的威胁,1997年12月在日本京都召开《联合国气候变化框架公约》缔约方第三次会议,通过了旨在限制发达国家温室气体排放量以抑制全球变暖的《京都议定书》,该议定书需要由占全球温室气体排放量55%以上的至少55个国家批准才能成为具有法律约束力的国际公约。中国于1998年5月签署并于2002年8月核准了《京都议定书》,欧盟及其成员国于2002年5月31日正式批准了《京都议定书》,俄罗斯于2004年11月5日在《京都议定书》上签字。

美国人口仅占全球人口的3%～4%,而排放的二氧化碳却占全球排放量的25%以上,为全球温室气体排放量最大的国家。美国曾于1998年签署了《京都议定书》,但2001年3月美国政府以"减少温室气体排放将会影响美国经济发展"和"发展中国家也应该承担减排和限排温室气体的义务"为借口,拒绝批准《京都议定书》。

2005年2月16日,《京都议定书》正式生效。这是人类历史上首次以法规的形式限制温室气体排放。

2015年12月12日,巴黎气候变化大会上通过了《巴黎协定》,并于2016年4月22日在纽约进行了签署。《巴黎协定》为2020年后全球应对气候变化的行动做出安排。《巴黎协定》长期的目标是将全球平均气温较前工业化时期上升幅度控制在2℃以内,并努力将温度上升幅度限制在1.5℃以内。在《巴黎协定》开放签署首日,共有175个国家签署了这一协定,创下国际协定开放首日签署国家数量最多纪录。2019年9月23日,俄罗斯正式签署了《巴黎协定》。2020年11月4日,美国特朗普政府正式退出了《巴黎协定》。

2020年12月21日,国务院新闻办公室发布《新时代的中国能源发展》白皮书,清晰描绘了中国2060年前实现碳中和的"路线图"。在近期的中央经济会议上,"2030年碳达峰"和"2060年碳中和"被列为2021年八项重点任务之一。最大的发展中国家——中国,为了应对全球气候变化采取了实际行动,彰显了大国责任和担当,这对全球可持续发展具有重要意义。

2. 臭氧层被破坏及采取的措施

臭氧层位于地球大气层近地面约20～30公里的平流层,臭氧含量占这一高度气体总量的十万分之一。臭氧含量虽然极微,却具有强烈的吸收紫外线的功能,能挡住太阳紫外辐射对地球生物的伤害,从而保护地球上的生命。

然而人类工程活动和生活所排放出的一些化合物,如早期大中型制冷设备使用的制冷剂、传统发泡用化学试剂(氟利昂一直被用于聚氨酯发泡)都含有氟氯烃类、氟溴烃类等化合物,这些化合物受到紫外线照射后被激化,形成活性很强的氯原子,氯原子与臭氧层的臭氧(O_3)相互作用,使其变成氧分子(O_2)。臭氧消耗速度很快,整个臭氧层遭到破坏。

南极臭氧层空洞则是臭氧层破坏的最显著标志,因此,人类都是以南极臭氧层空洞大小来表征臭氧层的破坏程度。

近现代,人类工程活动频繁,虽然创造了大量的物质财富,但由于过多使用了含有氟烷溴的化合物,到1994年,南极上空的臭氧层破坏面积已达2 400万平方公里。这些臭氧层是大自然用了20亿年漫长时期逐渐形成的,可人类仅仅用了一个世纪的时间就破坏了臭氧层面积的60%。北半球上空的臭氧层也比以往任何时候都薄,欧洲和北美上空的臭氧层平

均减少了 $10\%\sim15\%$，西伯利亚上空甚至减少了 35%。因此，科学家们发出警告，地球上空臭氧层破坏的程度远比一般人想象的要严重得多。

正因为情况如此严重，联合国为了避免工业产品中的氟氯碳化物对地球臭氧层继续造成恶化及损害，承续 1985 年《保护臭氧层维也纳公约》的大原则，于 1987 年 9 月 16 日邀请所属 26 个会员国在加拿大蒙特利尔签署环境保护公约，即《蒙特利尔议定书》，其全称为《蒙特利尔破坏臭氧层物质管制议定书》，《蒙特利尔议定书》自 1989 年 1 月 1 日起生效。

《蒙特利尔议定书》中对氟氯碳化物及哈龙的生产做了严格管制规定，各国有共同努力保护臭氧层的义务，凡是对臭氧层有不良影响的活动（涉及的产品有电子光学清洗剂、冷气机、发泡剂、喷雾剂、灭火器等），各国均应采取适当防治措施。

2017 年，卫星图像对比显示，臭氧层空洞自 1983 年开始逐渐恶化，最近 10 年里情况有所减轻，臭氧层空洞面积也有所减小，很多地方的臭氧浓度也有所回升，总体来说已经不像过去几十年那样严重了。分析其原因在于，《蒙特利尔议定书》的签订使人类正逐步淘汰工程当中生产与使用的臭氧消耗物质（如氯氟烃或氟氯化碳）。联合国发表报告称，臭氧层正在以最高 3% 的速度恢复。

3.酸雨的产生及危害

酸雨产生的原因在于空气中含有一定量的二氧化硫（SO_2）和氮氧化物（NO_x）等污染气体，当雨、雪等在形成和降落过程中吸收并溶解了这些污染气体后，使其 $pH<5.6$，从而形成了酸性降水。

酸雨的出现主要是由人类工程活动向大气中排放了大量酸性物质造成的。受酸雨危害的地区，出现了土壤和湖泊酸化，植被和生态系统遭受破坏，建筑材料、金属结构和历史文物被腐蚀等一系列严重的环境问题、经济问题及社会灾害。

最早是在 20 世纪五六十年代于北欧及中欧出现酸雨现象，当时北欧的酸雨是欧洲中部工业酸性废气迁移所至。20 世纪 70 年代以来，许多工业化国家采取各种措施防治城市和工业的大气污染，其中一个重要措施是增加烟囱高度，这虽然有效地改变了排放地区的大气环境质量，但大气污染物远距离迁移问题却更加严重，污染物越过国界进入邻国，甚至飘浮很远距离，形成了更广泛的跨国酸雨现象。

此外，随着工业的快速发展，世界普遍使用的矿物燃料越来越多，排放的污染气体总量在增加，这也使得受酸雨危害的地区进一步扩大，目前还没有好转的迹象。

20 世纪 80 年代，我国酸雨主要发生在西南地区；20 世纪 90 年代中期，酸雨已发展到长江以南、青藏高原以东及四川盆地的广大地区。1982 年，中国西南地区三个月内连续四次遭遇酸雨，雨水的 pH 达到惊人的 $3.6\sim4.6$，致使大面积农作物受害。

人类工程活动范围越来越广，工程强度越来越大，对水泥、钢材等需求量持续增加，污染排放量居高不下，使酸雨污染问题仍未能得到有效控制。中国酸雨面积已占国土面积的 40%，成为继欧洲、北美之后的世界第三大酸雨区。据统计，仅 2004 年，我国因酸雨和二氧化硫对生态环境损害和人体健康影响造成的经济损失就达到 1 100 亿元左右，对国民经济危害巨大。

因此，酸雨现象必须要引起政府、企业及个人的高度重视，制定相应政策，调整产业措施等。目前，减少二氧化硫排放成为控制酸雨的主要措施：①原煤脱硫技术，可除去燃煤中 $40\%\sim60\%$ 的无机硫；②优先使用低硫燃料，如含硫较低的低硫煤和天然气等；③改进燃煤技术,减少燃煤过程中二氧化硫和氮氧化物的排放量;④对煤燃烧后形成的烟气,在排放到大气之前进行烟气脱硫;⑤开发新能源,如太阳能、风能、核能、可燃冰等;⑥利用新型治理技术,如利用生物防治法进行微生物脱硫,可除去 70% 的无机硫,减少 60% 的粉尘。

4.4.3 淡水污染及治理措施

1. 淡水资源危机

虽然地球表面三分之二是被水覆盖的,水资源丰富,但是 97% 为无法饮用的海水,只有不到 3% 是淡水,而其中又有 2% 封存于极地冰川之中。而在仅有的 1% 的淡水中,25% 为工业用水,70% 为农业用水,只有很少一部分供饮用和生活使用。

然而,在地球极度缺乏淡水的情况下,宝贵的淡水却被大量滥用、浪费和污染。淡水的区域分布还很不均匀,致使世界上缺水现象十分普遍,全球淡水危机日趋严重。目前世界上100 多个国家和地区缺水,其中 28 个国家被列为严重缺水的国家和地区。预测再过 20～30年,严重缺水的国家和地区将达 46～52 个,缺水人口将达 28 亿～33 亿人。

我国同样属于缺水国家,全国有 300 多座城市缺水,每年缺水量达 58 亿立方米,主要集中在华北、沿海和省会城市、工业型城市。河流、湖泊枯水周期越来越长,地下水位也越来越低,湿地随之大量减少,城市河道早已没有了往昔的潺潺流水。淡水的过度缺乏,已经严重威胁人类生存,且许多生物也随着河流改道、湿地干化和生态环境恶化而灭绝。

2. 水污染来源

我国水污染主要有三个方面的来源:一是工业污染,这是污染物最大的来源;二是城市生活污水,目前还难以做到处理完全再排放;三是农田过度施用化肥、农药及水土流失造成的氮、磷等污染。多种因素造成的复合污染,使我国水污染恶化状况越来越严重。

(1)工业污染

工业废水是最重要的污染源,具有量大、面广、成分复杂、毒性大、不易净化、难处理等特点。虽然近些年工业废水处理取得了较大成就,但这个绝对的数值量仍然很大,对水资源的污染还很严重。实际上,工业废水排放量要远超过这些数字,许多乡镇企业工业废水排放量难以统计。将来即使所有工业合理布局,工业废水全部达标排放,处理过的工业废水也是超五类。

2005 年 11 月 13 日,中石油吉林石化公司双苯厂苯胺车间发生爆炸事故。爆炸事故产生的约 100 吨苯、苯胺和硝基苯等有机污染物流入松花江。由于苯类污染物是对人体健康有危害的有机物,因而导致松花江发生重大水污染事件。哈尔滨市正处于污染源下游,居民日常饮用水都取自松花江,因此,只能关闭松花江哈尔滨段取水口,停止向市区供水,哈尔滨市各大超市无一例外出现了抢购饮用水的场面,给当地居民造成了一定的心理恐慌。

这次松花江水污染属于典型的工业污染,人们的工程活动对江水造成了恶劣影响,短时间很难恢复到正常水平,给下游居民用水、渔业资源、旅游业带来了极大的负面作用。

(2)城市生活污水

很多人都好奇每天冲厕所、洗澡、刷碗进入下水道的污水都去哪儿了。有人认为经过下水管道排到河里了,也有人认为注入地下了,其实城市生活污水都是经过处理后达标排放了。

生活污水主要来自家庭、学校、机关、商业和城市公用设施,其中主要是粪便和洗涤污水,主要污染物是有机物,包括碳水化合物、蛋白质以及脂肪等,这些成分能被好氧微生物分解,转化为二氧化碳和水。因此,生活污水都需要通过城市完善的污水管道收集起来,并统一送至污水处理厂(每个城市有多个污水处理厂),处理后才能排放至天然水体中。

污水处理厂目前主要采用生物法来处理污水,即在人工条件下,对污水中的各种微生物群体进行连续混合和培养,形成生物污泥,其中有大量的微生物,它们专以污染物为食料来获得能量、不断生长,从而使污水得到净化。这样的污水才能安全排放,不会对环境造成污染。

城市污水作为城市第二水资源,回用于工业及市政清扫绿化,是解决水资源紧缺的一条有效途径。污水回用的途径是多方面的,如农业用水(包括林、牧、渔业)、工业用水、环境用水和补充水源水(如城市绿化用水)等。

当然,上面介绍的是理想状态下生活污水都得到了净化处理,达到排放标准,但实际中很多污水往往没有经过处理就直接被排放了。例如,一些城市建筑、郊区住宅的下水道系统不完善,污水并没有进入城市的污水管网,没有处理的污水直接被排放到河流或海中。

(3)农业污染源

农业污染是指农村地区在农业生产、居民生活过程中产生的未经合理处置的污染物对水体、土壤和空气及农产品造成的污染,具有位置、途径、数量不确定,随机性大,范围广,防治难度大等特点。

农业污染来源主要有两方面:一是农村居民生活废水、废弃物;二是农作物生产过程中产生的有害废物,如过度使用的化肥、有毒农药、残留于农田的塑料、处置不当的畜禽粪便、水产养殖等产生的水体污染物等。

残留在土壤中的农药通过植物根系进入植物体内,不同植物机体内的农药残留量取决于其对农药的吸收能力,最后通过餐桌进入人体内。农药还会进入河流、湖泊、海洋,造成农药在水生生物体中的积累,如鱼类机体中可能含有机氯杀虫剂,同样最后进入人类生态系统中。

农业污染种类多,如农药与化肥对土壤和地下水的污染、降落的酸雨、生活污水的随意排放等。土壤中过量施用氮肥,大量流失的废氮会污染地下水,使湖泊、池塘、河流和浅海水域生态系统营养化,导致水藻生长过盛,水体缺氧,水生生物死亡。施用的氮肥中有很多挥发了,以 N_2O 气体(对全球气候变化产生影响的温室气体之一)形式逸失到大气里。农业污染治理难度大,需要多方面进行考虑。

这些各形各色的污染,表面上看起来互不相干,事实上是相互影响、相互联系的。政策制定者和管理部门所做的规划和研究往往只负责研究其中某个方面,比如专门研究温室气体,专门研究酸雨污染,人为割断了各种污染之间的实际联系。

因此,治理农业污染,不应该是哪个地方出问题,就去治理哪儿,不能只治标、不治本,需要综合进行考虑。污染存在于一个大循环体中,涉及许多种污染物质交换、转变和迁移。

3.水污染防治立法

针对环境及水污染现状,"史上最严"新环保法已颁布并正式实施,"水十条"(《水污染防治行动计划》,2015 年 4 月出台)也引起广泛关注。

但是我们也应理性地认识到,水污染的治理不是一蹴而就的事情。根据发达国家的经验,解决中国水环境问题可能需要 30 年以上的时间。根据原环保部提出的目标,到 2020 年底,全国水环境质量会得到阶段性改善;到 2030 年,力争全国水环境质量总体改善,水生态系统功能初步恢复;到 21 世纪中叶,生态环境质量全面改善,生态系统实现良性循环。

因此,不管从哪个方面考虑,水污染的治理之路都任重而道远。

4.4.4　海洋环境污染及危害

1.海洋污染的分类

针对海洋污染,目前主要形式有:有毒金属污染、二氧化硫气体污染、石油及石油制品污染及海洋垃圾等。

(1)有毒金属污染

由于航运的便利性,沿海地区布局了大量的石油化工、冶金、制药厂,其排出的污水不可能完全处理干净,污水中往往含有较多的汞、镉、铜、铅等有毒重金属,排到海水中将长时间存在。

(2)二氧化硫气体污染

一些沿海的火电厂还以燃煤为主,大量排出二氧化硫,随着海风在海洋上空飘荡,这也是一种污染。

(3)石油及石油制品污染

每年经由各种途径(如泄漏、爆炸)进入海洋的石油及石油制品多达 600 万吨,油污染导致大量生物因缺氧而死亡,油膜和油块能粘住大量幼鱼和鱼卵。

(4)海洋垃圾

指海洋和海岸环境中人造的、持久性存在的或经加工的固体废弃物,如日常生活里的塑料袋、油料包装袋及香烟头等,短时期难以被消耗掉,其对海洋的破坏同样很严重。

2.海洋垃圾的产生及危害

监测结果表明,海面漂浮垃圾中,塑料类垃圾数量最多,占海洋整体垃圾的 41%。其次为聚苯乙烯塑料泡沫类、木制品类垃圾,分别占海洋整体垃圾的 19% 和 15%。

海洋垃圾一部分停留在海滩上,一部分漂浮在海面或沉入海底,仅是太平洋上的海洋垃圾就已达 300 多万平方公里,已形成了一个面积巨大的以塑料为主的"海洋垃圾带"。人们甚至把海洋上漂浮的塑料垃圾整体称作"第七大陆"。

海洋中的塑料垃圾主要有三个来源:①暴风雨把陆地上掩埋的塑料垃圾冲到大海里;②海运作业中少数人缺乏环保意识,将塑料垃圾倒入海中;③各种海损事故,如货船在海上遇到风暴,其中塑料制品就会成为海上"流浪者"。

海洋中最大的塑料垃圾是废弃渔网,有的长达几公里,被渔民们称为"鬼网"。在洋流的作用下,这些渔网绞在一起,成为海洋哺乳动物的"死亡陷阱",每年都会缠住和淹死数千只海豹、海狮和海豚等。

一些海洋生物则易把一些塑料制品误当食物吞下,例如海龟就特别喜欢吃酷似水母的塑料袋。海鸟则偏爱打火机和牙刷,因为它们的形状很像小鱼。塑料制品在动物体内无法消化和分解,误食后会引起胃部不适、行动异常、生育繁殖能力下降,甚至死亡。

近期,人们已经从鱼类肚子中发现了大量的塑料微粒,塑料污染已经严重威胁到鱼类的生存。

海洋垃圾还会抑制海洋植物的光合作用,引起其产氧量减少,导致海洋生物的可用氧也随之减少,影响整个海洋生态系统平衡。

另外,重金属、有毒化学物质、塑料微粒都可通过鱼类的食入而在人体内富集,必然对人体健康构成威胁,从而影响整个食物链系统。

塑料垃圾还可能威胁航行安全。废弃塑料会缠住船只的螺旋桨,特别是被称为"魔瓶"的各种塑料瓶,它们会损坏船身和机器,引起事故和停驶,给航运公司造成重大损失。

4.4.5 土地面临多种污染问题

1.土地荒漠化

土地荒漠化是指土地退化,产生的原因为:干旱少雨,植被破坏,过度放牧,大风吹蚀,流水侵蚀,土壤盐渍化等因素造成的大片土壤生产力下降或丧失的自然现象(或非自然现象,即人类工程活动造成的现象)。

针对涉及世界范围内的土地荒漠化问题,联合国于 1994 年通过了《联合国关于在发生严重干旱和/或荒漠化的国家特别是在非洲防治荒漠化的公约》,荒漠化是指包括由气候变异和人类活动在内的多种因素造成的干旱、半干旱和亚湿润干旱地区的土地退化。

这里明确了土地荒漠化的 3 个问题:

(1)是在包括气候变异和人类活动在内的多种因素作用下产生和发展的。

(2)发生在干旱、半干旱及亚湿润干旱区,给出了荒漠化条件和分布范围。

(3)将荒漠化置于全球土地退化框架内,界定了区域范围。

人类生产、生活、战争等活动,长期以来影响了自然的荒漠化过程。如超过承载力的过度放牧,导致植被损失和土壤侵蚀,难以恢复;过度种植,导致土壤养分丧失和水土流失;过度灌溉,导致水分蒸发,而盐分留在土中,形成盐碱化土地[6]。

2.土壤板结

土壤板结是指土壤表层因缺乏有机物质,造成结构不良,在灌水或降雨等外因作用下土壤团粒结构破坏、土料分散,而干燥后受内聚力作用使土面变硬的现象。

土壤板结及其产生的主要因素有:

(1)农田土壤质地黏重,耕作层浅,通气性、透水性及增温性都较差,土壤团粒结构遭到破坏,造成土壤表层结皮。

(2)有机肥或秸秆还田比较少,使土壤中有机物质补充不足,有机物质含量偏低,理化性状变差,影响微生物活性,影响土壤团粒结构的形成,引起土壤板结和龟裂。长期施用硫酸铵也容易造成土壤板结。

(3)机械耕作破坏了土壤团粒结构,施入土壤中的肥料只有部分被当季作物吸收利用,其余被土壤固定,形成大量酸盐沉积,造成土壤板结。

(4)暴雨后表土层细小的土壤颗粒被带走,使土壤结构遭到破坏。

(5)地下水和工业废水中有毒物质含量高,长期利用其灌溉,有毒物质积累过量,引起表层土壤板结。

(6)地膜和塑料袋等没有清理完,在土壤中无法完全被分解,形成有害的块状物,也比较容易使土壤形成板结。

3.重金属污染

重金属污染是指由重金属或其化合物造成的环境污染,由采矿、废气排放、污水灌溉和使用重金属超标制品等人为因素所致。

重金属污染主要来源有工业污染、交通污染和生活垃圾。工业污染大多通过废渣、废水、废气排入环境,在人和动物、植物中富集,对环境和人体的健康造成极大危害。交通污染是指汽车尾气的排放,主要是铅化物;生活污染指由废旧电池、破碎照明灯、化妆品、上彩釉的碗碟等造成的污染。

人类活动导致环境中的重金属含量增加,超出正常范围,直接危害人体健康,并导致环境质量恶化。

(1)重金属对人类健康的影响

人体内蛋白质、酶与重金属发生强烈的相互作用,使蛋白质和酶失去活性;重金属也能在人体器官中富集,超过限度会造成中毒等,对人体会造成危害。如 20 世纪在日本发生的水俣病(汞污染)和骨痛病(镉污染)等公害病,都是由重金属污染引起的。

(2)重金属在土壤中的污染

重金属在大气、水体、土壤、生物体中广泛分布,而底泥往往是重金属最后的归宿。当环境变化时,底泥中的重金属形态将发生转化并释放,造成污染。重金属不能被生物降解,但具有生物累积性,可以直接威胁高等生物(包括人类)。有关专家指出,重金属对土壤的污染具有不可逆转性,已受污染土壤没有治理价值,只能调整种植品种来加以回避。

因此,重金属对土壤的污染问题日益受到人们的重视。

为解决重金属污染问题,2011 年 4 月初,《重金属污染综合防治“十二五”规划》获得国务院正式批复,重点防控重金属污染物为铅(Pb)、汞(Hg)、镉(Cd)、铬(Cr)和类金属砷(As)等。

4.4.6　绿色工程——工程发展新方向

按人们的传统想法,发展经济与保护环境是对立的,二者是不可兼顾的,快速的经济发展必然带来环境污染,发展中国家也只能重复发达国家已经走过的“先污染后治理”的发展之路,但是,事实还真不一定是这样的。人类通过先进的设计理念和新的工程活动,完全可以设计和生产对社会负责的、环境友好的产品,工程可成为解决发展经济和保护环境之间矛盾的桥梁。当然,这需要工程师具有环保意识,始终能把保护环境作为第一要素,其肩负的责任重大。

重视环境,保护环境,解决已受污染的环境,不能忽视工程和技术的重要性,要不断发展新的工程和技术。当然,新的工程和技术,要为保护环境、改善环境、降低污染及处理污染做出贡献,要实现发展经济与保护环境的双赢。这样的新工程,我们可称之为“绿色工程”,其代表性术语有可持续发展(工程)、绿色设计、绿色产品等。

发展经济与保护环境,与保护绿水青山是协调的,发展绿色设计及工程正是其具体体现形式,也是新时代对工程师设计新理念的基本要求。

1.可持续发展(工程)

1987 年,世界环境与发展委员会在《我们共同的未来》报告中第一次阐述了可持续发展的概念,得到了国际社会广泛的共识。既满足当代人的需求,又不对后代人满足其需求的能力构成危害的发展称为可持续发展;既要达到发展经济的目的,又要保护好人类赖以生存的大气、淡水、海洋、土地和森林等自然资源和环境,使子孙后代能够永续发展和安居乐业。

可持续发展与环境保护既有联系,又不完全等同,环境保护是可持续发展的重要方面,可持续发展的核心是发展,但要求在提高人口素质和保护环境、资源永续利用的前提下进行经济和社会的发展,可持续长久的发展才是真正的发展。

可持续发展三要素为环境要素、社会要素、经济要素。

(1)环境要素

可持续发展(工程)尽量减少对环境的损害,尽管这一原则得到各方人士的认可,然而,往往不同社会群体对于社会发展有不同的想象、不同的视角、不同的价值评判标准,因此对于问题有不同的诠释。

(2)社会要素

可持续发展(工程)仍然要满足人类自身的需要。可持续发展并非要人类回到原始社会,尽管在原始社会人类活动对环境的损害是最小的,环境得到了极大保护。

(3)经济要素

可持续发展(工程)必须在经济上有利可图,有两方面含义:一是只有经济上有利可图的发展项目才有可能得到推广,才有可能维持其可持续性;二是经济上亏损的项目,必然要从其他盈利的项目上获取补贴才可能收支平衡,正常运转,由此就可能造成另外一种现象,即此地的环保以彼地更严重的环境损害为代价。

2.绿色设计及工程

绿色设计是 20 世纪 80 年代末出现的一股国际设计潮流。绿色设计反映了人们对于现代科技文化所引起的环境及生态破坏的反思,同时也体现了设计师社会道德和社会责任心的回归。

(1)绿色设计概念

绿色设计又称为生态设计或产品生命周期设计,是在传统产品设计基础上创新而成的。其产品不仅要满足用户需求和确保企业盈利,且在整个生命周期中力求将环境和资源的负面影响降至最低限度,追求产品环境性、功能性和经济性的统一。

(2)绿色设计原则

绿色设计的目的是设计出绿色产品,要求采用最先进的技术,且要求设计者富有创意,能创造出具有市场竞争力的产品,包括资源最佳利用原则、能量消耗最少原则、零污染原则、零损害原则、生态效益最佳原则等方面。

(3)绿色设计内容

在产品整个生命周期内,要充分考虑对资源和环境的影响。在充分考虑产品的功能、质量、开发周期和成本的同时,更要优化各种相关因素,具体到每一步骤包括:绿色材料的选择、绿色制造过程设计、产品可回收性及可拆卸性、绿色包装设计、绿色回收利用设计等。绿色设计中,从产品材料的选择,生产和加工流程的确定,产品包装材料的选定,直到运输等都要考虑资源的消耗和对环境的影响,以寻找和采用尽可能合理和优化的结构和方案,使得资源消耗和环境负影响降到最低限度。

(4)绿色工程

对绿色设计的实现也要绿色的,能充分应用现代科学技术,在工程建设中加强环境保护,发展清洁施工生产,不断改善和优化生态环境,使人与自然和谐发展;使人口、资源和环境相互协调、相互促进,建造质量优良、经济效益长久、具有较高的社会效益、有利于维护良好生态环境和无污染的工程。这是全社会可持续发展的主要保障,其本质特征就是可持续发展。

如上海中心大厦是上海市一座巨型高层地标式摩天大楼,其设计高度超过附近的上海环球金融中心,建筑主体 119 层,总高 632 米,结构高度 580 米,机动车停车位布置在地下,可停放车辆 2 000 辆。螺旋上升的外形象征中国全球性金融力量冉冉升起。据工程师介绍,上海中心大厦共应用了 40 多项量身定做的绿色技术,预计大厦综合节能率可达约 54.3％,每年可减少碳排放 2.5 万吨,其中的电梯发电是国际上前沿的建筑节能技术。

3.绿色产品

绿色产品是指生产过程及本身节能、节水、低污染、低毒、可再生、能回收的产品。绿色产品对生态环境无害或危害极少,用户在使用产品时不产生或很少产生环境污染,产品生产能最大限度节约能源。为统一绿色产品概念,我国发布了 GB/T 33761－2017《绿色产品评价通则》,对绿色产品进行了定义:在全生命周期过程中,符合环境保护要求,对生态环境和人体健康无害或危害小、资源能源消耗少、品质高的产品。在确定产品类别时,以终端消费品为主,选取消费者关注度高、消费升级急需、生态环境及人体健康影响大的产品作为绿色产品评价对象。

按照统一标准、统一清单的思想,我国对绿色产品评价标准制定和发布做出了统一规定:要求在选取绿色产品类别时,以终端消费品为主,定位为绿色高端产品;在制定绿色产品评价标准时,遵循生命周期理念原则;在选取绿色性能指标时,遵循代表性原则,兼顾产品绿色性能指标和质量性能,合理确定指标基准值。

2020 年 3 月,中国国家认证认可监督管理委员会发布了《关于发布绿色产品认证机构资质条件及第一批认证实施规则的公告》,绿色产品认证在全国层面正式启动。

4.5 工程与安全

4.5.1 爆炸危害及防护

1.泄漏引发的安全事故

泄漏一般指工业中不应该流出或漏出的物质或流体,由于密闭容器或机械设备出现问题而流出或漏出,从而造成损失。

化工厂易燃易爆或有毒气体的泄漏严重地影响生产,甚至威胁到财产安全和员工的生命安全。跑冒滴漏是人们对各种泄漏形式的一种通俗说法,其实质就是泄漏。泄漏包括气体泄漏和液体泄漏。

在工业生产中,从产品的开始生产到最终消亡的全过程中,不同形式、不同规模的油品、化学品泄漏都在不断地发生,经常会发生危险化学品的泄漏事故或危化品的道路运输事故。我们也经常能从电视、报纸、互联网等媒体上看到槽罐车翻车后泄漏的化学品溅洒满地的场景。消防部门每年参加处置的化学品泄漏事故最少上千起。每年泄漏至海洋的石油和石油的副产品约占世界石油总产量的 0.5％,以油轮遇难造成的石油泄漏最为突出。除此之外,油品、化学品泄漏事故还包括生产企业、经营单位、储备场所自行处置的泄漏事故。

下面举两个泄漏造成严重事故的例子。

(1)上海翁牌冷藏实业有限公司"8·31"重大氨泄漏事故

2013 年 8 月 31 日 10 时 50 分左右,位于上海宝山城市工业园区内(丰翔路 1258 号)的上海翁牌冷藏实业有限公司发生氨泄漏事故,造成15人死亡、7人重伤、18人轻伤,造成直接经济损失约2 510万元。

事故直接原因:当日8时左右,上海翁牌冷藏实业有限公司员工陆续进入加工车间作业,约10时45分,氨压缩机房操作工在氨调节站进行热氨融霜作业。10时48分20秒起,单冻机生产线区域内的监控录像显示现场陆续发生约7次轻微震动,单次震动持续时间约1至6秒不等。10时50分15秒,正在进行热氨融霜作业的单冻机回气集管北端管帽脱落,导致氨泄漏,正值生产作业期间,大部分操作人员来不及撤离现场,直接被液氨冻死。

(2)六盘水市首钢水城钢铁(集团)有限责任公司煤气中毒事故

2018年1月31日19时30分左右,位于贵州省六盘水市的首钢水城钢铁(集团)有限责任公司在对余热发电9#锅炉检修作业中,发生一起煤气中毒较大事故,造成9人死亡、2人受伤。

事故直接原因:由于隔断煤气的蝶阀、水封功能失效,大量高压高炉煤气通过蝶阀,击穿水封,经过管道进入锅炉炉内,并扩散至锅炉周边,造成作业人员伤亡,现场人员在没有佩戴好防护器具时进行盲目施救,造成监护人员进一步伤亡,导致伤亡扩大。

2.泄漏引发的爆炸事故

爆炸是指物质在瞬间以机械功的形式释放大量气体和能量的现象。

可燃物质(可燃气体、蒸气和粉尘)与空气(或者氧气)必须在一定的浓度范围内均匀混合,形成预混气体,遇到火源才会发生爆炸,这个浓度范围称为爆炸极限。如一氧化碳与空气混合的爆炸极限为12.5%～74.0%(体积浓度),氢气与空气混合的爆炸极限为4.0%～75.6%(体积浓度)。低于爆炸下限时可燃物不爆炸,也不着火。高于爆炸上限时可燃物不会爆炸,但能够燃烧。原因在于前者的可燃物浓度不够,过量空气的冷却作用阻止了火焰的蔓延;后者是空气不足,导致火焰不能蔓延。

泄漏是不允许发生的,也是不应该发生的,但由于生产过程中人为操作不符合规范,或者设备出现故障,泄漏事故经常发生,往往还伴随着爆炸过程,这种泄漏引发的爆炸更加危险,带来的危害也更大,严重威胁人身安全。

泄漏引发的爆炸事故很多,下面给出两个典型的爆炸事故。

(1)吉林省长春市宝源丰禽业有限公司"6·3"特别重大火灾爆炸事故

2013年6月3日6时10分许,位于吉林省长春市的宝源丰禽业有限公司主厂房发生特别重大火灾爆炸事故,共造成121人死亡、76人受伤,17 234平方米主厂房及主厂房内生产设备被损毁,直接经济损失达1.82亿元。

事故直接原因:宝源丰禽业有限公司主厂房一车间西面和毗连的二车间配电室上部的电气线路短路,引燃周围可燃物。当火势蔓延到氨设备和氨管道区域时,燃烧产生的高温导致氨设备和氨管道发生物理爆炸,大量氨气发生泄漏,介入了燃烧过程,使爆炸更加严重。

(2)中国化工集团河北盛华化工有限公司氯乙烯"11·28"爆燃事故

2018年11月28日0时41分,位于张家口市桥东区大仓盖镇的中国化工集团河北盛华化工有限公司附近发生爆燃,事故导致停放公路两侧等候卸货车辆的司机等23人死亡、22人受伤,经济损失、人员伤亡惨重。

事故直接原因:中国化工集团河北盛华化工有限公司氯乙烯气柜发生泄漏,泄漏的氯乙烯扩散到厂区外公路上,遇明火发生爆燃,而且发生事故时正是凌晨时分,很多排队等候卸货的司机就住在货车里,来不及反应。

3.遇到泄漏事故时的逃生方法

(1)迅速撤离泄漏污染区,有可能情况下及时移走事故区爆炸物品,熄灭火种,切断电源;若来不及撤离,发生爆炸时,人员应该就地卧倒。

(2)撤离时要弄清楚毒气流向,往上风侧撤离,不可顺着毒气流动方向走。

(3)撤离时,可用湿毛巾、湿口罩等捂住口鼻,保护呼吸道免受伤害。

(4)撤离时,不要慌乱,不要拥挤,特别是人员较多时,更不能慌乱,也不要大喊大叫,要镇静、沉着,有秩序撤离。

(5)当发生毒气泄漏时,若没有穿戴防护服,绝不能进入事故现场救人。

(6)患者被救出毒物现场后,如心跳、呼吸停止,应立即施行心肺复苏术。对中毒者进行人工呼吸时,救护者也要做好防范措施。

受到危险化学品伤害后,应根据毒物侵入途径的不同,及时采取如下措施:

(1)通过皮肤侵入时,应立即脱去受到污染的衣物,用大量流动的清水冲洗,同时要注意清洗污染的毛发。

(2)化学物溅入眼中,要用清水及时充分冲洗,冲洗时间不少于 $10\sim15$ 分钟,忌用热水冲洗。

(3)通过呼吸系统侵入时,应立即送到空气新鲜处,安静休息,保持呼吸道通畅。

(4)通过消化系统侵入时,应尽早进行催吐;若误服腐蚀性毒物,可口服牛奶、蛋清、植物油等对消化道进行一定的保护。

4.爆炸事故的工程防护

虽然不能完全避免爆炸,但可以通过采取一些必要措施,尽量降低爆炸带来的重大危害。目前常用的一些防护措施如下:

(1)惰性介质防爆措施

爆炸事故发生之前,在爆炸性混合物中人为地添加一定量的惰性介质,如二氧化碳、氮气、水蒸气、氩气及卤代烃等一种或几种气体混合物,通过对燃烧反应基本条件的破坏作用,实现防止爆炸的目的。

(2)爆炸抑制技术

爆炸发展初期阶段,利用监测到的危险信号,如温度和压力数值突然增高、可燃物浓度达到爆炸极限、燃烧产物二氧化碳浓度等,超过一定阈值就将触发抑制装置,自动喷抑爆剂,达到爆炸防护的目的。

(3)加设爆炸阻隔设施

爆炸阻隔也称隔爆,是将一设备内发生的可燃物燃烧或爆炸火焰阻隔住,使之不致通过管道或通道传播到另一设备或场所的技术。

隔爆防护技术的特点主要有:阻止火焰传播,减小火灾造成的损失;高速传播的火焰若不阻隔,喷射点燃引爆其他可燃物时会形成更大爆炸压力;设备与设备之间的火焰加速会造成压力叠加,从而造成更大损失。

设置防爆墙也可有效减少冲击波对人的危害和设备冲击。

(4)爆炸封闭处理

利用封闭容器或设备,将爆炸压力及火焰封闭住。这类爆炸封闭装置需能经受一定可燃物质的最大爆炸压力而不被破坏,必须设计成压力容器或抗爆容器,如机场、火车站常见的小型防爆罐,大型的爆炸封闭装置比如核电防护装置。

(5)爆炸泄压技术

这是一种广泛采用的防爆技术,是指在爆炸初始或扩展阶段,将容器内的高温高压燃烧物和未燃物,通过容器中强度最低的部分(泄压口)向安全方向泄出,避免进一步爆炸的一种防护及处理技术。

4.5.2 火灾危害及防护

火灾是指在时间或空间上失去控制的燃烧所造成的灾害。

在各种灾害中,火灾是最经常、最普遍地威胁公众安全和社会发展的主要灾害之一。人类能够对火进行利用和控制,是文明进步的一个重要标志,人类使用火的历史与同火灾做斗争的历史是相伴相生的。我们不断总结火灾的发生规律,尽可能减少火灾对人类造成的危害。

在进行工程建设、工程活动时,应该要特别注意按规范进行操作。工程建设涉及大量易燃材料(如聚氨酯泡沫板、油品、油漆、乙炔、丙烷等易燃物品)的使用、危险化学品的使用和存放。施工单位对这些物品使用、存放潜在的重大火灾危险性认识不到位,安全管理、技术措施不到位,安全监理工作不到位,是施工重大火灾事故发生的主要原因。

(1)法国巴黎圣母院火灾事故

2019年4月15日下午6时50分左右,正搭起脚手架进行维修工程的法国巴黎圣母院发生大火,滚滚浓烟遮蔽了塞纳河畔天空,火势蔓延速度很快,难以控制,整座建筑损毁严重。着火位置位于巴黎圣母院塔楼顶部,大火迅速将巴黎圣母院塔楼的尖顶吞噬,尖顶如被拦腰折断一般倒下。主体建筑得以保存,主要文物没有严重受损,但修复可能要数年时间。

事故原因:火灾发生后,巴黎市检察机关在第一时间宣布启动调查,调查方向初步定为"过失引发火灾导致损毁",检方已经排除了纵火的可能性,也不认为此事和恐怖主义有关。法国媒体援引巴黎消防队的说法称,火灾与耗资600万欧元的翻新工程有"潜在联系",据悉,翻新工程的对象是大教堂被烧毁的尖顶。关于火灾起因推测包括"电力系统故障"和"未熄灭的烟头"等。

(2)上海11·15公寓大楼特大火灾事故

2010年11月15时,上海静安区一幢高层住宅楼(28层教师公寓大楼)发生大火,事故导致58人死亡、71人受伤,建筑物过火面积12 000 m^2,直接经济损失1.58亿元。

起火原因及初起火灾的处置情况:该小区进行节能综合改造项目施工,包括外立面搭设脚手架,外墙喷涂聚氨酯硬泡沫保温材料,更换外窗等。两名无证电焊工在加固脚手架悬挑支架过程中,违规进行电焊作业,电焊溅落的金属熔融物引燃下方9层位置脚手架防护平台上堆积的聚氨酯保温材料碎块、碎屑引发火灾。该事故是一起因违法、违规生产建设行为所导致的特别重大安全责任事故,给人民生命财产带来了巨大损失,后果特别严重,也是一起不该发生的、完全可以避免的事故。

火灾责任及处理情况:对54名事故责任人做出严肃处理,其中26名责任人被移送司法机关依法追究刑事责任,28名责任人受到党纪、政纪处分。

违反消防法规及标准的情况分析:电焊工无特种作业人员资格证,严重违反操作规程,引发大火后逃离现场;装修工程违法违规,层层多次分包,导致安全责任无法落实;施工作业现场管理混乱,安全措施不落实,存在明显的抢工期、抢进度、突击施工的行为;事故现场违规使用大量尼龙网、聚氨酯泡沫等易燃材料,导致大火迅速蔓延;有关部门安全监管不力,致使工程项目被多次分包、多家作业和无证电焊工上岗。

火灾是残酷的,但大部分火灾的发生是可预防的,只要我们在思想上高度重视,在行动上落到实处,还是能有效预防火灾的,具体预防措施归纳如下:

(1)加强易燃场所管理

企业要加强对油库、气瓶站、煤气站和锅炉房等工厂要害部位的管理,不得随意让人员进入这些场所。

对进入易燃易爆场所进行操作的人员,必须穿戴防静电服装鞋帽,严禁穿钉子鞋、化纤衣物进入,操作中严防铁器撞击地面。

在存放可燃物时,必须与高温器具、设备的表面保持有足够的防火间距,不宜在高温表面附近堆放可燃物。对这一类的可燃物应密闭储存或浸在相适应的中性液体(如水、煤油等)中储放,避免与空气接触。

(2)操作时采取必要防护

对于火灾爆炸危险较大的厂房,要尽量避免明火及焊割作业,最好将检修的设备或管段拆卸到安全地点检修。如果必须在原地检修,应按照动火的有关规定进行,必要时还需请消防员进行现场监护。

在积存有可燃气体或蒸气的管沟、下水道、深坑、死角等处附近动火时,必须经处理和检验,确认无火灾危险时,方可按规定动火。

(3)了解一定的灭火常识

需要了解不同类型灭火器对起火源种类的作用效果。

对碱金属、金属碳化物、氢化物类型的火灾,不宜用水扑灭。这些物质遇水发生剧烈化学反应,并产生大量可燃气体,释放大量热,反而促进火灾扩大。

同样,电气火灾也不能用水进行扑灭,水可以导电,易发生触电事故。

油类发生火灾时,如家里的炒菜油锅着火,也不能用水扑灭,油比水清,油将漂浮在水面上,更易使火势蔓延。

另外,如果炼钢厂钢铁水泄露发生火灾,也不能用水扑灭,因为高温金属液遇水会发生燃烧爆炸。

4.5.3　核辐射危害及防护

核辐射是放射性物质以波或微粒形式发射出的一种能量。核爆炸和核事故都有核辐射,有 α 辐射、β 辐射和 γ 辐射三种辐射形式。

α 辐射只要用一张纸就能挡住,属于粒子,吸入体内危害大,属于内辐射。

β 辐射是高速电子,皮肤沾上后烧伤明显,属于内外辐射。

γ 辐射和 X 射线相似,能穿透人体和建筑物,危害距离远,属于外辐射。

宇宙、自然界能产生放射性的物质不少,但危害都不大,只有核爆炸或核电站事故泄漏的放射性物质才能大范围地对人员造成伤亡。放射性物质可通过呼吸吸入,通过皮肤伤口及消化道吸收进入体内,引起内辐射;γ 辐射可穿透一定距离被机体吸收,使人员受到外辐射伤害。

放射病症状主要表现为疲劳、头昏、失眠、皮肤发红、溃疡、出血、脱发、白血病、呕吐、腹泻等,有时还会增加癌症、畸变、遗传性病变发生率而影响几代人的健康。辐射对人身体的损伤有轻度、中度、重度和极重度之分。

轻度损伤表现为乏力,不适,食欲减退。

中度损伤表现为头昏,乏力,恶心,有呕吐及白细胞数下降。

重度损伤表现为多次呕吐,可有腹泻,白细胞数明显下降,虽经治疗但受辐射者有50%可能在30天内死亡。

极重度损伤表现为多次吐、泻,休克,白细胞数急剧下降,死亡率很高。

核事故和原子弹爆炸的核辐射都会造成人员的立即死亡或重度损伤,还会引发癌症、不育、怪胎等。

（1）苏联切尔诺贝利核电站爆炸

自苏联切尔诺贝利核电站爆炸后,离核电站30公里以内的地区被辟为隔离区,很多人称这一区域为"死亡区"。消除切尔诺贝利后患成了俄罗斯、乌克兰和白俄罗斯政府的巨大财政负担。切尔诺贝利最后一个反应堆已于2000年12月15日正式关闭。据专家估计,完全消除这场浩劫的影响最少需要800年。

RBMK-1000核电机组采用的是苏联独特设计的大型石墨沸水反应堆,用石墨作慢化剂,石墨砌体直径12米,高7米,重约1700吨,沸腾轻水作冷却剂,轻水在压力管内穿过堆芯而被加热沸腾。石墨沸水反应堆设计本身存在着安全隐患,是堆设计中留下的缺陷,也是这次事故的内在原因。

（2）美国三里岛核泄漏事故

美国三里岛核泄漏事故通常简称"三里岛事件",是1979年3月28日发生在美国宾夕法尼亚州萨斯奎哈纳河三里岛核电厂的一次部分堆芯熔毁事故。该事件被评为国际核事件分级第5级,亦是美国核电历史上最严重的一次事故。

事故发生后,原子能管理委员会对周围居民进行了连续追踪研究。研究结果显示:在以三里岛核电站为圆心的80千米范围内,220万居民中无人发生急性辐射反应;周围居民所受到的辐射相当于进行了一次胸部X光照射的辐射剂量;三里岛核泄漏事故对于周围居民的癌症发生率没有显著性影响;三里岛附近未发现动植物异常现象;当地农作物产量未发生异常变化。

以上典型的核泄漏事故表明,核电站的安全防护极其重要。我们可以比较一下切尔诺贝利和三里岛核电站不同防护措施所带来的不同后果。

切尔诺贝利核电站设备远落后于三里岛核电站,安全防护不到位,处理也不及时,造成极其严重后果。三里岛核泄漏事故是核能史上第一次反应堆堆芯熔毁事故,此事故的严重后果反映在经济上,公共安全及周围居民的健康则没有不良影响。核电站的安全壳（围阻体）发挥了重要作用,凸显了其作为核电站最后一道安全防线的重要作用。

另外,在核泄漏事故发生时,人员的操作错误和机械故障也是重要原因。核电站运行人员培训、面对紧急事件处理能力、控制系统人性化设计等细节对核电站的安全运行同样有重要影响。

4.5.4　有毒化学品污染及防治法规

化学污染是由于化学物质(化学品)进入环境后造成的环境污染。化学物质分为有机物和无机物,大多是由人类活动或人工制造的产品。

我国能合成的化学品种类已达 3.7 万种,这些化学品在推动社会进步、提高生产力、消灭虫害、减少疾病等方面发挥了巨大作用,但在生产、运输、使用、废弃过程中不免进入环境而引起环境污染。

由于化学品的广泛使用,全球的大气、水体、土壤乃至生物都受到了不同程度的污染、毒害,连南极的企鹅也未能幸免。自 20 世纪 50 年代以来,涉及有毒有害化学品的污染事件日益增多,若不采取有效防治措施,将对人类和动植物造成严重危害。

我们比较关注的是化学有机污染物产生的"食源性危害",即长期摄入对身体有急/慢毒性、易挥发、在环境中难降解、高残留、通过食物链危害身体健康的化学品,对动物和人体都有致癌、致畸、致突变的危害,包括农药残留、兽药残留、霉菌毒素、食品加工过程中形成的某些致癌和致突变物(如亚硝胺等)以及工业污染物,如人们所熟知的二噁英等。

1.有毒化学品对动物和人体的危害

(1)产生环境荷尔蒙类损害。日、美等 20 个国家调查表明,近 50 年男子精子数量减少 50%,活力下降,就是由于有害化学品进入人体,干扰了雄性激素分泌,导致雄性退化。

(2)致癌、致畸、致突变化学品类损害。大约有 140 多种化学品对动物有致癌作用,确认对人的致癌物和可疑致癌物约有 40 多种,现代人类患肿瘤越来越多,与接触致癌化学品污染物有很大关系。

(3)有毒化学品突发污染类损害。如化工厂有毒气体、液体突发泄漏事故,严重威胁人民生命财产安全和社会稳定,有的则造成严重生态灾难。

2.防治有毒化学品污染相关法规

我国尚无化学物质污染控制的综合立法,但制定了一系列防治有毒化学品污染环境的法规、规章,以及一些安全标准和环境标准,如《化学危险物品安全管理条例》(1987 年)、《防止含多氯联苯电力装置及其废物污染环境的规定》(1991 年)、《关于防治铬化合物生产建设中环境污染的若干规定》(1992 年)、《关于停止生产和销售萘丸的通知》(1993 年)、《化学品首次进口及有毒化学品进出口环境管理规定》(1994 年)、《监控化学品管理条例》(1995 年)等。

此外,《环境保护法》《水污染防治法》《大气污染防治法》《海洋保护法》《固体废物污染环境防治法》等法律、法规中,也有防治有毒化学品污染环境的条款规定。

我国防治有毒化学品污染环境的主要法律规定了如下内容:

(1)关于有毒化学品生产经营许可证制度的法律规定。

(2)关于有毒化学品的安全防护和污染防治措施的法律规定。

(3)关于有毒化学品进出口环境管理的法律规定。

(4)关于监控化学品的法律规定。

(5)关于有毒化学品污染事故应急救援和善后处理的法律规定。

4.5.5　工程施工安全管理

在工程施工过程中,对安全产生重大影响的是人为主观因素,涉及管理者、技术人员及一线的施工人员,其基本素质决定了其在安全生产中的表现。若工作人员具有较高的安全素质和安全意识,就能为施工的安全管理和控制奠定良好的基础。否则,安全问题就极易走样,埋下安全隐患。

提高安全意识的方式包括开展安全知识讲座,实施安全技术教育等,从不同的方向让工作人员认识到安全施工的重要性。例如,定期开展安全座谈例会,通过播放视频、制作典型事故案例宣传安全知识;邀请安全领域专家到企业内部进行实践教学,保证所有工作人员在进行专业性质的工作时能够熟练地掌握安全技术,实现对整个工程施工周期内有效的安全维护。

因此,企业的领导者必须具备较强的安全意识,树立安全第一的指导思想,从根本上提升企业管理者、技术人员和施工人员的安全观念及安全意识,真正把工程安全、人身安全放在首位,并能从如下几个方面加强施工安全管理。

1. 建立及不断完善安全管理制度

目前很多企业仍旧使用一些比较传统的观念来处理事故,在项目建设过程中存在很大的安全漏洞。施工企业必须采取相应措施,尽量避免有可能发生的事故,不能只是在事故发生后才去弥补。为改变工程施工安全管理现状,企业必须建立健全的安全管理体制,对企业内部的安全体制进行改革,建立与现代企业制度相一致的安全体系。

由于安全管理工作涉及人机工程学、力学、心理学等一系列学科,涵盖范围广、专业性强,因此,企业在建立健全的安全管理体制之前,需要对安全管理具体内容、历年来安全事故产生规律进行分析和研究,然后进行整理和归纳,明确哪些种类的安全事故容易发生、哪些重点部位容易产生安全事故、安全事故的发生原因等,以此制定出具有针对性的防范措施,并能将防范措施落实到现场施工中去。

企业还应该建立一个完善的安全组织结构,能够利用自身的工程项目总体目标进行适当的分解,将其交给各级安全负责人,并能利用惩罚制度来惩罚一些违规操作的人员,对安全目标完成较好的负责人能给予相应的物质和精神奖励。针对不同的施工项目,必须采取不同的安全管理模式。对一些规模十分大的工程项目,必须建立一些比较专业的安全管理团队,以此来保证施工项目的安全管理。

2. 制定工程施工安全应急预案

安全应急预案在工程施工各个环节的原则基本一致。但是根据不同的施工环节,其设计与实施也是有很大区别的。

做好工程施工安全应急预案的设计及实施,首先要对工程施工进行相应的调查,根据不同的施工安全程度,进行相应的应急预案设计及实施,为保障工程施工打好基础;其次,加强工程施工设备保养,各种生产设备的正常运转是工程安全施工的有力保证,定期对工程施工设备进行保养,可提高工程施工速度以及施工效率。

3. 加强工程现场安全检查与培训工作

通过工程现场安全检查工作,能够及时发现工程施工现场安全隐患,并能通过相关防范措施的制定和执行避免安全隐患进一步演变成安全事故。因此,安全管理人员必须加强对工程施工现场的安全检查,包括作业人员上岗证持有情况、劳动防护用具佩戴情况、施工材料及机械设备运转情况等,以此保障工程施工现场作业的安全性。

安全执法力度关系到工程安全管理的质量,这就要求企业相关负责人能够充分发挥其岗位优势,实现对安全执法力度的提升。企业要实现对工程安全的有效投入,更换落后或损坏的安全设施,使专项资金花费在保证工程安全方面。当然,在安全执法过程中,也要灵活处理,对做得好的人员进行嘉奖,对做得不好的人员进行惩罚,从制度建设、制度执行的角度保证安全管理顺利开展。

4.加强工程过程监控,确保工程整体质量

工程安全问题既包括施工中出现的各种危及人身安全的事故、影响施工周期的停工事故,同时也包括工程整体质量的问题。

一个工程交给业主以后,质量是否可靠,工程寿命是否有保障,业主是否放心使用,同样很重要。

一个好的企业、有良心的企业,势必会把工程质量放在首位,处处为业主、使用者考虑,交给社会的是让人满意的工程产品。

日常生活中我们也经常能感受到质量低劣的工程。如一段刚修造不久的柏油路很快就出现坑洼及碎石脱落现象;刚竣工的住宅,房屋漏水,返潮,墙体出现裂纹等;通车不久的大桥或立交桥发生倒塌,造成人员伤亡;楼房整体发生倾斜,甚至倒了,造成极大损失,对社会造成了极其恶劣的影响。民众在享受工程带来的极大便利的同时,也会担忧工程的质量问题。因此,如何进一步加强工程质量、确保企业交给社会的都是优质工程,现阶段急需各级政府部门、企业各层面加以重视,并能采取相关措施。

4.5.6　工程安全典型重大事故

近些年,国内外经常发生一些伤亡惨重、损失巨大的特别重大安全事故,这些事故的发生,值得管理部门、企业、工程师,甚至是每个人的深思。

(1)江西丰城发电厂"11·24"冷却塔倒塌

2016年11月24日,江西丰城发电厂三期扩建工程发生冷却塔施工平台坍塌的特别重大安全事故,造成73人死亡、2人受伤,直接经济损失10 197.2万元。

依据《中华人民共和国安全生产法》《生产安全事故报告和调查处理条例》(国务院令第493号)等有关法律、法规,国务院批准成立了调查组,由安全监管总局牵头,公安部、监察部、住房城乡建设部、国务院国资委、质检总局、全国总工会、国家能源局以及江西省政府派员参加,全面负责事故调查工作。同时,邀请最高人民检察院派员参加,并聘请了建筑施工、结构工程、建筑材料、工程机械等方面专家参与事故调查工作。

经调查组现场勘查、计算分析,排除了人为破坏、地震、设计缺陷、地基沉降、模架体系缺陷等因素引起事故发生的可能。根据事故原因调查和事故责任认定,依据有关法律、法规和党纪政纪规定,分别对事故有关责任人员和责任单位进行了处理。

(2)天津滨海新区爆炸事故

这是一起发生在天津市滨海新区的特别重大安全事故。2015年8月12日22时51分46秒,位于天津市滨海新区天津港的瑞海公司危险品仓库发生火灾爆炸事故,本次事故中爆炸总能量约为450吨TNT当量。事故造成165人遇难(其中参与救援处置的公安现役

消防人员 24 人、天津港消防人员 75 人、公安民警 11 人,事故企业、周边企业员工和居民 55 人)、8 人失踪(其中天津港消防人员 5 人,周边企业员工、天津港消防人员家属 3 人),798 人受伤(伤情重及较重的伤员 58 人、轻伤员 740 人),304 幢建筑物、7 641 辆商品汽车、7 533 个集装箱受损。

截至 2015 年 12 月 10 日,依据《企业职工伤亡事故经济损失统计标准》等标准和规定统计,事故已核定的直接经济损失 68.66 亿元。经国务院调查组认定,8·12 天津滨海新区爆炸事故是一起特别重大生产安全责任事故。

2016 年 11 月 7 日至 9 日,8·12 天津滨海新区爆炸事故所涉 27 件刑事案件一审分别由天津市第二中级人民法院和 9 家基层法院公开开庭进行了审理,并于 11 月 9 日对上述案件涉及的被告单位及 24 名直接责任人员和 25 名相关职务犯罪被告人进行了公开宣判。天津交通运输委员会主任武岱等 25 名国家机关工作人员分别被以玩忽职守罪或滥用职权罪判处三年到七年不等的有期徒刑,其中李志刚等 8 人同时犯受贿罪,予以数罪并罚。

(3)日本福岛核电站灾难

2011 年 3 月 11 日,日本遭受毁灭性海啸袭击,最大海浪高达 12 米,时速超过 160 千米。在此之后,2 万人死亡或失踪,幸存者不得不面对周围建筑的大规模破坏和损失。一片混乱之中,大多数人都不知道福岛核电站内部有一个更大的威胁。海啸穿透海堤,淹没了福岛第一核电站。在这种情况下,核反应堆是自动关闭的,但即使在关闭之后,反应堆核心的放射性棒仍将继续产生强烈热量,需要冷却才能保持稳定。但是,为反应堆提供冷却剂的备用发电机位于地下室,且已被洪水摧毁。福岛核电站的工作人员知道,核电站完全崩溃只是时间问题。接下来的几天,工作人员拼命工作以控制局势。为了释放反应堆的压力并避免更大的灾难,日本首相授权将放射性气体排入空气,并疏散了发电厂周围区域的居民。在工人们将水注入堆芯之前,又发生了两起爆炸,将更多的放射性气体排放到了空气中。最终,除了一队骨干人员继续在前线作战外,其余的工作人员都被送回了家。这些剩余的工人被称为福岛 50 人。在军队和消防员的帮助下,工作人员将水注入反应堆以冷却堆芯。

这次事件之后,被称为福岛 50 人的工人们面临着许多困难。虽然这个称号表明,这一群体中有 50 个人,但福岛 50 人实际上是由数百名男性组成,而且大部分都患有抑郁症及创伤后应激障碍(PTSD)。更令人吃惊的是,他们还要面对日本人民的仇恨。虽然一些人认为这些人是英雄,但日本人民却认为核电站的工作人员应该为这场灾难负责。

从福岛核电站的悲剧中汲取的教训是多方面的,影响是深远的。来自世界各地的人们都受到了这场灾难的影响,但他们的反应却截然不同。这加剧了人们对核电的不信任和忧虑。虽然许多人接受替代能源,但自福岛灾难以来,公众对核能作为替代能源的可行性的普遍看法受到了极大的冲击。福岛核事故之前,德国 23% 的能源来自核电,但在悲剧发生之后,该国开始完全淘汰核电生产。科学家和核能专家认为,这是一个基于恐惧的不必要的、草率的决定,而不是基于科学事实。舆论是政策制定的重要推动力,核电的支持者现在面临着公众反对进一步发展核电技术的舆论。

时至今日,福岛核电站虽然已荒废,但当地民众的担忧之情却更加严重,根据东京电力公司透露,福岛核电站每天会产生 160~170 吨核废水。核废水包含放射性物质,东京电力公司在福岛核电站周围已布置了 1 044 个罐体,用于盛装核废水。根据相关统计,这些罐体已经储存了 123 万吨核废水。东京电力公司为此发出警告,这些罐体在 2022 年夏天将饱和。这些核废水迫切需要进行安全处理,在各界对此抱有疑虑的时候,东京电力公司表示要把废水排入太平洋,这样的想法引起了国际社会的深切担忧。

4.6 工程与健康

4.6.1 光污染对健康的威胁

你是否曾被城市中的广告灯、霓虹灯、探照灯刺痛双眼?你是否在城市建筑物的玻璃幕墙、大理石的反射光线下头晕目眩?你是否在长期使用电脑后眼睛干涩难耐?

随着城市化进程的加快,城市光源的不断增加,"光污染"这个听起来有些陌生的词汇,近年来已潜入我们的生活,影响着人类的健康。光污染的增加和影响的加剧与人们对光环境的日益重视之间的矛盾日益突出,光污染投诉已成为新的热点问题。1996 年,上海出现了第一起因城市建筑物玻璃幕墙反射引起光污染的投诉,随后各地有关光污染的投诉不断增多。

通常来说,光污染是指过量的光源照射与辐射,包括可见光、紫外光和红外光等所引起的照射、辐射对人们身体和生态环境造成的伤害及影响的总称。光污染的形式、来源、影响均很广泛。

光污染的表现形式多样,根据目前通行的国际分类方法,光污染主要包括三种形式:白亮污染、人工白昼、彩光污染。

1.白亮污染的危害

白亮污染主要是指建筑物的幕墙(包括玻璃、大理石、釉面墙及涂料墙)在白天所带来的阳光反射引起的污染。

玻璃幕墙因具有吸收红外线、提高建筑美感等优点,使用量逐年增长,但是因镜面建筑物对阳光的反射率高,在烈日下,会对城市道路中行驶车辆的司机造成突发性暂时失明和视力错觉,给行人和司机带来生命威胁,且反射阳光会令附近建筑物的室内温度上升,影响周围居民。

(1)1998 年建成的宁波电业大厦,从第 6 层至第 28 层在外墙面装饰了玻璃幕墙,玻璃幕墙在 5 月～10 月的晴天将光反射到对面十几户居民的居室中,给大家造成了严重的生活干扰,影响了居民的正常生活,当地居民在该年 6 月将该楼建设的相关单位告上了法庭。

(2)2012 年深圳论坛上一张名为"求求市长了,不要让无辜的园丁及孩子成为光污染的牺牲品"的帖子引起了很多人的关注。据称,景田邮政综合楼玻璃幕墙反光强烈,使得整栋楼形同镜子,而学校操场与其仅一墙之隔,折射的炫光使操场几乎无死角,学生无法睁开眼。该楼另一侧的红蜻蜓幼儿园也遭遇了相似困扰。由此可见,建筑光污染已是一个不容忽视的环境问题了,建筑光污染已给环境、个人和社会带来了严重的恶劣影响。

(3)2013 年,英国伦敦芬乔奇街 20 号的一座摩天大楼由于其外形独特,犹如对讲机,故有"对讲机大楼"(Walkie Talkie)的外号。大厦的外形是弯曲的,外面全是玻璃,结果,这座大厦变成了一个凹透镜。悲惨的事情发生了,玻璃幕墙折射的光和热强度太大,一辆车的后视镜及车身外层胶被热熔,且有一股烧焦气味。既然此玻璃幕墙有这样的能力,很多人蜂拥而至,甚至有人成功地利用被聚焦的太阳光煎熟了鸡蛋。还有人测试发现,塑料瓶可以轻易地被烤焦。街上旅游的行人们更是被强光刺得睁不开眼睛。楼建好了,角度没法调整了,只好对外墙的玻璃进行了一部分调整,但是效果并不是太好,聚光问题并没有得到彻底解决。这座大厦的大部分设计工作,都是在计算机上完成的,但是百密一疏,设计时过分追求了大厦的独特外形,却忽略了弯曲的楼面及玻璃幕墙对太阳光的反射,产生了不可挽回的负面影响,对周围的居民、游客影响极大。

白亮污染的危害远不止如此,研究发现长时间在白亮污染环境下工作和生活的人,会出现视疲劳和视力下降现象,视网膜和虹膜都会受到不同程度的损害,其白内障的发病率高达45%。除此之外,白亮污染还会使人夜晚难以入睡,扰乱人体正常的生物钟,导致白天工作效率低下,以及引发头晕心烦、食欲下降、情绪低落、身体乏力等类似神经衰弱的症状。

2. 人工白昼的影响

人工白昼的影响主要是指夜光的污染,即晚上的路灯、霓虹灯、广告灯及各种强力照明灯给人们视力所带来的不适应。

许多城市建设的"亮化工程",试图用繁华夜景促进当地经济,展示城市外貌。与此同时,商业广告的宣传方式向夜间户外广告发展,广告屏的亮度不断增加。光彩夺目的城市夜景却令城市光污染加重,给城市居民的正常休息和生态环境带来严重影响,例如,家住福州市南江滨某小区的周先生说:"不管多热,我们家阳台、窗户都用遮光帘捂得严严实实,否则就会被强光照得无法入睡,且不说原本的江景房再也看不到江景,从傍晚到晚上睡觉前开窗透透气都没办法!"原来,周先生家阳台下有一组射灯正好照进房间。

3. 彩光对视神经的损害

彩光对视神经的损害主要是指室内的各种彩灯光源,由于其旋转、闪烁、荧光反应等给人们带来的负面影响。

彩灯光源多为激发光源或荧光源,在室内的黑暗环境中,其旋转、闪烁的频率与人们眼睛瞳孔收缩频率往往是不一致的,极易造成眼睛肌肉疲劳,进而损害视神经功能。

除了上述三种常见的光污染之外,在人们的生活中,还存在其他众多的污染形式,如白色涂料内墙、白色铜版纸张、电脑、电视带来的光污染广泛存在;在紫外线的作用下,尤其在冬天的时候,汽车排放的尾气容易产生化学光雾,也是一种较为严重的光污染;工业生产、医学手术中所应用的高温锅炉、紫外光和红外光也是一种人工光源污染;还有鞭炮、烟花、炮弹等带有强力化学爆炸物质的物品在燃烧、爆炸过程中产生化学光污染也是一种重要的光污染类型。

4. 光污染防治措施

光污染给人们的生活、生态环境带来的危害很大,且人们已经逐步意识到光污染危害的存在,采取积极措施与对策来防治光污染带来的危害是当务之急。可通过以下几个方面减少光污染:

(1)卫生、环保部门要做好光污染的宣传工作,建议制定相应技术标准和法律、法规,采取综合防治措施。

(2)在城市规划和建设时,加强预防性卫生监督,竣工验收时,卫生、环保部门要积极参与,并且要及时开展日常监督与监测工作。

(3)提高市民素质,教育人们合理地使用灯光,注意调整亮度,白天尽量使用自然光,强化自我保护意识。

4.6.2　噪声污染及防治措施

我们身处城市之中,随处可听到机器隆隆、马达轰鸣,这些曾被认为是现代工业发达的象征。但今天,城市中的噪声却给人们的生活及身体健康带来了严重困扰,由噪声所引起的各类疾病与日俱增。噪声污染已成为继大气污染、水污染及固体废物污染之后的世界第四大污染,是一种新的环境公害。

一般而言,40 分贝是正常的声音环境,对人类的身心健康没有多大影响。如果声音超过了 40 分贝,便是噪声污染,对人类的身心健康是有害的;如果声音超过 85 分贝,不但能够损伤人类听觉,还会诱发多种疾病。

1.噪声对健康产生的危害

(1)对听觉的影响

当人们自觉或不自觉地处于强噪声环境中时,会感到双耳难受,还会出现头痛、耳鸣等现象。如果离开这种环境休息一段时间,听力就会逐渐恢复,这种恢复可能需要数小时或数十小时,与人的体质有关,病理学上称之为"暂时性听觉转移"。如果长期生活、工作在强噪声环境中,听力就不能得到及时恢复,严重者会引起耳朵器质性病变,即"噪声性耳聋",引起耳朵鼓膜出血破裂及基底膜脱落,可能长期失去听力或听力变差。

研究表明,只要噪声超过了 85 分贝,噪声性耳聋发病率就高达 80% 以上。

(2)对神经系统的影响

噪声可通过对人体神经系统的强烈刺激,使精神和肌体处于高度紧张状态,大脑皮层兴奋和平衡失调,导致一系列并发症,如引发消化道疾病、心血管病及头疼、脑涨、心慌、失眠、记忆力衰退和疲劳乏力等症状。

长期在噪声环境下工作和生活,对神经系统的功能会造成障碍。有的患者会引起顽固性头痛、神经衰弱和脑神经机能不全;体质也会逐步下降,免疫力和抵抗力会减弱。

此外,噪声还对内分泌功能、胎儿发育等产生影响,会引发女性习惯性流产。

2.噪声产生的根源

城市噪声污染是普遍存在的,污染源主要包括交通噪音、工业噪音、建筑施工噪音及社会生活噪音等。

城市修建了大量基础设施,在为出行带来极大便捷的同时,也带来了严重的噪声污染,例如,车辆运行时发动机的声音,车辆行驶中轮胎与地面摩擦产生的噪音,堵车等路况不好时汽车喇叭声等。城市中心有些高架桥距离居民楼很近,这种大量机动车行驶的噪声是很严重的,即使道路两边增加了噪音隔离屏障也不能完全解决问题。

工业快速发展的过程中,噪声污染没有得到足够重视,导致我国目前工业噪声污染十分严重,例如,机械行业、纺织行业、制造业以及铆焊行业在生产过程中,都会产生不同强度的噪音,这些噪音几乎都超出了国家的卫生标准,若不加以重视并采取必要的降噪及防护措施,会严重影响工厂员工及工厂附近居民的正常生活,甚至会给员工及居民的生理与心理带来不可逆的损伤。

施工过程中会使用大量的动力机械,也会产生一些噪声污染;新房装修过程中产生的噪声,对周围居民会产生不良影响。这些噪音都属于建筑施工噪声污染。

另外还有一些生活中产生的噪声,主要是指街道和建筑物内部各种生活设施、人群活动等产生的声音。如在居室中儿童哭闹或大声播放收音机、电视和音响设备,户外或街道人声喧哗,宣传或做广告用的高音喇叭等。这些噪声一般在80分贝以下,对人没有直接生理危害,但对人们交谈、工作、学习和休息都有干扰。

3.噪声治理措施

(1)加强噪声管理

为防治噪声污染,保护和改善环境,需要贯彻施行我国制定的《环境噪声污染防治法》及相关标准和制度。有关部门应加强对产生严重噪声污染的企业加强监督管理,根据不同情况,分别责令限期整改,切实将噪声危害减少到最低限度;交通运输部门同样需要对汽车噪声进行监测,严重违规的要进行整顿,逐步淘汰对人体危害较大的破旧汽车。

(2)提高降噪技术

控制噪声最有效的方法就是降低噪声源功率。在工矿企业中有各种类型的噪声源,产生噪声的机制各不相同。因此,需要针对噪声类别开发不同降噪技术,尽可能降低噪声源功率。

在传播途径上,也要考虑降噪措施。工程设计与施工时,要广泛采用吸声材料,尽可能采用吸声结构、隔声材料及消声装置,控制传播途径,防止噪声扩散。

(3)合理规划工程

在大力推行城市化进程中,城市规划者和工程师尤其要注意将重工业的厂矿、火车站和飞机场等噪声源远离居民生活区,并加大对居民生活区噪声的控制力度,以降低噪声对居民区的影响。

(4)增强防噪意识

加大环保宣传,增强市民环保意识。装修房屋时,要注意施工时间的安排,事先要与邻居打好招呼;在家里使用家电、乐器或进行娱乐活动时,要注意音量和时间的控制;从事商业买卖时,不要高声叫卖或使用音响招揽顾客。

(5)注意个人防护

经常接触噪声环境的人们应多吃些蔬菜和水果进行"食物保护",果蔬中的维生素可抵消噪声污染对人体内维生素的损耗。

对噪声接受者来说,短暂高噪声污染可用堵塞耳朵的办法进行防护;对噪声污染不太严重的环境,人们则应逐步适应,放松精神,稳定情绪。

4.6.3　雾霾形成及对人身的危害

2012年入冬后,我国空气质量不断恶化,"雾霾"在全国各大城市肆虐,"雾霾"正式进入公众视野是在2013年,并成为当年的年度热词,引起人们广泛关注。

其实"雾霾"早在20世纪初就已存在且给人类带来了无数次灾难。1930年,"马斯河谷烟雾事件"导致63人丧生。1943年,洛杉矶发生的光化学烟雾事件导致400多人丧生。1948年,发生在美国多诺拉镇"多诺拉烟雾事件"造成12人死亡。1952年12月,"伦敦烟雾事件"导致一个月之内4 000余人丧生。

因此,"雾霾"既是环境问题,更是影响人类健康的问题,已成为20世纪十大环境公害之一。

1.雾霾产生原因初探

雾霾是一种由灰尘、烟雾、水蒸气等导致能见度降低的天气现象,其形成与气溶胶有直接关系,粒径(空气动力学直径)小于等于 2.5 微米的气溶胶颗粒被称为细颗粒物,即我们所说的 PM2.5。气溶胶颗粒有一次源和二次源之分。一次源包括工业粉尘、机动车尾气、道路扬尘等,而二次源包括氮氧化物、二氧化硫、有机碳氢化合物等生成的细颗粒物。

"工业污染"是造成雾霾产生的主要原因。传统工业是以生产迅速化、产量最大化及经济利益最大化作为根本出发点,人们对资源利用毫无节制,也不曾关注或者不想关注工业生产进程中的环境污染问题。

除了工业污染物的排放,工业聚集也是造成雾霾的重要原因之一。我国很多地区尤其是以京津冀和山东为代表的环渤海经济圈和石化生产基地,过去长期形成的过度重工业化、过度投资驱动、过度投资增长的发展模式对资源的依赖过大,因此对生态环境造成了严重破坏。火电、化工、钢铁、炼焦、建材、冶炼等重工业在这些区域内过高的聚集度,直接导致该区域内 PM 2.5 排放量超过了生态环境的承载量,导致雾霾现象的出现。

城镇化发展也是导致雾霾产生的原因之一。规模越大的城市,所消耗的能源就越多,碳排放量也就越多,形成了大量污染气体(如汽车尾气、建筑扬尘)的排放,极易加剧大气污染,加速雾霾形成。

2.雾霾带来的危害

雾霾除了降低能见度导致交通事故频发以外,还在很大程度上影响着人们的身体健康及心理健康。

一般而言,雾霾会引起光照严重不足,接近地表底层的紫外线会明显减弱,而存在于空气中的各类细菌无法通过紫外线有效地消毒处理,从而使一些具有传染能力的各类细菌大量繁殖,明显增加机体患传染病的概率。

雾霾会加重人体呼吸道感染,其中的细微颗粒物能够侵入人体呼吸系统的肺泡囊、肺泡管、肺泡、肺泡间质,且不易通过呼吸系统排出可吸入颗粒物、细颗粒、极细颗粒等,同时还会刺激并破坏人体呼吸道黏膜,减弱呼吸道黏膜的自我防御功能,由此将会诱发人体出现鼻炎、咽喉炎、肺炎、气管炎、支气管炎、肺气肿等一系列呼吸系统疾病,最终会加大患肺癌的概率。

雾霾还会诱发心脏疾病。当人们长期生活在雾霾天气中,由于地表气压较低、湿度较大等,致使人体的排汗系统无法启动或者启动相对较弱,人体的热量、毒素无法畅快排除,极易诱发人体出现心脏等方面的疾病。

4.6.4　扬尘污染与解决方案

施工扬尘是由工程建设中施工人为活动引起的,其扬尘颗粒在施工过程的影响下会随着空气流动而移动,最后变成细小颗粒物,一旦进入肺中,就会引起一系列疾病,严重危害人们的身体健康。

施工人员活动或机械的运转将产生大量扬尘,扬尘悬浮在空中,不仅会使粉尘浓度增加,也会降低大气质量,尤其是在大城市,粉尘浓度已严重超标。粉尘中含有大量的碳氢氧、硫氯氟等元素及大量细菌和病毒,扬尘会加快其传播速度,不仅会影响周围植物生长,也会影响周围居民健康。

此外,因施工现场扬尘问题而引发的民事问题也随之增多,这样不仅无法保证施工顺利进行和施工质量,同时也会给施工单位造成一定损失。因此,施工扬尘污染已成为企业亟待解决的问题。

目前针对施工扬尘污染采取的关键措施有:

1.完善制度,措施到位

监管部门、施工企业要高度重视,要有一系列管理办法,以重点强化对施工现场的管理,如设置美观整洁、高度不低于 2.5 米的硬质围挡,装卸物料时采取喷水、遮挡等防尘措施,工地出入口配置车辆冲洗设施,裸露地面采取硬化、临时绿化、防尘网覆盖等防止扬尘的处理措施及管理办法。

2.突出重点,落实责任

重点对工程施工的工地土石方和场地平整施工等阶段进行严控,督促参建各方主体严格落实规范标准,全面做好各项防扬尘措施。

做好裸土覆盖,裸露场地和集中堆放的土方及时用防尘网覆盖,减少扬尘;场区道路及时硬化,保证畅通、坚实、排水畅通无积水;做好洒水降尘,尤其是在土方等工程装卸、运输过程中,及时采取洒水等防尘措施。

3.强化现场管理,推进文明施工

对施工现场围挡、道路硬化、车辆冲洗、临建设施等按照标准的要求实施开工前安全文明施工条件评估。

进一步提升文明施工管理水平,逐步推广文明施工新工艺、新措施,不断解决工程建设对周边环境及居民的影响。

4.6.5 基因工程与健康的复杂关系

所谓基因工程技术,就是在基因(DNA)水平上,用分子生物学的技术手段来操纵、改变、重建细胞的基因组,从而使生物体的遗传性状按要求发生定向的变异,并能将这种结果传递给后代。

基因工程技术已引起世界各国极大的重视,是 20 世纪科学技术最具革命性的成就之一,开创了人类认识自然、改造自然的新纪元。国际科学界的有识之士也纷纷预言,21 世纪有望成为基因时代。

随着"人类基因组计划"的初步完成及基因工程操作技术的不断完善,人类在基因领域已经取得了巨大进步,基因工程技术正在以令人目不暇接的速度和不可思议的方式改变着世界,已经或即将对人类社会产生重大影响。

1.基因工程在医药领域的应用

基因工程对医药卫生及人体健康领域的特有功能,体现在能够治疗常规技术下难以治愈的疑难杂症,以及开发研究新型医疗药物等方面。

(1)某些药物常规手段无法生产,或者即便能生产但生产成本高,大部分患者根本无法承受,而这些昂贵药物的生产技术现在通过基因工程已能得到解决。应用基因工程技术开发出了如胰岛素、干扰素等新的特效药物,可分别用于防治如肿瘤、遗传性、免疫性、内分泌等严重威胁人类健康的疑难病症,且毒副作用小。

(2)利用基因工程进行诊断设备的研制,如开发具有实用价值和药用价值的体外诊断试剂、免疫诊断试剂盒,具有灵敏度高、性能专一等优点,这些诊断设备应用在一些疑难杂症的诊断上,开辟出了新的医疗手段和技术方法。

（3）在实验室中研发基因工程疫苗和菌苗,实现了批量大规模生产,继而在抵御传染性疾病的侵袭、确保人类优良基因的延续等方面起到了积极效用。

（4）医务人员已能识别、诊断和预防人类所患的 4 000 多种遗传性疾病及失调症,可能会有成千上万种诊断和治疗遗传性疾病的方法,而基因技术将成为关键的治疗手段。

2. 基因工程可能引起广泛的生态环境安全性问题

（1）可能诱发食物链的破坏。完整的食物链是维系自然界万物共生、生态平衡极为重要的一环,一旦食物链遭到破坏,生态环境将会遭到致命威胁。转基因农作物（如转基因大豆、玉米）作为一种新的人造品种进入原有的食物链,可能会改变甚至破坏以往的食物链。

（2）可能引发基因污染。转基因植物是人为地用基因工程技术将某种目标基因转入而获得的,若外源基因由于"基因漂流"而非人为地转入其他有机体,就造成了自然界基因库的混杂或污染,植物和微生物可使基因污染成为一种难以控制的持续性灾难。

3. 基因工程对人体健康的威胁

（1）人类免疫系统受影响。转基因生物及其产品有可能降低动物乃至人类的免疫能力,从而对动物及人类健康甚至生存能力产生不利影响。已有研究表明,实验白鼠在食用转基因大豆后,器官生长异常,体重减轻,免疫系统遭受破坏。因此,食用转基因食品,有可能引起人类免疫系统发生变化。

（2）抗药性问题。转基因过程中,为检测转基因试验是否成功,需要经常将特定抗生素抗性基因作为标记基因,而这些抗生素都是用来治疗非常严重的疾病的药物。食用含有这种标记基因的食物后,其抗性基因有一定概率转移到细菌中,使细菌产生抗药性。这意味着一旦某些致病菌获得这种抗性后出现某种疾病,人类将无药可用。这也是限制抗生素治疗疾病的根本原因。

正是由于基因工程对生态环境、人类健康影响的双面性,使得人们在利用基因技术时尤其要注意,既要能造福人类,又尽量避免对生态系统的人为干扰。例如,现在种植的转基因大豆、玉米,虽然能提高产量,减少病虫害,但对人体的影响究竟是怎么样的,科学上还没有定论。支持的人和反对的人都不能取得足够多的证据。但无论如何,在利用转基因工程方面,还是小心为好,以科学态度进行研究,以敬畏之心来对待。

习题与思考题

1. 截至 2019 年,世界上大约有 5 600 多种语言。文化主要是代代相传的,语言是传播文化最重要的工具。然而,在一个日益全球化的世界里,各种语言正以惊人的速度消失,我们也正在经历文化的丧失。因此,许多人已经很难接受本国的文化和习俗了。（1）丧失一门语言可能会给社会带来哪些潜在的影响？（2）我们可以做些什么来解决网络空间语言生存的问题？（3）总的来说,这是一个严重的问题吗？

2. 找找自己家乡具有特色的建筑工程,阐述该建筑工程与当地文化的相互影响和关系。

3. 通过文献调查,对你感兴趣或拟修读的专业领域的相关法律、法规和行业规范进行梳理,说明制定这些法律、法规和行业规范的必要性。

4. 最近几年自动驾驶(无人驾驶)汽车领域取得了巨大进步,预计全自动驾驶汽车将在不久的将来上市。(1)汽车制造商声称这些汽车将会解决许多社会问题,列举出全自动驾驶汽车将产生的一系列好处。(2)该项技术的主要关注点是什么? 你觉得这些担心有道理吗? (3)考虑用户使用车辆产生的相关法规、法律和政策。

5. 环境问题日益严重,对工程活动与工程师职业提出了挑战。本来是造福人类的科学技术、工程活动,为什么会造成严重的环境问题呢? 如何破解?

6. 以一个典型的工程活动为例,剖析其对周围环境产生的影响。

7. 可持续发展不仅与我们社会发展、生活质量息息相关,更影响着子孙后代的生存与发展。从学生自身的角度出发进行阐述,如何做到保护环境、为社会可持续发展做贡献?

8. 燃烧与爆炸的三要素是什么? 如何预防家里的煤气或天然气泄漏? 若发现有煤气或天然气泄漏,应该采取哪些措施?

9. 借助于文献调查,剖析一个核电站建设工程中为防止核辐射与核泄漏所采取的预防措施。

10. 转基因工程发展突飞猛进,基因转移、基因扩增等技术应用不仅使生命科学研究发生了前所未有的变化,且在实际应用领域,如医药卫生、农牧业、食品工业、环境保护等方面,展示出了美好前景,但转基因工程也给人们带来了许多潜在危机。请对如下两个问题谈谈你的看法:(1)转基因生物可能会影响或威胁到生物的多样性和生态环境;(2)转基因食品可能危害人类健康。

参考文献

[1] 张波.工程文化[M].2 版.北京:机械工业出版社,2018.

[2] 邝志刚.工程文化概论[M].北京:化学工业出版社,2014.

[3] 中国当代十大建筑揭晓 央视大楼落选[EB/OL].(2014-06-10)[2021-08-30].http://culture.people.cn/n/2014/0611/c22219-25132160.html.

[4] 专家批央视总部大楼:国内建筑只重造型不顾安全[EB/OL].(2015-01-06)[2021-08-30].https://www.chinanews.com/gn/2015/01-16/6973828.shtml.

[5] 石华琴.法律教程[M].杭州:浙江大学出版社,2007.

[6] 朱源.国际环境政策与治理[M].北京:中国环境出版社,2015.

第5章 工程设计

5.1 导 言

工程设计对社会发展发挥着至关重要的作用。在人类文明早期,人们就通过制造各种工具和物品来满足自身的需求。工程在近 150 年里更是极大地改变了人们的生活方式,提高了人们的生活质量[1]。

工程设计始终以解决实际问题为目的,不仅需要多领域、多学科的知识,还需要设计出创新性的产品[2]。我国工程教育认证标准对工程设计有明确要求:毕业生要能够针对复杂工程问题,设计出相应的解决方案,形成满足特定需求的系统、单元(部件)或工艺流程。在设计过程中,需要考虑社会、健康、安全、法律、文化以及环境等因素,并能够在设计环节中体现创新意识。学生不仅要掌握自然科学知识、专业基础等相关知识,而且要了解工程设计的基本概念、基本过程,以及设计过程中的关键环节等内容。

本章首先介绍工程设计的相关概念。然后根据一件产品从"无"到"有"的过程,阐述了工程设计的实施步骤:通过初步工程设计,确定产品的实施方案;通过详规工程设计,完成图纸绘制并出具设计报告;通过全寿命工程设计,综合考虑并有效利用相应资源,完成产品设计。在此基础上,根据科技发展趋势,介绍现代工程设计的理论、方法和进展。最后以超市购物车为例,系统地介绍了产品设计的具体过程。

5.2 工程设计概要

5.2.1 工程设计的属性

设计是为了满足人类需求而进行的一种行为。在现代社会中,通常情况下设计与制造是两个不同的阶段。设计是完成产品的前期阶段,制造是完成产品的第二阶段[3]。

工程设计是人们运用科技知识和方法,有目标地创造产品的过程。工程设计对于最终产品的研发至关重要。虽然工程设计费用只占最终产品成本的一小部分,但它决定了产品的先进性和竞争力,也决定了产品制造成本和营销服务成本。

如今工程设计的定义已经扩展到包括现代工程设计的系统思维过程以及最佳实现和系统的实施方法。设计者必须在有限时间和有限资源的条件下获得最佳设计。

目前,工程设计最大的挑战是设计者的知识广度。针对复杂工程问题,设计者要开发、选择与使用恰当的技术、资源、方法,实现合理分析和对比,同时判断设计方案对社会、健康、安全、法律以及文化的影响,最终获得最优设计,并承担相应的责任和义务[4]。

5.2.2 工程设计的作用

狭义的工程设计是指设计出满足设计需求的产品,并为产品的生产提供设计文件。设计需求是指他人、客户或企业管理者传达给设计者的一种问题陈述,也称为设计概要。设计需求应当包含一个确定的目标、产品的若干约束条件以及衡量设计成功与否的设计标准。

例如,一种单把手混合水龙头的设计需求为:室内用单把手冷热混合水龙头,出水量为 10 L/min,最大压力为 0.6 MPa,正常压力为 0.3 MPa,温度为 5~60 ℃,接口尺寸为 10 mm。产品外形美观大方,商标位置显著,两年内投放市场,单个成本不得超过 200 元,月产量为 3 000 个。

在实际设计过程中,同一个设计需求,可能有许多设计方案。不同于课堂作业题,工程设计没有特定的答案或结果。设计师在进行工程设计时,往往不知道最终答案是什么,也不知道如何使用和借鉴已有的知识,同时还需要考虑其他相关影响因素,如成本、外观、人们的喜好以及各自因素所占的权重等。

5.2.3 工程设计的意义

从历史和人类发展角度看,一方面,工程设计是现代社会工业文明的重要支柱,促进人们生活质量的提高和社会的发展。18 世纪 70 年代,蒸汽机的发明推动了西欧各国相继完成第一次工业革命,生产方式由手工业过渡到机器生产。在工业革命的推动下,生产方式的改变使得人们的物质生活极大地丰富,人类进入工业社会。另一方面,工程设计是现代社会生产力的龙头,是科学技术转化为生产力的纽带,可以大大提高社会生产力。三次工业革命中,工程设计将新技术应用到生产生活中,实现了从蒸汽动力取代人力到电力取代蒸汽动力,大大提高了社会生产力,促进了生产方式的变革和时代变迁。

5.2.4 工程设计的质量

工程设计的质量需要时间的检验。一名优秀的设计者在面对问题时能看出症结所在,而一名不合格的设计者不仅看不出问题所在,还会以其他问题掩饰已有问题,增加设计成本。

下面举例说明优秀工程设计的设计要点。在直升机出现之前,营救搁浅船上的船员时,一般通过基于小型火炮的浮标发射系统进行营救。它的工作原理是在岸边利用小型火炮发射带有浮标绳索的弹丸,从而控制搁浅船来达到营救目的。

1.产品是否符合技术要求

判断浮标发射装置是否符合其技术要求似乎只有一个标准:系绳浮标是否击中目标。但衡量成功的方式有很多种。一个设计良好的浮标发射装置将允许浮标质量、大小和形状等发生较大范围的变化;而且易于操作,最好一两个人便能轻松操控;即使在强风或大雨中,它也能反复击中目标。设计不良的浮标发射系统可能在良好的天气条件下可以正常工作,而在暴风雨中则无法正常工作;只能容纳单一质量或形状的浮标;无法产生可重复的发射轨迹。

2.产品是否有用

在开发阶段,不能指望产品在第一次测试时就能正常工作。但是,在交付客户时,产品必须能够正常、持久地工作。比如,设计者可能用廉价的铁制造大炮,用木头和钉子建造简单的浮标发射装置,也可能在原设备上添加新功能,却不思考每个功能之间如何交互,这样的浮标发射装置很可能在发射时通过检查,并能够在测试中发射弹丸,但在实际工作中会使炮管磨损或破裂,破坏其触发机制,从而影响救援工作。这样的缺陷对等待救援的船员来说是灾难性的。而一名优秀的设计者将通过测试不同性能的材料、结构、触发机制,开发一种坚固的浮标发射装置,从而使得浮标发射装置在最恶劣的天气条件下仍能长时间运行。优秀的设计者会将发射系统考虑为一个整体,思考各部分的相互关系,使得设计的产品性能更优、能够胜任更复杂的工作条件。

3. 产品是否达到成本要求

大多数设计需要在增加功能和增加成本之间进行权衡。在浮标发射系统中,炮管材料选用便宜的铸铁还是昂贵的不锈钢? 消费者能否接受更高的价格? 外表设计惊艳的产品是否会让救援队感觉更专业? 这些成本的考量是设计者在设计过程中必须面对的问题。

4. 产品是否需要广泛维护

耐用的产品将提供更长时间的服务。耐久性设计往往会造成最终产品的成本升高,但设计过程必须考虑该问题。在设计过程中,设计者必须考虑为了省钱而节约成本是否会导致零部件失效。只要求产品通过最初检验测试,不考虑产品长期运行的设计者是不合格的。因此,为了打造一款名副其实的持久救援设备,设计者必须考虑产品的耐用性问题。

5. 产品是否安全

安全是一种相对的质量指标。没有一种产品是绝对安全的。增加安全性通常意味着增加成本,这使得产品安全性的设定成为工程设计比较困难的环节。在事故发生之前,不安全的产品很难确定其潜在危险性,它可能永远不会造成伤害。但随着用户的增多,其造成伤害的可能性将会增大。在设计过程中,如何权衡产品的安全性和经济性,是一个值得深思的问题。以浮标发射系统为例,当浮标被投放到船只上时,它可能会击中船上的人员。若能设计一个在飞行过程中可以分散其质量的浮标,将会降低击中人员的可能性,但该方法毫无疑问会增加弹丸的设计和制造成本。

6. 产品是否造成道德困境

产品本身的目的和价值是为他人服务,设计产品是利他主义行为,但公司在设计产品时必须创造经济效益才能生存下去。作为公司的一名员工,如果管理者让你使用廉价的材料制造相关零部件,但没有告诉客户,你应该遵照指示还是违抗命令? 如果你在设计过程中发现一个可能导致人身伤害的严重安全缺陷,你是坚持花费昂贵的成本修改,还是什么也不做? 这些问题的答案都很复杂,是工程师长期面临的问题。可见,每位工程师的道德标准与工程设计结果息息相关[5]。

优秀设计与低劣设计的特点对比见表 5.1。

表 5.1　优秀设计与低劣设计的特点对比

优秀设计的特点	低劣设计的特点
满足所有技术要求	只满足一些技术要求
耐用	无法长期运行
满足成本要求	成本较高
很少或者不需要维护	需要经常维护
安全	对使用者造成危害

5.2.5 对工程设计者的基本要求

1.专业素养

设计者必须具备一定的工程知识,能够将数学、自然科学、工程基础和专业知识用于解决复杂的工程问题,能够将所学的工程知识用于工程问题的分析,能够就复杂工程问题与业界同行及社会公众进行有效交流,并具备一定的国际视野,在跨文化背景下仍能做到正常的沟通和交流[6]。

设计师基本专业技能如下:

(1)团队协作——团队活力以及团队成员之间的相互协作对项目的成功是至关重要的。

(2)日程安排——从项目开始到圆满结束要注意时效,同时还要在项目的相应阶段将团队成员进行分组或合并,以得到一个整体解决方案。

(3)研究技能——收集数据,采集信息,并在技术和竞争力上与时俱进。

(4)专业写作——对任何设计,交流与报告都是至关重要的环节。一方面,通过交流能够发现被忽视的问题。另一方面,设计需要公布于世。即使是一项可能改变人类生活方式的创新设计,如果不将其公布于世,也将由于不为人所知而沦为失败的设计。

(5)描述技巧——与专业写作同等重要,有时甚至更为重要。这项技能将设计传达给支持者和客户。它是一种极其强大的沟通和营销工具。良好的描述技巧会让最终的设计得到认同。

2.职业道德

设计者应具有人文科学素养、社会责任感,并能够在工程实践中理解并遵守相关工程职业道德和规范,切实履行责任。在执业过程中,工程师应做到以下几点:

(1)把公众的安全、健康和福祉放在首位。

(2)在能力范围内提供相应的服务。

(3)以客观的、真实的态度发表公开声明。

(4)做每一位雇主或客户忠诚的代理人或信托人。

(5)杜绝欺瞒行为。

(6)体面地、负责地、有道德地、合法地从事设计工作。

3.团队合作

当产品进入市场时,竞争不可避免,在此条件下团队协作是保持不败的最有效方法。因为团队合作能大大缩短项目完成所需时间。一个团队的成员往往具有多学科和多工程的背景,在团队合作过程中,每一位工程师要同时承担多个角色,这就需要每个成员在做好自身工作的同时,兼顾团队相关工作,以达到团队协作的目的。成功的团队应具备以下素质:

(1)分配明确的角色和工作内容。有些工作最好由团队合作完成,比如头脑风暴和概念评估。大多数情况下,每个人都可以根据自身的责任和任务发表意见和建议,并及时吸取其他人的意见和建议,这对整个团队是有益的。在团队会议中,保持信任和尊重的氛围,让团队成员自由地表达自己的想法,而不会受到惩罚。这种信任还包括允许文明和习性的分歧,并应该尽可能地保护个人想法,避免阻碍个人参与的积极性。

(2)每个人都应该参加讨论。这意味着要对性格内向的团队成员保持敏感和必要的关注。

(3)共享领导的责任。如果有一个指定的团队领导,这个人应该赋予其他团队成员重要的领导责任,这将有利于提高项目成员的主人翁感,与此同时,团队成员必须愿意站出来承担领导角色,最终通过协商达成团队决策。

5.2.6 工程设计的过程

工程设计是一个迭代过程。在设计过程,不经历反复修改,很少能得到一个出色的产品。测试和修改是工程设计的重要组成部分,必要时可能需要放弃整个设计方案,从头开始工程设计。从想法到最终产品问世的一系列过程称为设计周期[5]。虽然设计过程的具体步骤可能因产品和工程领域的不同而不同,也可能因项目经理或任何给定设计的指导者而不同,但大多数设计过程类似于如图 5.1 所示的顺序。

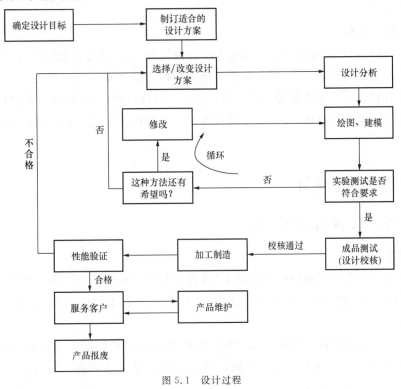

图 5.1 设计过程

5.2.7 工程设计的管理

管理控制是一个工程设计成功的关键。如果一个人在项目中承担设计任务,就必须掌握自我管理的能力。在一个工程设计团队中,无论是团队领导还是团队成员,都必须时刻检查工程设计过程并且对设计策略和方案进行必要的修正。无论项目采用哪种设计框架,都必须有进一步的控制策略,以避免时间和资源的浪费,以及"走入死胡同"等类似行为[3]。一些有益工程设计过程管理的方法如下:

1.保证目标明确

工程设计过程中,工程设计目标不可能是一成不变的,因为工程设计方法和手段都需要根据进度和结果进行修正,从而导致工程设计目标会发生调整。尤其是针对某个设计问题的创造性解决方案,通常都会涉及设计工程目标的修改。在任何时刻都保持目标明确是非常重要的,而且要清楚地认识到它们会随着项目的发展而变化。

2.不断检查设计策略

设计策略是为了以一种创造性的和恰当的方式解决设计问题,而不是死板地沿着设定路线工作。设计策略是灵活的、可变的,所以要定期检查并修正。如果你觉得自己的设计行为没有建设性,或者说无法进行下去,就停下来问一问自己是不是有更好的方式。要有勇气修改工程设计计划、方法和技术,以更正确的方式向目标前进。及时与他人沟通,不同的人看问题的角度不同,要学会接收并采纳不同的意见和建议,从而改善自身的设计。因此,当在设计过程中被卡住时,最简单有效的方法就是与他人讨论,这有可能会帮助你改进设计方法。

3.独立存档记录

一段时间内,设计者可能同时从事多个项目的设计,因此独立存档记录可以使你快速地从一个工作切换到另一个工作,避免在新的信息获取方面花费过多的精力。一个有价值的文档是记录有效的解决方案和想法的文档。在整个设计过程中,设计者经常会有一些想法,这时便需要及时记录并存档,直到当你有精力和时间时再去研究并使用已经存档的方案和想法。

5.3 初步工程设计

5.3.1 初步工程设计的目标

1.问题定义

工程设计首先需要解决的问题是定义"问题",例如,"轴承坏了""手机发热""发动机的损耗太大"这些问题的本质一般都不明确,因此工程设计的初步任务就是确定具体的问题,即问题定义[6]。

问题定义一般是从设计目的开始,该阶段要回答的关键问题是:"要解决的问题是什么?"因此,问题定义的基本任务就是分析要解决的问题,并提交问题定义的报告。

问题定义的报告主要内容:

(1)问题的背景。弄清楚目前的设计处于什么状态,为什么要实施该方案,是否具备该方案的实施条件。

(2)提出设计的问题及总体设计要求。

(3)明确问题的性质、类型和范围。

(4)明确该设计要实现的目标和功能。

(5)提出设计的条件要求和环境要求。

问题定义一般可用简单的一两句话来阐述所需的产品及其主要功能。例如,在医用口罩设计的初期,可对问题进行如下定义:设计一个用于过滤空气中的病毒,防止其进入人的口鼻的卫生用品。该问题定义即要求设计出一种卫生用品,具有的功能是过滤病毒,防止其进入人的口鼻。又如,20 世纪初,莱特兄弟研制飞机时的问题定义就是:设计一个能够实现动力飞行的载人飞行器。该问题定义即要求设计一个具有两种功能的飞行器:一是能够载人;二是飞机使用机载电源,实现动力飞行。

问题定义主要是根据用户的需求来构建的,因此,必须明确用户的需求是什么,否则将会导致设计人员不能准确设计出相应的产品。在设计之前没有对用户的需求进行准确识别、理解和验证,通常是导致整个设计过程失败的原因之一。

2.复杂系统的分解

当遇到复杂问题时,将其分解为较小、较简单、易于管理的几个部分通常有利于理清思路、解决问题。在设计时,把总体设计目标的功能或任务分解成几个较小的部分,这种方法称为复杂系统的分解。

复杂系统可以用功能方法树的功能模型描述。功能方法树是一种分层结构,功能与方法构成不同的层,层与层之间用线段连接[7]。该方法的建立过程是从总功能开始的,然后采用自上而下的方式逐层分解,一直到最底层。分解过程如下:

(1)确定总功能或总目标。

(2)分解总功能或总目标,形成分功能;分功能可再分解成更小的功能。

(3)为每一分功能寻找对应的实现方法。

例如,设计一种口罩,要求该口罩具有过滤病毒的作用,对该目标进行分解,可得到如图 5.2 所示的防病毒口罩功能分解的功能方法树。

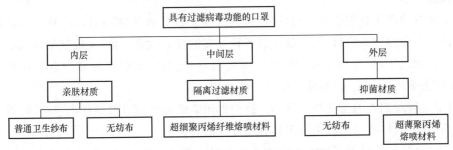

图 5.2　防病毒口罩功能分解的功能方法树

3.编写设计任务书

设计任务书亦称为"计划任务书"或"设计计划任务书",是确定项目建设,申请项目审批的基本文件。它也是项目建设的大纲。批准后的设计任务书是编制初步设计和建设前期工作的主要依据。

编写设计任务书的主要依据是获得批准的建设项目可行性研究报告。根据可行性研究报告的内容,将可行性研究报告中的相关要求具体化,经过研究,选定方案后编制设计任务书。设计任务书要对拟建项目的投资规模、工程内容、经济技术指标、质量要求、建设进度等做出规定,其主要内容有:

(1)预估市场需求、国内外同行的生产能力及供应情况,了解市场销售量、价格、产品竞争状况、国内外市场情况、进入国内以及国际市场的前景及渠道。

（2）确定项目建设的规模及生产纲领、产品方案及发展方向等，确定生产方法及工艺路线。

（3）确定资源、原材料、燃料动力、供水、运输、协作配套、公用设施以及资源的综合利用和废弃物治理的要求。

（4）确定生产技术、生产工艺的主要设备选型，建设标准及相应的技术指标，引进的技术指标。

（5）确定项目的主要单项工程、辅助工程及协作配套工程，进行全厂的布置方案、土建及工程量的估算。

（6）确定环境保护方案，组织劳动人员培训，确定实施进度以及建设工期计划。

（7）投资估算、资金筹措和财务分析。包括：主体工程和辅助配套工程所需投资，生产流动资金，资金的来源、筹措方式、偿还方式、偿还年限等。

（8）经济效益和社会效益。

（9）附件。包括可行性分析和论证资料、项目建议书批准文件以及其他附件。

设计任务书是策划工作的要点，是设计者通过系统分析得出的决策性文件。在被审批前，设计任务书具有定方案、定实施方法和定具体设计要求等作用。设计任务书审批后即确立了项目。设计任务书作为开发建设目标与规划设计工作方向的主要信息传递文件，应全面准确地反映策划的主要信息，使设计成果体现系统性、超前性、可行性和应变性。

5.3.2　初步工程设计的方案

1.头脑风暴

头脑风暴是产生新想法最常用的方法，其依赖于设计者的创造力和经验。头脑风暴必须鼓励任意思想的方案设计，同时禁止对各种方案的任何批评，具体来说就是团队成员自发地提出主张和想法，在选择出好的解决方案之前，一定要得出尽可能多的方案和意见。因此，在使用头脑风暴方法时，要注意以下一些规则：

（1）不允许对别人的想法进行评判。这使得团队的每个成员都能提出想法，而不必担心立即遭到拒绝，这样有助于产生更多具有创造性的想法。

（2）无根据的、异想天开的想法应该受到欢迎。这样的想法可能帮助他人产生更具创造性的想法，同时有利于活跃团队气氛。

（3）尽可能产生更多构想。这需要在团队中委任一位记录人员，把所有方案记录下来。

（4）团队成员可以补充或完善之前队员提出来的想法。这样有助于优化之前的设计。

头脑风暴中最重要的任务就是花时间来寻找大胆的、非常规的想法。在项目竞标时，通过头脑风暴，往往可找出主办方未曾想到的创新思路和想法。只有在集思广益后，团队才能消除不可行方案、不合法方案，或设计目标不合理等问题。

在去除不可行方案后，保留几个可行方案。如果没有可行方案，就需要进行更多的头脑风暴，产生更多的想法，以下示例说明了此步骤。

图 5.3 所示为通过头脑风暴提出的具有过滤病毒功能的各种口罩的设计概念。通过分析图中 8 种方案，可以得出以下结论：

(1)不可行方案:(a)(h),该类型口罩不具有隔绝病毒的作用。

(2)不便使用的方案:(b)(c)(f)(g)。

(3)可行方案:(d)(e)。

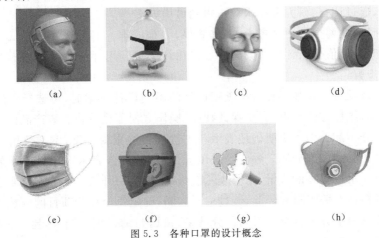

图 5.3　各种口罩的设计概念

2.确定思路

为了使一个想法被视为可行方案,可以用概念图的形式将想法表达出来。概念图具有确立设计思路、表达设计意义和产品工作方式的作用。

生成概念图时,一般分为两个阶段。首先,在初始创作阶段,一般通过手绘草图进行。例如,口罩的设计草图,这是因为手绘草图自由且快速,无须考虑整洁度或视觉清晰度,一些简单线条足以使设计者表达其想法(图 5.4)。其次,在文档编制阶段,对草图进行整齐绘制和标记,这样有利于团队成员之间进行沟通和交流。

确定思路时绘制的草图可根据以下准则进行:

(1)草图可以手工绘制或由计算机生成。

(2)草图不是详细的图纸,没有尺寸。

(3)需要对草图的零件和主要特征进行标记,以便更清晰。

(4)如需描述设计的工作原理,一般提供多个视图或局部视图。

草图提供的视图方式由设计者根据传达具体情况决定,大部分情况下一张等轴视图可以传达足够多的信息,从而有效地描述设计者的想法。同样,二维视图对产品设计也至关重要,在某些情况下,它们是判断设计是否可行的唯一依据。

一体成型
医学硅胶材质

单线后脑包围

避开耳朵

图 5.4　口罩的设计草图

3.方案对比与优化

在多个方案构思形成之后,往往要对这些方案进行对比和筛选,同时要从设计目的出发,对一些问题进行权衡和决策,最后获得最满意的方案或对现有方案进行优化改进。

经过功能分析和持续改进,形成的方案往往不止一个。这就需要进一步对比分析改进后的方案,从而选出最优方案。方案的评价有概略评价和详细评价两种。概略评价是对提出的多个改进方案或设想进行粗略筛选。详细评价是对经过筛选后的少数方案进行进一步具体分析对比,通过调查、研究和技术分析得到最优方案[8]。

对比方案时应从两个方面来考虑,一是效果,二是成本。一般选择成本低、效果好的方案作为最终方案。价值分析评价方案时一般采用评分法。用评分法评价技术方案时,一般分为以下四个步骤:

(1)选定评价项目。比如要评价某项新产品的不同设计方案时,可选择生产率、产品质量、可靠性、成本、维修方便程度、安全保证程度、操作方便程度等作为该产品的评价项目。

(2)制定评分标准。为了更明确地表示各评价项目的重要程度,常常使用分级的方法,一般有百分制、十分制和五分制三种。当采用五分制时,五分表示很理想的方案,四分表示好的方案,三分表示过得去的方案,两分表示勉强的方案,一分表示不能满足要求的方案。

(3)评价者根据有关资料和经验,经过主观判断,确定每个评价项目的分数。

(4)归纳整理每个方案各个项目的评分结果,根据归纳整理的结果,比较不同方案的优劣,进而决定方案的取舍。

通过对比多种方案,确定最优方案后需要对其进行优化改进,在去除的方案中选择一些具有亮点的设计,把那些能够更好实现产品的基本功能、辅助功能、使用功能、外观功能等设计保留下来,通过取长补短的方法完善最终方案,使最终方案达到最优。

4.设计再创新

设计中有些想法是原始创新,但大多数想法是从过去的经验中汲取的。以下三种方法有利于从旧的设计中产生新想法,达到设计再创新的目的。

(1)类比法

类比法是指在其他无关领域中寻找类似的设计。为此,首先必须将设计目标转化为足以广泛应用的总体功能。自然界中充满了解决这些问题的方法(但由于设计的复杂性,通常必须先简化该方法,然后才能将其实际应用)。例如,设计一种"投掷物体"的系统,那么对古代火炮的研究可能会激发设计者的一些灵感。

(2)逆向工程法

逆向工程法是指获取与目标设计相似的现有产品,弄清楚其工作原理,然后改进该设计或使某些结构适应自己的设计。玩具商店常常是逆向工程者找到答案的好地方。

(3)文献研究法

网络的搜索引擎在查找现有设计的解决方案时非常有效。可以使用网络的搜索引擎来搜索书籍和电子数据库以获取相应的技术文献,然后通过研究和分析现有的文献,产生新的想法。

5.3.3 初步工程设计方案的论证及确定

1.方案论证

方案论证是一个连续的过程,它包括明确目标、分析评价、拟订方案,最后从多种可行的方案中选出最佳方案。具体有以下七个步骤:

(1)明确目标。主要是明确问题,包括弄清楚方案论证的范围和方案的目标。

（2）收集并分析相关资料。包括实地调查、技术研究和经济研究，弄清楚每项研究所包括的主要内容。

（3）拟订多种能够相互替代的可行方案。方案论证的主要核心是从多种可供实施的方案中选优，因此在列出技术方案时，既不能把实际可实施的方案漏掉，也不能把不能实现的方案当作可行方案列进去。所以，在建立各种可行的技术方案时，应当根据调查研究的结果和掌握的全部资料进行全面仔细地考虑。

（4）多方案的分析与比较。该阶段包括分析各个可行方案在技术上、经济上的优缺点，分析方案的各种技术指标，对方案进行综合评价。

（5）选择最优方案需进一步详细全面地论证。该阶段包括进一步的市场分析，确定方案实施的工艺流程、项目地址的选择、劳动力及培训、组织与管理、现金流及财务分析等。

（6）编制方案论证报告、环境影响评估报告和采购审批报告。

（7）编制资金筹措计划和方案实施进度计划。在对方案进行资金筹措时，应做出详细的考查，实施的期限和条件的改变会导致资金改变，这些都应根据项目实施前的财务分析做出相应调整。

以上步骤只是进行方案论证的一般程序，而不是唯一的程序。在实际工作中，根据所研究问题的性质、条件、方法的不同，也可采用其他适宜的程序。

2.确定方案

产品的设计最终采用哪种工艺方案，是项目可行性研究中的技术选择问题，它对企业的经济效益有着直接的影响。可采用技术评价的方式，选择适宜的技术路线，从而确定设计方案[4]。

项目技术评价应反映以下五个方面：

（1）技术的先进性。应从技术水平和实用水平两方面进行评价，以判断是否达到国际领先水平、国际先进水平、国内领先水平、国内先进水平。

（2）技术的实用性。指项目所采用的技术，对推动生产、推广应用、满足需求方面所具有的适应能力。

（3）技术的可靠性。指技术在使用中的可靠程度，即在规定的时间和规定的条件下，产品工作性能符合要求和工艺方法成功的概率。

（4）技术的连锁效果。指技术应用后对科学技术和其他领域的推动作用，如推动其他行业的发展，改善劳动条件，增加就业机会，改善生活，提高文化教育，等等。

（5）技术后果的危害性。指技术的应用是否会给社会带来不良的影响，如环境污染、破坏生态平衡或损害资源等。同时提出排除上述危害的难易程度和所需费用等。

5.4　详规工程设计

5.4.1　详规工程设计的过程

1.设计分析

一旦确立了工程设计方案，下一步就进入了详规工程设计阶段。详规工程设计首先要做的工作就是对产品进行具体的设计分析。

如 5.3 节中过滤病毒口罩的设计，在对案例进行分析时，首先应当明确该口罩具有过滤病毒的作用,然后根据该功能确定所需的材料:内层需要直接接触人的口鼻等部位,需要采用亲肤材质,因此内层可采用普通卫生纱布或者无纺布材料;外层需要抑菌和对空气中细小颗粒进行初步隔离,因此口罩外层材料为抑菌材质,可选用无纺布或超薄聚丙烯熔喷材料;中间层需要具有隔离过滤病毒的作用,可选用超细聚丙烯纤维熔喷材料。

如图 5.5 所示,为了防止病毒等从鼻子侧面进入口鼻,要设计易于变形的铝塑条于口罩上方,使口罩便于贴紧佩戴者的面部,防止病毒从鼻子侧面进入。此外,为了固定口罩,防止口罩掉落,口罩两侧还需设计两个耳扣。

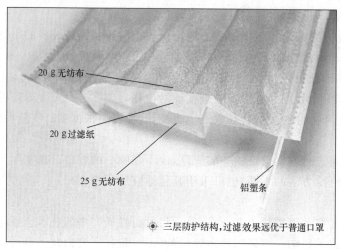

图 5.5　口罩的材料及结构

2.图纸绘制

产品的详细图纸将包含制造设计时所需的所有信息。图纸应完整地表达产品的设计信息,能够使其他非设计类人员方便获取所需信息。绘制图纸时可通过多个视图来表达产品结构,在不同视图上表达出设计的关键尺寸,必要时可通过绘制轴测图来表达其立体结构。

目前,工程师常使用计算机辅助设计(Computer Aided Design,CAD)软件生成图形,但是对于没有系统学习 CAD 课程的人员,在绘制图形时可以遵守以下准则:

(1)使用尺子和圆规整齐地绘制图纸,图纸必须按比例绘制,图纸上最好有三个正交视图。在结构简单,采用一个或者两个视图就能够表达清楚产品结构的前提下,可以只绘制一个或者两个视图。

(2)当产品的隐藏线能增强视图的清晰度时,需要将其表达出来。例如,可以采用虚线表示从观看者的角度看不见的线条。

(3)采用技术要求或标题栏表明材料的规格、零件类型和组装方向。

(4)如果制造细节不完整,可在构建图形的过程中反复修改完善。如果项目设计图纸没有足够多的细节,将会导致产品无法加工。

用 CAD 软件绘制出的一种口罩的基本设计图纸如图 5.6 所示。

3.模型设计

模型可以分为数学模型、物理模型和仿真模型等。模型的设计是一项经过检验并被广为接受的工程技术。例如,房屋和大厦的建筑模型能帮助用户得到实际建筑物的整体印象。为了分析大风或地震对建筑物造成的影响,可以建立数学模型进行分析。模型既可以包括设计细节,也可以包括系统的总体分析。一个好的模型应包括主要的影响因素,忽略不相关

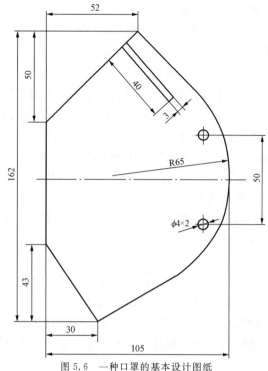

图 5.6　一种口罩的基本设计图纸

的或相关性不高的次要因素。

在口罩设计的例子中,根据口罩的作用(通过三层材料过滤病毒)建立一个数学模型,如图 5.7 所示。口罩的外层是与病毒直接接触的一层,通过外层以及中间层的过滤,最终使得口罩的内层检测不到病毒,达到对病毒过滤的效果。

外层　　　　　中间层　　　　　内层

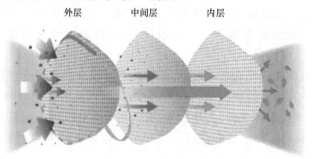

图 5.7　口罩对病毒的过滤模型

在该设计中,通过对口罩模型的数学分析,可以从理论上确定过滤病毒所需材料的厚度,从而在理论上得到口罩各层厚度的最优解,使安全性和经济性达到最优。

4.实验测试

实验测试是减少使用风险的有效方法。实验测试时,可根据实际工程情况进行小规模实验,以便所需的材料可以较低成本获得,并且容易具体实施。同时,在小规模的情况下,物理实验通常比理想的数学模型更准确。另外,实验测试时还可将研究的子功能进行理想化处理,以便提高实验测试的可行性。制订实验计划的步骤如下:

(1)明确设计中需要测试的各个要素。

(2)将步骤(1)中各个要素与可变的物理变量相关联。

(3)分别将每个要素及其相关物理变量进行测试。

(4)以图形或表格的形式记录实验结果。

设计的产品在通过国家标准规定的实验测试后,才能生产和销售。例如,普通医用外科口罩需要进行的实验测试包括:口罩带拉力实验,要求每根口罩带与口罩体连接处的断裂拉力不小于 10 N。口罩阻燃性能测试,要求口罩远离火焰后燃烧不大于 5 s。通气阻力及压差测试,要求口罩的两个侧面进行气体交换的压力差不大于 49 Pa。过滤效率测试,要求口罩对细菌的过滤效率不小于 95%。渗透测试,要求 2 mL 的合成血液以 16 kPa 喷向口罩外侧面时,口罩内侧面不应出现渗透现象。

在上述实验测试过程中,应当严格执行实验计划中的步骤。只有都通过了国家标准规定的实验测试,该设计才算合格。

5.完成设计

若产品的实验测试不合格,需要重新核查设计是否具有可行性,通过修改图纸和模型,最终通过实验测试,方可进行设计校核阶段,即成品设计。

当设计的产品在实验测试时显示不合格,并且发现该设计不具有可行性时,需要改变设计方案,重新进行设计、图纸绘制、模型设计和实验测试,直到该设计通过实验测试,才算完成详规工程设计。

5.4.2 详规工程设计的确认

1.设计校核

设计校核应根据设计任务书的规定,在设计的适当时机进行,以确保设计开发和输出,满足设计输入的要求。设计校核的方法除设计评审外,还包括用变换方法对设计进行校核,设计校核结果应形成设计校核报告[9]。有条件时,可将新设计与已证实的类似设计进行比较。

为确保设计成果的准确性和合理性,有必要对所有设计文件进行校核检查。校核时,应根据不同的技术难度和质量分级校审。首先,设计者对自己的设计材料和文件进行自行校审;然后设计者彼此交换设计文件,互相校审,并将所有设计文件进行汇总。必要时,项目负责人可召集主要技术人员分组校审;最后,设计单位领导组织单位主要技术人员进行最终审核。

设计校核时应对设计成果进行检查,以确保设计成果符合规定要求,因此在阶段性设计成果和最终设计成品发放前,需要进行校核。设计校核时应全面检查设计文件编制是否齐全、完整,是否有漏项,设计文件的内容、深度、格式是否符合规定,文字表述是否流畅、简洁,计算和各种标注是否正确,附图是否规范、清晰、美观等[10]。

2.设计确认

设计确认是指通过检查和提供客观证据,表明某一设计已经达到预期要求,该设计可以进入生产阶段。设计确认是在设计校核成功后进行,以确保设计输出符合规定,满足使用者的需求。

内部的设计确认应在可行性研究报告和详规工程设计完成后进行。工程设计文件经设计确认后,还需技术管理部门检查认定,才能送至项目负责人进行确认归档并印制发放。在施工图确认阶段,项目总平面图的布置、生产工艺流程图等需经项目负责人确认,技术管理部门检查,然后归档并印制发放。

外部的设计确认是指包括建设工程业主、有关政府主管部门和施工组织以及有关的第三方参加的外部设计评审。不同设计阶段的设计确认通常包括可行性研究报告的评估、详规工程设计中外部设计评审的审批和施工图纸的会审。

5.4.3　详规工程设计的报告

详规工程设计的报告记录了最终的设计,使不熟悉设计的人能够知道它的工作原理和设计意图以及加工方法。设计报告的组织是详规工程设计环节中的最后一步,应遵循设计过程的一般步骤,可按表 5.2 进行组织,具体的页数和占比可根据实际项目的大小和类别进行调整。

表 5.2　详规工程设计的报告组成

报告组成	页数	报告组成	页数
标题与作者	1	3.3 确定方案	0.5
目录	1	4. 详规设计	
个人贡献清单	1	4.1 主要特征及工作模式	3
1. 问题定义	0.5	4.2 分析结果、模型、实验	1
2. 设计要求	1	4.3 设计制造	1
3. 方案设计		5. 性能测试	1
3.1 方案对比	2	6. 经验教训	1～2
3.2 选择评估	1	总计	15～16

由表 5.2 可知,详规工程设计部分主要描述最终性能评估确定的设计,此时必须准备新的详细图纸,将这些新图纸以及描述最终设计的操作和主要特征的文字放在表中,首先描述总体设计,然后对特殊功能的细节详细说明。对设计分析的结果、设计的模型以及实验数据及结果应进行详细说明。设计制造主要总结所使用的设计制造细节及方法。

5.5　全寿命工程设计

随着社会的发展,人们意识到工程设计不仅要关注产品的功能和结构,而且要关注从设计产品的规划、设计、生产、经销、运行、使用、维修保养直到回收再用处置的全寿命周期过程。全寿命工程设计意味着在设计阶段就要考虑产品寿命历程的所有环节,以求产品全寿命周期所有相关因素在产品设计阶段就能得到综合规划和优化。

全寿命工程设计要保证产品在生命周期内的性能和质量,主要考虑以下四点[11]:

(1)成本:投资成本、加工成本、寿命周期成本。

(2)使用需求:功能性、安全性、便利性、持久性。

(3)美观性:比例造型、与环境协调、社会人文风格、人的想象。

(4)可持续性:原材料和能源消耗、环境污染、废物处理、生态破坏。

全寿命工程设计是从产品的生命周期各个环节中寻求恰当的方法来实现产品总体性能最优的一种设计理念和方法。在产品的整个生命周期内,大多数产品会经历一系列产品需求变化的阶段,称为产品生命周期(Product Life Cycle,PLC)。如图 5.8 所示,产品生命周期通常有四个阶段:引入、成长、成熟和衰退,所有产品均可按照四个阶段进行分析。

图 5.8 产品生命周期

在引入阶段,产品定义仍不明确,市场也不明朗,一些疑难问题尚未完全解决,客户对产品仍不信赖,需要不断改进方案,形成产品。在成长阶段,产品经过性能验证,逐渐占据主导地位,产品和市场都在不断完善。在成熟阶段,需求趋于平稳,通常没有设计上的较大变化,产品在该阶段是可预测的,其市场也是可预测的,应将更多精力放在产品的维护方面。最后,由于新技术、更好的产品设计的出现或市场饱和,需求下降,进入衰退阶段,这时需要关注产品的报废以及如何处理等问题。

产品生命周期的前两个阶段可以统称为早期阶段,因为此时产品仍在改进和完善中,市场仍在开发中。产品生命周期的最后两个阶段可以称为后期阶段,因为此时产品和市场都有很好的验证。了解产品生命周期的各个阶段对产品设计很重要,这有利于从业者将更多的精力投入关键的方向。此外,在开发一种新产品时,产品生命周期的预测对投资者来说也是至关重要的,然而,有些产品的产品生命周期较短,如铅笔、钉子、牛奶、糖和面粉,而有些产品生命周期非常长,如飞机工业等。

5.5.1 形成产品

根据客户需求,完成常规的工程设计后,开始加工制造产品。该过程一般需要经历材料的选择、生产加工、生产环节的衔接、编制使用手册和形成产品等阶段。

1.材料的选择

材料科学的进步推动了许多其他技术的进步,包括计算机的硅芯片、制造业的加工工具、飞机中的铝、移动电话中的氧化铝芯片以及从食品服务包装到汽车材料的各种聚合物。在设计未来的产品时,所有学科的工程师都需要对材料的特性和用途有广泛的了解,进而选择最恰当的材料制造产品。

2.生产加工

生产加工是制造业的中间步骤,常用的生产加工工艺有以下几种[2]:

(1)减法工艺

减法工艺是指通过机械加工去除材料来达到最终成型的目的。车削、铣削、钻孔、研磨、切割和蚀刻等均属于减法工艺,其中车削、钻孔和铣削是三种最主要的减法工艺。

车削是使用车床对旋转的工件进行车削加工的过程,主要用于加工轴、盘、套和其他具有回转表面的工件,是机械制造和修配工厂中使用最广的一类机床加工。该过程由人工或计算机完成。由计算机控制的车床称为计算机数控(Computer Numerical Control,CNC)车床。

钻孔是使用钻头在实体材料上加工出孔的操作,加工的材料包括木材或金属等。普通麻花钻钻头角度为 118°,这种角度适用于铝和钢等材料的钻孔作业;更陡的钻头角度

（如 90°）适用于塑料和其他软材料；较浅的角度（如 150°）适用于钻铸件等坚硬材料。如果需要钻盲孔或平底孔，可用正常钻头先打孔，并预留一定加工量，最后使用 180° 钻头完成加工。

铣削是采用一个类似钻头的"铣刀"作为工具加工物体表面的一种机械加工方法。工作时，围绕主轴旋转的铣刀与工件之间存在相对运动，从而完成铣削作业。加工的材料包括金属以及其他固体材料。铣床同样也可以通过 CNC 进行机械自动化或数字自动化操作。

（2）添加工艺

添加工艺是指通过向基础对象添加材料以创建复杂形状，从而达到成型目的的加工工艺，主要包括焊接、快速成型、立体光刻、3D 打印等，其中焊接最为常用。

电弧焊是连接金属的几种熔焊工艺之一。电弧焊能产生强烈的热量，两个金属片的接合处被熔化并直接与中间熔融填充金属混合。在冷却和凝固过程中，产生的焊接接头将两个单独的部分黏合成一个连续的结构。

激光焊接是利用高功率、高能量密度的激光束连接材料的一种先进工艺。激光束的功率密度相当于电子束，远远高于电弧或等离子体的功率密度，因此，在使用高功率激光或电子束进行焊接时，会形成一个深而窄的小孔，从而可以有效地产生深而窄的熔透焊缝。

（3）连续加工

在连续加工过程中，产品是连续生产的，例如金属和塑料的挤压成型过程，以及复合材料的拉挤成型过程。

挤压工艺是通过将材料推拉穿过所需横截面的模具而生产出具有固定横截面形状的物体，是一个连续的制造过程。在挤压过程中，通过向冲头施加力，将棒材、金属或其他材料从封闭型腔中挤出，穿过模孔，完成成型过程。

拉挤工艺是一种连续生产复合材料型材的方法，它是将纱架上的无捻玻璃纤维粗纱和其他连续增强材料、聚酯表面毡等进行树脂浸渍，然后通过保持一定截面形状的成型模具，并使其在模内固化成型后连续出模，由此形成拉挤制品的一种自动化生产工艺。利用拉挤工艺生产的产品的拉伸强度高于普通钢材，表面的富树脂层又使其具有良好的防腐性，故是在具有腐蚀性的环境的工程中取代钢材的最佳产品，广泛应用于交通运输、电工、电气、化工、矿山、海洋、船艇、腐蚀性环境及生活、民用各个领域。

（4）净成型工艺

当加工输出被要求达到或接近其最终形状时，可通过净成型工艺来完成。常用的净成型工艺有冲压、锻造、铸造、注塑成型、吹塑和热成型等。

冲压是借助于常规或专用冲压设备的动力，使板料在模具里直接受到变形力并进行变形，从而获得一定形状、尺寸和性能的产品零件的生产技术。板料、模具和设备是冲压加工的三个要素。冲压是一种金属冷变形加工方法，它是金属塑性加工（压力加工）的主要方法之一。

锻造是一种利用锻压机械对金属坯料施加压力，使其产生塑性变形以获得具有一定机械性能、一定形状和尺寸锻件的加工方法。通过锻造能消除金属在冶炼过程中产生的铸态疏松等缺陷，优化微观组织结构，同时由于保存了完整的金属流线，锻件的机械性能一般优于同样材料的铸件。机械中负载高、工作条件严峻的重要零件，除了形状较简单的可用轧制的板材、型材或焊接件外，多采用锻件。

铸造是将通过熔炼的金属液体浇注入铸型内,经冷却凝固获得所需形状和性能的零件的制作过程。铸造是一种古老的制造方法,在我国可以追溯到 6000 年前。铸造是常用的制造方法,制造成本低,工艺灵活性大,可以获得复杂形状和大型铸件,在机械制造中占有很大的比重,如机床中占 60%~80%,汽车中占 25%,拖拉机中占 50%~60%。由于对铸造质量、铸造精度、铸造成本和铸造自动化等要求的提高,铸造技术向着精密化、大型化、高质量、自动化和清洁化的方向发展。例如,我国这几年在精密铸造技术、连续铸造技术、特种铸造技术、铸造自动化和铸造成型模拟技术等方面发展迅速。另外,大型铸件的质量直接影响产品质量,因此,铸造在机械制造业中占有重要地位。

注塑成型是一种使用模具通过高压注射熔融塑料来制造零件的制造工艺。注塑成型的优点是生产速度快、效率高,操作可实现自动化,花色品种多,形状可以由简到繁,尺寸可以由大到小,而且制品尺寸精确,产品易更新换代,能形成形状复杂的制件。注塑成型适用于大量生产与形状复杂产品等成型加工领域。目前,注塑成型已广泛用于制造各种零件。

吹塑是一种制造中空塑料零件的过程。首先熔化塑料,然后把它变成管状,一端有一个孔,空气可以被注射进入。然后将其夹在模具中,气压将塑料推入模具。塑料冷却和硬化之后,模具打开,零件被弹出。塑料汽水瓶就是这样做出来的。

热成型是一种将热塑性塑料片材加工成各种制品的较特殊的塑料加工方法。工作时,将片材夹在框架上并加热到软化状态,在外力作用下,使其紧贴模具的型面,以取得与型面相仿的形状。冷却定型后,经过修整即成制品。近年来,市场上热成型产品越来越多,例如杯、碟、食品盘、玩具、帽盔以及汽车部件、建筑装饰件、化工设备等。与注塑成型比较,热成型具有生产效率高、设备投资少和能制造表面积较大的产品等优点。

3. 生产环节的衔接

除了掌握相关加工工艺外,实际生产时还需要注意各环节之间的衔接等问题,下面以汽车保险杠为例进行说明。

汽车保险杠加工工艺大致分为模具安装、注塑和喷漆等过程[12]。

(1)模具安装:包括预检模具、吊装模具、紧固模具、闭膜松紧度的调节、低压保护调节、顶出距离和顶出次数调节、接通冷却水管或加热线路。

(2)注塑工艺:包括合模、升压、注射、保压、冷却、塑化、泄压、取出。注塑机利用加热料筒将树脂融化,然后将熔融树脂推入模具,在模具冷却后,模具打开,产品取出。

(3)喷漆工艺:包括去脱模剂、清洁除油、塑料底漆、中涂底漆、打磨处理、面漆喷涂、烤干。

生产过程连续性指产品在生产过程各阶段、各工序之间在时间上具有紧密衔接的特性。一般表现为原材料投入生产后,连续进行加工、运输、检验,直到出产入库,不发生或很少发生不必要的停顿和等待时间。保持生产过程的连续性,可以缩短制品的生产周期,减少在制品,节约流动资金,充分利用设备和生产面积。

相关生产环节的衔接需要考虑以下两点:

(1)避免因环节衔接不良导致产品出现缺陷。

如在汽车保险杠的注塑工艺中,冷却环节要求树脂从熔融状态冷却到约 60°,然后进行塑化、泄压等生产环节。如果冷却要求没有达到便进行下一环节,可能会出现熔接痕、收缩痕等影响产品外观和质量的缺陷。

（2）避免因生产环节衔接不良导致生产效率下降。

如在汽车保险杠的生产加工过程中，生产设备操作始终保持连续性，要求尽可能地减少停顿和等待时间。避免因生产环节衔接不良导致保险杠生产过程连续性降低、生产成本上升。

4.编制使用手册

当产品完成加工后，为了使客户能够清晰了解产品的性能和使用方法，需要编制使用手册。使用手册的内容包括产品性能、特点、应用领域以及具体尺寸，除此之外，还包括以下五点：

（1）产品定位。明确产品是为哪些消费群体使用的。

（2）产品优势。产品的材质、设计、外观、色泽、构造、性能、指标等区别于其他品牌的优势，这是产品使用手册需要展示的核心内容。因此，使用手册中产品优势部分，必须要精心编排。

（3）产品系列。潜在客户既关心产品优势，又关心产品系列，这是企业在经营中需要考虑的问题。无论通过何种方式进行产品销售，产品系列的层次性、丰富性和搭配协调性，都会影响到终端销售。

（4）产品研发与技术。通过对产品研发与技术进行简明扼要的叙述，可以使客户看到企业的研发实力与深厚的技术储备。

（5）产品设计与创新。产品是否卖点十足，主要取决于设计能力与创新实力。

5.形成产品

经过上述全寿命工程设计过程，最终形成产品。典型产品的四个形成阶段为：

（1）产品开发阶段

在产品开发阶段，将有关市场的机会、竞争力、技术可行性、生产需求、对上一代产品优缺点的反馈信息综合起来，确定新产品的框架。新产品的框架包括概念设计、目标市场、期望性能水平、投资需求与财务影响。在决定开发某一新产品之前，企业还可以用小规模实验对概念、观点进行验证。实验内容可包括样品制作和潜在客户的意见征询等。

（2）详规设计阶段

一旦方案通过，新产品项目便转入详规设计阶段。该阶段的基本活动是产品原型的设计与构造以及商业生产中使用的工具与设备的开发。产品详规设计阶段的核心是"设计—建立—测试"循环。所需的产品与过程都要在概念上定义，而且体现于产品原型中（可用计算机建模或以实体形式存在），接着对产品进行模拟测试。如果产品原型不能体现期望性能，工程师应寻求设计改进以弥补这一差异，重复进行"设计—建立—测试"循环。产品详规设计阶段以产品达到规定的技术要求并经审核人签字认可作为结束的标志。

（3）小规模生产阶段

在小规模生产阶段，利用生产设备加工与测试的单个零件已装配在一起，并作为一个系统在工厂接受测试。在小规模生产阶段，应生产出一定数量的产品，以便测试新的或改进的生产过程及其产品性能。在该阶段内，整个系统（设计、详细设计、工具与设备、零部件、装配顺序、生产监理、操作工、技术员）组合在一起。

（4）增量生产阶段

在增量生产阶段，期初仍旧是一个产品数量相对较低的生产过程，但该阶段意味着生产者信心以及产品的市场认可度逐渐增强,可以进一步提升生产能力,从而使得产品销量逐渐增大。此阶段完成后,产品才算是最终形成。

5.5.2 性能验证

性能验证的目的:

(1)验证性能指标是否符合厂家申明的性能。

(2)验证性能指标是否适用于预期用途,即能否达到质量要求。

性能验证的时间节点要求:

(1)新的检测方法或检测设备测试前。

(2)设备的重大维修和校准后。

(3)设备搬迁到新的场所或长距离移动后。

(4)产品升级换代后。

性能验证不能只做一次,基本方法是测量一个或多个指标,这些指标可以很好地预测产品的性能。典型的指标有时间、速度、推力。选择指标时的基本原则为:

(1)指标易于测量。

(2)指标之间的关联性大,可以最大限度地增加性能验证的内容。

(3)不偏向于特定的设计解决方案。

产品的性能验证分为以下三个方面[6]:

1.理论计算与分析

(1)对产品的各项成本进行计算,验证其经济性是否符合要求。

(2)对产品的各项指标进行计算,验证其可靠性是否符合要求。

(3)对产品的外观进行分析,验证其审美性是否符合要求。

理论计算的方法大致分为两种:

(1)对产品投入成本、产品工作时需要承受的载荷与产品预计成本、产品实际能够承受的载荷进行对比,进而得出产品是否符合要求的结论。

(2)使用有限元法等数学方法对真实产品工况进行模拟。

2.实验和实践

(1)通过建立物理模型或者使用计算机建立虚拟模型对产品进行测试,验证产品的性能是否符合要求。

(2)对产品进行抽样测试,调查产品能否正常工作,能否满足客户的需求。对投入市场的产品进行跟踪,调查客户的满意度。

3.符合市场需求

市场需求以及自身合理性可作为验证产品是否合格的判定标准。例如,汽车保险杠产品评价:

(1)设计师将保险杠分成三段,每段加工完成后通过螺栓装配在一起。这样可以提高注塑产品结构的刚性,减少变形,使产品结构合理。

(2)尽量避免保险杠的零件局部凸出过大的悬臂结构,在易变形区域增加一个塑料支架,起到加强作用。

(3)保险杠材料大多选择改性聚丙烯,既满足性能需求,又满足成本要求。

（4）对保险杠进行模型分析和计算，从而得出保险杠性能满足产品要求的应力、应变、屈服强度等数据标准。

（5）对生产的保险杠进行抽样测试，保险杠可以保证在低速碰撞中避免行人受伤和车辆损坏。

（6）保险杠投入市场，客户满意度普遍较好。

5.5.3 产品维护

1.产品的维修流程

（1）待修产品接收

仓库人员收到待修产品后，务必登记清楚如下信息：客户名称、发货地址、产品问题、配件情况，并正反拍照留底。查看待修产品的序号是否丢失，如果丢失，那么需要补上临时编号。同时附上产品返修记录文件，跟随待修产品，最后回到仓库存档。

（2）待修产品检验

仓库人员将待修产品交给技术部对应的工程师（咨询技术主管）。工程师拿到待修产品后，记录产品的问题，并尽快找出问题产生的原因，明确是软件出问题还是硬件出问题。

（3）待修产品维修

如果待修产品是硬件出问题，那么直接交给生产部维修。生产部人员对其维修后，将记录文件交回给技术部对应的工程师。如果是软件出问题，那么应及时上报原因，再修改程序。

（4）已修产品返回

生产部人员修好待修产品后，尽快将产品交给仓库人员。仓库人员与商务人员沟通后，将产品寄回给客户。

（5）已修产品报告

技术部工程师在产品维修好后，尽快完成产品维修报告，并提交给主管签字后转交商务人员处理。

2.产品的维护流程

产品的维护流程如图 5.9 所示，主要包括产品配置维护准备、产品配置维护实施和产品配置维护跟踪三个部分。

5.5.4 产品报废和处理

产品报废管理办法：

1.报废品定位

（1）不合格，无法修复或修复后无法达到品质要求或不能继续使用的产品。

（2）客户退返的不可修复产品。

（3）长期库存、锈蚀、磕伤且无法修复的产品。

（4）因车间、库存等其他原因造成的废品。

2.报废目的

为降低仓储成本，真实地反映公司存货资产，保证报废物料程序畅通，控制产品不良率，

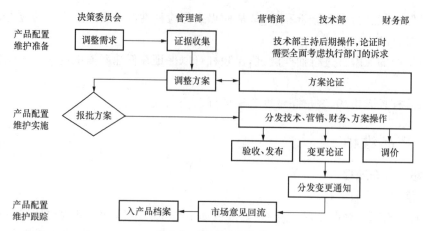

图 5.9　产品的维护流程

加强车间对不良产品的认识,杜绝批量质量事故的发生,及时对不良产品的报废做到规范、合理、快捷的处理。

3.报废范围

凡本车间物料或产品(含半成品和成品、退货产品、包装物料)达到报废标准后均可申请报废处理。常规报废过程的部门设置可安排如下:

(1)申请报废部门。车间各班组负责组织对本班组报废产品或物料的清理及负责报废的原因分析,填写"产品报废申请单",并将"产品报废申请单"原件转交相关岗位审核。如报废物料是组件,则由车间将可用配件拆解后,方可报废。其中的可用配件需要退还至仓库,作为采购物料冲销物料成本。

(2)质检部门。负责对报废产品或物料的品质鉴定。若产品或物料与"产品报废申请单"所示内容不符或认为报废不合理,则将"产品报废申请单"退回申请报废部门,要求其重新清理或重写"产品报废申请单"。

(3)实施部门。依据有效的"产品报废申请单"核准的"处理方法",将产品或物料送到相关的执行地点进行报废处理。

5.6　现代工程设计

传统工程设计是以经验总结为基础,运用长期的设计实践和理论计算而形成的公式和图表,通过经验公式、近似系数或类比等方法进行设计。传统工程设计中设计方案受人工计算条件限制,容易造成设计结果偏差较大甚至是产品不符合实际的问题,因此难以获得最优方案。

随着设计理论和科学技术的进步,特别是计算机技术的高速发展,设计过程产生了质的飞跃,从而诞生了现代工程设计。现代工程设计实质上是科学方法论在设计中的应用,是以满足市场产品的质量、性能、时间、成本、价格综合效益最优为目的,以计算机辅助设计技术为主体,以知识为依托,以多种科学方法及技术为手段,研究、改进、创造产品过程所用到的技术群体的总称[13]。现代工程设计的特征主要表现在以下两个方面:

1.以计算机技术为核心

以计算机技术为核心的现代设计过程推动了设计手段从"手工"向"自动"的转变。传统设计以图板、直尺、铅笔等作为工具,效率低,人工强度大。计算机辅助设计技术的出现和发展,甩掉了传统图板,实现了"无纸化设计"。技术成为现代设计的主流,显著提高了设计效率。

2.以设计理论为指导

现代工程设计是基于基础理论而形成的方法,利用这些方法指导设计可降低经验设计的盲目性和随意性,提高设计的主动性、科学性和准确性。因此,现代工程设计是以理论指导为主、经验为辅的一种设计。在设计理论和方法上,高性能的计算机硬件和先进的软件推动了有限元分析、优化设计、计算机仿真等设计方法的发展和应用。

5.6.1　现代工程设计理论

现代工程设计理论主要由设计过程理论、性能需求驱动理论、知识流理论和多利益方协调理论四部分组成。在这四个理论框架中,可以有许多解决问题的方法,而工具则是实现这些方法的手段。

1.设计过程理论

设计过程理论是研究设计过程构成及任务的理论。设计过程的复杂程度与所设计对象及其涉及的智力资源的复杂程度有关。其实,无论是复杂的设计还是简单的设计,它们的设计过程都可以表达为:

(1)确认需求(含潜在的需求)。

(2)提出初步可行方案。

(3)筛选可行方案。

(4)进行经济技术分析。

(5)方案的优选与确认。

(6)材料的优选与确认。

(7)加工过程的优选与确认。

(8)综合评价。

(9)产生最终解。

2.性能需求驱动理论

设计的任务是制造出其他人不能制造且性能较佳的产品,所以满足性能需求是设计追求的首要目标,即设计是由性能需求驱动的。

3.知识流理论

现代工程设计是以知识为基础,以新知识获取为中心,设计的过程可以看作知识在设计的各个节点和各个相关方面流动的过程。设计知识是一个复杂的领域,传统的设计理论和方法研究很少涉及这个问题,而总是以一种似乎设计知识已经存在的姿态来研究后续问题,实际上这种设计知识往往并不存在。现在产品设计竞争的焦点之一就是如何尽快引入最新技术。

4.多利益方协调理论

由于一个设计是由不同的利益方完成的,因此,设计的最终解不能实现通常意义上的最优,而且也不能由通常的优化算法得到,这就需要利用多利益方协调理论进行处理。

5.6.2 现代工程设计方法

常用的现代工程设计方法包括有限元法、可靠性设计、优化设计、计算机辅助设计、专家系统、快速成型、3D 打印、设计方法学等[15]。

1. 有限元法

有限元法(Finite Element Method, FEM)是首先将一个连续体的设计对象进行离散化,即分解成有限的小单元体。然后将各单元体在节点处连接,并以节点位移为基本量,建立起各个节点的弹性力学平衡方程。最后再将它们综合起来,并与外加载荷及边界条件相联系,从而得到该物体各个单元体的力学分量(如应力、应变、位移、速度等)数值解的方法。

有限元法除了用于复杂构件的计算外,还可用于应力场、温度场、电磁场及流体等有关研究。目前已有许多商用软件可供使用,其中著名的有 ANSYS、ABAQUS 和 MSC 等。有限元法具有物理概念清晰,计算速度快,精确度较高,灵活性、通用性和适应性好等特点。

2. 可靠性设计

可靠性设计是采用概率论与数理统计方法来评估零部件的安全与寿命的一种现代设计方法。它是解决机械构件或机械系统在指定环境条件下在规定期限内完成其预定功能的概率。可靠性设计正逐步取代传统的安全系数法,成为现代设计方法的重要组成部分。

可靠性设计将载荷、材料强度性能和构件的几何尺寸等因素都看成属于某种概率分布的统计量,应用概率论与数理统计方法,推导出在给定条件下构件不产生破坏的概率公式,从而确定在给定可靠度下构件的尺寸,或当已知构件尺寸时,确定其一定可靠度下的安全寿命。

3. 优化设计

优化设计是综合各方面的因素、指标和约束等产生一个最优的设计方案,即把影响设计要求的因素作为参数,建立起关于它们的数学模型,然后应用数学中的各种优化理论,在求解过程中不断变化各个设计变量的数值,求得目标函数相对最优的一组设计变量。

4. 计算机辅助设计

计算机的出现使各种数学、力学方法不断应用到产品设计上。计算机辅助设计(Computer Aided Design, CAD)技术是计算机技术向图像方面发展取得的结果。有了图像功能,计算机技术和产品设计的关系更加密切。

CAD 技术除了利用图形软件和数据库完成几何和工艺定义以及有关信息的存储和利用外,还可以进行产品决定、工程分析、可行性分析及多方案优选。随着计算机的发展,结构有限元分析、优化设计与产品设计结合在一起,形成产品分析、设计和制造一体化技术。

计算机辅助工艺过程设计(Computer Aided Process Planning, CAPP)是 CAD 与计算机辅助制造(Computer Aided Manufacturing, CAM)的结合,是指借助计算机软硬件技术和支撑环境,利用计算机进行数值计算、逻辑判断和推理等功能来制订零件机械加工工艺过程。借助 CAPP 系统,可以解决手工工艺设计效率低、一致性差、质量不稳定、不易优化等问题。

5. 专家系统

专家系统是利用存储在计算机内某一特定领域人类专家的知识,来解决过去需要人类专家才能解决的现实问题的一种计算机系统。应用人工智能日趋成熟的各种技术,将专家的知识和经验以适当的形式存入计算机,利用类似专家的思维规则,对事例的原始数据进行逻辑推理、演绎,并做出判断和决策。专家系统一般由知识库、全局数据库、逻辑推理、解释和知识获取等部分组成。

6.快速成型

快速成型(Rapid Prototyping,RP)是一组技术的通用名称,这些技术可以直接将 CAD 模型转换为物理对象,而无须工具或常规匹配操作。RP 需要 CAD 实体或曲面模型。该模型定义要构建对象的形状,然后将其传输到 RP 系统,该系统使用各种技术将这些信息转换为物理对象。

用于模型构建的技术有以下几种:选择性激光烧结、固体群固化、聚焦沉积建模、分层对象制造、材料增加制造等。RP 对设计过程产生了重大影响,因为一旦 CAD 对象可用,设计者就可以立刻获得一个物理对象,这使它们能够在设计过程中被更早、更频繁地进行评估。

7.3D 打印

3D 打印是 3D 建模中非常流行的工具。在 3D 打印过程中,计算机通过控制连续排列的材料层,进而生成物理模型。这些对象由三维模型或其他电子数据源生成,几乎可以是任何形状或几何体。

8.设计方法学

设计方法学是研究设计程序、设计规律、设计思维和工作方法的一门新兴学科。它的研究目的是总结规律性、启发创造性,应用现代科学技术和理论使设计过程自动化、合理化,从而设计出具有竞争能力的物美价廉的产品。

5.6.3　现代工程设计方法进展

从整个产品设计与制造的发展趋势看,创新设计、智能设计、并行设计、虚拟设计、全生命周期设计等方法代表了现代产品设计模式的发展方向。随着技术的进一步发展,产品设计模式在信息化的基础上,必然朝着数字化、集成化、网络化、智能化的方向发展[16]。

1.创新设计

创新是设计的本质,也是设计者追求的目标。利用最新科技成果,充分发挥设计者的创造力,就可以设计出更具有竞争力的新产品,从而占领市场。

产品创新是全方位的、全层次的,不仅包括产品外观、形象上的创新,而且更应注重产品功能、材料、工艺、流程、制造标准、消费理念等方面的创新。谁掌握了创新设计的方法,谁就掌握了市场。

2.智能设计

智能设计源于人工智能的研究。一般认为智能是知识和智力的总和。前者是智能的基础,后者是指获取和运用知识求解的能力。人工智能就是用人工方法在计算机上实现的智能。在设计时,人工智能能够模仿人类专家进行创造性设计,并具有自学功能,能不断地总结成功经验,不断地吸取人类专家的知识,从而提升创造能力。

3.并行设计

质量、时间和成本是衡量产品开发成功与否的核心因素,一个企业要保持其市场竞争力,必须在尽可能短的时间内,将满足用户需求的高性价比产品投入市场。随着全球化市场竞争的日益激烈,产品的寿命周期变得越来越短,所提供的产品不仅越来越复杂,而且越来越多样,但是批量却越来越小。在这样的环境下,产品的设计周期长短具有决定性意义。如图 5.10 所示,并行设计是一种在产品设计的早期阶段将许多人聚集在一起,以便同时开展各个过程的设计。这种方法可以在较短的开发时间内实现从设计阶段到实际生产阶段的平稳过渡,并提高产品的质量。并行设计正是在市场竞争激烈的背景下,为缩短产品开发周期,同时提高产品质量,降低设计制造成本,而逐步形成和建立起来的新的设计思想和策略方法。

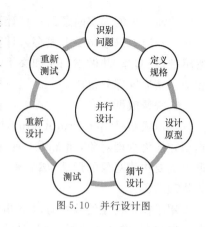

图 5.10 并行设计图

4. 虚拟设计

虚拟设计是计算机图形学、人工智能、计算机网络、信息处理、设计与制造等技术综合发展的产物。不同学者对虚拟设计概念理解不同。比较普遍的理解:虚拟设计是以信息技术为载体,通过强大的计算机平台,以特定行业软件为依托,在计算机上实现的设计技术。

虚拟设计强调在实际投入原材料之前,完成产品的设计、制造和装配过程,进行全面计算机辅助工程(Computer Aided Engineering,CAE)分析,以保证产品的使用性能和制造的可行性。具体来说,虚拟设计是将信息化技术引入到产品设计中,进行基于数字化产品模型的 CAE 性能分析,对产品进行设计评估和性能预测。其主要目标可以概括为确定设计的产品是什么样的,能否达到需求的性能。这种虚拟设计技术强调以统一信息模型为基础,进行产品的结构、性能、动力学、热力学、装配性等方面分析,从而实现产品的虚拟开发。

5. 全生命周期设计

在设计产品时,不仅要设计产品的功能和结构,而且要设计产品的规划、生产、经销、运行、使用、维修保养、回收再利用的全寿命周期过程。全寿命周期设计意味着在设计阶段就要考虑产品寿命历程的所有环节,以求产品全寿命周期所有相关因素在产品设计阶段就能得到综合规划和优化。

新产品具有很强的时间性、地域性和资源性,全寿命周期设计的最终目标是尽可能在质量、环保等约束条件下缩短设计时间并实现产品全寿命周期最优。以往的产品设计通常包括可加工性设计、可靠性设计和可维护性设计,而全寿命周期设计还包括产品美观性、可装配性、耐用性,甚至产品报废后的处理等方面,即把产品放在开发商、用户和整个使用环境中进行综合考察。

5.7 工程设计案例分析

人们对超市购物车有不同的意见和建议,如部分人倾向于取消购物车归还区,因为购物车放在停车场可能会造成一些不必要的事故。另外,很多人购物时并没有把购物车装满,但是他们又不喜欢带篮子,存在购物车资源浪费现象。还有一些人喜欢分类货物,而购物车无法满足他们的需求。基于上述原因,以产品设计理论为基础,超市计划对如图 5.11 所示的现有购物车进行改良升级[17]。

1. 设计原则

(1) 功能性原则

产品是为人服务的,因而产品设计首先要明确设计的目的性。产品设计不仅要满足人的物质需求,还要满足人的心理需求。超市购物车的改良设计首先要满足其基本的使用功能,即提供消费者暂时盛放商品的功能以及可以推行的功能。其次要满足消费者的心理需求,即突出人性化的设计。

图 5.11　购物车实物图

(2) 适用性原则

产品设计的适用性原则,就是在现实的技术水平以及物质条件下,使产品的功能达到最优化,使产品不仅适应人的行为方式以及生理结构,同时关注人的心理需求以及自然情怀,使人获得生理上的舒适感和心理上的满足感。产品设计的适用性原则包括尺寸的适用性原则、形态的适用性原则、色彩的适用性原则以及材料的适用性原则。超市购物车的改良设计要注重选择合适的尺寸、形态、材料以及色彩,以便达到最优的效果。

(3) 安全性原则

产品设计的安全性原则,一方面包括了产品使用的安全性,即在使用产品全过程的各种状态下,使人的身心免受外界因素的危害。另一方面包括了产品对于环境的安全性,即在产品包装材料的选择方面,尽量使用舒适、安全的材料,降低能效损耗,减少废弃物的产生,同时在产品废弃物的再利用上,要强调环境安全与资源充分再回收。超市购物车的改良设计要保证人在使用购物车的过程中不会对自身的健康安全造成威胁,并且不会对环境造成污染。

(4) 创新性原则

创新是产品设计的灵魂,创新设计为产品注入新的血液,赋予其新的生命力。产品的创新设计包括技术创新、材料创新、工艺创新等。利用先进的技术手段、新型的材料等可赋予超市购物车新的功能和形态,以吸引更多消费者使用。

(5) 经济性原则

产品设计的经济性原则包括设计和制造成本的合理控制。在设计过程中,对材料和结构的选择直接影响加工工艺、生产设备等加工成本,因而合理的设计就是以最低的成本取得最大的经济效益。超市购物车的改良设计要注重成本的控制,从而达到经济性的要求。

(6) 审美性原则

爱美之心,人皆有之,对于美的追求是人类与生俱来的特性。产品不仅要具有基本的使用功能,同时要具有美观的外在形式,给人美的享受,产品自身的附加价值才能得到提升。超市购物车的改良设计需要利用新的材料、新的工艺,以及引人注目的色彩造型等赋予购物车新的活力,给人美的感受。

(7) 合理性原则

产品设计的合理性原则包括产品功能合理、产品定位合理、人与产品关系合理。产品功能合理指产品是否实用;产品定位合理指适用人群定位、价格定位、档次定位合理;人与产品关系合理指产品使用方便、安全、舒适。

2. 市场调研

产品源于社会的需求,受制于社会要素,同时要通过市场验证其是否成功。因而,产品设计就要以使用者的需求为基点,从市场调研出发。市场调研是运用科学的方法,有目的、有计划地收集、整理、分析有关供求、资源的各种情报、信息、资料等。

超市购物车是人们常用的购物工具。在超市购物车出现之前,人们都是用手提篮进行购物的。一方面手提篮使用过程费力,另一方面手提篮空间容量小,为了解决这些问题,1898年美国人Sylvan N. Goldman发明了超市购物车。经过后期的不断研究设计,最终于1937年开始投入市场应用。

从以下几项对购物车进行市场调研:

(1)购物车的使用频率。

(2)购物车的适用对象。

(3)消费者对购物车外观形态的评价。

(4)消费者对购物车基本性能的评价。

(5)消费者对购物车改进方面的态度。

3.设计目标

从消费者的角度看,超市购物车的改良设计能充分地满足消费者的购物需求,消费者在使用购物车的过程中既有安全感,又能享受轻松愉悦的购物过程。

从超市管理方的角度看,改良后的超市购物车的出现,吸引了消费者的眼光,扩大了客流量,同时使管理更加方便,减少了超市工作人员的数量,降低了成本,提高了效益。

从产品设计的角度看,通过对超市购物车的改良设计,优化了功能,提高了产品质量,达到"人"与"车"的完美结合。

4.初步方案及其论证

(1)卫生问题

车把手选用抗菌塑料代替普通塑料,从材料的自身属性出发,从根本上解决问题。车筐采用隔断结构,对空间进行分类,防止商品的交叉污染。

(2)安全问题

对购物车的结构进行改良设计:采用改变车筐底部造型,防止儿童站立的方案,解决儿童乘坐购物车的危险问题;为购物车增加手刹装置,便于购物车的制动,防止意外的人身伤害;采用登山扣与锁链结合的结构设计,为消费者的手提包增加一层保护,减少不法现象的发生;车轮增加橡胶防护罩,降低噪声。

(3)适用性问题

车把手采用伸缩可调结构,选用单螺钉升降结构,操作简单,方便可行。车筐材质选用不锈钢,耐腐蚀性强,生命周期长。车轮采用发泡聚氨酯材料。

(4)审美问题

采用弧线造型,增强美感。色彩与超市主体色彩相协调,选用橙色与绿色搭配。

5.方案分析

(1)结构分析

①车把高度可调节,适应不同人的身高,体现舒适性。车把高度可调结构采用与电风扇调节杆结构类似的结构。此种结构简单,容易加工。

②车把手采用弧线造型,符合手部自然舒适状态。两侧的支撑车架采用内弯曲结构,防止人脚踢到车轮,造成脚部伤害。

③采用倾斜的隔断结构。一方面对购物车车筐进行功能分区,避免了生鲜物品与其他

物品的交叉污染;另一方面与车筐形成的"V"形结构,可用来放置瓷质餐盘,起到保护作用。

④靠近人体部分采用带有登山扣的锁链结构。主要用来放置消费者随身携带的手提包,对消费者的财产起到一定的保护作用。

⑤车筐旁增加小塑料筐结构。用来放置小体积商品,避免小体积商品掉落。

⑥车筐底部采用倾斜弧线造型。防止儿童站在购物车内出现安全事故。

⑦车轮增加手刹结构。采用手捏手刹,使橡胶摩擦车轮外缘的钢圈,使车轮旋转变慢。

⑧车轮增加保护罩装置。一方面对购物车的刹车结构起到保护作用,另一方面防止人脚踢到车轮造成脚部伤害。

⑨车筐后部依然采用可翻转结构,使得购物车可重叠放置。

(2)色彩分析

购物车的主体材料为塑料和不锈钢。不锈钢具有强烈的光泽度,给人时尚现代的感觉。车把部位为塑料材质,采用超市主体色彩——橙色与绿色的搭配。橙色是注目感强的色彩,能够激发人的购买欲望。绿色属于冷色系,是可以让人感觉舒适的颜色,令人在封闭的、热闹的超市环境中感觉清新、沉静。同时,绿色的车轮给人以轻快、轻松、易于操作的感觉。

(3)尺寸分析

为了保证购物车的容量,以现有购物车的长度、宽度和角度等尺寸为参考,对部分尺寸进行调整,以更好地适应人体需求。

(4)材料分析

车把手采用抗菌塑料,表面具有颗粒感,避免打滑;车筐采用不锈钢材料,耐腐蚀,加工性能优越;车轮采用发泡聚氨酯材料,减震效果好,耐磨损。通过采用抗菌材料以及不锈钢材料,可在保证卫生、安全的前提下,减少购物车的清洁次数,减少超市人员的工作量。

6.方案对比

对具体解决方案进行对比分析,见表5.3,确定最终的设计方案。

表 5.3　方案对比

类别	改良后	改良前	对比分析
外形	整体曲线构造	整体直线构造	改良后整体采用曲线造型,现代时尚
色彩	橙色与绿色搭配,金属色泽光亮	红色以及金属色	改良后颜色搭配和谐,吸引人眼球的同时,激发购买欲望
车把手	采用弧线造型,手握舒适;高度可调,适应不同人群;增加手刹装置,增强安全性	直线造型,高度固定,无刹车结构	改良后突出人性化设计,注重舒适感以及安全性
车筐	隔断进行分区处理,增加小型置物篮;"V"形隔断区可放置瓷质餐盘;底部采用倾斜弧线造型;增加锁扣结构	车筐无分区,没有挂钩,底部直线造型	改良后分区处理,防止了物品交叉污染;小型置物篮防止小型物品的掉落;锁扣结构对财产有一定保护作用
材料	抗菌塑料、不锈钢	普通塑料、钢丝或铁丝	改良后采用抗菌塑料,有效杀灭90%细菌;不锈钢比铁丝更耐腐蚀
车轮	后轮带有刹车结构;材料选用发泡聚氨酯	普通脚轮;橡胶或塑料材质	改良后可有效制动,防止意外的发生;车轮材料更加耐腐蚀,具有减震效果

7.产品评价

(1)安全性

车把手采用抗菌塑料,提高了健康和卫生性能;对购物车的儿童坐板进行改良设计,坐垫使用软质弹性材料,避免约束感和不适感,同时对刹车结构进行改良设计,提高购物车使用时的安全性;购物车使用搭扣结构,用于手提包的防盗,提高了财产安全性。

（2）适用性

此次改良设计对车把手高度、车把手材料、车筐材料和车轮材料等进行优化设计,改善了购物车的适用性。

（3）功能性

对投入市场的购物车进行跟踪调研,该购物车能够正常工作并且为消费者购物提供了便利。

（4）消费者满意度

对投入市场的购物车进行满意度调研,消费者对购物车满意度普遍较高。

8. 产品维护

（1）随时检查购物车的状况,发现问题及时由专人送到管理科并登记车号,由保养科签字并保证 24 h 内修好,特殊情况不能按时修好,须向超市说明。已修好的购物车,超市要验收并签字。

（2）最大效率使用购物车,让消费者在购物过程中能够轻松得到购物车。做好购物车的清洁工作,为消费者的购物过程提供便利。加强购物车的管理,定期对购物车进行保养、维护,最大限度地降低购物车损坏、老化和遗失。

（3）确定各类购物车的停放地点,并绘制标明每一区域停放数量,避免购物车日晒雨淋。对购物车定期清洁、维护、保养、修理。

（4）在仓库、生鲜区使用的车辆与消费者使用的购物车必须分开,不得混淆。管控好购物车,严禁被带出超市,避免丢失。加强对推车工作人员各类安全事故及突发事件的培训,防患于未然。

习题与思考题

1. 工程师的专业素养和职业道德对产品的设计具有什么影响？请举例说明因工程师的专业素养而引发的产品设计方面的问题。

2. 什么是头脑风暴？头脑风暴在初步设计中具有什么意义？

3. 如果直觉告诉你选择某种方案即可,为什么还要评价别的设计方案？在对方案进行评价时,一般选取哪些指标？请列举三种评价方案的方法。

4. 请列举一个工程设计案例,分析该产品的全寿命设计过程,思考该产品的报废处理在社会经济、人文生态等方面具有什么意义？

5. 区别于现代工程设计,你知道的传统工程设计有哪些？请列举三种。

6. 现代工程设计具有哪些优势？计算机在现代工程设计中扮演什么角色？

7. "袖珍雨伞"设计。要求设计制造一种折叠后可以装入口袋中的雨伞。该设计要求遵循以下规则：

（1）"袖珍雨伞"必须能在大雨中完全遮住它的使用者。

（2）打开和折叠雨伞的反应时间必须合适,并接近现有标准尺寸雨伞的反应时间。

（3）雨伞的质量必须适宜,能够装入口袋中而不损坏口袋。

8. "小组项目"设计。现在有一个 300 人居住的村庄,由于地方偏远,该村庄没有电,该村庄需要设计一些机械工具,以帮助他们生产、生活。

(1)抽水装置。村民现有的装置是一口敞开的约 100 m 深的水井和一个水桶。现要求设计一个机械水泵,水泵的动力可以是人力或者牲畜拉动。由于原料来源有限,水泵同时要供饮用和灌溉使用。水流量是可控的且饮用水的需求大大小于灌溉的用水量(约 1/200)。

(2)碾碎麦子并生产面粉的装置。现在每个家庭都有一个由两块大石盘组成的石磨,现在要求设计一个公共的磨麦点以节约资源并能节省时间,要求该装置能一个人操作。

(3)播种装置。现有的装置是一个犁和一个挖土器,每家的田地大小平均是 1 200 m²(共 30 家)。要求设备必须由人独立操作。

(4)假设成功地开发了水泵系统以及播种系统,预计产量会高于现在的 10 倍。现在的任务是开发一个收割麦子和蔬菜的设备。需要两种系统:一种是用于麦子收割和打包的系统,另一种是用于蔬菜的收割和打包的系统。

(5)如果可以设计一个发电系统,将大大改善村民的生产、生活,村民对此很感兴趣。现在村里有很多木材,且风能比光能资源更充足。

(6)还需要设计一个全村人都可以看见的时间和日历系统,可以给出时间、日期、月和年的装置。

参考文献

[1] 王孙禹,累环,张志辉.工程:发展的问题挑战和机遇[M].北京:中央编译出版社,2012.

[2] KOSKY P,WISE G,BALMER R,et al. Exploring Engineering:An Introduction to Engineering and Design. British Library Cataloging-in-Publication Data,2010.

[3] 奈吉尔.克落斯.工程设计方法:产品设计策略[M].吕博,胡帆,译.北京:中国社会科学出版社,2015.

[4] 中国工程教育专业认证协会秘书处.工程教育认证通用标准解读及使用指南(2020 版,试行)[S].

[5] HORENSTEIN M N. Design Concepts for Engineers(Fifth Edition)[M]. Library of Congress Cataloging-in-Publication Data,2016.

[6] 尤赛夫·海克,塔莫·M.沙新.工程设计过程[M].曹岩,师新民,杨丽娜,译.北京:化学工业出版社,2012.

[7] 檀润华,苑彩云,孙力峰,等.概念设计中的功能方法树[J].机械科学与技术,2000(4):563-565.

[8] 白思俊.现代项目管理(上册)[M].北京:机械工业出版社,2012.

[9] 张兵.全过程细化管理提高工程设计质量[J].现代工业经济和信息化,2013(2):48-49+58.

[10] 郑颖,张兆贵,张在珍.化工建设项目设计质量管理[J].化工设计通讯,2016,42(7):129-133.

[11] 耿爽.析桥梁全寿命设计理论[J].日科苑,2010(18):47.

[12]　刘小明.汽车保险杠设计及制造关键问题研究[D].南昌大学,2011.

[13]　石琴.基于现代设计理论的车身结构设计方法研究[D].合肥工业大学,2006.

[14]　谢友柏.现代设计理论和方法的研究[J].机械工程学报,2004(4):1-9.

[15]　刘仁鑫,马文烈.现代工程设计理论方法及其应用[J].农机化研究,2005(5):207-209.

[16]　任旭华,陈胜宏.现代工程设计方法[M].北京:清华大学出版社,2009.

[17]　项志娟.超市购物车改良设计研究[D].中南林业科技大学,2014.

第6章 工程分析

6.1 导 言

在现代汉语词典中,分析的定义是把一件事物、一种现象、一个概念分成较简单的组成部分,找出这些部分的本质属性和彼此之间的关系。根据这个一般性的定义可知,分析过程很大程度取决于人们在意识形态上对目标事物的认知状况和程度,并能将目标事物分解成若干简单组成部分。工程分析则是用数学、自然科学和工程科学的基本原理对工程问题提出解决方案。工程分析必须以基础数学(如代数、几何等)、高等数学(如线性代数、微积分和统计学、微分方程和复变函数等)、物理、化学等原理和定律为基础,对工程问题进行逻辑和系统的思考。工程师必须能够清楚、合理、简洁地陈述问题,了解所面对的分析系统涉及的物理行为,知道应用哪些科学原理,并必须认识到使用哪些数学工具、运用何种计算工具实现,能够形成与所述问题和简化假设一致的解决方案,确定该解决方案是合理的且没有任何错误。

工程师运用数学、自然科学和工程科学的基本原理来设计我们日常生活中使用的数以百万计的产品和服务,例如,汽车、电脑、飞机、服装、玩具、家用电器、手术设备、冷暖设备、医疗器械、加工各种产品的工具和机器等。当设计产品时,工程师必须考虑成本、效率、可靠性、可持续性和安全性等重要因素,并测试产品或样品的性能,以保证产品能满足各种特定的使用需求。工程师还将不断地对现有产品进行优化分析和设计,使产品更人性化、更便捷、更安全。此外,建筑、水坝、公路、公共交通系统、化工厂、电厂、航空航天的建设也是工程师设计和监督制造的重要工作。工程师是国家基础设施的设计和维护工作的中流砥柱,他们不断运用新技术,开发新的先进材料、新产品、新工艺,为人类社会做出巨大贡献[1-2]。

那么产品从理念到问世,都经历了哪些过程和步骤?工程师面对产品市场化的开发直至形成最终产品,通常遵循如图6.1所示的基本步骤,以解决所面临的复杂工程问题:①认识产品的工程问题。②对工程问题进行定义和理解。③收集信息和调研。④形成初步解决方案和样品。⑤性能测试和评估。⑥修正和优化解决方案。⑦形成最终解决方案和最终产品。

这些步骤并不是相互独立的,也不一定按照上述顺序逐一执行。在很多情况下,当客户决定更改设计参数时,工程师经常需要重新进行步骤①和步骤②中的认识问题、理解问题。通常,工程师还需要定期提供口头和书面进度报告。在这些步骤中,工程分析贯穿始终,工程设计主要体现在形成初步解决方案和样品环节。

也可以将工程分析视为一种建模或仿真。例如,一位土木工程师必须确定正在设计的悬索桥缆索的拉应力,而这座桥仍处于设计阶段,甚至处于更早的阶段,无法直接测量拉应力。解决方案一是建立桥梁的微缩模型,并测量作用在模型上的应力后,再等效到实际尺寸

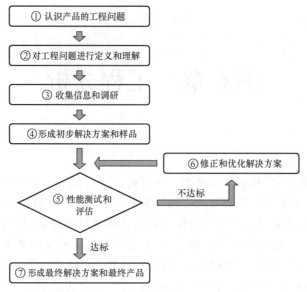

图 6.1 产品形成过程和步骤

的桥梁上。这种方法得到的拉应力比较准确,然而模型的开发费时费力。解决方案二是创建桥梁或包含缆索的桥梁数学模型,根据数学模型进行理论分析或数值计算得到拉应力。这种方法比第一种方法简便,可行性更高。通常,典型的工程分析方法包含理论分析方法、数值分析方法和实验分析方法,这三种方法相辅相成,互为补充。

工程设计是工程的核心。设计过程就像一张路线图,引导设计工程师从需求识别到问题解决。设计工程师在充分理解工程基础、设计约束、成本、可靠性、可制造性和人为因素的基础上做出决策。设计一直是高校工程专业的重要组成部分。通常,工科学生在大三进行"课程设计"课程训练,大四获得"毕业设计"学分。从认识到分析再到设计,是工程学的核心,学生越早了解这个过程,就会越好地达成设计训练的目的,因而许多学校已经将专业设计经验更早地融入相应课程中,以引领同学们顺利完成设计。工科院校的数学和科学入门课程中会逐步加入设计的理念。工程专业课为学生提供了一个有实际意义的应用数学和科学的环境。

工程分析与工程设计之间有什么关系?正如之前的定义,工程分析是运用数学和科学原理对工程问题提出解决方案。许多初学工科的学生普遍认为工程学只是数学和应用科学。显然,工程设计与数学问题不同,设计问题是"开放的",这意味着,这些问题不是仅有唯一的"正确"解决办法,而可能有许多解决方案,且不同的设计工程师的设计理念和方法可能差别很大。工程设计的主要目标是在问题的规范和约束条件下获得最优解决方案。下面以苍蝇诱捕装置为例说明工程分析和工程设计的相辅相成关系。制作一个苍蝇诱捕装置需要进行如下工作:

(1)了解苍蝇的习性(获取苍蝇的习性,如喜欢的食物、飞行路径等,对这些信息进行整合分析,获取苍蝇诱捕装置的问题定义和理解)。

(2)使用机械或电子传感器,设置腐烂的苹果或肉食作为诱饵,制作一个木制、塑料或金属容器,安装一个可听见或可视的警报,设置装置的清洁部件(根据对苍蝇诱捕装置的理解情况,在已有的结构基础上,进行相应子问题的分析和设计,并形成问题的初步解决方案)。

(3)杀死或抓住苍蝇(对苍蝇诱捕装置的性能进行测试,确定是否需要进行优化)。

通过分析,可以评估一种设计方案的可行性。设计工程师将对多种解决方案进行筛选,淘汰与问题目标相悖的方案和产品质量差的方案,逐渐聚焦于最佳解决方案。在苍蝇诱捕装置的设计中,力学分析表明机械传感器速度太慢,导致延迟关闭活板门,从而使苍蝇逃跑,因此选择电子传感器,因为它能产生更好的诱捕效果;流体力学分析表明合理的容器形状既会诱惑苍蝇轻松进入容器,又可避免苍蝇轻易地逃离容器,还能使容器清洁无死角。由此可知,初期对苍蝇不会垂直起飞、喜欢的食物和味道等习性的调研便显得尤为重要,基于此进行相应的流体力学分析并设计具有恰当形状的容器,辅助以恰当的电子传感器来提升苍蝇诱捕装置的性能。

工科核心课程包括注重分析的工程课程,如静力学、动力学、材料力学、热力学和电工电子学等。通过这些核心课程的学习,建立起工程的概念,掌握工程分析和工程设计的基本原理和理论,明确如何正确地进行分析。工程教育认证要求学生学习"工程知识"达到"学以致用"的目的,从而对学生"问题分析"能力提出了两方面的要求。其一,学生应学会基于科学原理思考问题,这是对思维能力的培养。其二,学生应掌握"问题分析"的方法,这对分析方法的教与学提出了要求。工程分析是工程设计不可或缺的一部分,工程分析也是工程失效研究的关键部分。本章从工程的角度出发,分别对工程分析中常用的模型分析及数据处理进行介绍,并就目前盛行的大数据分析抛砖引玉。

6.2 模型分析

原型是人们在社会实践中所关心和研究的现实世界中的事物或对象。模型是指为了某个特定目的,将原型所具有的本质属性的某一部分信息经过简化、提炼而构造的原型替代物。为了不同的分析目的,一个原型可以有多种不同的模型。建模是处理现实事务的一种方式,它是一种创造模型的能力,使人类区别于其他动物。从石器时代起,人类就开始使用实物和实物的模型,这在洞穴绘画中是显而易见的。从公元前 60 年代起,计量学成为分析现实的有用工具。例如,泰利斯预言了公元前 585 年的日食,并设计了一种通过利用几何学测量阴影长度来测量高度的方法。用数学模型解决现实世界的问题,对人类发展至关重要。

数学模型是对现实生活情况的数学描述。所谓现实世界的问题,是指生物学、化学、工程学、生态学、环境学、物理学、社会科学、统计学等方面的问题。数学建模的主要目标是对现实世界的问题的数学描述进行实验,而不是对现实世界的原型进行实验。一个好的模型可以用简单的图形、实体或符号反映或模拟现实世界的现象,通过使用恰当的数学工具对模型进行适当的分析,化繁为简,易于控制,便于人们更好地通过模型规律理解现实生活行为。通常用一个简单的模型来描述一个复杂的系统,若这个模型的方程有解析解,这是最直接和有效地解决问题的途径。然而仅用有解析解的模型就可以很好地描述现实世界的情况凤毛麟角,对于绝大多数问题,在得到简化的模型的解析解之后,可将模型修改为更真实的模型,并用数值方法求解,以期对系统进行更细致的分析和优化,从而最大限度地了解问题。此外,在建模过程中,控制系统的因素很多,需要分析出这些因素对系统行为影响的显著程度,并且揭示系统的不同现象是如何相互联系的。

随着计算机技术的迅速发展,数学的应用不仅在工程技术、自然科学等领域发挥着越来越重要的作用,而且以空前的广度和深度向各行各业渗透,数学技术已经成为当代高新技术的重要组成部分。例如,若我们考虑钢铁工业中的数学模型,那么从采矿到分销,钢铁制造的许多方面都有数学模型的影响。数学模型为物理系统、决策问题、空间模型、工业问题、经济问题等提供了新的参考和指导。因而,摆在我们面前的是如何将现实生活中的实际现象抽象和简化,并建立数学模型,然后分析和求解。本节就数学模型和物理模型进行叙述。

6.2.1 模型的建立

数学建模面临的实际问题是多种多样的,建模的目的不同,分析的方法不同,采用的数学工具不同,所得模型的类型也不同,也不存在归纳出若干条准则便可适用于一切实际问题的数学建模方法。下面所谓的基本方法不是针对具体问题,而是从方法论的意义上讲的。此外,解决问题的方法越初等,则越高效。

数学建模的方法大体上可分为机理分析和测试分析两种。机理分析是根据对客观事物特性的认识,找出反映内部机理的数量规律,建立的数学模型常有明确的物理或现实意义。测试分析是将研究对象看作一个"黑箱",无须关注内部机理和过程,通过对测量数据的统计分析,找出与数据拟合最恰当的模型。

面对一个实际问题,用哪一种方法建模,主要取决于人们对研究对象的了解程度和建模目的。如果掌握了一些内部机理的知识,也要求模型具有反映内部特征的物理意义,建模就应以机理分析为主。而如果对对象的内部机理的知识不清楚,也不需要模型反映内部特征,那么就可以用测试分析。对于许多实际问题,也常常将两种方法结合起来,用机理分析建立模型结构,用测试分析确定模型参数。

数学建模要经过哪些步骤并没有一定的模式,通常与问题性质和建模的目的等有关。下面给出数学建模的一般步骤,如图 6.2 所示[3]。

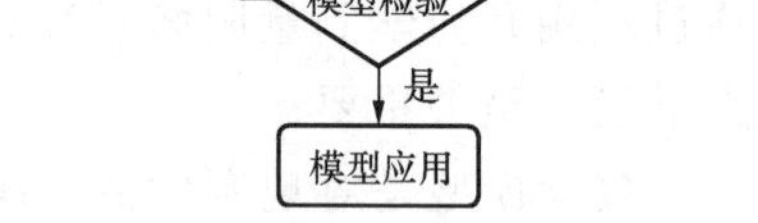

(1)模型准备

了解实际背景,明确建模目的,搜索必要信息,厘清对象的主要特征,形成一个比较清晰的"问题"(问题的提出)。情况明才能方法对,在这个阶段要深入调查研究,虚心向实际工作者请教,尽量掌握第一手资料。

图 6.2 数学建模步骤示意图

(2)模型假设

根据对象的特征和建模目的,抓住问题的本质,忽略次要因素,做出必要的、合理的简化假设,这是建模过程最重要的环节。假设不合理或太简单,会得到错误或无用的模型;假设过分详细,试图把复杂对象的诸多因素都考虑进去,将得到非常复杂的模型,以至于无法进一步分析和求解。因而需要权衡模型的合理性和简化程度,不断积累经验,注意培养和充分发挥对事物的洞察力和判断力。

(3)模型建立

根据假设,用数学语言和符号描述对象的内在规律,得到数学模型。建立数学模型,除了需要一些相关的专门知识外,还常常需要应用数学方面的知识,要善于发挥想象力,注意使用类比法,分析对象与其他人们熟悉的对象之间的共性,借用已有的数学模型。建模时还应遵循的一个原则是尽量采用简单数学工具,在保证所建模型实用性的同时,可供更多的人借鉴和推敲。

(4)模型求解

使用各种数学方法、数学软件和计算机技术对模型进行求解。

(5)模型分析

对求解结果进行数学上的分析,例如进行误差分析,分析模型的数据稳定性或灵敏性等。

(6)模型检验

把求解和分析结果返回到实际问题,与实际现象和数据进行比较,检验模型的合理性与适用性。如果结果与实际不符,问题常常出现在模型假设上,应该修改或补充假设,重新建模。模型检验对于模型是否有效至关重要。

(7)模型应用

这与问题的性质、建模的目的以及最终结果有关。数学模型必须得到现实对象的验证,才有意义和应用推广价值。

当然,并不是所有问题的建模都要经过这些步骤,有时各步骤之间的界限也不那么分明,建模时不能生搬硬套。

6.2.2 模型分析方法

数学建模是一种数学思考方法,是运用数学语言和方法,通过抽象、简化,建立能近似刻画并解决实际问题的一种强有力的数学手段[4]。使用数学工具,将现实世界问题转化为数学问题。给出数学问题的解,并用现实世界问题的语言进行解释,对现实世界进行预测。工程问题的数学模型可能有许多形式,一些工程问题可用线性模型描述,而另一些工程问题则用非线性模型描述。有些工程问题以微分方程形式表述,有些工程问题则以积分形式表述。许多工程问题的公式化需要用方程组描述。因而,按建立模型所使用的数学方法,模型主要分为以下几种类型:几何模型、代数模型、规划模型、优化模型、微分方程模型、统计模型、概率模型、图论模型、决策模型等。常用的建模方法有类比法、图论法、量纲分析法、相似理论法、数据拟合法、回归分析法、差分法、变分法、层次分析法、数学规划法等。下面就前五种建模方法进行简述。

本章的目的是关注重要的数学概念,并指出为什么数学在工程教育中如此重要,重点不是详细解释数学概念。以后的数学课上将进行详尽的讲述。

1.类比法

数学建模的过程就是把实际问题经过分析、抽象、概括后,用数学语言、数学概念和数学符号表述成数学问题。而表述成什么样的数学问题取决于建模者解决问题的意图。借鉴已有的数学模型可以拓展建模者的思维,推测问题的答案和结论,亦即类比法建模是一种常用的建模方法。类比法建模一般是在具体分析实际问题各个因素的基础上,通过联想和归纳,对各因素进行分析,并且与已知模型进行比较,把未知关系转化为已知关系,在不同的对象或完全不相关的对象中找出同样的或相似的关系,用已知模型的某些结论类比得到解决该

"类似"问题的数学方法,最终建立解决问题的模型。

人们一般不会认为猪的体重和弹性梁有关系。观察猪的图片可知,很多猪的体重越大,其脊柱下弯程度越大。如果能根据这个特征估计猪的体重,对于生猪流通环节的工作人员无疑非常便利。对这个问题,如果陷入生物学复杂的生理结构的研究,将会得出太复杂的模型而失去实用价值。在此我们用类比法,借助于弹性力学的结果,建立一个粗略的模型。为建立数学模型,进行假设如下:把猪的躯干视为圆柱体,长度为 l,直径为 d,底面积为 S,如图 6.3 所示。现将猪的躯干类比为一根支撑在四肢上的弹性梁,以便利用弹性力学进行研究。

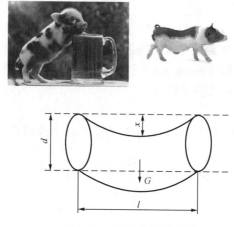

图 6.3　猪的体型的数学模型

假设在自身体重 G 的作用下,猪的躯干的最大下垂度为 x,即梁的最大弯曲度为 x。弹性力学中弹性梁的最大下垂度 $x \propto \dfrac{Gl^3}{Sd^2}$,因为 $G \propto Sl$,即体重与体积成正比,$\dfrac{G}{l} \propto \dfrac{l^3}{d^2}$,$\dfrac{G}{l}$ 是躯干的相对下垂度。由生物学知识可知,经过长期的进化,对于每一种动物而言,$\dfrac{G}{l}$ 已达到一个最合适的数值,即可设其为常数。从而 $\dfrac{l^3}{d^2}$ 也为常数,所以 $d^2 \propto l^3$,因而 $G \propto l^4$,即体重与躯干长度的 4 次方成正比。当然,比例系数与动物的种类有关。

此模型的建立只用到简单的比例法,但最重要的是大胆地把猪躯干与弹性梁做类比,从而借用了弹性力学的结果。与猪类似的四足动物(可以把躯干视为圆柱体的四足动物)的体重估算也可以用这个模型。也就是说,对于躯干与圆柱体相去甚远的动物,该模型就不适用了,比如八爪鱼。因此模型结论的正确性需要通过实践不断检验。

2.图论法

数学建模中的图论法是一种独特的方法。图论建模是对一些事物进行抽象、化简,并用图来描述事物特征及内在联系的过程。图论是研究由线连成的点集的理论。一个图中的结点表示对象,两点之间的连线表示两对象之间具有某种特定关系(先后关系、胜负关系、传递关系和连接关系等)。事实上,任何一个包含了某种二元关系的系统都可以用图形来模拟。因此,图论是研究自然科学、工程技术、经济问题、管理及其他社会问题的一个重要的现代数学工具,更是数学建模的一个必备工具。

1967 年,法国数学家曼德布洛特(Mandelbrot B B)在《科学》杂志上提出了"英国的海岸线有多长"的问题。随着人类的进步,图像技术日益发达,英国的地图跃然纸上,用尺子和比例尺测量海岸线就可以得到海岸线长度了。这个问题好像极其简单,海岸线长度依赖于测量单位,也称之为步长,步长越小,测得的海岸线长度越长。当然,海洋的潮汐导致的海岸线的露出和淹没不在讨论范围内。我国大陆海岸北起鸭绿江口,南至北仑河口,海岸线长度为 $1.82×10^4$ km,这个长度是以 0.25 km 的步长测量得到的。如果用 0.1 km 的步长测量,将得到海岸线长度为 $2.19×10^4$ km。当测量步长变小时,所得的海岸线长度是无限增大的,或者说,在一定意义上海岸线是无限长的,为什么? 答案也许在于海岸线的极不规则和极不光滑。

众所周知,经典几何研究的图形是规则的,例如平面解析几何研究一次曲线和二次曲线,微分几何研究光滑的曲线。任意放大曲线的某一区域,其曲线逐渐趋于光滑[图 6.4(a)]。传统的处理方法是将自然界大量存在的不规则形体规则化再进行处理。按照这个思维,人们将海岸线折线化,就可得出一个有意义的长度,但是这个长度也许已忽略了海岸线这类不规则图形的特征。海岸线虽然很复杂,却有一个重要的性质——自相似性。从不同比例尺的地图上,我们可以看出海岸线的形状大体相同,其曲折、复杂程度是相似的。换言之,海岸线的任一小部分都包含与整体相同的相似的细节[图 6.4(b)]。要定量地分析像海岸线这样的图形,引入分形维数是必要的。经典维数都是整数,点是 0 维,线是 1 维,面是 2 维,体是 3 维,而分形维数可以取分数。当步长为 0.25 km 时,中国大陆海岸线分形维数为1.200 4。

(a) 非分形图形　　　　　　　　(b) 分形图形

图 6.4　图形的分形

曼德布洛特毕业于巴黎工学院,获得理科硕士学位,在巴黎大学获得数学博士学位。他是一个爱思考问题的人,擅长形象地图解问题,博学多才。1973 年,他在法兰西学院讲课期间提出了分形几何的思路。1975 年,当比尔·盖茨创办微软时,曼德布洛特提出了分形(Fractal)术语,1983 年出版了 *The Fractal Geometry of Nature*,分形概念迅速传遍全球。

你一定见过美丽的雪花,你仔细观察过雪花的形状吗? 在数学上,我们可以通过"分形"近似地得到雪花的形状。将等边三角形每一边三等分,以居中的那条线段为底边向外做等边三角形,并去掉所做的等边三角形的一条边,得到一个六角星,接着对每个等边三角形凸出的部分继续上述过程,即在每条边三等分后的中段,经过多次替代,可得到雪花的形状,这条线又称为 Koch 曲线(图 6.5),其分形维数为 1.26。

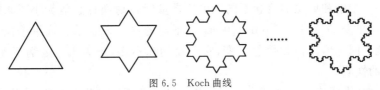

图 6.5　Koch 曲线

图论法在数学建模中扮演着很重要的角色,它提供了对很多问题都有效的一种简单而系统的建模方式。很多问题都可以转化为图论问题,然后用图论的基本算法加以解决。

3. 量纲分析法

量纲分析法是 20 世纪初在物理学领域中提出的一种建立数学模型的方法,它是在经验和实验的基础上,利用物理定律的量纲齐次性,确定各物理量之间的关系。它是一种数学分析方法,通过量纲分析,可以正确地分析各变量之间的关系,简化实验,便于成果整理。

量纲分析法常常用于定性地研究某些关系和性质,利用量纲齐次性原则寻求物理量之间的关系,在数学建模过程中常常进行量纲一化[①]。量纲一化是根据量纲分析思想,恰当地选择特征尺度,将有量纲量化为量纲一的量[②],从而达到减少参数、简化模型的效果。

工程问题通常涉及多个学科,并且往往很复杂,不可能单纯地由理论分析、数值分析或实验分析来解决,其可变因素很多,多数研究不可能将所有的变量所涉及的所有数据都进行研究。例如,飞机翱翔于万米高空,最真实有效的数据是产品级的飞机在天空中飞翔时的飞行数据(例如,温度、压力、速度等物理场的分布,发动机、机翼等部件的运行数据等),这些数据对于飞机的设计制造和优化至关重要。实践是检验真理的唯一标准,因而飞机飞行测量数据及数据分析的作用无可替代。但是飞机的研制需要经过成百上千次甚至几万次的试验,而真实规模的试验耗资巨大,况且根据没有经过论证的数据设计的飞机在空中飞行必然存在安全隐患。飞机制造者不可能用不可靠的数据制造飞机,并让这样的飞机在空中飞行,目的仅仅是为了取得飞行数据!这显然不是飞机研制所采用的正确途径。飞机研制所进行的试验通常是在风洞中进行不同模型的试验。单纯从尺度上来说,可能是原飞机的几分之一,甚至几十分之一,或者仅仅是对飞机的某个零部件进行试验。那么,模型试验的准确性如何衡量?这样的试验结果是否可以用于飞机的制造?非真实工况下的数据和数据分析结果及据此进行的设计是否具有可信度,以形成新的产品呢?飞机的研制及其优化升级是以理论分析、数值分析和地面微缩模型模拟试验的结果为基础,这就需要科学的分析理论。本节介绍的量纲分析法和相似理论是指导和分析实验的理论依据。

量纲分析法是自然科学中一种重要的研究方法,它根据物理量所必须具有的形式来分析判断事物间数量关系所遵循的一般规律。通过量纲分析可以检查反映物理现象规律的方程在计量方面是否正确,甚至可提供寻找物理现象某些规律的线索。通过量纲分析,对某一现象中若干变量适当组合成量纲一的量,然后选择能方便操作和衡量的变量进行实验,一方面可使实验数据的整理和分析变得较为容易,另一方面可大幅减少实验工作量。根据相似理论,可以自如地选择合适的模型比例尺进行模型实验,达到节约实验费用的目的。量纲分析法和相似理论在工程流体力学、物理学等工程领域研究中有广泛的应用,因而掌握量纲分析法和相似理论,对于一个自然科学工作者来说十分必要。

(1)量及量纲

量纲是指物理量的基本属性。习惯上,在物理量前面加"dim"表示量纲,例如 dim t 表示时间的量纲。量纲和单位的概念不同。单位是量度各物理量数值大小所采用的标准,例如,同是 1.8 m 的身高,可用 18 dm、180 cm 等不同的单位来表示。选用单位不同,同一物理量的数值就不同。但无论数值怎么变,它的量纲都不变,仍为 L。量纲不涉及"量"的大小,仅表示量的性质。

量纲分析中,需要确定一些基本量纲。基本量纲必须具有独立性,不能从其他量纲推导出来。其他可由基本量纲导出的物理量的量纲称为导出量纲。在国际单位制中,有七个基

---

① 量纲一化是习惯用法无量纲化的标准表达方式。

② 量纲一的量是习惯用法无量纲量的标准表达方式。

本量:质量、长度、时间、电流、温度、光强度和物质的量,它们的量纲分别为 M、L、T、I、H、J 和 N。这七个基本量的量纲称为基本量纲。力学范围内,常取长度 L、时间 T 及质量 M 作为基本量纲,这三个量纲是互相独立的。对于任意一个物理量 q,其量纲可写为

$$\dim q = L^a M^b T^c$$

式中,a、b、c 是由物理量 q 确定的指数。常用的导出量纲有速度 v、加速度 a、密度 ρ、力 F 和压强 p 的量纲。以速度为例:

$$v = \frac{dl}{dt}, \dim v = LT^{-1}$$

所有的量纲都是以基本量纲的幂乘积的形式出现。表 6.1 列出了常用物理量的量纲和 SI 制单位。

表 6.1　常用物理量的量纲和 SI 制单位

学科	物理量	量纲	SI 制单位	学科	物理量	量纲	SI 制单位
几何学	长度	L	m	动力学	质量	M	kg
	面积	L^2	m^2		力	MLT^{-2}	N
	体积	L^3	m^3		密度	ML^{-3}	kg/m^3
	惯性矩	L^4	m^4		动力黏度	$ML^{-1}T^{-1}$	$N/m^2 \cdot s$
	角度	—	—		运动黏度	L^2T^{-1}	m^2/s
运动学	时间	T	s		压强	$ML^{-1}T^{-2}$	N/m^2
	速度	LT^{-1}	m/s		剪切应力	$ML^{-1}T^{-2}$	N/m^2
	加速度	LT^{-2}	m/s^2		弹性模量	$ML^{-1}T^{-2}$	N/m^2
	体积流量	L^3T^{-1}	m^3/s		动量	MLT^{-1}	$N \cdot s$
	角速度	T^{-1}	rad/s		功、能	ML^2T^{-2}	J
	角加速度	T^{-2}	rad/s^2		功率	ML^2T^{-3}	$N \cdot m/s$

(2)量纲齐次性

表示物理现象的方程的量纲必定是相同的,即遵循量纲齐次性原则,这就如同身高和体重不能相加。以牛顿第二定律为例,有

$$\vec{F} = m\vec{a}$$

式中,左端 $\dim \vec{F} = MLT^{-2}$,右端 $\dim m\vec{a} = M \cdot LT^{-2} = MLT^{-2}$,两端量纲相同。

(3)瑞利法

基本量纲和导出量纲适当组合可以组合成量纲一的量。量纲一的量没有单位,其指数 a、b、c 均为零,其数值与所采用的单位制无关。因而量纲一的量也称为量纲一化常数。1899 年,瑞利提出了一种量纲分析方法,以指数方程式的形式表示变量之间的关系。如果 y 是独立变量 $x_1, x_2, \cdots, x_n$ 的指数,则关系式为

$$y = kx_1^{a_1} x_2^{a_2} \cdots x_n^{a_n}$$

式中,k 为量纲一化常数,可由问题的物理性质或试验确定。代入各个变量的量纲,再根据量纲齐次性原则,确定每个变量 $x_1, x_2, \cdots, x_n$ 的指数,将指数相同的变量组合在一起就可得到量纲一化参数。

【例 1】　定常不可压缩流体流动中,固定一个直径为 D 的圆球,作用于这个球上的阻力 F_D 与球直径 D、密度 ρ、流体流速 u 和动力黏度 μ 有关,试确定阻力的计算表达式。

解　相关物理量的函数式为

$$F_D = f(\rho, u, D, \mu)$$

将上述各参数写成指数形式,为

$$F_D = k\rho^a u^b D^c \mu^d$$

将变量量纲代入指数方程得

$$\frac{ML}{T^2} = \left(\frac{M}{L^3}\right)^a \left(\frac{L}{T}\right)^b (L)^c \left(\frac{M}{LT}\right)^d$$

由量纲齐次性原则可得

$$\begin{cases} 1 = a + d \\ 1 = -3a + b + c - d \\ -2 = -b - d \end{cases}$$

上述 3 个方程含 4 个未知数,化简为

$$a = 1 - d; b = 2 - d; c = 2 - d$$

代入到指数方程中得

$$F_D = k\rho^{1-d} u^{2-d} D^{2-d} \mu^d$$

合并相同指数的变量得

$$F_D = k(\rho u^2 D^2) \left(\frac{\rho u D}{\mu}\right)^{-d}$$

可以证明 $Re = \dfrac{\rho u D}{\mu}$ 为量纲一的量,流体力学中称 Re 为雷诺数。上式写为

$$F_D = f(Re)(\rho u^2 D^2)$$

或

$$\frac{F_D}{\rho u^2 D^2} = f(Re) = C_D$$

量纲分析结果表明,球形物体的阻力等于一个与雷诺数 Re 相关的系数 C_D 与 $\rho v^2 D^2$ 的乘积。C_D 称为绕流阻力系数,需要由实验确定。分析结果还表明,根据实验测定绕流阻力系数 C_D 时,只需改变速度的大小,就能找出 C_D 与 Re 的关系,可见量纲分析对流体力学的实验具有重要的指导作用。

(4)π 定理

1914 年,泊金汉(E. Buckingham)提出了另一种常用的量纲分析方法。这种方法用 π 代表多个变量组合的量纲一化参数,又称为 π 定理。若物理方程

$$f(x_1, x_2, \cdots, x_n) = 0$$

共有 n 个物理量,其中有 m 个基本量。在保持量纲齐次性的前提下,这个物理方程简化为

$$F(\pi_1, \pi_2, \cdots, \pi_{n-m}) = 0$$

其中 $\pi_1, \pi_2, \cdots, \pi_{n-m}$ 是由方程中的物理量所构成的量纲一的量的组合。

确定量纲一化参数 π 的方法为:①从方程所有的物理量 $x_1, x_2, \cdots, x_n$ 中选出 m 个作为基本量,这 m 个基本量是独立的,不能相互导出。②将所选出的 m 个基本量组合。③用其余的每个物理量分别除以这个基本量组合,则为量纲一的量,即

$$\pi_i = \frac{x_i}{x_{n-k+1}^{a_1} x_{n-k+2}^{a_2} \cdots x_n^{a_k}}$$

分子和分母量纲相同,π_i 就是量纲一化参数。下面举例说明 π 定理的应用。

【例 2】 一个长度为 l、直径为 d、管壁粗糙度为 ε 的直管道内,有密度为 ρ、动力黏度为 μ、流速为 u 的流体流动,试用量纲分析法确定两端压强差 $\Delta p = p_1 - p_2$ 与流动参数的关系式。

解 先写出相关物理量的函数式

$$f(\Delta p, \rho, u, d, \mu, l, \varepsilon) = 0$$

共有 7 个物理量,选出 3 个基本量:密度 ρ、速度 u 和管径 d,量纲分别为 ML^{-3}、LT^{-1} 和 L,这三个基本量的组合为 $\rho^a u^b d^c$,量纲 $\dim \rho^a u^b d^c = [ML^{-3}]^a [LT^{-1}]^b [L]^c = M^a L^{-3a+b+c} T^{-b}$。上述 7 个物理量组成 $7-3=4$ 个量纲一的量,分别为 π_1、π_2、π_3 和 π_4,从而函数式变为

$$f(\pi_1, \pi_2, \pi_3, \pi_4) = 0$$

其中 $\pi_1 = \Delta p \rho^{a_1} u^{b_1} d^{c_1}$,$\pi_2 = \mu \rho^{a_2} u^{b_2} d^{c_2}$,$\pi_3 = l \rho^{a_3} u^{b_3} d^{c_3}$,$\pi_4 = \varepsilon \rho^{a_4} u^{b_4} d^{c_4}$。

量纲表达式为

$$M^0 L^0 T^0 = (ML^{-1} T^{-2})(M^{a_1} L^{-3a_1 + b_1 + c_1} T^{-b_1})$$
$$M^0 L^0 T^0 = (ML^{-1} T^{-1})(M^{a_2} L^{-3a_2 + b_2 + c_2} T^{-b_2})$$
$$M^0 L^0 T^0 = (L)(M^{a_3} L^{-3a_3 + b_3 + c_3} T^{-b_3})$$
$$M^0 L^0 T^0 = (L)(M^{a_4} L^{-3a_4 + b_4 + c_4} T^{-b_4})$$

解方程得

$$a_1 = -1, b_1 = -2, c_1 = 0$$
$$a_2 = -1, b_2 = -1, c_2 = -1$$
$$a_3 = 0, b_3 = 0, c_3 = -1$$
$$a_4 = 0, b_4 = 0, c_4 = -1$$

因而

$$\pi_1 = \frac{\Delta p}{\rho u^2}, \pi_2 = \frac{\mu}{\rho u d}, \pi_3 = \frac{l}{d}, \pi_4 = \frac{\varepsilon}{d}$$

原函数式变为

$$f_1 \left(\frac{\Delta p}{\rho u^2}, \frac{l}{d}, \frac{\mu}{\rho u d}, \frac{\varepsilon}{d} \right) = 0$$

式中,$\dfrac{\Delta p}{\frac{1}{2}\rho u^2} = Eu$;$\dfrac{\rho u d}{\mu} = Re$ 为雷诺数;$\dfrac{\varepsilon}{d}$ 为管壁的相对粗糙度。试验结果表明,流动损失与管道长度成正比,与管道直径成反比,即 $\dfrac{\Delta p}{\rho u^2}$ 与 $\dfrac{l}{d}$ 呈线性关系,有

$$\frac{\Delta p}{\frac{1}{2}\rho u^2} = f_2 \left(\frac{l}{d}, Re, \frac{\varepsilon}{d} \right)$$

上式改写为

$$h_f = \frac{\Delta p}{\rho g} = f_2 \left(\frac{l}{d}, Re, \frac{\varepsilon}{d} \right) \frac{l}{d} \frac{u^2}{2g} = \lambda \frac{l}{d} \frac{u^2}{2g}$$

上式即为著名的计算流动阻力的达西公式,其中,h_f 为沿程水头损失,λ 为沿程阻力系数,由此可见,沿程阻力系数是与雷诺数和管壁的相对粗糙度有关的函数。

将量纲一化方程转化为有量纲形式后,在模型上所获得的数据就可以直接应用到原型。

4.相似理论法

相似的概念最早出现于几何学。假如两个几何图形是几何相似的,那么这两个几何图形的对应边成一定的比例。把这一概念推广到某个物理现象的物理量上。进行模型试验时,模型与原型之间首先必须遵循几何上的相似,包括长度、面积和体积之间具有一定的比例关系,再遵循速度、加速度的运动学物理量的比例,即运动学相似。一般来说,几何相似是运动相似和动力相似的前提和依据,动力相似是界定流动相似的主导因素,运动相似是几何相似和动力相似的表现。

(1)几何相似

几何相似是指用于实验的模型和待研究的原型全部对应的线性长度成同一比例 k_f,对应的夹角 α 相等。例如,对于管道内径 d,长度 l,管壁粗糙度 ε 等,以下标 m 表示模型,下标 p 表示原型,于是有

长度成比例:
$$k_l = \frac{d_m}{d_p} = \frac{l_m}{l_p}$$

夹角相等:
$$\beta_m = \beta_p$$

面积成比例:
$$k_A = \frac{A_m}{A_p} = \frac{l_m^2}{l_p^2} = k_l^2$$

体积成比例:
$$k_V = \frac{V_m}{V_p} = \frac{l_m^3}{l_p^3} = k_l^3$$

(2)运动相似

两流动运动相似,要求在模型及原型流场的对应点上,对应时刻的流速方向相同而大小成比例,有同一比例常数。

速度成比例:
$$k_v = \frac{v_m}{v_p}$$

时间成比例:
$$k_t = \frac{t_m}{t_p} = \frac{l_m/v_m}{l_p/v_p} = \frac{k_l}{k_v}$$

加速度成比例:
$$k_a = \frac{a_m}{a_p} = \frac{v_m/t_m}{v_p/t_p} = \frac{k_v}{k_t} = \frac{k_v^2}{k_l}$$

体积流量成比例:
$$k_{q_V} = \frac{q_{V_m}}{q_{V_p}} = \frac{l_m^3/t_m}{l_p^3/t_p} = \frac{k_l^3}{k_t} = k_l^2 k_v$$

只要确定了模型与原型的长度比例和速度比例,便可确定运动学量的比例。

(3)动力相似

动力相似是在模型和原型流场的对应点上,作用在流体质点的各种力彼此方向相同,大小成比例,具有同一比例常数。作用在流体质点上的作用力有重力 F_G、压差力 F_P、黏性力 F_μ、迁移惯性力 F_I、非定常惯性力 F_{It}、表面张力 F_σ、压缩力 F_C 等,对应力成比例,即

$$k_F = \frac{F_{Gm}}{F_{Gp}} = \frac{F_{Pm}}{F_{Pp}} = \frac{F_{\mu m}}{F_{\mu p}} = \frac{F_{Im}}{F_{Ip}} = \frac{F_{Itm}}{F_{Itp}} = \frac{F_{\sigma m}}{F_{\sigma p}} = \frac{F_{Cm}}{F_{Cp}}$$

上述各种力的表达式为:

重力:
$$F_G = (\delta m)g \propto \rho l^3 g$$

压差力:
$$F_P = \Delta p \delta A \propto \Delta p l^2$$

黏性力:
$$F_\mu = \mu \frac{dv}{dn} \delta A \propto \mu V l$$

迁移惯性力：
$$F_I = (\delta m)v\frac{\partial v}{\partial s} \propto \frac{\rho l^3 V^2}{l} = \rho l^2 V^2$$

非定常惯性力：
$$F_{I_t} = (\delta m)\frac{\partial v}{\partial t} \propto \rho l^3 V\omega$$

表面张力：
$$F_\sigma = \sigma l$$

压缩力：
$$F_C = K\delta A \propto Kl^2 = \rho c^2 l^2$$

（4）相似准则数

流体力学中不可压缩黏性流动遵循的 x 方向的 N-S 方程为

$$\frac{\partial u}{\partial t} + u\frac{\partial u}{\partial x} + v\frac{\partial u}{\partial y} + w\frac{\partial u}{\partial z} = f_x - \frac{1}{\rho}\frac{\partial p}{\partial x} + \frac{\mu}{\rho}\left(\frac{\partial^2 u}{\partial x^2} + \frac{\partial^2 u}{\partial y^2} + \frac{\partial^2 u}{\partial z^2}\right)$$

引入特征速度 V，特征长度 l，特征压强 p_0，特征质量力 g，特征时间 $1/\omega$，各种物理量量纲一化为

$$u^* = u/V, \quad v^* = v/V, \quad w^* = w/V$$
$$x^* = x/l, \quad y^* = y/l$$
$$f_x^* = f_x/g, \quad p^* = p/p_0, \quad t^* = t\omega$$

代入 N-S 方程并整理得

$$\frac{l\omega}{V}\frac{\partial u^*}{\partial t^*} + u^*\frac{\partial u^*}{\partial x^*} + v^*\frac{\partial u^*}{\partial y^*} + w^*\frac{\partial u^*}{\partial z^*}$$
$$= \frac{lg}{V^2}f_x^* - \frac{p_0}{\rho V^2}\frac{\partial p^*}{\partial x^*} + \frac{\mu^*}{\rho Vl}\left(\frac{\partial^2 u^*}{\partial x^{*2}} + \frac{\partial^2 u^*}{\partial y^{*2}} + \frac{\partial^2 u^*}{\partial z^{*2}}\right)$$

上式各系数可以写成量纲一化准则数，并表示相应的力的比值。

斯特罗哈尔数：
$$Sr = \frac{l\omega}{V} = \frac{非定常惯性力}{迁移惯性力} = \frac{F_{I_t}}{F_I} = \frac{\rho l^3 V\omega}{\rho l^2 V^2}$$

弗劳德数的平方：
$$F^2 r = \frac{V^2}{lg} = \frac{迁移惯性力}{重力} = \frac{F_I}{F_G} = \frac{\rho l^2 V^2}{\rho l^3 g}$$

欧拉数：
$$Eu = \frac{\Delta p}{\rho V^2} = \frac{压差力}{迁移惯性力} = \frac{F_P}{F_I} = \frac{\Delta p l^2}{\rho l^2 V^2}$$

雷诺数：
$$Re = \frac{\rho Vl}{\mu} = \frac{迁移惯性力}{黏性力} = \frac{F_I}{F_\mu} = \frac{\rho l^2 V^2}{\mu Vl}$$

其他常用的相似准则数还有：

沃默斯利数：
$$Wo^2 = \frac{\rho l^2 \omega}{\mu} = \frac{非定常惯性力}{黏性力} = \frac{F_{I_t}}{F_\mu} = \frac{\rho l^3 V\omega}{\mu Vl}$$

马赫数（Ma 数）：
$$Ma^2 = \frac{V^2}{c^2} = \frac{迁移惯性力}{压缩力} = \frac{F_I}{F_C} = \frac{\rho l^2 V^2}{\rho c^2 l^2}$$

韦伯数（We 数）：
$$We = \frac{\rho l V^2}{\sigma} = \frac{迁移惯性力}{表面张力} = \frac{F_I}{F_\sigma} = \frac{\rho l^2 V^2}{\sigma l}$$

牛顿数（Ne 数）：
$$Ne = \frac{F}{\rho l^2 V^2} = \frac{外力}{迁移惯性力} = \frac{F}{F_I} = \frac{F}{\rho V^2 l^2}$$

Ne 数是为纪念英国物理学家牛顿而命名，其含义广泛，主要用于描述流体流动过程中产生的升力、阻力、力矩等。当外力 F 为升力 F_L 时，Ne 数为升力系数 C_L，即

$$C_L = \frac{F_L}{\frac{1}{2}\rho l^2 V^2} = \frac{升力}{迁移惯性力}$$

当外力 F 为阻力 F_D 时，Ne 数为阻力系数 C_D，即

$$C_D = \frac{F_D}{\frac{1}{2}\rho l^2 V^2} = \frac{\text{阻力}}{\text{迁移惯性力}}$$

当外力 F 为力矩 M 时，Ne 数为力矩系数 C_M，即

$$C_M = \frac{M}{\frac{1}{2}\rho V^2 l^2} = \frac{\text{力矩}}{\text{迁移惯性力}}$$

5.数据拟合法

在建立数学模型时，实际问题有时仅给出一组数据，处理这类问题较简单易行的方法是通过数据拟合法求得"最佳"的近似函数式——经验公式。从几何上看就是找一条"最佳"的曲线，使之与给定的数据点靠得最近，即进行曲线拟合。根据一组数据来确定其经验公式，一般可分为三步进行：

（1）决定经验公式的形式

根据所描绘系统的固有特点，参照已知数据的图形和特点，或者它应服从的规律来决定经验公式的形式。大致思路为：一是利用所研究系统的有关问题在理论上已有的结论，来确定经验公式的形式；二是在无现成理论的情况下，最简单的处理手段是用描图的方法，将数据点连成光滑曲线，把它与已知函数曲线进行比较，找出与之比较接近的曲线；三是如果考虑所建立的模型必要的逻辑性与理论价值，可利用合适的数学方法，对所研究系统的有关问题进行定量化的机理分析，导出较为严密的数学公式。

（2）决定经验公式中的待定参数

决定经验公式中的待定参数一般使用最小二乘法。最小二乘法误差较小，适用于测定数据比较精确的情况。在使用最小二乘法时，如遇到数学模型是非线性经验公式时，其中参数的确定通常是尝试能否经适当的变量替换，将之化为线性模型来计算。

（3）进行模型检验

求得确定的经验公式后，将实际测定值与用公式计算出的理论值进行比较。

本节介绍常用的数学模型：线性模型、非线性模型、指数模型和对数模型、矩阵代数、微分方程、积分方程。

（1）线性模型

线性模型是最简单的模型，通常广泛地用于描述工程情况。我们首先讨论一些工程问题案例，然后解释线性模型的基本特征。

线性弹簧模型如图 6.6 所示，弹簧受力符合胡克定律。该定律指出，在弹性范围内，弹簧的变形 x 与所施加的力 F 成正比，即

$$F = kx$$

图 6.6 线性弹簧模型

式中，F 为弹簧力，N；k 为弹簧系数，N/mm；x 为弹簧变形量，mm。

弹簧力 F 取决于弹簧拉伸或压缩的程度。F 为因变量，其值取决于弹簧变形量 x。考虑刚度为 $k = 2$ N/mm 的弹簧力，如图 6.7 所示。在这个线性模型中，常数 $k = 2$ N/mm 表示直线的斜率，这个斜率值表明，每次弹簧拉伸或压缩 1 mm，弹簧力将改变 2 N。此外，并非所有弹簧都表现出线性规律。事实上，在工程实践中，许多弹簧的行为是用非线性模型来描述的。

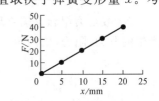

图 6.7 弹簧变形量与弹簧力的数据

①线性方程和斜率

线性模型可以用线性方程描述，基本形式是 $y = ax + b$，其中 a 为斜率，b 为截距。如图 6.8 所示的线性模型中，截距和斜率均为正值。

②线性插值

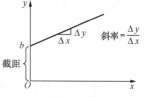

图 6.8　线性模型

有时，需要从表中查找一个数值，而该表中恰好没有需要的数值。例如，需要预估一架飞机在 7 300 m 高度飞行的耗电量，耗电量的计算需要用到飞行高度的空气密度，而空气密度与大气压力有关，大气压力又是高度的函数（表 6.2）。要进行这个计算，首先需要获得 7 300 m 高度的空气密度。然而表 6.2 中没有海拔 7 300 m 相对应的空气密度值。观察数据可知，目标海拔介于 7 000 m（0.590 kg/m³）和 8 000 m（0.526 kg/m³）之间。假设在海拔 7 000 m 到 8 000 m 之间，空气密度值从 0.590 kg/m³ 线性变化至 0.526 kg/m³。绘制如图 6.9 所示的两个相似三角形 ACE 和 BCD，然后使用线性插值法，按以下公式近似计算 7 300 m 处的空气密度：

$$\frac{\overline{BC}}{\overline{AC}} = \frac{\overline{BD}}{\overline{AE}}, \frac{8\,000 - 7\,300}{8\,000 - 7\,000} = \frac{\rho_{7\,300} - 0.526}{0.590 - 0.526}$$

解得 7 300 m 处的空气密度为 0.571 kg/m³。

表 6.2　空气密度

海拔/km	大气压/kPa	空气密度/kg·m⁻³	海拔/km	大气压/kPa	空气密度/kg·m⁻³
0	101.325	1.225	6.0	47.22	0.660
0.5	95.46	1.167	7.0	41.11	0.590
1.0	89.87	1.112	8.0	35.66	0.526
1.5	84.55	1.058	9.0	30.8	0.467
2.0	79.5	1.006	10.0	26.5	0.413
2.5	74.7	0.957	11.0	22.7	0.365
3.0	70.11	0.909	12.0	19.4	0.312
3.5	65.87	0.863	13.0	16.58	0.266
4.0	61.66	0.819	14.0	14.17	0.228
4.5	57.75	0.777	15.0	12.11	0.195
5.0	54.05	0.736			

（2）非线性模型

对于许多工程情况，非线性模型比线性模型能更准确地预测一些实际关系。

流体力学在航空航天、化学、土木或机械等行业举足轻重，管道内流体的流动是流体力学中最基本的现象之一，层流是流动中最简单的流动形式之一，二维管道内的层流模型如图 6.10 所示。层流速度表达式为

$$u(r) = V_c = u_{\max}\left[1 - \left(\frac{r}{R}\right)^2\right]$$

式中，$u(r)$ 为不同径向位置上流体沿轴向的速度；V_c 为轴线上流体的线速度；r 为径向坐标，原点在轴线上；R 为管道的半径。

表 6.3 为二维管道内不同径向位置上流体沿轴向的速度分布，图 6.11 为二维管道内流体速度分布。

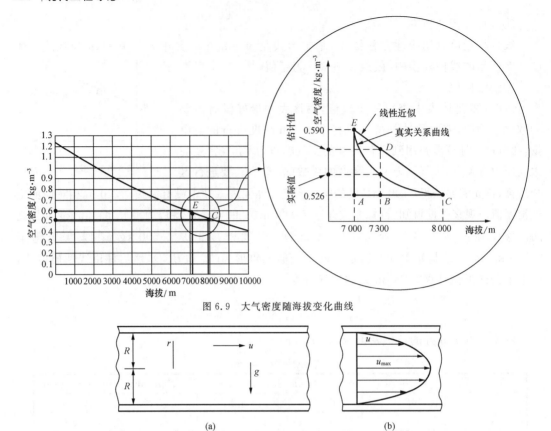

图 6.9　大气密度随海拔变化曲线

图 6.10　二维管道内的层流模型

表 6.3　二维管道内不同径向位置上流体沿轴向的速度分布

r/m	-0.1	-0.09	-0.08	-0.07	-0.06	-0.05	-0.04	-0.03	-0.02	-0.01	0
$u(r)/(\text{m}\cdot\text{s}^{-1})$	0	0.095	0.18	0.255	0.32	0.375	0.42	0.455	0.48	0.495	0.5
r/m	0.01	0.02	0.03	0.04	0.05	0.06	0.07	0.08	0.09	0.1	
$u(r)/(\text{m}\cdot\text{s}^{-1})$	0.495	0.48	0.455	0.42	0.375	0.32	0.255	0.18	0.095	0	

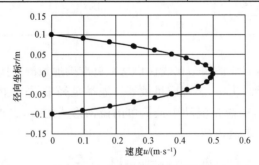

图 6.11　二维管道内流体速度分布

（3）指数模型和对数模型

下面以两个钢板冷却的例子讨论指数模型和对数模型及其基本特征。

①指数模型

退火是一种金属热处理工艺,指的是将金属缓慢加热到一定温度,保持足够时间,然后以适宜速度冷却。有一个 5 cm 厚的薄钢板,其热导率 $k=40$ W/m·K,密度 $\rho=7\,800$ kg/m³,比热容 $c=400$ J/kg·K,将该薄钢板加热到 900 ℃,放在温度 35 ℃ 的环境中冷却,传热系数 $h=25$ W/m²·K,那么 1 h 后薄钢板的温度是多少?

为了确定薄钢板 1 h 后的温度,使用以下指数方程:

$$\frac{T-T_{\text{environment}}}{T_{\text{initial}}-T_{\text{environment}}}=\exp\left(\frac{-2h}{\rho cL}t\right)$$

式中,T 为 t 时刻薄钢板的温度。利用上式计算出每隔 12 min(0.2 h)后薄钢板的温度,列于表 6.4,并绘制退火温度分布图如图 6.12 所示。

表 6.4 薄钢板退火温度

时间/h	温度/℃	时间/h	温度/℃	时间/h	温度/℃	时间/h	温度/℃
0.0	900	1.4	207	2.8	69	4.2	42
0.2	722	1.6	172	3.0	62	4.4	40
0.4	580	1.8	143	3.2	57	4.6	39
0.6	468	2.0	121	3.4	52	4.8	38
0.8	379	2.2	103	3.6	49	5.0	38
1.0	308	2.4	89	3.8	46		
1.2	252	2.6	78	4.0	44		

数据表明,1 h 后薄钢板的温度是 308 ℃。此外,可由图 6.12 观察到,在第一小时,薄钢板的温度从 900 ℃ 下降到 308 ℃,温差达 592 ℃;而在第二小时,薄钢板的温度从 308 ℃ 下降到 121 ℃,温差为 187 ℃;在第三小时,薄钢板的温度从 121 ℃ 下降至 62 ℃,仅有 59 ℃ 的温差。薄钢板的冷却速率在开始时很快,而在结束时要缓慢很多,并且在冷却过程的最后阶段(约

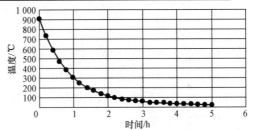

图 6.12 薄钢板退火温度分布

4.6 h 后),温度开始趋于稳定。这是指数函数最重要的特征。也就是说,随着自变量的值越来越大,因变量的值开始趋于平稳。

②对数函数

为了说明对数函数的重要性,此处还是以钢板冷却为例。

对 5 cm 厚的薄钢板进行退火操作,热导率 $k=40$ W/m·K,密度 $\rho=7\,800$ kg/m³,比热容 $c=400$ J/kg·K,将该薄钢板加热到 900 ℃,放在温度 35 ℃ 的环境中冷却,传热系数 $h=25$ W/m²·K,那么什么时刻薄钢板的温度达到 50 ℃?

该问题用以下对数方程求解:

$$t=\frac{\rho cL}{2h}\ln\frac{T_{\text{i}}-T_{\text{f}}}{T-T_{\text{f}}}=\frac{\left(\dfrac{7\,800\text{ kg}}{\text{m}^3}\right)\left(\dfrac{400\text{ J}}{\text{kg}}\cdot\text{K}\right)(0.05\text{ m})}{2\left(\dfrac{25\text{ W}}{\text{m}^2}\cdot\text{K}\right)}\ln\frac{900-35}{50-35}$$

$$=12\,650\text{ s}=3.5\text{ h}$$

(4)矩阵代数

许多工程问题都可以用代数方程组描述,如机器、飞机等结构的振动,电流流过电路的

支路,管网中流体的流动。

例如,如果描述停在立体多层车库中汽车的位置(图 6.13),则需要指定楼层(z 坐标),然后指定汽车在该楼层的位置(x 和 y 坐标)。矩阵通常用于描述需要多个值的情况。

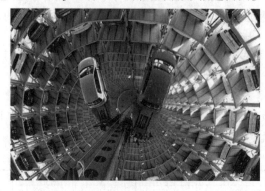

图 6.13 立体停车场

矩阵是由数字、变量组成的数组。组成矩阵的数字或变量称为矩阵的元素。矩阵的大小是由它的行数和列数定义的。

一个矩阵可以由 m 行 n 列组成。例如,

$$[N] = \begin{bmatrix} 6 & 5 & 9 \\ 1 & 26 & 14 \\ -5 & 8 & 4 \end{bmatrix}, \quad \{L\} = \begin{Bmatrix} x \\ y \\ z \end{Bmatrix}$$

$[N]$ 是一个 3×3 矩阵,元素是数字。$\{L\}$ 是一个 3×1 矩阵,元素是变量 x, y, z。$[N]$ 称为一个方阵。一个方阵具有相同的行数和列数。矩阵的元素用它的位置来表示。例如,矩阵 $[N]$ 的第一行第三列的元素表示为 N_{13},其值为 9。

(5)积分方程

微分方程和积分方程可用来描述很多工程问题。变化率是指因变量相对于自变量变化的快慢程度。例如,求取行驶的汽车速度的时间变化率,其中时间变量不依赖于速度,因而是一个自变量;车速是时间的函数,是因变量。如果定义一个用时间来描述速度的函数,那么可以对这个函数求微分得到加速度。与上面的例子相关的还有很多问题,例如,燃油消耗率(每小时耗油多少升)是多少? 百公里耗油量是多少? 车位置相对于已知位置的时间变化率(车速)是多少? 工程师通过计算变量的变化率来设计产品和服务。设计汽车的工程师必须对变化率的概念有很好的把握,这样才能制造出一辆行为可预测的汽车。

涉及变量变化率的例子有很多,再如,烤牛肉干时,肉块内的温度如何随时间变化? 冻冰棍时,冰棍原料的温度如何随时间变化? 设计烤箱和冰箱的工程师必须首先理解"变化率"的概念,才能设计按照既定参数运行的产品。大学一年级的微积分课程中会讲到很多关于微积分的概念和规则。以下举例说明微积分的应用。

【例 3】 确定水泵流量和车流量问题中的自变量和因变量。

对于水泵流量问题,质量或体积为因变量,时间为自变量。

对于车流量问题,车辆数为因变量,时间为自变量。

【例 4】 求表达式 $f(x) = x^3 - 10x^2 + 8$ 的变化率。

由微分规则知,$f'(x) = 3x^2 - 20x$。

积分学在工程中起着至关重要的作用,下面以截面惯性矩为例进行说明。截面惯性矩是结构设计中的基本参数。如图 6.14(a)所示,对于距离 $y\text{-}y$ 轴 x 处的小面积单元 A,其惯性矩定义为 $I_{yy}=x^2A$。若惯性矩系统是由如图 6.14(b)所示的多个小区域构成,关于 $y\text{-}y$ 轴的离散面积系统的惯性矩表示为

$$I_{yy}=x_1^2A_1+x_2^2A_2+x_3^2A_3$$

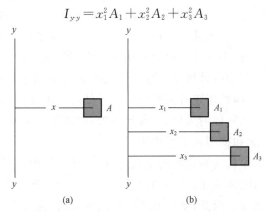

图 6.14　距离 $y\text{-}y$ 轴 x 位置处的面积微元

(6)微分方程

许多工程问题都是用带有一组相应边界和(或)初始条件的微分方程(又称控制方程)建模的。顾名思义,微分方程包含函数的导数或微分项。此类问题的研究对象是微元体。在微元体上,通过关于质量、力、能量等基本定律和原则的推导得到微分方程。边界条件界定了边界上的物理信息,初始条件给定了初始时刻的物理信息。下面以薄筋板的温度分布为例说明控制方程、边界条件、初始条件和解的关系。薄筋板模型如图 6.15 所示,T 代表筋板的温度,X 的范围为 $0\sim L$,基础板的温度为 T_{base},环境温度为 T_{air},筋板面积为 A_c,压力为 p,则筋板沿着 X 方向的温度微分方程可表示为

$$\frac{\mathrm{d}^2T}{\mathrm{d}X^2}-\frac{hp}{kA_c}(T-T_{air})=0$$

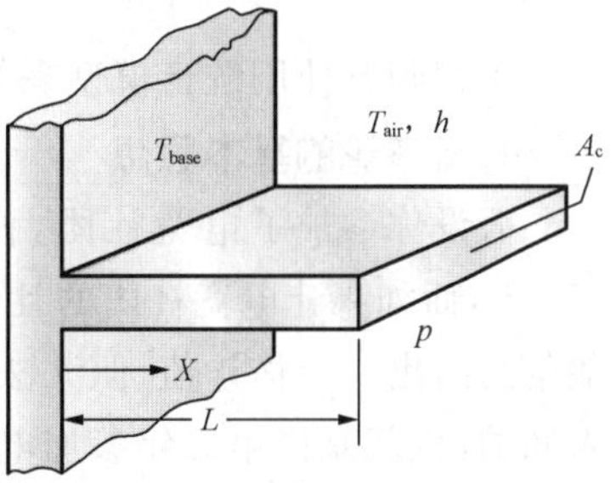

图 6.15　薄筋板模型

在 $X=0$ 处,T 为基础板的温度,$T=T_{base}$;在薄筋板端部 $L(\to\infty)$ 处,$T=T_{air}$。通过上述边界条件求得温度分布为

$$T=T_{air}+(T_{base}-T_{air})e^{-\sqrt{\frac{hp}{kA_c}}X}$$

6.3　数据处理

如今,我们无时无刻不被数据围绕,然而我们又常常不能从数据中得到有用的信息,有时可能被数据欺骗而做出错误的选择,甚至造成巨大的损失。缺乏理论的数据仅仅是数据而已,缺乏数据的理论也仅仅是理论而已。人们既可能被缺乏理论的数据欺骗,也可能被缺乏数据的理论欺骗,因而我们既需要理论,也需要数据。我们需要通过恰当的数据处理,建立起相应的理论。

数据处理是指对数据(包括数值的和非数值的)进行分析和加工的技术过程,也就是对数

据进行采集、存储、检索、加工、变换和传输,将数据转换为信息的过程。数据处理的基本目的是从大量的、可能是杂乱无章的、难以理解的数据中抽取并推导出有价值、有意义的数据。

统计学通过搜索、收集、整理、分析等手段,利用概率论等知识体系建立数学模型,对研究对象进行量化分析和总结,并推测研究对象的本质,甚至预测未来。统计学是一门综合性的学科。统计学用来研究随机性或不确定性起作用的现象。例如,抛硬币的简单动作是一个随机过程,可以用统计工具来描述。通过统计方法,可以预测选举的结果,预测天气状况,预测体育赛事的结果。目前,工程师广泛地应用统计模型解决质量控制和可靠性问题,并进行故障分析。土木工程师使用统计模型研究建筑材料和结构的可靠性,并对防洪控制和供水管理进行分析;电气工程师使用统计模型进行信号处理或语音识别软件开发;机械工程师利用统计学研究材料和机械零件的失效,并设计实验;制造工程师使用统计数据来保证产品质量。由此可见,统计概念和模型在工程中很重要。

由于随机性和不确定性是这些现象的组成部分,统计只能提供不完善和不完整的信息。由于测量存在不可避免的随机变化,从而导致信息不完全;由于工程的影响因素很多,而我们考虑的因素并不是很全面。因此,统计并不能提供绝对的"真理",而只能提供近似值。正确使用统计数据,有助于我们更接近真相,并且使我们对某些现象的可行性做出科学准确的评估。

下面将讨论工程中涉及的概率论与数理统计、方差分析和回归分析等内容[5]。

6.3.1 概率论与数理统计基础知识

工程师常使用统计模型来解决质量控制和可靠性问题,并进行故障分析。

1.概率论的基本思想

假设你参加了电竞社团,作为团员,你可以明确地说出今年参加电竞社团的同学有350人,而如果让电竞社团的社长准确说出明年电竞社团会有多少人,他只能基于趋势或其他信息给出一个估计值,但无法给出一个确切值,因为明年对电竞社团感兴趣的学生数量是未知的,也就是说第二年参加电竞社团的学生人数是随机的。在工程中有许多情况是处理随机现象的。例如,作为一名土木工程师,你可以设计一座桥或一条高速公路,你不可能准确地预测在某一天有多少辆车会在桥上或在高速公路上行驶;作为一名机械工程师,你可以设计一个加热、冷却和通风系统来使室内温度保持在一个舒适的水平,但你无法准确预测未来某一天供热需要消耗多少热量;作为一名计算机工程师,你可能会设计构建一个网络,但你无法准确预测未来的使用状况。对于这类情况,我们可以用概率模型预测结果。

试验是为了察看某事的结果或某物的性能而从事某种活动,实验是为检验一个理论或证实一种假设而进行的一系列操作或活动。随机试验的结果通常以随机方式或偶然方式出现。假如您是华为的产品质检员,您的工作是从手机装配线上随机取出手机后打开和关闭手机,每次取出一部手机并开关机都是进行一次随机试验,试验结果为好手机或坏手机。假设您一天检查了200部手机,测试出5部坏手机,则产品的不合格率为$5 \div 200 = 0.025$,这一不合格率即为发现坏手机的相对频率。一般来说,在相同的条件下重复一个试验 n 次,某个结果出现 m 次,那么这个结果的相对频率为 m/n。当 n 较大时,特定结果的概率 $p = m/n$。

2.统计学的基本思想

统计是一个广泛使用的名词,人们常用统计结果证实某件事物的正确性或预测事物的发展趋势。现代统计是一种逻辑和方法,用于测量不确定度,以及在实验过程中检验这种不确定性的后果。利用统计数据,可以预测我国公民身高等信息。例如,辽宁省 2020 年人口普查为 4 351.7 万人,收集 4 351.7 万人的信息既不可行,也不现实,只需要收集 1 000 人的信息便可推测辽宁省人口的信息,然而从群体中选择的样本必须代表群体的特征。统计的对象也可以是与某种情况或问题有关的所有数据。例如,如果气瓶生产厂家每年生产 150 000 个气瓶,需要按照国家标准 TSG R7002—2009《气瓶型式试验规则》对气瓶进行水压、疲劳、爆破、枪击、跌落、火烧等型式试验,其中疲劳试验只需要从 200 个气瓶中随机选择 3 个进行测试。

统计模型正在成为工程师手中解决质量控制和可靠性问题以及进行故障分析的常用工具。

3.频率分布和累积分布

工程师是问题的解决者,工程师需要运用物理定律、化学定律和数学工具进行设计、开发、测试和监督数以百万计的产品的制造,并通过测试来监管产品制作过程和产品质量。一般来说,任何统计分析都是从确定总体和样本开始的,收集样本的相关信息后,以某种方式组织数据,以提取相关信息和结论。人们常用频率分布和累积分布来描述数据。下面以考试成绩为例说明这个过程。

【例 5】　化机 1601 班 26 名学生的粉体力学考试成绩分别为 71、88、86、78、73、78、88、87、58、79、69、68、72、81、74、72、77、55、94、66、70、91、62、75、76、73,从数据(成绩)的表达方式上,老师和同学不能轻易得出这门课程的成绩是否理想。一种简单的组织数据的方法是确定最低分和最高分,然后将数据分组为相等区间或范围,比如说大小为 10 的范围,见表 6.5。按表 6.5 中前 4 列方式组织的数据,通常称为分组频率分布。

表 6.5　例 5 的分组频率分布和概率分布

样本(成绩)	范围(分数段)	频率 f(人数)	累积频率	概率
55,58	50～59	2	2	2/26＝0.077
68,62,66,69	60～69	4	2＋4＝6	4/26＝0.154
77,75,71,78,78,72,73,79,70,76,73,72,74	70～79	13	6＋13＝19	13/26＝0.500
86,87,88,88,81	80～89	5	19＋5＝24	5/26＝0.192
91,94	90～99	2	24＋2＝26	2/26＝0.077
$\bar{x}=75.4$		$n=\sum f=26$		$\sum=1$

由表 6.5 可知,2 名学生的成绩很差,2 名学生的成绩为优秀;13 名学生的成绩介于 70～79 之间,成绩比较平均;5 名学生的成绩介于 80～89 之间。另一个有用的信息是频率(给定范围内的人数)从 2 增加到 4,再增加到 13,然后减少到 5,再减少到 2。对成绩分数段和频率(人数)进行描述的另一种方法是使用条形图(通常称为直方图),条形的高度为给定范围内数据的频率,如图 6.16 所示。

累积频率表示学生成绩高于或低于某一给定成绩的学生数量。例如,从表 6.5 中可知,6 名学生的分数介于 50～69 之间,14 名学生的分数低于班级平均分 75.4。累积频率分布也可用直方图或累积频率分布图显示,如图 6.17 所示。这些图的信息与表 6.5 相同,但当信息以图形的形式呈现时,表达的信息更清晰、更直观。

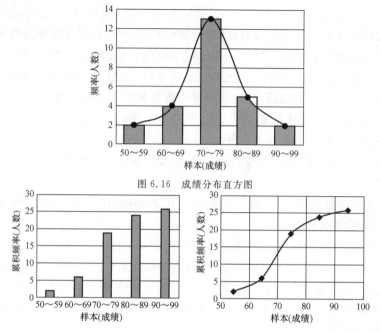

图 6.16　成绩分布直方图

图 6.17　成绩的累积频率分布图

4.数据分布特征

工程师对统计学和概率论的基本原理必须有一些了解,以便分析实验数据和实验误差。所有的实验都有误差,误差分为系统误差和随机误差。若一项实验需要通过测量多个变量来衡量最终结果,那么我们需要知道这些变量的测量误差将如何影响最终结果的准确性。例如,我们可以通过测量静压、动压、总温、攻角、侧滑角等参数构建起大气数据系统,实验中测量压力、温度、角度等参数的传感器会有误差,因而整个大气数据系统也有误差,有时称为固定误差,这是与测量仪器有关的误差,可以通过正确校准仪器来减小和避免。另一方面,随机误差是由于测定过程中一系列因素微小的随机波动而形成的具有相互抵偿性的误差,其产生的原因是分析过程中种种不稳定随机因素的影响,如室温、相对湿度和气压等环境条件的不稳定,分析人员操作的微小差异以及仪器的不稳定等。随机误差的大小和正负都不固定,但多次测量就会发现,绝对值相同的正负随机误差出现的概率大致相等,因此它们之间常能互相抵消,可以通过增加平行测定次数取平均值的办法减小随机误差。

例如,假设一个工科班有两组学生测量 20 ℃水的密度,每组 10 名学生,测量的密度值见表 6.6 的第 1 列和第 2 列。这些数据的误差情况如何呢? 首先考虑每组结果的平均值(算术平均值),密度平均值为 1 000 kg/m³,平均数本身并不能体现出每个小组中是否有学生或哪个学生测量值不准确。我们需要确定报告数据的分散性,有很多方法可以得到分散性。其中,可以计算每个报告的密度与平均值的偏差,将所有偏差相加,然后取偏差的平均值(表 6.6 的第 3 列和第 4 列)。计算表明,两组的偏差之和都为零。事实上,对于任何给定的样本,偏离平均值的总和一定是零。n 个样本测量值的平均值及每个数据与平均值的偏差分别为

$$\overline{x} = \frac{1}{n} \sum_{i=1}^{n} x_i$$

$$d_i = x_i - \overline{x}$$

$$\sum_{i=1}^{n} d_i = \sum_{i=1}^{n} x_i - n\overline{x} = n\overline{x} - n\overline{x} = 0$$

由上式可知,每个数据与平均值的偏差之和 $\sum_{i=1}^{n} d_i$ 不能表示实验数据的分散程度。可以

考查每一个偏差的绝对值,将偏差的绝对值之和 $\sum_{i=1}^{n} |d_i|$ 列于表 6.6 的第 5 列和第 6 列。

计算结果分别为 250 和 820,很明显,B 组的结果比 A 组更分散。

测量数据离散度的另一种常用方法是计算标准差 σ,公式为

$$\sigma = \sqrt{\frac{\sum_{i=1}^{n} (x_i - \overline{x})^2}{n-1}}$$

表 6.6　密度测量值及实验数据处理

$\rho/\text{kg} \cdot \text{m}^{-3}$		$(\rho - \rho_{avg})/\text{kg} \cdot \text{m}^{-3}$		$|\rho - \rho_{avg}|/\text{kg} \cdot \text{m}^{-3}$		$(\rho - \rho_{avg})^2/\text{kg} \cdot \text{m}^{-3}$	
A 组	B 组	A 组	B 组	A 组	B 组	A 组	B 组
1 010	950	10	−50	10	50	100	2 500
1 005	890	5	−110	5	110	25	12 100
990	940	−10	−60	10	60	100	3 600
1 060	1 080	60	80	60	80	3 600	6 400
1 030	900	30	−100	30	100	900	10 000
960	1040	−40	40	40	40	1 600	1 600
985	1 150	−15	150	15	150	225	22 500
1 020	910	20	−90	20	90	400	8 100
980	1 020	−20	20	20	20	400	400
960	1 120	−40	120	40	120	1 600	14 400
$\rho_{avg} = 1\,000$	$\rho_{avg} = 1\,000$	$\sum = 0$	$\sum = 0$	$\sum = 250$	$\sum = 820$	$\sum = 8\,950$	$\sum = 81\,600$
						$\sigma = 31.53$	$\sigma = 95.22$

工程中,经常会得到一系列的数据,通常使用概率分布进行数据分析。概率分布表示了数据结果发生的概率值。以上述考试成绩为例进行分析,将每个频率除以样本数 26,以计算每个分数范围的概率值,概率值之和为 1。标准差 σ 的平方值 σ^2 叫作方差。方差 σ^2 一个很重要的特点便是具有加和性,即当实验结果受到几个相互独立因素的影响时,实验结果的方差是各个因素影响所引起的方差之和。

此外,数据分析可以用来预测今后的实验数据。如果这份成绩是一个典型的粉体力学课程测试成绩,那么我们可以用这门课程的概率分布来预测学生明年的考试情况。通常,很难定义典型测试的含义。我们可以用更多届、更多班级的粉体力学成绩进行分析,预测将来的成绩会更有参考价值。随着参加考试的学生人数增加,图 6.16 中连接分数中点的线变得更平滑,并接近钟形曲线。

常见的数据分布有均匀分布、正态分布、对数正态分布、指数分布、χ^2 分布、t 分布和 F

分布等,以上所列出的成绩和密度测量便是一种典型的正态分布。如图 6.18 所示,正态曲线呈钟形,两头低,中间高,左右对称。因其曲线呈钟形,因此人们又经常称之为钟形曲线。图中 μ 为平均值。正态分布约 68% 的数据介于 $(\mu-\sigma)$ 到 $(\mu+\sigma)$ 的区间,约 95% 的数据介于 $(\mu-2\sigma)$ 到 $(\mu+2\sigma)$ 的区间,几乎所有数据都介于 $(\mu-3\sigma)$ 到 $(\mu+3\sigma)$ 的区间。

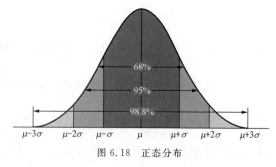

图 6.18　正态分布

正态分布曲线的形状由平均值 μ 和标准差 σ 决定。标准差很小,则曲线高而窄;标准差很大,则曲线矮而宽。值得注意的是,由于正态分布代表试验的所有可能结果(总概率等于 1),任何给定正态分布曲线下的面积始终等于 1。另外,正态分布关于平均值 μ 对称。描述正态分布曲线或标准正态曲线的数学函数相当复杂,需要进一步在统计学或工程学课程和专业书籍中学习。

6.3.2　方差分析

方差分析(Analysis of Variance,ANOVA)又称为"变异数分析"或"F 检验",是费希尔(R. A. Fisher)发明的、用于两个及两个以上样本均数差别的显著性检验。基本思想是通过分析不同来源的变异对总变异的贡献大小,从而确定可控因素对研究结果影响的程度。由于各种因素的影响,研究所得的数据呈现波动状。造成波动的原因可分成两类:一是不可控的随机因素,一是研究中施加可控因素。因素为方差分析的研究变量。例如,研究高尔夫球表面粗糙度对飞行距离的影响时,高尔夫球表面粗糙度就是因素。因素中的内容称为水平。例如,高尔夫球表面粗糙度总共有 5 个不同的值,则表面粗糙度因素的水平就是 5。

方差分析的基本步骤如下:

(1)提出原假设。H_0——多个样本总体均值相等,无差异;H_1——多个样本总体均值不相等或不全等,差异显著。

(2)选择检验统计量。方差分析采用的检验统计量是 F 统计量,即 F 值检验。

(3)计算检验统计量的观测值和相应的概率值 P。

(4)给定显著性水平,并做出决策。

F 值＝组间方差÷组内方差。组间方差用来反映组与组之间的差异程度,组内方差用来反映各组内部数据的差异程度。通过比较 F 值的大小,判断各组之间是否存在显著差异。

如果各组之间的样本相等,即假设 H_0 成立,也就意味着各组之间无区别,亦即组间方差很小甚至为 0,与之对应的方差很大的概率会很低,从而 F 值越大。假设 H_0 成立的前提下出现这一结果的概率越小(小概率事件),如果一旦小概率事件发生了,我们就需要重新审视原假设。

【例 6】　表 6.7 列出了某工厂现场挂片试验的腐蚀速度数据,挂片位置有 4 个,每次在每个位置上挂 1 个挂片。进行了两批试验,总共 8 个试验数据,以显著水平 $\alpha=0.1$ 判断第一批和第二批现场挂片试验的试验精度有无差别。

表 6.7　两批现场挂片试验的腐蚀速度数据　　　　kg/(m² · h)

批次	挂片位置				各批平均值
	Ⅰ	Ⅱ	Ⅲ	Ⅳ	
第 1 批	2.08	1.84	1.58	1.56	1.765
第 2 批	2.20	1.64	1.62	1.44	1.725
位置平均值	2.14	1.74	1.60	1.50	总平均值 $\bar{x}$=1.745

第 1 批和第 2 批试验数据的方差估计值分别为 0.060 4 和 0.108 4,因而 F=0.108 4÷0.060 4=1.79。两批试验都有 4 个试验数据,自由度 $\phi_1=\phi_2=3$。查 F 值表,$F_\alpha(\phi_1,\phi_2)=F_{0.1}(3,3)$=5.39。由于 $F<F_{0.1}(3,3)$,故可以接受零假设,亦即两批现场挂片试验的试验精度并无显著不同。

1. 单因素试验的方差分析

若一批试验数据可以根据某一因素分组,这项试验就叫作单因素试验。利用方差的加和性,可以判断分组因素对试验结果是否有影响,即这个因素是否起了作用,这种方法即方差分析。对于只有一个分组因素的方差分析,叫作单因素试验的方差分析。

【例 7】　某化工厂分别从 3 个铸铁泵生产厂购买了 3 台铸铁泵,使用寿命(天数)列于表 6.8,是否可以从这批试用结果得出结论,不同厂家生产的铸铁泵的质量是否有明显的差别?

表 6.8　从不同厂家购买的铸铁泵的使用寿命

生产厂家	使用寿命/天			平均值
1	66	95	94	$\bar{x}_1$=85
2	63	90	75	$\bar{x}_2$=76
3	69	58	38	$\bar{x}_3$=55

进行方差分析时一般都会列出一个方差分析表,第一列是方差来源,第二列是平方和 V,第三列是相应的自由度 ϕ,第四列是相应的方差估计值 σ^2,最后一列为 F 值。

分别求解平方和、自由度、方差估计值,并列于方差分析表 6.9 中。

表 6.9　单因素试验的方差分析表

方差来源	平方和 V	自由度 ϕ	方差估计值 σ^2	F
组间	1 442	2	711	3.04
组间	1 402	6	233.7	
总和	2 844	8	—	

由自由度 ϕ_1=2,ϕ_2=6,查 F 值表,显著水平 α 为 0.01、0.05 和 0.1 时,F 值分别为 $F_{0.01}(2,6)$=10.9,$F_{0.05}(2,6)$=5.14,$F_{0.1}(2,6)$=3.46。故即使在 α=0.1 这样显著水平很低的情况下,方差估算值的差别也是不明显的,因而不能得出各厂铸铁泵的产品质量不同的结论。各厂铸铁泵的使用寿命平均值的差异,可能仅仅是偶然误差造成的。如要进一步确定各厂铸铁泵的质量是否不同,还需要进行更多的试用试验。

2. 不考虑交互效应的多因素方差分析

如果分组因素不止一种,这项试验即为多因素试验。用方差分析方法来判断各种分组因素中哪些分组因素起了作用,就是多因素方差分析。为了观察一个因素的影响,就需要将这个因素在不同的数量、程度或其他方面进行试验。我们把一个因素的数量、程度或其他方面的改变叫作"水平"的改变。在一项试验中一个因素的水平改变几次,就称这一因素有几个水平。例如,表6.7可以看作是两因素的试验数据。一个因素是试验的批次,有第1批和第2批两个水平。另一个因素是挂片位置Ⅰ、Ⅱ、Ⅲ和Ⅳ四个水平。在多因素试验中,如果一个因素的水平变化,不影响另一个因素所起的作用,那么这两个因素互相独立,可以说它们之间没有交互效应。有时,虽然没有经过数据的分析处理,很难确定两个因素之间是否有交互效应,但初步观察可以估计到即使有交互效应,也不会很大,则可以忽略交互效应。例如,观察表6.7中的数据不难发现,在两批试验中各挂片位置上试验数据的数值大小次序基本上是一致的,由此可以估计这两个因素间即使有交互效应,也不会很大。对于这样的两因素试验进行方差分析时,可以不考虑它们之间的交互效应。在不考虑交互效应的情况下,多因素试验数据的方差分析方法比较简单,它是单因素方差分析方法的简单推广。

【例8】 在不考虑试验批次和挂片位置这两个因素之间的交互效应的情况下,对表6.7中数据进行方差分析。

根据表6.7中数据,分别求出各种平方和及相应的自由度:

$$V_{总} = \sum_{k=1}^{8} (x_k - \overline{x})^2 = 0.509\,4$$

$$\phi_{总} = 8 - 1 = 7$$

$$V_{位置} = 2 \times \left[(\overline{x}_{\rm I} - \overline{x})^2 + (\overline{x}_{\rm II} - \overline{x})^2 + (\overline{x}_{\rm III} - \overline{x})^2 + (\overline{x}_{\rm IV} - \overline{x})^2 \right] = 0.474\,2$$

$$\phi_{位置} = 4 - 1 = 3$$

$$V_{残余} = 0.509\,4 - (0.003\,2 + 0.474\,2) = 0.032\,0$$

$$\phi_{残余} = 7 - (1 + 3) = 3$$

再求出相应的方差估计值:

$$\frac{V_{批次}}{\phi_{批次}} = 0.032\,0$$

$$\frac{V_{位置}}{\phi_{位置}} = 0.158\,0$$

$$\frac{V_{残余}}{\phi_{残余}} = 0.010\,7$$

将上述各值整理至表6.10。

对于试验批次这一因素,$\phi_1 = 1$,$\phi_2 = 3$,查F值表,$F_{0.01}(1,3) = 34.1$,$F_{0.05}(1,3) = 10.1$。由于$F = 0.299$远小于这两个值,因而试验批次这一因素对实验结果影响不显著。对于挂片位置这一因素,$\phi_1 = 3$,$\phi_2 = 3$,查F值表,$F_{0.01}(3,3) = 29.5$,$F_{0.05}(3,3) = 9.28$。求得的$F = 14.8$介于这两个数值之间,故可以做出这样的判断:挂片位置这一因素很可能是起作用的,但还不是高度显著。方差估计值不存在的概率小于5%,大于1%。

在这种情况下,可以将来源于试验批次的平方和、残余平方和合并在一起,将二者的自由度也相加在一起,求出新的"合并的"方差估计值,重新对挂片位置这一因素进行F检验,由于新的方差估计值的自由度多,对挂片位置这一因素的F检验灵敏度也就比原

来的高,根据以上数据求得合并的误差方差的估计值为:

$$\frac{0.032\,0+0.003\,2}{3+1}=0.008\,8$$

对于挂片位置这一因素新的 F 值为

$$F=\frac{0.158\,0}{0.008\,8}\approx 18.0,\phi_1=3,\phi_2=4$$

查 F 值表,$F_{0.01}(3,4)=16.7$。$F>F_{0.01}(3,4)$,故可以做出判断,挂片位置这一因素的作用是高度显著的。

表 6.10　不考虑交互效应的两因素方差分析表

方差来源	平方和 V	自由度 ϕ	方差估计值 σ^2	F
试验批次	0.003 2	1	0.003 2	0.299
挂片位置	0.474 2	3	0.158 0	14.8
残余	0.032 0	3	0.010 7	—
总和	0.509 4	7	—	—

3.考虑交互效应的两因素方差分析

(1)分组因素的类型

①定量因素。按照某一个量的高低来分组的因素,叫作定量因素,亦即定量因素的水平是按照某一个量的数值来划分的。例如,如果在几个不同温度下进行试验来考察温度的影响,可按温度分组,则温度这一因素是定量因素。如果按腐蚀试验持续时间的长短进行分组来观察试验周期长短的影响,则腐蚀试验持续时间这一因素是定量因素。其他如腐蚀介质中的某种组分的浓度、某种缓蚀剂的添加量、合金中某种合金元素的含量、腐蚀介质与金属之间的相对运动速度等,也都可以是定量因素。

②定性因素。这类因素不能按照某一个量的高低来分组,而只能根据材料的品种、加工方式、环境、场合、试验次序、保护方法等来分组。因素的水平不能用量值的高低表示,而只能用文字或其他符号描述。例如,表 6.7 中的试验数据的分组因素都是定性因素,各个因素的不同水平之间并没有量的高低差别。虽然用数字Ⅰ、Ⅱ、Ⅲ和Ⅳ表示了挂片位置,用第 1 批和第 2 批表示了试验先后次序,但这些数字都不表示量值的高低。定性因素又可分为两种。一种定性因素为随机因素,特点是这种因素的不同"水平"如同从无数"水平"中随机取的样,根据不同"水平"下的试验结果,可以推测更多"水平"下可能的试验结果数值范围。例如,表 6.7 中的试验批次就是这种随机因素,第 2 批试验是第 1 批试验的重复。不同批次的试验数据之间的判别带有随机性,可以把这两批试验的结果看作是从无数批重复试验中随机取的样。另一种定性因素为固定因素,它的不同"水平"是按某种明确的特征划分的,不能从这些"水平"下的试验结果来推论其他"水平"下的情况。例如,在一项腐蚀试验中,如果定性因素是金属的表面处理,由几种不同的表面处理方法组成的这一因素的不同"水平",那么这一定性因素就是固定因素,因为我们不能从统计分析的角度由试验结果推断出这几种表面处理方法以外的其他表面处理的效果。按照这一原则,定量因素也是固定因素。

（2）因素间的交互效应

在两因素之间，若一个因素的效应不因另一因素处在不同水平而不同，就称这两个因素为相互独立的因素。若一个因素效应的大小受到另一个因素的水平的影响，那么反过来另一因素的效应的大小就必然受到这一因素的水平的影响，在这两个因素之间存在交互效应，这种交互效应称为两因素间交互效应或基本交互效应。两因素间的交互效应还可能受到第三个因素的水平的影响。在三个因素中，任何两个因素间的基本交互效应都受到第三个因素的水平的影响，就称这三个因素间存在三因素交互效应。以此类推，还可以有更多因素交互效应。但最重要的是两因素间的交互效应。三因素及更多因素间的交互效应统称为高级交互效应。在高级交互效应中，一般只分析到三因素交互效应。更高级的交互效应一般作为随机因素的影响处理，混合在随机误差中。

（3）方差分析表

对于多因素试验，如果要检验交互效应，就必须进行重复试验，这样才能根据重复试验数据测定残余方差估计值，从而将来自交互效应的方差与来自随机误差的方差分开。以两因素实验为例，用 A 和 B 分别代表这两个分组因素。若因素 A 有 p 个水平，因素 B 有 q 个水平，则整个试验共有 pq 个试验条件。如果在每一试验条件下重复进行 n 次试验（$n>1$），总的试验次数就是 $N=npq$ 次。

相应的方差分析表的形式见表 6.11。如果因素 A 是固定因素，那么 $\zeta_A=0$；如果因素 A 是随机因素，那么 $\zeta_A=1$。ζ_B 也是同样的规则，视因素 B 为固定因素或随机因素而决定 $\zeta_B=0$ 或 $\zeta_B=1$。

表 6.11 两因素试验的方差分析表

方差来源	平方和 V	自由度 ϕ	方差估计值 σ^2	F
因素 A 的主效应	V_A	$p-1$	$\sigma_A=\dfrac{V_A}{p-1}$	$\sigma_A/\sigma_{残余}$
因素 B 的主效应	V_B	$q-1$	$\sigma_B=\dfrac{V_B}{q-1}$	$\sigma_B/\sigma_{残余}$
AB 交互效应	V_{AB}	$(p-1)(q-1)$	$\sigma_{AB}=\dfrac{V_{AB}}{(p-1)(q-1)}$	$\sigma_{AB}/\sigma_{残余}$
残余	$V_{残余}$	$N-pq$	$\sigma_{残余}=\dfrac{V_{残余}}{N-pq}$	—
总和	$V_{总}$	$N-1$	—	—

（4）进行 F 检验的规则

计算出各种来源的方差估计值后，先检验因素间的交互效应；如经过 F 检验，两因素间不存在交互效应，应将来源于交互效应的方差估计值与原来的残余方差估计值合并，并利用这一"合并的"方差估计值对因素 A 和因素 B 的主效应进行 F 检验；对交互效应做出肯定判断的情况下，若两个因素都是固定因素，则它们的主效应的 F 检验都用方差估计值进行计算；对交互效应做出肯定判断的情况下，若两个因素都是随机因素，则它们的主效应的 F 检验都用来源于交互效应的方差估计值进行计算；若一个因素是固定因素，而另一个因素是随机因素，则固定因素的主效应的 F 检验用来源于交互效应的方差估计值进行计算，而随机因素的主效应则用残余方差估计值进行计算。

【例 9】 对于三种铝材，在温度为 $170\ ℃$，$\mathrm{pH}=6.4$ 的除离子水中进行周期为 1 个月和 3 个月的腐蚀试验。每一条件下重复试验 2 次,测得的腐蚀深度数据列于表6.12。设铝材是随机因素,对试验数据进行方差分析。

表 6.12　三种铝材在除离子水中腐蚀深度试验数据　　　　　　　　mm

材料	1 个月		3 个月	
铝材 1	2.29	1.78	2.29	1.78
铝材 2	1.52	1.52	2.79	2.03
铝材 3	1.78	2.29	3.56	2.79

以因素 A 代表试验周期,它是固定因素,有 2 个水平(1 个月和 3 个月),$p=2$;以因素 B 代表铝材种类,它有 3 个水平(三种铝材),$q=3$。按题意,这是一个随机因素。试验条件共有 $pq=6$ 个。每一试验条件下的重复试验次数为 $n=2$。试验数据总数为 $N=npq=12$。计算出各种平方和 V、自由度 ϕ、方差估计值 σ^2、F 值,列出方差分析表(表 6.13)。在列方差分析表时应注意:因素 A(试验周期)是固定因素,因素 B 是随机因素。

表 6.13　铝材腐蚀试验方差分析表

方差来源	平方和 V	自由度 ϕ	方差估计值 σ^2	F
试验时间	1.37	1	1.37	10.538
铝材种类	0.99	2	0.50	3.846
交互效应	0.72	2	0.36	2.769
残余	0.77	6	0.13	—
总和	4.05	11	—	—

列表后,按规则先检验交互效应:$F_{AB}(\phi_1,\phi_2)=2.769$,$\phi_1=2$,$\phi_2=6$,查 F 值表得 $F_{0.1}(2,6)=3.46$。

因 $F_{AB}<F_{0.1}(2,6)$,故可判断不存在交互效应,于是求出"合并的"残余方差估计值

$$\sigma^2_{残余}=\frac{0.72+0.77}{2+6}=0.19 .$$

因素 A(试验时间)和因素 B(铝材种类)的主效应,应都对合并的残余方差估计值进行 F 检验。对于试验时间:$F=1.37\div0.19=7.21$,$\phi_1=1$,$\phi_2=8$,查 F 值表,$F_{0.05}(1,8)=5.32$。因此以显著水平 $\alpha=0.05$ 判断,试验时间的效应是显著的。但由于 $F>F_{0.01}(1,8)$,试验时间的效应不是高度显著。对于铝材种类,$F=0.50\div0.19=2.63$,$\phi_1=2$,$\phi_2=8$,查 F 值表,$F_{0.1}(2,8)=3.11$。由于 $F<F_{0.1}(2,8)$,因此可以认为铝材之间的差别不明显。

多因素试验的方差分析,原则上同两因素试验的方差分析一样,但需要检验的效应比两因素试验多。如以 A、B、C 代表三个因素,则需要检验的效应有:3 个主效应 A、B 和 C,3 个两因素交互效应 AB、BC 和 AC,1 个三因素交互效应 ABC。一共有 7 个效应要进行 F 检验,故要计算 8 个平方和。7 个平方和分别来源于上述 7 个效应的平方和,1 个平方和是残余平方和。

6.3.3　回归分析

回归分析是借助于试验数据寻找变量之间的相关关系的一种数学方法,是统计分析的重要组成部分。用回归分析方法来研究建模问题是一种常用的有效方法,一般与实际联系比较密切。因为随机变量的取值是随机的,大多数是通过试验得到的,这种来自实

际与随机变量相关的数学模型的准确度(可信度),需通过进一步的统计试验来判断其模型中随机变量(回归变量)的显著性,而且往往需要经过反复地进行检验和修改模型,直到得到最佳的结果,最后应用于实际中。

通过回归分析,可以确定变量间是否存在相关关系,确定出它们的定量关系式(回归模型),并对其可信度做出统计检验;可以从共同影响某一变量(因变量)的许多变量(自变量)中,判断变量的显著性;还可以利用所找到的关系式对变量进行预测或控制,对实际问题做出判断等。在试验研究中,回归分析与曲线拟合是求取经验公式的重要手段。亦即回归分析主要包含三个度量:自变量的个数、因变量的类型以及回归线的形状。

根据回归模型中回归的特征,常见的回归模型有:一元线性回归模型、多元线性回归模型、非线性回归模型和多项式回归模型。

1. 一元线性回归模型

首先考虑最简单的情况:含一个自变量 x 和一个因变量 y,共两个变量。若想找出存在一定的关系的因变量 y 和自变量 x 之间相关关系的表达式,可通过下面的例子加以说明。

【例 10】 某合金的抗拉强度 y(MPa)与合金中碳质量分数 x(%)之间存在一定的相关关系,试求 y 关于 x 的一元线性回归方程。

第一步:通过试验或从生产记录中收集 n 组 y 与 x 的相应值,见表 6.14。

表 6.14 合金中碳质量分数 x 与抗拉强度 y 的数据

编号	$x/\%$	y/MPa	编号	$x/\%$	y/MPa	编号	$x/\%$	y/MPa
1	0.10	420	5	0.14	450	9	0.18	500
2	0.11	435	6	0.15	475	10	0.20	550
3	0.12	450	7	0.16	490	11	0.21	550
4	0.13	455	8	0.17	530	12	0.23	600

第二步:画散点图。这是研究两个变量间相关关系时常用的一种直观办法,以 x 为横坐标,以 y 为纵坐标,每一对数据 (x_i, y_i)($i=1,2,\cdots,12$)作为一个点在坐标上以"×"表示出来,本例数据的散点图如图 6.19 所示。

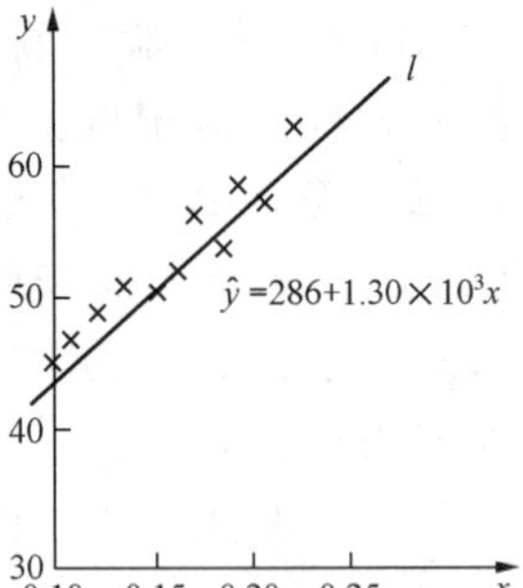

第三步:观察散点图(图 6.19)发现,这 12 个点基本上在一条直线 l 附近,从而判断 y 与 x 的关系基本上是线性的,而这些点与直线 l 的偏离是由其他一些随机因素的影响而造成的,故假定表 6.14 中的数据有

图 6.19 例 10 散点图

$$y = \beta_0 + \beta x + \varepsilon$$

式中,β_0 和 β 为待定参数。$\beta_0 + \beta x$ 表示 y 随 x 的变化而线性变化的部分,ε 是一切随机因素影响的总和,简称随机误差。假定 ε 的数学期望 $E(\varepsilon)=0$,方差 $D(\varepsilon)=\sigma^2$,并假定 ε 服从正态分布 $N(0,\sigma^2)$。x 可以是随机变量,也可以是一般变量,以下讨论中假定 x 是一般变量,即它是可以精确测量或严格控制的。由以上假定可知 y 是随机变量,但其值是可以观测的,其数学期望 $E(y)$ 是 x 的线性函数,即

$$E(y) = \beta_0 + \beta x$$

这便是 y 与 x 的相关关系的形式。

对表 6.14 的 12 个试验数据,有

$$\begin{cases} y_i = \beta_0 + \beta_i + \varepsilon_i \\ 各\ \varepsilon_i\ 相互独立, E(\varepsilon_i) = 0, D(\varepsilon_i) = \sigma^2 \end{cases}$$

上式可以认为是一元线性回归的数学模型。

通过求解参数 β_0、β 的最小二乘估计和 y 的数学期望的估计,得到回归方程

$$\hat{y} = 286 + 1.30 \times 10^3 x$$

从以上介绍求 y 关于 x 的一元线性回归方程的过程可知,在计算过程中并不需要假定 y 与 x 一定有相关关系,即使是对于 n 对杂乱无章的数据(x_i, y_i),同样可以求得回归系数的最小二乘估计,从而获得 y 关于 x 的一元线性回归方程,但是这种方程毫无实际意义。只有在散点图上看到 n 个点落在一条直线附近时,才能认为 y 与 x 之间可配一元线性回归方程,为此我们必须定量地给出在什么情况下可以认为"n 个点落在一条直线附近"。从统计上讲也就是 y 的数学期望 $E(y)$ 必须随 x 的变化而线性变化,即 β 不能等于 0。所以问题就变成了去检验假设 $\beta = 0$ 是否为真。若 $\beta = 0$ 为真,说明不管 x 如何变化,$E(y)$ 并不是随 x 而线性变化的;反之,若 $\beta \neq 0$,则当 x 变化时,$E(y)$ 是随 x 而线性变化的,只有这时回归方程才有意义。

为检验假设 $\beta = 0$ 是否为真,我们可以从分析引起各 $y_i (i = 1, 2, \cdots, n)$ 不同的原因着手。n 个 y_i 的值之所以不同,可能有两方面的原因:其一,若 $E(y)$ 确是随 x 线性变化,那么 x 的取值不同就是一个原因;其二,其他一切因素的影响。若前一方面的影响是主要的,那么 $\beta \neq 0$,方程是有意义的,否则方程就没有意义。为此必须把这两个原因所引起的 y_i 的波动大小从 y_i 的总的波动中分解出来。对给定的显著性水平 α,经过计算自由度为 ϕ_1, ϕ_2 的 F 分布 $F(\phi_1, \phi_2)$,可判断 β 值,当 $F > F_\alpha(\phi_1, \phi_2)$ 时,认为 $\beta = 0$ 不真。

2. 多元线性回归模型

在实际问题中,与因变量 y 有关的变量往往不止一个,设有 p 个变量 $x_1, x_2, \cdots, x_p$,研究 y 与 $x_1, x_2, \cdots, x_p$ 之间定量关系的问题便是多元回归问题。

【例 11】　根据经验认为,在人的身高相等的情况下,血压收缩压 y 与体重 x_1、年龄 x_2 有关。为了了解其相关关系,现试验测量获得了 13 名男子的数据(表 6.15)。

表 6.15　血压收缩压 y 与体重 x_1 和年龄 x_2 的关系

序号	x_1/kg	x_2/岁	y/mmHg	序号	x_1/kg	x_2/岁	y/mmHg
1	152	50	120	8	158	50	125
2	183	20	141	9	170	40	132
3	171	20	124	10	153	55	123
4	165	30	126	11	164	40	132
5	158	30	117	12	190	40	155
6	161	50	125	13	185	20	147
7	149	60	123				

这是 $p = 2$ 的例子,现在要用图形来判断它们之间有无相关关系就比较困难了,因为若要画散点图,这就是一个三维空间的点图,在平面上看不大直观。若 $p > 2$ 则更是如此。因此,在多元回归问题中,我们通常不画散点图,而是根据经验先假定一模型,然后再做检验以决定模型是否正确。

由于在许多场合非线性的回归问题可以转化为多元线性回归的问题来处理,因此我们

着重讨论多元线性回归。

假定对变量 y 和 $x_1,x_2,\cdots,x_p$，我们有 n 组独立的试验数据

$$(x_{i1},x_{i2},\cdots,x_{ip},y_i),i=1,2,\cdots,n$$

并假定它们之间有

$$y_i=\beta_0+\beta_1 x_{i1}+\beta_2 x_{i2}+\cdots+\beta_p x_{ip}+\varepsilon_i,i=1,2,\cdots,n$$

式中：$\beta_0,\beta_1,\cdots,\beta_p$ 是 $p+1$ 个待估参数；$x_{i1},x_{i2},\cdots,x_{ip}$ 是 p 个可以精确测量或可控制的一般变量的第 i 组观测值；$\varepsilon_1,\varepsilon_2,\cdots,\varepsilon_n$ 是 n 个相互独立的随机变量，且 $E(\varepsilon_i)=0,D(\varepsilon_i)=\sigma^2,i=1,2,\cdots,n$。

这就是多元线性回归的数学模型。

根据表 6.15 的 13 组数据，分别用最小二乘法求出 $\beta_0,\beta_1,\cdots,\beta_p$ 的估计 $\hat{\beta}_0,\hat{\beta}_1,\cdots,\hat{\beta}_p$，从而可以获得 p 元线性回归方程

$$\hat{y}=\hat{\beta}_0+\hat{\beta}_1 x_1+\hat{\beta}_2 x_2+\cdots+\hat{\beta}_p x_p$$

经计算得回归方程

$$\hat{y}=-62.9518+1.0683 x_1+0.4002 x_2$$

在一元线性回归中，可以借助于散点图判断 y 与 x 之间是否有线性相关关系，当散点接近于某一斜率不为 0 的直线时，即使不对回归方程做检验，我们也能相信此方程是有意义的。但是在多元线性回归中，我们无法用直观的方法帮助判断 y 关于 $x_1,x_2,\cdots,x_p$ 之间是否确有线性相关的关系，为此必须对方程做检验。

对回归方程的检验是指检验假设

$$H_0:\beta_1=\beta_2=\cdots=\beta_p=0$$

H_0 为零假设。当 H_0 为真时，说明不管 $x_1,x_2,\cdots,x_p$ 如何变化，$E(y)$ 都不随之而改变。而当 H_0 不为真时，说明 $\beta_1,\beta_2,\cdots,\beta_p$ 中至少有一个不等于 0，从而 $E(y)$ 至少随 $x_1,x_2,\cdots,x_p$ 之一的变化而线性变化。因此，对回归方程的检验是从整体上看 y 与 $x_1,x_2,\cdots,x_p$ 之间是否存在线性相关的关系。

对例 11 列方差分析表，见表 6.16。

表 6.16　例 11 的方差分析表

方差来源	平方和	自由度	均方和	F	显著性
回归	1 430.600 8	2	716.300 4	88.00	$\alpha=0.01$
残余	81.399 2	10	8.139 9		
总计	1 512	12	\multicolumn{3}{c}{$F_{0.01}(2,12)=6.93$}

方差分析的结论说明在 $\alpha=0.01$ 水平下回归方程是显著的。

当经过检验认为方程是显著的，即拒绝了 $\beta_1=\beta_2=\cdots=\beta_p=0$ 这一假设，但这并不意味着一切 β_j 都不等于 0。若某一个 $\beta_m=0$，则表明 x_m 的变化对 $E(y)$ 无线性影响，我们称 x_m 不显著。

当一个回归方程中包含有不显著变量时，一方面对利用回归方程做预测和控制带来麻烦，另一方面还将增大 $\hat{y}$ 的方差，从而影响预测精度。为此就需要对每一个回归系数做显著性检验，当有不显著变量时，可从回归方程中将它去掉，去掉该变量后重新求出相应回归系数的最小二乘估计，但由于回归系数间存在相关关系，因此当几个变量不显著时，不能同时将这些变量一起剔除，而只能一次除去 F 比值最小的一个不显著变量，重新建立回归方

程后再对变量一一做检验,从而建立精度较高的较为简单的回归方程。

3.非线性回归模型

在实际问题中遇到的因变量 y 与自变量 x 之间的关系不一定都是线性关系,这里大致有两类情况。

(1)根据专业知识知道 y 与 x 之间的函数类型,但其中含有未知参数,需要通过试验数据加以确定。

(2)通过所收集的 n 组 (x_i, y_i) 的值,从所画的散点图上发现 y 关于 x 有某种曲线相关的关系,选择适当的曲线去拟合这些数据。下面的例子就属于这种情况。

【例 12】 由于钢液及炉渣对包衬耐火材料的侵蚀,炼钢厂出钢时所用的钢包在使用过程中容积不断增大,经试验得钢包容积 y(因容积不易测量,故以钢包盛满时钢水的质量表示)与相应的使用次数 x 的数据见表 6.17,试找出 y 与 x 之间的定量关系式。

表 6.17　钢包容积 y 与使用次数 x 的关系的试验数据

序号	x	y/吨	序号	x	y/吨	序号	x	y/吨
1	2	106.42	6	8	109.93	11	16	110.76
2	3	108.20	7	10	110.49	12	18	110.00
3	4	109.58	8	11	110.59	13	19	111.20
4	5	109.50	9	14	110.60			
5	7	110.00	10	15	110.90			

为了揭示 y 与 x 之间的关系,先将表 6.17 中的数据画成散点图(图 6.20),观察散点图发现,随着 x 的增加,开始时 y 迅速增加,以后逐渐趋于稳定,根据这个特点并参考常见的函数图形,可以认为

$$E\left(\frac{1}{y}\right) = \beta_0 + \beta \frac{1}{x}$$

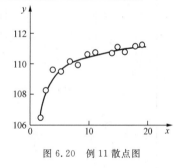

图 6.20　例 11 散点图

其中 $E\left(\dfrac{1}{y}\right)$ 为 $\dfrac{1}{y}$ 的数学期望。根据表 6.17 的 13 组数据,分别用最小二乘法求出 β_0 与 β 的估计 $\hat{\beta}_0$ 与 $\hat{\beta}$,则可以用曲线回归方程 $\dfrac{1}{\hat{y}} = \hat{\beta}_0 + \hat{\beta} \dfrac{1}{x}$ 表示 y 与 x 之间的关系。

以上两个回归方程都可以归结为一条曲线,而在此曲线方程中含有未知参数,它们是需要通过试验数据进行估计的,可以通过一定的变换化为前述的一元线性回归方程的形式,用最小二乘法求得它们的估计,最终得到曲线的回归方程,即

$$\hat{y} = \frac{x}{0.000\ 829 + 0.008\ 967x}$$

有一些非线性回归模型通过变换可将原来的曲线回归模型化为一元线性回归模型,这种方法即所谓的线性化方法。若能通过线性化方法将模型化为一元线性回归模型,就可以求得参数的估计,但要注意的是并非 $E(y)$ 与 x 之间的一切关系均可通过线性化方法化为一元线性回归方程。一些典型的曲线函数形式见表 6.18。

表 6.18　一些典型的曲线函数形式

函数	函数方程	函数曲线
双曲线函数	$\dfrac{1}{y}=a+b\,\dfrac{1}{x}$，令 $y'=\dfrac{1}{y}$，$x'=\dfrac{1}{x}$，$y'=a+bx'$	
幂函数	$y=dx^b$，令 $y'=\ln y$，$x'=\ln x$，$a=\ln d$，则 $y'=a+bx'$	
指数函数	$y=de^{bx}$，令 $y'=\ln y$，$a=\ln d$，则 $y'=a+bx$	
指数函数	$y=de^{\frac{b}{x}}$，令 $y'=\ln y$，$x'=\dfrac{1}{x}$，$a=\ln d$，则 $y'=a+bx'$	
对数函数	$y=a+b\log x$，令 $x'=\log x$，则 $y=a+bx'$	
S形曲线	$y=\dfrac{1}{a+be^{-x}}$，令 $y'=\dfrac{1}{y}$，$x'=e^{-x}$，则 $y'=a+bx'$	

对同一张散点图,选择什么样的曲线去拟合数据,往往会有许多不同的方法,前例选择了双曲线型模型。但是对照上面所给出的各种常见函数图形,对散点图图 6.20 还可以配置其他模型,例如

$$E(y)=\beta_0+\beta\sqrt{x}$$
$$E(y)=\beta_0+\beta\lg x$$
$$E(y-100)=\beta_0 e^{\beta/x}$$

可求得上述模型相应的回归方程分别为

$$\hat{y}=106.301\ 3+1.194\ 7\sqrt{x}$$
$$\hat{y}=106.314\ 7+3.946\ 6\lg x$$
$$\hat{y}=100+11.750\ 6e^{-0.125\ 6/x}$$

当然,还可以求出其他形式的曲线回归方程,那么如何比较这些曲线回归方程的优劣?为此仿照一元线性回归方程的相关系数及 α 的估计,我们给出两个比较曲线回归方程优劣的数量指标——相关指数 R^2 与剩余标准差 σ。

当然,对一个具体问题,我们不一定要去计算各种形式的方程。一般地,我们先求出一个曲线方程,如果已能满足实际需要了,就没有必要再去找另外的曲线。如果方程拟合情况不好,就应再设法找其他曲线。

4.多项式回归模型

在一元回归问题中,我们讨论一元线性回归和可以化为一元线性回归的曲线回归问题,但在有些实际问题中,一元曲线回归不一定都可以化为一元线性回归模型。

【例 13】 某种合金中的主要成分为金属 A 与金属 B,经过试验和分析,发现这两种金属成分之和 x 与膨胀系数 y 之间有一定的数量关系,为此收集了如下 13 组数据(表 6.19)。

表 6.19 例 13 的数据

序号	x	y	序号	x	y	序号	x	y
1	37.0	3.40	6	39.5	1.83	11	42.0	2.35
2	37.5	3.00	7	40.0	1.53	12	42.5	2.54
3	38.0	3.00	8	40.5	1.70	13	43.0	2.90
4	38.5	2.27	9	41.0	1.80			
5	39.0	2.10	10	41.5	1.90			

将数据画成散点图(图 6.21)后可看出,y 随 x 的变化可以用一个二次多项式加上误差来描述,即

$$y_i=\beta_0+\beta_1 x_i+\beta_2 x_i^2+\varepsilon_i, i=1,2,\cdots,13$$

式中各 ε_i 独立同分布,均服从 $N(0,\sigma^2)$。

上式便是一个二次多项式回归模型,一般地,若假定变量 y 与 x 的关系是

$$\begin{cases} y_i=\beta_0+\beta_1 x_i+\cdots+\beta_p x_i^p+\varepsilon_i, i=1,2,\cdots,n, \\ \varepsilon_1,\varepsilon_2,\cdots,\varepsilon_n \text{ 相互独立,且 } \varepsilon_i\sim N(0,\sigma^2) \end{cases}$$

则上式为 p 次多项式回归模型,这里 (x_i,y_i) 为第 i 次观测值,$\beta_0,\beta_1,\cdots,\beta_p$ 为未知参数。

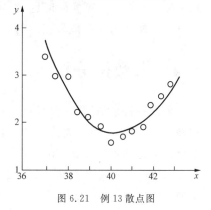

图 6.21 例 13 散点图

多项式回归问题很容易化为多元线性回归问题,只要令

$$x_1=x,x_2=x^2,\cdots,x_p=x^p$$

则回归模型就化为

$$\begin{cases} y_i = \beta_0 + \beta_1 x_{i1} + \cdots + \beta_p x_{ip} + \varepsilon_i, i = 1, 2, \cdots, n \\ \varepsilon_1, \varepsilon_2, \cdots, \varepsilon_n \text{ 相互独立,且 } \varepsilon_i \sim N(0, \sigma^2) \end{cases}$$

这样便可以利用"多元线性回归模型"求出各系数的最小二乘估计,并对方程和系数做显著检验。经计算得

$$\hat{y} = 271.591\ 3 - 13.386x + 0.166x^2$$

方差分析结论(表 6.20)说明例 13 中所求得的回归方程在 $\alpha = 0.01$ 水平上是显著的。系数检验结果为

$$F_1 = 136.15 > F_{0.01}(1,10) = 4.96$$
$$F_2 = 134.06 > F_{0.01}(1,10) = 4.96$$

说明 x 的一次项及二次项对 y 都有显著影响。

表 6.20　方差分析表

方差来源	平方和	自由度	均方和	F 比值	显著性
回归	3.964 0	2	1.982 0	77.06	$\alpha = 0.01$
残余	0.257 2	10	0.025 7		
总计	4.221 2	12	$F_{0.01}(2,10) = 7.56$		

多项式回归可以处理相当多的非线性问题,因为根据微积分的知识,任一函数都可以分段用多项式来逼近。因而在实际问题中,不论变量 y 与 x 的关系如何,我们常可选择适当的多项式回归或分段选择多项式回归加以研究。

多元线性回归是一个很有用的试验数据处理方法,但实际应用存在着计算复杂问题,它表现在两个方面。其一是求 $\beta_1, \beta_2, \cdots, \beta_p$ 的最小二乘估计必须解线性方程组,随着 p 的增加,其计算工作量迅速增加。其二是由于回归系数间存在相关性,从而剔除一个变量后要重新求出回归系数。

然而在有些实际问题中,用一条曲线拟合数据,效果往往不太理想,特别在某些点上的实测值会与回归之间存在较大的偏差,因而有必要加工改进。改进方法之一是分段用多项式去拟合数据。根据实际问题,要求分段多项式在分段点光滑连接,即这两个分段多项式在分段点有相同的回归值和相同的一阶导数。

6.4　大数据分析

数据分析是指用适当的统计分析方法对收集来的大量数据进行分析,将它们加以汇总和理解并消化,以求最大化地开发数据的功能,发挥数据的作用。随着云时代的来临,大数据分析也得到了越来越多的关注[6]。

大数据可以应用于各行各业,包括金融、汽车、餐饮、电信、能源、娱乐等在内的社会各行各业都已经融入了大数据的痕迹。此处仅以大数据在公共卫生和智能制造领域的运用加以说明。

6.4.1　公共卫生中的大数据

2002 年 SARS 发生于广东,直至 2003 年中期才被逐渐消灭。爆发于 2020 年的新冠肺

炎疫情表现出更强的传播性,感染人数曲线更为陡峭,对于疾病防控提出了更高的挑战。中国在疫情防控方面已建立了更加完备的制度体系、保障策略、应对措施,信息管理机制在大数据创新快速发展时期更加科学化、规范化和制度化,在疫情防控工作中起到重要作用。

数据也是救援物资,数据分析也是防控实招。中国在进行紧迫、艰巨的疫情防控的同时,采取灵活有效的办法快速整合疫情有关数据,依托大数据分析平台,因地制宜地建立疫情防控大数据分析挖掘模型,形成了建立"用数据说话、用数据决策、用数据管理、用数据创新"的疫情防控新机制[7,8]。

1.疫情数据

专家利用大数据技术梳理感染者的生活轨迹,建立个体关系图谱,成功锁定感染源及其密切接触人群,为防控疫情扩散发挥重要作用。

在智慧城市中,大数据平台用来识别人们是否遵守社交距离和隔离标准。各类传感器和摄像头的监控数据用来分析、识别区域内的行人交通情况。利用智慧城市技术,跟踪病毒流行态势,对流行病的防控至关重要。在位置数据方面,除了航空、铁路、公路、水路等交通部门统计的出行数据外,在用户授权的前提下,中国移动、中国联通、中国电信三大运营商基于手机信号能够有效定位用户的手机位置,互联网企业也可以通过 APP 授权调用用户手机位置数据。地图、打车等 APP 提供的移动出行服务,电商、外卖平台等 APP 内的送货地址数据,以及移动支付位置数据等,也可以作为位置数据的有效补充。而关系图谱则可通过各类社交平台、通信网络、通话记录、转账记录等数据搭建。

将不同时间段的授权位置数据进行串联,能够有效绘制出手机持有者的移动轨迹。这类个体数据,可以用于追踪被感染者的传播路径,定位感染源,配合关系图谱更可锁定被感染者曾经接触过的人群,以便及时采取隔离、治疗等防控措施,避免疫情向更大范围扩散。

根据世界卫生组织(WHO)的论述,接触者追踪包括监视"与感染病毒的人有密切接触的人",从而帮助"接触者获得护理和治疗",并可能防止"病毒的进一步传播"。接触者追踪已经成为传染病防治过程中一种普遍接受的数字解决方案。接触者追踪基于数字平台,允许实时跟踪、确诊人员,并通过流行病学调查向之前的联系人网络即时发送警报。除此之外,将同一时间不同个体的位置数据横向整合,还能够清晰展现出特定时间点曾经到过疫情高风险地区的人群,为潜在感染者的发现及自我隔离等提供信息参考。而这些人群密度地图、高染病区域地图、地区交通管制措施等数据信息还能为个人规划行程路线提供有效参考。

这些个体数据集合形成的群体数据,能够清晰显示重要疫区的人员流入及流出的方向、动态及规模。如百度、腾讯等互联网企业都基于授权数据制作人口迁徙地图,可据此观察各城市的人口流入、流出状况,尤其是重点疫区人口流出方向。这些数据有利于定位疫情输出的主要区域,预测地区疫情发展态势,预测地区潜在染病人群,为疾病防控部门及地区政府有针对性地出台交通管制措施等提供数据支撑。

2.大数据构建疫情发展模型

面对新型冠状病毒性肺炎确诊人数的持续增长,大众密切关注疫情的传播态势。传播途径都有哪些?疫情还会传播多久?感染者还会大幅增加吗?哪里感染风险高?要解决这些问题,大数据可发挥关键作用。根据大数据找出关键影响因素,分析疫情传播特征,搭建疫情发展模型。

首先是优化数据采集。在大数据技术广泛应用之前,医疗数据采集具有明显的滞后性,这制约了疫情传播早期快速获取传播数据、分析疫情传播机理。而借助于医疗数据联网、各类智能设备数据归集渠道等,大数据时代的疫情传播数据采集更为及时、准确,可定位到个体及其具体位置等,为疫情发展模型的搭建提供数据基础。

其次是丰富数据维度。除医疗数据外,疫情传播往往还受气候、地质、交通、社会行为、城市卫生状况等多维度因素影响,大数据技术的发展使得这些影响因素均可以数据形态展示,同时使得多维度、大规模的数据处理成为可能,可实现上万量级的影响因子建模,这极大地丰富了疫情发展模型的分析维度,对于确定疫情传播的关键影响因素,并据此提出有针对性的防治建议有重要作用。

最后是模型优化训练。大量的数据基础为疫情发展模型提供丰富的优化、训练素材,模型的不断迭代对于优化模型参数、提升模型预测精准度有重要意义。

北京大学、西安交通大学、南京医科大学、中国香港大学以及英国兰开斯特大学等国内外研究团队运用大数据技术搭建疫情传播模型,基于已感染病例、感染患者增速、感染区域、区域交通网格等因素,对病毒的传染源、传播速度、传播路径、传播风险等进行评估、预测。

3. 大数据助力资源配置

我国疫情乃至全球的疫情传播,造成对医疗、生活等多维度物资需求的剧增,尤其是我国疫情暴发初期是春节期间,物资的生产、供应和运输等各项工作很难在短时间内满足需求。因此,提升物资调配效率,以有限资源保障医疗救助工作顺利开展,是当时疫情防控的重点。

各类资源需求信息的发布较为分散,以医疗物资保障为例,陆续有医院通过各自网站、媒体、社交平台等对外发布短缺物资清单。但公布渠道分散化,不利于防控机构统筹监测,也不利于捐赠者查询,还有可能出现因医院知名度不同而产生的物资获取差异,或重复捐赠等问题,不利于资源有效调配及使用。基于此,有志愿者建立资源对接平台,将医疗资源需求按照城市、医院、类别等维度分类呈现,通过数据抓取等技术手段,展示需求物资名称、需求数量、联系方式及物资运输方式等信息,并支持信息查询,同时在后台统计整体需求数据,时时更新。从而及时有效地展示物资短缺信息,提升资源调配机构及捐赠者的信息获取速度,提高资源配置效率。此外,针对历史短缺数据的归集整理以及对资源对接时效的统计分析,也可帮助有关部门预测未来资源需求情况,科学筹划下一阶段资源供应及调配。

除此之外,大数据时代还有利于建立流行病毒的数据库。每当科学家对一个新的病毒进行基因测序之后,就会把这些数据上传到世界卫生组织建立的数据库里,形成一个传染性病毒的基因库。这些数据也可以供世界各国进行再分析。比如基因序列分析,进而就可以知道病毒是如何进化的及来源是什么。

4. 大数据的局限性

首先,大数据和信息收集的一个局限性是技术无法涵盖社会性因素。这意味着,虽然技术可能很擅长收集和分析数字数据,但无法获得这些趋势的背后信息,可能决策也不一定恰当。例如,一些国家文化强调个人自主权力至高无上,因此,尽管政府已经颁布"封城"禁令,但始终有民众不愿遵守,出行不佩戴口罩,疫情防控措施执行效果不理想。

其次,对于基于大数据的平台,智能手机跟踪技术在某些情况下可能是无效的。例如,疫情数据通报新冠肺炎患者的行动路径,而大众会因为怀疑患者所有的路径是否都被收集到,或者其密切接触者的踪迹是否被纳入疫情调查范围等而困惑甚至恐慌。

最后,大数据平台的最大限制是必须"选择进入"。要想让这个平台获得成功,需要达到60%～80%的用户渗透率。这里最大的问题是信任,由于用户数据和隐私方面的疑惑,人们通常会选择不同的平台,可能不会"选择进入"这些服务。

此外,疫情下的大数据让人们认识到了大数据的力量,然而,当信息脱离纸质媒介被数字化之后,个人的信息(包括不光彩的过往),都将在网络上留下持久的印记,随时可以被搜索引擎检索出来。为摆脱这种来自过往的束缚,近年来在一些国家,越来越多的公民要求享有"被遗忘"的权利,保护隐私和匿名性也是大数据技术要面临的问题。

6.4.2　大数据下的制造业

制造业是现代工业的基石,直接体现了一个国家的生产力水平。随着信息技术、新能源、新材料等重要领域和前沿方向的革命性突破和交叉融合,制造业正在引发新一轮产业变革。麦肯锡的报告表明,就大数据的数量而言,制造业远远超过其他行业的数据产生量,然而工业大数据的应用却远没有在社交网络、医疗和商务等方面普遍和深入,其中的价值还有待人们去充分挖掘,因而具有巨大的潜力。智能制造的实现过程需要通过大数据的智能分析,将传统的、依靠人的经验,转变为依靠数据的管理模式,最终实现预测型制造系统[9]。

1.制造业的发展历程

从传统制造向智能制造转型经历了如下三个阶段。

(1)第一阶段:在人的知识积累过程中提升质量和生产效率。

从 20 世纪 70 年代至 90 年代,各行各业都围绕"质量"这一核心展开。实现方式主要包括三个方面的改善:提高工作技能;改进团队精神;改善工作环境。这个阶段,制造系统的进步主要依靠的并不是技术的升级,而是管理哲学和制度的创新,其核心是以组织为中心的实践与文化建设。这个阶段为制造系统的进步所带来的影响可以总结为:利用先进的管理制度和组织文化,将解决生产过程中的问题的经验转变为人的知识。

(2)第二阶段:利用数据对问题的发生过程进行建模,迅速提升知识积累速度。

从 20 世纪 90 年代开始,企业开始了向库存控制、生产计划管理、流程再造、成本管理、人才培养、供应链协同优化、设备资源和市场开发等整个生产系统的各个环节进行延伸。其进步主要体现在:①从仅仅关注生产现场,延伸到关注整个产业链的各个要素;②开始以客户为中心,以满足客户需求为导向,以优质服务为目标;③生产系统中的大量数据被采集和分析,开始从以往的以经验为导向转变为以数据和事实为导向。

1990—2000 年对制造系统的影响是:大量的问题得以依靠数据被分析和保留下来,在许多分析工具的帮助下,人获取知识的能力得以提升,同时知识以软件或嵌入式智能的形式得以分享、使用和传承。

(3)第三阶段:制造的价值链向使用端延伸,利用预测分析技术发现隐性问题。

进入 2000 年,企业的竞争焦点开始转移到产品的全生命周期管理与服务(Product Lifecycle Management,PLM)方面,这标志着制造业的注意力从以往的以生产系统为核心,向以满足用户需求为导向的产品与服务转移。PLM 是一种在整个生命周期内对所有与产品相关的数据进行管理的技术,管理的核心对象是产品的数据,是企业实现全面信息化的过程。与此同时,以预诊与健康管理(PHM)为核心的预测分析技术被用于分析产品使用过程中的数据,通过对远程监控系统所采集的数据进行分析,实现对产品使用过程中的衰退和未知变异的透明化管理,通过及时避免产品故障为客户创造价值。

随着产品的大量全生命周期数据的获取,尤其是产品使用过程中数据的收集,以及机器学习和仿真建模等先进分析技术的发展,人们能够更便捷地从数据中获取以往不可见的知识,并利用这些知识去管理和解决以往不可见的问题。这也是人们积累制造经验的过程,同时在发现和解决新问题的过程中产生新的知识,并以不同的科技形式将其运用到 5M 要素中的过程。

2.从大数据到智能制造

大数据不是目的,而是一个现象,或是看待问题的一种途径和解决问题的一种手段。通过分析数据,进而预测需求,预测制造,解决和避免不可见问题的风险,利用数据去整合产业链和价值链,这是大数据的核心目的。

因此大数据与智能制造之间的关系可以总结为:制造系统中问题的发生和解决的过程中会产生大量的数据,通过对大数据的分析和挖掘可以了解问题产生的过程、造成的影响和解决的方式;当这些信息被抽象化建模后转化成知识,再利用知识去认识、分析和解决问题。当这个过程能够自发自动地循环进行时,即我们所说的智能制造。从这个关系中不难看出,解决问题和知识是目的,而数据则是一种手段。在问题、数据和知识这个循环中,把"数据"换成"人"就是"工匠精神",换成"自动化生产线和装备"就是德国的"工业 4.0",换成"互联网"就变成了"互联网+"。今天欲通过大数据实现智能制造,是因为大数据的研究已经成为一个日益受到关注的行为,而在制造系统和商业环境变得日益复杂的今天,利用大数据去推动智能制造,解决问题和积累知识或许是更加高效和便捷的方式。

利用大数据推动智能制造主要有以下三个方向:①把问题变成数据,利用数据对问题的产生和解决进行建模,把经验变成可持续的价值;②把数据变成知识,从"可见解决问题"延伸到"不可见问题",不仅明白"how",还要理解"why";③把知识再变成数据,这里的数据指的是生产中的指令、工艺参数和可执行的决策,从根本上去解决和避免问题。

海明威的冰山理论提出"冰山在海里移动是很庄严宏伟的,这是因为它只有八分之一露在水面上"。影响生产系统的因素分为可见因素和不可见因素,产生的问题可分为显性问题和隐性问题,如图 6.22 所示,诸如设备性能衰退直至停机、精度缺失导致产品质量偏差等这些可见因素仅仅是浮出水面的冰山一角,而设备刚度缺失、易耗件磨损和资源浪费等不可见因素则隐匿在水面下。若能通过预先分析对不可见因素进行预测和管理,则能较好地减少可见因素的不良影响。对生产系统隐患预测性的分析,需要在设备性能趋势预测的基础上预判设备可能存在的隐患类型,如设备性能衰退导致的质量影响、成本增加、故障模式、整体效率和系统性的影响。若能够确知未来将要发生的隐患,则可对情况做出预判,从而快速有效地采取措施。

从设备生产到数据分析和共享可能带来有价值的决策,然而目前的工业大数据分析存在的最大问题就是中间的分析过程和模型的预测分析依然薄弱。目前大数据下的智能化制造依然是端到端的连接,更多的数据还需要深度挖掘和分析,以形成更多的信息以供决策。也就是说,大数据的分析者不仅需要对智能算法非常了解,还需要对生产系统十分了解。

制造系统的核心要素可以用五个 M 表述:材料(Material)、装备(Machine)、工艺

显性问题：设备故障

隐性问题：磨损、腐蚀、泄漏、灰尘、形变、刚度缺失、
表面裂纹、结构损伤、热应力、振动等

图 6.22　显性问题和隐性问题

（Methods）、测量（Measurement）和维护（Maintenance）。然而无论是设备的精度和自动化水平的提升，或是应用统计科学进行质量管理，或是状态检测带来的设备可用率改善，这些活动都是围绕着人的经验展开的，人依然是驾驭这五个要素的核心。无论，生产技术如何先进，技术问题的解决过程依然是：发生问题→人根据经验分析问题→人根据经验调整 5M→人解决问题→人积累经验。无疑，这些步骤中都是围绕人进行的。而智能制造系统区别于传统制造系统的最重要的要素则是第六个 M：建模（Modeling），并且对制造系统的 5M 要素进行建模，其过程为：发生问题→建立模型分析问题→根据模型调整 5M→解决问题→模型积累经验，并分析问题根源→根据模型调整 5M→避免问题。亦即智能制造是通过第六个 M 驱动其他五个 M，以解决和避免制造系统问题。智能制造一改传统制造中人作为主导的方式，将人的经验融入模型，由模型代替人来分析问题后形成决策，并且从中积累经验再融入模型，从而避免问题再次发生。

大数据推动智能制造有三个方向：第一个方向是在解决显性问题的过程中积累经验和知识，将问题的产生过程利用数据进行分析、建模和管理，实现从解决可见的问题到避免可见的问题；第二个方向则需要依靠数据去分析问题产生的隐性线索、关联性和根本原因等，利用预测分析将不可见问题显性化，从而实现解决不可见问题的目的，完成这个过程后制造系统将不再有意外，能对不可见问题发展过程进行有效预测，使得所有隐性问题在变成可见问题和产生影响之前都提前解决掉；第三个方向是利用反向工程，通过对知识的深度挖掘，对整个生产流程进行剖析和精细建模，从设计和制造流程的设计端，利用知识避免可见及不可见问题的发生。

下面以利用故障和维修数据进行设计改进的反向工程的例子进行叙述。

当发动机发生事故之后，我们通常可以用不同的故障分类方法来确定引起事故的原因。最常用的故障分类方式是按照生命周期来划分，在这种分类方式下的故障类型主要包括早夭型（早期故障期）、偶发型（偶发故障期）和衰老型（耗损故障期）三类。

其中，早夭型故障多数是由人为因素引起的，包括因制造方面的疏忽所产生的缺陷；同样的情形也可能发生在偶发型故障之中，但偶发型故障主要是由一些外在的不可控因素引起的，例如鸟撞击、恶劣天气等。衰老型故障是由于老化产生的问题。例如，由于运行环境的不同，发动机上所有因素引起的变化，经过长时间的累积，发动机的差异可能从算数级数变成几何级数（因素的影响由加法变为乘法）。还有一项最不可控、也最不可预料的因素——"隐形杀手"。它们可以存在于发动机的所有故障期内,被激活的原因可能是单一的因素,也可能是由很多巧合的非致命性因素共同作用造成的多米诺骨牌效应。当然,所有在役的发动机都经过了严谨的设计、分析、测试与认证,所以在一般情况下,基本不应该有早夭型的发动机事故发生。

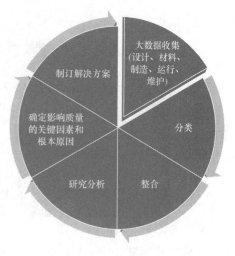

图 6.23 反向工程运作流程

下面我们要提出的案例的故障类别很难归结于以上三种类型中的任意一种。它属于我们提到的存在于无形空间的"隐形杀手",在许多不可控制和不可预期的情况下被激活了,最终造成了发动机事故的发生。首先,我们将跟着反向工程运作的流程(图 6.23),以阿联酋一架波音 777-300 客机发动机爆炸事件为例进行说明[10]。

(1)事故描述

2001 年 1 月 31 日,一架波音 777-300 客机在墨尔本国际机场跑道上起飞加速过程中,左侧(1 号)发动机进气口突然发生爆炸,飞机立即左偏,客机终止起飞并紧急疏散 213 名乘客,事故没有造成人员伤亡。现场勘查发现,该事故是由发动机风扇叶片飞出引起的。该发动机为 Rolls-Royce Plc 公司的 RB 211 Trent 892 型发动机,发动机风扇是钛合金宽弦叶片,事故勘测图(图 6.24)显示,有一个风扇叶片完全断掉,与其相邻的一个叶片上半部分断掉,剩余叶片也破损严重,进气罩、机身和对侧发动机有轻微损坏。

(b)脱落叶片的位置和尾翼损坏情况 (c)飞出叶片撞击区域

(d)风扇轨道沿线的典型损坏

(e)风扇后部碎片

(a)左侧故障发动机进气口损坏情况

图 6.24 波音 777-300 客机风扇叶片损坏图片

(2)事故调查的一些问题

这起事故是由人员操作失误造成的吗?是恶劣的天气导致的事故吗?是一起偶发事故吗?该型号发动机是否出现过叶片飞出的事故?事故发生前,该发动机已经运行了多长时间?这款发动机是如何通过适航认证的?拥有该型号发动机的机队停止运行并接受进一步检查吗?本次事故的根本原因是什么?如何寻找事故的原因?解决的方法是什么?

面对这些问题,事故调查组需要收集数据,并用这些数据来回答问题。

（3）收集数据与反向工程运作

因为事故是在飞机起飞过程中发生的，所以首先要通过飞机信息管理系统（AIMS）收集航空公司的运行大数据，包括飞行管理计算系统（FMCS）、推力管理计算系统（TMCS）、数据通信管理系统（DCMS）、主显示系统（PDS）、飞机状态监控系统（ACMS）、中央维修计算系统（CMCS）、飞行数据记录系统（FDRS）等数据，这些数据是分析事故原因的重要数据来源。

航空公司根据数据分析排除了一些事故发生的原因：飞行数据记录显示，飞行员起飞时操作符合规范，表明不是由人员操作失误引起的。当天墨尔本天气状况良好，环境条件不会导致发动机起火爆炸。适航认证文件显示，该发动机达到了所有适航认证的要求，并且已在该飞机上服役 5 765 h，完成 907 次飞行。维修保养数据中，无发动机风扇或相关附件的维保记录。同类型发动机的运行记录数据表明，这个型号的发动机是第一次发生风扇叶片飞出的事故。因而可以确定这起事故并不在适航认证控制的范围之内，而是一起偶发型事故（图 6.25）。

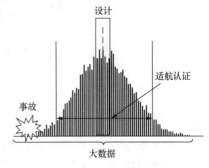

图 6.25　偶发型事故的发生情况

如图 6.26 所示，通过排查可以确定，事故是由机械失效引起的，而机械失效则与发动机的外物损伤、金属疲劳和部件缺陷等有关。通过抽丝剥茧，再对事故进行更深入的调查。通过飞行管理计算系统追溯航空公司、维护维修厂、发动机制造商，调查的内容包括材料成分和性能试验、制造及装配记录、设计分析、航空专家预测记录、出厂试验数据分析等。由于该波音 777-300 客机的风扇叶片出现了断裂和破坏，所以着重对叶片的金属结构进行介绍与分析。

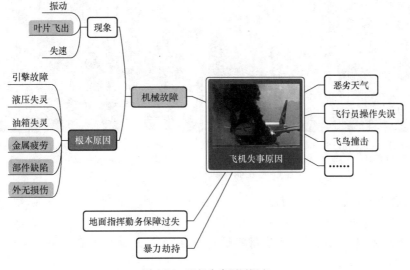

图 6.26　飞机失事原因调查

从断裂叶片根部裂纹照片（图 6.27）可以看出，叶片根部掉落了两块金属，且裂纹拓展的形式存在着很明显的分界线（箭头指向）。通过裂纹形状推测，外部裂纹拓展速度远大于内部的拓展速度,这是金属高周疲劳的典型标志。

(a) 叶片与大盘连接榫槽两侧损坏形貌

(b) 叶片残片

(c) 两个区域疲劳裂纹扩展模式,箭头位置可清晰地观察到裂纹扩展的变化

图 6.27　断裂叶片损坏形貌和裂纹照片

对叶根进行扫描电子显微镜(scanning electron microscope,SEM)扫描,裂纹附近晶相没有明显条纹,只有比较小而平坦的晶相[图 6.28(a)],这是一种典型的高周疲劳现象。而靠近最终破坏区域的晶相图[图 6.28(b)]显示,此部分材料韧性较高,这种晶相表示这个区域材料遭受了非常大的拉应力。分析结果表明,在材料或制造过程中无导致裂纹产生的因素。

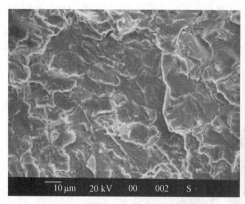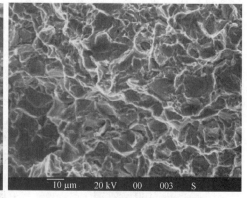

(a) 断裂叶片位置附近 SEM 图片,曲型的低应力　　　(b) 断裂区域 SEM 图片,开裂阶段经历的拉伸
状态下的面状穿晶断裂,无明显的条纹结构　　　　　过载导致的凹陷韧性破坏和残余穿晶断裂

图 6.28　裂纹区域 SEM 图

为什么会出现这种现象?调查人员检查右侧 2 号发动机叶片榫槽发现,尽管叶片没有断裂,但榫槽磨损严重(图 6.29),两台发动机的风扇磨损损坏一致。叶片表面有块状润滑剂(灰色区域),无润滑剂区域的底层材料暴露,造成了叶片与榫槽金属直接接触,使榫头部分区域的应力逐渐增大。

对发生故障的钛-铝-钒合金风扇叶片进行的分析和测试证实,该合金符合 UNS R56400 合金(Ti6Al4V)的一般元素成分,根部区域合金维氏硬度约为 330,在这种合金和部件许用范围内。微观结构上,叶片无导致故障的异常结构或缺陷。该叶片是典型的合格 Trent 800 叶片。事故原因主要是设计问题。叶片从榫槽中脱落,失去物理支撑,使其受力不均,出现

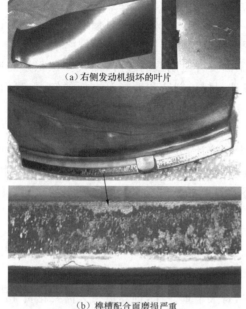

（a）右侧发动机损坏的叶片

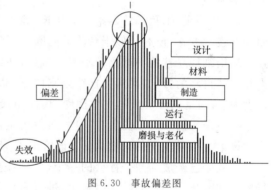

（b）榫槽配合面磨损严重

图 6.29　2 号发动机叶片榫头磨损

了磨损与内部裂纹等问题，最终导致叶片断裂失效。至此，又有了新问题：如果设计缺陷导致部件失效，为什么只有这一起事故发生，为什么事故发生前该发动机已经安全运行了几千小时？实际上，设计不应承担事故的全部责任，这应该是一起由设计、材料、制造、运行甚至磨损与老化等因素共同作用引发的事故，如图 6.30 所示。虽然设计缺陷应该是事故的主要原因，但其他因素也会对事故的发生起推动作用。例如，原材料性能的强度不够高，无法抵抗由于设计缺陷而引起的应力增大；制造过程中控制不够，导致该发动机风扇的机械特性无法弥补设计与材料的不足；由于该飞机主要在相对干、热的环境中运行，发

图 6.30　事故偏差图

动机需要在高功率情况下运行更长的时间，增加了叶片暴露在高载荷作用下的时间，放大了部件的缺陷，叶片不断磨损与老化，局部应力逐步增大，加上高/低周循环应力的作用，使叶片失效的速度大大增加。

　　这起事故几乎涵盖了之前提到过的所有的隐性问题，它让我们认识到，确保隐形空间中"看不见的杀手"不被激活有多么的重要。

　　最终，调查人员对该事故做出了结论：叶片的飞出是由于其根部疲劳裂纹的产生与发展造成的。该客机长时间在干、热的环境中运行，加上根部设计不当引起的不平衡应力，导致疲劳裂纹的逐步发展。根部的不平衡应力起源于叶片根部与轮盘之间干膜润滑剂的破坏，润滑剂的破坏使得叶片根部表面损伤与微焊接损伤逐步累积、扩大，最终造成了破坏。而为了避免事故的再次发生，需要对发动机风扇叶片设计进行修改。

这个案例展现了一个完整的事故分析流程,它实际上就是反向工程运作的过程。从这起事故中获取到的信息可以为我国研发发动机风扇叶片设计与制造经验与教训,但更重要的是指导我们将反向工程运作的思维应用到制造领域之中。

利用好数据的资源,不断提升对制造的理解,加快知识积累的速度,提供宝贵的运用大数据和反向工程去优化设计、材料、制造和性能等方面的知识,我们就能掌握生产系统上游相关要素的更多话语权,逐渐从价值链的较低端向高端环节转移。

本章的目的是让您了解模型分析的思路及其在工程中的地位和重要性,以及常用的数据处理方法,包括概率与数理统计、方差分析和回归分析。在工程中数据处理是必需的,本章没有详尽地介绍数据处理方法,在统计学和工程学的高级课程中有更多关于统计概念和模型的知识。通过介绍公共卫生系统和制造业中大数据的应用,展示了大数据技术在工程中的必要性和必然性。

习题与思考题

1. 有一头 200 斤的牛,每天增重 5 斤,饲养员每天需要花费 45 元饲养这头牛,目前市场上牛的价格为 65 元/斤,但每天下降 1 元,求这头牛的最佳出售时间。

2. 把四条腿的凳子放在不平的地面上,通常只有三只脚着地,放不平稳。我们根据生活经验知道,只要稍微挪动几次就可以把凳子放平稳了。请你建立一个构造挪动凳子至平稳的数学模型。

提示:假设:①凳子的四条腿一样长,凳子与地面为点接触,四条腿为正方形分布;②地面高度连续变化,没有类似于台阶的间断;③将建模简化为绕着凳子的中心轴旋转。

3. 用细线悬挂的小球离开平衡位置后,在重力的作用下做平面往复运动,不考虑空气阻力和地球自转的影响,且认为摆线是刚体,运动周期为 t,摆线长为 l,小球质量为 m,重力加速度为 g,用量纲分析法建立单摆周期运动的数学模型。

4. 兔子每两个月就能生育一次,若每次生育都生一雌一雄,请问一年后共有多少对小兔子?设第 n 个月兔子的对数为 F_n,请给出 F_n 所满足的递推规律。

5. 减肥已经成为当今社会的一个热门话题,请建立数学模型,从数学角度对有关规律进行探讨和分析。为使问题可以解决,进行简化如下:①以人体脂肪的质量为体重标志,且脂肪能量转换率为 100%,每千克脂肪可转换为 4.2×10^7 J 能量,记为能量转换系数 D;②人体体重与年龄、性别和健康状况无关,仅为时间 t 的函数 $w(t)$,且体重 $w(t)$ 随时间连续变化;③不同活动(锻炼、劳动等)消耗的能量不同,认为人体的消耗能量与体重成正比;④假设人体每天摄入的能量 A 是定值;⑤单位时间内人体用于基础代谢所消耗的能量与人体体重成正比,令 b 为单位体重、单位时间所消耗的基础代谢能量;⑥单位时间内人体用于锻炼和劳动等活动所消耗的能量与人体体重成正比,令 r 为单位体重、单位时间所消耗的活动能量。

6. 土木工程师使用称为停车视距的模型来设计道路。这个简单的模型估计了驾驶员在检测到危险后以一定速度停车所需的距离,请建立停车视距的模型。通常,轮胎与路面之间摩擦系数 f 的典型值为 0.33,驾驶员反应时间在 0.6 到 1.2 秒之间变化。您作为设计路面的工程师,根据上述模型,如何设计路面?停车视距数据见表 6.21。

表 6.21 停车视距数据

序号	速度/(m·s⁻¹)	停车视距/m	序号	速度/(m·s⁻¹)	停车视距/m
1	0.00	0.00	10	20.12	112.78
2	2.23	6.40	11	22.34	132.89
3	4.48	14.33	12	24.60	154.84
4	6.71	23.77	13	26.82	178.00
5	8.93	34.75	14	29.05	203.00
6	11.19	47.24	15	31.30	229.51
7	13.41	61.26	16	33.53	257.25
8	15.64	76.81	17	35.75	286.82
9	17.89	94.18			

7. 一个 30 人的班级的英语考试成绩为：57,94,81,77,66,97,62,86,75,87,91,78,61,82,74,72,70,88,66,75,55,66,58,73,79,51,63,77,52,84,请进行以下分析和计算：①以表6.5 的形式组织数据，并用 Excel 创建直方图；②用 Excel 计算累积频率并绘制累积频率直方图；③计算班级分数的平均值和标准差；④计算概率分布并绘制概率分布曲线。

8. 获取你最喜欢的乒乓球队、足球队、篮球队或任意一种你所喜欢的运动队队员的身高、年龄和体重，计算身高、年龄和体重的平均值、方差和标准差。与同学讨论你的计算结果。

9. 假设你和你的五个同学测量了空气的密度，结果分别为 1.27,1.22,1.28,1.25,1.24,1.29 kg/m³，请计算空气密度的平均值、方差和标准差。

10. 为了控制疫情，需要将新冠病毒感染者的行动轨迹公之于众。大数据时代，在数据的利用与个人信息的各种问题不断涌现的状况下，请思考突发公共卫生事件下个人隐私保护问题。

11. 大数据时代，网络已经改变了我们的日常生活，我们都能感受到大数据的存在，比如当下，我们在网站上浏览过国际疫情新闻，随后会有大量的疫情新闻浮现在浏览器中。请选择一个领域，讨论如何以数据解读和报告为基础，制定最适于自身发展的竞争策略。

参考文献

[1] HAGEN K. Introduction to Engineering Analysis[M]. 4th Edition. Upper Saddle River：Prentice Hall，2013.

[2] MOAVENI S. Engineering Fundamentals：An Introduction to Engineering[M]. Stamford：Cengage Learning，2015.

[3] 单锋，朱丽梅，田贺民. 数学模型[M]. 北京：国防工业出版社，2016.

[4] MEERSCHAERT M M. 数学建模方法与分析[M]. 北京：机械工业出版社，2015.

［5］ 李志义.如何做学位论文［M］.北京：高等教育出版社，2015.

［6］ 迈尔-舍恩伯格，库克耶.大数据时代：生活、工作与思维的大变革［M］.杭州：浙江人民出版社，2013.

［7］ 白莉，杨达伟，王洵，等.物联网辅助 2019 冠状病毒病（COVID-19）诊治中国专家共识［J］.复旦学报（医学版），2020，47（2）：151-160.

［8］ 童云.利用大数据推动疫情精准防控.http://theory.people.com.cn/n1/2020/0320/c40531-31640608.html.

［9］ 李杰，倪军，王安正，等.从大数据到智能制造［M］.上海：上海交通大学出版社，2016.

［10］ ATS Bureau. Examination of a Failed Rolls-Royce RB211-524 Turbofan Engine. 2002-3-1,http://www.atsb.gov.au/publications/2002/tr200200646.aspx.

第7章 工程研究

7.1 导 言

工程研究是推动社会科技发展的重要环节之一,是将自然界的物质和能源通过各种途径,包括产品、设备、系统、过程和结构等,转化成对人类有用的物质。通过这些转化能够节省劳动力、节约时间和降低能耗等。概括来说,工程研究是将理论知识转化为实际应用的重要过程,是开创性思维的摇篮。

随着人类社会的发展,从简单狩猎工具的制造到蒸汽机的出现,再到现今的卫星发射、海底探索等科技的百花齐放,工程研究被赋予了更为广泛的含义:利用有关的科学知识和技术手段,将某些理论、概念、原理、技术、物质转化为具有预期使用价值的人造产品。

工程研究是一个复杂的过程,需要将数学、自然科学、工程基础以及专业知识等相结合,用于解决复杂工程问题。通过工程研究的训练,在科学原理基础上,利用专利文献、联想、转移和拼接等方法,实现科技创新,利用掌握的知识,分析问题和解决问题,具备工程研究的思维方式,体现创新意识。

学生在工程研究的学习中,能够基于已经学习并且掌握的专业知识,针对复杂的工程问题进行分析。掌握实验设计方法,并能够对实验结果进行整理总结,解释实验数据,并从中读取有价值的信息,得出合理有效的结论。

本章主要介绍工程研究的基本概论,工程研究的主要创造方法和思维方式。学生通过学习,获得创新意识,学习创新方法,并尝试在今后的工程研究中,利用创新思维,实现创新。在工程研究中,实验研究是重中之重,是将理论与实际联系的桥梁和纽带。通过本章的学习,使学生能够初步掌握实验研究方法和步骤,列出实验清单、正确选择研究对象、准确划分实验影响因素和水平;了解实验设计方法,并在实验中有效获取实验数据,借助数学和物理等基础科学理论和误差分析等方法,对实验数据进行正确的处理,得到准确的实验结果,并以此揭示实验过程所包含的规律。

工程研究是多学科的融合,是原理的验证也是应用与实践,是一个复杂而长期的过程。因此,仅仅通过一门课、一个章节的学习是远远不够的。希望通过本章的学习,初步建立工程研究的方法和创新意识,实验研究的方法和步骤,为后续的进一步学习和实践提供目标和方向。

7.2 工程研究的一般方法

7.2.1 工程研究的基本概论

工程研究是通过技术手段,实现将理论研究成果转化成社会实践的创新过程。科学研究和工程研究在社会实践中是相互关联、密不可分的。科学研究是对自然的认识和发现,工程研究是在认识基础上的发明创造和应用。

科学研究是揭示研究对象发生、发展的过程,并通过实践以实现对事物改造和利用的过程。因此,科学研究主要是认识世界和改造世界。科学研究的对象是包括自然在内的具有不同的形式和状态的所有物质。不同的物质性质决定了在研究过程中针对研究对象所采用的不同分析方法、研究模型和性质状态,通过对其特征的探索,确定合理的研究方法。

工程研究是在科学研究基础上,根据人类对于自然规律的认识,探索利用自然、改造自然的新原理、新方法和新手段,并以此开展的创造性活动。工程研究是将科学研究的理论成果转化为生产实践的过程研究,是基础研究到应用研究的转化,是科学研究的意义所在,也是社会价值的体现。

将科学研究与工程研究成果推向社会,往往需要经历几个过程:应用研究、技术开发、工程设计、工程建造、生产运行以及技术服务。应用研究主要研究技术应用方向和适用性问题;技术开发是将研究技术进行推广和应用;工程设计是将科学研究的成果,通过工艺技术开发等手段应用于实际生产中;工程建造是为了实现工程应用而建立起的工程化的装置、设备以及相应的配套设施;生产运行是为了维持正常生产而开展的运行,包括运行模式、运行周期、运行方案等;技术服务则是保障生产正常顺利进行而采取的维护服务。

2000年由全国妇联、北京市政府、中央电视台主办,中国妇女发展基金会承办的"情系西部·共享母爱"大型公益活动,拉开了"大地之爱·母亲水窖"工程的序幕。该工程是由我国妇女发展基金会于2001年实施的慈善项目[1]。采用集中供水的方法,重点帮助中西部贫困干旱地区摆脱吃水难的问题。因此,该项目的目标就是解决干旱地区饮水困难的问题,需要通过对当地的地理环境、气候、人口分布等自然条件的分析,确定具体实施方案、采取的技术手段,以及需要解决的关键科学技术难题。对已经建成的工程,通过分析现状,找出目前存在的不足和对今后技术推广的借鉴……这些问题则属于技术开发范畴[2,3]。

863计划

由此,科学研究、工程研究、社会实践是人类对自然界认识、利用和改造所必不可少的三要素,是人类文明进步的必然过程。

7.2.2 工程研究的创造方法

工程研究和技术的发展与进步,离不开发明和创造。纵观历史,只有掌握了先进的科学技术、具备先进的生产力,才能推动社会和历史的发展与进步。早在16世纪中期以前,我国一直处于世界科技的前沿,在科技的推动下,经济、政治、文化得到快速发展,综合国力位于世界前列。但是,随着欧洲第一次工业革命的到来,机器的发明和使用替代了手工业。从此,欧洲社会进入了"机器时代",社会得到了快速发展。

科学和工程研究的发展与应用关乎着国家和社会的进步,是国家综合实力的体现。而发明和创造是推动科学技术发展的重要环节,决定着技术研制成果的性质、功能、价值,关系到工程研究的成败。

将创造方法应用于解决实际工程问题,并不是容易的事情。很多时候,人们在解决相同或相似问题上,往往会寻求熟悉的解决方法、工具、流程,总是企图采用一成不变的方式解决问题。即使这种方式往往是无意识的、不自觉的,但是丢失了最佳的解决方案、方法,就丢失了创造性研究的突破机会,这都是由于人们长期对于熟悉事物的固定思维模式引起的。对于超出思维模式、经验范围的问题,就需要合理运用新思路、新方法打破固定思维模式、突破心理惯性。

望远镜是我们科研和生活中必不可少的工具,对于它最初的发明有几种不同的说法,较为公认的说法是一个名叫汉斯·利普赫(Hans Lipperhey)的荷兰眼镜商,无意间将一块凸透镜和一块凹透镜叠在一起,发现可以看清很远处的物体,伽利略听到这个消息后,在该发明基础上,研制出了望远镜[4]。而此时,望远镜比放大镜的发明晚了三百多年。这就是因为人们曾经一度认为,采用一个透镜能够呈现出物体的歪曲映象,如果是两个透镜的话,将不再会有成像,这正是人们思维惯性导致的。因此,打破思维定式,科学运用创造方法,是创造的关键所在。

1. 发明与创新

发明与创新是两个不同的概念。发明可以是设备、装置、产品和工艺的创造或改进,还可以是想法、草图和模型等的建立。创新是新产品、新工艺、新装置的应用。例如,瓦特发明了蒸汽机,当将蒸汽机进行制造和销售后,该技术叫作创新。因此,在发明还未转化为创新之前,发明仅仅是新观点、新想法、新技术方案、新样机等,只有将发明转化为实际应用才可称为创新[5]。

技术发明是依据对自然规律的认识,利用自然规律、现象将自然物质转变为满足人类一定需求的、有实用属性的物质,其实质就是把自然物质转变为人工物质。发明是原来不存在的事物或方法,通过人类对自然界的认识而制造出的产物。发现则是本身为客观存在的,在人类对自然界的不断认识过程中,逐渐发现的。爱迪生发明灯泡,本身灯泡是不存在的,是爱迪生通过对一千六百多种自然界材料的研究和实验,发现来自日本的一种竹丝,经过燃烧炭化以后,可以作为灯丝使用,但是这种灯丝并不尽如人意,爱迪生又通过进一步研究发现采用钨丝替代竹丝,制备的灯泡质量更好。这里的竹丝、钨丝本就是自然界客观存在的,是通过不断地实验,发现将其作为灯丝具有非常好的效果;而灯泡则不是自然界客观存在的,是通过对自然界的认识和了解、选用正确的材料和方法,发明、制造出来的。因此,灯泡属于发明。

牛顿发现万有引力定律,起因是他发现苹果成熟以后可以从树上掉落下来,这一现象是客观存在的,只是牛顿将该现象概念化、公式化。因此,牛顿发现了万有引力定律。通过万有引力定律,能够估算出天体的质量和密度,确定火箭发射速度、人造卫星绕地运动的距离和速度,对人类的航空航天发展起到至关重要的作用,这属于发明。

创新理论最初是由约瑟夫·阿洛伊斯·熊彼特(Joseph Alois Schumpeter)从经济学角度提出的[6]。该理论的最大特点是强调了生产技术和生产方法的革新,这在经济发展中起到了至高无上的作用。所谓创新是将从来没有的生产要素与生产条件引入生产体系中,实现对生产要素或生产条件的新组合。熊彼特还将创新归纳为五种情况:①新的产品,即开发出原来没有的产品,或赋予原有产品新的特点、新的功能等;②新的生产方法,即生产方法在相关制造部门中尚没有推广并且没有经验可以借鉴的,该方法可以是科学上新的发明,也可以是其他生产中使用的,但是在该生产过程中新引进的方式;③新市场,是指某个制造领域不曾进入的市场;④新的供应,即掌握或控制原材料、半成品或中间体的供应来源,该来源可以是已经存在但是原来没有用在该供应链上的、也可以是首次出现的;⑤新组织,即实现任何一种工业的新组织,如形成或打破某种商业壁垒的垄断地位。这五种创新亦可归纳为:产品创新、技术创新、市场创新、资源配置创新和组织创新。

技术发明与创新：技术发明旨在创造人工客体，实现理论的物化，是以技术方案设计和有效性评价为主的活动。其成果只是样品，不是商品，还不能与社会经济活动相联系；而技术创新则以技术发明为必要条件，但不停留在成果本身，而是将其引入市场、投入实际应用，是将技术成果产业化和商品化，是与经济活动接轨的过程。从本质上说，技术创新是用以满足经济和社会需求并提高经济效益、社会效益从而促进经济增长的技术-经济活动。

技术创新活动特点主要有：在技术上，把理论形态的科技成果物化为现实的技术系统或产品；在经济上，运用新技术成果开拓市场并获取垄断利润和社会效益。这也正是技术创新活动叫作技术-经济活动的根由。

从大豆中提取蛋白纤维，这一项研究在 19 世纪 40 年代美国科学家就曾尝试研究过，但最后由于纤维性能没有达到纺织加工的要求而被迫中断。我国河南省农民李官奇，利用大豆榨油后的下脚料——豆粕为原料，经过十年的自主开发，800 多次实验，成功找到了可以破解这个难题的添加剂，制造出了大豆蛋白纤维，并以此织成漂亮面料，制成纺织品，进而形成了一整套成熟的生产工艺[7]。

按照这一工艺，100 kg 的豆粕可以产出 40 kg 的大豆蛋白纤维，大豆的附加值随之增加了上百倍。大豆蛋白纤维被纺织界誉为集中多种天然纤维优点的"人造羊绒"，该大豆蛋白纤维作为世界人造纤维史上的第一个中国原创技术，成为继尼龙、涤纶等化学纤维之后的全球"第八大人造纤维"。在该项技术发明与创新过程中，实现将豆粕制成大豆蛋白纤维并推广应用的产业链过程，推动了人造纤维领域的又一项进步。

2.常用发明创造法

发明创造往往来源于对事物拥有好奇心并能够不断提出问题的人，而对于习以为常、按部就班、司空见惯、不会观察的人，很难提出具有创造性的问题，也就没有发明创造。因此，能够提出有价值的问题是创造的关键，只有学会观察、不断提出问题、解决问题才能产生新的想法、形成新的技术。常用的发明创造法主要有以下几种。

(1)组合创造法

组合创造法是基于原有事物创造新事物，将相同或不相同种类的事物经过适当的组合，创造出另一种新的事物，该新事物具有新的功能、特征或作用，这种组合创造方法是较为常用的方法。常见的组合创造法有：原理组合、功能组合、构造组合、特性组合、成分组合、材料组合等。这些组合法通常可以划分为：同类组合法、异类组合法、主体附加法、重组组合法等。

组合创造法是要打破思维定式，对已定信息进行大胆分析、组合。将两种或多种事物组合是一种强制联想的过程，是一种创造性思维的过程，也是头脑风暴的过程。将两种事物相组合，产生新颖独特的方案，该思维创造过程可以按照如下的方法：首先，确定组合对象 A；再任意挑选与 A 不相干的事物 B 作为组合物；列出 B 的一切相关特点；再以 A 为焦点，强制性将 B 的各种特点与 A 相关联，形成新的事物。例如，将电话视为组合对象 A，将与电话毫不相干的电视作为 B，得到有关电话的一系列联想：彩色电话、无线电话、电子屏电话、可视电话、智能电话……有些联想可能不切实际，有些则具有一定价值，当对有价值的联想进一步研究时，往往会构成新的事物，达到发明创造的目的。

例如，将水杯和电炉组合，创造出电热水杯；加热器和暖水袋组合，形成电暖炉；平衡板和电动车组合，形成电动平衡车；商品和互联网组合，形成网络电商。因此，将现有的事物、知识、技术、工艺等整理组合、综合开发,就可以创造出新的产品和技术。

（2）联想创造法

联想创造法是将某一事物的特征关联到其他事物上,即将这一事物的原理、结构、方法、功能等特征关联到其他新事物载体上,形成新的创造技术、产品和方法。

联想创造最早来源于人类对自然的认识和理解。例如,人类由蝙蝠联想创造了雷达;由带倒钩的草籽,联想到了尼龙搭扣;通过对萤火虫发出的冷光的研究,发现萤火虫的发光部位在腹部,是由发光层、透明层及反射层组成,且发光层是由上千个含有荧光素、荧光酶物质的发光细胞组成的,在荧光酶作用和细胞内水的参与下,荧光素与氧反应发出荧光。因此,萤火虫发出的冷光是化学反应过程,科学家通过对萤火虫的研究,创造出冷光源灯。

英国科学家贝费里奇（William Ian Beardmore Beveridge）在《科学研究的艺术》中指出[8]:联想创造法“是科学研究最有效、最简便的方法,也是应用研究中利用最多的方法。”联想创造法的实质是把已成熟的技术特别是最新科技成果移植到新领域“为我所用”,达到“它山之石,攻我之玉”的目的,是现有成果在新条件下的延续和拓展。

联想创造分为原理联想、结构联想、方法联想、功能联想等。其中原理联想是把已有的较为成熟的科学技术原理应用于另一研究领域,孕育重大的创造发明。例如,英国外科医生约瑟夫·李斯特（Joseph Lister）将微生物学奠基人巴斯德的细菌理论,应用于外科手术领域,发明了李斯特外科消毒法[9]。结构联想是将某一事物的结构形式或结构特征应用到另一事物中,创造新的事物。例如,近些年来,一些电子产品、家电产品原本采用的木制支撑架、托盘等外包装,现在逐步被蜂窝状纸制品所取代,该蜂窝状纸制品就借鉴了蜂巢的结构,这种纸壳不仅重量轻、经济、环保,还能够大大减少材料的使用和浪费,同时,具备足够高的强度,有效避免了电子产品由于运输过程挤压、抛、摔等引起的损坏。方法联想是把某一领域的研究方法,应用到另一领域中,以揭示事物的本质或属性。例如,1998 年诺贝尔化学奖获得者美国科学家瓦尔特·科恩（Walter Kohn）和约翰·安东尼·波普（John Anthony Pople）,他们二人均从事量子力学研究工作,其中科恩将物理领域研究电子云的方法应用到化学领域,在电子结构方面做出了重要的贡献,波普则是将量子力学和计算化学应用于分子、分子性质和化学反应过程中的理论研究[10,11]。功能联想是指把某一事物的特定功能,通过技术手段应用到另一事物上,达到满足需求的目的。例如,随着传感器的发展,各种检测设备越来越精密,也越来越集成化,医学专家正探索将集成的传感器贴到人的皮肤上,对病人进行随时监控和检查。另外,随着芯片的智能性越来越强,体积越来越小,精细化程度越来越高,动物学家将集成的芯片植入野生动物体内,便于对野生动物进行研究和监测。

（3）改进创造法

创造并不一定是从来没有的新事物的产生,也可以是对现有事物的不足进行改进,但改进后的事物一定是没有出现过的。因此,改进创造法主要是在现有事物的基础上,发现问题,并对其进行改进,以达到对事物改进的目的,并实现前所未有的功能,进而提高效率,改变性质,等等。

例如,用水壶烧开水,最开始的普通水壶,水烧开以后,如果没有及时关闭火源,常常会有水溢出把炉子浇灭或者直接烧干水壶。因此,对水壶进行发明创造,在水壶口加蜂鸣装置,当水烧开后,水蒸气会通过蜂鸣装置溢出,水壶发出鸣叫,进而提醒人们。众所周知,詹姆斯·瓦特(James Watt)对蒸汽机的改进和应用起到了重要作用,早在瓦特之前,就已经有了蒸汽机,但是这些蒸汽机的热效率非常低,并且运行不稳定,难以实现广泛应用。瓦特在维修过程中发现了蒸汽发动机的问题,通过多次试验,历经 24 年才发明了新型的蒸汽机[12]。由此可见,改进创造是通过发现已有事物的问题,在理论研究支撑下解决问题,并实现优化的目的。

(4)需求创造法

需求是创造的动力,是开启智慧的钥匙。人们常说"只有想不到,没有做不到"指的就是需求和创造。需求创造往往是为了满足人类或者事物的某种目的、要求、需要等,而开展的创造性的活动。

例如,生产粮食需要干燥后储存,将烘干机应用在粮食加工领域,就变成了粮食烘干机;农民喷洒农药费时费力,且农药本身的毒性对人体有害,将无人机用在农药喷洒上,满足了农民的需求。目前,我国站在世界科技前沿,在生物医药、国防军工、新材料、高端装备等众多领域,受到国外关键核心技术问题的封锁。解决这些关键核心技术问题,将其得以应用,也是我们创造的动力之一。需求是创造和发明的目标,有目标就有创造的动力,就会千方百计达到目的,创造就应运而生[13,14]。

3.利用专利文献创造法

专利文献是将人类社会活动总结的经验通过某些载体记录的知识,是对客观世界的真实反映,是知识传播的工具,同时也是发明创造的源泉。全世界绝大部分的新产品、新工艺、新技术都来自已经发表的专利文献。只有充分利用专利文献,将研究成果通过技术手段实现应用,才能促进科技进步和社会发展。

现代科技专利文献浩如烟海,每年有数以百万的图书、期刊、论文、专利公开出版。这些科技文献把世界研究前沿的、新颖的、具有创新性的、实用的科学研究和技术均囊括在内。从如此大量涵盖面广的文献中,快速、准确提取出所需的、有用的信息,需要借助文献检索知识和方法。工程技术人员要在设定的研究主题范围内,通过对专利文献检索和定性、定量分析,了解技术目前所处的发展阶段,准确把握未来发展方向,开展发明创造。

通过文献查阅,了解其他科研人员已经做了什么、正在做什么、用了哪些方法并且得到了什么结果。文献查阅的主要作用是能够帮助科研人员确定选题的正确性,避免后续重复的研究,对研究内容提供一定的理论依据,以及可借鉴的研究方法,等等。同时,研究者通过对大量专利文献的阅读,了解其中的理论研究要求、技术研究、实验研究等。同时利用组合创造法、联想创造法、改进创造法和需求创造法等方法进行发明创造,推动科技的发展。目前,各大高校推行大学生创新创业活动,利用科研、文献、专利成果开展创新创业的事例屡见不鲜。专利文献创造法逐渐成为高校、科研院所重要的研究形式。

7.2.3 工程研究的思维方式

早在 1926 年英国心理学家格雷厄姆·沃拉斯(Graham Wallas)在《天才的思考》中就提到了创造思维研究,他认为创造思维包括四个过程:准备过程、酝酿过程、豁朗过程和验证过程。其中,准备过程就是对相关资料的搜集和整理,对研究对象要解决的问题有较为全面的认识;酝酿过程就是对整理的资料进行梳理、掌握、吸收,对要解决的问题寻找关键点;豁朗过程就是在已掌握的信息基础上,思维非常活跃,对问题基本有了解决的途径;验证过程就是对前面所解决问题的过程、方法、途径进行验证,通过不断地认识问题、解决问题,在验证过程中实现最佳的思维创造过程[15]。

思维是人类对已掌握的知识和记忆中的信息开展的计算、比较、分析、判断、推理、实践等一系列活动过程。我国的思维研究最初是由著名科学家钱学森院士开创的,他提出了关于中国思维科学发展的构想,并将思维科学应用于科学实际,让科学成为思维的沃土,让思维作为科学的动力。东华大学贺善侃教授在《创新思维概论》中指出,创新思维是指人类在探索未知领域的过程中,充分发挥认识的能动作用,突破固定的逻辑通道,以灵活、新颖的方式从多维的角度探求事物运动内部机理的思维活动[16]。

工程研究的发明与创造离不开创造性思维方式,只有具备创造性思维方式,从创造角度分析、解决问题,才能形成创造性思维。创造性思维是创造过程的本质属性,在一定程度上决定着创造成果的水平。创造性思维需要运用概念、判断、推理等逻辑思维方式,通过形象化构思、想象和直觉等特有的思维方式,跳跃性地直接抓住事物本质的思维过程。因此,创造性思维依赖于经验,又超出经验,是一种顿悟性、直觉性的思维。

1. 发散思维与收敛思维

人类的思维活动总体来说是发散思维与收敛思维内在统一的整合。或者说,发散思维与收敛思维对于思维创新来说,是缺一不可的。在科学发展过程中,发散思维与收敛思维是相辅相成、相互统一、相互补充、缺一不可的。单独强调发散思维,思维没有界限,导致思维不能集中统一,杂乱无章,甚至出现空想或幻想;单独强调收敛思维,思维过于理性、逻辑性、科学性,而缺乏了灵活性、多变性、探索性,限制了思维的活跃度。因此,将发散思维与收敛思维相结合,使二者实现互补,既能够拓展思路,又能够通过逻辑科学分析得到正确结果,能够真正意义上推动科学的发展。

(1)发散思维

发散思维又称作多向思维、辐射思维、扩散思维等。发散思维是在问题解决的思考过程中,由于环境的不确定性,采用的方案是变通的、不可预知的,需要打破现有的规则,寻求新的方案。不拘泥于一点或一条线索,而是从仅有的信息中尽可能扩散开来,不受已经确定的方式、方法、规则或范围等条件束缚,并从这种扩散的或辐射式的思考中,求得多种不同的解决方法,并衍生出不同的结果。美国著名心理学家 J. P. 吉尔福德(J. P. Guilford)认为[17]:"转化和发散性加工的结合,对一个人的创造力具有双重的贡献,因为它们既提供了观念的数量,又保证了观念的质量;既赋予了流畅性与灵活性,又能富有成效并具有首创性。"

发散思维主要分为联想思维和想象思维。联想思维是由某些内在联系而将两种或两种以上的事物联系起来的思维方式。这两种或两种以上的事物往往具有相似或者相近的特点,是由此及彼的一种形象思维模式。想象思维是基于已有的认知和存储信息,根据事物特点进行加工、改造、重组等形成新思想、新方法、新事物的一种思维方式。联想思维和想象思维是发散思维的重要形式,二者思维方式有所不同,但又相互关联。不能天马行空、不切实际,又不能形成思维定式、受到局限。

发散思维适用于解决开放性问题,即可能存在多解的问题。比如,钢管的用途,不仅仅用于做水管,还可用于支撑管、枪管和装饰物等。轮烷作为一类由一个环状分子套在一个哑铃状线型分子上,形成内锁型超分子体系的超分子化合物,其环状分子与线型分子之间存在机械作用,由此可以联想,从分子角度,实现分子的变革型突破,成功设计出了"分子电梯"。还有针对金属有机骨架材料的研究,因其表面积的多孔结构、良好的气体吸附性,与其他功能性材料相结合,如高聚物、石墨烯、多孔碳,其他改性剂等,得到适用于多种场合、领域的新型材料,以满足不同的需求,实现更为广阔的用途[18]。工程技术研究中的方案设计,一般属于开放性的问题,可以通过发散思维,提出尽可能多的方案。

(2)收敛思维

收敛思维是在解决问题过程中,具有清晰的目标,不受外界干扰,以获得最佳的解决方案。与发散思维相反,信息的汇总是以理性思维展开的推理、辩证、判断等,并对发散思维进行总结与归纳。收敛思维适用于解决封闭性的问题,即唯一解的问题,该种思维是为了获得正确的答案,根据所掌握的知识和线索,思维从多个角度逼近一个中心,其方向是向内集中的。

收敛思维具有统一性、逻辑性、顺序性以及比较性等特征。其中,统一性是在众多的信息中探求到适合的信息及信息群的过程,该过程目标相同、方向相同、要求相同,表现为统一性;逻辑性是在探求信息过程中,主要根据事物的内在规律展开的,这些事物的内在规律是其内在逻辑性;顺序性是这些事物内在逻辑性具有一定的顺序,哪些是先做的,哪些是后做的,按照彼此之间的顺序一步步完成,体现出了其顺序性;比较性则是指在探索适合的信息过程中,首先要确定某些标准,再根据这些标准在众多的信息中进行比较,寻找出最适合的信息或信息群。

2.逻辑思维与非逻辑思维

逻辑思维是指人类在认识世界过程中,利用逻辑思维,获取实践创新的成果。逻辑思维是感性认识中,将得到的信息通过归纳、总结、判断、分析、推理等方式,对信息进行分类、整理、综合、重组,进而产生新认识的思维过程。而非逻辑思维则是通过想象、联想、感觉、直觉获得信息材料。逻辑思维与非逻辑思维之间相互关联、相互渗透。

(1)逻辑思维

逻辑思维是人对于客观事物的反映,是对自然界不断认识、总结、完善、再认识的过程。该思维方式是有规律的、稳定的、按照一定程序进行的。逻辑思维的特点是具有规范性、严密性、确定性和可重复性,即概念的内涵和外延、判断的含义和结构、推理的过程都是规范的、严密的和确定的,而且整个思维过程是可重复的。

逻辑思维的基本形式由抽象的概念、准确的判断、合理的推理等构成。并通过分析、比较、总结、综合等过程揭示事物的本质特征及规律性。通常逻辑思维根据研究对象可分为经验型和理论型。经验型逻辑思维是思维对象根据实际经验而进行判断、推理、综合;理论型逻辑思维是思维对象根据抽象的概念、已有的定律、原理等做出判断、推理、综合。技术工人利用实际生产积累的经验解决问题,即为经验型逻辑思维;在科学实践活动中,抽象程度相对较高的思维则为理论型逻辑思维。

逻辑思维是保障创新思维平稳运行、合理开展的基础。逻辑思维在创造过程中需要发散性、放射性、扩散性,通过非线性的思维方式来激发思维、得到灵感,获得新的思路、想法、方式等。但是发散思维是要有限度的,漫无边际的思维是没有可取性、实际性的。因此,需要运用线性逻辑思维按照一定规律将思维进行归纳、总结,摒弃不合理、没有逻辑、不客观的思维,进而提出新的思路、新的想法等。通过逻辑思维的加工,既保证了思维的灵活多样性,又符合自然的普遍规律。

（2）非逻辑思维

非逻辑思维是以想象、联想、灵感、直觉等为主,直接影响创新思维的因素。与逻辑思维不同,非逻辑思维是未被规范化、形式化的一种思维方式。在科学研究中,通过想象、灵感、顿悟等思维方式得到的预测与判断的资料,提供更为活跃的思路、创新性的想法。

发现问题、提出问题、解决问题是创新思维的源泉。利用直觉、顿悟来预见科学研究中的问题并加以解决,不仅能够拓宽研究思路,还能够获得有价值的信息,预测科学发展方向,确定科学研究目标与方向,并提高科学研究的效率和成功率。如数学学科中的微积分、等差数列,物理学科中的万有引力定律、能量守恒定律等,理论公式的产生大都源于想象、联想和直觉,并通过推理等非逻辑方法建立相应理论和假说,再利用逻辑思维等方法进行去伪存真。非逻辑思维是利用人类在长期的实践中不断积累的知识、经验,在科学实践中,发挥直接性和预见性的作用,产生新的想法、新的观点。

3.逆向思维与侧向思维

（1）逆向思维

逆向思维是指遇到运用已有知识和习惯性思维方式无法解决的问题时,改变思考问题的角度,从相反的方向进行思考,从而出奇制胜,使问题得到解决的思维形式。其思维机制是反向求索。有意识地寻找对立面,创造新的概念;或者暴露事物的另一方面的性质;或者反其道而行之,得到意想不到的研究方案,都可谓反向求索。著名物理学家瑞利在测量氮气密度时分别采用哈考特法和雷尼奥法,结果得出的氮气密度相差千分之一。进一步怎么研究呢?一般思路或置之不理,或设计实验减少这个误差。而瑞利采用相反做法,不是减少误差,而是扩大误差,结果发现了惰性气体氩,并因此获得诺贝尔物理学奖。反向求索在数学中有反证法,物理、化学中有条件劣化法,逻辑学中有归谬法。反向求索的思维基础是相反联想,但又超出了相反联想（对比联想）,与推力结合,其结果具有确定性。

（2）侧向思维

英国医生德博诺把利用"局外信息"发现解决问题途径的思维与眼睛的测视能力相类比,提出了侧向思维的概念。所谓侧向思维,就是在所给予的信息不足以提供问题的解答时,扩大搜索范围,从其他方面寻找启发,从而获得解答的思维方式。例如,美国工程师杜里埃曾为了提高内燃机的工作效率,提出必须使汽油与空气均匀混合的设想。但是怎样实现这种混合呢?他一直没有找到答案。在1891年的一天,他看到妻子用一种新式的喷雾香水瓶喷洒香水,于是受到了启发,从而开始了他关于内燃机汽化器的发明研究。

侧向思维的注意力不直接指向目标,而是通过注意与最终目标有关联的间接目标自然地达到目的。整个程序可化解为目标:A—C,但从 A 并不直接到达 C,因为这样做有阻碍;转而注意 B,B 又伴随着 C,此时就变成了 A—B—C。例如,渔民利用鸬鹚去捕鱼,在鸬鹚的脖子套上铁环,当饥饿的鸬鹚捕到鱼时,由于铁环的缘故无法下咽,鱼被渔民取出。不直接去解决问题,采取间接迂回的办法解决问题的思路,就是侧向思维。

7.2.4 工程研究的普遍方法

在工程研究中,研究对象决定了研究模型和研究方法。但总体来看,工程研究主要包括:理论研究和经验获得。采用工程研究的普遍方法主要有:分析与综合、归纳与演绎、类比与模型、抽象与具体等[19]。

1.研究对象

工程研究的对象是客观物质在人的意识中反映的形态。研究者可以选择、定义并组成研究对象,研究对象通常可以分为实验研究对象和理论研究对象。实验研究对象可以是任何具体的事物,如金属类、非金属类、矿物质类、生物类等,它不仅包括自然研究对象,还包含有人工研究对象。自然研究对象是客观自然存在的,不会因为人类意识的变化而改变,它可以是自然现象、自然物质等;人工研究对象则是通过人的思维和意识建立起来的,它可以是建筑物、机器设备、能源材料、工艺过程等。理论研究对象则是事物的原理、对事物的认识、抽象的物质等。

在科学研究过程中,可以将研究对象视为由许多相互连接、具有并列或递进关系、按照一定规律分成的单元所组成的系统,该系统是从周围环境中分离出来的,并受周围环境的影响。每个单元与单元之间的关系链为研究对象的结构,实际的单元之间的关系是复杂的、多样的。

研究对象与环境是密不可分的,研究对象受到环境的影响,环境的变化会引起研究对象某些相应的变化。通过研究这些变化的过程和规律,建立研究对象与环境之间的相互联系。在工程研究中,探求环境对于研究对象的影响时,如果考虑的条件越多、越全面,研究结果则会越精确、分析问题也会越透彻,但实际上不可能将所有的影响因素都纳入研究范围,这就需要对研究进行简化处理。如将影响因素根据环境对研究对象的影响程度划分为主要因素和次要因素,并分析各因素对研究对象是否存在本质上的影响,防止忽略或者漏掉某一个本质作用的影响因素,这将会导致研究结果的错误、不完整或不真实。再如将诸多影响因素进行分类归纳,挑选出最关注的类别进行研究等等。

为了便于更好地了解研究对象的特性,采用参数法对其进行表达。如把环境对研究对象的影响记为输入量(记作 x),研究对象在此环境影响下的反应作为输出量(记作 y),研究对象与环境之间的相互关系参数(记作 C)。利用输入量 x、输出量 y、相互关系参数 C,能够实现对研究对象状态的简要表达,如图 7.1 所示。

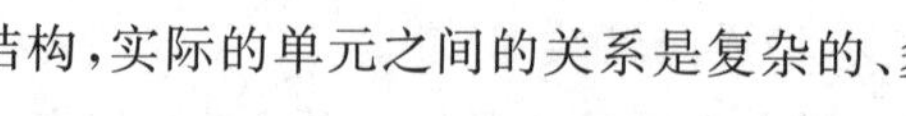

图 7.1 研究对象特性

利用图 7.1,建立两种研究对象的分析模型,即

$$y = f(x, C) \tag{7.1}$$
$$y = f(x) \tag{7.2}$$

利用模型(图 7.1)分析环境对研究对象的影响情况,能够得到研究对象在该环境影响下的完整描述,通过将该模型扩展并应用于具有相似关系参数的其他研究对象中,能够揭示其内部相互关联的原理和方式,该已知环境与研究对象相互关系参数的分析模型就是控制论中的"白箱"模型。而利用式(7.2)的分析模型,仅能够描述出研究对象的输入量与输出量,无法揭示其中的关系参数,该分析模型则为"黑箱"模型。黑箱模型适用于只需要研究输入与输出关系,不追究其间相互作用关系的情况。此外,还有"灰箱"模型,该模型介于白箱模型与黑箱模型之间,研究对象与环境之间的相互作用关系并不完全清晰,不能够完全描述其间包含的所有信息。

如果分析模型中的输入量与输出量之间是严格的单值函数关系时,即已知一个输入量,就应该有一个确定的输出量与之唯一对应,此时的研究系统被称为确定关系系统。在确定关系系统中,求解函数能够准确地得到输入量对输出量的影响结果和规律。工程中研究对象大多属于确定关系系统。

如果分析模型中的输入量与输出量之间不具备严格的单值函数关系,即已知一个输入量,可能会有多个输出量与之对应,因此无法预先对输出量进行判断,此时该系统的研究为概率系统,概率系统中的研究对象,往往是受到随机因素影响很大的对象。

2. 研究形式

工程研究中根据研究对象和研究目的不同,主要分为基础研究和应用研究。基础研究主要是探索和揭示自然界的现象与产生规律,拓展人类对客观世界的认知,是以人类在自然界中实际应用为目标的研究,是科学理论知识较为完整的体系,是新能源、新材料、新工艺等的开发过程。应用研究是基础研究的延续,是针对实际特定目标而开展的创造性研究,是为解决实际问题而提供的科学依据。所以说,基础研究是应用研究的基石,为应用研究提供原理上的支持;应用研究是基础研究的拓展,为基础研究指明方向、体现研究的意义,基础研究成果需要经过应用研究才能真正为人类所使用。

基础研究是以获得新知识、新原理为目标的研究,是运用已有的知识体系向未知体系的拓展。在这个过程中,常常会出现很多不确定因素,而此时研究的主要方向是根据科学发展的内部逻辑展开的。因此,研究对象的选择显得尤为重要,正确的选择能够使研究过程更为顺畅,避免一些不重要的因素对研究对象的干扰。如果研究对象的选择不正确或有失偏颇,往往会导致最终原始数据的不确定性,甚至是数据的缺失,从而影响对于新事物的探索和拓展。

应用研究主要是利用自然规律,将自然规律转化为人类所能利用的方法,是创造新的、完善现有的生产手段和技术的研究。事实上,新的发现、新揭示的自然规律往往不能直接应用于实际生产,从新的发现到为人类所利用,其间需要大量的应用研究,只有通过不断地摸索和研究,才能使基础研究成果应用于工程实际中并能够指导生产。

在应用研究的过程中,需要在科学概念的基础上建立工程概念。例如,金属工艺的工程概念需要建立在物理学、化学、力学等基础学科知识之上。通过科学概念得到具有某些符合规定性能的金属,再通过工程应用概念(例如,材料特性、材料物理化学性质等)确定材料的目标方向性,使其具有应用的特性。

应用研究在工程研究过程中具有非常重要的作用,其研究成果可直接应用于工业生产中。一位知名学者曾经说过:"今天在生产过程的实施中,可能走在前面的不是首次做出新的科学发现的那个国家,而是能够更好地组织它在实际中迅速应用的国家。"可见应用研究的完善程度,取决于研究结果在工业生产中的适用程度。根据研究特点,应用研究还可以分为开发型、探索型和设计型等形式(表 7.1)。

表 7.1　科学研究的形式

科学研究的形式			输入量 x	相互关系参数 C	输出量 y
基础研究			未知	未知	未知
应用研究	开发型	(a)	未知	未知	已知
		(b)	已知	未知	未知
		(c)	未知	已知	未知
	探索型		已知	已知	未知
	设计型		未知	已知	已知

开发型应用研究主要是为基础研究成果工程化寻求新的途径,例如,寻找已知原理的新用途,解决其他从未涉足过的领域问题的新方法等。已知输入量 x,相互关系参数 C 在输出时,得到所需的结果 y[表 7.1 中开发型(b)]。例如,将新材料性能的研究视作开发型应用研究,此时研究对象的相互关系是已知的,通过改变输入量,确定研究对象的性能,同时确定输出量的变化规律[表 7.1 中开发型(c)]。在实际应用研究中,经常采用开发型应用研究,这时研究对象的输出量作为已知数,以此反推在已知输出量 y 情况下,所需要的输入量 x,以及此时的输出量与输入量之间的相互关系参数 C[表 7.1 中开发型(a)]。

开发型应用研究成果需要经过探索型应用研究和设计型应用研究后,才能应用于生产活动中(表 7.1)。探索型应用研究是利用科学知识和工程思维形成新的装置和过程,该研究需要确定已知研究对象的输入量 x 和输出量 y 之间的关系,即 $y = f(x)$,研究结果可用于完善研究对象的结构。设计型应用研究主要是依据已经积累的实验数据和手册数据完成的,借助于设计型应用研究来寻求研究对象的结构,以便能够在一系列主观的限制条件(例如,对输入量 x 反应的敏感性、能量消耗形式、功率、外形尺寸等)下满足输入量 x 与输出量 y 之间的函数关系。

基础研究的结果主要反应在研究对象的信息与结构上,它主要是以具体化和实用化(如文字、表格、图示、解析或以上几种的组合)的形式给出的。在开展基础研究时,可以将研究过程分成若干个相对独立、相互联系的研究阶段,再对每一个相对独立的阶段进行研究。下面就以大家熟知的伽利略对自由落体规律的研究为例,说明基础研究的过程与阶段。

牛顿在 1687 年出版的《自然哲学的数学原理》中,提出了物体之间的相互作用规律——万有引力定律[20]。该定律不仅揭示了行星运动规律,说明了其他行星、彗星的运动轨道,并且解释了地球上的潮汐现象。同样,根据这一定律计算出第一、二宇宙速度,确定了航天器的最小发射速度和人造卫星运行轨道。人类利用该基础研究,预测了太阳系其他天体的存在,也成功发射了军事卫星、气象卫星、通信卫星等,为我们的生活提供了极大的便利。

牛顿对于万有引力定律的研究,可分成几个独立阶段:首先为理论分析阶段,研究为什么苹果会从树上掉下来,从理论上分析研究对象,大胆提出假设;其次为实验设计阶段,基于理论分析结果,制订了实验方案,确定了实验中主要的和次要的影响因素;最后为实验观察和数据整理阶段,伽利略对实验结果和理论分析结果进行了比较,进而证实了理论分析的正确性。

在这个研究实例中,理论分析结果与实验结果相吻合,通过实验很好地证明了理论假设、理论研究的正确性。但是,在实际研究过程中,也会遇到理论分析结果与实验结果不一致、不相符,甚至是相反的情况。此时,应遵循现有的理论,参照实验,寻求改进理论或新的理论。

英国著名的化学家、物理学家约翰·道尔顿(John Dalton)提出了近代科学原子理论,他认为物质世界最小的单位是原子,并且原子是以独立的、不可分割的、稳定状态存在的[21]。而约瑟夫·约翰·汤姆森(Joseph John Thomson)在研究中,抽掉大部分射线管内气体,当阴极射线通过时,发现射线发生偏移,而且偏移射线是带有负电的粒子,并且该粒子的质量远小于原子。因此,汤姆森提出了"葡萄干面包"式模型。这之后,汤姆森的学生欧内斯特·卢瑟福(Ernest Rutherford)设计了专门实验,来验证汤姆森提出的理论分析模型——原子模型。通过实验,确定大部分 α-粒子在撞击靶以后,发生小角度散射,验证了汤姆森的电子理论,即 α-粒子撞击靶时运动方向不会发生明显偏转。但是,卢瑟福没有局限在这一结论里,他加大了偏转靶的接收角度,随后实验发现,还存在一小部分粒子发生了大角度的散射,而该发现结果是汤姆森理论无法解释的,由此,卢瑟福创立了核式原子模型[22]。卢瑟福正是基于实验结果,确定了旧理论的不完善、不准确性,从而建立了新的理论。

应用研究对象的特点:输入量的集合由已知的自然规律组成;输出量的集合由其功能和指标等因素组成;以单元为单位组成的结构,具有多种可供选择的方案。例如,采用一根旋转轴带动一个与其呈垂直角度的滑块在同一平面内滑动,设定该旋转轴的转速作为输入量 x,此条件下滑块的移动速度作为输出量 y,如图 7.2(a)所示。在应用研究中,针对该研究对象的结构,可以有多种形式可供选择,具体如图 7.2(b)(c)(d)所示,再对应这些形式进行研究分析,确定哪些形式能够满足研究要求。如果在分析研究过程中,发现研究对象的结构不能够满足研究中的具体要求,就需要对研究对象进行调整和修正。因此,研究对象的形成确定和与之相对应的研究过程是不断调整的过程,也是相互交替的过程,这也是工程中研究对象建立的过程。

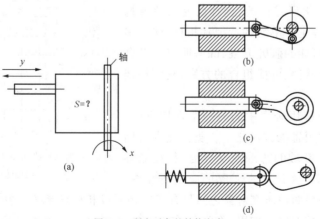

图 7.2 研究对象的结构方案

对于未知的研究对象,前面提出多种结构方案,在选择确定这些方案是否符合研究要求的过程中,有几种常用方法:试凑法、技术构思法、形态分析法、类比法和反演法等。

试凑法。试凑法是众多方法中最简单的一种方法。试凑法就是依照方案顺序依次进行挑选研究,直到挑选出符合研究要求的研究对象为止。该方法多用于简单的研究对象、结构确定或者方案数量较少的情况,如果研究对象方案较多、结构较为复杂,也就是有多个单元的情况,试凑法则不再适用。

例如,托马斯·阿尔瓦·爱迪生(Thomas Alva Edison)在发明灯泡过程中,他选取了1 600多种金属材料和6 000多种非金属材料,利用试凑法从中选取适合的灯丝,总共进行了5万多次实验[23]。虽然通过爱迪生的不懈努力最终确定了适合的材料,但是也反映了试凑法在筛选大量的研究对象方案中,效率过于低下。

技术构思法。技术构思作为正确建立工程对象的重要环节,它等同于理论研究中的假设。通过对技术构思理论的探讨和检验,能够得到较优的研究对象参数。由于技术构思是基于假设得到的研究对象结构,使得研究对象不一定会符合研究要求。当出现不符合的情况时,需要对研究对象结构进行修改或者重构。通过对研究对象的不断修正,得到工程研究对象优化的目的。当工程研究对象较为复杂、体系较为庞大时,研究对象可以选择研究过程所包含的所有对象,为了简化也可以选择其中一部分或者一个单元进行研究。

形态分析法。在对工程研究对象最佳结构的寻找分析中,形态分析法是较为常用的方法。形态分析法在建立多元模型基础上,将研究对象分为多个单元,并对单元中的每一种可能的组合方式进行分析、选择,最终确定最佳的工程研究对象结构。建立的多元模型,通常以坐标图或者表的形式呈现出来,其中坐标轴代表着研究对象的结构单元和主要指标。例如,在汽艇设计中,将研究对象划分为三个主要单元:动力形式单元、操纵形式单元和能源形式单元,具体如图7.3所示。对这三个单元进行多种组合排列,并对组合结果进行分析和比较,最终确定最佳的研究对象结构方案。但是,从图7.3可见,当每一个单元里面的因素太多的时候,会使得研究对象的结构单元数量过多,要对大量的特征参数进行分析比较,组合方案过多,使得工作量过重。在这种情况下,可以对单元组合进行粗选,首先淘汰对研究没有明显帮助的、不符合研究要求的、结构不合理的、杂乱无序的组合;然后再对剩余的组合进行研究对象结构方案的讨论,得到最佳的结构方案。

形态分析法适用于确定任何工程对象,且形态分析的顺序为具体化研究目的、选择研究对象结构的主要单元、确定该主要单元的特征和指标、建立多元模型、组合所有可能的研究方案、除去明显不符合要求的方案、比较和研究可能组合的方案、确定最佳的研究对象方案。

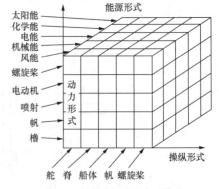

图 7.3　形态分析法的多元模型

类比法。作为应用研究中的另一个常用方法,也是前面介绍的常用思维方法之一。类比法常常用在科学领域和技术领域的边缘或交界处,往往能够得到创造性的成果。类比法在实际的应用研究中,使用非常广泛。如果两种研究对象之间具有某些相同或相似的地方,通过类比可以确定它们在其他方面也有相似性。如甲、乙两个研究对象,二者具有相似的物理结构,已知物质甲具备某些物理性质,可以推断物质乙也同样具备这些性质。在科学研究和应用研究中,常常采用类比法。例如,在仿生学中,采用类比法将自然界中某些生物的特征应用于工程实践。科学家发现海豚在游泳时运动阻力远小于相同形状物体运动的阻力,经过研究发现,海豚皮下的覆盖层起到了脂肪缓冲膜的作用,当海豚游泳时,不会产生涡流而增加阻力。通过这一发现,研究者制造出了人造海豚皮,并且应用于小型船舶的外表面,使得阻力下降 40%。

反演法。反演法是应用研究中最为有效的方法之一。该方法不同于其他方法,它是将研究对象向相反方向发展的方法。如果说前面的方法是从外围观察研究对象,那么反演法就是从内里来入手展开研究。反演法就是将不能分开的相互分开,不能结合的相互结合,不能组合的相互组合,不能联系的相互联系。假设研究对象的结构单元是垂直旋转的,那么在反演过程中,则需要考察研究对象的水平方向和倾斜一定角度时的情况。反演法的核心就是摒弃陈旧的、腐朽的观点和方法,得到具有创造性的、突破性的新方法。

对核桃进行去壳取其内部果肉的生产中,完整地取出果肉过程是较为困难的,经过外部破坏如锤砸、钳子夹等均能使果肉破碎,用化学方法溶化外壳则造成了污染,且有溶剂残留的风险。利用反演法,考虑从核桃内部将其破坏,就能最大限度地保留果肉的完整性。那么怎样从核桃内部进行破坏呢?最终确定的方案极其简单,就是采用中空的针形套管刺入核桃内部,通过真空管向核桃内部充入压缩空气,当压力达到一定值时,核桃壳破裂,得到较为完整的果肉,并送入下一道工序。

作为科学研究,在探求基础研究和应用研究过程中,需要总结归纳其间主要涉及的研究内容:观察和探索未知自然事物的内在本质以及规律;验证并发展事物的本质及规律;对已掌握的知识和事物进行分析、整理、综合及规范。

例如,从元素周期表的发展过程,就可以大概了解研究的整个过程和内容。纵观历史,我国从距今两千多年的齐家文化遗址中发掘出了红铜器,就表明当时我国就已经能够提炼出铜了;《天工开物》的《五金》篇中记载,在密闭罐中用碳还原炉甘石(碳酸锌)可得到金属锌;德国科学家汉森·布朗德观察尿液与黄金的颜色相似,曾试图从尿液中提取黄金,最终获得了元素——磷。在随后的几百年里,各元素不断地被发现。随着越来越多的元素被发现和提取,带来了新的问题,它们之间是否有联系?它们的次序应该怎样排列呢?

约翰·道尔顿曾尝试将这些元素组合成一张表格,但是一直没有得到验证;约翰·纽兰兹也根据元素的物理性质创建了表格,同时创造了"周期性"一词;德国化学家罗塔尔·迈耶尔进一步发现了有些元素之间具有相似的物理、化学性质;门捷列夫在总结、观察前人研究的同时,根据原子量对元素进行排列,区别于其他化学家的是,他没有仅限于已知元素的排列,还能够准确预测未知的元素,并在元素周期表相应的位置留出空白。元素周期表的创造,极大推动和促进了化学和物理学的发展。

正是门捷列夫对元素的不断观察研究,对元素进行排列,才发现了元素周期性的变化规律,并对还没有发现的元素进行了大胆的预测,对同类未知物质预言它们的主要性质。后续新元素的发现,进一步证明了元素周期表的普适性。正是门捷列夫基于对已知事物的掌握、分析、整理,才有对未知元素的发现和性质的验证[24]。

3. 研究方法

研究方法,是人类在科学研究中不断总结出来的,用以发现新事物、新现象或者得到新原理、新理论的手段和工具。科学研究离不开方法的支撑,毫无根据的研究是徒劳的、没有意义的,下面简要介绍几种现在常用的研究方法。

(1)分析与综合

分析是指当被研究事物较为复杂时,要先把被研究事物按照某一形式(如性质、特征、结构等)客观地分成若干组成单元,将每一个单元视为整体进行单独研究。综合是将分析过程中被分解的事物,按照某些特点、共性事物,统一起来,彼此之间建立联系,作为统一整体加以认识。

分析与综合彼此之间相互联系,在研究事物时,分析与综合不是孤立的,需要穿插进行。如在得到某个研究对象某些单元的最初分析结果时,不是盲目继续下去,而是将它们总结、综合,再修正分析过程、再综合,从而对研究对象有正确的认识。

(2)归纳和演绎

归纳法是对某些个别事物进行研究,并通过事物的特征,得到普遍的、共性的、规律性的结论。在对个别事物的研究过程中,按照事先安排和制订好的方案有序进行,而不是偶然地、随机地进行。演绎法是在大多数共性的事物所具有的一般性原理、特点的基础上,得到其中个别事物的结论,也就是将普遍的理论转移到个别事物上。例如,门捷列夫在设计元素周期表时,就是对大量元素逐一进行研究,得到了普遍的、规律性的结论,这属于归纳法;而根据该周期表,推理、预测其他未知的元素,则属于演绎法。

因此,将归纳法与演绎法相结合,采用归纳法概括事物的特点,并利用演绎法将事物普遍的特点推演到相关其他个别事物中,反过来再检验和加深归纳法的发展,以此循环,实现归纳法与演绎法的相互促进和发展。

需要强调的是,归纳法需要对实验的整个过程进行校验、总结,以此揭示事物本质特征。一定要避免用偶然的、次要的实验结果进行概括,也要避免用一般的时间顺序来替代事物之间的内在联系,还要避免随意地将某种事物的结论扩大到其所能包含的范围之外。

(3)抽象和具体

抽象化方法是研究者运用思维的方法,遴选出他们感兴趣的事物或现象的特征、性质和关系。在抽象化的过程中,需要去伪存真,通过现象看到本质,也就是去掉非本质的、附带的、干扰判断的因素。在科学研究中,主要有同一抽象法、孤立抽象法、理想抽象法等。

同一抽象法是利用抽象的方法从众多事物的个别性质中,寻找出普遍的、共性的、概括性的性质,该方法经常应用于某一类事物的概念或特征的形成。孤立抽象法是通过抽象思维对事物和现象进行判断,抽丝剥茧得到与事物和现象密切相关的性质和关系,从而形成普遍的抽象概念。理想抽象法则是对现实环境和事物的抽象化,通过该方法得到的概念、理论在真实的环境中是不存在的,但是却能够反映事物的本质,是某些事物达到极限值的时候所表现出来的性质、特征,有助于确定科学发展的方向和新理论的形成。

抽象化与具体化在研究方法中是相互关联的,通过从事物的具体性质、特征到抽象的过程,揭示事物的发展规律,随后研究者再利用这些规律重新转向具体研究,从而促进了科学发展和进步。

例如,光线照射在任意物体表面时,光的一部分发生反射,另一部分则被物体吸收,物体的颜色越深,对光线的吸收越多。根据对不同物体对光线吸收程度的具体研究,研究者利用抽象法创造了"绝对黑体"的概念,认为绝对黑体能够将照射到其表面的光线全部吸收。虽然这样的物体在自然界中并不存在,但是通过"绝对黑体"的概念和性质,很容易确定物体与光照和温度的关系。以此为基准,在对实际物体进行研究时,就可以利用具体化方法,按照已经得到的吸收系数,计算出吸收的能量,还可以得到物体升高的温度。

7.2.5　理论研究

通过理论研究扩大人类对于自然界的认识,拓展人类的思维方式,启发人类对于未知事物的探索。通过实验研究确定研究对象并利用已有知识,根据研究目的、研究路线、研究方法等手段,发现与确认事物间的因果联系,并加以利用。

理论研究的作用主要包括:通过对实验数据整理和分析,得到研究结果,并将该结果进行概括和综合,寻求普遍方法;将研究结果通过类比等方法扩大到其他相似的研究对象上,避免重复研究过程;用来研究无法接触和无法直接研究的对象;节省实验研究的过程和次数,并为实验研究提供理论依据。

建立研究模型和提出假设是理论研究过程中不可或缺的部分。每个真实的研究对象都遵循自然定律,而这些自然定律有一些是已知的,有一些却是未知的。因此,在对真实对象进行研究时,就需要进行必要的简化,在合理范围内采用假设方法,去除次要的影响因素,提取关键因素,建立模型,从而使该模型能够反映真实对象的本质特征。

自由落体的研究也经历了很多的波折,最先研究自由落体的人是古希腊科学家亚里士多德,他认为物体下落速度取决于物体本身重量,物体越重下落得越快,该理论一直影响了之后两千多年的人类。直到物理学家伽利略的出现,他提出了如果在不受其他外力作用下两种不同重量的物体进行自由落体运动时,如果重的物体下落快,轻的物体下落慢,那么将两种物体捆绑在一起下落速度应该在二者之间的假设,显而易见该假设是不能成立的,从而推翻了亚里士多德的理论,并通过比萨斜塔上的实验,最终证明了伽利略的理论是正确的。

理论研究中的研究模型的目的就是把复杂的研究对象分解成简单的单元,再通过公式、定理等建立这些单元之间的相应联系,并通过对各单元特征进行分析,摒除不必要的条件,提取主要的、关键的因素,最终使研究对象简单化,得到该研究对象的本质特征。

在建立理论研究的关系时,通常要进行必要的假设和简化,例如假设一些物质的物理、化学性质参数是保持不变的,物体在某流场内运动规律是恒定的等。但是,在实际条件中,很多假设条件是不成立的,如当物质受到压力、温度的作用,发生理化性质的改变;由于受边界层、流体黏度、温度等因素的影响,流场中的运动不一定是恒定运动等。为了验证理论研究是否正确、假设是否合理,需要对理论研究的模型进行实验校验。

理论研究通常以数学模型、物理模型等模型为基础,通过假设建立计算模型,得到理论关系式和研究结论。但是,这些理论关系式和结论是否适用,精度如何,需要实践来校验。通常的校验方法有:量纲校验法、极限校验法、变化趋势校验法等。

量纲校验法是对计算公式进行校验的简单有效方法,是利用理论关系式的各项之间、或方程等式两边,应该具有相同量纲进行校验;极限校验法是赋予参数极限值,分析极限情况下理论关系式的物理意义;变化趋势校验法是通过改变理论研究中的一部分参数的数值,考察其他参数的变化趋势,对关系式进行正确评价。

7.2.6 综合研究

理论研究和实验研究不是相互孤立、没有关联的,两种方法往往是研究的不同阶段。综合研究就是两种研究的有机结合,是二者相辅相成、相互补充、相互促进的研究形式。

综合研究中,理论研究阶段是为了确定实验研究的对象、方向、方法和条件,而实验研究则是理论的验证、技术的形成。在理论研究中建立的各种数值模型,能够极大减少实验的次数,还可以在实验无法或者较难达到的条件下实现结果预测,但是这些研究模型最终还需要实验研究来检验。

科学研究、工程应用、实际生产所有这些研究都属于综合研究。综合研究中包含了科学研究的全部阶段,如原理、实验、科技文献搜集等。这些阶段可以按照顺序进行,也可以穿插进行。

例如,采用粉体填料与黏合剂混合制备多元(金属、陶瓷、玻璃等化合物)薄膜,工艺过程首先是将粉体填料、黏合剂和溶剂混合均匀成膏剂,混合溶剂的目的是稀释黏合剂,使其具有一定的流动性;其次,将混合后的膏剂倒入料斗里,料斗下方是移动的聚乙烯带,膏剂从移动带和料斗壁之间的缝隙流出,在移动带表面形成均匀的薄层膏膜;最后,蒸发掉膏膜中的溶剂,形成薄膜。该工艺流程如图 7.4 所示。

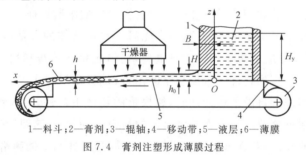

1—料斗;2—膏剂;3—辊轴;4—移动带;5—液层;6—薄膜

图 7.4　膏剂注塑形成薄膜过程

膏剂注塑形成薄膜过程中,如果要得到指定厚度的薄膜是较为复杂的技术难题。因为膏剂注塑过程包含溶剂的液态过程,需要将溶剂蒸发掉,才能真正获得薄膜。薄膜的厚度与膏膜厚度、膏剂黏度、料斗里的膏剂高度、移动带的速度等有关,而膏膜厚度又受移动带与料斗之间缝隙宽度的影响,膏剂黏度受到添加的溶剂种类和溶剂量影响。此外,通过对膏膜干燥过程观察发现,膏膜变成薄膜过程中,还包含收缩现象。如果要获得指定的薄膜厚度、稳定的工艺操作条件,就需要对膏剂的注塑过程、形成膏膜过程、薄膜干燥过程等各个工艺过程进行理论分析和实验研究。这就是典型的综合研究过程。

7.3　实验研究概要

7.3.1 实验研究特点及结构

与理论研究建立模型及假设不同,实验研究是将研究对象置于真实环境中通过参数的变化实现理论的验证。

实际研究中的对象是复杂的,它是由多个参数组成的。在研究过程中,需要把这些参数进行分类简化,即分为特征参数和非特征参数。其中对研究对象影响显著的参数被认为是特征参数,而对研究对象影响不显著或不是研究目的的参数则被认为是非特征参数。通过实验研究可以得到各参数之间的相互关系,而对特征参数与非特征参数的划分,则可以在保留研究对象本质的同时,简化实验研究过程。

在实验研究过程中,首先要清楚观察与实验的区别:观察是外界条件发生变化时,对象状态随之发生变化,并将这一变化进行记录;实验是通过研究者人为有目的地改变影响因素,再通过观察确定研究对象变化的行为。另外,数据整理及处理也是一个较为复杂的过程,为了较为全面地了解研究对象,需要将研究对象分为多个部分或因素,按照这些部分和因素进行实验设计。通过每个因素实验得到研究结果,并利用数学统计学方法处理该实验结果,综合所有因素影响结果,分析每个因素对研究对象的影响信息。此时的研究对象相当于"黑箱",对于它的了解是未知的、是片面的,需要将其进行因素分解再逐一研究,然后将各因素研究结果进行整理综合,最后得到较为全面的了解。这期间就涉及了单因素和多因素的实验设计方法(详见 7.4 节)。

通常,实验研究需要经过以下几个步骤。

1. 确定实验目标

通常需要根据实验目标来确定实验过程所用的材料、试剂、仪器、设备和实验方法,以及实验结果的数据处理、综合分析等。因此,为了保证实验的准确性和研究对象的全面性,实验目标的设定要具有代表性,得到数据的平均值应该是无偏差的统计量。例如,某实验目标是验证某理论、某学说或者某个具体物质,需要选用较为理想的材料,如纯度高的材料和实验试剂,精确度高的检测设备,可靠的实验仪器,等等。如果实验目标是验证某些影响因素、事物发展趋势,在设计实验方案时,需要考虑较为全面的、代表性的条件,以及相应的较为准确的数据处理方法。

2. 调研文献

伟大的物理学家牛顿曾经说过:"如果说我比别人看得更远些,那是因为我站在了巨人的肩上。"科学就像财富是不断积累的,研究是在前人基础上不断探索的。因此,科学研究不能是埋头苦干,也不能是闭门造车,要广泛搜集相关领域专家、学者的研究,充分调研,并在此基础上继续前行。作为科学工作者在大量文献调研基础上,需要做到的就是:避免无谓地重复他人工作;对实验研究有较为清楚的预判,并以此进行实验设计;必要时,要将实验结果与他人研究结果对照分析,更好地解读实验研究中包含的信息。

3. 设计实验内容

根据实验目标,通过文献调研,确定实验技术方案。实验技术方案通常包括:明确实验所需材料,实验前期准备,原料预处理方法等,例如在进行某些化学实验时,需要无水环境,那么前期需要对实验原料进行除水预处理;在电镀或涂层实验中,实验前需要对试件进行抛光、打磨等处理等;明确实验所需的手段、方法、设备等,例如为开展某个实验,需要什么样的实验设备,采用什么样的实验方法,怎样开展实验等;明确测量目标和检测仪器;在确定实验目标、研究对象后,以此明确需要检测的试件、样品,以及采用哪些检测手段,实现哪些参数测量等;根据需要设计实验方案,明确考察哪些因素、哪些是保持不变的、哪些是需要改变的、考察范围是多少等。

4.确定实验方案

实验内容明确后,需要考察的因素、方面也得以确定,接下来需要考虑怎样将各因素、不同方面组合起来设计实验方案,从哪些角度来实现实验目的。明确实验规模、实验次数、因素考察的先后顺序、在实验条件允许下需要变化的范围、因素之间的相互关系、实验地点等。

5.实验过程

开展实验的最终目标是获得实验结果,这一过程是整个实验工作中的重要步骤。所谓实验结果,一种是关于实验现象定量或定性的描述;一种是实验数据的获得。实验数据是通过测量得到的物理量,而数据的准确性取决于实验仪器设备可靠性、检测仪器精密度、人员操作正确性等因素。因此,实验研究过程需要重复性测量检验。

6.实验数据分析处理

在科学实验研究中,影响因素往往较为复杂多样,同时存在环境等其他因素的干扰,导致实验数据结果的分散性较大,有必要对其进行数学统计学分析和处理。因此,通过实验获取数据结果后,均需要对实验数据进行整理、归纳、总结,排除其他干扰项、误差项,获得较为准确可靠的实验数据,并以此做出准确的科学判断。

7.结果和讨论

在实验数据分析基础上,通过实验现象和实验结果,进一步讨论分析产生该现象的原因以及该原因所蕴含的原理、意义,并讨论实验数据所反映的客观规律,从科学理论的角度分析揭示所包含的科学问题,并归纳总结形成相应结论。

为了保证实验顺利进行,通常在实验正式开展之前,需要对实验计划列出清单,具体内容如下[25]:

（1）实验目标

列出实验要解决的问题,该问题的提出有助于接下来实验的安排。为了不使问题复杂化,提出的问题通常是最基本的问题。并对实验结果有初步的预判和预期,当完成实验计划时,有时需要反过来细化实验目标,并可以对遗漏的数据进行补充。

（2）确定所有可变参数

可变参数是任何能够导致最终结果发生变化的参数。有一些可变参数,对于结果变化影响较小,即参数较大范围的变动仅引起数据的很小差异,这种情况在影响因素研究中,为了简便实验次数,可以忽略。而其他在实验范围内能够引起结果较大变化的可变参数,需要作为影响因素列出。在实验过程中,将这些可变参数分为主要影响因素和非主要影响因素。主要影响因素是实验者非常感兴趣的,对于实验结果有重要作用的;非主要影响因素是实验者不太感兴趣的,对实验结果影响不大的因素。

①影响因素和水平

影响因素表示对数据有影响的任何物质,例如,影响因素可以是药物、化学添加剂、温度或教学方法。但是有些影响因素对于实验结果的影响并不显著,所以在选择影响因素的时候,忽略不计。水平是实验条件允许范围内,对于实验所要考察的该影响因素的数量或类型。如果影响因素是药物时,其水平可能是药物的用量、间隔时间、试剂种类等;如果影响因素是化学添加剂时,其水平可能是添加剂的种类、用量等。

影响因素的水平选择通常是等量分布的,并且为了保证实验的准确性和实验结果趋势变化的完整性,通常水平选择为四个及以上。为了便于实验过程和实验结果的区分和记录,要将各影响因素和水平实验组进行编号处理,这些编号不具备任何物理意义,仅用于记录。例如,影响因素为温度,水平为 $50\ ℃,60\ ℃,70\ ℃,\cdots$,可以编码为 $1,2,3,\cdots$,或编码为 $0,1,2,\cdots$。

如果一个实验中包含两个或两个以上的影响因素,例如温度和压力,无论是对温度水平考察还是对压力水平考察,均需要在某个特定的压力和温度条件下进行。假设考察温度水平编码有 $1,2,3,4$,考察压力水平编码有 $1,2,3,4$,会有 16 个水平编码组合 $11,12,\cdots,44$,其中每队第一个数字指的是温度水平,第二个数字指的是压力水平。通常将水平组合的结果作为处理因素,标记为 F1,F2,$\cdots$,或 A,B,$\cdots$。

②实验单元

实验单元是进行影响因素及水平研究中所使用的"材料"。例如,在农业中,实验单元可以是一块试验田;在医学领域,实验单元可以是临床实验中的某人或动物;在工业领域,实验单元可以是一批原材料、工厂某一段工序等。实验单元选择要具有代表性,能够表示出所要研究的所有材料、条件。例如,以大学生为实验单元,得到的实验结果不能适用于该国所有成年人。$80\ ℃$ 条件下得到的实验结果,不适用于 $60\ ℃$ 的条件。另外,要将实验单元与观察对象相区分,例如,用饲料喂养动物来评价饮食对体重增加的影响实验中,饲料是实验单元,而喂养的动物是观察对象,二者不能混淆。但在大多数实验中,实验单元和观测对象是相同的,如果有区别,那么在数据分析中一定要反映出来,否则将观察对象错误地认为是实验单元,会导致实验数据错误。因此,实验单元的选择对于某项实验研究来说非常重要。

③其他干扰因素

设计实验过程中,往往会遇到干扰因素,怎样将干扰因素与影响因素区分开,并且尽可能忽略干扰因素的影响?以下列出几种方法。

a.确定干扰因素的水平,限制实验范围,此时需要重新修订①,重新设定影响因素水平。

b.在实验过程中,对于第一组实验,可以将干扰因素保持恒定,在进行第二组实验时,干扰因素更改为不同的固定值,对于第三组实验,再次更改干扰因素固定值,以此类推。例如,温度影响实验的结果,但是温度本身并不是考察因素。此时,需要将实验单元划分为多个部分,在每个部分中,保持温度不变,进行实验结果测量。

c.将实验单元按不同性质、特点,分成若干模块,每个模块具有相似性。例如,如果日照对于实验结果有很大影响时,可以选择时间相近、日照强度相似的时间段进行实验;种植实验中,尽可能选择在土壤酸碱度相似、自然情况相似的条件下进行。如果实验人员对随着实验条件的变化而引起的响应变化感兴趣,那么在实验中应故意包含干扰因素,并在结果中进行讨论。

(3)实验设计

实验设计决定了实验单元是在什么条件下进行的,实验设计包括实验过程中的所有情况。为了保证实验的准确性,在实验设计中实验单元的选择对于大部分的科学研究来说是随机的。但是,对于某些研究,无法保证实验单元的随机分配,例如,调查研究人类吸烟对于癌症的影响,从道德上讲,不能让一个人每天吸一定数量的香烟。这种研究,只能跟随实验单元也就是吸烟者本人的习惯来进行观察。

(4)确定实验步骤、检测方法、预期困难

从实验中收集的数据(观察值)是对响应变量的检测(例如,农作物的产量、发生化学反应所需的时间,一台机器的产量等)。这些响应变量的测量,应符合实验的实际情况。例如,测量两种物体的质量并考察两种物体质量差时,如果两种物体质量差在 0.5 g 左右,那么测量质量时,如果精确到 1 g,那么不够准确;如果精确到 0.01 g,那么没有必要,精确到 0.1 g,足以说明问题即可。

在收集数据过程中,往往会遇到一些无法预见的困难,通常是由步骤(2)的干扰因素引起的。可以通过一些实践或经验进行预判,这对实验的顺利开展是非常重要的。

列出实验测量的精确说明,包括使用测量的仪器及详细信息、测量时间、记录方式等。同时,参与的实验人员也很重要,要严格按照说明进行操作,建议提前设计实验数据表,按照观察顺序进行记录。

(5)初步试验

初步试验主要是包含实验过程的小型试验,没有试验结论,通过初步试验可以确定实验过程的可行性,提供练习实验操作的机会,保证实验过程中操作的准确性。如果实验过程足够完整,还可以帮助实验者选择合适的模型,确定收集数据过程中可能存在的问题,明确数据测量的次数。对实验计划表的(1)～(4)过程进行验证,并按照需要进行修改。

(6)确定分析方法,计算检测次数

根据实验的影响因素和水平,确定实验分析方法,如果只有一个影响因素,那么可以按照单因素分析方法对水平因素进行考察。如果实验范围较宽,实验影响因素并不明确,可以先按照单因素实验方法进行,确定因素水平变化显著的范围,再进行交互作用的实验,最常用的是正交分析法和响应法。

因此,在实验前需要大量的工作,要较为全面地考虑实验过程中所要涉及的各种问题。而实验数据的收集和处理是最有价值和最耗时的部分,没有分析的实验,不能称之为好的实验。因此,在实验计划中需要在数据处理部分着重研究和分析。

一个有意义和有价值的实验,必须有实验目标。通常在实验前,要回答的第一个问题就是"准确说出为什么要进行实验,通过实验想要展示什么,能够得到什么。"如果无法回答,那么这个实验就不必再做了。同样,只有实验目标,缺乏好的实验过程,这个实验也无法顺利进行,所以说实验前的初步试验对于实验的顺利进行是非常有必要的。

在实验前应给出实验参与人员指导,使他们在实验过程中能有所依据。马里奥·萨瓦多里(Mario Salvadori)[26]在他的《建筑生与灭:建筑物如何站起来》一书中,讲述了一个有趣的轶事,正好说明了这一点。这个故事涉及混凝土的质量控制研究。混凝土由水泥、沙子、鹅卵石和水组成,并在混凝土厂中以严格控制的比例混合。然后将其用大型卡车的转鼓运送到建筑工地。实验是从每辆卡车中取出混凝土样品,并在 7 天后测试抗压强度。其强度部分取决于水与水泥的比例,并且随着水的比例增加而降低。这则轶事涉及在纽约建设机场候机楼时发生的一个问题,即中午前到达现场的混凝土强度较好,中午后到达的混凝土强度则较差。主管调查了可能的原因,直到他跟踪卡车从工厂到施工现场时,发现一名卡车司机经常在中午停下来喝啤酒和吃三明治,为了防止混凝土硬化,他往桶里多加了水。因此,萨瓦多里总结道:"谨慎的工程师不仅要小心材料的性能,更要注意人的行为。"这条总结同样适用于实验者,本章将大部重点放在实验的设计、工程研究上,但是人为因素的存在,使得实验计划表和大量常识显得尤其重要。

7.3.2　实验可重复性

英国科学家卡尔·波普尔(Karl Popper)曾说过[27]："只有当某些事件依据规则或规律重现时,就如同可重复实验的情况,我们观察的结果才可以在原则上由任何人进行检验,只有通过这样的重复,才能确认我们面对的不是一个孤立的巧合,而且其具备的规律性和可重复性,使事件原则上可以进行主观验证。"在科学研究中,有很多问题需要采用实验研究的方式进行验证,而实验研究中的重复性是研究的最重要的准则。

科学研究和实验研究是探索和发现大自然规律过程中必不可少的环节。同时,也要遵循自然规律,具有可验证性、可重复性的特点。我国研究者曾经在对特定基因可编辑的实验过程中有较大的发现,也因此在《自然·生物技术》国际知名期刊发表了相应文章,并引起了当时该领域国内外学者的重视和关注。但是,随后澳大利亚的一名教授发现,该实验研究成果无法重现,随后的很多学者也表示该实验未能得到预期结果,而这篇轰动一时的文章也被编辑部撤稿。但是,通过对这名研究者的调查结果发现,他的研究成果不存在造假问题,由此,实验研究结果的重复性问题成为一个重要的议题,被之后的研究者所重视。

通常认为实验研究过程和结果是具有可重复性的,成功的实验研究是在相同的实验条件、不同完的成人、不同的实验地点、不同的环境和时间下,仍然能够得到相应的实验结果,并以此来确认实验的结果不是偶然得到的,而是具有重复性的。学者哈贝马斯认为:"在完全相同的条件下重复一个实验必定会得到相同效果,这并不是经验得出的结论,而是先验的必然。"

通常实验研究是检验理论研究的必要环节之一,是确定理论是否正确的依据。当研究者发现新的理论和新的知识时,希望将新的发现与国内外同行分享,得到其他学者的认可,发表自己的成果。仅凭语言描述、公式推导往往不能够完全说明,常常需要重复性的实验研究来证明,尤其是当某理论或实验结果具有争议性时,重复性实验将成为解释科学理论的重要判据。可见重复性实验是追求科学事实的确定性、可靠性、普遍性的重要环节。

重复性的重要性在科学研究和实验研究中逐渐被认识到,并得到重视。随之而来的问题就是,什么程度上的科学发现或者科学实验可以认为是具有可重复性的呢?在实验研究中,通常实验很难一次成功,很多时候是经历很长时间的反复实验、反复验证、反复调整才能得到结果。这就使得很多时候,会用某一个时刻、某一小部分的成功实验,抵消了大部分没有成功的实验,偶然间得到的结果不能算作重复性,只有研究者获得了实验的技巧才可以。目前,对于实验的可重复性研究,可将其分为以下几种类型。

(1)实验中的物质性重复。该实验中的物质性操作指的是"实验者的操作,涉及行为特征和产生特征,这意味着科学不仅是关涉思考、推理、理论化的过程,而且还关涉做、操作和生产等活动"。物质性实验是通过操作化实践获得科学原理或概念等理论上的内涵。在物质性实验过程中,对某一个实验现象可能会出现不同的解释和结论。

(2)在固定理论下实验的重复。为了对固定理论解释而开展的重复实验。如热力学理论具有普遍性,但是很难将其具体化,也就不能直接得到具体体系的气液平衡数据,这就需要利用实验方法测定气液平衡数据;若要测得某体系的气液平衡数据,则需要进行热力学一致性校验,判断数据精度是否能够通过校验。若二者不符合,说明实验数据不准确,如果在实验过程中存在误差,那么需要进行实验工艺过程的修正,使得二者相符才可。

(3)同一实验结果的重复。是指研究者可以通过不同的实验方法、步骤或者过程获得相同的实验结果,这期间可能涉及完全不同的理论知识。例如,测定人体的体温可以利用水银温度计,也可以采用红外测温仪。

在重复实验的过程中,如果是不同的人进行的,通常需要由最初实验者进行指导,但是实验者很多时候并不能亲临实验现场,这就需要接触他们所公开发表的文献,进行调研、总结、归纳,并进行实验。而实验中的理论与实验所采用的仪器设备是动态发展的,这就使得实验结果并不能一成不变,当重复性实验结果与理论不一致或者出现较大误差时,就需要对实验对象、方法或者仪器设备进行相应的纠正,以保证重复性实验的准确性。

7.4 实验设计方法

实验设计需要考虑三个方面:明确实验目的,考察因素有哪些,变动范围是多少;根据实验目的合理性制订实验方案,设计实验方法,并以此开展实验;对实验结果进行分析,寻求各因素影响规律,指导实际生产。

事物的研究往往包含很多因素,在实验设计过程中,为了较为快速准确地获得事物的相关信息,就需要区分事物在对指标的影响中,哪些因素起到主要作用,哪些因素是次要作用,对于没有影响或者影响不显著的则可以忽略。

实验设计是开展科学研究的一个重要环节,实验设计方法有很多种,较为常用的是单因素实验设计法、二因子实验设计法、正交实验设计法、响应面设计法等。根据不同的研究对象和不同的要求,需要选用不同的实验设计方法,本节将对这几种方法进行简要的说明。

7.4.1 单因素实验设计

单因素实验设计是实验中较为常用的一种设计方法,该设计方法简单、直观,考察范围大,易于分析。单因素实验设计主要包含:完全随机化单因素实验设计、随机区组单因素实验设计、拉丁方单因素实验设计和希腊-拉丁方设计法等。下面介绍两种常用的单因素实验设计。

(1)完全随机化单因素实验设计

若实验中只选择一个因素,该因素有 a 个水平方法或条件,比较 a 个水平方法或条件的实验,称为单因素实验。为了保证实验的客观准确性,需要进行重复性实验,假设每个水平需要重复 n 次,那么总共需要进行 a^n 次实验。当 a^n 次实验全部按照随机顺序进行时,则称为完全随机化实验法。该实验方法除去所考察的因素外,其他因素在实验过程中的变化是随机的,均归为实验误差。

(2)随机区组单因素实验设计

该设计方法是在完全随机化单因素实验设计基础上,由于环境对研究结果影响较为显著,针对近似相同环境条件下的因素进行分组,该划分方法可以依据时间、日期、装置、原料批次和操作人员等。把客观环境条件相近的因素划分成组,可以有效避免因客观环境的变化而引起的误差,提高实验精度。例如,在利用酒精分析仪测定酒精含量的实验研究中,该实验过程受到大气条件变化、酒精挥发、仪器设备老化、实验者疲劳等因素影响,如图 7.5 所示。通过实验发现,若将该实验划分为五个一组,也就是从前到后,每五个为一个实验区,实验结果相对准确,并且实验过程是由两名不同的技术人员轮流进行的。因此,实验设计中可以按照实验时间和技术人员进行区组划分,再开展实验。

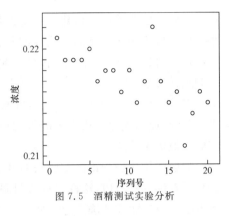

图 7.5 酒精测试实验分析

7.4.2 二因子实验设计

二因子实验设计,通常称作二元配置,在实验中提取 2 个因子,并把提出的 2 个因子实验按照析因实验配置,因此,又称为二因子析因实验。

二因子析因实验设计中,假设因子 A 有 a 个水平,因子 B 有 b 个水平,则因子 A 和 B 的水平组合有 ab 个,若每组实验重复 n 次,则整个实验需要 $(ab)^n$ 次。如果把 ab 个水平组合看成 ab 个不同的实验条件,或设为因子 AB 的 ab 个水平,此时,可以将该实验看作单因子实验,按照完全随机化进行单因素实验。

7.4.3 正交实验设计

通常在实验设计中影响指标的因素不止一个。例如,在烘焙面包实验过程中,主要影响因素是烤箱中的温度分布,若加热装置设置不合理,在烤箱的内部从顶端架子到底端架子会产生温度梯度,此时,对于同一个架子上的面包会认为烘焙过程只受到温度的影响,这是单因素实验。但是若将烘箱视作整体,那么在烘焙过程中不只受到温度影响,还有烤箱中架子的数量、待烤面包大小、面包数量、每个架子上所放置面包的数量等,这些因素都会影响面包烘焙效果。因此,需要对影响实验指标的各因素进行设计。而通常的实验设计与优化,很难直观得到最优化值,也难以直观判断优化区域,并且因素和因素之间是彼此联系和影响的,就需要进行正交实验或响应面实验的设计,来满足科学实验需要。

当因素数量和水平数量都不多时,可以通过作图的方法来选择实验点,但是当因素数量和水平数量较多时,就无法用作图方法来设计实验了。正交实验设计法正是基于此原因而创造出来的,利用正交实验设计法安排的实验,能够在尽量少的实验次数下,保证实验点分布均匀,且计算简单,能够很清晰地描述实验条件、各因素之间,各因素与指标之间的关系。利用正交表来安排实验并对实验结果进行数据分析的方法,叫作正交实验法。

7.4.4 响应面设计

响应面设计法是由 Box 和 Wilson 在 1951 年开发的,主要目的是帮助改进化学工业中的制造过程,优化化学反应。该设计法主要是通过实验数据拟合一个响应面,模拟真实极限状态曲面。在多个影响因素以及多个水平的实验中,通过实验结果分析,得到因素之间的回归关系,这种回归关系通常是曲线或者曲面,称为响应面。例如,用枪打靶,子弹发射时,受到风速、当地气压、当时温度等的影响,这些外界条件对于子弹打中靶心都有影响,单独考察某一个影响都不足以说明问题,此时就可以利用响应面设计法进行实验设计。

要构造响应面并分析确定最优区域以及最优的实验条件,首先要通过大量的实验测试,得到足够的实验数据。再建立合适的数学模型,根据数学模型,利用实验数据进行建模。最常用的建模方法之一是多元线性回归方法,如果是非线性体系还需要对其进行适当处理,化为线性。可以说,响应面设计包括了实验设计、数学建模、模型检验、求最优条件等一系列实验和统计方法。

在响应面实验设计中,首先要将最优的实验条件包括在实验范围内,如果实验点选取不当,那么响应面优化方法则不能得到最优化的效果。因此,响应面优化处理之前,需要确定实验的最优条件点。

响应面设计法与正交实验法的区别与联系:正交实验是对已经设计出的实验组进行实验得到较优的实验值,这种设计法只限制在已定的实验条件上,并不一定是实验范围内的最优方案。响应面设计法是通过回归分析,对实验结果进行预测和优化,确定实验范围内的最优方案,但是需要足够的实验数据来支撑。因此,将正交分析法与响应面设计法相结合,能够在尽可能少的实验次数下,得到较为全面准确的实验数据,并且建立有效的数学模型,实现精准的预测。

7.5　实验数据处理

在实验研究中,往往会得到大量的实验数据,研究者需要对这些数据加以分析和处理,未经任何处理的初始数据难以准确、直观表达研究对象的信息。而由于实验设备、实验方法的局限性或受到周围环境等因素的影响,使得实验测量值与真实值之间存在差异。这就要求采用科学的数据处理方法,去伪存真、去粗取精,将不合理的数据、错误的数据剔除,将能够有效表达的数据进行分析处理,实现对研究对象较为准确的、完整的描述。

由于实验过程中存在很多主观的、客观的原因,使得即使是多次重复的实验,数据也不能是完全一样的,因此,要引入误差分析。误差分析作为实验处理的重要环节,用以分析误差产生的原因,实现实验方案的优化,消除系统误差,并且舍掉过失误差,从而提高实验的准确度。

7.5.1　实验数据处理及其误差分析

在对实验对象定量描述过程中,得到一系列原始实验数据,需通过科学方法,利用数学计算进行实验数据的处理。

(1)有效位数

有效数字为数据中的有理数部分。有效位数则是组成有理数的数字个数。当 0 处于数据前面时,不作为有效数字,同样不算作有效位数。若 0 位于数据的末尾,包括小数点后,算作有效数字。有效位数为 n 的数值,认为具有 n 位有效数字。例如,167.32 是 5 位有效数字,1.67×10^2 是 3 位有效数字,0.004 5 是 2 位有效数字,4.50×10^{-3} 是 3 位有效数字,这两种表达意思完全相同,但是有效数字位数却不一样。

一个数值的有效数字是从首个数字到倒数第二个数字,最后一位常常是估值。例如,1.25 的真正数值为 1.245～1.254。167.32 的真正数值为 167.315～167.324。

(2)有效位数取舍

在实验过程中,需要采用同样的仪器设备和实验方法,为了实验数据的准确性,需要多次重复实验,得到的实验数据有效位数应该是一样的,实验结果需要取多次重复实验的平均值,同样要求平均值的有效数字与实验数据保持一致。在实验数据获取过程中,需要对实验数值取有效数字,对末尾的数值需要估计。例如,温度检测中,若采用煤油温度计测温,从温度计刻度上观察到的数值是 23.2 ℃,液柱显示在 23.2 ℃~23.3 ℃,因此需要估读一个位数。整理实验数据的时候,若通过计算取得的数值中有效位数比实验中的有效位数多时,需要进行尾数处理,使得处理后的有效位数与实验中的有效位数一致,尾数处理的原则:尾数为 4 及 4 以下的数值需要舍去;尾数为 6 及 6 以上的数值需要进位,即末位有效数字加 1。对于末尾数字为 5 时,取舍的原则:若尾数 5 的前一位数字是偶数时,需将 5 舍去,若尾数 5 的前一位数字是奇数时,需进位,即有效数字最后一位加 1。这种舍、入以偶数为法则,称为舍、入成偶数法。若反过来,采取舍、入以奇数为法则,则称为舍、入成奇数法。只要在数据处理中秉承一种方法即可。

当对实验数据进行加减时,为了简化计算,可以按照绝对值最大的数值的有效数字为准,其他数据修约时多保留一位有效数字,运算结束后,根据有效数字取舍法则进行处理。例如,在数据 12.54+0.762 3+1.832 的计算中,12.54 为绝对值最大的数,小数点后 2 位为有效数字,其他数值可以修约到小数点后 3 位,即 12.54+0.763+1.832=15.135,再按照有效数字取舍法则,得到最终数值为 15.14。

当对实验数据进行乘除时,有效数字取决于位数少的数据。即 $2.1 \times 482 = 1\ 012.2$,其中 2.1 为 2 位有效数字,482 为 3 位有效数字,则该计算结果应与有效数字位数少的保持一致,即 10×10^2,保留 2 位有效数字。

(3)实验误差分析

实验数据误差分析是了解、认识实验的重要环节之一,实验数据的误差是由很多种原因引起的,通常按照引起误差的原因,将误差分为三大类,即系统误差、随机误差和过失误差。

系统误差是指多次重复测量同一个事物时,所得实验数据与真值之间的偏差绝对值相等,偏离方向也相同,即得到的误差值相同。系统误差特点是具有方向性和固定性。引起系统误差的原因主要有:

①测量仪器的误差。测量仪器的误差是指测量仪器本身存在的误差,如测量仪器不为零、量程偏移、刻度不准、安装不正确等。该误差导致测量值同时偏大或者偏小,且误差值相等。消除此误差的方法是使用前对实验仪器进行校正,并定期校验。例如,仪表的定期检查、带有刻度仪器的定期校正、天平等精密仪器的校正等。

②环境因素引起的误差。当外界环境变化时(如压力、温度、湿度、日照时间等)引起的测量误差。如进行太阳能电池发电量检测实验,需要选取的是相同季节、相同日照时间和强度,才能保证实验的准确性。环境温度的变化也是引起实验误差的重要因素之一,很多仪器设备的运行和检测精确度,都受到环境温度影响,例如气相色谱、液相色谱等。

③方法误差。大部分测量中所依据的理论公式都包含假设因素、近似性等,或者达不到理论研究所要求的实验条件,或者实验方法本身存在误差等,都会引起系统误差。如基于热力学理

想气体条件下的实验研究,流体力学中的边界层研究、伏安法测电阻时忽略电表内电阻等。

④操作误差。每个实验者的观察习惯、实验习惯不同,而引起的实验结果误差。例如在光学实验中即使调整光的强度、照相机聚焦的焦点,测量液位时观察液位高度的基准等,但因为实验者的感官、反应速度、习惯等不同,导致实验结果不一致。

系统误差有些是固定值,有些是累积的,误差值对于测量结果偏差方向是一致的,这使得多次重复测量并不能消除系统误差。大部分系统误差都可以通过消除根源、引入修正值、采用补偿措施等进行消除。

过失误差也叫作粗大误差、人为误差、疏忽误差等,主要是由于实验者在实验过程中粗心大意、操作失误、疏忽遗漏等引起的。如在测量过程中,操作错误、读错实验数值;在记录过程中写错、记错等。该误差是可以通过实验者细心操作、认真记录来消除的。发现过失误差,往往是通过某一组实验数据异常,某个实验现象变化突兀,引起实验者警觉的。此时,需要实验者排查导致误差原因,并合理利用数学方法进行实验数据的弃取,消除误差。

但要注意的是,不是所有原因不明的异常数据都属于过失误差,实验者不能没有理由地舍掉偏差很大的实验数据,有时候原因不明的实验数据并不是由实验错误引起的,很有可能是新发现、新理论、新现象的重要信息。随意地舍弃异常数据,会失去发现这些重要信息的机会。

⑤随机误差。实验中的另一个重要误差是随机误差,它是由随机因素引起的测量数据的误差。随机误差是指多次重复测量同一个事物时,所得的实验数据与真值之间的偏差时大时小、时正时负,误差大小方向都没有规律可循。如每次相同的重复性实验所得的实验数据并不完全相同,测量仪器受外界影响使得每次测量的实验数据有些许偏差,检测设备响应频率不同引起的误差等。虽然随机误差无规律可循,也无法完全消除,但是,通过大量实验发现,多次测量相同数值时,随机误差服从高斯正态分布规律,可以通过统计学计算,减小随机误差干扰,得到较为准确的实验数据。

7.5.2 实验精度的表示方法

(1)偏差

偏差是单个实验数据或单次测量值与真正的数值(简称真值)之差。如在一组重复性实验中,第 i 次实验得到的数据可以表示为

$$x_i = \mu + \delta_i \tag{7.3}$$

式中,x_i 为第 i 次实验得到的实验值;μ 为该实验的真值;δ_i 为第 i 次实验的实验偏差。

实验偏差包括系统误差和随机误差两部分,系统误差可以通过修正、校准等方法进行消除,因此,这里可以认为偏差仅为随机误差引起的。

(2)误差

误差为同一组重复性实验得到的数据算术平均值与真值的差值。如式(7.4)所表示:

$$\bar{x} = \mu + e \tag{7.4}$$

式中,$\bar{x}$ 是实验数据的算术平均值;μ 为该实验的真值;e 为实验误差。

误差同样包括系统误差和随机误差,但是系统误差是可以消除或修正的,因此,接下来所说的误差都是随机误差。如果进行了 N 次重复性实验,那么所得的关系式为:

$$\overline{x} = \sum_{i=1}^{N} \frac{x_i}{N} \tag{7.5}$$

$$e = \sum_{i=1}^{N} \frac{\delta_i}{N} \tag{7.6}$$

式中,x_i 为第 i 次实验所得数值;δ_i 为第 i 次实验的实验偏差;e 为实验误差。δ_i 是单次实验所得的偏差,而 e 为多次实验所得的误差。

(3)实验数据的精密度

如果在某一组重复性实验中,每一个单次实验数值与总体数值的偏差都较小,也就是这一组实验中的每个实验数据都与这组实验数据总的算术平均值相接近,则认为该组实验的精密度比较高。反之,则认为该组实验的精密度较低。因此,精密度是反映重复实验中的各个实验数据的离散程度,是由各个数据之间的偏差所决定的。而实验中的系统误差是同向的、固定不变的,在精密度的计算中无法体现,所以精密度仅能够反映随机误差的大小,如图 7.6 所示的是两组精密度不同的实验数据对比示意图,精密度高的每个单个实验数据与算术平均值的偏差都很小,反之,单个实验数据与算术平均值偏差很大。

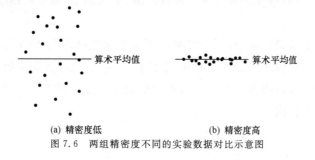

(a) 精密度低　　　　　　(b) 精密度高

图 7.6 两组精密度不同的实验数据对比示意图

(4)实验数据的准确度

实验数据的准确度是指一组重复实验数据的算术平均值与真值之间的误差,误差值越小,说明实验数据的算术平均值越接近真值,准确度就越高;反之,误差值越大,实验数据的算术平均值远离真值,准确度越低(图 7.7)。实验数据的算术平均值与真值之间的误差是系统误差和随机误差共同产生的,随机误差可以通过多次重复实验减小。因此,实验数据的准确度主要反映的是系统误差。

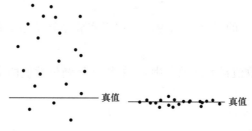

(a) 准确度低　　　　　　(b) 准确度高

图 7.7 两组准确度不同的实验数据对比示意图

(5)实验数据的精度

将实验数据的精密度和准确度相结合,共同影响结果称为实验数据的精确度(简称精度)。所以如果某组实验数据的精度高,说明该实验数据不仅精密度高,准确度也要高。也就是重复性实验数据的分散程度小、算术平均值接近于真值,即系统误差和随机误差均较小,如图7.8所示。如果实验已经消除了系统误差的影响,那么实验数据的精度只取决于随机误差的影响,也就是重复性实验中各数据算术平均值与真值的误差。

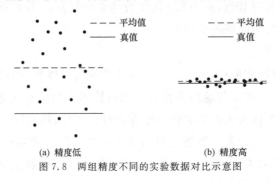

图 7.8　两组精度不同的实验数据对比示意图

(6)实验数据精度的表示方法

目前,对实验数据的精度主要有 3 种评价标准:平均偏差、极差和标准偏差。

①平均偏差

平均偏差是一组实验数据中,每个实验数值与真值之间的偏差的绝对值的均值。平均偏差是反映各数值与真值之间的平均差异,平均偏差越大,说明各实验数值与真值之间的偏离越大;平均偏差越小,说明各实验数值与真值的偏差越小。因为真值在实际中很难获得,通常采用算术平均值替代。

$$\bar{\delta} = \frac{\sum\limits_{i=1}^{N} |x_i - \mu|}{N} = \frac{\sum\limits_{i=1}^{N} |\delta_i|}{N} \tag{7.7}$$

式中,$\bar{\delta}$ 为每个实验数值与真值偏差的平均偏差;x_i 为重复实验中第 i 次实验的数值;N 为重复的实验次数;μ 为真值,δ_i 为第 i 次实验值与真值的偏差。

②极差

极差表示实验数据误差中最大值与最小值的差值,是标志实验数据变动的最简单指标。

$$R = x_{\max} - x_{\min} \tag{7.8}$$

式中,R 为某一组实验数据的极差;$x_{\max}$ 为该组重复实验中数值最大的数值;$x_{\min}$ 为该组重复实验中数值最小的数值。

极差仅能说明实验数值最大离散范围,不能够获得测量数值的全部信息,其优点是计算简单、直观明了。

③标准偏差

标准偏差常被称作标准差,常用 σ 来表示。在概率统计中,常用作统计数据分布程度的依据。标准差能够反映实验数据的离散程度。

$$\sigma = \sqrt{\frac{\sum_{i=1}^{N}(x_i - \mu)^2}{N}} = \sqrt{\frac{\sum_{i=1}^{N}\delta_i^2}{N}} \tag{7.9}$$

式中,σ 为某一组实验数据标准差;x_i,N,μ 和 δ_i,意义同式(7.7)。

概率论中认为,当测量次数趋近于无穷时,测量值在 $\pm 0.67\sigma$ 范围内的概率为 50%,测量值在 $\pm 2\sigma$ 范围内的概率为 95%,测量值在 $\pm 3\sigma$ 范围内的概率则达到 99.7%,所以 σ 越小,意味着实验数值分散度越小,测量精度越好。

以上 3 种方法,标准差最能够准确表示出实验精度。在通常情况下,无法得到真值,所以在实际的计算中,常用算术平均值来替代真值。

7.6 实验方案设计实例

实验方案的设计是正确开展实验研究的重要环节,下面列举几个简单实验的方案设计、步骤和方法,具体说明实验设计步骤和过程。

实例 1 肥皂实验

以 1985 年苏亚帕·席尔维亚实验组开展的"肥皂实验"项目为例,实验者通过完全随机设计的实验,获得实验报告,具体内容如下。

1. 确定实验目标

这个实验的目的是比较三种特定类型的肥皂在水中的溶解程度。在实验设计之前,需要回答以下几个问题:①三种肥皂浸泡后,由于溶解而导致肥皂重量下降,在同样溶解时间下,肥皂重量下降程度是否不同? ②对于三种肥皂类型相同的肥皂,是否可以分类归纳? ③由于实验设备有限,是否能够模仿出肥皂在使用过程中受到的外界影响(通常包括摩擦、自来水等),能否加速其溶解?

2. 确定所有变化因素

(1)影响因素及其水平

在实验中,选用的是三种具有代表性的肥皂,即普通型、除臭型和保湿型,为了确保实验准确性,这三种类型的肥皂都来自同一个制造商。实验中使用的特定品牌是在当地商店购买的受大众喜欢的品牌。将肥皂切成重量和尺寸相似的立方体,约为 2.5 cm^3。用锋利的钢锯从每一块肥皂上切下立方体,并且确保立方体表面的光滑度。然后利用电子天平对每一个肥皂块称重。将重的肥皂块进行精细切割,使每个肥皂块的质量基本相同,并记录下肥皂块的重量和尺寸。

(请注意,实验者无法确定实验所选用的肥皂能否在市场流通过程中保持长时间的销售,所以实验者选用的肥皂是市面上较为畅销的品牌和种类,确保其在今后有较长的时间仍在市面销售。否则,实验将缺乏适用性。选用的肥皂种类也尽可能是大众化的。)

（2）实验样品

实验过程将使用相同的金属托盘,将相同质量的肥皂置于托盘内,再向每个托盘内迅速倒入一定量的水,在此之前水会被加热到 38 ℃(接近人们热水浴温度),加入水的量一定要能够完全覆盖肥皂块。在实验中,将每一个装入水和肥皂的金属托盘视为一个单元,接下来的实验是将每一个单元进行不同条件下的处理分析。

（3）实验中的不确定性

实验过程中具有一些不确定性,会导致实验的误差。例如,除了肥皂本身成分的不同外,立方体尺寸也不完全相同,托盘的各个部分受热也不完全均匀。立方体的初始尺寸按重量来衡量,实验者选择通过重量的变化确定肥皂溶解情况,也就是,"最终重量减去初始重量。"托盘的各个部分可以划分为"外表面部分"、"内部部分"或"加热中心"及"偏离加热中心"。因此,实验者需要通过足够的实验样品进行实验,来减少不确定性对实验结果的影响。另外,其他影响还包括测量的误差,如肥皂的初始重量、最终重量,水的体积和温度等。

3. 实验样品和影响因子的确定规则

实验选择三个影响因子,每个影响因子将采用相同数量样品进行实验并观察。每个种类的肥皂立方体式样随机与实验托盘进行匹配,作为实验样品,该分配规则是完全随机的。

4. 指定要进行的测量、实验程序和预期困难

将根据 3 规则确定的实验样品置于水中,迅速采用铝箔将托盘密封,防止托盘中的水分损失。托盘将放置在加热器上方,以保持室温。由于放置位置、实验样品均为随机匹配,如果水温确实存在差异,这些差异将体现在三个影响因子水平上。24 h 后,将托盘里的东西取出,倒过来放在筛子上,然后晾干并确保每个立方体吸收的水清除干净。每个立方体会贴上相应的号码,以便单独记录。立方体干燥后,将重新称重。将这些重量记录在相应的实验报告本中,以研究实验过程中肥皂块可能会发生的变化。对实验后和实验前权重之间的差异进行分析。

预期困难:①一块肥皂明显溶解所需的时间可能比实际时间长。因此,实验数据上可能不会显示出每个肥皂块重量的差异。②较软的肥皂(如保湿型),因为在水中极易变软、变性,使其难以取出并测量未溶解的立方体部分的重量。③肥皂块所需的干燥时间可能比实际实验所用时间长,肥皂的不同,所需干燥时间也不同,并且很难确定肥皂块真正完全干燥的时间。④加热通风口可能会导致距离较近的托盘过早干燥。⑤当这些肥皂块放在温水里时,很明显有些肥皂吸收了水并且吸收速度与其他立方体相比非常快,最终导致浸泡肥皂块的水面下降,肥皂块的上表面暴露出来。实验中,由于没有预料到这一点,因此没有向这些腔室中添加额外的水,以便保持实验完全按初始设计进行。这就产生了一个问题,即肥皂块并不是 24 h 内完全被水覆盖。⑥与其他两种肥皂相比,普通肥皂所需的干燥时间也不同。实验干燥过程中,当其他两个肥皂块表面开始破裂,普通型肥皂仍然还很潮湿,甚至看起来更大。连续观察肥皂块重量变化和表面变化,几天以后,普通型肥皂才干燥完成。⑦当托盘底部出现沉淀物的时候,说明一部分肥皂块已经变成了半固体凝胶,实验中将此种形态的肥皂视为"不可用",不允许它和立方体一起凝固(立方体没有失去形状)。对每种肥皂类型应

进行四次观察。收集数据见表 7.2。数据如图 7.9 所示。

表 7.2　肥皂质量损失

肥皂（水平）	序号	初始质量/g	最终质量/g	质量损失/g
普通型(1)	1	13.14	13.44	−0.30
	2	13.17	13.27	−0.10
	3	13.17	13.31	−0.14
	4	13.17	12.77	0.40
除臭型(2)	5	13.03	10.41	2.62
	6	13.18	10.57	2.61
	7	13.12	10.71	2.41
	8	13.19	10.04	3.15
保湿型(3)	9	13.14	11.28	1.86
	10	13.19	11.16	2.03
	11	13.06	10.80	2.26
	12	13.00	11.18	1.82

将每立方肥皂的质量损失以克为单位,肥皂块立方体初始质量和实验后的质量,均精确到 0.01 g。负值表示肥皂块的质量增加,正值表示肥皂块的质量减轻。可以看出,普通型的肥皂块在溶解时间内,质量变化最小,事实上,由于普通型肥皂块干燥困难,其内部还保留了一少部分水分。数据显示不同类型肥皂的质量损失的效果,这将通过一个统计假设检验来验证。

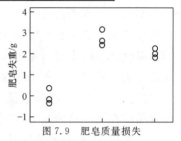

图 7.9　肥皂质量损失

5.实验者的进一步观察

进行实验时,需每天对肥皂进行称重,为期一周,以便观察不断发生的变化。普通型肥皂最终失去了内部保留的大部分水分,而质量减轻(由于溶解)少于其他两种类型肥皂。如果重复这项研究,干燥期至少为一周,结果表明,普通肥皂比除臭皂或保湿皂难溶解于水并且质量损失较慢。

对于广告中宣传的本实验使用的三种类型肥皂,市场上同类的肥皂因为成分不同、配方不一样、生产条件不同,所以不能整理归纳,不能认为其具有相同的溶解情况,不具有普遍适用性。

实例 2　豆子浸泡实验

1984 年,戈登·基勒进行了豆子浸泡实验[25],以研究绿豆的发芽和生长情况,为了促进豆芽的前期发芽和生长,播种前应将种子进行浸泡。实验采用完全随机设计,实验人员采用单因素方差分析模型和多重比较法对数据进行多项式回归分析。

1.实验情况表

(1)确定实验目标

实验的目的是确定浸泡时间是否会影响绿豆芽的生长速率。在之前查阅的豆芽种植指南中只建议浸泡一夜,没有进一步的细节。

如图 7.10 所示,通过实验希望在短的浸泡时间内不会出现发芽现象。因为,较短时间

内,浸泡的水没有足够的时间穿透豆子的表皮并开始
发芽。随着浸泡时间增加,希望得到过渡期,即水开
始渗透到豆子的内部,但是芽还没有生长的这段时
间,得到豆芽的发芽率较高,当豆子吸水达到饱和,豆
芽发芽率达到最大。随着浸泡时间继续延长,由于细
菌感染和过多的水分使得发芽率下降。

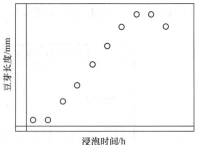

图 7.10　豆子浸泡实验的预期结果

(2)确定所有变化参数

①影响因素及其水平

本实验只有一个影响因素,即浸泡时间。通过实验主要获得合适的浸泡时间。实验考
察的浸泡时间从 0.5 h 到 16 h。许多豆子浸泡不到 6 h,还没有达到 16 h 饱和点时,种子就
不能发芽了。因此,选择 6 h、12 h、18 h、24 h 和 30 h 五个等距时间点作为实验的影响因素
水平。

②实验样品

实验样品是从一大袋子大约 1 万粒绿豆种子中随机挑选出来的。

③实验中的不确定性

可能影响豆子生长速度的因素包括:豆子的个体差异;原生动物、细菌、真菌和病毒寄
生;光;温度;湿度;水质。通过随机分配实验样品,最低限度降低因豆子之间的差异对实验
结果的影响。在实验过程中尽量保持光照、温度、湿度和水质恒定。如果豆子放在不同的培
养皿中浸泡,将会存在细菌数量、种类等的不同,使得豆子受感染程度也不同。但是,如果将
实验样品放在同一培养皿中,将要发芽的豆子会发出一种化学信号给仍处于休眠状态的豆
子。综合来看,需要将实验样品浸泡在不同的培养皿中。

(3)选择实验样品的规则

为了保证实验的准确性,实验样品完全随机选取,每组实验均选取相同数量的绿豆。

(4)实验过程和预期的困难

该实验过程为:实验浸泡时间间隔均为 6 h,之后将实验样品同时从水中取出。然后将
浸泡后的样品置于相同的环境条件下生长 48 h,测量绿豆发芽的长度。

进行这项实验的主要困难在于无法控制所有影响绿豆生长的因素。随机挑选的豆子,
将被随机分配到各组浸泡实验中。所有的实验组保证采用浸泡的培养皿一样,并且在同一
时间进行浸泡。浸泡后,从培养皿中取出豆子,将豆子放入一个没有光照的生长室中,保持
生长室内较高湿度。在实验中,绿豆每 24 h 需要冲洗一次,以防止脱水。

预期困难:很难保证在实验操作过程中,操作完全一致,并且对于豆芽长度的精确测量
也较困难。

(5)实验前的初试

在正式开展实验之前,需要对整体实验进行初步的试验,以确定实验过程的可行性和实
验参数以及影响因素选定的大概范围,例如按照步骤(2)所示,初步确定实验过程中的浸泡
时间范围。

(6)实验数据处理模型

使用方差分析模型,对收集到的数据进行处理。

（7）确定需要实验的样品数量

通过实验前的初步试验，确定实验需要 17 个测试条件。

（8）确定实验方案

由于浸泡时间可轻松获得 17 个观测值，因此无须修改检查表前面的实验步骤。实验后得到的实验结果数据见表 7.3。当浸泡时间为 6 h 的时候，实验豆子都没有发芽，所以表上没有列出。实验数据如图 7.11 所示，从实验数据结果来看，这与实验者在实验前预期的趋势是相似的。对于研究中所包含的浸泡时间，当浸泡时间为 18 h、24 h 和 30 h 的时候，芽长随着浸泡时间的增加而增加，但浸泡时间为 12 h 时，芽长明显短于其他 3 个时间浸泡所得。

表 7.3　实验 48 h 后豆芽的长度

浸泡时间/h	r	长度/mm						平均长度/mm	样本方差
12	17	5、	11、	8、	11、	4、	4、	5.941 2	7.058 8
		8、	3、	6、	4、	7、	3、		
		5、	4、	6、	9、	3			
18	17	11、	16、	18、	24、	18、	18、	18.411 8	12.632 4
		21、	14、	21、	19、	17、	24、		
		14、	20、	16、	20、	22			
24	17	17、	16、	26、	18、	14、	24、	19.529 4	15.639 7
		18、	14、	24、	26、	21、	21、		
		22、	19、	14、	19、	19			
30	17	20、	18、	22、	20、	21、	17、	21.294 1	8.595 6
		16、	23、	25、	19、	21、	20、		
		27、	25、	22、	23、	23			

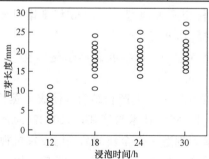

图 7.11　浸泡时间对发芽长度的影响

习题与思考题

1. 根据实验方案设计的方法，选定一个所在专业的实验，进行方案设计。

2. 利用不同思维方法，提出一个发明创造设想。

3. 什么是单因素实验？怎样确定影响因子和水平？

4. 正交实验设计过程主要有哪几个步骤？

5. 单因素实验与正交实验、响应面实验之间的关系是什么？

6. 理论研究与实验研究的关系。

7. 实验精度的表示方法有哪几种？

8. 怎样利用专利文献进行工程研究中的创造。

9. 误差有哪几种？都是怎么产生的，怎样消除？

10. 结合文献查阅和方法调研，阐述当代大学生在创新、创业过程中面临的问题，并思考能够解决的方案。

参考文献

[1] "母亲水窖"项目介绍[J].水利科技与经济,2015(11):54.

[2] 刘亦凡,张钰泰."大地之爱·母亲水窖"项目运行现状研究[J].甘肃农业,2013 (15):51-53.

[3] 郭君平,吴国宝."母亲水窖"项目对农户非农就业的影响评价[J].农业技术经济, 2014(4):89-97.

[4] 苏定强.望远镜和天文学:400年的回顾与展望[J].物理,2008,37(12):836-843.

[5] 李兆友.从发明与创新的区别看技术创新史的研究[J].科学技术与辩证法,2005, 22(4):106-108.

[6] 熊彼特.熊彼特:经济发展理论[M].邹建平,译.北京:中国画报出版社,2012.

[7] 树青.大豆蛋白纤维和它的发明人——李官奇[J].瞭望,2002(12):44-45.

[8] 贝弗里奇.科学研究的艺术[M].陈捷,译.北京:科学出版社,1979.

[9] 张越巍.改变世界的一次外科手术——纪念防腐外科之父李斯特[J].中国护理管理,2009,10(2):54.

[10] 袁倬斌,朱敏.学科交叉天地宽——1998年度诺贝尔化学奖获得者科恩和波普简介[J].化学通报,1999(1):52-54.

[11] 俎俊.科恩和波普荣获1998年度诺贝尔化学奖[J].西北大学学报(自然科学版),1999,29(1):36.

[12] 蒋景华.科学实验与产业化生产相结合,促成了蒸汽机的发明——瓦特发明蒸汽机过程的启迪[J].实验技术与管理,2010,27(1):5-8.

[13] 柳琪.从满足需求到创造一个全新的品类[J].农机视界,2018(10):47.

[14] 张银平.突破关键核心技术 解决"卡脖子"问题[J].企业管理,2021,1:31-32.

[15] 何克抗.创造性思维理论:DC模型的建构与论证[M].北京:北京师范大学出版社,2000.

[16] 贺善侃.创新思维概论[M].北京:东华大学出版社,2011.

[17] 吉尔福德.创造性才能:它们的性质用途与培养[M].施良方,沈剑平,唐晓杰,译.北京:人民教育出版社,2006.

[18] 孙巧珍,陶辉锦,艾延龄.基于高等结构化学的发散性思维模式探讨[J].广州化工,2020,48(7):164-165.

[19] 李志义.如何做学位论文[M].北京:高等教育出版社,2015.

[20] 牛顿.自然哲学的数学原理[M].赵振江,译.北京:商务印书馆,2006.

［21］ 萧如珀,杨信男.1766 年 9 月 6 日:近代原子论先驱——道尔顿的诞生[J].科学源流,2015,27(5):68-69.

［22］ 郭佳乐.α 粒子散射实验[J].通讯世界,2019,26(9):341-342.

［23］ 苏更林.白炽灯的前世今生[J].发明与创新,2012(10):13-16.

［24］ 林书宇,王慧.元素周期表的发现与门捷列夫的创新精神[J].教育界,2019(30):67-69.

［25］ DEAN A,DRAGULJIĆ D,VOSS D.Design and Analysis of Experiments[M].Springer.2017.

［26］ 萨瓦多里.建筑生与灭:建筑物如何站起来[M].顾天明,吴省斯,译.天津:天津大学出版社,2013.

［27］ 卡尔·波普尔.科学发现的逻辑[M].查汝强,邱仁宗,万木春,译.北京:中国美术学院出版社,2008.

第8章 工程项目管理

8.1 导 言

有项目,就有项目如何管理的问题。工科的学生毕业后会接触到各种项目,而这些项目的实施往往涉及多学科、多专业、多部门、多组织,并且项目的范围、进度、成本和质量等分目标存在相互制约的问题。因此,作为项目的主要管理者,项目经理一定要在管理项目的全过程中始终掌握好项目的大局。不仅项目管理者要有大局观,项目团队的每个成员也要有大局观,不仅要做好自己的工作,还要关注自己的工作对别人的工作乃至整个项目全局的影响。大局观是项目管理的基本理念之一,本章将带领大家逐步建立工程项目管理的大局观。

项目管理经过 20 世纪 50 年代的诞生、60~70 年代的成长以及 80~90 年代的快速发展,在 21 世纪正式进入了一个必然时代,作为一种通用的工作方法,正在迅速普及。由于任何一个需要在特定时间内解决的问题都是项目,所以项目管理方法可以在各行各业、各种工作中有效应用。项目管理成了许多人的必然职业,每个人都必须掌握的知识和技能,每个组织都必然要采用的重要方法,项目管理对组织和个人的发展也必然起到极其重要的作用。

项目管理是复杂的,也是简单的。项目管理是技术的,也是思维的。技术也许可以备而不用,思维则定会如影随形。项目管理是专用的,也是通用的,复杂和技术的项目管理专用于大型复杂项目,简单和思维的项目管理则通用于任何工作。虽然不是每个人都需要且能够掌握和应用专用项目管理方法,但是每个人的确都需要且能够掌握和应用通用项目管理方法。一旦通用项目管理方法融入内心、变成习惯,就会使人具有强大的执行力和竞争力[1]。实践证明,正确的项目管理方法已经创造出无形的价值,例如,决策更加有效、沟通更加顺畅、合作更加有效、工作氛围得到改善、工作方法得到统一、角色和职责更加明确等。因此,在我国工程教育认证标准中,对项目管理有明确要求:毕业生要理解并掌握工程管理原理与经济决策方法,并能在多学科环境中应用。

项目管理的主线包括五大过程组,即启动、规划、执行、监控和收尾,并涉及十个知识领域,后续章节会做进一步说明。要成为一名合格的项目管理人员,首先需要学习项目管理的基本知识和技术,对项目管理方法有一个总体的认识,并了解一些主要的项目管理技术。还需要领悟基本知识和技术背后的理念,了解项目管理为什么是这样的以及为什么要这样做,并进一步思考这些理念对于改进思维方式和行为模式有什么意义。最后需要通过整合相关理念来形成有效的思维方式和行为模式,并据此采取有效的行为模式来完成工作。

受篇幅所限,本章只介绍工程项目管理的整合管理、范围管理、进度管理、成本管理、质量管理和风险管理,如果需要了解项目管理的其他知识领域,如资源管理、沟通管理、采购管理和相关方管理,可以参阅《项目管理知识体系指南(PMBOK®指南)》(第六版)[2]和其他相关书籍。

8.2　工程项目管理概述

工程项目管理不是新的概念,从几千年前的金字塔、长城的建造,到近现代的人类登月工程、商用喷气式飞机的研发等,或者一个商用软件的开发,一本图书的出版,这些项目的完成是项目相关方在工作中应用项目管理实践、原则、过程、工具和技术的结果。成熟的项目管理方法除了为企业成功助力外,也会给掌握项目管理方法的企业员工带来好处,通过项目管理的学习来加强对项目管理知识体系的认知,转变为成熟的具有现代化管理的思维模式。

8.2.1　工程项目的含义和特点

美国项目管理协会(Project Management Institute,PMI)是全球项目管理标准制定的领导者,PMI 在《项目管理知识体系指南(PMBOK® 指南)》(第六版)[2] 中给"项目"下了一个既简洁又具有包容性的定义:"项目是为创造独特的产品、服务或成果而进行的临时性工作。"这个定义反映了项目的本质,也指出了项目具有临时性、独特性和目标性。

项目是在规定的期限内制造前所未有的产品的工作,生产和制造已经存在的商品的成型化工作称为"固定业务",不是项目。汽车组装生产是固定业务的一个实例。为了生产出品质一致的汽车,操作人员必须使用规定的工具、按照规定的操作步骤、对照设计生产的零件进行组装。通常组装各台汽车时的参照内容或参照顺序不会发生改变。大楼建设是典型的项目实例,建筑公司受到大楼开发商的委托在一定期限内(临时性)完成大楼的建设。虽然大楼在建筑结构上可能大同小异,但是在建造场所、施工人员、建筑时间以及开发商要求等方面都存在差异(独特性)。每栋大楼的建造过程都需要考虑建筑物自身的条件和委托方的要求。校园文化节的举办是一个典型的项目,文化节具有限定的举办时间(临时性),必须按照规定时间进行准备。虽然准备的基本内容可能大同小异,但是每年的执行委员会以及文化节的主题都会发生变化(独特性),成员需要根据文化节的主题和内容进行准备。

工程项目是最常见、最典型的项目类型,它属于投资项目中最重要的一类,是一种投资行为和建设行为相结合的投资项目。工程项目除了上述的一般特性外,还具有以下特性:

(1)必须有明确的目标,如时间目标、费用目标和进度目标等。

(2)是在一定限制条件下进行的,包括资源条件的约束(人力、财力和物力等)和人为约束,其中质量(工作标准)、进度、费用目标是普遍存在的三个主要约束条件。

(3)是一次性的任务,由于目标、环境、条件、组织和过程等方面的特殊性,不存在两个完全相同的工程项目,即工程项目不可能重复。

(4)是在一段有限时间内存在的,任何工程项目都有其明确的起点(开始)时间和终点(结束)时间。

(5)往往有很多不确定的影响因素。

8.2.2　工程项目管理的含义和任务

PMI 在《项目管理知识体系指南(PMBOK® 指南)》(第六版)[2] 中把"项目管理"定义为"将知识、技能、工具与技术应用于项目活动,以满足项目的要求",并指出"项目管理通过合理运用与整合特定项目所需的项目管理过程得以实现。"《项目管理知识体系指南（PM-BOK®指南）》(第六版)列出了适用于大多数项目的 49 个项目管理过程,见表 8.1,这些过程又被归类为五大过程组,即启动、规划、执行、监控和收尾过程组,每个过程都会使用相应的工具与技术来把特定的输入转化为所需输出。

表 8.1 项目管理过程组与知识领域关系[2]

知识领域	项目管理过程				
	启动过程组	规划过程组	执行过程组	监控过程组	收尾过程组
1. 项目整合管理	1.1 制定项目章程	1.2 制订项目管理计划	1.3 指导与管理项目工作 1.4 管理项目知识	1.5 监控项目工作 1.6 实施整体变更控制	1.7 结束项目或阶段
2. 项目范围管理	—	2.1 规划范围管理 2.2 收集需求 2.3 定义范围 2.4 创建 WBS*	—	2.5 确认范围 2.6 控制范围	—
3. 项目进度管理	—	3.1 规划进度管理 3.2 定义活动 3.3 排列活动顺序 3.4 估算活动持续时间 3.5 制订进度计划	—	3.6 控制进度	—
4. 项目成本管理	—	4.1 规划成本管理 4.2 估算成本 4.3 制订预算	—	4.4 控制成本	—
5. 项目质量管理	—	5.1 规划质量管理	5.2 管理质量	5.3 控制质量	—
6. 项目资源管理	—	6.1 规划资源管理 6.2 估算活动资源	6.3 获取资源 6.4 建设团队 6.5 管理团队	6.6 控制资源	—
7. 项目沟通管理	—	7.1 规划沟通管理	7.2 管理沟通	7.3 监督沟通	—
8. 项目风险管理	—	8.1 规划风险管理 8.2 识别风险 8.3 实施定性风险分析 8.4 实现定量风险分析 8.5 规划风险应对	8.6 实施风险应对	8.7 监督风险	—

（续表）

知识领域	项目管理过程				
	启动过程组	规划过程组	执行过程组	监控过程组	收尾过程组
9. 项目采购管理	—	9.1　规划采购管理	9.2　实施采购	9.3　控制采购	—
10. 项目相关方管理	10.1　识别相关方	10.2　规划相关方参与	10.3　管理相关方参与	10.4　监督相关方参与	—

* WBS：工作分解结构（Work Breakdown Structure），创建 WBS 是把项目工作按阶段可交付成果分解成较小的、更易于管理的组成部分的过程，详细说明可参见 8.4.3 节。

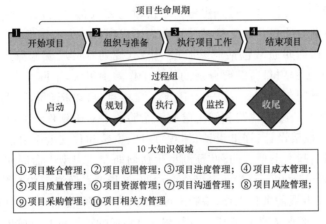

图 8.1　《项目管理知识体系指南（PMBOK® 指南）》（第六版）关键
组成部分在工程项目中的相互关系

1. 项目启动过程组

编制项目章程，确定项目的大目标，给项目一个合法地位，宣布项目正式启动。

2. 项目规划过程组

根据项目章程中的项目大目标，编制项目计划，以便细化目标，并确定实现目标的具体方法。

3. 项目执行过程组

根据项目计划开展项目活动，完成所要求的可交付成果，实现项目目标。

4. 项目监控过程组

把实际执行情况与计划要求做比较，发现并分析偏差，及时解决不可接受的过大偏差。项目执行过程组和项目监控过程组共同完成项目管理计划中确定的工作。

5. 项目收尾过程组

开展收尾工作，进行项目完工后评价，总结经验教训，更新组织过程资产，正式关闭项目。

这五大过程组与应用领域（如营销、信息服务或财务审计）或行业（如建筑、航天、电信）无关，详细的过程组说明可以参考《项目管理知识体系指南（PMBOK® 指南）》（第六版）第二部分内容。

目前存在多种项目管理知识体系，其中最为普及的版本是由 PMI 总结编写的项目管理知识体系指南(Project Management Body of Knowledge,PMBOK®),见表8.1,本章也将以PMBOK®为基础对项目管理进行说明。

项目管理知识体系仅仅是多数项目管理通用的知识,不会具体到每个项目,不会详细地讲述保证文化节成功举办的诀窍、活动内容以及日程安排等细节,而是重点说明关于项目工作的梳理方法以及准备日程的制作方法等。参考以往的项目经验,制订工作计划并实际开展实施是至关重要的。

8.2.3 工程项目的生命周期

工程项目的生命周期是其按照自身的运行规律,从项目设想立项,直到竣工投产并收回资金达到预期目标的过程。这个过程中每一个阶段的完成都会引出下一个阶段,最后一个阶段的完成又会有新的项目开始。这种循环称为工程项目的生命周期。

工程项目的生命周期通常包括概念阶段、开发(规划)阶段、实施阶段和收尾阶段。但是,由于不同类型的工程项目所需要开展的技术工作差别很大,不同类型的工程项目具体的阶段划分也会有所不同。例如,对于一个建筑工程项目,可以把项目周期划分为可行性研究、勘测设计、详细设计、施工建造和竣工验收五个阶段。对于软件开发项目,可以把项目周期划分为需求分析、框架设计、详细设计、编程、调试、安装和移交七个阶段。

项目的生命周期基本类型有两种:预测型生命周期和适应型生命周期。

(1)预测型生命周期,也可称为驱动型生命周期,是指事先详细定义工程项目可交付成果,尽量预测出以后需要开展的项目工作,编制出详细的项目计划,然后在执行阶段完成已定义好的项目工作和可交付成果,在收尾阶段验收并移交已完成的项目可交付成果。

预测型生命周期(图8.2)适用于有成熟做法,风险较低,待开发产品清晰、明确且只能最终一次性交付的工程项目,如建筑工程项目。

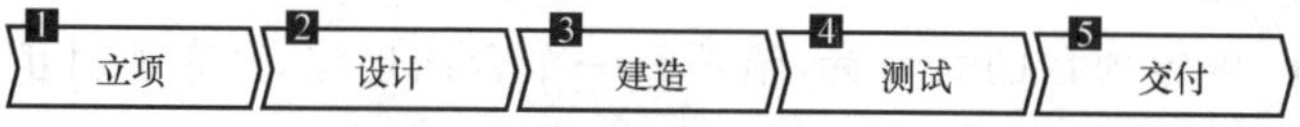

| 1 立项 | 2 设计 | 3 建造 | 4 测试 | 5 交付 |

图 8.2　预测型生命周期示例

(2)适应型生命周期,也可称为敏捷型生命周期或变更驱动型生命周期,是指随用户需求的变化(或逐渐明确),通过短期迭代来逐步完善项目产品,直到产出最终产品。它的特点是,在每个迭代期都设计并生产出符合用户当前需求的产品原型(初级产品),并在下一个迭代周期根据用户需求变化(或明确),完善产品原型,相当于边设计边生产。

适应型生命周期(图8.3)适用于需求目标很难立即明确或很容易变化的工程项目,如研发项目和IT开发项目等。

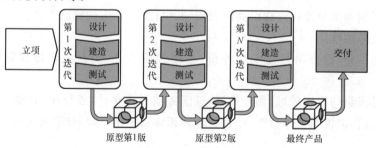

图 8.3　适应型生命周期示例

采用不同的工程项目生命周期,管理工程项目的方法会有较大差异。想了解更多不同生命周期下的项目管理方法,请参阅《项目管理方法论》(第三版)[3]的第 3 章和《汪博士解读 PMI® 考试》(第六版)[4]的第 15 章。

8.2.4　工程项目管理的发展历程和趋势

现代工程项目管理起源于 20 世纪 30—50 年代,从此以后,工程项目管理不仅已发展成为用于管理大型、复杂、跨专业的项目学科,而且已经发展成为用来解决传统的"金字塔加职能部门式"管理的固有问题的学科。目前,工程项目管理又发展成为用来实现组织变革的学科。

20 世纪 40 年代初,美国开启了曼哈顿工程(Manhattan Project),该工程利用原子核裂变反应原理来研制世界第一颗原子弹,项目集中了当时西方世界最优秀的核科学家,动员了近 10 万人参加这一巨大的工程,历时 3 年,耗资 20 亿美元。这是一个非常成功的早期工程项目管理案例。1961 年美国开始进行阿波罗(Apollo)登月计划,该计划从 1961 年 5 月开始直到 1972 年 12 月第 6 次登月成功结束,历时 11 年,耗资 255 亿美元。在该项目高峰时期,参与工程实施的有 2 万家企业、200 多所高校和 80 多个研究机构,总人数超过 30 万人。该项目是以完全的项目式组织来进行的,即围绕各个子项目组建多个项目管理结构。

随着项目管理知识的不断成功应用,1969 年,项目管理协会(Project Management Institute,PMI)诞生在美国费城的宾夕法尼亚大学。该协会是项目管理专业领域中由研究人员、学者、顾问和经理组成的全球性的最大专业性组织机构,目前拥有来自全球近 200 个国家和地区 100 多万个会员。

工程项目管理在 20 世纪 80—90 年代成为一门成熟的管理学科和一个独特的专门职业。1984 年 PMI 组织了项目管理专业人士资格认证(Project Management Professional,PMP)考试。PMP 它是项目管理专业人士的资格认证,也是基于项目管理知识体系的职业认证。

进入 21 世纪以来,项目管理已从单一的管理向项目集管理、项目组合管理扩展,已经从个人层面的项目管理向组织层面的项目管理扩展。PMI 发布了一系列新的标准,并通过发布《组织变革管理实践指南》,把项目管理正式延伸到组织变革领域,进一步拓宽了项目管理的发展道路。

另外,项目管理作为一种通用的管理方法,已经被越来越多的人认可。项目管理也许是世界上最大的行业之一,因为它对每个人都有用,每个人都应该学习和应用项目管理的基本知识,就像每个人都要懂得一些医学常识一样。项目管理向大众的普及,已经在 21 世纪初展现出了良好的势头,未来还会继续保持和加强这种势头。

中国经济的蓬勃发展也预示着会有越来越多的工程项目在中国落地和开展。中国在未来会需要数以百万计的通过认证的项目管理人才,以满足经济发展的需求。而在中国的人才市场上,持有 PMP 和 PRINCE2(国际项目经理资格,受控环境下的项目管理方法论,由英国商务办公室推出)认证的项目经理数远不能满足当今企业的大量需求。由此可见,项目经理和相关项目管理工作已经成为 21 世纪的"黄金职业"。

8.3 项目整合管理

项目整合管理(Integration Management)包括对隶属于项目管理过程组的各种过程和项目管理活动进行识别、定义、组合、统一和协调的各个过程。在项目管理中,整合兼具统一、合并、沟通和建立联系的性质,这些行动应该贯穿项目始终[2]。整合管理主要的精髓在于将零散的要素系统整理、协调、优化组合在一起,形成有价值、有效率的一个整体协调运作,并最终达成预期目标的过程。

项目整合管理的过程主要包括:

(1)制定项目章程。

(2)编制项目管理计划。

(3)指导与管理项目工作。

(4)管理项目知识。

(5)监控项目工作。

(6)实施项目整体变更控制。

(7)结束项目或阶段。

8.3.1 项目启动阶段的整合管理

项目启动阶段的整合管理主要工作是制定项目章程。项目章程应由项目发起人签字生效,是项目中最基本,也是最重要的文件之一。

从某种意义上说,项目章程实际上就是有关项目的要求和项目实施者的责、权、利的规定。因此,在项目章程中应该包括如下几个方面的基本内容[5]:

(1)项目或项目利益相关者的要求和期望。这是确定项目质量、计划与指标的根本依据,是对于项目各种价值的要求和界定。

(2)项目产出物的要求说明和规定。这是根据项目客观情况和项目相关利益主体要求提出的项目最终成果的要求和规定。

(3)开展项目的目的或理由。这是对于项目要求和项目产出物的进一步说明,是对于相关依据和目的的进一步解释。

(4)项目其他方面的规定和要求。这包括:项目里程碑和进度的概述要求、大致的项目预算规定、相关利益主体的要求和影响、项目经理及其权限、项目实施组织、项目组织环境和外部条件的约束情况和假设情况、项目的投资分析结果说明等。

上述基本内容既可以直接列在项目章程中,也可以是援引其他相关的项目文件。同时,随着项目工作的逐步展开,这些内容也会在必要时随之更新。

项目章程的作用包括:

(1)正式宣布项目的存在,对项目的开始实施赋予合法地位。

(2)粗略地规定项目的范围,这也是项目范围管理后续工作的重要依据。

(3)正式任命项目经理,授权其使用组织的资源开展项目活动。

8.3.2　项目规划阶段的整合管理

项目规划阶段的整合管理主要工作是编制项目管理计划。项目管理计划是其他各子计划制订的依据和基础,它从整体上指导项目工作的有序进行。

项目管理的良好开端是制订一个完善的项目计划,确定项目的范围、进度和费用。由于项目管理是一个创造性的过程,项目早期的不确定性很大,所以项目计划不可能在项目一开始就一次完成,而必须逐步展开和不断修正。这又取决于能否及时对计划的执行情况做出反馈和控制,并不间断地进行信息交流。

项目管理计划是项目执行的总体指导性文件,也是项目监控工作的基础文件。在编制项目管理计划时,需要整合各领域的子计划和基准。当项目的界面较多时,需要用到相应的管理技能,例如:邀请专家识别需要编制的子计划及各文件编制的优先级;采用头脑风暴法、核对清单等方法进行数据收集;采用冲突管理、引导、会议管理的方式进行统筹协调,召开项目开工会等。

1.完善的项目计划的特征

一个完善的项目计划应具有以下特征[6]:

(1)弹性和可调性,能够根据预测到的变化和实施过程中存在的差异,及时做出调整。

(2)创造性,充分发挥想象力和抽象思维能力,形成统筹网络,满足项目发展的需要。

(3)分析性,要探索研究项目中内部和外部的各种因素,确定各种不确定因素和分析不确定的原因。

(4)响应性,能及时地确定存在的问题,提供修正计划的多种可操作性方案。

2.项目计划的内容

项目计划包括如下内容:

(1)项目范围计划

项目范围计划阐述进行某个项目的原因或意义,形成项目的基本框架;项目范围说明应当形成项目成果核对清单,作为项目评估的依据;范围说明还可以作为项目整个生命周期监控和考核项目实施情况的基础及项目其他相关计划的基础。

(2)项目进度计划

项目进度计划是说明项目中各项工作的开展顺序、开始时间、完成时间及相互依赖衔接关系的计划。项目进度计划是进度控制和管理的依据,可以分为项目进度控制计划和项目状态报告计划。

(3)项目质量计划

项目质量计划针对具体待定的项目,安排质量监控人员及相关资源,规定使用哪些制度、规范、程序和标准。项目质量计划应当包括和保证与控制项目质量有关的所有活动。

(4)项目资源计划

项目资源计划决定在项目中的每一项工作中所用的资源(人、材料、设备、信息和资金等),在各个阶段使用多少资源。项目资源计划包括费用计划、费用估算和费用预算。

(5)项目沟通计划

项目沟通计划就是制订项目计划过程中项目相关方之间信息交流的内容,人员范围,沟通方式,沟通时间或频率等沟通要求的约定。

(6)项目风险计划

项目风险计划就是为了降低风险的损害而分析风险、制订风险应对策略方案的过程。包括识别风险、量化风险和编制风险应对策略方案的过程。

(7)项目采购计划

项目采购计划过程就是识别哪些项目需求应通过从本企业外部采购产品或设备来得到满足。

(8)变更控制计划

变更控制计划主要是规定变更的步骤、程序。

(9)配置管理计划

配置管理计划就是确定项目的配置项和基线,控制配置项的变更,维护基线的完整性,向项目相关方提供配置项的准确状态和当前配置数据。

8.3.3　项目执行阶段的整合管理

项目执行阶段的整合管理主要工作有两点:指导与管理项目工作、管理项目知识[7]。

1.指导与管理项目工作

概括地说,指导与管理项目工作就是根据项目管理计划、项目文件和批准的变更请求,通过专家判断、项目管理信息系统、会议等方式来指导和管理项目工作。本过程的主要作用是对项目工作和可交付成果开展综合管理,以提高项目成功的可能性,需要在整个项目期间开展。

2.管理项目知识

管理项目知识是指利用已有的知识,收集、学习新的知识,从而实现项目的目标。管理项目知识,可以采取专家授课、研讨会、讲故事等方式,并对知识随时总结,记录并实时更新经验教训登记册。当项目结束时,可以将经验教训登记册中重要的内容进行归档,形成组织过程资产。

8.3.4　项目监控阶段的整合管理

项目监控阶段的整合管理主要工作有两点:监控项目工作和实施项目整体变更控制。

1.监控项目工作

监控项目工作应贯穿于整个项目管理中,主要工作是把各监控过程产生的工作绩效信息与项目管理计划中的基准进行比较分析,以便预测项目发展趋势,采取纠正或预防措施。

项目监控工作需要关注的重点是工作绩效,为了对项目的整合管理进行总体把控,将工作绩效的相关知识梳理如下:项目启动后,在项目各执行过程中,会产生工作绩效数据,项目组人员需要收集这些数据,并在控制过程中通过整合分析,形成工作绩效信息。项目工作绩效信息的相关文件会很多,不便直接向相关方汇报。因此必须在监控项目工作时,把工作绩效信息与项目管理计划中的基准进行比较,并经过分析整合,形成工作绩效报告;之后,将工作绩效报告发送给相关方,以便他们据此制订决策,如进行项目变更控制、更新项目管理计划、进行项目沟通等。

2.实施项目整体变更控制

实施项目整体变更控制,包括受理、审查、批准变更等,应贯穿于整个项目管理过程之中。在进行项目管理时,常存在变更控制不规范等现象,如随意进行变更、没有书面记录、过分顺从业主或没有建立变更控制流程等。面对以上需求,应建立一套行之有效的变更控制

程序,并取得业主的审批,当遇到变更时,可以根据程序有理有据地说服业主。还应该注意以下几点:

(1)在项目管理计划批准之前,不需要进行变更控制;项目管理计划批准之后,则必须受控于变更控制过程。

(2)每项变更请求都必须有书面记录。

(3)如果业主在最终成果移交之后,请求变更,建议业主作为一个新项目来执行。

(4)变更发生后,一定要通知相关方。

8.3.5　项目收尾阶段的整合管理

项目收尾阶段的整合管理主要工作是结束项目或阶段。结束项目或阶段是终止所有项目活动的过程,工作内容包括项目文件的更新、最终成果的移交、编制最终报告、更新组织过程资产等。项目经理应该明确以下内容:

(1)项目收尾工作应该由项目团队来完成。

(2)项目文件的归档是项目收尾完成的标志。

(3)项目收尾的最后一项工作是开庆功会、解散团队。

案例分析——电子游戏开发项目的项目启动阶段整合管理[8]

某软件公司计划利用 GPS 功能开发新款的《实场 RPG》游戏,游戏开发过程是一项各自独立并要求在规定时间内完成的工作,符合项目的特征。同时游戏开发过程需要在预算、日程、质量等众多条件下,为了争取工作的成功必须配以各种活动,这也符合项目的特征。

该公司由策划、营销、预算、美术设计、音效设计、文本编剧、软件编程、日程管理和质量管理等部门的人员,组成了项目开发团队,并由小王作为项目负责人(项目经理),负责对项目做出计划、进行进度指示和变化调整来确保项目目标能够顺利完成。

首先游戏开发团队通过会议确定了项目的目标:两年内完成游戏开发,并要在游戏评价网站上拿到 90 分。通过项目组成员的“头脑风暴”初步确定了游戏构想,然后对利益相关方进行调查,收集相关数据,完善游戏的构想:背景为魔幻风,使之与 GPS 功能挂钩,设置上“百宝箱”之类的功能,发售限量版武器装备。

项目负责人制订项目规划,阐明完成项目目标所必需的工作,明确最终任务;估计各项工作所需费用,进而估算项目整体费用;分配成员工作职责;如果制作过程有外包部分,也要做好相应的准备;考虑确保游戏质量方案,规划没有按照预案执行时的应急方案;等等。如图 8.4 所示。

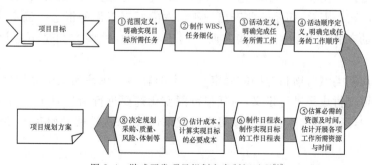

图 8.4　游戏开发项目规划方案制订过程[8]

《**实场 RPG**》项目计划书

1. 背景

本公司目前有 Tinkle Tinker 等游戏问世,在游戏产业界受瞩目。为了在这个竞争激烈的行业中求生存、求发展,需要呈现出更多富有特色的产品。

2. 项目目的

开发出利用 JP(Joy Portable)的 GPS 功能设定的游戏,赢得业界更加广泛的关注。

3. 项目目标

两年内在游戏评价网站上拿到 90 分。

4. 项目的要素任务

用户需求的调查结果

游戏软件(试用版)

说明书、包装原稿

宣传等市场策划书

5. 主要项目相关方

项目所有者	刘总(公司董事长)
项目管理者	小王(项目经理)
项目管理团队	小李、小张、小宋
项目团队成员	本公司人员,合作公司人员
其他相关方	能够成为游戏用户的一般消费者、游戏评价网站、游戏销售人员,等等

6. 约束条件

- 项目开始后的两年内完成项目目标
- 规定预算内完成各项工作
- 游戏使用 JP 的 GPS 功能

7. 前提条件

游戏的运行环境为○○公司开发的△△系统,附带 GPS 功能,内存在 ＊＊ 以上

8. 工作范围

以下内容位于工作范围之外

- 游戏软件的价格:总经理另行确定。
- 销售策划推广:项目仅支出此类活动的实施。
- 产品的制造流通:由其他部门负责,项目承担原版游戏的开发。

9. 工作一览(WBS)

- 见附件

10. 风险评估

- 见附件

11. 项目预算

- 见附件

12. 项目组织

- 见附件

13. 概括项目日程表

- 见附件

14. 管理方法

- 会议体制,进度会议每周 1 次,公司内汇报每月 1 次
- 变更管理……
- 问题点管理……
……

8.4 项目范围管理

在 PMI 的项目管理知识体系中,项目管理被划分成 10 个知识领域(图 8.1、表 8.1),项目范围管理探讨的就是怎样利用相关工具和方法对这 10 个知识领域进行管理。

项目范围是指产生项目产品所包括的所有工作及产生这些产品所用的过程,构成项目范围的不是产出物的汇总,而是这些产出物所引发的所有工作的汇总。确定项目范围就是定义项目管理的工作边界,确定哪些方面是属于项目的,哪些方面是不应该包括在项目内的。

项目生命周期类型对项目范围的确定有一定的影响。在预测型生命周期中,在项目开始时就对项目可交付成果进行定义,对任何范围变化都要进行渐进管理。而在适应型或敏捷型生命周期中,通过多次迭代来开发可交付成果,并在每次迭代开始时定义和批准详细的范围。

8.4.1 项目范围规划

项目范围规划是指以项目的实施动机为基础,确定项目范围、编写项目范围管理计划书的过程。规划范围管理的主要作用是在整个项目期间对任何管理范围提供指南和方向,一般在项目的规划阶段开展。

项目范围规划是项目或项目集管理计划的组成部分,描述将如何定义、制订、监督、控制和确认项目范围。制订项目范围管理计划和细化项目范围始于对下列信息的分析:项目章程中的信息、项目管理计划中已批准的子计划、组织过程资产中的历史信息和相关事业环境因素。

做项目范围规划编制工作是需要参考很多信息的,比如产品描述,首先要清楚最终产品的定义才能规划要做的工作。项目章程也是非常主要的依据,通常它对项目范围已经有了初步的约定,范围规划在此基础上进一步深入和细化。

项目范围规划会涉及工作任务的取舍,一般可从四个方面来确定项目范围:市场竞争、商务模式、投资效益、操作风险,见表 8.2。

表 8.2 决定项目范围的因素

市场竞争	商务模式	投资效益	操作风险
增减功能	技术模式	投资成本	风险概率
增减服务	运营模式	运营成本	风险后果
性价比	合作模式	损益比	得失比

输出的项目范围规划是描述项目范围如何进行管理,项目范围怎样变化才能与项目要求相一致等问题的。它也应该包括一个对项目范围预期的稳定而进行的评估(如怎样变化、变化频率如何及变化了多少)。项目范围规划还应该包括对变化范围怎样确定,变化应归为哪一类(当产品特征仍在被详细描述的时候,做到这点特别困难,但绝对必要)等问题的清楚描述。

8.4.2 项目范围计划编制

1.确定项目需求

项目范围规划的主要形式之一就是确定项目的需求。一般情况下,项目需求包括:顾客需求、市场需求、商业需求、法律需求等。

若需要对项目范围规划中使用的工具与技术进一步了解,可参考文献[2]和文献[9]。

2.定义项目范围

定义项目范围是指对项目目标和可交付成果的约束条件、性能指标、管理策略以及工作原则等进行定义规划,主要作用是描述产品、服务或成果的边界和验收标准。

定义项目范围需要制订项目范围说明书,项目范围说明书是在项目相关方之间确认或建立了一个项目范围的共识,旨在描述项目的高层级可交付成果,定义项目范围的边界,并且项目团队可据此编制工作分解结构(Work Breakdown Structure,WBS,详见 8.4.3)和WBS 词典。项目范围说明书对可交付成果的描述要比项目章程中的更详细,可交付成果还要在 WBS 中进一步细分。

通常,项目说明书的内容包括(但不局限于):

(1)产品范围描述:描述项目将要形成的产品所具备的特性和功能。

(2)主要验收标准:项目产品必须满足的条件,以便通过验收。

(3)高层级可交付成果。

(4)项目除外责任:对不属于项目工作但相关方容易误解为项目工作的工作,加以明确排除,即明确告知相关方该项目做哪些事情,防止相关方对项目产生不合理的期望。

8.4.3 工作分解结构

工作分解结构是以可交付成果为导向的,对项目工作的逐层分解,即把一个项目,按一定的原则分解成任务,再将任务分解成一项项工作,再把一项项工作分配到每个人的日常活动中,直到分解不下去为止。WBS每条分支最底层的要素(任何没有子要素的要素),称为工作包。

WBS是项目管理中最有用的工具之一。WBS就是一张排列有序的图形,它把要做的工作完全、清晰、有层次地摆放在一起。在使用项目范围说明书确定了项目的边界后,就应该用WBS确定边界内究竟应该有什么,以方便项目团队成员和其他项目相关方都能清楚地知道项目要完成哪些工作,项目最后要做成什么样。只有编制出良好的WBS后,才能编制项目的进度计划、成本预算、质量计划、资源计划等。

1. WBS 的要素和创建步骤

WBS必须包括以下基本要素:

(1)逐层分解的结构。WBS应该是从上到下层层分解的,并且是能够从下到上层层汇总的。但结构层次不宜太多,比较理想的是 4~6 个层次。若项目比较大,6 个层次不够用,则应先把项目划分为若干个子项目,然后对每一个子项目编制单独的 WBS。

(2)要素名称。WBS中的每一个要素都要有一个独特的名称,名称应该简要,应该能反映所要提交的工作成果的实质性内容。按照项目管理的"以成果为导向"的总体思想,在 WBS 中除了第 2 层的要素可以是项目阶段名称外,其他所有要素都必须是可交付成果。

(3)要素编号。必须建立合理的编号系统,用来为 WBS 中每一个要素赋予独一无二的号码,这些编号能极大地方便信息收集和处理工作(尤其是通过计算机)。

建立一个 WBS 一般分为四个步骤:

(1)确定项目目标,着重于项目产生的产品、服务以及提供给客户的最终成果。

(2)准确确认项目所产生的产品、服务或提供给客户最终成果(可交付成果或最终产品)。

(3)识别项目中的其他工作领域以确保覆盖 100% 的工作,识别若干可交付成果的领域,描述中间输出或可交付成果。

(4)进一步细分步骤(2)和(3)的每一项,使其形成顺序的逻辑子分组,直到工作要素的复杂性和成本花费成为可计划和可控制的管理单元(工作包)。

2. 编制 WBS 的常用方法

编制 WBS 的方法多种多样,详细的方法介绍可以参考《工作分解结构实操秘诀》[10]。常用的方法包括自上而下的方法、使用组织特定的指南和使用 WBS 模板等。

按 WBS 第 2 层的分解方法,可以把 WBS 编制的常用方法分成:

（1）以项目生命周期的各阶段作为分解的第 2 层，把产品和项目可交付成果放在其他层。这种方法有利于进行阶段管控和阶段验收。除了第 2 层是阶段名称以外，其他所有要素必须是可交付成果，如图 8.5 所示。

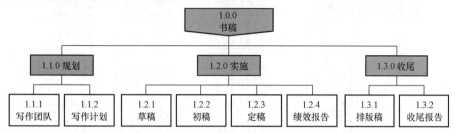

图 8.5　WBS 示例：以阶段作为第 2 层[3]

（2）以主要可交付成果作为 WBS 的第 2 层，这种方法适用于产品可按功能或组成部分来分解的情况，如图 8.6 所示。

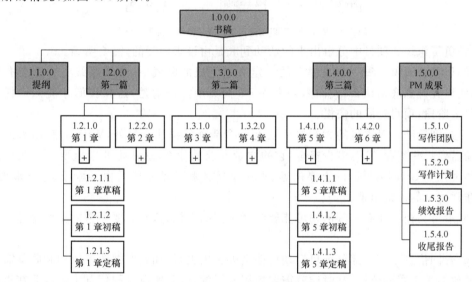

图 8.6　WBS 示例：以可交付成果作为第 2 层[3]

（3）以项目范围和产品范围作为 WBS 的第 2 层，即把产品范围专门列作一条分支，把项目范围列作其他分支。产品范围是面向客户的，是客户关心的。项目范围是面向项目团队的，是项目团队必须完成的工作。该方法有利于交付出客户所需的成果，如图 8.7 所示。承包商为业主做项目，比较适合这种编制方法。

通过相关的软件编制 WBS，可以很容易在三种方法之间进行转换。可以通过转换来验证 WBS 的合理性，如果达不到完美的转换，就需要找出原因，加以解决。

3. WBS 词典

在编制 WBS 后，紧接着就要编制 WBS 词典，对 WBS 中的每一个要素进行解释。WBS 词典是在编制 WBS 的过程中编制的，是 WBS 的支持性文件，WBS 相当于名词汇编，WBS 词典则相当于名词解释，解释的详细程度可以根据具体需要加以确定。

在 WBS 词典中，需要解释清楚以下内容：

（1）工作描述。重点是描述清楚通过 WBS 分解出来的活动和任务到底是什么，否则每个人可能会对同一个任务有不同的理解。

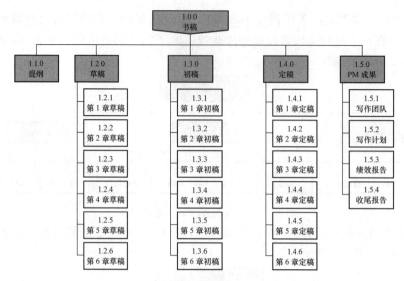

图 8.7　WBS 示例：以项目范围和成果范围作为第 2 层[3]

（2）负责组织。项目中分解出来的活动到底是由谁来负责的，需要明确。

（3）里程碑清单。每一个关键活动一定有它生成的路线，在这个路线上一定会有里程碑，这些里程碑到底是什么，我们需要在 WBS 词典中标记清楚，这样我们才能知道任务做到了什么阶段，项目进展的快慢。

（4）进度活动。对项目的大致进度要有一个清晰的描述。另外，WBS 分解出来的任务和活动需要哪些资源、花费多少资金，它的质量要求是什么，这些也非常重要。验收标准也是要体现在 WBS 词典里面的重要内容，每一个任务和活动完成后由谁验收、怎么验收，一定要非常清晰的标记出来。

（5）参考文档。还有一些活动可能要参考不同的文档，这些需要参考的文档是什么要写清楚。

（6）合同信息。有一部分项目活动可能会外包出去，例如我们把业务梳理和收集需求的工作外包给某个咨询公司，这时候就需要签署专属的合同，所以合同信息也是需要在里面体现出来的。

8.4.4　项目范围确认

项目范围确认是指项目相关方（项目提出方、项目承接方、项目使用方等）对项目范围的正式认可和接受的过程。该过程的主要作用是使验收过程具有客观性，同时通过确认每个可交付成果，来提高最终产品、服务或成果获得验收的可能性。本过程应根据需要在整个项目期间定期开展。

1.项目范围确认的依据

项目范围的确认应该具备一定的条件，需要收集有关已经完成的工作信息，并将这些信息编入项目进度报告中。完成工作的信息表明哪些可交付成果已经完成，哪些还未完成，达到质量标准的程度和已经发生的费用等。在项目周期的不同阶段，可交付成果具有不同的表现形式。

（1）在项目策划和决策阶段，项目建议书、可行性研究报告以及方案设计图纸等是咨询工程师提供咨询服务的可交付成果。

（2）项目准备阶段产生的可交付成果包括：项目实施的整体规划，项目采购计划，项目的招标文件、初步设计及详细设计图纸等。

（3）在项目实施阶段，承包商建造完成的土木建筑工程、电气工程、给排水工程以及已安装的生产设备等是阶段性的可交付成果；整个项目的交付使用，则是承包商最终的可交付成果。

（4）项目总结阶段的可交付成果主要是项目验收报告、后评价报告。

2.项目范围确认的方法

项目范围确认的方法是对所完成可交付成果的数量和质量进行检查。检查的方法主要包括：

（1）试验。试验是指采用各种科学试验方法对完成的可交付成果进行试验及检测。业主方（咨询方）可以建立试验室对可交付成果进行采样试验，或委托具有相应资质的、独立的第三方进行相关试验，出具试验报告。

（2）专家评定。业主方可以按合同约定的标准、程序和方法，组织相关领域的专家和相关政府部门代表对可交付成果进行评定。

（3）第三方评定。按合同约定委托双方一致认可的、具有相应资质的、独立的第三方，运用专业方法，对可交付成果进行评定。

项目范围确认通常包括以下三个基本步骤：

（1）测试，即借助于工程计量的各种手段对已完成的工作进行测量和试验。

（2）比较和分析（评估），即把测试的结果与双方在合同中约定的测试标准进行对比分析，判断是否符合合同要求。

（3）处理，即决定被检查的工作结果是否可以接收，是否可以开始下一道工序，如果不予接收，采取何种补救措施。

8.4.5 项目范围变更控制

项目范围变更控制是指为使项目向着有利于项目目标实现的方向发展而变动和调整某些方面因素而引起项目范围发生变化的过程。项目的变更是客观存在的，通常对发生的变更，需要识别是否在既定的项目范围之内，在经过既定的批准程序后，项目范围是可以变更的。一般来说，在项目早期进行项目范围变更影响较小，而在项目中后期因为会带来严重影响就不能再进行项目范围变更了。

项目范围变更控制的目的不是控制变更的发生，而是对项目范围变更进行管理，确保项目范围变更有序进行。为执行项目范围变更控制，必须建立有效的项目范围变更流程，主要包括四个关键控制点：申请、审核、评估、确认，相关流程包括：①了解项目范围变更的原因及意向；②评价项目范围变更产生的影响；③设计备选方案；④提出申请；⑤征求意见；⑥变更审批；⑦变更落实；⑧效果评估。

案例分析——电子游戏开发项目的范围管理[8]

项目团队通过讨论，以收集的利益诉求等因素为基础进行论证，然后将该完成的任务与必要的工作进行总结，详细地写入"项目范围报告书"中。

项目范围报告书

- **项目范围之内的任务/工作与评价标准**
(1)用户希望调查结果
(2)游戏软件(试用版)——可用于判断产品是否符合要求
(3)设计书——记录软件制作中必需的基础事项
(4)游戏软件(产品版)——通过公司内的所有测试
(5)说明书,(包装好的)产品原稿——成书部门装订后的内容及品质
(6)宣传用市场策划书——为实现本项目的最终目的所需完成的具体工作
- **外围事项**
(1)决定游戏软件的价格——总经理另行商讨、决定
(2)销售、市场策划、促进——项目仅支持此项活动的实施
(3)产品制作、流通——由其他部门负责,项目承担原版制作
- **制约条件**
(1)项目开始两年内完成项目目标
(2)规定预算内完成项目工作
(3)游戏使用 JP(Joy Portable)的 GPS 功能
- **前提条件**
游戏可用运行环境为○○公司开发的 △△ 系统,附带 GPS 功能,内存在 ＊＊ 以上

参考项目范围报告以及以往项目的 WBS,各小组制作各自的 WBS 并提交汇总后,讨论确认没有遗漏的工作或任务,确定项目的 WBS,如图 8.8 所示。

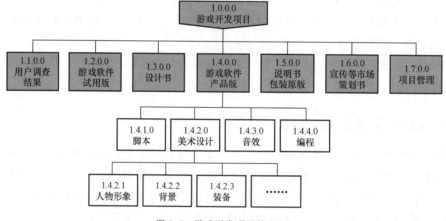

图 8.8 游戏开发项目的 WBS

8.5 项目进度管理

在确定了项目范围后,就要编制项目进度计划。项目进度计划管理就是要在 WBS 的基础上,列出为完成项目而必须进行的所有活动,然后分析这些活动之间的逻辑关系和各自所需要的工期,制订项目进度计划。项目进度管理是项目管理的核心目标之一,与项目成本管理、项目质量管理和项目范围管理相互联系、相互影响、彼此制约,共同对项目能否按时、低耗、高质完成起着至关重要的作用。因此,在实际管理过程中,项目施工方往往借助各种现代化手段,依据项目合同规定进行项目进度管理和控制,并制订切实可行的项目管理控制方案,以保证项目进度目标的实现[11]。

8.5.1　规划项目进度管理

规划项目进度管理是为规划、编制、管理、执行和控制项目进度而制定政策、程序和文档的过程。本过程的主要作用是为如何在整个项目期间管理项目进度提供指南和方向。项目进度管理计划必须详细、高度概括项目进度管理工作流程以及指导性文件,规范计划编制格式,施工计划会议内容、格式以及文件要求等。

规划项目进度管理最终成果形成项目进度管理计划。编制项目进度管理计划,是为了把可以同时进行的活动在资源许可的条件下尽量同时进行,并找出关键路径上的活动(不允许有任何延误的活动),从而找出完成项目的可行的最短时间。

8.5.2　项目活动的定义

项目活动是指识别和记录为完成项目可交付成果而须采取的具体行动的过程。在WBS 中,项目的可交付成果已经分解到工作包的层次。项目进度管理要把工作包分解成多个进度活动,弄清楚为完成每一个工作包需要做哪些具体的活动,从而弄清楚为完成整个项目所需要做的全部活动,得到项目活动清单以及活动属性(对活动的详细描述)。

把某个工作包分解成进度活动有很多方法,究竟如何分解,取决于具体需要。分解出的进度活动越多,在资源许可的条件下安排进度计划的灵活性就越大,但管理工作量也就越大。规模越大、复杂程度越高的项目,通过认真分解工作包来缩短项目工期的可能性也越大。常用的工作包分解方法有:

(1)分解技术。以项目 WBS 为基础,按照一定的层次结构把项目工作逐步分解为更小的、更容易操作的工作单元。直到可交付物细分到足以用来支持未来项目活动计划编制、执行、控制及收尾等。

(2)模板法。是指将已完成的项目 WBS 予以抽象,形成类似的项目活动清单或部分活动清单,作为某一类新项目活动定义的模板。

(3)滚动式规划。滚动式规划是一种渐进明细的规划方式,即对近期要完成的工作进行详细规划,而对远期工作则暂时只在 WBS 的较高层次上进行粗略规划。

(4)利用专家判断。擅长制订详细项目范围说明书、WBS 和项目进度表并富有经验的项目团队成员或专家,可以提供活动定义方面的专业知识。

8.5.3　排列项目活动顺序

有了项目活动清单和活动属性,就需要通过项目活动排序弄清楚项目活动之间的逻辑关系。例如,哪些项目活动需要一项接一项地完成,哪些项目活动可以同时做。

网络计划技术,如紧前关系绘图法,是用来排列项目活动顺序的常用技术。在紧前关系绘图法中,项目活动之间有四种逻辑关系:

(1)完成到开始关系(Finish to Start,FS)。紧后活动在紧前活动完成后才能开始。例如,只有在地基完成后才能开始砌墙;又因为混凝土基础需要 3 天才能凝固,所以有 3 天的滞后量,表示为 FS+3 天。

(2)完成到完成关系(Finish to Finish,FF)。紧后活动在紧前活动完成之后才能完成。

图 8.9 活动之间的完成到开始关系

例如,在管道建设项目中,在最后一段管槽开挖之后,才能完成全部的项目管理工作;又假定最后一段埋管需要 3 天时间,表示为 FF+3 天,如图 8.10 所示。

图 8.10 活动之间的完成到完成关系

(3)开始到开始关系(Start to Start,SS)。紧后活动在紧前活动开始之后才能开始。例如,在开挖管槽的工作开始后 3 天,可以开始埋管工作,而不必等开挖管槽工作全部结束,表示为 SS+3 天,如图 8.11 所示。

图 8.11 活动之间的开始到开始关系

(4)开始到完成关系(Start to Finish,SF)。紧前活动开始后,紧后活动才能结束或必须结束。例如,项目有两项活动需要使用同一种从其他单位租赁的施工机械,其租期是固定的(如 10 天),那么第一项活动开始后 10 天,第二项活动必须结束,否则施工机械无法按时归还,表示为 SF+10 天,如图 8.12 所示。

图 8.12 活动之间的开始到完成关系

需要注意的是,在 FS、FF 和 SS 这三种逻辑关系中,紧前活动的完成或开始只是紧后活动的开始或完成的必要条件,但不是充分条件,要开始或完成紧后活动还要具备其他条件。

有些项目活动之间的逻辑关系是固有的,不能改变。如只有在编程工作完成后才能开始对程序的测试工作。这种项目活动内在性质所决定的逻辑关系,是硬逻辑关系或强制性逻辑关系,必须遵守。有些项目活动之间的逻辑关系则是由人们自由安排的,例如既可以先做活动 A 后做活动 B,也可以先做活动 B 后做活动 A。这种可自由安排的逻辑关系,是软逻辑关系或选择性逻辑关系。软逻辑关系应该根据以往的经验、团队成员的喜好和项目的具体情况等,加以排列。

8.5.4 项目活动工期估算

项目活动工期估算是根据 WBS 中定义的项目活动和项目活动清单来估计完成这些项目活动所需的工期。项目工期单位通常以小时或天表示,但大型项目也可能用周或月表示。

在估算项目工期时要充分考虑活动清单、合理的资源需求、人员的能力因素以及环境因素对项目工期的影响,在对每项活动的工期估算中还应充分考虑风险因素对项目工期的影响。项目工期估算完成后,可以得到量化的项目工期估算数据,将其文档化,同时完善并更新项目活动清单。

项目工期估算有几种常用的方法:类比估算法、德尔菲估算法、参数估算法、三点估算法、模拟估算法等。

（1）类比估算法

类比估算法是指根据以前类似活动或项目的实际工期，凭经验来推测当前活动或项目的工期。

（2）德尔菲估算法

德尔菲估算法是指由一些专家运用结构化方法来做出主观判断。

（3）参数估算法

参数估算法是指根据相关资料，在一个因变量（活动工期）与一个或几个自变量（影响活动工期的因素）之间建立某种统计关系，并据此预测因变量的值。

（4）三点估算法

三点估算法是指估算三种可能的项目工期，然后加权平均，得出获得的平均项目工期和标准偏差。常用公式有：

$$期望项目工期＝[乐观估计＋(4×一般估计)＋悲观估计]/6$$

$$标准偏差＝(悲观估计－乐观估计)/6$$

$$方差＝[(悲观估计－乐观估计)/6]^2$$

式中，期望项目工期是指有 50% 的可能性能完工的项目工期；乐观估计是指在各种条件都很好的情况下，项目活动所需的最短项目工期；一般估计是指在比较正常的情况下，项目活动所需项目工期；悲观估计是指在各种条件都很差的情况下，项目活动所需的最长项目工期。标准偏差可以表示项目活动的风险大小，把各项目活动的方差相加，再把所得结果开方，可得到整条路径总工期的标准偏差。

（5）模拟估算法

模拟估算法是指根据各活动的可能工期的概率分布即活动之间的逻辑关系，在计算机上模拟项目实施很多次，看看有多少次是在多少天内完成的，并最终画出项目可能工期的概率分布图。如果三点估算法只考虑了三种可能性，那么模拟估算法则要考虑多种可能性。常用的模拟估算法是蒙特卡洛模拟法。模拟估算法一般只对整个项目进行模拟，不用对每个项目活动进行模拟。例如，对某项目进行 600 次模拟，得到可能工期的概率分布如图8.13 所示。

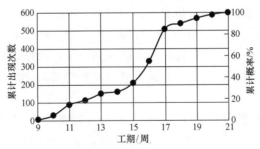

图 8.13　蒙特卡洛模拟法估算项目工期

8.5.5　编制项目进度计划

编制项目进度计划只要是分析活动顺序、持续时间、资源需求和进度制约因素，创建进度模型，从而落实项目执行和监控的过程。在项目活动清单、项目活动属性、项目活动排序即项目活动工期估算的基础上,就可以运用进度网络分析技术来编制项目进度计划,确定未来项目活动的最早与最晚开始时间、最早与最晚完成时间。

常用的项目进度编制技术包括:关键路径法、资源优化法、进度压缩法。这三种方法的关系是,先用关键路径法编出理论上可行的项目进度计划,再用资源优化法把项目进度计划变成实际上可行的,最后用进度压缩法来进一步优化项目进度计划。

1.关键路径法

关键路径法(Critical Path Method,CPM)是指在不考虑资源限制和时间强制的情况下,编出理论上可行的项目进度计划。关键路径法是一种网络图方法,它适用于有很多作业而且必须按时完成的项目。关键路径法是一个动态系统,它会随着项目的进展不断更新,该方法采用单一时间估计法,其中时间被视为一定的或确定的。

首先从项目的起点出发,沿网络各条路径进行推算,计算出各项目活动的最早开始时间和最早完成时间。然后从项目的终点出发,沿网络各条路径进行逆推算,计算出各项活动的最晚完成时间与最晚开始时间。图 8.14 是一份简单的项目进度计划过程(在节点图上编制,图 8.14 中粗实线为关键路径,细实线为一般路径。)。

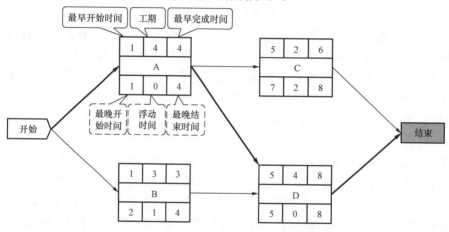

图 8.14　项目进度计划示例——关键路径

编制项目进度计划的重要目的是要找出关键路径,它是在网络计划中总工期最长的路径,决定着整个项目的工期。在正常情况下,关键路径上的项目活动的浮动时间为零,即不允许有任何延误。任何项目都至少有一条关键路径,关键路径越多,项目进度管理的难度就越大,项目的进度风险就越高。非关键路径上的活动有一定的浮动时间,但如果一项活动的浮动时间全部用完,那么这项活动就会变成关键路径上的活动,相应的非关键路径也就变成了关键路径。

运用关键路径法所计算出的项目活动最早开始与完成时间、最晚完成与开始时间,都只是理论上的时间。如果这个理论上的项目进度计划缺乏所需的资源保证,就需要进行资源平衡。

2.资源优化法

资源优化是指根据资源限制去调整运用关键路径法所编制出的项目进度计划,使项目进度计划在实际上也可行。资源优化最重要的用途,就是解决资源短缺(尤其是人力资源短缺)。例如,在最初的进度计划中,某三项工作是完全并行开展的,但项目团队中只有两人可以被分派给这三项工作,这就出现了资源短缺问题。

资源优化可以按照以下步骤进行:

(1)计算各时间段的资源需求情况,弄清楚每个时间段所需要的资源种类和数量。可以用资料柱状图来直观地表达资源需求情况。

(2)识别与计算各时间段的资源短缺情况。在资源需求的高峰期,最容易出现资源短缺。

(3)试图在项目内部进行资源调剂,解决资源短缺问题。例如,可以在浮动时间允许的范围内,把非关键路径上的活动的资源调剂给关键路径上的活动。

(4)考虑重新分解工作内容,把一个活动分解成两个活动,增加资源分配的灵活性。例如,可以把一项本来连续进行 5 天的活动分成两项分别进行 3 天和 2 天的工作,可以先完成第一项 3 天的工作,然后把资源调往其他工作,过一段时间再把资源调回来完成第二项 2 天的工作。

(5)如果仍存在资源短缺,就只能设法获取更多的资源,或者设法消减工作内容,或者设法延长项目工期。

经过资源优化法调整后的项目进度,虽然已经实际可行,但并不一定是最优的;或者,客户或领导仍认为该计划所显示项目工期太长。无论是哪种情况,都需要用进度压缩法来优化进度计划。

3.进度压缩法

项目进度计划优化,就是要寻找总成本最低时的最短项目工期。比较常用的一种方法是在不改变项目活动之间的逻辑关系的前提下,通过赶工来缩短项目活动工期。赶工是指在单位时间内投入更多的资源,加快工作进度。理想的项目进度计划优化应该同时达到项目总工期缩短和总成本降低。

项目成本可分为与项目活动直接相关的"直接成本"(能够直接计入项目成本账),以及与项目活动间接相关的"间接成本"(与其他项目分摊后,才能计入项目成本账)。如果赶工达到了缩短项目总工期的目的,那么项目的间接成本会降低,尽管直接成本会增加,如果赶工导致的直接成本增加小于间接成本,那么项目的总成本就降低了。

8.5.6 项目进度控制

在项目实施过程中,由于受到各种因素的影响,有的项目活动可能完成,有的可能提前,有的可能拖延。某项活动的实际进度无论是快还是慢,必定会对其后续的项目活动按时开始或结束造成影响,甚至影响到整个项目的工期。因此,项目一开始就应该进行项目计划的监控,确保每项活动都能按项目计划进行。控制项目进度是监督项目状态,以更新项目进度和管理项目进度基准变更的过程。本过程的主要作用是在整个项目期间保持对项目进度基准的维护,且需要在整个项目期间开展。

通常来说,项目计划控制的内容包括以下三个方面:

(1)对项目进度计划影响因素的控制(事前控制)。

(2)确定项目进度是否发生了变化。

(3)对影响项目进度变化的因素进行控制,从而确保这种变化朝着有利于项目目标实现方向发展。

案例分析——电子游戏开发项目的进度管理

项目团队对 WBS 定义的各项任务、制作中需要完成的工作再进行细分,定义项目活动,例如将人物形象设计分解为人物形象初稿、初稿审核、细节制作、检查和修改、定稿。此后进行项目活动的步骤设定,做出项目活动资源估计。项目组参考了以往与本次项目活动类似的资料,尝试估计一下所需时间,发现完成项目目标需要 3 年。然后通过关键路径法、进度压缩法进行修正,最后制订出项目日程表。

项目实施过程中,根据实际项目进度情况随时调整项目进度计划,如图 8.15 所示。

ID	WBS	活动	所需时间	第1周	第2周	第3周	第4周	第5周	第6周	第7周	第8周	第9周	……
		电子游戏开发											
		……											
		C人物形象设计											
C11		人物形象初稿	2周										
C12		初稿审核	1周										
C13		细节制作	3周										
C14		检查和修改	2周										
C15		定稿	1周										

ID	WBS	活动	所需时间	第1周	第2周	第3周	第4周	第5周	第6周	第7周	第8周	第9周	……
		电子游戏开发											
		……			工作时间缩短					提早开始工作			
		C人物形象设计											
C11		人物形象初稿	2周										
C12		初稿审核	1周										
C13		细节制作	3周										
C14		检查和修改	2周										
C15		定稿	1周								缩短1周		

图 8.15　项目日程表修订

火神山医院建设

8.6　项目成本管理

开展任何一项活动,都需要使用一定的人力、财力和物力资源。在项目管理中,强调用合理的成本完成既定的工作,而不是用最小的成本。如果片面强调成本最小,就会损害范围、进度或质量分目标,或者会损害某些相关方的利益,使相关方之间无法有效合作。

项目成本管理就是为使项目成本控制在项目计划目标之内所做的预测、计划、控制、调整、核算、分析和考核等管理工作。目的就是确保在批准的预算内完成项目,具体项目要依靠编制项目成本管理计划、成本估算、成本预算、成本控制四个环节来完成。这四个环节都相互重叠和影响,成本估算是成本预算的前提,成本预算是成本控制的基础,成本控制则是对成本预算的实施进行监督,以保证实现预算的成本目标。

8.6.1　项目成本管理计划编制

项目成本管理计划编制就是要确定如何估算、预算、管理、监督和控制项目成本的过程。

这一过程的主要作用是,在整个项目期间为如何管理项目成本提供指南和方向。

1.项目成本管理计划编制的步骤

项目成本是需要计划的,一般由项目资源计划、成本估算、成本预算三部分组成,项目成本管理计划的编制就是依次完成这三个计划。

(1)编制项目资源计划。根据 WBS 列出所有需要使用的有形的和无形的资源,包括人力资源、设备硬件、工作软件、零部件、原材料、工作场地的面积等,最后形成一个项目资源计划清单。

(2)形成成本估算。把项目资源计划清单上列出的所有资源都乘上各自的单位价格,然后汇总成为整个项目的成本估算总值。

(3)编制成本预算。在成本估算的基础上,把成本额按照 WBS 的工作清单和工期安排分配到各项活动任务上去。

以上三个步骤中,资源计划涉及的是人和物的问题,是资源的质和量;成本估算涉及的是价值问题,是一笔数字账;成本预算才落实到"真金白银",是资金的最后流向。

2.项目资源计划编制的依据和方法

项目资源计划是指通过分析和识别项目的资源需求,确定项目所需要投入的资源种类(人力、设备、材料、资金等)、投入的数量和投入的时间,从而制订出项目资源计划的项目成本管理活动,其编制需要遵循一定的依据和方法。

项目资源计划编制的依据包括:事业环境因素,是指涉及资源计划编制的背景因素和独立存在的先决条件;组织过程资产,包括项目范围说明书、WBS、组织管理政策等;相关的活动属性。

项目资源计划编制的方法主要有:

(1)备选方案法。在编制项目资源计划时可以准备多个不同的备选方案,通过对比就可以选择性价比最优的方案,起到节约成本的目的。

(2)资料统计法。是指根据国家或行业的规定或历史经验资料推算出项目资源的需求总量。

(3)自下而上法。根据 WBS 把每项活动所需的资源列出,然后汇总集成为整个项目的资源计划。

3.成本计划的新概念

前文讲述的项目成本计划编制的三个步骤,体现了传统项目管理的典型思路,比较注重"正确做事",而忽略了"做正确的事"[12]。我们需要引进一些有别于传统项目成本管理的新概念,如图 8.16 所示。

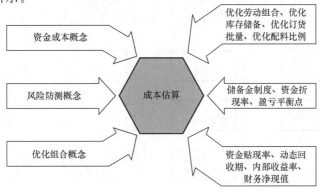

图 8.16 成本管理的新概念

（1）资金成本概念。主要是资金贴现率、财务净现值、动态回收期、内部收益率这四个概念，为项目决策提供了价值分析和收益评估的有力工具，使成本管理对项目决策产生的影响增强。

（2）风险防测概念。引入风险防测的功能主要是为项目决策的效益提供了有力的保障，比如涉及风险防测的资金贴现率，就可以预测风险门槛和衡量风险指标。另外，盈亏平衡点的预算，为项目决策的效益分析提供了另一个有效的工具指标。

（3）优化组合概念。主要包括优化劳动组合、优化库存储备、优化订货批量、优化配料比例等几方面的内容，它的核心是如何在资源优化配置的基础上使项目的综合成本达到最低点。

8.6.2 估算成本与制订预算

估算成本是对完成项目工作所需资源成本进行近似估算的过程，主要作用是确定项目所需的资金。制订预算是汇总所有单个活动或工作包的估算成本，建立一个经批准的成本基准的过程，主要作用是确定可据以监督和控制项目绩效的成本基准。估算成本是给别人算账，通常是着眼于要钱，自下而上，注重结果；制订预算是为自己算账，着眼于花钱，自上而下，注重过程。

成本预算，就是项目成本计划的最终表现形式。做预算，是为了建立一个基准线，以便在项目实施过程中跟踪项目的成本支出情况，确保项目在批准的预算内完成。编制成本预算，既要按项目的分项工作来编制，估计每个组成部分需要多少资金，又要按项目的时间段编制，估计每个阶段（周、月、季或年）需要多少资金，当然还要得到整个项目的总预算。

1.类比估算法

类比估算法又称自上而下估算法，是估算者根据自己的经验及过去类似项目的实际成本，依靠主观判断估算出当前项目的总成本，然后由相关人员把项目的总成本向下分配至项目的各个组成部分和各个时间段。

通常，在项目的启动阶段，估算出项目的总成本，然后在规划阶段的早期，把总成本分配到高层次的可交付成果（项目范围说明书中所列可交付成果）；在规划阶段的中期，再把总成本向下分配到WBS中的各个工作包。假定项目总成本是100%，可以逐层向下按一定比例进行分解，如图8.17所示。

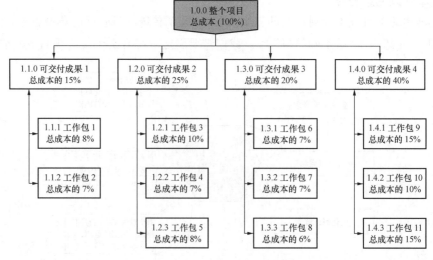

图 8.17　自上而下的成本估算[3]

类比估算法不需要详细的基础资料,相对比较简单、快捷和经济。由于通常由高层来估算项目的总成本,因此比较能体现高层管理者的意图。它的缺点是,可能会因为对现实情况估计不足或判断失误造成估算错误。另外,高层管理人员对整个项目的成本确定一个总数,再由低层管理人员切块分配,比较容易引起各块之间的冲突,使各块之间形成竞争性关系,从而破坏项目的整体性。而且,高层管理人员确定的总成本很可能偏小,不能满足相关工作的需要。

2.自下而上估算法

采用自下而上估算法,则先由最熟悉相关进度活动的项目人员估算出每项进度活动的成本,再汇总到工作包的成本,然后按 WBS 往上逐层累加,最后得到项目的总成本,如图 8.18 所示。除了按项目的各组成部分进行成本估算以外,也需要按项目工作的各个时间段进行成本估算。

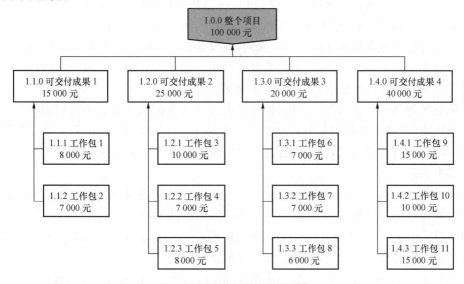

图 8.18　自下而上的成本估算[3]

在估算进度活动的成本时,通常应该包括为开展进度活动所需的所有种类的成本,既要包括直接成本,也要包括间接成本(如总部管理费);既要包括与工作内容相关的成本,也要包括与时间相关的成本(如利息)。如果在活动成本估算中没有包括某一类的成本,就必须特别加以说明。

自下而上估算法只能在项目规划的中后期使用,因为它必须基于 WBS 和项目进度计划估算。该方法必须首先由项目团队成员对进度活动的成本进行估算,整个项目的预算就是团队成员参与编写出来的,不仅预算会更加现实可行,而且团队成员对预算会有主人翁感。通常,只有用自下而上估算法所得的结果才会比较准确,才能作为项目预算,即项目成本基准(用于考核项目成本绩效好坏的依据)。

3.多种方法相结合

在实际工作中,自上而下估算法和自下而上估算法可以循环使用。还可以针对整个项目用参数估算法(见 8.5.4 节)来验证自上而下或自下而上估算得到的结果。用于项目工期估算的三点估算法和蒙特卡洛模拟法,也可以用于项目成本估算。

进行项目成本估算,就是要进行成本预测。由于不可能立即就把预测结果与实际情况进行比较,所以就应该尽可能以多种方式进行预测,以便多种预测结果之间能够交叉验证。如果各种预测结果之间差别很大,就必须认真分析导致偏差的原因,以便提高预测的准确性。

4. 成本预算的表现形式

既要按各种内容来做成本管理,保证每一项工作都有资金,也需要按工作时间段来做成本管理,保证每个阶段都有资金。因此,项目的成本预算既需要按项目的工作内容(组成部分)来编制,也需要按项目的时间段来编制。

8.6.3 项目成本控制和挣值分析

项目成本控制是一项综合管理工作,是在项目实施过程中尽量使项目实际发生的成本控制在项目预算范围内的一项项目管理工作。项目成本控制包括各种能够引起项目成本变化因素的控制、项目实施过程的成本控制以及项目实际成本变动的控制。

项目的进度和成本是紧密联系在一起的,不仅要看项目进展到了什么程度,而且要看花了多大的成本取得了这样的进展;不仅要看项目用了多少钱,而且要看这些钱办了多少事。在项目管理中,通常要把进度和成本绩效联合起来考察。

挣值分析就是一种应用很广泛的、把项目进度和成本绩效综合起来考察的方法。在项目执行过程中,应该定期针对控制账户(WBS 中某个层次的要素)和整个项目开展挣值分析,计算与进度绩效、成本绩效有关的指标,并预测项目完工时的情况。

1. 基本概念

计划价值(Planed Value,PV):计划工作的预算成本,它是项目执行过程中某阶段计划要完成的工作量的预算价值,是计划工作量和预算单价的乘积。

挣值(Earned Value,EV):已完成工作的预算成本,它是项目执行过程中某阶段实际已完成工作量的预算价值,是实际工作量和预算单价的乘积。

实际成本(Actual Cost,AC):已完成工作的实际成本,它是项目执行过程中某阶段实际已完成的工作所消耗的实际成本,是实际工作量和实际单价的乘积。通常可以在项目的成本账上查到,而不需要用公式计算。

在项目成本预算编制阶段,已有项目基准计划,基准计划中所列的价值就是计划价值,所有工作的计划价值之和,就是整个项目的成本基准。项目各工作的计划价值是进行挣值管理的基础。随着项目的进行,各项工作和整个项目都会发生实际成本,我们需要把这些实际成本记录下来。表 8.3 显示某项目截至某报告期末的挣值情况。

表 8.3　截至某报告期末的项目进度偏差和成本偏差

工作	计划价值	挣值	实际成本	进度偏差	成本偏差
工作 A	10	10	9	0	1
工作 B	15	15	22	0	−7
工作 C	10	10	8	0	2
工作 D	25	10	30	−15	−20
工作 E	20	20	22	0	−2
工作 F	20	0	0	−20	0
合计	100	65	91	−35	−26

挣值与计划价值之差为"进度偏差"(Schedule Variance,SV),表明实际进度与计划进度之间的偏差(延后或提前)。工作 D 的进度落后,工作 F 甚至还没有开始,与原计划相比,

整个项目有 35 万元本来应该完成的工作没有完成,即进度延后了 35%。

挣值和实际成本之差为"成本偏差"(Cost Variance,CV),表示成本的节约或超支,实际已完成工作的计划成本是 65 万元(挣值),而实际成本是 91 万元,成本偏差为 -26 万元,即成本超支了 26 万元。

2.基本评价指标

从计划价值、挣值和实际成本这三个基本概念出发,可以得出以下六个级别评价指标。

(1)进度偏差(SV):截至报告期末(考核时点)的挣值与计划价值之差,即 $SV = EV - PV$,表示多做了/少做了价值多少钱的事情。结果为正数,则表示进度提前;结果为负数,则表示进度延后。

(2)成本偏差(CV):截至报告期末(考核时点)的挣值与实际成本之差,即 $CV = EV - AC$,表示少花/多花了多少钱。结果为正数,则表示成本节约;结果为负数,则表示成本超支。

(3)进度绩效指标(SPI):截至报告期末(考核时点)的挣值与计划价值之比,即 $SPI = EV/PV$,表示实际进度是计划进度的多少倍或百分之多少。结果大于 1,则表示进度提前;结果小于 1,则表示进度延后。

(4)成本绩效指标(CPI):截至报告期末(考核时点)的挣值与实际成本之比,即 $CPI = EV/AC$,表示每花费 1 元钱,做了价值多少钱的事情。结果大于 1,则表示成本节约;结果小于 1,则表示成本超支。

(5)进度偏差率(SVP):截至报告期末(考核时点)的进度偏差与计划价值之比,即 $SVP = (SV/PV) \times 100\%$。结果大于 0,则表示进度提前;结果小于 0,则表示进度延后。

(6)成本偏差率(CVP):截至报告期末(考核时点)的成本偏差与挣值之比,即 $CVP = (CV/EV) \times 100\%$。结果大于 0,则表示成本节约;结果小于 0,则表示成本超支。

把项目的进度和成本绩效综合在一起考虑,可以有多种组合,例如:

(1)进度和成本都符合原定计划,即 $SV = 0, CV = 0$。

(2)进度提前,成本节约,即 $SV > 0, CV > 0$。

(3)进度提前,成本超支,即 $SV > 0, CV < 0$。

(4)进度延后,成本节约,即 $SV < 0, CV > 0$。

(5)进度延后,成本超支,即 $SV < 0, CV < 0$。

在项目执行过程中产生进度偏差和成本偏差是必然的。项目经理应该根据项目的具体情况,制订一个允许的偏差区间,即在该区间的偏差是正常偏差,无须特别关注。一旦偏差超出了这个区间,就需要项目经理甚至是高级管理人员的特别注意。出现了负偏差当然不好,但是过大的正偏差也不一定好,这种正偏差可能是以牺牲项目的其他目标(如质量)为代价的,或者可能带来滞后的负面效果。所以,如果出现了过大的正偏差,也需要仔细分析原因。

3.挣值指标图解

把项目每一个时期末的累计成本连成一条线,会得到一条成本曲线,如图 8.19 所示。一般挣值分析曲线图有三条曲线,即挣值曲线、计划价值曲线和实际成本曲线,从图中可以看出截至某考核时点的进度偏差和成本偏差,以及截至项目完工时的成本偏差和可能出现的完工时工期延误。

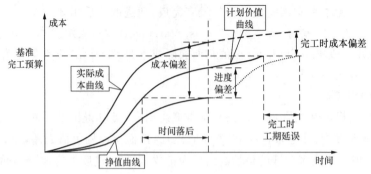

图 8.19　项目成本控制过程

案例分析——电子游戏开发项目的成本管理

软件公司为项目组提供了以往类似项目的成本数据,项目经理组织项目团队相关人员讨论项目成本的估算,并编制项目成本预算。需要计算的费用包括人力资源成本、软硬件成本、办公室租金、商务活动成本等。

通过讨论,决定采用类比估算法确定项目的成本。项目经理先提出一个成本控制系数,并向下分配;基层团队人员经讨论分析认为控制系数太低,项目经理再要求采用自下而上的方法,由各层业务组长把下级所核算的研发费用逐级上报汇总;汇总的费用较大,超出总公司预期,项目经理对费用进行审核,再次采用自上而下法进行调减;各层业务组长再次采用自下而上方法按调减后的费用重新编制成本预算。经三次重复调整后,最后确定合理的项目成本,编制项目的成本预算表,见表 8.4。

表 8.4　电子游戏开发项目成本预算表

类别	细分、说明	金额
人力资源成本	员工工资	
	……	
软硬件成本	开发平台、开发工具	
	GPS 模块	
	……	
商务活动成本	需求分析	
	产品推广	
	……	
……		
总成本		

8.7　项目质量管理

可以把质量定义为"符合要求和适合使用"。"符合要求"是指符合技术规范,不存在技术上的缺陷;"适合使用"是指具有使用价值,能够实现产品或服务的既定用途。根据这个定义,一个好质量的产品并不是一个超过要求的优质产品,而是一个符合要求的适用产品。

广义上的质量管理,既包括对工作过程的质量管理,也包括对工作结果(产品或服务)的质量管理,还包括对整个体系的质量管理。由于篇幅所限,本章只讨论对工作结果(产品或服务)的质量管理。

8.7.1 项目质量管理计划

项目质量管理计划是指为确定项目应达到的质量标准和如何达到这些质量标准而做的计划与安排。项目质量管理计划为整个项目期间如何管理和核实质量提供指南和方向。质量管理计划应列出如何遵守既定的质量方针、标准及遵照的程序,以及项目交付成果的评判标准等。

编制项目质量管理计划需要掌握一定的方法。一般来讲,项目质量管理计划可以通过以下方法来编制。

1.成本收益分析法

成本收益分析法涵盖的范围很广,主要包括以下四个方面。

(1)外部损失成本

外部损失成本是指项目产品在进入市场后,由于质量存在问题,导致项目额外产生的一切损失和费用,如项目产品保修费用、项目产品责任损失费用、折旧损失费用等。

(2)内部损失成本

内部损失成本是指项目产品在交付前,由于质量存在问题,导致项目额外产生的一切损失和费用,例如,返工损失费用、停工损失费用等。

(3)鉴定成本

鉴定成本是指因为检查项目产品质量而产生的费用,例如,工序检测费用、质量审核费用、成品检验费用、保险检验费用等。

(4)预防成本

预防成本是指为了避免不良项目产品或服务的产生而采用的相关措施费用,例如,质量教育培训费用、专职质量管理人员的薪酬、质量奖励费用、质量审核费用等。

2.流程图

流程图是指显示各系统中各要素之间的相互关系的一种图,项目质量管理中常用的流程图有两种:因果图和系统流程图。

(1)因果图又称鱼刺图,如图 8.20 所示,主要用来说明各种直接原因或间接原因与存在问题之间的关联性。

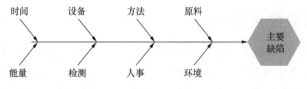

图 8.20 因果图

(2)系统流程图又称程序流程图,如图 8.21 所示,主要用于展示一个系统中各个要素之间存在的相互关系。它的优点是可以帮助项目管理人员预测哪些环节可能发生哪些质量问题,这有助于质量问题的提前解决。

3.标杆经验法

标杆经验法是指以同类优秀项目的质量计划和质量管理的结果为标准,通过对这个标准的研究,从而制订出本项目质量计划的一种方法。对于标准的选取,不一定选择同类中超

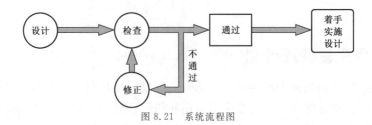

图 8.21 系统流程图

级企业的质量标准,因为自身的水平估计很难达到,完全可以选择自己竞争对手的质量标准。当然,基本前提是竞争对手的质量标准一定要比自身的质量标准高。

4.测试与检查法

测试与检查法主要用于测定影响项目产品功能质量的各种变量要素的比值,并识别出对项目质量影响最大的变量,从而找出关键因素,以指导项目质量管理计划的编制。

8.7.2 项目质量管理体系

项目质量管理是指通过项目质量管理计划,规定在项目实施过程中执行公司质量体系,针对项目特点和用户特殊要求采取相应的措施,使用户确信项目实施能符合项目的质量要求。

在进行项目管理时,建立并不断完善质量管理体系,是整个质量管理的核心内容。它将为项目质量保证奠定坚实的基础。一般来说,项目质量管理体系主要由以下几部分组成:

(1)组织架构保证体系。主要包括最高层领导在这个组织架构中扮演的角色,全体员工参与的方式与程度,以及专业质量管理人员的配备和所扮演的角色等。

(2)规章制度保障体系。主要包括操作流程的规范制度,信息管理的规范制度以及检验程序和变更程序的操作规程等。

(3)质量标准保证体系。建立质量标准保证体系需要坚持三个原则:①必须有精确量化的质量标准。②必须有具体明确而不是抽象含糊的质量要求。③实施操作的细则需要有统一的术语说明。

(4)资源配置保证体系。主要包括:①设备要素。配备必要的质量检验设备,并保证设备本身的质量;②原材料要素。建立质量认证体系,保证原材料供应链的质量标准;③人才要素。选择、配备、培训合格的工作人员和质量管理人才。

8.7.3 项目质量控制体系

项目质量控制是指对项目质量实施情况的监督和管理,主要包括项目质量控制指标的制订,项目质量实施情况的度量,项目质量结果与项目目标质量标准的比较,项目质量误差与问题的确认,项目质量问题的原因分析以及采取项目质量纠偏措施,消除项目质量差距与问题等一系列活动,这是一项贯穿项目全过程的管理工作。

控制质量更多的是核实项目可交付成果的正确性,是以结果为导向,考虑用什么质量测试工具和方法产生质量控制测量结果和评估项目绩效,何时没有达到要求,必要时采取相应的纠正措施。

1.项目质量控制的流程

PDCA 流程法又称戴明循环,是一个持续改进模型,它包括持续改进与不断学习的四个循环反复的步骤，即计划（Plan）、执行（Do）、检查（Check）、处理（Action），如图 8.22 所示。

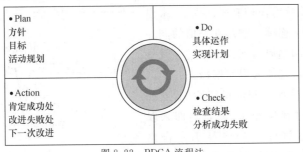

图 8.22　PDCA 流程法

①计划：找出存在的问题，通过分析制订改进的目标，确定达到这些目标的具体措施和方法。

②执行：按照制订的计划要求去做，以实现质量改进的目标。

③检查：对照计划要求，检查、验证执行的效果，及时发现并改进过程中的问题。

④处理：把成功的经验加以肯定，制订成标准、程序、制度（失败的教训也可纳入相应的标准、程序、制度），巩固成绩，克服缺点。

质量控制的 PDCA 流程贯穿了质量管理中的预防、保证、检验、纠偏四个过程。预防和保证是为了将缺陷排除在过程之外，检验和纠偏是为了将缺陷排除在送达客户之前，计划和执行着眼于预防和保证，检查和处理着眼于检验和纠偏。

2.项目质量控制的方法

作为项目的主要负责人，项目经理在计划过程中要考虑控制质量的方法，并记录到质量管理计划中，然后应用到项目执行的过程中去。在通用的质量管理领域产生的各种质量控制工具和技术，都可以用于项目质量控制。以下是一些常用的质量控制工具和技术（关于这些工具和技术的详细说明，请参阅相关的质量管理专著）。

（1）控制图，用来跟踪项目质量情况，确认执行过程中所发生的质量偏差是否在允许的区间内，从而帮助人们判断项目执行过程中是否处于"控制中"。

（2）直方图，一种显示各种问题的发布情况的柱状图，每一根柱子代表一个问题，柱子的高度代表问题出现的频率。

（3）散点图，用于显示两个变量之间的相互关系。

（4）检查表，又称计数表，用于收集各种质量问题出现的次数。

（5）统计抽样，从总体中抽取少量样本进行检查（当然，样本数越多，结果的可信度越高），并对检查结果进行分析，推论出总体的情况。

（6）检查，通过测量、试验等各种方法，对已完成的工作或可交付成果进行实地检查，核实这些工作或成果是否符合质量要求。

3.质量偏差的处理

因为在项目产品质量标准中通常会留出一定的余地，所以不是任何质量偏差都会使项目产品质量不合格。只有超出了允许的偏差区间的质量偏差，才构成项目产品的质量缺陷，使产品质量不合格。在实际工作中，往往都是生产过程失控在前，产品质量失控（不合格）在后。许多情况下，产品质量缺陷都是长期的过程失控导致的。在生产过程失控的初期，也许产品质量仍是合格的。

质量控制图是用来跟踪项目质量绩效的,图8.23中的控制线是生产过程正常与不正常的分界线。如果质量偏差落在控制线以内,且未出现七点规则情况(七个连续点都落在均值的同一侧或都是上升/下降的趋势),那么生产过程就是正常的(处于控制中),无须采取纠偏措施。

图8.23中偏差呈现出非随机特性(七点规则),我们认为执行过程失控了,需要立即采取必要的纠偏措施,尽管此时的产品仍是合格的。如果不及时对已失控的过程进行纠偏,质量偏差迟早要突破规范线,即产品出现质量缺陷,不能被验收。

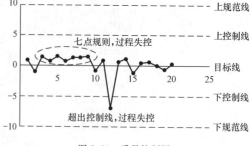

图 8.23 质量控制图

案例分析——电子游戏开发项目的质量管理

项目团队开发完成游戏的试用版后,组织专家和用户对游戏进行测试。测试过程中出现了无声音、背景花、游戏闪退等问题,质量管理人员收集这些数据,记入问题日记,并组织团队相关人员分析问题产生的原因,提出整改措施。

游戏平台需要对玩家角色数据进行采集处理,项目团队在这方面的经验比较薄弱,而B公司有丰富的开发经验。经公司讨论决定,模块开发工作外包给B公司完成。为避免以往外包项目出现的问题重现,对外包软件开发项目进行有效的质量控制是至关重要的。在项目起始阶段,项目组与B公司对任务需求有过沟通,B公司也提交了概要设计文档。此后双方未进行进一步沟通,至开发收尾阶段,B公司联络项目组,交付测试版本,项目组才发现B公司对信息流程的规划与实际信息流程有差距,概要设计文档中的设计只提供了框架设计,双方按照各自的理解来解读。由于对需求理解的偏差,带来了设计上的偏差。

作为交办方,项目组有责任对承制方B公司的软件开发过程进行监督和质量控制。质量控制依靠事后检查是不够的,更重要的是事先预防和事中监控。因此,项目组引入基于PDCA循环的质量控制方法,第N周故障计划表见表8.5。

表 8.5 第 N 周故障计划表

功能	模块	开发人员	第 N 周工作计划	周计划完成时间
……	……	……	……	……
故障管理功能	故障配置	张工	a.双方技术沟通,细化故障管理需求	周三
	故障显示		b.故障显示、查询、配置界面布局	周三
	故障查询		c.模块代码编写	周四
状态监视功能	状态信息采集公共模块	王工	完成状态信息采集公共模块的开发	周五
……	……	……	……	……

(1)技术问题解决

计划:关于应用程序开发,有三种技术框架:native app(原生)、web app、hybrid app(混合)。承制方应采用何种技术框架,对应使用哪些技术不够明确。为了解决这一问题,做出计划:①双方进行技术讨论;②承制方项目组提交符合要求的应用程序框架设计方案。

执行:双方进行了专题技术讨论,承制方项目组对讨论内容整理分析后,完成应用程序框架设计方案。应用程序技术框架采用web app,依托于浏览器的形式,跨平台使用,无须分别开发Android/ios/pc端多种版本,这样开发成本低,开发速度快。采用前后端分离架构：后端采用 node，前端采用 PWA 技术。

检查：对承制方的方案从技术层面进行检查评审。

处理：应用程序框架设计方案评审通过，在概要设计中将此应用程序框架设计方案包括进去。

（2）进度问题解决

计划：在项目进展过程中，发现个别模块的开发进度有停滞现象，与项目经理沟通后，分析原因，发现负责该模块的开发人员被临时抽调到其他项目组了，项目经理无法确定该开发人员何时回归本项目组。针对这一问题，立即制订与承制方高层进行沟通的计划，目标是确保进度不受影响。

执行：与承制方高层进行沟通，督促承制方高层进行干预，确保人员到位，不得延误项目进度。

检查：经交办方质量控制人员检查，人员已经到位，该模块开发工作恢复。

处理：该进度问题得以解决，总结经验。对影响进度的原因（如技术原因、人为原因、计划未顾及的原因等）进行分析，及时采取措施，消除影响进度的因素。当开发进度出现延迟或停滞、项目经理解决问题不理想时，及时向承制方高层反应，保障开发进度。

8.8　项目风险管理

项目风险管理是指在有风险的环境中把项目风险减至最低的过程，是指通过对风险的认识、衡量和分析，选择最有效的方式，主动地、有目的地、有计划地处理风险，以最小成本获得最大安全保证的管理方法。

任何项目都是一次性的，具有独特性，这种独特性就意味着风险。强烈的风险意识、适当的风险应对是项目风险管理的指导思想。

8.8.1　编制风险管理计划

在项目规划阶段的早期，就需要编制风险管理计划，规定本项目的风险管理工作由谁来做？如何做？以及编制要做到什么程度？

1.主要相关方参与编制

编制风险管理计划不是项目经理一个人的事情，也不只是项目管理团队的事情。项目经理应该组织项目的主要相关方参与风险管理计划的编制。通常需要召开风险管理计划会议，众多主要相关方参与，有利于编制出大家都能接受的、现实可行的风险管理计划。

2.分析和确定项目整体风险

为了确定项目的风险管理应该做到什么程度，就需要根据项目启动之前形成的各种资料、当前的现实情况和未来可能出现的情况变化，来分析和确定项目整体风险，对于不同风险级别的项目，风险管理的严格程度要有所区别。

关于项目整体风险，应该分析整个项目失败的风险，包括失败的可能性及失败的后果。失败的后果可以细分为政治后果、经济后果、环境后果。

3.风险管理计划的主要内容

根据《项目管理知识体系指南（PMBOK®指南）》（第六版）[2]，项目风险管理计划的主要内容包括：

（1）风险管理策略。高级的风险管理原则。

（2）风险管理方法。采用什么方法管理风险？如采用《PMBOK®指南》中规定的项目风险管理方法。

（3）角色与职责安排。设立哪种风险管理岗位？各岗位的权力、责任和能力要求是什么？

（4）预算和时间安排。预计花费多少资金和时间管理风险？在制订项目预算和进度计划时，需要考虑这些资金和时间。

（5）风险概率和影响定义。用什么方法表示风险发生的可能性和后果？可能性多大才算是可能性很大？后果严重到什么程度才算是后果很严重？例如，使用数字量表（0.1，0.2，0.3，…）或相对量表（几乎不发生、很不可能、不太可能、有可能、很有可能、几乎肯定发生）。

（6）概率和影响矩阵。按风险敞口（概率与后果的乘积）对各风险进行分级。例如，把风险分为严重、中等、轻微三个级别。

（7）风险类别。列出本项目的主要风险类别，为后续的风险识别和分析奠定基础。通常用风险分解结构（RBS）表示。

（8）主要相关方的风险偏好。针对本项目，相关方愿意承受多大的风险？

（9）风险追踪和报告要求。如何追踪和报告风险情况？

8.8.2　识别和分析风险

1.识别项目风险

风险识别，就是要全面识别对项目目标有影响的不确定事件。应该根据风险管理计划，以风险分解结构中的风险类别为出发点，进行具体风险的识别。

风险识别主要在项目规划阶段进行，但也贯穿项目始终。在项目启动阶段所识别的风险类别，是项目规划阶段进行风险识别的出发点。因为不可能一次性地把所有风险都识别出来，更因为情况不断变化，所以在进入项目执行和监控阶段后，也要经常开展风险识别工作。在项目执行和监控阶段，可以发现一些已过时的风险（不可能再发生了），并把它们从风险登记册中删除。

风险识别需要借助各种工具和技术，如头脑风暴法、根本原因分析、核对单分析、假设条件分析、SWOT分析等，详细的说明可以参阅有关专业书籍。

（1）头脑风暴法。是指许多人在一起集思广益，识别出尽可能多的风险。

（2）根本原因分析。可以采用5Why的方法，即连着问5个为什么，把导致问题的根本原因挖出来；也可以采用因果图（鱼刺图），挖出导致问题的最大原因、中原因和小原因。每个原因可能就是一个风险。

（3）核对单分析。有两层含义：一是基于过去类似项目的经验，编制出一个风险核对单，用来检测那些在过去项目上存在的风险在本项目上是否也存在；二是分析核对单本身的不完整性，核对单中遗漏的东西就可能意味着风险。

（4）假设条件分析。是指分析假设条件中可能存在的错误或偏颇，识别与此有关的风险。

（5）SWOT分析。是指对项目内部的情况进行优势（Strength）和劣势（Weakness）分析，对项目外部情况进行机会（Opportunity）和威胁（Threat）分析，以便更全面地识别项目风险。

2. 定性风险分析

对所有已识别的风险都需要做定性分析。定性分析旨在对风险发生的可能性和后果进行主观分析，以便确定项目的总体风险级别、各具体风险的严重性，以及各具体风险的初步排序。如果发现项目的总体风险太大，超出了主要相关方（特别是发起人）可以承受的区间，就可建议提前终止项目。如果总体风险水平在可承受区间内，则需要对识别的具体风险进行优先级排序，确定哪些风险需重点管理，哪些风险需进一步定量分析，哪些风险只需列入观察清单。

项目所在组织应该给所有项目或所有同类项目提供一个通用的风险级别矩阵。风险级别矩阵相当于一把尺子，用来度量各个项目的各种风险的严重程度，以便使度量的结果可以相互比较。根据具体的需要，各项目可以对通用的风险等级矩阵做必要的微调。落入"不可承受"区域的风险必须重点管理，以便把本来不可承受的风险减轻为中度风险，甚至减轻为可承受风险。

在进行定性分析时，需要应用风险等级矩阵对风险进行分级排序。然后，可能还需要考虑风险发生的紧急性，对风险排序进行适当调整。通常，很快就可能发生的风险在排序时应该排在比较靠前的位置，以便重点管理。风险等级矩阵见表 8.6。

表 8.6　风险等级矩阵

后果	概率				
	很不可能	不太可能	偶尔	可能	很可能
灾难性			不可	承受	风险
非常严重		中等风险			
严重					
轻微					
非常轻微	可	承受	风险		

定性风险分析比定量风险分析要省时省力得多。项目上大多数风险只需要定性分析，无须定量分析。有的风险本就不便量化，有的风险则不值得定量分析。有的风险在项目早期只能做定性分析，等情况进一步明确后才可以做定量分析。

通过定性分析应该得到：风险优先级排序、近期需要应对的紧急风险、需要进一步做定量分析的风险、列为低优先级的风险（仅需加以观察）、重复定性分析所显示的风险发展趋势。

3. 定量风险分析

定量风险分析是利用客观的方法对风险发生的概率及其万一发生的后果进行定量化计算，并据此确定风险的严重性。只有那些被定性分析确认为严重的而且又可以量化的风险，才需要做定量分析。需要而且能做定量分析的风险，大多是项目进度和成本方面的风险。通过定量风险分析，就可以确定项目所需要的应急时间和应急资金。与定性风险分析相比，定量风险分析是客观的方法，但需要收集较多的数据，比较费时、费力。

定量风险分析可以针对某个单一的风险来做，也可以针对一些风险的组合甚至整个项目的全部不确定性来源（整体项目风险）来做，确定这些风险对项目进度和成本的综合影响。定量风险分析可以采用多种方法，包括预期货币价值分析、决策树分析、敏感性分析、蒙特卡洛模拟或其他数学模拟等。一些方法的简单介绍可以参阅文献[3]。

定量风险分析也不是一次性的行为，需要在项目生命周期中定期或不定期重复进行，以表明内外部环境的变化，以及这些变化对风险概率和后果的影响。通过定量分析，可以得到：

(1)项目可能工期的概率分布图。

(2)项目可能成本的概率分布图。

(3)实现既定工期目标的概率。

(4)实现既定成本目标的概率。

(5)各风险的量化分析结果及其优先级排序。

(6)项目所需的应急时间和应急资金。

(7)重复定量风险分析所显示的风险发展趋势。

8.8.3　项目风险应对与控制

对已识别的风险进行分析后，就应该开展风险应对与控制。

1.风险应对规划

风险应对规划，即制订风险应对策略和措施，并为每一个风险指定风险责任人。对某个风险采取哪种应对策略和措施，要受客观和主观两方面因素的影响。客观因素包括风险客观上的严重性和可管理性，主观因素包括人们的风险承受能力和风险偏好。

风险的严重性取决于风险发生的概率以及万一发生的后果。对不同严重性的风险，通常应该采用不同的应对策略和措施。风险的可管理性取决于风险的可监测性、可预防性和可处理性，这三个方面又取决于相关的技术水平。随着技术水平的提高，风险的可管理性也在不断提高。

人们的风险承受能力取决于其实力。组织和个人应该了解自己的风险承受能力，尽量避免去做超过风险承受能力的事情。人们的风险偏好程度取决于所在国家的文化及个人的性格特征。

人们的风险偏好还受两个客观因素的影响：

(1)与风险相联系的利益(如利润率)的大小。利益越大，人们愿意承担风险的志愿程度就越高。

(2)投资的多少。投资越多，人们甘冒风险的程度就越低。

2.风险应对策略

风险应对策略取决于项目的具体需要，可以采用四种基本的风险应对策略：风险规避、风险减轻、风险转移和风险接受。除风险规避策略外，其他三种策略既可单独使用，也可联合使用。这些风险应对策略都需要被细化成具体的应对措施，特别是风险减轻策略，需要被细化为各技术措施。

(1)风险规避策略。是指改变项目计划，使项目目标不受某个风险的影响。风险规避可以是积极的应对策略，也可以是消极的应对策略，这取决于与风险相关的事情的性质。

(2)风险减轻策略。是指提前采取一定措施来降低风险发生的概率，减轻风险发生的后果，把风险的严重性降低到可承受的水平。风险减轻策略常用于那些超过风险承受力且无法规避的风险。风险减轻策略要被细化为各种具体的、可操作的技术措施。大量风险需要采用风险减轻策略，典型的风险减轻策略包括：

①开展培训工作，提高工作人员的能力，降低出错的可能性。

②张贴危险警告，降低危险发生的可能性。

③编制规范的操作流程并要求人们严格遵守，降低发生事故的可能性。

④采用更可靠、复杂性更低的工艺流程,降低出错的可能性。

⑤进行更多次数的试验,降低产品出现缺陷的可能性。

⑥选择有较高信誉和能力的供应商,降低供应商违约的可能性。

⑦安排备用人员,减轻主要工作人员不能按期到位的影响。

⑧安装备用部件,减轻主要部件失效的影响。

(3)风险转移策略。是指以一定的代价,把风险的消极后果,连同对风险的应对责任,转移给另外一个实体,该实体具备更好的资源与能力去管理相应的风险。是否应该采用风险转移策略,取决于自制或外购分析的结果。自制或外购分析,是指从成本的角度分析某个工作究竟是自己做更划算,还是外包给别人更划算。

风险转移策略通常需要风险的转移方和接受方签署合同。例如,可以用买保险的方法把风险转移给保险公司,用总价合同把某项工作外包给专业公司。

(4)风险接受策略。又称风险自留策略,是指不主动采取措施去管理风险,而是听之任之,待发生后再说,或者只准备一定的不可预见费或应急时间来应对风险发生的后果。下列风险可以采用风险接受策略:

①在自己的风险承受能力之内的风险,即能够承受的风险。

②发生的可能性很低的风险。

③发生的后果很轻的风险。

④采用风险减轻或风险转移策略代价太大的风险。

⑤完全无法采取其他应对策略的风险。

⑥没有被识别的风险。

对于已经识别的、愿意或不得不接受的风险,需要将其列入风险登记册,并指定专人加以观察。

3.项目风险监控

在监控项目范围、进度、成本和质量绩效的同时,必须监控项目风险。既要监控单个项目风险,又要监控整体项目风险。

(1)监控单个项目风险。是指由指定的风险责任人动态监控已识别的每一个单个项目风险,主要工作包括:监测已识别风险,监控风险应对的有效性,注意次生风险,注意新风险和已过时风险,更新风险登记册,形成项目风险追踪报告(表 8.7)。

表 8.7　项目风险追踪报告

报告时间		责任人		填表日期	
风险编号		风险名称		风险描述	
已有的风险评估和已制订的风险策略					
已采取的风险策略					
目前存在的问题					
准备采取的进一步对策					

(2)监控整体项目风险。是指由项目经理人在风险管理专家和相关团队人员的协助下,动态监控整个项目失败的可能性及失败的后果,主要工作包括:评估单个项目风险对整体项目风险的影响,评估整体项目风险的变化,更新风险报告。

(3)沟通风险情况和总结经验教训。无论是监控单个项目风险还是监控整个项目风险,都需要经常沟通风险情况，并经常总结经验教训。

案例分析——电子游戏开发项目的风险管理

项目团队缺少风险管理的专业人员，对项目风险的识别过程不规范。项目经理会组织项目相关人员通过头脑风暴法征集意见，但也往往流于形式，对风险识别有很大的局限性。在模块外包过程中，由于沟通不足，导致模块功能不全，项目大幅度延期。

前期项目组未建立风险数据库，缺乏对风险的动态跟踪，无法调整风险管理计划并及时制订风险应对措施，为整个项目的按时完成埋下了巨大的隐患。后期在公司高层管理人员的建议下，项目组聘请了专业风险管理人员成立风险管控组，并邀请相关行业专家参与风险识别与分析的过程，采用德尔菲估算法和抽样调查相结合的方法，确定项目风险因素，初始风险因素清单见表8.8[14]。

表 8.8　初始风险因素清单

序号	关联方	风险因素	备注
C1	承包方	外包项目决策失误	
C2		项目关键人员流失严重	
C3		分包商选择不当	
C4		项目进度把控不力	
C5		里程碑监控不力	
C6		质量把控不力	
C7		资金支持不足	
C8		技术能力有限	
C9		项目工具选择失当	
C10		团队成员协作不力	
C11		团队成员能力和素质欠缺	
C12		需求分析不准确	
C13		项目资源支持力度不够	
C14		系统运行环境偏差大	
C15		系统性能不达标	
C16		上级领导对项目重视程度不够	
C17		工作环境不友好	
F1	发包方	项目支持力度不够	
F2		项目负责人变更	
F3		需求变更过于频繁	
F4		支付款项不及时	
F5		验收进度缓慢	
F6		对项目的期望过高	
F7		评价标准不准确	
F8		项目预算不足	
S1	双方	沟通不到位	
S2		合同缺乏柔性	
S3		合同条款不够完善	

经过风险分析后，确认在实施软件外包项目时面临的风险有需求风险、进度风险、人力风险和管理风险。项目经理和项目组成员对风险产生的原因逐一进行分析后，对每个风险因素进行定性分析，最终为每个风险因素给出相应的风险值和风险应对策略。风险应对策略表见表8.9[14]。

表 8.9　风险应对策略表

风险类型	风险因素	风险值	风险应对策略
需求风险	客户的需求含糊不清	高	回避
	客户频繁变更需求	极高	回避
	客户的需求远远超出约定范围	高	回避
	客户的需求在客观上是无法被满足的	中	减轻
	需求开发人员不能够完全了解用户的需求	中	减轻
	需求开发人员无法高效地获得用户的真正需求	中	减轻
	需求文档未能准确无误地表达用户的真实需求	中	减轻
	需求开发人员不具备与客户就某些争议达成共识的能力	中	减轻
	企业没有需求变更控制系统	中	减轻
	企业未成立需求变更控制委员会	高	减轻
进度风险	项目组成员对项目的进度盲目乐观	中	减轻
	在开发过程中遇到需求变更或需求蔓延	中	减轻
	资源和预算变更导致项目失控	极高	回避
	低估了技术难度	低	减轻
	低估了项目协调复杂度	中	减轻
	对技术开发环境和测试环境准备不足	低	减轻
	对项目信息的收集存在严重不足	中	减轻
	没有严格按照项目计划执行	高	减轻
	未及时调整项目计划	中	减轻
	项目参与人员半途离职	极高	减轻
	未考虑软件开发过程的循环和迭代特性	高	回避
人力风险	项目人员当前的工作压力过大	中	减轻
	项目人员最近情绪明显反常	低	减轻
	项目人员近期频繁请假	低	减轻
	项目人员对项目表现出消极的态度	低	减轻
	项目人员对公司表示出极大的不满	中	减轻
	对项目人员缺乏必要的培训	中	减轻
	项目团队成员之间存在沟通不畅、协作不力	高	减轻
	项目关键人员岗位未预留后备人员	高	减轻
	关键的资源被极少数人掌控	高	减轻
	项目中存在职责不清、责任不明的状况	中	减轻
	项目考核存在不公平的现象	中	减轻
	项目进度拖沓、无法收尾，导致人心涣散	中	减轻
管理风险	项目决策失误	极高	回避
	项目管理能力不足	中	减轻
	分包商的选择不当	极高	回避
	项目合同条款不够完善	高	减轻
	上级领导对项目的重视度不够	中	减轻

对于风险值较高的风险因素,风险管控组给出了详细的应对措施,风险应对计划表见表8.10[14]。而对于风险值较低的风险因素,在项目执行过程中也要给予同样必要的关注,一旦有风险发生,将会执行相应的应对措施。

表 8.10　风险应对计划表

风险因素	风险值	风险应对策略	应对措施
客户频繁变更要求	极高	回避	(1)在签订合同时对需求变更做出明确约定,确定可变更的范围和变更的次数 (2)和客户确定需要后,双方在需求确认书上签字确认 (3)学会拒绝客户不合理或对软件原架构变动较大的需求 (4)采用增量开发的模式
项目决策失误	极高	回避	(1)采用科学的决策分析工具,比如决策树分析方法 (2)对项目绩效详尽地核算,确保项目有利可图 (3)对项目潜在的风险一一识别,确保项目有始有终 (4)邀请专家一并加入评估,群策群力
分包商选择不当	极高	回避	(1)采用定性和定量相结合的方式对分包商进行遴选 (2)创建分包商备选池
……	……	……	……

探月工程
风险度降解方法

习题与思考题

1. 1984 年,中国在云南省、贵州省两省交界的深山峡谷之中,第一次使用世界银行贷款,引进海外施工承包商,建设鲁布革水电站。鲁布革水电站工程实行国际竞争性招标,聘请国际咨询专家,在全国率先引进现代项目管理方法,并取得了巨大成功。查阅相关资料,了解鲁布革水电站工程,分析导致该工程成功的因素。

2. 项目管理已经在航空航天、国防工业等领域应用超过 50 年,为什么今天仍存在成本超支,甚至可能超出 200%～300%? 这些成本超支是否意味着拙劣的项目管理?

3. 查找相关资料,尝试找出一个承担高风险并获得成功的公司案例,也找出一个承担高风险却失败的案例。总结各项目及各自所处的情形,主要是什么因素影响成败?

4. 项目管理会涉及人员、物资、时间、财务等诸多信息的收集、整理和分析,工作量很大。项目管理软件是专门用来计划和控制项目资源、成本与进度的计算机应用程序。查阅相关资料,了解并概括目前主流项目管理软件的功能、特点和应用范围。

5. 假如你是班长,为了增加班级的凝聚力,五一假期期间组织班级同学春游并进行拓展训练。班级活动进行 3 天,其中 1 天春游,2 天在户外培训基地进行拓展训练。根据本章的内容和自己的理解,针对这次活动制订一个项目计划。

6. 根据第 5 题的项目计划,选择春游的地点和进行拓展训练的户外培训基地,咨询可以进行的拓展项目,要求拓展训练项目不少于 6 项。根据以上信息确定班级活动的项目范围,建立项目工作分解结构(WBS),至少做三层分解。

7. 在第 6 题得到的 WBS 的基础上,制订第一天的春游计划;与户外培训基地的教练沟通,制订后两天拓展训练的计划。

8. 若班级共有 30 名同学参加活动,查询春游目的地的交通费、食宿费,户外培训基地的培训费和保险费等,利用类推估算法制订本次项目的成本预算。

9. 与班委会其他同学一起讨论,运用头脑风暴法识别本次班级活动的各种风险因素,定性分析这些风险的发生频率和危害程度,并针对不能接受的风险提出应对措施。

10. 在进行拓展训练过程中,户外培训基地的教练将班级同学分成 2 组,交叉进行 6 个训练项目。由于同学们的身体素质不同,并且受到每个训练项目的器械场地等限制,拓展训练的进度大大慢于原计划。请用 PDCA 流程法修订原计划,以保证拓展训练能够按时、保质、保量地完成。

参考文献

[1]　汪小金.项目管理:从专用方法到通用方法[J].项目管理评论,2016(2):38-41+5.

[2]　项目管理协会.项目管理知识体系指南(PMBOK® 指南)[M].6 版.北京:电子工业出版社,2018.

[3]　汪小金.项目管理方法论[M].3 版.北京:中国电力出版社,2020.

[4]　汪小金.汪博士解读 PMP® 考试[M].6 版.北京:电子工业出版社,2020.

[5]　戚安邦,张边营.项目管理概论[M].北京:清华大学出版社,2008.

[6]　吴国有.项目管理的计划及控制方法[J].当代石油化工,2002,10(8):45-46.

[7]　聂增民,邢丽云,陈立文.工程项目整合管理系统研究[J].西安石油大学学报(社会科学版),2019,28(2):51-56.

[8]　广兼修.欧姆社学习漫画:漫画项目管理[M].北京:科学出版社,2012.

[9]　刘通,梁敏,刘闻,等.PMP 项目管理方法论与案例模板详解[M].2 版.哈尔滨:哈尔滨工业大学出版社,2016.

[10]　莉莉安娜·布赫季科.工作分解结构实操秘诀[M].2 版.汪小金,王爱萍,译.北京:中国电力出版社,2016.

[11]　潘广钦.项目进度管理研究综述[J].价值工程,2014,33(31):86-89.

[12]　肖祥银.从零开始学项目管理[M].北京:中国华侨出版社,2018.

[13]　肖岚.PDCA 质量控制方法在外包业务软件开发项目中的应用[J].电子技术与软件工程,2020(11):65-66.

[14]　奚杰.F 公司软件外包项目风险管理策略优化研究[D].上海:华东师范大学,2019.

第9章 工程工具

9.1 导 言

工程师是解决工程问题的专业技术人员。《论语·卫灵公》有云:"工欲善其事,必先利其器。"想要做好工作,就要先让工具变得锋利,只有使用了合适的工具,才能提高效率,达到事半功倍的效果。工程工具在工程活动中处于非常重要的位置,它可以极大地提高劳动生产率,并有效地改善工作质量。对于杰出的工程师,则要求其能够针对复杂工程问题,开发、选择和使用合适的现代工程工具,来设计、开发、测试和制造产品或提供工程服务。现代工程工具主要是指基于计算机软件技术,在制造产品或提供工程服务过程中,实现计算、绘图、评估、建模、模拟和分析等功能,其实质是在计算机辅助下完成工程问题的数字化、图形化、模型化和网络化。

自改革开放以来,中国工业用了四十余年就走完了欧美国家二百多年才走过的道路。这样的飞跃式发展固然可喜,但是面对这样的发展,我们也付出了一定的代价。长期以来"重硬轻软"的思维,让中国制造业放弃了在工程软件上的沉淀和累积。当前推动工程软件的发展对我国由制造大国向制造强国转型和升级具有重要的战略意义。经过多年的发展,我国国产工程软件取得了一定的进步,但与国际先进水平相比还有明显差距。本章主要介绍国内和国际上与工程计算、模拟、绘图领域有关的代表性的软件工具以及近年来新型工程工具在工程领域的应用情况。

(1)工程计算工具包括金山 WPS 表格、MATLAB 和 Mathematica。其中金山 WPS 表格是一款电子表格软件,广泛应用于管理、财务统计和金融等领域,但其也可用于科学和工程计算,完成各种数据的处理和图表显示;金山 WPS 表格多用于处理一些相对简单的数据,MATLAB 和 Mathematica 更多用于求解数学方程和实现各种复杂数学运算,这是因为这两款软件拥有丰富的内置函数库、符号运算功能以及面向对象的编程功能,不仅能够直接进行包含有字母和数字的运算,实现初等数学运算、微积分运算、线性代数运算、微分方程数值求解和概率统计分析等操作,还可以在各种定制的工具箱和模块集的辅助下,实现神经网络、小波分析、信号处理、图像处理、系统辨识、非线性控制设计、嵌入式系统的开发和定点仿真等多方面功能。

(2)工程模拟工具包括 ANSYS,COMSOL Multiphysics 和 MSC Adams,其中 ANSYS 是一款融结构分析、热分析、计算流体力学分析、电磁场分析、声场分析、多相流分析和化学反应分析于一体的大型通用分析软件,包括前处理(实体建模和网格划分)、分析计算(描述物理过程数学控制方程组的求解)和后处理(计算结果的可视化及分析)三个模块;COMSOL Multiphysics 的功能和 ANSYS 有很多相似之处,但 COMSOL Multiphysics 更专注多物理场的耦合计算、模拟和仿真,已经在声学、生物科学、化学反应、弥散、电磁学、流体动力学、燃料电池、地球科学、热传导、微系统、微波工程、光学、光子学、多孔介质、量子力学、射频、半导体、结构力学、传动现象、波的传播等领域得到了广泛的应用[1]；MSC Adams 可以提供机械系统动力学性能仿真平台，通过建立复杂的机械系统虚拟样机，实现样机在模拟环境中的各种不同的仿真动作，完成各种动力学性能的评估。

（3）工程绘图工具包括 CAXA 电子图板、AutoCAD 和 SolidWorks，其中 CAXA 电子图板是国产的优秀计算机辅助设计系统的代表，它基于我国机械设计标准，提供专门的图纸工具箱和辅助设计工具；AutoCAD 是国际上主流的绘图软件，主要用于二维图绘制、内容修改、文档编辑以及基本的三维图设计；SolidWorks 主要提供三维 CAD 解决方案，可用于零件建模、零件装配、钣金设计和仿真分析。

（4）新型工程工具包括人工智能、大数据、云计算和物联网，本章主要给出这些新型工程工具的定义，并举例介绍它们在工程中的实际应用。

9.2　工程计算工具

工程师通常需要借助计算工具来解决工程问题。这些计算工具可以用于记录、组织和分析数据，并以图表的形式显示分析结果。金山 WPS 表格适用于解决一些简单的工程问题，而稍复杂的工程问题则可以借助 MATLAB 和 Mathematica 平台，通过编写自己的计算机程序来解决。

9.2.1　金山 WPS 表格

金山 WPS 表格是电子表格类处理软件之一，它可以被用来输入、输出和显示数据，并利用公式进行一些简单的加减法运算；金山 WPS 表格也可以辅助使用者制作各种各样复杂的表格，对烦琐的数据进行数学运算、数理统计以及整理汇总，从而在各种运算操作后形成数据内容更为直观的表格，同时它还能形象地将大量枯燥无味的数据以图表的方式呈现出来，极大地强化了数据的可视性。此外，金山 WPS 表格还可以打印出各种统计报告和统计图。

1. 操作界面

金山 WPS 表格启动后的界面如图 9.1 所示。在介绍金山 WPS 表格的基本组件前，首先介绍金山 WPS 表格一些自有的术语。

①菜单栏：提供金山 WPS 表格软件的基本功能和基本命令，位于窗口的上方，用户只要从菜单栏中选定需要的项，即可执行相应的操作。

②文件名栏：显示当前文件名称。

③单元格编辑栏：用于编辑单元格内容，可以输入数字、符号和函数等。

④工具栏：提供同菜单栏相似的功能，但是使用起来更直观、更方便。

⑤单元格名称：每个单元格都有具体的地址，利用行号和列号表示一个单元格的位置，例如"C4"表示第 4 行、第 C 列单元格。每张工作表共有 256 列、65 536 行。

⑥列号：单元格在电子表格内横向和纵向排列形成行和列，列由左到右用字母 A,B, C,…,Y,Z,BA,BB,…编号。

⑦单元格：即长方形的"存储单元"，录入的数据均保存在单元格内。

⑧行号：单元格在电子表格内横向和纵向排列形成行和列，行由上到下用阿拉伯数字 1,2,3,…编号。

⑨标签栏:通过单击某个标签,可以指定相应的工作表为当前工作表。

⑩状态栏:状态栏位于窗口的底部,状态栏的左端显示的内容为与当前命令的执行情况有关的信息;右侧显示的内容为当前工作表的显示模式,以及显示比例等信息。

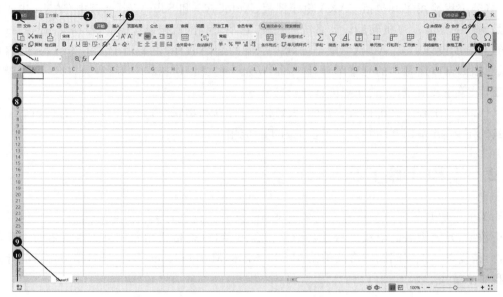

①菜单栏;②文件名栏;③单元格编辑栏;④工具栏;⑤单元格名称;
⑥列号;⑦单元格;⑧行号;⑨标签栏;

⑩状态栏

图9.1 金山 WPS 表格启动后的界面

2.主要功能介绍

（1）数据的记录和管理

利用金山 WPS 表格可以把不同类型但具有关联的数据有效存储起来,这样不仅方便数据整理,而且也可以对数据进行查找和应用;后期还可以在需要时对具有相似表格框架、相同性质的数据进行合并汇总。

（2）数据的加工和计算

在解决工程问题时,不仅仅需要对数据进行存储和查看,更多的时候需要对数据进行加工和计算,以便获得数据中更深层次的信息。

（3）数据的统计和分析

要从大量的数据中获得有用的信息,仅仅依靠计算是不够的,还需要依据某种思路运用对应的技巧和方法进行科学的分析,展示出需要的结果。排序、筛选和分类汇总是最简单、也是最常用的数据分析工具,也可以借助函数和透视表,对相应数据进行统计分析。

（4）数据的展现

大量的数据展现在人面前,常常让人摸不到头绪。因此,在更多的情况下,需要借助 WPS 的图形功能来展示数据,以便更加清晰和易懂。

3.工程应用范例

平行平板间或者矩形通道中的层流流动的解析解可以通过求解 N-S 方程获得。分析通道中流体的流动状态有着十分重要的现实意义和工程价值。对于气体或液体在活塞表面与缸壁间的缝隙中的泄漏流动问题,由于缝隙很小,流动的特征雷诺数较小,归属层流流态,可用简化的无限大平行平面间的黏性流体定常层流模型来分析。该问题的数学模型可以采用金山 WPS 表格求解，并且能得到十分直观的曲线图来展示平板间或通道中流体的速度分布。下面将通过实际案例来展示金山 WPS 表格的计算功能。

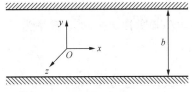

图 9.2　两固定平板间的坐标设置

【例 1】　如图 9.2 所示，将两块水平放置的无限大平板固定不动，间距 b 为 800 μm，通道中流体密度 ρ 为 1 000 kg/m^3，流体黏度 μ 为 0.001 002 $(N \cdot s)/m^2$，通道流量 Q 为 200 $\mu L/min$。在笛卡儿直角坐标系下，流体沿 x 轴运动，z 轴垂直于纸面，y 轴垂直于板面。计算两固定平行平板间的速度和剪切速率的分布。

解　设不可压缩牛顿流体在 x 轴方向的压强梯度作用下做充分发展的定常层流运动，由于垂直于 z 轴的所有 xOy 平面上的流动相同，只需考察 xOy 平面上的流动。由此，可将不可压缩连续方程和 N-S 方程简化为

$$\frac{\partial u}{\partial x} + \frac{\partial v}{\partial y} = 0$$

$$\rho\left(\frac{\partial u}{\partial t} + u\frac{\partial u}{\partial x} + v\frac{\partial u}{\partial y}\right) = \rho f_x - \frac{\partial p}{\partial x} + \mu\left(\frac{\partial^2 u}{\partial x^2} + \frac{\partial^2 u}{\partial y^2}\right)$$

$$\rho\left(\frac{\partial v}{\partial t} + u\frac{\partial v}{\partial x} + v\frac{\partial v}{\partial y}\right) = \rho f_y - \frac{\partial p}{\partial y} + \mu\left(\frac{\partial^2 v}{\partial x^2} + \frac{\partial^2 v}{\partial y^2}\right)$$

假设：①定常流动；②ρ 为常数；③在 x 方向上为充分发展流动，$\frac{\partial u}{\partial x} = (\partial^2 u)/(\partial x^2) = 0$，$u = u(y)$；④根据③，代入不可压缩连续方程可得 $\partial v/\partial y = 0$，$v$ 为常数，由于壁面不产生滑移，则 $v = 0$；⑤忽略重力。

根据上述假设，可将 N-S 方程简化为

$$0 = -\frac{\partial p}{\partial x} + \mu\frac{\partial^2 u}{\partial y^2}$$

$$0 = -\frac{\partial p}{\partial y}$$

由 x 方向上压强梯度与 y 无关，又忽略重力，则可得到

$$\frac{\partial^2 u}{\partial y^2} = \frac{1}{\mu}\frac{\partial p}{\partial x}$$

积分后可得

$$u = \frac{1}{2\mu}\frac{\partial p}{\partial x}y^2 + C_1$$

积分常数 C_1 由边界条件 $y = \frac{b}{2}$ 处，$u = 0$ 决定。即

$$C_1 = -\frac{1}{8\mu}\frac{\partial p}{\partial x}b^2$$

则速度分布式为

$$u = \frac{1}{2\mu}\frac{\partial p}{\partial x}y^2 - \frac{1}{8\mu}\frac{\partial p}{\partial x}b^2$$

上式表明在恒定压强梯度作用下，两固定平行平板间的速度分布为抛物线型，最大速度位于

中轴线上,最大速度为

$$u = -\frac{1}{8\mu}\frac{\partial p}{\partial x}b^2$$

由牛顿黏性定律,剪切速率为

$$\gamma = \frac{\mathrm{d}u}{\mathrm{d}y} = \frac{\mathrm{d}}{\mathrm{d}y}\left(\frac{1}{2\mu}\frac{\partial p}{\partial x}y^2 - \frac{1}{8\mu}\frac{\partial p}{\partial x}b^2\right) = \frac{1}{\mu}\frac{\partial p}{\partial x}y$$

上式表明剪切速率沿着 y 方向呈线性分布。之后将公式输入金山 WPS 表格软件,提取相应数据,即可求得两固定平行平板间的速度和剪切速率的分布,金山 WPS 计算结果如图 9.3 所示。

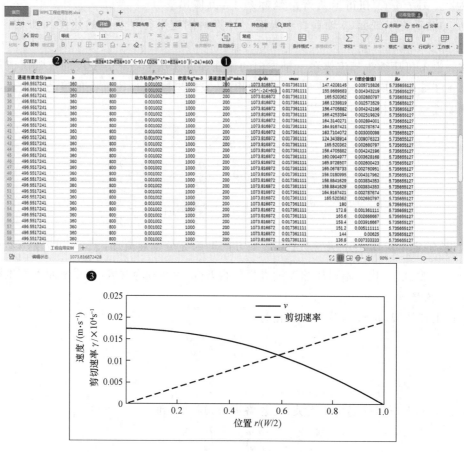

①数据输入;②公式输入;③结果输出

图 9.3 金山 WPS 计算结果

9.2.2 MATLAB

MATLAB 是 Matrix 和 Laboratory 两个单词的缩写组合,意为矩阵实验室,也可称为矩阵工厂,是美国 MathWorks 公司出品的商业数学软件。自 20 世纪 80 年代初诞生以来,经过了三十余年的市场检验,已经成为数据分析、无线通信、深度学习、图像处理与计算机视觉、信号处理、量化金融与风险管理等领域最值得信赖的科学计算环境和建模仿真平台。经过多年的实践,MATLAB 已经从一种单纯由指令操控的软件,逐渐演变成为一种可以在多种不同界面进行交互式操作的平台,不仅可以用于对科学数据的分析和计算,还可以广泛应用于模拟仿真以及硬件的开发等领域。MATLAB 是一种可视化的计算程序软件,可以在一个易于使用的视窗环境中,实现数值的分析功能、矩阵的计算功能、对于科学数据的可视化以及对于非线性动态系统的建模和仿真等诸多强大功能。MATLAB 主要面向科研人员和工程师,为数学建模、科学计算以及必须进行数字仿真的众多科学领域问题提供全面的解决方案[2]。

1. 操作界面

MATLAB 的操作界面和大多数 Windows 软件的操作界面均类似,具有各项功能集成度高的特点。图 9.4 给出了 MATLAB 的操作界面,其默认的操作界面内容主要包括:

①工具栏。提供一系列菜单和工具按钮。根据功能的不同,工具栏分为五个区,即"FILE""VARIABLE""CODE""ENVIRONMENT""RESOURCES"。

②当前文件夹。用于设置当前目录,可以随时显示当前目录下所有文件的信息。

③指令窗口。指令窗口是 MATLAB 进行各种必要操作的最主要的交互窗口。在指令窗口中,可以输入不同的命令、表达式以及多种函数形式。同时该窗口也可以用于输出命令,并显示除图形之外的所有运算结果。并且,在计算发生错误时,命令窗口中会显示错误的相关提示。

④菜单栏。提供了 MATLAB 的基本功能和基本命令,包括"HOME""PLOTS""APPS",其中"PLOTS"功能栏可以对多种类型的图形进行绘制,可以绘制直方图、线图、饼图、等值图、三维图等不同种类的图形;"APPS"功能栏中包含多种类型的使用软件,用户可以根据需要选择调用。

⑤工作空间。工作空间窗口用于显示和存储不同类型的变量名以及它们的变量数据结构、变量大小和字节数,并且可对各种变量进行观察、图示、编辑,同时具有变量的提取和保存功能。

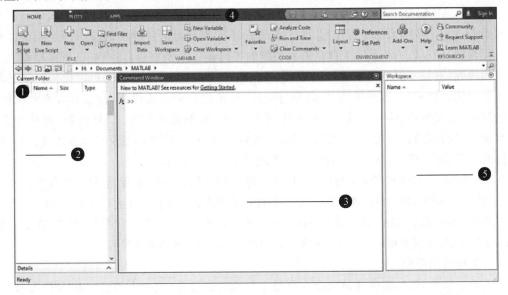

①工具栏;②当前文件夹;③指令窗口;④菜单栏;⑤工作空间

图 9.4　MATLAB 的操作界面

2. 主要功能介绍

MATLAB 作为一种高级矩阵编程和阵列语言,具有编程面向对象广泛的特点。用户可以通过编写 MATLAB 控制语句来完成对不同种类函数的调用工作。面对多种类的数据结构,可以有效地完成科学数据的输入和输出工作。用户可直接在命令窗口中输入调用所需函数的命令语句,并且同步完成对于命令语句的执行功能;也可以预先编写一个 M 文件,使其包含较多且复杂的命令语句,随后再将这些命令语句作为一个整体一起运行。

MATLAB 中具有大量不同类型的计算方法,工具箱中包含超过六百个工程中经常涉及的数学运算函数,可以进行矩阵运算、求解微分方程及偏微分方程,可以完成含有符号的表达式的运算、傅立叶变换和科学数据的统计分析,可以实现稀疏矩阵运算、复数运算,以及多维数组的运算,可以进行初等数学的运算和动态化的建模仿真工作等。MATLAB 中函数计算所使用的算法来自不同工程领域的最新研究成果,经过了科研工作者的实践检验和市场筛选,而且包含多种优化以及容错处理过程,因此具有典型性、完整性和准确性。在相同问题的计算求解方面,由于 MATLAB 拥有数量众多的函数,MATLAB 编程会使工程计算以及科研问题方面的工作量大幅降低。

MATLAB 具有强大的数据可视化功能。视觉是我们认识世界最直观的体验,数据可视化的目的就在于借助几何图形和不同色彩这一媒介,将表面看似杂乱的数据的内在联系和总体趋势暴露出来,进而让我们更好地理解和分析数据的内在本质。MATLAB 不仅具有对于二维和三维曲线、面的绘制等常规软件的功能,而且对于一些常规软件所不具备的功能,例如,图形的光照、色度处理以及四维数据的表现等,该软件同样可以呈现令人满意的效果。而对图形对话等类型的特殊要求,MATLAB 同样提供相应的函数实现该功能,这些特点满足了用户对于不同可视化程度的需求。随着 MATLAB 版本的不断升级,现在的可视化功能不仅局限于"单向的图像显示",而是已经成为"双向的图形交互"平台,可以很好地完成图像绘制以及图像属性的交互式设计。

MATLAB 的另一个重要特点是拥有一套程序扩展系统和一组特殊应用子程序。工具箱属于 MATLAB 函数的子程序库,每一个子程序库都是为某一种类的应用而定制的。对于不同领域,MATLAB 开发了具有强大功能的工具箱以及模块集,用户可以直接根据工具箱中的内容,对照不同的方案进行应用、学习和测评,而不需要自行编写程序代码。工具箱中主要包括数据采集、数据库接口、概率与统计、样条拟合和算法优化、偏微分方程的求解、神经网络、小波分析、信号处理、图像处理、系统辨识、控制系统设计、LMI 控制、鲁棒控制、模型预测、模糊逻辑、金融分析、映射工具、非线性控制设计、快速成型及半物理仿真、嵌入式系统的开发、定点仿真、DSP 与通信、电力系统仿真等多方面的功能。

MATLAB 允许将程序转换为 C++代码。利用 MATLAB 中的编译器,结合软件中的 C 或 C++数学库和图形库,可将 MATLAB 编写的程序转换为独立于软件外的 C 或 C++代码,并且允许用户编写可以和 MATLAB 进行直接的交互的 C 或 C++语言程序。另外,在 MATLAB 的 Web 应用中,网页服务程序还允许用户使用自己的 MATLAB 数学或图形程序[3]。

3.工程应用范例

工业过程中,换热器的换热问题一直是工艺设计的重点,其中套管式换热器最为常见。由于该问题涉及参数较多,确定内、外部的温度通常需要求解由多方程和多参数组成的方程组,一般的计算方法很难快速、准确地计算出结果。本例将使用 MATLAB 的数值求解功能,对换热问题的多方程组进行求解,可以快速、准确地得到所需的内、外部温度等参数。

【例 2】 如图 9.5 所示,水蒸气走内管道,管道长 $L=1.2$ m,入口蒸汽温度 $t=120$ ℃;内管材质为不锈钢(Cr18Ni8),管壁两侧壁面温度分别为 t_{w1} 和 t_{w2},内管壁厚为 $\delta_1=0.003$ m,内

径为 $D_{1i}=0.153$ m,这里认为 $t_{w1}=120$ ℃；内、外管之间 $P=500$ Pa,近似真空；外管材质为碳钢,管壁两侧壁面温度分别为 t_{w3} 和 t_{w4},外管壁厚为 $\delta_2=0.03$ m,内径为 $D_{2i}=0.17$ m;外侧环境温度 $t_0=20$ ℃。设 λ_1 为内管热导率 $(=17$ W·m^{-1}·℃$^{-1})$;λ_2 为外管热导率 $(=45$ W·m^{-1}·℃$^{-1})$;A_{m1} 为内管导热面积;A_1 为内管外表面积;A_2 为外管内表面积;A 为有效换热面积。求外壁温度。

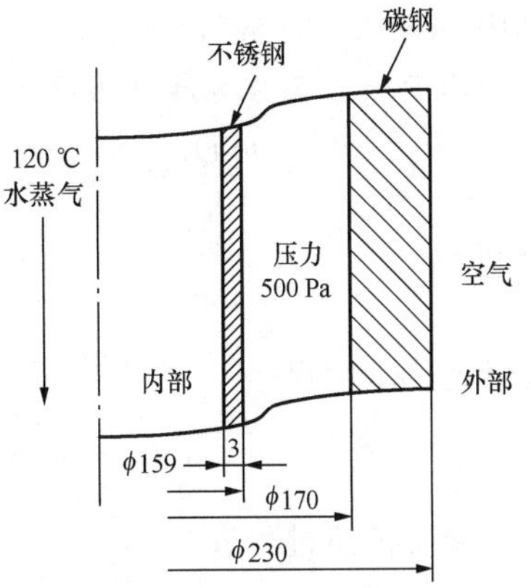

解　①内管内侧壁面温度 $t_{w1}=120$ ℃。

②内管管壁（热传导）

$$\varphi_{m1}=\lambda_1 A_{m1}\frac{(t_{w1}-t_{w2})}{\delta_1}$$

其中，$\lambda_1=17$ W·m^{-1}·℃$^{-1}$

$$A_{m1}=\frac{3.14\times0.159\times1.2-3.14\times0.153\times1.2}{\ln\dfrac{3.14\times0.159\times1.2}{3.14\times0.153\times1.2}}\approx0.587\ 7\ \text{m}^2$$

$$\delta_1=0.003\ \text{m}$$

代入 φ_{m1} 的表达式可得

$$\varphi_{m1}=\lambda_1 A_{m1}\frac{(t_{w1}-t_{w2})}{\delta_1}\approx\frac{t_{w1}-t_{w2}}{0.000\ 3}$$

③内、外管环隙（辐射传热）

$$\varphi_r=C_r A\left[\left(\frac{t_{w2}+273.15}{100}\right)^4-\left(\frac{t_{w3}+273.15}{100}\right)^4\right]$$

其中，内、外两管的材料（不锈钢和碳钢）的黑度分别为 $\varepsilon_1=0.2$,$\varepsilon_2=0.28$,则

$$C_r=\frac{C_0}{\dfrac{1}{\varepsilon_1}+\dfrac{A_1}{A_2}\left(\dfrac{1}{\varepsilon_2}-1\right)}=\frac{5.67}{\dfrac{1}{0.2}+\dfrac{3.14\times0.159\times1.2}{3.14\times0.17\times1.2}\left(\dfrac{1}{0.28}-1\right)}\approx0.766$$

$$A=\frac{3.14\times1.2\times(0.159+0.17)}{2}\approx0.620\ \text{m}^2$$

代入 φ_r 的表达式可得

$$\varphi_r=0.475\left[\left(\frac{t_{w2}+273.15}{100}\right)^4-\left(\frac{t_{w3}+273.15}{100}\right)^4\right]$$

④外管管壁（热传导）

$$\varphi_{m2}=\lambda_2 A_{m2}\frac{(t_{w3}-t_{w4})}{\delta_2}$$

其中，$\lambda_2=45$ W·m^{-1}·℃$^{-1}$,$A_{m2}=\dfrac{3.14\times0.23\times1.2-3.14\times0.17\times1.2}{\ln\dfrac{3.14\times0.23\times1.2}{3.14\times0.17\times1.2}}\approx0.748\ \text{m}^2$,

$\delta_2=0.03$ m,代入 φ_{m2} 的表达式可得

$$\varphi_{m2}=\lambda_2 A_{m2}\frac{(t_{w3}-t_{w4})}{\delta_2}\approx\frac{t_{w3}-t_{w4}}{0.000\ 891\ 3}$$

⑤外管外侧（大空间自然对流）

$$\varphi_0=h_0 A_0(t_{w4}-t_0)$$

图 9.5　换热管路示意图

其中,$A_0 = 0.867$ m^2,$\lambda = 2.593 \times 10^{-2}$ W·m^{-1}·K^{-1},$D_0 = 0.23$ m。

由 Pr$=0.703$,Gr$=1.945 \times 10^6 \Delta t$,可得

$$\frac{h_0 D_0}{\lambda} = 0.53 \times (\text{Gr} \cdot \text{Pr})^{0.25} = 0.53 \times (1.367 \times 10^6 \Delta t)^{0.25}$$

可知

$$h_0 = 0.059\ 75(1.367 \times 10^6 \Delta t)^{0.25}$$

此处迭代求解得

$$\varphi_0 = h_0 A_0 (t_{w4} - t_0) = \frac{t_{w4} - t_0}{1/(h_0 A_0)} = \frac{\Delta t}{1/(h_0 A_0)}$$

稳态传热过程有

$$\varphi_{m1} = \varphi_r = \varphi_{m2} = \varphi_0 = \varphi$$

联立后使用 MATLAB 进行数值求解得:

```
>> syms x2 x3 x4 y;    %定义变量
>>[x2,x3,x4,y]=solve('120−x2−0.0003 * y=0','((x2+273.15)/100)^4−((x3+273.15)/100)^4−2.105 * y=0','x3−x4−0.0008924 * y=0','x4−20−0.2715 * y=0');
%描述方程组
>> x2=vpa(x2,4);        %控制变量 x2(tw2)的运算精度
>> x3=vpa(x3,4);        %控制变量 x3(tw3)的运算精度
>> x4=vpa(x4,4);        %控制变量 x4(tw4)的运算精度
>> y=vpa(y,4);          %控制变量 y 的运算精度
```

判断 x4-20 与假设的 Δt 的大小关系,如果相差太大,那么依据新计算的 x4 重新确定 Δt,再联立上面 4 个方程重新求解,直至 x4$-20-\Delta t < 0.001$ 为止。

9.2.3 Mathematica

Mathematica 是一款强大的数学计算软件。1988 年,Mathematica 诞生之初就为计算技术带来了革命性的变化,最开始它拥有 551 个内置函数。随着一次次版本更新,不断引入新思路、新方法,如今内置函数已经超过 6 000 个,而且每个函数的功能也都大大增强。在过去的数十年中,基于在 Mathematica 1.0 中定义的框架,构建了 Wolfram 语言的整个计算功能高塔,这也意味着首版 Mathematica 的代码仍然可以使用。Mathematica 忠于它的核心准则和设计原理,不断发展并且集成了符号运算、图形运算、高精度计算、程序设计等基本功能和方法,在高等数学、线性代数、微分方程、概率统计、运筹学和数学建模等高校课程有着广泛的应用。

1.操作界面

图 9.6 给出了 Mathematica 的操作界面。操作界面内容包括:

①主菜单。位于图 9.6 中上方的是主菜单,Mathematica 的菜单项有很多,主要包括文件菜单、面板菜单、帮助菜单和窗口菜单等。

②用户窗口。位于图 9.6 中左边的大窗口为用户窗口,显示所有的输入和输出信息。无论直接输入各种公式或命令,还是运行已编写的程序,所有操作都在此窗口中进行。可以同时打开多个窗口,这样在一个页面中,不仅可以显示文本和数学表达式,还可以显示图形、按钮和其他对象。

③基本输入工具面板。位于图9.6中用户窗口右边的是基本输入工具面板,由一系列分组集成的按钮组成。用鼠标单击一个按钮,就可以将它表示的符号输入当前的用户窗口中。Mathematica提供了多个这样的面板,用于简化数学表达式、特殊字符和函数的输入,此外也可以根据需要自制特殊的面板。

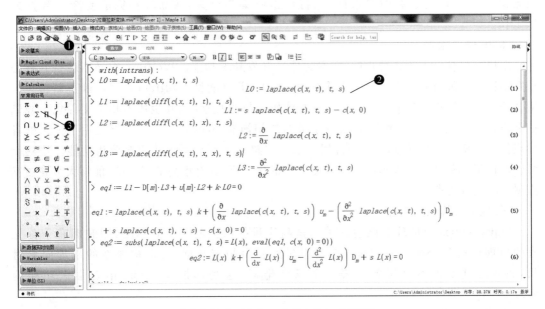

①主菜单;②用户窗口;③基本输入工具面板

图9.6 Mathematica的操作界面

2.主要功能介绍

Mathematica是一款集成化的计算机软件系统。它的功能有以下几个方面。

(1)符号运算功能

Mathematica最突出的特点就是具有强大的符号运算功能,能够直接进行包含有字母和数字的运算,并得到准确的计算答案。其符号计算功能大致分为以下几种:初等数学运算主要是对各种数和初等函数式的计算与化简;微积分运算主要是求导数、极限、定积分、不定积分等,还可以将函数展开为幂级数,进行无穷级数求和或者积分变换;线性代数运算主要包括行列式的计算、矩阵的各种运算(加法、乘法、求逆矩阵等)、解线性方程、特征值的求解、分解矩阵等。

(2)数值计算功能

Mathematica可以做任意位数整数的精确计算,也可以做具有任意位精度的数值(实、复数)计算。Mathematica具有众多的数值计算函数,能满足线性代数、数值积分、微分方程数值解、线性规划及概率统计等方面的常用计算需求。

(3)绘图功能

Mathematica能绘制各种二维平面图和全方位的三维立体彩图,自动化程度很高。在最新的版本中,Mathematica与人工智能领域相结合,增加了数项新的功能,其中包括物品的智能扫描与识别、人脸识别、文件文本的分类。同时,还加入众多的新函数来更新原有的数据库,为人们在计算摄影、显微图像处理、天文观测、细胞观察等众多领域带来了极大的便利。

（4）可视化功能

使用 Mathematica 的可视化功能，从图形和表格中提取信息将变得更加简单和快捷，并且能在不同类型的图形和图案中使用这个新功能。而且通过灵活使用误差棒、误差带和误差区域，能够准确、快速地得知数据的不确定性范围。也可以使用新的绘图布局方式来迅速查看检验数据，进行数据收集与合并，从而轻松完成复杂的数据处理工作。

（5）编程功能

用户可以自己编写各种程序（文本文件），开发新的功能。Wolfram 编译器就是其核心开发项目。其最新版本中囊括了之前的初始版本，并且能将 Wolfram 语言不断更新转化为适合于用户计算机的机器代码。而且这些代码能够直接运行，其生成的相关文件也会被储存下来，以便之后继续使用，可以说基于最新的编译器，Wolfram 语言能够适用于如今的各种现代计算机。而且 Wolfram 语言拥有十分完整且全面的系统建模与分析功能。该功能可以对化工设备、电器、汽车设计等领域进行优化分析，具有极高的保真度，能够大大缩短工程项目的设计周期。

（6）地理计算的新功能

Mathematica 的地理功能包含了大量高质量的数据和新型的算法，同时拥有十分先进的地理可视化功能。通过从高精度卫星处获得相应数据，可以构建新的地理向量对象，而新的对象也不再简单代表一个三维坐标，这些都是 Wolfram 语言强大功能的体现。

（7）音频处理功能

Mathematica 新的版本中加入了十分强大的音频搜集、捕捉和生成功能，而且能对音频进行优化处理和分析，其中就包括十分热门的语音识别。与此同时，结合机器学习和人工智能相关知识，Mathematica 能够更加快速、有效地理解不同音频的意义，为应用程序设计提供巨大的帮助。

9.3 工程模拟工具

9.3.1 ANSYS

ANSYS 公司成立于 1970 年，是目前世界上最大的计算机辅助工程公司。由该公司研发的 ANSYS 软件应用广泛，操作简单方便，目前已经是世界上顶尖的有限元计算分析软件。如今，国内有数百所高等院校选择 ANSYS 作为教学范例。这款软件具有十分多样且强大的分析能力，包含了预处理程序、问题解决程序、后处理优化和其他模块，可以进行简单的线性静态分析和复杂的非线性动态分析，并用来解决结构、流体和电磁场等方面的问题。如今 ANSYS 已成为一个用来解决各类现代工程问题的重要工具，在化工、能源、铁路交通、航空航天、造船、核能等领域有着十分广泛的应用。

1. 操作界面

图 9.7 给出了 ANSYS 的操作界面。操作界面内容包括：

①输入窗口。允许用户输入命令，大多数功能都能通过输入命令来实现，用户可以通过输入窗口输入这些命令。

②公共菜单。包含 ANSYS 运行过程中通常使用的功能，如图形、在线帮助、选择和文件管理等功能。

③命令窗口图标。

④工具条菜单图标。包含常用的工具图标。用户可以设置工具图标的内容。

⑤缩写工具菜单栏。

⑥主菜单。提供了 ANSYS 的基本功能和基本命令。

⑦绘图区；⑧模型控制工具条。

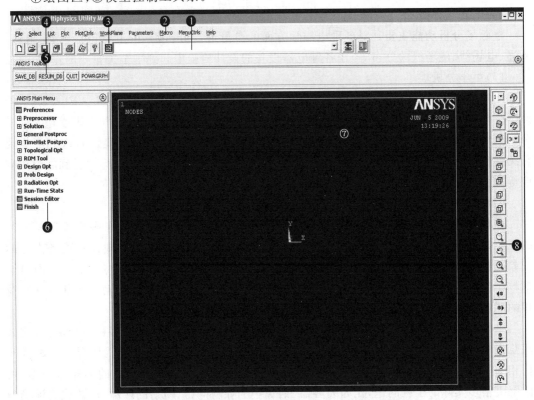

①输入窗口；②公共菜单；③命令窗口图标；④工具条菜单图标；
⑤缩写工具菜单栏；⑥主菜单；⑦绘图区；⑧模型控制工具条

图 9.7　ANSYS 的操作界面

2.主要功能介绍

ANSYS 主要包含以下几个分析功能。

（1）结构分析

结构分析功能用于分析变形、应变和应力等，主要分为静力分析和动力分析。静力分析用于分析静态荷载，可以研究结构的非线性行为，例如，物体的应力应变、应力刚化、弹塑性分析及蠕变分析等。动力分析包括模态分析、谐响应分析（确定结构对幅值已知且频率按正弦曲线变化的荷载的响应）和瞬态动力分析（确定随时间变化的载荷对结构的影响）等。

（2）热分析

热分析功能主要分析物体中热量与温度的分布情况。热分析考虑的物理量有热损耗、温度梯度和热流量。可模拟热传递的方式有热对流、热传导和热辐射。ANSYS 包含的

FLUENT 还提供了和汽蚀相关的模型、热交换模型、可压缩流体模型等。

（3）计算流体力学分析

计算流体力学分析功能用于确定流体中的流动状态和温度。FLUENT 的模型库是各个计算流体力学软件中最先进、最前沿的，尤其是它提供的湍流模型包括了针对强旋流模型、各向异性流的雷诺应力模型等，这些模型都广泛地应用于航空航天、电子元件设计、车辆工程、船舶设计等设计领域，而且随着 FLUENT 的更新换代、计算能力的不断提高，FLUENT 如今在大涡模拟方面处于领先地位，并且开发了十分先进的分离涡模型。

（4）电磁场分析

电磁场分析功能主要是对各种电磁学方面的参量进行分析，其中主要包括电感、电容、磁通、电场线、磁场线的分布等，在各种电器设备的设计检验中起到了至关重要的作用。

（5）声学分析

声学分析模块的作用比较广泛，主要研究声波在各种介质中的传播现象。FLUENT 的声学分析模块也是十分强大的，它可以分析由于非稳态压力而产生的噪声。其独有的声学分析模块也可以十分精准地模拟各种叶片所产生的噪声源，这对快速改良设备起到了重要且关键的作用，在建筑设计、电子设备中话筒的频率响应以及研究船只航行中受到的阻尼响应等方面都有着广泛的应用。

（6）多相流分析

多相流混合物广泛地存在于各个化工生产过程中，而 FLUENT 是在多相流建模方面的先驱，它强大丰富的模拟计算能力可以帮助科学家和工程师更加准确地探查设备内部的现象。首先对各相的流动方程分别求解，再将相互渗透的各相流体进行整合求解。而对于颗粒相流体，则采用较为特殊的方式进行仿真分析。在绝大多数情况下，对颗粒相和非颗粒相的混合模拟方式，也会采用简单的多相流混合模型进行模拟。

总的来说，FLUENT 可用来模拟三相混合流及气相、液相和固相的多种组合流体，比如泥浆气泡柱和喷淋床的模拟。它还可以模拟相间传热和相间传质，这也就使得对均相及非均相的模拟成为可能。而且 FLUENT 的标准模块中还包含了很多其他的多相流模型，可以解决很多实际的工程问题，比如喷雾器、锅炉中的煤粉问题、喷射的颗粒、泡沫或者液滴与背景流体之间的热量、动量和质量交换等。

（7）化学反应分析

FLUENT 的化学反应分析模块在 FLUENT 诞生以来就应用广泛，而且反响好，在近年来湍流流动下的化学反应研究方面占有重要地位。经过数个版本的更新换代，涡耗散、有限速率化学反应等新型化学模型加入 FLUENT 的数据库中，如今其强大的化学反应分析能力和模拟能力已经帮助众多科学家和工程师完成了对复杂燃烧过程的计算仿真。而且在不久的将来，小火焰模型、大量气体燃烧模型、煤燃烧等一系列复杂模型也将在 FLUENT 中安装。

3. 工程应用范例

球罐作为一种大容量的压力容器，被广泛应用于石油、化工、冶金等行业。它既可以用来作为液化石油气、液化天然气、液氧、液氨、液氮及其他液态介质的储存容器，也可以用来作为压缩气体（空气、氧气、氮气、城市煤气）的储罐[4]。通过运用 ANSYS 有限元分析软件，对工程中的球罐进行强度分析，就可以对球罐上开设人孔造成的应力集中现象进行分析。

利用 ANSYS 进行求解该问题主要应用了两个重要理论。

(1)薄膜理论

对承受内压的回转壳体进行应力分析,可以导出计算回转壳体径向应力和环向应力的一般公式。这种应力分布与承受内压的薄膜非常相似,因此又被称为"薄膜理论"。沿着器壁厚度均匀分布的正应力称为薄膜应力。若设容器承受轴对称法向面载荷 p,则根据无矩理论,器壁上只存在沿着壁厚方向均匀分布的薄膜应力,而弯曲应力和切应力都很小,可以忽略不计,这种应力求解属于静定问题,可以用材料力学的方法进行求解。根据薄膜理论,我们可以求得承受均匀内压的薄壁球形容器的薄膜应力为

$$\sigma_{\varphi} = \sigma_{\theta} = \frac{pR}{2\delta}$$

式中,下标 φ 代表轴向;下标 θ 代表环向;δ 为球形容器壁厚;R 为容器内径;p 为施加的均匀内压。

(2)平板开孔理论

由于压力容器局部结构不连续和局部载荷的作用,会在局部区域产生所谓的局部应力,这种应力的特点是作用范围小,局部点的应力数值很大,可达到基本应力的数倍,这种现象就是应力集中。局部应力的相对大小,常用应力集中系数 α 表示,α 反映了局部区域内应力集中的程度。

球罐上开圆孔的应力集中情况,类似于受双向均匀拉伸载荷的情况。对于受双向均匀拉伸载荷 q_1、q_2 的情况(图 9.8),开孔附近的应力分布由叠加法求得。

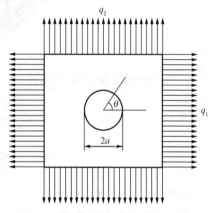

图 9.8 用叠加法求开孔附近的应力分布

例如,在开孔边缘处有

$$\sigma_{\theta} = q_2 + q_1 (\theta = 0 \text{ 时}), \sigma_{\theta} = 3q_1 - q_2 (\theta = \frac{\pi}{2} \text{ 时})$$

若 $q_1 = q_2 = q$,则有

$$\sigma_{\theta} = 2q (\theta = 0 \text{ 时})$$

此时有 $\sigma_{\max} = 2q(\theta = 0 \text{ 时})$,则应力集中系数为

$$\alpha = \frac{\sigma_{\max}}{q} = 2$$

同理,球形容器开椭圆孔的应力集中系数 $\alpha = 2a/b$,显然当接管直径一定时,球形容器非径向接管的开孔应力集中系数要比径向开孔大。

以上两个基本理论均包含在 ANSYS 资源库中,那么通过 ANSYS 建模分析就可以求得球壳在受内压载荷时的应力分布情况,同时也可以对球罐上开设人孔造成的应力集中现象进行分析计算(图 9.9)。

通过压力云图可以看到基本应力为 98.34 MPa,与理论值 $\sigma = pR/(2\delta) = 100$ MPa 基本吻合($\delta = 20$ mm、$R = 4\,000$ mm、$p = 1$ MPa),且最大应力与基本应力的比值为

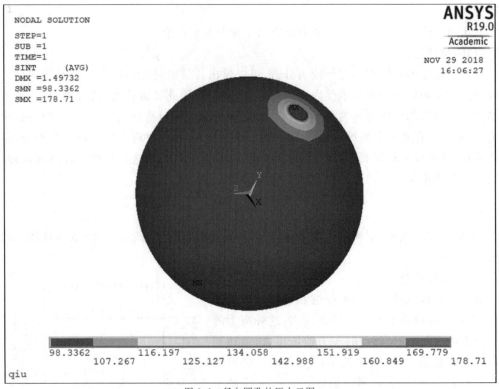

图 9.9　径向圆孔的压力云图

$$\alpha = \frac{\text{SMX}}{\text{SMN}} = \frac{178.71}{98.34} \approx 1.82$$

基本与理论值 $\alpha = 2$ 相吻合。值得注意的是,为了使所建立的模型不会因为施加载荷后无法固定,所以施加了边界条件,边界条件的变化也会影响最终的计算结果。同时可以从 ANSYS应力分析模块的模拟结果看出,在球罐上开设人孔等圆孔时,一定需要注意削弱应力集中,具体方式可以通过优先选用径向接管进行开孔、进行开孔补强等措施提高开孔局部强度。

9.3.2　COMSOL Multiphysics

COMSOL Multiphysics(以下简称 COMSOL)是一款功能强大的多物理场仿真软件,COMSOL 公司于 1998 年发布了 COMSOL 的首个版本。此后产品线逐渐扩展,增加了30 余个针对不同应用领域的专业模块,并且陆续研发了与第三方软件对接的接口产品,其中包括 MATLAB、Excel、CAD 等知名工具软件。除多物理场仿真建模之外,COMSOL 还可以进一步将模型封装为仿真 App,提供给设计、制造、实验测试以及其他科研工作使用。如今,COMSOL 已广泛用于分析电磁学、结构力学、声学、流体流动学、传热和化工等众多领域的实际工程问题。

1.操作界面

图 9.10 给出了 COMSOL 的操作界面。操作界面内容包括:

①功能区。通过功能区选型卡中的按钮和下拉菜单,可以控制建模流程的所有步骤。

②快速访问工具栏。使用这些按钮可以访问各种功能,例如文件打开、保存、撤销和删除等。

③模型开发器。包括模型树和相关工具栏按钮,用户可以在此窗口纵览模型,通过右击某个节点,可以访问上下文相关菜单,从而控制建模过程。

④设定窗口。单击模型树中的任一节点,模型将会显示对应的设定窗口。

⑤信息窗口。可显示仿真过程中重要的模型信息,例如求解时间、求解进度、网格统计、求解器日志,以及可用的结果表格。

⑥图形窗口。图形窗口可显示几何、网格和结果节点的交互式图形,可在此窗口进行旋转、平移、缩放和选择等操作。

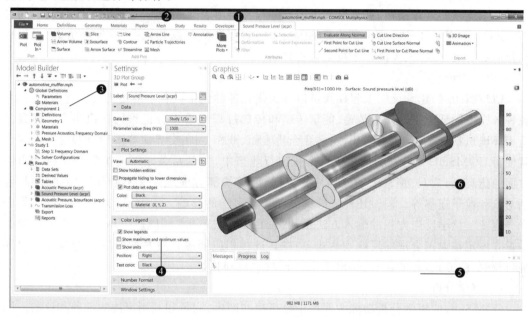

①功能区;②快速访问工具栏;③模型开发器;④设定窗口;⑤信息窗口;⑥图形窗口

图 9.10 COMSOL 的操作界面

2.主要功能介绍

COMSOL 作为一款专业有限元数值分析软件,主要包含以下分析功能。

（1）结构力学分析

COMSOL 的图形用户界面设计是基于结构力学中惯用的符号和约定,适用于多领域内的结构设计研究。COMSOL 在这方面还积累了大量的知识储备,这些资源可以提供很多分析功能。从简单的梁和壳单元到先进材料模型的分析,从 MEMS（微电动机械系统）的设计到石油化工中大型球罐的检验,COMSOL 都能很好地完成。

（2）传热分析

COMSOL 传热分析功能解决的热学问题包括传导、辐射和对流的任意组合。建模界面的种类包括面-面辐射、非等温流动、活性组织内的热传导,以及薄层和壳中的热传导等。应用领域有电子冷却和动力系统、热处理和加工、医疗技术以及生物工程等。

（3）电磁场分析

COMSOL 的电磁场分析功能使得模拟电容、感应器、电动机和微传感器成为可能。虽然这些设备的主要物理特征为电磁场，但是它们有时也会受到其他类型物理场的影响。例如，温度的影响有时能够改变材料的电学性质，因此在设计过程中需要充分了解发电机内电动机械的变形和振动规律。而 COMSOL 囊括了静电场、静磁场、准静态电磁场以及与其他物理场的无限制耦合，可以很好地解决这一问题。

（4）环境分析

COMSOL 可以解决地球物理和环境科学中的一些问题。通过对基础物理科学进行深入的研究可以提高我们对重要资源的利用率。地球物理学的分析领域十分广泛，COMSOL 数据库中提供的这种模型，都可以通过控制方程和自由表达式的形式加入建模。最终，通过 COMSOL 可以将各种地球科学所面临的简单或者复杂的问题相耦合，并加以仿真分析，得到相应的解决方案，大大简化了决策分析时间。

（5）化工模块

COMSOL 的化学反应工程模块可以大大优化各种化工设备中的化工反应过程，尤其对各种各样不同环境下的质量传递、能量传递和传热过程有着十分优秀的模拟能力。而且其适用环境包括气态环境、液态环境、多孔介质表面、液相-固相交界面等多种复杂情况。这也就使得 COMSOL 十分适合应用于各个化工行业当中，尤其是关于对流扩散和反应动力学方面的仿真，因为 COMSOL 直观的用户界面，能够快捷方便地定义不同物质传递过程，包括对流和粒子迁移等。同时还能考虑到温度和动力学的影响，最后使得整个化学反应界面十分直观。化学反应方程的输入方法也和书面手写方式基本相同。COMSOL 也可以根据质量守恒定律设定合适的反应表达式、并将其进行相应修改或重写。所以无论哪种反应环境，何种反应方式，都能在 COMSOL 化工模块中找到答案。

（6）声学分析

COMSOL 的声学分析功能主要用于分析那些产生、测量和利用声波的设备和仪器。同时，在对各种换能器建模时，还可以将 COMSOL 声学模块的功能和 AC/DC 模块等其他模块相结合使用，从而搭建新的多场耦合模型，其中包括为各种电子设备的扬声器驱动装置、手机麦克风中的静电场进行建模。而在将电子信号转化为力信号并最终转化为声信号的换能系统中，也可以通过 COMSOL 的声学模块来大大简化各种电子电路元器件的设计工作，该建模仿真方法已经在各种移动设备、助听设备中使用。总而言之，声学模块不但能对声学相关的行为进行分析，还可以和其他模块相结合，在空气动力学、结构振动、阻尼分析等领域中有着广泛的应用。

3. 工程应用范例

当将一个细长物体以一定角度放置在缓慢流动的流体中时，会出现规则性的涡流，涡流从物体两侧交替脱落，其频率可预测，这种现象称为卡门涡街现象。从工程的角度而言，研究卡门涡街的意义是预测流体在不同流速时的振动频率，从而避免涡流脱落时固体结构与之产生共振。为帮助减少此类效应的产生，设备工程师在高烟囱的上部放置了一个螺旋形减振装置；由此产生的形状变化阻止了涡流从烟囱不同位置脱落时对其结构产生的干扰。

本例以 COMSOL 建立模型分析流体流经长圆柱的非稳态不可压缩流体产生涡流的效应。将长圆柱置于与流入流体呈直角的流道内。流体的入口速度呈对称分布，使圆柱从流体流动中心偏移很小的一个距离,就可实现不对称效果产生涡流。在计算圆柱受到的时变力之前,可以先使用非线性求解器验证当雷诺数较低时的计算情况,这样做可以在瞬态仿真开始之前,就确定并更正一些简单的错误。圆柱上的黏性力与圆柱表面的速度梯度场成正比,计算边界上的速度梯度时,可以直接对 FEM 解求微分,但精度不高,当速度场使用二阶项时,这种微分方式会产生一阶多项式。改进的方法是用一对反作用力算子来计算黏性力的积分,积分算法的结果可与黏性力的二阶项同精度。

使用 COMSOL 软件进行仿真分析的基本流程如下。

(1)在模型向导中选择"二维"、"层流"和"瞬态"研究。

(2)在模型开发器中定义全局参数和阶跃参数。

(3)在几何工具栏中构建模型对象所需的矩形和圆形。

(4)在模型开发期中定义材料的种类和性质,设置进出口边界条件。

(5)在模型开发器的"网格"设置窗口中构建网格。

(6)在模型开发器的"瞬态"设置窗口中对模型进行瞬态求解。

对默认绘图组添加带质量粒子追踪节点,可以得到流场中产生的曳力。图 9.11 所示为使用 COMSOL 软件仿真分析的结果。

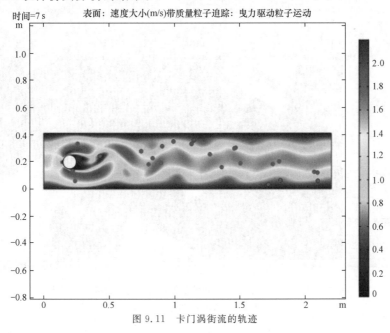

图 9.11　卡门涡街流的轨迹

9.3.3　MSC Adams

MSC Adams(简称 Adams)软件因其"虚拟样机"的概念和技术,迅速发展成为 CAE 领域中使用范围最广、应用行业最多的机械系统动力学仿真工具,占据 CAE 分析领域 53% 的市场份额,广泛应用于航天、航空、汽车、铁路、武器、造船、电子、工程设备和重型机械等行业。很多大型的国际公司和企业都采用 Adams 软件作为产品设计开发过程中的机械系统动力学性能仿真平台。通过 Adams 软件强大的建模功能、出色的分析能力和方便灵活的后处理手段[5],帮助构建复杂的机械系统的虚拟样机。这种样机可以在模拟的环境中进行各种各样不同的仿真动作,来帮助研究人员和用户直观的体验产品,并对产品的性能进行有效准确的评估。这样就能大大缩短产品的设计周期,并能高效地对比不同的设计理念,为客户提供最为合适的产品。总而言之,Adams 能够通过模拟仿真的方式替代原有耗时耗力的真机试验,并能大大提高产品的设计效率,降低开发成本。

1.操作界面

图 9.12 给出 Adams 的操作界面。操作界面内容包括:

①主工具箱。包括各种常用命令的快捷键。

②命令菜单栏。包括了 Adams 程序的全部命令。

③建模选项卡。包括几何创建部分:进行刚体、柔性体、布尔运算等几何体的创建。约束连接部分包括理想约束连接、基本约束、齿轮、耦合、凸轮等约束连接方式。驱动部分包括旋转驱动、线性驱动和三点驱动。力和载荷部分包括力、力矩、衬套力和接触力等。设计研究部分包括几何参数化、设定目标函数和优化设计等[6]。

④工作屏幕区。显示样机模型的区域。

⑤状态栏。显示操作过程中的各种信息和提示。

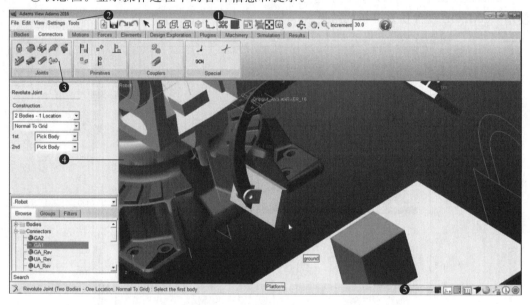

①主工具箱;②命令菜单栏;③建模选项卡;④工作屏幕区;⑤状态栏

图 9.12　Adams 的操作界面

2.主要功能介绍

(1)液压系统仿真模拟

通过应用 Adams 中的 Hydraulics 模块功能,用户能够精确地对由液压元件驱动的复杂机械系统进行动力学仿真分析。这类复杂机械系统包括化工过程中的各种大型机械设备及飞机的机翼控制系统和船舶的转向系统,再将 Adams 中不同模块功能相结合,就能在仿真环境中模拟出真实的机电气一体化虚拟样机。

(2)振动分析

Adams 中的 Vibration 模块是进行频域分析的工具,可用来检测 Adams 模型的受迫振动(例如检测车辆在不同公路上的运行状况及飞机在降落时各个位置的动态响应)。其中所有的输入和输出信息都用频域内的振动形式来表示,可以说,Vibration 模块就是 Adams 运动仿真建模过程中,从时域到频域的一个重要转换纽带。

(3)声学分析

为了提高产品的性能,工程师需要了解产品中的噪声源和所有可能的传播途径。由于模型的范围很大,因此拥有强大的分析软件来研究结构与传播介质之间的相互作用至关重要。而 Adams 就很好地解决了这个问题,Adams 主要用于分析三个声学方面的问题:声辐射问题,通过建模分析流体或封闭腔体中的声辐射,可以在原型开发之前找到漏洞并加以修正解决。在建筑物、飞机和汽车中的管路系统中有着重要的应用。振动声学,Adams 还可以研究结构振动与相邻流体的相互作用,对所涉及的部件和流体进行建模。结合现实的边界条件,以及相应的材料性质,为解决机舱噪声问题提供了巨大帮助。Adams 可以对噪声源进行恢复,并用于气动噪声的计算。再将此功能与振动声学相结合,从而能逼真地模拟复杂的航空振动声学问题。

(4)线性化分析

Adams 中的 Linear 模块功能,能够对运动部件中的运动状态进行线性化处理,从而能得到其性能参数,其中包括特征值、固有频率和特征向量等。这样用户就能够更加快速、准确地了解产品的基础性能。线性化分析的主要功能在于:它能够在较大的时间范围和较小的频率范围中间构造一个链接,这样就能系统地考虑零部件中的各个性能;利用 Adams 生成的状态空间矩阵,可以对控制元件进行实时的监控仿真;利用 Adams 求得的特征值和特征向量就能对整个系统进行稳定性分析。

(5)结构分析

Adams 的结构分析模块适用于先进材料和复合材料建模、大型机械建模和装配体建模、综合有限元建模与分析、优化设计等方面。众多结构分析软件最为困难和具有挑战性的就是为仿真结构确立正确的载荷和边界条件,这与软件的输入信息和模拟结果直接相关。而 Adams 就能很好地完成这点。通过多学科耦合和链式仿真既可以简化使用仿真数据的过程,又可以提高总体仿真的保真度,提高仿真的质量。尤其是要考虑多种运动结构集成、热负荷和结构负荷、流体-结构交互等复杂情况时,链式结构仿真能提供更准确的分析。

(6)热分析

Adams 的热分析模块能够对各种传热模式进行建模,包括热传导、热对流和热辐射。而较为关键的辐射能量流计算可以从第三方软件导入或者通过 Adams 内部进行计算。而且,材料性能和边界条件也可以根据当地温度而随时变化,这都使得 Adams 的建模更加准确。热学研究的目的通常是了解结构的性能。根据实际需求,可以在 Adams 中执行链式分析或耦合分析,以研究温度变化以及对结构行为的影响,包括应力响应分析和破坏实验。涉及热响应的多物理场功能可以进一步扩展,包括与电磁场相结合。

3.工程应用范例

齿轮在机械系统中是最为常用的传动部件,目前在中国已经有了十分明确的标准和规定。齿轮传动的原理就是利用齿轮轮齿间的相互运动传动动力,具有结构牢靠、耐磨损、能够精准控制的优点,在各行各业中都有着极为广泛的应用。而正因为这一点,研究者们才必须提高齿轮传动的设计水平,以解决实际生产中面临的各种问题。

对于齿轮设计来说,考虑的因素有很多,主要包括:齿轮的齿顶、齿根、压力角、变位系数、模数、齿数和分度圆直径等。齿轮的传动是靠齿与齿之间相互运动实现的,若轮齿之间存在问题,必然会影响其啮合传动,从数学角度来说是一个非线性问题,啮合力会不断变化,最终导致齿轮失效。而解决这个问题就需要用到结构分析软件,然而无论是以上哪种失效形式,都是由于齿轮的某处受力超过了许可范围,而求解这个位置和力,就需要用到 Adams。

Adams Gear AT 是 MSC Software 公司推出的高级齿轮仿真分析模块,该模块综合应用了传统的动力学计算方法和有限元计算方法,既保证了计算速度又满足了计算精度,是基于 Adams 的完全瞬态动力学解决方案。这套仿真软件结合了动态和静态两种分析方法,共同完成传动机械部分的仿真分析。在整个设计过程中,相同的模型可以用于进行静态分析,还可以进行某一传动系总成的分析和整个系统的建模,也能观察相关的动态效果,如齿轮传动等。

以定轴轮系和行星轮系传动为例:有一对外啮合渐开线直齿圆柱体齿轮传动,$z_1=50$,$z_2=25$,$m=4$ mm,$\alpha=20°$,两个齿轮的厚度都是 50 mm,对小齿轮进行运动分析。通过在 Adams/View 中进行以下 4 个操作步骤:①设置工作环境;②创建齿轮;③创建旋转副、齿轮副、固定副和旋转驱动;④仿真模拟,即可得出小齿轮的时间-角度曲线(图 9.13)。

在 Adams 中,以逆时针旋转为正方向。由图 9.13 可以看出:当杆件每秒逆时针转过 360°时小齿轮逆时针转过的角度为 720°,即小齿轮绕大齿轮逆时针公转(牵连运动)360°的同时逆时针自转(相对运动)720°,绝对运动(合成运动)=牵连运动+相对运动=1 080°,根据机械原理公式:

$$\frac{\omega_1-\omega_H}{\omega_2-\omega_H}=-\frac{z_2}{z_1}$$

已知 $\omega_1=0°$,$\omega_H=360°$,$z_1=50$,$z_2=25$,易得 $\omega_2=1\,080°$,结果与 Adams 仿真结果相同。

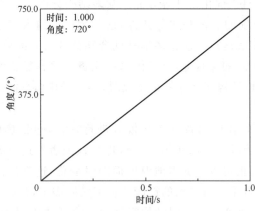

图 9.13 小齿的轮时间-角度曲线

9.4 工程绘图工具

9.4.1 CAXA 电子图板

CAXA 电子图板是一款国产的、具有自主版权的 CAD 软件系统,在多种文档、标准、交互方式等方面全面提升和优化了系统的综合性能,针对大文件尤其是较大图片的打开、存储、显示、拾取等操作进行优化,优化后的运行速度得到大幅提升,具有快捷的 Undo/Redo 功能,智能捕捉、导航以及修改等操作顺畅度同样得到提升,给用户的设计工作和绘图工作带来顺畅自如的感觉。更重要的是,CAXA 电子图板基于我国机械设计标准,提供专门的图纸工具箱和辅助设计工具。立足于一般用户的使用习惯,只需要用户进行简单的绘图操作,就可以快速完成新产品的开发和改型设计,即"所思即所得"。工程设计者可不必花费大量的时间创造几何图形,而专注于解决技术问题,有助于提高工程设计者的设计能力和专业水平。

　　CAXA 电子图板对 AutoCAD 数据具有良好的兼容性,满足跨平台的数据转换与处理要求,保证电子图板格式数据与 AutoCAD 数据格式的数据进行直接转换。电子图板支持主流操作系统,软件操作性能高,设计绘制速度快。CAXA 电子图板还提供了一个开放的绘图格式设置系统,可以快速设置绘图尺寸、标题栏和参数栏等绘图属性信息;也可以生成各种符合标准的明细表,并保持零件号和明细表之间的相关性,从而大大提高修改效率,规范了工程设计过程。CAXA 电子图板按照最新的国家机械设计标准提供了可供参考的量化图库,包含有二十多个门类,上千个品种,近三万个标准图符。在使用过程中,CAXA 电子图板还提供图形查询工具以及计算和转换工具,并将各种外部工具集成在一起,有效满足用户对于不同场景的不同绘图需求。

1．操作界面

　　CAXA 电子图板秉承 Windows 系统风格,全界面支持中文、图标式操作。在执行命令的操作方法上,设置了鼠标选择和键盘输入两种方式并行的操作方法,一定程度上为用户的使用带来了便利。为方便使用,CAXA 电子图板以立即交互式菜单代替逐级查找问答式菜单。图 9.14 所示为 CAXA 电子图板的操作界面,其操作界面主要包括:

　　①菜单按钮。使用菜单按钮可以调出主菜单。

　　②工具选项板。一种特殊形式的交互工具,用来组织和放置图库、属性修改等工具,包含图库、特性和设计中心等选项板。

　　③立即菜单。立即菜单中包含所选择命令执行的情况以及使用条件。用户可以根据当前的绘制需求选择其中的某一个选项,就可得到准确的呼应。

　　④快速启动工具栏。包括经常使用的命令,该工具栏可以由用户进行自定义排布。

　　⑤功能区。包含多个不同的功能选项卡,通过单一紧凑的界面使各种命令组织简介有序,同时使绘图工作区最大化。

　　⑥功能区选项卡。包括根据各功能命令使用频率有序排布的多个选项卡。

　　⑦绘图区。进行绘图设计的工作区域,位于屏幕中心。

　　⑧状态栏。用于提示当前命令执行情况或提醒用户输入。

2．主要功能介绍

　　CAXA 电子图板具有丰富的图形绘制和编辑功能,对于一些简单图形,如直线、圆、圆弧、平行线、中心线和表格等,可以便捷、快速地绘制;对于复杂图形,如孔/轴、齿轮、公式曲线、样条曲线、局部放大和多边形,同样可以方便、快速地绘制完成;而且平移、镜像、旋转、阵列、裁剪、拉伸,以及各种圆角和倒角过渡等图形编辑工具也一应俱全。

　　CAXA 电子图板具有符合现行国标的智能标注功能。智能一键标注尺寸功能可以根

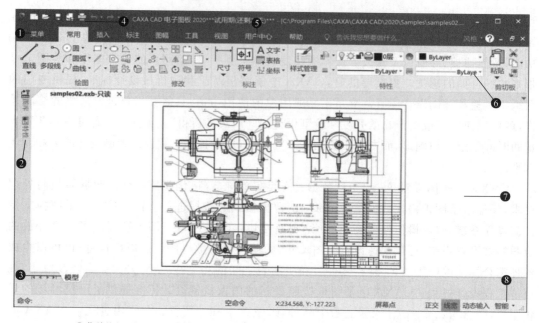

①菜单按钮;②工具选项板;③立即菜单;④快速启动工具栏;⑤功能区;⑥功能区选项卡;
⑦绘图区;⑧状态栏

图 9.14　CAXA 电子图板的操作界面

据选择自动识别标注对象的特征,用一条命令完成各类标注;根据现行制图标准,提供各种
工程标注功能;在进行尺寸标注时,可进行公差查询和各种符号的输入,相关值和符号位置
可自动与图形的变化关联,从而消除人为误差。

同时,CAXA 电子图板是一个专业的集成组件和二次开发平台。CAXA 电子图板除了
提供基本的 CAD 功能外,还提供 PDM 集成组件和 CRX 二次开发接口。其中,PDM 集成
组件包括浏览组件和信息处理组件,提供了一种通用的集成解决方案,适用于各种 PDM 系
统的集成应用;CRX 二次开发界面提供了丰富的界面功能、开发实例、开发向导和说明等,
便于个性化开发和利用。

CAXA 电子图板具有图库设置功能,为用户的制图工作提供了极大的便利。软件包含
一个内容丰富的参数化标准图库,其中不仅包括常用的机械零件、管件、夹具和电机等,还包
括一些电气符号、液压气动符号和农机符号。此外,用户还可以自定义图形符号,以轻松、快
速地建立自定义图库。同时,用户可以直接从图库中选取所需零件,输入尺寸参数即可得到
所选零件的轮廓图。根据机械制图的特点,CAXA 电子图板还设置了组件库。同时,CAXA
电子图板还设立了一个技术要求库,库中其中包含一般要求、表面热处理要求、零件的装配
要求以及公差要求等,用户可以在技术要求库中自定义符合工程工业标准的技术要求,在图
中生成一个技术要求样例,并可以随时与其他要求一起调用。

9.4.2　AutoCAD

AutoCAD 属于一款计算机辅助设计软件,在 1982 年由 Autodesk 公司开发,主要用于
二维图绘制、内容修改、文档编辑以及基本的三维图设计,是目前国际上主流的绘图工具。

AutoCAD 的操作界面设计精巧,使用交互菜单或使用命令型模式可以进行多种操作。它的多文档编辑功能可以让非计算机专业的工程人员快速学习使用,使得用户在不断操作使用的过程中,更好地掌握不同种类的应用和开发技能。工作效率得到大幅度提高的同时,也提高了用户自身的设计水平。AutoCAD 具有广泛的适应性,可以支持在各种不同操作系统的微型计算机、工作站或其他平台上运行。该软件不要求使用者懂得编程,就可以进行绘图,使用门槛较低,因此该软件在工程设计中得到广泛应用。

作为设计人员一种重要的辅助工具,AutoCAD 在绘制零件、模具模型方面,相比传统的绘图方法效率更高,效果更好,减轻了设计人员的劳动强度。在现场施工前使用 AutoCAD 软件制作仿真模型,预览施工现场的三维场景,可以在虚拟环境之下将施工过程中可能发生的问题提前暴露,不仅能保证施工过程的连续性,还可以提高施工时的效率和工程的安全性。AutoCAD 还支持图形到数据的自动转换。程序运行时,传输的信息与相关代码组合成合理的数据结构,存储在相应的文件中,并以不同的颜色和层次显示在屏幕上。这样的结构不仅可以获得与原始图纸对应的数据文件,还可以生成相应的图形文件。此外,AutoCAD 软件还广泛应用于土木建筑、城市规划、电子电路、机械设计和轻工化工等诸多领域,使机械绘图、工业设计等工作变得既轻松又高效。

1. 操作界面

AutoCAD 软件考虑到不同用户的使用习惯和工作需要,提供了多种工作空间,下面以【二维草图和注释】界面为例介绍 AutoCAD 软件的操作界面。图 9.15 所示为 AutoCAD 的操作界面,其操作界面主要包括:

①菜单栏。AutoCAD 软件的主菜单,可用来执行大部分命令。单击菜单栏中的某一项,会弹出相应的下拉菜单。

②功能区。放置各种 AutoCAD 绘图、编辑和管理等功能的工具图标。AutoCAD 会将一些重要或常见的功能设置为大图标,而其他的设置为小图标。顶部是功能区选项卡,单击功能区选项卡切换到另一个功能区面板。

③应用程序菜单。单击时 AutoCAD 会将应用程序浏览器展开,用户可通过浏览器执行相应的操作。

④快速访问工具栏。包含一些最基本的,也是比较高频的功能,如打开、保存、打印等,方便用户随时快速调用这些功能。用户可以根据需要定制对工具栏的快速访问,并将它们最常用的功能添加到工具栏中。

⑤标题栏。与其他 Windows 应用程序类似,用于显示 AutoCAD 的程序图标和当前所操作图形文件的名称。

⑥信息中心。

⑦导航工具。

⑧绘图窗口。创建、显示和编辑图形的区域。这是一个虚拟的三维空间,它理论上可以达到无限大或者无限小。用户可以在这个空间中绘制平面图形或创建三维模型。

⑨导航栏。包含一些常用导航工具,方便用户对于平移、缩放和动态观察等命令的使用。

⑩命令窗口。显示用户键入的命令和提示信息。与 WORD 和 PS 等常见软件不同,AutoCAD 软件可以通过输入命令名或简化命令(命令别名)的方式来执行所有命令,也会有

参数和提示来指导用户完成其余的操作。为防止用户刚开始使用时不记得命令,可以注意命令行上的提示符,它具有指导用户完成命令的功能,也可以更好地理解命令的参数和变化。

⑪状态栏。状态栏用于显示或设置当前的绘图状态。状态栏上位于左侧的一组数字反映当前光标的坐标,其余按钮从左到右分别表示当前是否启用了捕捉模式、栅格显示、正交模式、极轴追踪、对象捕捉、对象捕捉追踪、动态 UCS、动态输入等功能以及是否显示线宽、当前的绘图空间等信息。

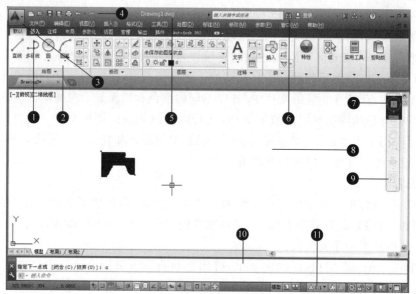

①菜单栏;②功能区;③应用程序菜单;④快速访问工具栏;⑤标题栏;⑥信息中心;
⑦导航工具;⑧绘图窗口;⑨导航栏;⑩命令窗口;⑪状态栏

图 9.15 AutoCAD 的操作界面

2.主要功能介绍

AutoCAD 作为一个可视化绘图软件,具有优秀的平面绘图功能。该软件不仅能够创建一些基本的图形对象,例如直线、圆、椭圆、多边形、样条曲线等;通过一些绘图辅助工具,例如极轴和捕捉追踪等,用户还可以很方便地绘制水平和竖直直线,并且能够迅速拾取图形对象上一些特殊位置的点。对于一定的图形对象,AutoCAD 具有强大的编辑功能,不仅可以对图形对象进行复制、移动、旋转、阵列、拉伸、延长、修剪、缩放等一系列简单变化,还能够对图形对象进行阵列、拉伸、延长、和倒角等操作,使图像效果更丰富。在图形对象绘制完毕后,AutoCAD 还可以为图形对象进行多种形式的尺寸标注,标注的外观可以通过标注设置进行修改,例如箭头样式、文字的位置以及公差等。同时标注形式也可以由用户进行自主定义,按照工程行业的标准对标注格式进行快速指定。此外,AutoCAD 可以在图形对象的任意位置、沿着某一方向书写文字,文字的字体、颜色、行距、倾角、宽度以及缩放比例等属性都可以单独进行设定,用户可以根据工程行业的标准进行文字样式的创建。并将图形对象都放置在某一图层上,可以分别设定不同图层的颜色、线宽以及线型等特征。

三维绘图也是 AutoCAD 一种重要的功能,可用于创建三维实体以及实体的表面模型。

AutoCAD 软件中提供了多类型的三维建模类型,例如三维线框、三维实体、三维曲面以及三维网络等,不同类型的三维建模技术都对应不同的功能集。通过拉伸、旋转、扫掠和放样四种工具可以实现由二维实体到三维实体的建模,并对实体本身进行编辑。通过在特性选项板中对设置进行更改,可以对三维模型实体的基本大小、高度和形状特性等参数进行修改;三维曲面对象具有三维实体和三维网格不具备的特征,根据曲面类型的不同,例如过渡、修补、偏移、圆角、倒角、拉伸、放样和扫掠等,特性的更改也不同;三维网格对象具有控制平滑度和锐化的特征,因此对象的面、边和顶点具有锐化的特性。除了修改三维实体、三维曲面和三维网格外,还可以使用"特性选项板"中的特性选项对各个面、边和顶点子对象的特性进行修改。此外,AutoCAD 的三维绘图功能还可以很方便地绘制实体的轴测图,并对其进行阴影处理和表面着色,使得三维绘图的结果更加完善。

AutoCAD 不仅具有强大的二维和三维绘图功能,它开放的体系架构同样是一项重要功能。首先,AutoCAD 具有网络共享功能,用户可在网络上发布图形或通过网络访问其他资源。其次,AutoCAD 允许多种图像数据相互转换。最后,AutoCAD 具有二次开发功能,允许用户设置菜单以及工具栏,并能利用内嵌的多种语言,例如 Autolisp、Visual Lisp、VBA、ADS 和 ARX 等进行二次开发,还可以加载运行脚本,实现系统本身不包含的一些功能,例如在建模和渲染前,对模型进行三维自动旋转等。

9.4.3　SolidWorks

SolidWorks 是由美国 SolidWorks 公司开发的首个基于 Windows 系统开发的三维计算机辅助设计软件。自 1995 年推出第一套 SolidWorks 软件以来,二十余年的发展使得该软件已经成为三维机械设计软件的主力。SolidWorks 软件具有强大的功能、丰富的组件、易学易用的特点,以上三个特点使得 SolidWorks 成为目前市场中最主要和领先的三维CAD 解决方案,广泛应用于航空航天、铁路、工业设计等领域。在电动汽车、电视电冰箱、空调等家电生产企业、汽车生产企业、医疗器械生产企业、模具生产企业等领域同样拥有大量用户。

SolidWorks 针对不同用户提供不同的设计解决方案,可以减少设计过程中产生的错误,提高最终产品的质量。SolidWorks 不仅提供了如此强大的功能,而且对于每个工程师和设计师来说,它也易于操作和学习。独特的拖放功能可以让用户可以在较短的时间内完成大规模装配设计。SolidWorks 内置的 CAD 文件资源管理器与 Windows 系统中的资源管理器类似,可以用于管理 CAD 文件。该功能可以提高工作效率,更快地产出高质量的产品。SolidWorks 软件不仅设计功能强大,而且它的操作也具有易学易用的特点(包括Windows 系统中的特性如拖放、点击、复制和粘贴等)。SolidWorks 软件充分采用非全约束的建模方案,使得整个产品设计过程中100％的对象可编辑,并且零件设计、装配设计和工程图纸之间具有完全的关联性,可以在随时修改设计,并且相关部分会自行修改。SolidWorks 软件还允许以插件的形式将其他功能模块嵌入到其主功能模块中,具备一个巧妙的"封装"功能,允许以块的形式处理复杂的装配体。因此,SolidWorks 软件具有在同一平台上实现图形设计、计算机辅助工程和计算机辅助制造三项功能于一体的独特功能。

1. 操作界面

SolidWorks 的用户界面具有一套完整的操作界面和鼠标控制界面,不包含多余的对话框,因此可以减少设计所需的时间,并且避免图形界面混乱。SolidWorks 的用户界面主要包括菜单栏、工具栏、管理区域、绘图区和任务窗格等。菜单栏包含了所有 SolidWorks 命令,工具栏可以根据文件的类型(零件、装配图、工程图)进行调整、放置并设定其显示状态,而窗口底部的状态栏则可以提供设计人员正在执行有关功能的信息,SolidWorks 的用户操作界面如图 9.16 所示。

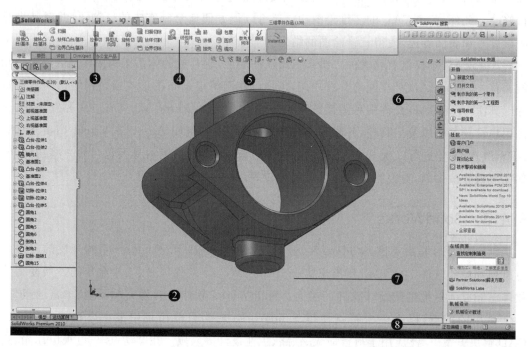

①管理区域;②坐标系;③菜单栏;④命令管理器;⑤工具栏;⑥任务窗格;⑦绘图区;⑧状态栏

图 9.16　SolidWorks 的用户操作界面

①管理区域。文件窗口的左侧为 SolidWorks 文件的管理区域,也称为左侧区域。管理区域包括特征管理器、属性管理器、配置管理器、标注专家管理器和外观管理器。单击管理区域窗口顶部的按钮,可以在应用程序之间进行切换。

②坐标系。用户坐标系方便标注以及转变角度观察图形,并且可以在三维建模中更好地定位。

③菜单栏。菜单栏在界面的最上方,其中最关键的功能集中在"插入"和"工具"菜单中。SolidWorks 的菜单和其中的选项因工作环境而异。当执行任务时,菜单命令将临时变为灰色,且菜单命令暂时无法使用。

④命令管理器。包含 SolidWorks 命令的基本操作,相比菜单栏更加直观,由不同的功能区选项卡划分,功能区选项卡也可以由用户设置开与关。

⑤工具栏。SolidWorks 根据设计需要,提供功能众多的工具栏,可以分为标准主工具

栏和自定义工具栏两部分。"前导视图工具"工具栏以固定工具栏的形式显示在绘图区的正中上方,由绘图区限制,同时也不需要所有工具栏同时出现,其他工具栏默认排放在主窗口的边缘。可拖曳这些工具栏到绘图区中成为浮动工具栏。

⑥任务窗格。绘图区右侧的任务窗格是一个与管理 SolidWorks 文件相关的工作窗口。任务窗格包含 SolidWorks 资源、设计库和文件浏览的选项卡。使用任务窗格,用户可以查找和使用 SolidWorks 文件。

⑦绘图区。绘制和编辑图形的矩形区域

⑧状态栏。状态栏位于图形区域的底部,提供关于窗口中当前正在编辑内容的状态、指针位置坐标、草图状态等信息内容。

2. 主要功能介绍

(1)零件建模

基于不同零件的不同特性,SolidWorks 提供了强大的零件建模功能。软件具有拉伸、旋转、薄壁特征以及壳体提取、特征阵列、冲压等设计。用户所创建的工程图与其所参考的零件或装配体是全相关的,通过拖放操作可以实现对设计和草图的实时修改,当对零件的设计进行修改后,装配体的相关部分会自动发生改变。三维草图功能是生成用于扫描、放样的三维草图路径或者生成管道、电缆和线的路径。SolidWorks 将二维建模制图与三维建模技术相结合,可以在有指引的情况下自动生成零件尺寸、明细表以及零件编号等数据,从而简化了工程制图的生成过程。制图界面语言可选择中文或英文,功能特征树结使得制图操作更加简单直观。SolidWorks 软件可以通过控制线的扫描、放样、拖动以及填充等操作产生复杂的曲面,并且可以方便快速地对曲面进行修剪、延伸、倒角和缝合。同时,软件自带的设计纠错功能能够迅速排查设计不合理的地方。

(2)零件装配

SolidWorks 的零件装配系统功能可以由用户需要,设计各零件之间的约束关系,将多个零件装配成为装配体。该零件装配系统不仅能够装配零件,还能够从外部导入已经成形的装配体,并将其作为整体的一部分再次进行装配。同时,SolidWorks 还可以模拟仿真从零件到装配体的全过程。

(3)钣金设计

SolidWorks 还具有强大的钣金设计能力。可直接引用多种类的法兰特征以及薄片特征,使得钣金操作如正交切除、边线切口以及角处理等变得简单。SolidWorks 还可以快速、高效地创建钣金件,加快设计过程,节省时间和开发成本。在设计过程中自动估计钣金制造成本。在完成时可以自动生成并展开 3D 钣金件,以生成包括折弯补偿的展开图用于制造。SolidWorks 灵活的设计方法为钣金设计带来了优势。

(4)仿真分析

当机械模型建成后其可靠性与实用性评估也是机械设计以及电气工程的重要一环。SolidWorks 软件的仿真分析基于真实物理规律,包含跌落分析、热力结构分析以及振动结构分析等各类物理分析。使用 SolidWorks Plastics 的模具填充仿真功能可预测零件和模具上与制造相关的缺陷,确保在设计过程中快速评估零件性能和可制造性。

（5）数据接口

SolidWorks 允许多种 CAD 软件的数据转换，支持多种转换标准，例如 DWG、SAT、STEP 和 ASC 等，并且数据传递的成功率很高。这一功能特点方便了多软件协同使用的工程设计者，使他们能够在工作所需的多种软件之间自由转换。

9.5 新型工程工具

9.5.1 人工智能

随着科技的快速发展，人们对于智能领域的兴趣逐渐增强，对大量数据的实时分析以进行过程优化的需求不断增加。人工智能技术已经开始走进我们的生活，帮助人类完成各种各样的工作。从神经网络到遗传优化，再到模糊逻辑的多种集成方式，人工智能系统在工业应用中的潜力不断被发掘，已经成为如今最热门的研究方向。人工智能技术使得智能计算机和人工智能理论相结合，在部分高新技术领域已得到初步发展。短短几年时间，智能技术在各个领域得到了大力推广和应用，可以预见到它在未来的发展是积极向上的。

1.人工智能的定义

在 2017 年的政府工作报告中，李克强总理第一次将人工智能上升到国家战略层面。人工智能又称机器智能，是指人工系统中表现出来的智能，通常是由计算机实现的，也指研究该类智能系统如何实现的科学领域。可以从"人工"和"智能"两部分理解人工智能的定义。在工程领域，人工智能的应用原理主要包括以下几个方面。

（1）演绎。推理和解决问题。

（2）规划。智能机器必须能够自主制定目标，并且能够独立完成所制定的这些目标。

（3）学习。机器学习的主要目的是从用户以及输入端获得知识，从而可以用于帮助解决更多问题，并且在解决问题的过程中减少错误，能够显著提高解决问题的效率。

（4）知觉。机器感知是指智能机器能够使用外部传感器（如照相机、麦克风、声呐以及其他的特殊传感器）完成资料的输入，然后自主推断周身世界的状态，并且能够通过计算机视觉分析输入的影像。此外，智能机器还可能具有语音识别、人脸辨识和物体辨识等功能。

结合以上技能所制造出的能真正思考并解决问题的，具有一定知觉和大脑意识的智能机器一定会使工业生产发生跨越式的发展。

2.人工智能在工程中的应用举例

（1）人工智能在石油工程中的应用

研究关于人工智能在石油工业领域的应用已有几十年的历史，涉及勘探开发、矿山开采设备、钻井采油、公司运营等领域。人工智能在石油工程中的具体应用[7]主要包括。

①石油开采设备的设计、使用、检修和维护。通过数据驱动石油设备优化设计，向已建立的相关模型中导入生产中积累的参数，进行仿真和优化设备设计。同时，对设备的实时、环境信息传输进行采集工作，还可以在潜在风险评估和及时预警方面做出贡献。

②优化开采操作流程。对开采操作流程中获得的数据进行建模和分析，达到优化开采流程，提高工作效率的目的。

③预测勘探石油资源。使用人工智能技术，可以分析并利用开采及生产过程中产生的数据，提高石油勘探过程的精度。

④项目可行性、公司运营及后续服务研究。根据宏观经济形势、实际环境等大量数据信息，评估项目的潜在风险和盈利水平。通过人工智能技术预测公司运营情况，并且可以准确预测市场需求，提高公司运营服务水平。

石油工业中的智能化应用程度在弱人工智能和一般人工智能之间，其应用场景主要为定制人工智能，旨在解决该领域的具体工程问题，在勘探、开采、设备维护和投资等多个方面可以取得理想的效果。

（2）人工智能在电气工程中的应用

人工智能技术的应用使得电气工程的自动化发展程度不断提高，电气工程的自动化水平也得以提升。人工智能在电气工程自动化中的应用主要包括[8]。

①在电气设备制造方面的应用。电气设备的设计和制造过程中，人工智能技术出色的遗传算法和专家系统起到关键性作用，为其自动化控制提供了优质的条件，能够实现自动化程度高、制造速度快以及远程操控，既使工作效率大幅度提升，又可以保障生产设备的高品质。

②提高电气控制自动化程度。人工智能技术通过专家系统、模糊控制和神经网络等方法实现电气自动控制，能够最大限度地保障控制过程中的安全性以及可靠性，并且可以及时收集和处理所需的数据，从而实现了更加科学、自动化的电气工程控制。

③电气系统保护方面。人工智能技术可以通过智能手段控制系统开关，及时排查系统运行过程中的问题，并进行自动修复，有助于电路正常运行。

④提高变电站自动化水平。利用人工智能技术取代传统的人工操作，根据变电站的实际运行状况做出相应功能变化。使用智能机器取代传统的电磁设备，实现了变电站的网络信息化，使用智能机器信号取代传统的电信号，能够精确、高效地实现数据传输的自动化。

⑤在故障检测方面的应用。电气工程机械设备在运行过程中一般具有使用时间长的特点，如果平时不注意保养，那么当机器出现故障时往往需要花很多时间检查故障，智能化技术的应用就能够有效地解决普通检测手段效率低下的问题。当电气工程机械设备在运行过程中出现问题时，智能机器不仅可以将故障发生的时间详细记录，使得故障排查的时间大幅缩短，还可以在设备的故障诊断过程中发挥积极作用，进一步提高工程可靠性和安全性。

因此，人工智能技术在电气工程中的广泛、深入应用，不仅可以极大地提高生产过程的自动化水平，提高生产效率，还能够保障安全性能，提高电气工程行业的施工水平。

（3）人工智能技术在矿业工程中的应用

采矿工程的运行是一个动态的过程，经常发生变化。由于运行对象是自然界，存在许多不确定因素，因此不能盲目运行，所以采矿工程的运行环境是困难的、复杂的、多变的。优化矿业工程作业方法可以提高矿业工程的生产效率，并显著降低成本。人工智能在矿业工程的诸多方面也有应用，下面主要介绍两个重点应用：

①工艺方案的确定。矿业工程的实际应用环境复杂，仅通过人工分析不易确定可行的工艺方案，工艺方案的确定必须通过多次实地考察，和专家讨论研究才能通过。人工智能技术可以通过专家系统功能，直接分析出优质的方案，既缩短了考察时间，又为最后的确认提供了良好的思路。矿业工程最优工艺方案的确定属于一个复杂的问题，很难通过人工计算直接完成。相比较而言，智能机器的优质算法可以轻松、快速地得出结论，人工智能技术的使用可使矿业工程领域确定最优工艺方案的效率大幅提高。

②优化矿业工程设备。矿业工程的最优工艺方案确定以后，所需的各种设备类型随之确定，人工智能技术的遗传算法可以快速计算出设备的最优型号和数量，经人工复核可以确定具体用什么型号以及用量的大小。

9.5.2 大数据

1.大数据的定义

大数据就是海量数据的集合，具有数据体量巨大、类型繁多、价值密度低、商业价值高和处理速度快且即时等特点。大数据技术的主要作用在于对海量数据的专业化整理和分析。换言之，大数据技术通过"加工"数据信息实现数据的"增值"。如果说数据是一座巨大的"矿山"，那么按照矿石种类可以分为很多种，诸如金矿、银矿和铜矿等；按照开采方式又可以分为好几类。大数据中的"大"字，并不只是数据量多，更重要的是数据的"价值大"，也就是数据的"有用性高"。因此，如何合理利用大数据是最关键的一点。

2.大数据在工程中的应用举例

（1）大数据技术在风电机组故障诊断方面的应用

经过多年的增长，我国风电事业的发展从最开始只追求量到如今慢慢向追求质过渡。通过大数据预测技术分析、处理风电机组的生产、运行和管理等流程中产生的大量数据，可以对风电机组的远程故障排除起到很大帮助。

国外的风电相关企业主要将大数据技术应用于故障预警。IBM公司提出了一种全新的解决方案，即风力发电观测系统。这套系统主要是通过利用天气建模、云成像技术和高空摄像头，做到实时检测云层信息，掌握云的移动轨迹以及涡轮机上的温度和风速等各种信息。从而预测之后数天，甚至一个月的天气变化情况。然后就能对发电量进行精准预测，而且随着有效数据的积累，系统还能提高预测精度，甚至提前发出故障预警，从而减少维护成本，提高发电量。

在国内，金风科技是一家优秀的集研发和制造为一体的风电公司。该公司利用其在风电行业积累的大数据优势，成功研发出流场仿真模型，高精度预测风机周围的风能分布特征，使得风机发电量的预测值误差下降50%。该模型以日常维护和故障诊断为核心，保证了风机的长期稳定运行。该模型的研发不但大大降低了风机的维护成本，还能减少机组维护的停机时间，为企业带来了巨大的经济效益。

总的来说，各公司为了提高故障诊断的准确度，将大数据技术中的深度学习与模糊理论结合。将模糊理论应用于分类器，并构建卷积神经网络模型对不同状态进行特征提取，然后使用模糊分类器对不同状态进行智能识别，不但精确度大大提高，还能进行故障检测。可以说，随着人工智能技术和大数据技术的高速发展，风电行业的智能化之路也越发光明。

（2）大数据在电力供应中的应用

随着电力系统信息化程度的不断加深，部分智能终端设备在发电端、输电端、配电端和用电端等环节的覆盖率也逐渐增大，大数据技术在电力供应方面同样有着重要应用。大数据技术可以有效提高电能的生产、输配电能和终端使用电能的效率。根据对应环节的不同，大数据技术在电力供应领域的主要应用包含以下几项[9]。

①用电端。大数据技术可以根据用户的用电量、不同特性、业务办理等用电信息数据，

研究用户的用电特性,达到对目标用户开展精准服务的目的。国内外研究机构及电网公司利用大数据技术,分别在数据收集与分析、响应用户需求、用户用电行为分析与分类、供电服务质量优化、舆情管理和预警分析等方面进行了大量探索与研究。

②电网端。目前,对于电网侧的大数据技术研究主要为构建智能电网数据框架、搭建智能电网信息平台、预测分析电力负荷、大数据分析电网设备、精细化管理电网、电网故障情况监测及柔性分析和在线状态稳定性分析等。

③发电端。基于大数据应用技术的发展,智能电力系统、智能电网已经迅速展开,主要应用于状态参数预测、机组状态监测与诊断、机组运行优化和负荷优化分配等方面。

电力行业是能源供应链中的重要一环,在如今大数据时代背景下,传统电厂正逐步向智能电厂转变,这个过程是困难的,但价值巨大。随着智能电网的逐渐铺开,数据采集、存储、可视化等大数据技术在电力行业中的应用将越来越广,而利用大数据技术进行故障检测和预测评估也将是未来的重点关注问题。

(3)大数据在核电产业的应用

如今我国核工业已经历六十余年的发展,核电的发展经历了各种堆型设计、施工和运行阶段,积累了丰富的自主运行经验和大量设计、运行数据。随着数据量的不断增长、信息系统的复杂化,核工业逐渐暴露出工作效率低、人工成本增加、数据资源的浪费以及人工决策不全面等很多问题。通过人工智能和大数据技术的结合,可以与传统业务进行优化增值,能够带来迭代递进和创新发展的效益[10]。人工智能和大数据技术主要应用于核电业务、核心技术以及数据应用方向三个方面。

①核电业务。数字化交付是构建人工智能和大数据在核电设计过程中必经的第一步。大数据技术在核电工程体系的应用主要在有效支持科研创新、工程设计优化、工程建设创效和核电厂运营智能化方面开展。

②核心技术。为及时发现核电站的设备故障,大数据技术需要同时具备对于数据的强大采集能力,以流计算框架作为基础,高效地对流数据进行实时运算,支持对于实时业务的响应和动态规则的匹配。

③数据应用。大数据技术在数据应用方面的作用主要包括三维模型数据应用、知识库与图文档管理、流程管理和版本控制、专业协同设计、施工项目管理、核电调试管理、核电运营管理、决策支持和数据安全等。

面对国内外市场,为确保可持续发展的核电产业,需要在整个工业链的数据标准和积累能力方面做好工作,打下坚实的基础。使用人工智能和大数据技术可以对实际应用不断进行优化,加上由此带来的不断更替的优质管理方法,有助于实现我国核电产业跻身世界一流的目标。

人工智能在工程行业的具体应用还有很多,由于人工智能的应用,工程行业的各个领域都得到了迅速的发展,提高了行业的工作效率,降低了行业的成本。随着社会的发展和技术的进步,人工智能和大数据技术的重要性体现出来。目前,人工智能和大数据技术仍处于研究阶段,相信未来还会有更多先进的人工智能和大数据技术得以应用,为工程的进步做出巨大的贡献。

9.5.3　云计算

1.云计算的基本概念

云计算(Cloud Computing)是分布式计算的一种,其本质上是将繁重复杂的数据计算程序分解成不同的小程序,然后通过众多的服务器对这些小程序进行计算,并将结果返给用户。通过云计算,可以在极短的时间内完成海量的数据处理任务。随着互联网服务的不断增加,以及新的交付模式的不断发展变化,可以说云计算已经融入互联网的每一个角落,并将服务提供给每一位有需求的用户[11]。

总的来说,云计算是一项基于网络的服务,它可以将网络中零散的资源进行有效的整合、分配和集中,通过统一的服务界面为网络客户提供快速、优质的服务。可以说这是一项十分重要、全新的网络技术,它极大地提高了各项数据的使用获取速度,完美符合了网络资源的共享特性,为人类的工作和生活带来巨大便利。

提到云计算就不得不提互联网,互联网自 1960 年兴起,主要为军方、大型企业提供纯文字电子邮件服务,直到 1990 年才开始进入普通家庭。随着网站与电子商务的发展,网络已经成为生活的必需品之一。但随着时代的发展,传统互联网技术已经不能满足数以亿计民众的需要,云计算也就因此而诞生。2006 年 8 月 9 日,谷歌 CEO 施密特在一场互联网大会上首次提出了"云计算"的基本理念,这也是计算机发展史上云计算概念的首次亮相,有着重要意义。

如今,云计算已经进入快速发展阶段,未来,人们的生活将会发生重大改变,比如手机上的应用程序,无须在应用商店下载即可使用,人们通过相机或手机拍照以后,直接上传至云端,不再占用终端内存。这众多快捷的功能和服务都来源于一个巨大的云端资源池,这一切仅仅需要我们有一个支持云计算的终端机,可以说这种智能化才真正实现了世界的信息化。

2.云计算的应用举例

关于云计算的应用大家并不陌生,较为简单的云计算技术已经普遍应用于如今的互联网服务,其中最为常见的就是网络搜索引擎和网络邮箱。实际上,云计算技术早已融入现今的社会生活,在很多工程领域有着广泛的应用。

(1)交通云——云计算在智能交通中的应用

依托于大数据、云计算等技术的智能交通系统,可以对城镇交通布局进行合理的规划、调整,分散交通压力,保证区域客运、物流体系的高效运转,为交通执法部门提供实时、动态的监管信息[12]。而搭建云平台智能交通管理系统需要以下基本流程。

①数据采集。在智能云平台交通管理系统中,对不同交通管理环节产生的大数据进行处理的前提是数据采集。以监控系统、车联网、移动平台及移动通信等技术为基础,对交通网络产生的数据进行动态、全面的采集,如 Hadoop 的 Chukwa、Cloudera 的 Flume、Facebook 的 Scribe 等技术工具,能够以秒级百兆字节以上的速率实现数据采集,满足动态监控的需求。

②数据传输。在通过工具完成数据采集后,需要将数据同步传输到控制中心,现阶段,常见的传输工具分为 Sqoop、DataX 以及 Aspera 三种类型。其中,Sqoop 可以将采集的数据导入关系型的数据存储程序,同时,可以将该关系库中的数据导入 HDFS,实现数据信息的交互。DataX 主要是对以异构数据源进行传输的程序,如实现 Oracle、HBase、HDFS 等结构模式不同的数据源传输。Aspera 是基于 faspTM 技术的一种高速传输技术,打破了以往

传输距离、文件格式、数据规模以及网络状态等条件的限制,能够在较短的时间内进行数据迁移。

③数据存储。数据的采集、传输、沉淀等都需要相应的存储系统支持,智能交通管理平台的数据存储技术包括关系型的传统数据库以及 HDFS、HBAs、NoSQL 数据库等。

④数据处理。数据处理模块作为智能交通管理系统的核心环节,依托于系统、高效的计算中心与专业的处理工具,对数据进行实时的处理,在密度较低的数据链中提炼出高价值的信息,为智能平台的决策提供可靠的参考。

(2)电力云——云计算在电力行业的应用

电能事业发展迅猛,智能电网应运而生。而伴随智能电网的飞速发展,监测数据也越来越丰富,并且彰显出可观的应用价值,故而需要云计算这种新的数据处理模式来适应当前的发展环境[13]。其中有两项技术尤为重要。

①分层次处理电力技术。在云计算系统中,通过分层次分析、处理技术,可以使计算机实现系统化处理的目标。在电力体系中创建搜集、存储、使用电力信息的管理结构,同步分析、运算电力大数据,便能令电力供应体系更高效地分析、处理数据。

②数据处理检测电力技术。在云计算中运用数据处理技术时,常常会借助电脑的自动化分析处理系统,并且在内部以电力处理系统为基础,创建出 SQL(Structured Query Language)系统下的语句程序检测体系,来健全电脑自动化分析处理的能力。这样应用系统便能保护电力供应链中的数据结构,达到促进国内电力管理网络更加智能化的目的。

9.5.4 物联网

1.物联网的基本概念

物联网(The Internet of Things,IOT)本质就是将诸如人脸识别系统、北斗导航定位系统、红外传感器、温度测量仪、激光扫描仪等类型的信息传感器搜集到的各种需要监控、链接的光、热、电信号,通过不同种类的网络接入,从而实现人和物品的智能沟通互动,远程对物品进行感知、管理。

物联网的技术支撑主要靠两方面:一是各种各样的信息感应识别器,比如常见的人脸识别系统、温度传感器、声音传感器、湿度计、红外扫描机等。这些是物联网中识别物品和采集相应信息的来源,是整个巨大网络的基础。二是互联网、私有网络、内部网络等组成的巨大通信网。这些网络就像线一样把一个个终端电器连接穿插起来,组成最终的智能物联网。

可以预见,物联网和人工智能等先进领域一样,在未来科技发展中扮演着重要的角色,同时也将带来一场新的信息技术革命。这样一个融合了传统终端和现代网络的新兴技术正在逐渐改变着我们的生活。

2.物联网的应用举例

(1)人工智能与物联网

谷歌公司在 Google Cloud NEXT 2018 活动中就推出了一款新的人工智能物联网芯片——Edge TPU。该款芯片是一种低功耗、低成本的 ASIC 芯片,其体积非常小,甚至比硬币还要小。同时,还推出与之对应适用的软件 Cloud IOT Edge。它将从传感器中获取的数据传输到云并对这些数据集进行整理,然后可以在装有 Edge TPU 芯片的设备上执行。对于在物联网中的传感器来说,其作用不仅仅是数据收集,而且可以实现本地的、实时的智能决策。同样,微软公司则推出一款 Azure IOT Edge 的人工智能物联网产品,该款产品主要提供综合服务,可以把人工智能和自定义的逻辑都部署在所有 IOT 设备上,从而使得整个物联网系统更加高效稳定地运行[14]。

(2)5G 与物联网

物联网本身对网络有着极高的要求。虽然如今的 4G 技术已经较为成熟,相应的网络体系也在不断健全完善,但是,在核心技术上,例如数据的传输速度、传输效率、传输质量和之后的引用场景等都和最新的 5G 技术有着不小的差距,因此已经越来越不能满足如今物联网的需求。5G 技术可以说是最为适合物联网的网络技术,尤其是在网络安全方面,有着 4G 技术无法比拟的作用。因为物联网本身对于网络安全和通信安全的要求特别高,这种高要求不只体现在用户或者产品的信息被盗用或者破解,而且体现在网络通信数据本身的稳定性与可靠性方面。只有 5G 技术才能完善物联网通信的安全机制,在未来,搭载着 5G 网络的物联网将会走进千家万户,有着可靠、安全的技术保驾护航,物联网的发展将会越来越迅速与智能[15]。

(3)物联网与智能家电

智能家居的很大一部分构成要件是智能家电,通过物联网技术的应用,能够显著提升家电的智能化运行水平。智能家电中的主要设备包括空调、洗衣机和冰箱。在物联网技术的支持下,它们都可以实现与移动终端设备的互联,由此,用户可以对家电设备的运行状态进行监控,且可以根据自己的使用习惯设置智能家电的工作模式。此外,针对较小的家电设备,物联网技术也能够发挥出应有的效用。智能插座是智能家居中的一个较小的智能化设备,但是却发挥着极为重要的作用。智能插座具有通信和控制模块,可以与用户进行连接。用户可以对其进行远程控制,并了解各个设备的开关状态与耗电量,真正地实现对家居设备的智能化管理[16]。

习题与思考题

1. 在 WPS 表格工具中,工作表内存放了三个轴承制造厂四个批次总计 36 000 个轴承的信息,A 列到 D 列分别对应"厂商""批次""产品编号""轴承外径",利用公式计算第一个轴承制造厂中第三批次的平均轴承外径,最优的操作方法是(   )。

A. =SUMIFS(D2:D301,A2:A301,"第一个轴承制造厂",B2:B301,"三批次")/COUNTIFS
(A2:A301,"第一个轴承制造厂",B2:B301,"三批次")

B. =SUMIFS(D2:D301,B2:B301,"三批次")/COUNTIFS(B2:B301,"三批次")

C. =AVERAGEIFS(D2:D301,A2:A301,"第一个轴承制造厂",B2:B301,"三批次")

D. ＝AVERAGEIF(D2:D301,A2:A301,"第一个轴承制造厂",B2:B301,"三批次")

2. 某压力容器制造厂需要在 WPS 表格中统计各类压力容器产品的销售情况,并找出销量最高的产品,最优的操作方法是(　　)。

A. 在销量表中直接找到每类产品的销量记录,并用特殊的颜色标记

B. 分别对每类产品的销量进行排序,将销量最高的用特殊的颜色标记

C. 通过自动筛选功能,分别找出每类产品中销量最高的,并用特殊的颜色标记

D. 通过设置条件格式,分别标出每类中销量最高的产品

3. 如果导弹自动制导系统能够保证在发射后的任意时刻都能对准目标,而不断运动的目标在导弹发射 T 时间后能做出反应摧毁导弹。将导弹与目标视为两个移动的质点,并且认为二者都做匀速运动,为使导弹能够有效打击目标,请使用 MATLAB 计算导弹的有效打击范围 d、θ。

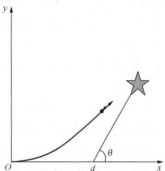

提示:问题示意图如图 9.17 所示,导弹发射点位于坐标原点,目标位于 x 轴正向 d 处,运动速度为 $v_a=100\ \text{km/h}$,$T=0.2\ \text{h}$,运动方向与 x 轴的夹角为 θ,导弹飞行的线速度为 $v_b=460\ \text{km/h}$。

4. 请利用 MATHEMATICA 求解实际问题:某两个塔顶间需要设置一绳索,已知两塔顶间相距 200 m,允许绳索在中间下垂 10 m,请计算在这两个塔顶间所用绳索的长度。

图 9.17　导弹自动制导系统示意图

提示:缆绳满足悬链线方程为

$$y=a\,\frac{\mathrm{e}^{\frac{x}{a}}+\mathrm{e}^{-\frac{x}{a}}}{2}$$

5. 请在 ANSYS/Workbench 平台下,使用有限元分析方法对固定长度和厚度的圆柱钢衬进行静力分析及线性屈曲分析,考虑长度、管径以及钢衬厚度对临界载荷的影响,并对钢衬结构进行优化设计。选取的圆柱钢衬的几何尺寸见表 9.1。

表 9.1　几何尺寸

名称	塑料圆柱壳/mm
内径	125
壁厚	5
长度	1 060

提示:要求能够同时对长径比和厚度进行优化,最终在适度范围内增加厚度来改善圆柱钢衬的屈曲状况。

6. 焊接是一项十分基础且重要的链接工艺,在车辆制造、航天航空、化工机械等领域有着极为广泛的应用,而在焊接过程中,工件上面的温度分布情况是我们需要重点注意的一个问题,如图 9.18 所示,这是焊接铝板的摩擦搅拌焊接工艺过程,旋转的焊头沿着焊缝向前移动,其摩擦产生的热量将铝熔化链接在一起,试用 COMSOL 软件来对该过程进行模拟,并得到铝板的温度分布图(板件尺寸可自行定义,符合实际即可)。

提示:如果将焊头视为一个热源来模拟,并将移动坐标系固定在工具轴上,即认为搅拌

头不动,铝板运动。这样传热问题就转化成一个稳态的传导-对流问题,由此可以很方便地进行模拟。

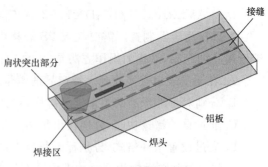

图 9.18　铝板焊接示意图

7. 请计算图 9.19 所示连杆机构中运动链的自由度,回答该机是否有确定的运动,并且指出是否存在复合铰链、局部自由度和虚约束。同时使用 Adams 软件计算,构件 2 的位置、转动角速度和角加速度随时间变化关系,构件 4、构件 7 的位置、速度、加速度随时间变化关系。其中构件 1 为主动件,构件 7 为输出构件,具体参数为:1、2 杆长度分别为 $l_1 = 390.8$ mm,$l_2 = 510$ mm,1 杆的角速度 $\omega = 0.087\ 27$ rad/s,与水平方向的夹角 $\varphi_1 = 76.8°$,5 杆的长度 $l_5 = 460$ mm。

8. 绘制如图 9.20 所示的端盖零件图,该零件可用于调整轴承的间隙,并且可以为齿轮轴留出通孔,用于装配防尘圈防尘。

提示:本例的技术要点主要包括:①镜像和阵列命令的使用;②等距平行线的使用;③绘图对象上特征点的捕捉;④图框和标题栏的调用以及填写等。

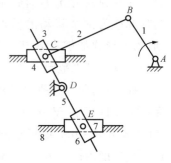

图 9.19　连杆机构

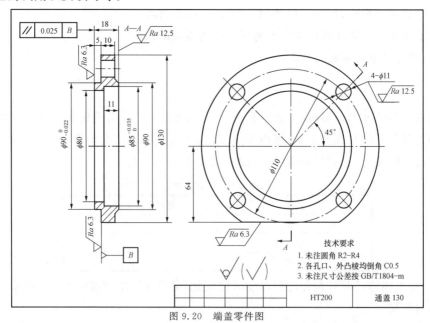

图 9.20　端盖零件图

9. 绘制如图 9.21 所示的轮轴零件图,该零件主要用于支撑各种轮等转动件,结构上表现为不同直径的回转体轴段同轴串接,并且径向尺寸小于轴向尺寸。

提示:本例的技术要点主要包括:①孔/轴命令的使用;②剖面图和局部放大图的绘制方法;③绘图对象上特征点的捕捉;④中心线、平移、镜像、裁剪和倒角等命令的使用;⑤剖面线的绘制;⑥尺寸标注、公差标注、表面粗糙度和文字的标注;⑦标题栏的填写等。

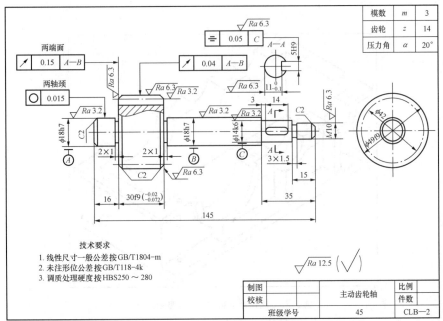

模数	m	3
齿轮	z	14
压力角	α	20°

图 9.21　轮轴零件图

10. 请使用 SolidWorks 软件完成对图 9.22 所示的减速器下箱体的建模,减速器下箱体三维模型示意图如图 9.23 所示。

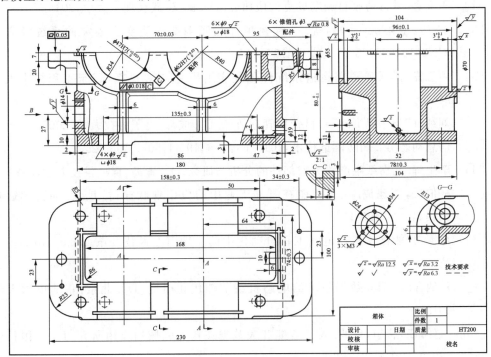

图 9.22　减速器下箱体

提示:使用阵列、拉伸、孔等命令完成创建,操作时注意孔的类型的选择,以及定位基准的选择。

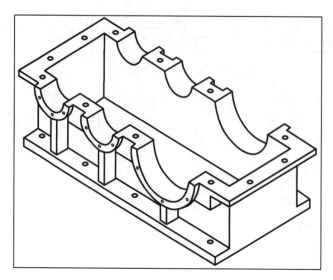

图 9.23　减速器下箱体三维模型示意图

参考文献

［1］　王文鑫.铁磁薄膜自旋塞贝克效应研究［D］.武汉：武汉理工大学，2015.

［2］　郑达，王沁沅，毛峰，等.一种模拟深层倾倒变形演变及成灾的系统及方法：CN201910060250.7［P］. 2019-04-25.

［3］　卢玉锋.露天矿道路运输系统优化及应用研究［D］.阜新：辽宁工程技术大学，2011.

［4］　刘纯.广州华凯 LPG 项目费用管理研究［D］.成都：电子科技大学，2009.

［5］　信息动态［J］.国防制造技术，2010(6)：4-9，19-44，50-55，58-72.

［6］　李生辉.瓦楞纸生产线关键部件的分析与研究［D］.青岛：青岛科技大学，2020.

［7］　林伯韬，郭建成.人工智能在石油工业中的应用现状探讨［J］.石油科学通报，2019，4(4)：403-413.

［8］　肖萍.智能化技术在电气工程自动化中的应用［J］.科技资讯，2020，18(17)：31-33.

［9］　刘炳含.基于大数据技术的电站机组节能优化研究［D］.北京：华北电力大学，2019.

［10］　赵海江，唐华，肖波.人工智能和大数据在核电领域的应用研究［J］.中国核电，2019，12(3)：247-251.

［11］　许子明，田杨锋.云计算的发展历史及其应用［J］.信息记录材料，2018，19(8)：66-67.

［12］　李丽萍，孙梦琳.云计算及大数据技术在智能交通中的应用［J］.经济研究导刊，

2020(16)：164-165.

[13]　吴振田.基于云计算的电力大数据分析技术与应用[J].通讯世界,2020,27(6)：93-94.

[14]　李嘉骏.人工智能物联网发展现状研究[J].信息系统工程,2019(12)：113-114.

[15]　姜英涛.5G 移动通信技术下的物联网时代[J].通讯世界,2019,26(9)：23-24.

[16]　卢涛.物联网在智能家居中的应用[J].数码设计(下),2020,9(3)：68-69.

第10章 工程素养

10.1 导 言

工程问题的本质具有开放性和综合性,且工程问题的特征也随着时间和空间的改变而不断进行提升和演化,覆盖的交叉领域也日益广泛。

以合成氨工业为例,据统计,化肥对世界粮食增产有超过 40% 的贡献率。近百年来,世界人口增加了 4.5 倍,而口粮的产量却增加了 7.7 倍。现在全球氮肥产量约 1.2×10^8 t,世界人均消耗氮肥 20 kg,合成氨工业为人体提供了 50% 的氮元素。可以这样说,如果没有合成氨技术,世界上将有近一半的人无法存活。自 1911 年 BASF 建成世界第一套合成氨装置至今,合成氨技术取得了巨大的进步。单套合成氨生产能力从年产 1 500 t 发展到年产 9×10^5 t,氨合成塔压力从 100 MPaG 下降到 15 MPaG,单位能耗从 78 GJ 下降到 27.2 GJ,已经接近理论极限 20.1 GJ。世界第一套合成氨装置采用氯碱工业电解制氢,并通过氢气在空气中燃烧制得氮气。现在,合成氨工业的主要原料为天然气和油田气等气态烃、渣油、煤等。合成工艺也随原料的不同而改变:对于天然气和油田气等气态烃,采用空气-水蒸气为汽化剂的蒸汽转化法;对于渣油,则采用氧-水蒸气为汽化剂的部分氧化法;对于煤,则采用氧-水蒸气的加压汽化法。目前中国合成氨工业产量位居世界第一位,并已经掌握了以天然气、渣油、煤等为原料的工艺技术。随着中国基础产业的飞速发展,中国合成氨技术提供商的水平已经跻身世界前列,重要设备已经可以全部国产化。中国合成氨技术提供商已经可以供货单套 60×10^5 t /年的氨合成塔内件,并为大型合成氨企业提供气体压缩机。

可以看出,合成氨工业的迅猛发展中包含了化学工艺、过程装备、智能控制、电气工程等多学科门类团队的协调合作,需要参与单位与人员之间的高效交流。更重要的是,合成氨工业的技术进步,要求工程师具备长期关注业界发展、随时进行知识再更新的终身学习能力,以应对不断变化的技术挑战。因此,本章将主要介绍"个人与团队""沟通""终身学习"三类重要的工程素养。

个人与团队是指能够在多学科背景下的团队中担当个体、团队成员以及负责人的角色。沟通是指能够就复杂工程问题与业界同行及社会公众进行有效沟通和交流,包括撰写报告和设计文稿、陈述发言、清晰表达或反馈等多个方面。在特殊情况下,也要具备一定的国际视野,能够在跨文化背景下进行沟通和交流。终身学习是指具有自主学习和终身学习的意识,有不断学习和适应发展的能力。

希望通过本章的学习,促进工程素养方面能力的提升,更好地支撑复杂工程问题的分析与解决。

10.2 个人与团队

10.2.1 团队的意义

团队是为实现一个共同的目标、由两个或两个以上的人员组成的合作单元。一般来说，成功的团队具有以下特点：①团队有共同的目标、责任；②团队成员相互沟通、鼓励、共同学习、探索提高；③团队是高效执行任务的载体；④团队搭建了实现人际交流、获得个人成就、满足被认可需求和实现个人价值的平台。

团队的重要意义在于，只有进行合作才可能战胜个人无法战胜的困难、解决个人解决不了的问题，从而高效率地完成任务。团队合作已经由个人意愿变成了现代社会生产的必然要求，主要体现在以下几个方面。

(1)项目与问题极为复杂，对工程师提出了更高的能力挑战。

(2)在设计中必须考虑比以往更多的因素。

(3)许多公司采取国际化策略，设计和制造工程业务遍布全球。

(4)由于"上市时间"对竞争优势极为重要，因此，本质上是一种团队活动的"并行工程"并广泛采用。

(5)公司越来越多地使用项目管理原则。

1.项目越来越复杂

工程师要面对日益复杂问题的挑战。例如，在过去的近两百年里，机械设备的复杂性迅速增长。David G. Ullman 在《机械设计过程》中指出，在 19 世纪早期，步枪有 51 个零部件。美国内战时期的斯普林菲尔德步枪有 140 个零部件。19 世纪末发明的自行车有 200 多个零部件。20 世纪发明的汽车有成千上万个零部件。波音 747 飞机有超过 500 万个零部件，系统与功能的复杂程度呈指数增长。大多数现代设计问题不仅涉及许多单独的零部件，还涉及机械、电气、控制、力学等多个工程学科，每个子系统都需要专家组成团队。在 21 世纪的今天，随着人工智能、大数据、机器学习等与传统工程的深度融合，项目研发与实施比以往任何一个时代都更复杂，难度更高。大多数工程问题的跨学科属性决定了若想真正取得进步就必须依靠团队合作。

2.设计过程中要考虑更多的因素

工程设计时必须考虑比以往更多的因素，包括初始价格、生命周期成本、性能、美学、整体质量、人体工程学、可维护性、可制造性、环境因素、安全性、可靠性和在世界市场的接受度等。满足这些因素需要设计和制造工程、法律、采购、商务和其他人员的集体协作。典型的工科新生主要对技术感兴趣，他们认为工程师的工作与其他因素无关，总是在寻求"最佳技术解决方案"，但工程问题的综合性和交融性本质却并非如此。因此，在人才培养过程中，要扭转对技术的片面认识，充分认识非技术因素在方案制订过程中的重要意义。

3.全球化过程的挑战

越来越多的企业迈向全球化合作，国际化项目可以将设计、制造、运维、销售等多个工程业务遍布全球，通过互联网和物联网共享数据。例如，美国工程师与日本工程师合作设计一种将在中国制造的产品，这并不罕见。以美国波音公司的大型商用客机项目为例，20 世纪 60 年代制造的波音 727 飞机设计、开发、制造均依靠波音公司自主投资，独立完成，按价值计算进口零部件只占2%。20世纪70年代为了顺利出口飞机，飞机制造企业开始将一些零部件生产转移到国外，进口零部件比重逐步提高。波音飞机的外购从747机型的简单结构零部件发展到777机型的复杂中心机翼。波音787梦想飞机的零部件和子系统则依靠全球采购，主要零部件供应企业包括澳大利亚、加拿大、中国、意大利和日本。按价值计算，波音787飞机90%的设计和子系统依靠外购，进口比重提高到70%。中国对波音飞机供货不断增加从一个侧面说明飞机制造业生产分割和外购不断加深。在这种情况下，以全球化为背景的国际合作成为必由之路。

再如C919中型客机，这是中国首款按照最新国际适航标准，具有自主知识产权的干线民用飞机。在C919设计之初，指导思想就是要按照"主供应商—供应商"模式，深化国际国内合作，风险共担，利益共享，形成大型客机的国际国内供应商体系。因此，在国际合作平台上，派克汉尼汾公司（Parker Hannifin Corp.）、CFM国际公司（CFM International）、霍尼韦尔国际公司（Honeywell International Inc.）等全球合作伙伴为C919提供了燃油、油箱惰化和液压系统、发动机和电传飞控系统等核心零部件，是全球团队合作与交流的典范。

4. 速度就是产品生命

为了更快更好地实现产品的市场化和更好地应用，有研究表明，上市时间若推迟6个月，产品在其生命周期内的盈利能力将减少三分之一。《商业周刊》的一篇文章指出："将产品开发时间缩短到三分之一，你的利润将增加三倍，增长将增加三倍。"如图10.1所示为产品的生命周期，可以看出在同等产品的生命周期内，由于延迟将产品推向市场而造成的损失。对于工科学生来说，理解速度的重要性是很重要的。

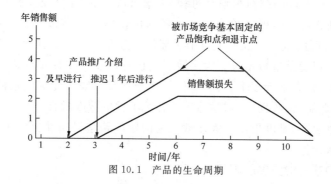

图 10.1 产品的生命周期

5. 公司越来越多地使用项目管理原则

项目管理广泛应用于工业界和政府部门。尽管企业可能有独立的研发、制造、工程、人力资源、产品开发、营销和采购部门，但项目管理是一种不按照职能而是按照产品或项目来组织团队的方式。为实现特定的目标，选择相应的研究、工程、制造、人力资源、采购和其他部门形成临时性或稳定的协作关系。例如，在关键期限内解决产品缺陷或开发新产品等。项目管理方法本质上是一种跨职能团队的方法，对于迅速解决问题具有重要作用。在大型工程设计中，如果没有一个明确的管理者、负责人、工程师和工匠的层次结构划分，就无法完成现代化的跨学科任务。

10.2.2 作为个人发挥作用

在加入团队之前,每个人都是独立的个体,应该具有从事本领域相关工作的能力与素质,这既是发挥个人价值的前提,也是对团队工作进行支撑的必要保障。第一,要求个人应具备扎实的专业技术能力。良好的专业素养是开展一切工作的前提和条件。第二,个人应以完全负责任的态度开展工作,尽最大努力取得最好的成果。第三,在实践过程中,困难与挑战始终存在,我们应该以积极乐观的态度和百折不挠的坚定毅力应对困境,越是困难的环境越要坚持下去。同时也要不断学习进取,掌握新原理、新技术,攻坚克难。第四,坚守诚实正直的品格,严守工程伦理道德。第五,要学会感恩与回报。对曾经帮助过自己的人和团队给予回馈,才能构建出积极向上的整体氛围。

10.2.3 作为成员在团队中发挥作用

团队中有各种不同类型的人,如动力型、开拓型、保守型、外向型、内向型等。而各人又有各自独特的,甚至他人无法代替的长处,当然每个人也都有短处。将每个人的长处,根据工作实际合理地搭配起来,优势互补,就能发挥最佳的整体组合效应。为获得成功,团队成员必须理解并接受一个清晰的目标,明确并接受他们在团队中的个人角色,取得共识后,团队成员才能够自觉遵守团队规则,并为个人工作承担责任。为确保团队任务最终的成功,每个人都必须愿意采取主动的工作态度,积极进行交流沟通,互相鼓励,尊重并考虑团队中其他人的想法和感受。作为团队成员,应该在团队工作中努力做到以下几点。

(1)尽最大努力帮助团队成长并实现团队目标,不拘泥于团队过去的经验。

(2)不要期望有完美的队友。你不完美,他们也不完美。要看到队友的优势和在团队中扮演的角色,和你的团队成员交朋友。

(3)加入新团队时切忌先入为主。看上去对工作内容了解清楚的人很可能不会一直在团队中,暂时落后的成员也许有更高的积极性和更坚韧的毅力,通过持续性参加团队会议,提高自身能力和团队参与度,才有可能做出长期的贡献。

(4)努力成为团队领导者。在此之前,给予团队领导者最大支持,可以尝试从工作角度发挥领导力,在互相支持与鼓励中成长。

(5)帮助构建团队风格与团队文化。团队像企业一样,能激发出独特化学反应和强烈个性,每一个团队都与众不同,成为一个充满活力、个性鲜明团队的一员是团队合作的回报之一。

(6)耐心。团队成员从陌生到默契,一步步确定团队任务与目标,团队成员要促进团队成长,给团队成长时间。

(7)对自己和团队的表现进行评估和评分。致力于成为一个了解团队、充当催化剂的人,帮助团队在高水平上发挥作用。在校期间的团队经历,尤其是担任团队负责人的经验,对于未来在企业从事团队活动具有重要的促进作用。

(8)不要回避个人冲突。当你与其他人密切合作时,个人冲突是不可避免的。有时,这些分歧的发生是因为一个团队成员未能履行分配的职责。另一些时候,冲突是由个人观点或优先事项的根本差异引起的。不管你的团队关系变得多么复杂,都不能影响团队整体对外输出。因此,将注意力聚焦在团队任务上,通过交流与协商解决冲突,必要时由团队领导者进行决断,成员需要按照最终决定执行。

10.2.4 在团队中发挥领导力

前文已经阐述了团队合作是完成复杂工程技术问题的必然要求。项目越复杂,涉及的人员部门越多,越需要出色的团队领导与管理艺术。缺乏有力的领导,会造成团队成员即使工作在同一个项目上,也会因为缺乏同步和协调,甚至相互干扰,造成团队士气低下,不仅导致团队任务失败,也会给团队成员今后个人发展带来负面影响。因此,建立并发挥良好的领导力是团队领导者的首要责任。

领导者确保团队始终专注于目标,并培养和保持积极的团队个性,带领团队达到高绩效和专业水平。领导者一方面建立团队,另一方面依靠团队完成项目。为了实现这些目标,领导者必须做到以下几点。

(1)专注于目标。帮助团队始终专注于团队总体任务目标。

(2)做一个团队建设者。领导者可能会积极地完成一些项目任务,但最重要的任务是团队,而不是项目。建立、支持、保障团队的发展,以便团队能够完成目标并取得成功。

(3)计划好并有效利用资源(人、时间、金钱)。领导者应具有有效地评估和利用团队成员的能力。

(4)召开有效的会议。领导者有能力确保团队定期开会,并且会议富有成效。

(5)有效沟通。领导者有效传达团队的愿景和目标,既能够激励团队更好地工作,也能对不合格工作的改进给予有效指导。

(6)通过营造积极的环境促进团队和谐。如果团队成员互相取长补短,那么冲突就不太可能发生。然而,领导者决不能害怕冲突。领导者应该把冲突看作一个改善团队绩效和个性的机会,并可以将其作为团队目标之一。

(7)培养高水平的表现力、创造力和专业精神。有长远的目标和规划,鼓励创新思考,勇于挑战未知命题,并在探索中相互激励以获得最好的结果。

团队领导者可以尝试采取以下方式提高团队工作效率,树立团队风格。

1.建立合理、高效的团队组织架构

组织结构图是一种用于指定团队管理结构的工具。组织结构图表明工程项目各个方面的负责人或负责机构,描述了团队的层次结构和报告结构。在企业界,组织结构图对于解析岗位责任隶属关系至关重要,因为每名员工都必须了解从高层管理开始的整个责任链,以确保项目分解责任的层层落实与反馈。如图10.2所示。

组织结构的建构模式有很多,代表性的有以下几种。

(1)传统型组织结构

这种组织结构较为直接简单,但结构清晰,操作可行性好。一般会有一个强有力的领导者,在很大程度上指导团队的行动,对团队活动承担主要责任。其他团队成员跨级别参与讨论的机会较少,领导者和其他团队成员之间有一定的距离。

(2)参与型组织结构

这是一种强调全员领导/参与式的团队模式。在这种模式中,领导者的位置与所有成员都很近,有着短而直接的沟通途径。这个模式意味着领导者对所有成员的直接责任,团队决

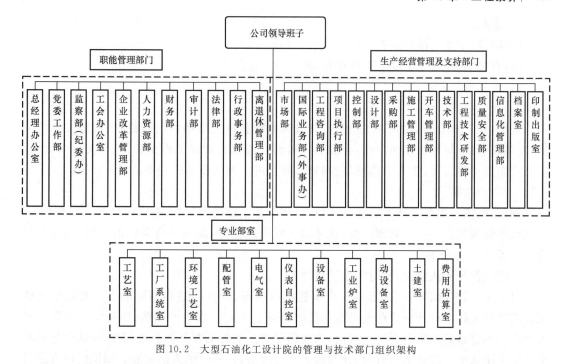

图 10.2 大型石油化工设计院的管理与技术部门组织架构

策也由全体成员共同决定,比较适用于小规模、任务相对单一的团队。

（3）扁平型组织结构

这种结构强调领导者本身也是团队成员。领导者与团队成员是平等的,而不是领导者高于团队的等级结构。这种结构的优势在于,团队工作发生异常状态时,领导职责能够快速从一个成员转移到另一个成员,能保证团队工作的顺利开展,具有较高的抗风险能力。

（4）专家顾问型组织结构

学校中学生团队和导师之间的关系就是典型的专家顾问型组织结构。学生小组可以是设计小组、研究小组或合作学习单位,指导教师虽然不是团队的一部分,但会对项目执行进行密切指导,并将成为团队的重要资源。专家/导师承担团队管理、担任技术顾问以及协助对不合格团队成员进行干预或纪律处分等职责。

不存在一个"绝对正确"的结构。一个团队需要选择一个能够有效地开展工作、推进项目顺利实施的团队结构。然后,团队的最终成功取决于团队领导者和团队成员的共同努力。当一个团队在工作时,团队结构可能会周期性地改变,以应对团队所面临的不同情况和挑战。

2. 设定明确清晰的岗位责任,确定岗位最合适人选,知人善用

团队领导者需要根据团队建设或项目目标,为成员设定明确的工作岗位与工作职责,正如一台精密设备那样,每一个零部件都应该有其确定的位置和功能。一般来说,组织结构图越复杂,每个人的工作描述就越详细。较小的团队可能会有更松散的职位描述,因为必须有人员的岗位交叉来处理维持团队运转所需的所有任务。工作描述与要执行的工作有关,而不是与在任何特定时间担任该工作的任何特定个人有关。

典型的团队工作岗位描述可能包含以下信息。

（1）职称。

（2）职等（定义工作的薪资范围）。

（3）直接主管（指定为一个工作职位，而不是指定的个人）。

（4）责任清单。

（5）职位描述。

例如，某土木工程师的职位描述为：开发和管理各种大型项目的建设；协调新设备的采购、安装和调试；与外协公司合作，在施工现场创建流程和管理工作流程；培训实习生、小时工和合作公司的人员；负责工作现场的物资采购、进行现场设备管理等。

（6）所需技能。

例如，岗位所需要的技术或非技术技能：理学学士或同等学力；土木或建筑工程专业，有四到六年的现场施工项目管理经验；优秀的人际交往能力，能与各种各样的人合作；需要专业工程师（PE）注册等。

3. 定期召开团队会议，及时掌握团队动态

对于工程设计团队来说，定期开会审查项目状态、设计问题和问题解决方案是很重要的。按照固定频率召开会议还是只在需要时召开会议完全取决于团队，但通常由团队领导者决定。不管你的团队是否经常开会，重要的是要采取切实有效的会议制度，团队领导者有责任要求团队成员表达清晰有效，并与他人相处融洽，能吸收他人的观点。团队的所有成员都必须了解他们的任务与整个团队的责任之间的关系，从而确保会议讨论的有效性和富有成果。团队领导者尤其要掌控会议方向，避免最终可能发生的争吵与混乱。即使已经预先设定了会议议程，团队领导者也有责任为会议定下基调。

4. 与成员之间、组织内的其他团队之间建立良好的沟通渠道与沟通方式

团队内部有纷争和矛盾是正常的，团队领导者首先应该建立通畅的沟通渠道，确保能够听取到各方的意见和建议，并采取快速和积极的反馈机制。其次，团队领导者应对意见与建议进行分类识别，以团队任务为最高出发点，采取相应的处理措施。最后，团队领导者与成员之间应开展充分的沟通和讨论，使各类信息完成"提出-接收-处理-反馈"的闭式循环，有效提升团队凝聚力，使成员获得团队认同感和成就感。

在很多情况下，一个复杂的设计工作将涉及多个团队。特别是在全球化浪潮下，分布在众多国家的工程师合作进行复杂项目工作，要求团队领导者必须具备比成员更宏观的视野和跨背景、跨文化的全球团队合作能力。

5. 建立高效的团队决策模式

团队进行决策时，可以选择适用的决策模式，主要包括以下几点。

（1）共识。一致决定是指所有团队成员都能找到共同点的决定。这不一定意味着全票通过，但它确实意味着每个人都有机会表达自己的观点和听取其他人的意见。公开分享想法的过程通常会带来更好、更具创造性的解决方案。选择共识作为决策方式时要意识到达成共识可能需要时间，对大团队来说尤为如此，并存在无法形成决策的风险。

（2）多数。另一种做出决定的方式是多数票。得票最多的选项获胜。这种方式的优点是比达成共识所需的时间短。但是缺点在于，它所提供的创造性对话不如达成共识，而且总会有一个不占优势的声音被忽视，进而有可能导致团队的分裂。

（3）少数。依靠团队的一小部分。例如小组委员会做出决定。这样做的优点是可以加

快决策速度;缺点是整体团队沟通较少,一些团队成员可能无法对决策做出贡献。

(4)平均。平均往往被认为是效果最差的妥协。很多时候不是基于事实,而是平衡成员关系或为了抵消极端的观点。因此,采用平均决策模式通常很少有富有成效的讨论,而且平权式投票会使得更有远见的意见被平庸或不知内情的投票毁掉,继而造成决策失误。

(5)专家。面对艰难的决定,专业知识是无法替代的。如果团队中有专家,他或她可能会被要求做出决定。如果一个团队在某个特定的问题上缺乏专家,那么最好的团队会认识到这一点并寻求专家的建议。这种做法的优点是,从理论上讲,决策是由准确的专家知识做出的。但可能的缺点就是,有可能找到两名专家,他们在得到相同信息时,对最佳行动方案有不同意见。这时候就考验团队评估水平与决策能力。

(6)没有讨论的权威规则。当有一个强有力的领导者在没有与团队讨论细节或寻求团队建议的情况下做出决策时,就会出现这种情况。这对于小的决策,尤其是管理性质的决策,必须快速做出的决策,以及团队没有足够资格参与的决策,都能很好地发挥作用。然而,这种方法有许多缺点。最大的问题是团队对领导者的信任会受到破坏。他们会感觉到领导者不信任他们,并试图绕过他们。如果一个人不断地由自己来做所有的决定,或者如果团队正在取消其共同行动的责任,并且在默认的情况下,将决定强加给个人,那么这就是一个组合,而不是一个团队。它是一个松散的个体聚集,一个功能失调的团队。

(7)经讨论后的权威规则。这是一种非常有效的决策方式。团队成员从一开始就理解最终决策将由一个人做出,即领导者或授权决策者。但领导者首先应该寻求团队的意见。小组开会讨论这个问题,尽可能保证即使不是全部观点,但决策者会掌握大部分成员的观点意见。这种方法的优点是,团队成员作为决策过程的一部分,能够获得自身的成就感和参与感。这种类型的决策过程需要一个具有优秀沟通能力的团队和一个愿意做出决定的领导者。

6. 树立团队领导风格

根据《管理学》的作者约翰·R.舍尔默霍恩(John R. Schermerhorn)的说法,"领导风格是一种反复出现的领导者行为模式",它是一个领导者以某种特定方式行事或与人交往的倾向。领导风格一般分为任务型领导和人本型领导两大类。任务型领导高度关注团队的目标和手头的任务。他们喜欢计划,仔细定义工作,分配具体的任务和职责,制定明确的工作标准,督促任务完成,并仔细监督结果。以人为本的领导者对团队成员热情且支持,与团队建立融洽的关系,尊重下属的感受,对下属的需求敏感,并对下属表示信任。

对于一个团队来说,一种领导风格是否比另一种更好,没有定论。团队领导者和团队成员需要互相磨合与适应,以达到最优的团队工作效率,获得最高的团队工作成效。

10.3　沟通与表达

10.3.1　沟通的一般技巧

团队合作和沟通是工程师最重要的核心能力。一直以来,这些被视为"软能力"的方面被认为没有技术能力那么重要。但事实上,被企业诟病最多的工程师个人能力问题恰恰是缺乏团队合作和有效沟通的能力。不断提升团队合作和沟通能力将使整个工程师职业生涯受益。

1.什么是有效沟通?

良好的沟通技巧是职业和个人成功的基础。工程师尤其需要与同事、客户和其他利益相关者经常沟通,以便他们能够理解工程工作的重要性。然而,沟通技能,通常被归类为软技能,往往被工程师低估;工程师没有意识到,如果他们的沟通能力不足,会使工作效果大打折扣。

有效的沟通不仅对传播和分享思想至关重要,而且也是赢得该领域专业人员信任和尊重的核心环节。沟通技巧的不足和低效会严重损害他们的专业可信度。不管一个工程师对科学和技术细节有多了解,如果不能交流思想和概念,他或她的能力就会受到怀疑,无法将想法充分传达给其他人,也可能会导致错过机会,因为那些沟通更有效的人比那些沟通能力较差的人更能够获得支持。

有效的沟通应该能够做到以下几点。

(1)传递重要信息。

(2)拥有评价个人知识的基础。

(3)展现个人兴趣和能力。

(4)提升他人知识能力。

(5)制定决策与转变。

2.有效沟通的一般技巧

掌握沟通技巧不可能一蹴而就。事实上,良好的沟通技巧需要长时间来培养,并且需要不断练习。沟通的一般技巧包括:

(1)简洁表达是最好的

化繁为简,用简短、容易理解的表达代替冗长、深奥的语句。

(2)不同的信息传递方向决定了沟通的特点

要明确"沟通的目的是什么?""和谁一起沟通""沟通的主要方式是什么? 演讲、汇报还是讨论"等不同的信息传递方向,针对沟通特点进行设计将有助于提高沟通效率。

(3)了解你的听众

任何演讲的目的都是向听众传达信息。重要的是要知道听众是谁,他们期待的信息是什么。受众的角色和动机将决定如何组织有效沟通。例如,当向高层管理人员提交进度报告时,技术细节可能无关紧要。高层管理人员可能更关心项目是否按预期、按时和在预算内开发。探讨过于复杂的技术细节会让沟通偏离主旨方向,削弱沟通效果。但是向学生授课或组织学习讨论,则需要确保主要原理和技术细节传递到位。所以沟通交流的根本目标是让你的听众在沟通的整个过程中都能接触到相关的信息。

(4)确保对交流内容了然于心

越是了解你所要表达的内容,在陈述时就会越自如。即使因为各种原因无法对内容细节有足够的了解,演讲者也应该听从团队成员的介绍和观点,尽力在演讲前获得必要的知识。对演讲材料的充分把握将大大提高演讲者的自信心,是演讲成功的关键因素。

(5)应用工具增强沟通效果

可以采用多媒体方式增强沟通效果。利用演示软件,如 PowerPoint,通过文字、图形、数表、音频和视频等形式的综合应用,以吸引并帮助保持听众的参与度。虚拟现实(VR)、人工智能(AI)等前沿技术也逐渐融入沟通过程中。例如,通过 VR 技术可以实现相当逼真的视觉体验,虚拟试衣间、虚拟实验室等结合真实科技与虚拟现实技术的体验式交流开创了新的信息交流模式。

（6）非语言信息的表达

许多演讲者没有考虑肢体语言和其他非语言交流形式在演讲中所起的作用,但眼神交流、姿势、面部表情和手势等因素都会极大地影响演讲者所传达信息的有效性。事实上,研究表明,非语言形式的交流与传递信息时所说的话同样重要。

当你做演讲时,你的听众不仅根据他们所听到的,而且基于他们所看到的,形成对你和你的信息的看法。肢体语言可以表达演讲者的自信、可信度、诚实、热情和真诚。积极的非语言交流可以极大地提高演讲者与听众的沟通效果。反之,当演讲者表现出不自信、紧张或不安时,听众甚至在接收有效信息之前就对演讲者和演讲内容形成了负面的看法,不利于沟通的进行。

我们大多数的非语言交流都是在潜意识中进行的,所以你可能没有意识到你在公开演讲时有一个不寻常的习惯。为了彻底评估自己对非语言交流的运用情况,你可以录下自己练习的视频。理想情况下,你可以观看自己向现场观众发表演讲时的视频。在观看这样的视频时,演讲者经常会对他们所发送的非语言信息感到惊讶。以下是演讲者在评估自己的非语言行为时应考虑的行为。

①总体形象。演讲者的着装会使听众对该演讲者的看法产生重大影响。在做任何演讲时,一定要穿着得体、专业。

②眼神交流。在演讲时,与听众进行眼神交流非常重要。这有助于增进演讲者和听众之间的联系,并被解释为演讲者自信和舒适程度的重要指标。在整个演讲过程中,演讲者的眼睛应该扫视听众,与个别听众接触一小会儿,然后慢慢地继续。

③面部表情。在整个演示过程中,面部表情应与演讲者试图传达的信息相适应。演讲者不应该在整个演讲过程中保持单一的表达方式,相反,他或她的表达方式应该有所不同,以增加影响力并传递适当的情感。

④手势。演讲者应在整个演讲过程中使用有意义和深思熟虑的手势。正确的执行手势可以成为增强信息影响的重要资产。此外,在向国际听众演讲时,应特别注意避免使用与观众文化中不同含义相关联的手势。

⑤身体运动。身体运动是指在演讲过程中身体的位置或位置的变化,比如在走动时。适当的肢体语言有助于传递演讲人的情绪和态度,强化沟通效果。演讲者的动作不应该是固定的,而是有目的地完成,然后是片刻的静止。

10.3.2　演讲与制作 PPT

配合演示文稿(PPT)的报告是工程实践中主要的口头沟通方式。除了前文介绍的一般性沟通技巧外,本节主要介绍制作 PPT 的基本准则。

1.**基本准则**

（1）根据预定时长规划 PPT 的长度和架构,确定 PPT 中计划传递与分享的要点内容,确保演讲中信息量合适,不要太多或太少。一般来说,一分钟的口头表达会配合1~2张幻灯片,因此,如果你的演讲时间是 10 min,你的 PPT 不应该超过 20 张。

（2）制作 PPT 的重要原则是演讲者一定要明确通过 PPT 要传递的信息,或者说期望听众们接收到的信息是什么,并选择最佳的表达方式,确保信息准确地、充分地传递给听众。换句话说,PPT 必须针对不同类型的听众,有非常清晰的设计目标,否则将使演讲效果大打折扣。

（3）每张 PPT 展示一个中心思想。PPT 的设计制作要充分利用 PPT 的空间维度,提升信息密度。PPT 上除非是标题页,否则不要大块留白。其上的图片、数表或多媒体素材均应该为支撑主旨信息表达而存在,不应保留没有支撑意义的内容。每张 PPT 应保证足够的信息输出。

（4）不要用冗长的文字填充 PPT,最差的演讲方式是直接从 PPT 向观众朗读。虽然 PPT 可以帮助演示者完成任务,但它们旨在增强演示者正在传递的信息,而不是替换它。建议幻灯片上应该只保留关键字或短语,以及相关图片或其他精心挑选的多媒体素材,配合演讲者对 PPT 上的内容进行展开说明。

（5）避免分散颜色、字体和媒体素材。保持合适字体与字号大小,以便房间里的每个人都能阅读 PPT 上的文本。使用高对比度的颜色,例如白色和蓝色、黄色和海军蓝等,用于突出和强调。媒体素材应该有足够的清晰度,防止全屏显示或放大后显示失真。

（6）除了封面页、目录页和结束页之外,为每一个专题设立一个标题页,对听众把握整体结构、跟随并理解演讲者思路有很大帮助。

（7）PPT 也是美学的展示,除了文字、色彩之外,文稿的整体布局、排版、动画的应用等都会对吸引听众注意力有显著影响,因此,在保证信息量的前提下,应尽可能摆脱枯燥、单一或是明显失衡的文稿设计,提升演示文稿的生动性。

2.注意事项

除了精心设计制作 PPT 外,演讲的成功还要注意以下几点。

（1）一定要对演讲内容进行预先演练。在计划、组织和准备 PPT、补充材料和演示辅助工具之后,强烈建议在实际交付之前练习 PPT。最好大声说出来,而不是一个人在脑子里排练。强迫自己用语言表达出来会帮助你确定演讲中需要深入说明的地方。这一点非常重要! 如果可能的话,模拟真实场合练习你的演讲。例如站在讲台上或请朋友当听众,包括演讲节奏、语言、肢体动作等,就像在演讲时一样。录制演练时的声音或完整视频也有助于评估准备情况,并随时进行调整。当然,如果条件不具备,在头脑和口头上排练仍然可以提供足够的准备。请一定记住,提前练习将增加你的信心和提高你的演讲质量。

（2）务必尽早到达演示位置,以验证设备功能并加载 PPT。

（3）始终有备用计划。将 PPT 保存在多个位置并进行备份。当可能会遇到设备问题或无法按预期访问 PPT 时,采用备选方案继续进行演讲。例如,课堂教学或会议开始之前,将演讲的要点以纸版形式发给听众,这样即使临时出现文稿无法播放的故障,也能够依照要点完成主要任务。

10.3.3　撰写工程技术报告

工程技术报告是实践中的书面交流形式。例如项目申请书、进度报告、实验报告、项目结题报告等都是典型的工程技术报告。撰写工程技术报告应遵循以下写作原则。

1.一般性原则

（1）清晰性（Clear）

清晰性指技术报告中用清晰高效的方法说明技术信息,便于读者理解,否则容易导致混淆并有可能造成严重的理解错误。工程技术报告中应使用术语,即在特定学科领域用来表示概念的称谓的集合。术语是通过语音或文字来表达或限定科学概念的约定性语言符号,是思想和认识交流的工具。一般来说,术语具有专业性、科学性、单义性和系统性等特点。

撰写工程技术报告时需要根据受众对象和报告目标选择合适且适度的术语进行表达。例如,向非专业人士报告或非技术细节研讨时,应选择更为基础、简洁、不引起歧义、更容易被非专业人士理解的浅层术语。但是如果是业内开展的深度研究与交流,应严格按照专业术语进行报告撰写和表达。严谨的术语表达不仅是准确、简洁、高效率的信息传递的要求,也是树立工程师学术形象、增强信任感与感染力、提升可信度的重要基础。

(2)正确性(Correct)

正确性指报告中确保正确的拼写、语法、标点符号等,能够提供当前最新的而非陈旧的、准确的信息。正确的语法规范有助于受众对象对报告内容和传递信息的理解,是保障正常顺畅技术交流的前提。

(3)简洁性(Concise)

用直接、简要的方式,用尽可能少的词语传递信息,避免重复和冗长的表达以及漫无目的的语言。

(4)完整性(Complete)

报告中应包含全部信息,包括项目背景、过程或方法的描述、结果、结论以及下一步计划等内容。

上述写作原则通常被称为技术写作的 4C 原则,是撰写工程技术报告的出发点。

2. 报告撰写真实、客观

无论是哪种类型的研究或技术报告,其基础都必须是真实信息,包括数据、图片、影像、录音等,不能进行影响原始真实性的二次加工,这涉及非常严肃的学术不端和科研道德问题。如果在公开演讲或公开发表的材料中使用了他人的工作成果,那么一定要对引用做以说明,必要时需要获得原版权所有人的转载授权或许可。

撰写工程技术报告的时候,多以第三人称叙述,较少出现第一和第二人称。若撰写非中文报告,建议以目标语言惯用语法行文。例如,撰写英文研究论文,多以被动语态对客观事实进行描述。此外,要采用客观无情绪化的语言进行撰写,只针对现象、数据、形态等真实情况进行描述、分析、讨论,最后得到基于事实的结论。

(1)引文和参考书目

无论是做报告还是写报告,都必须对在工作中参考的内容、数据、图像等来源给予适当的引用,从而有助于增强报告的可信度和有效性,否则有可能被认定是抄袭,引发严重的学术道德问题。

任何被认为是常识的内容都不需要引用。一般来说,常识可以包括广为人知的事实、日期或数据,如常识观察和传说。然而,常识的概念有一个灰色地带,不能保证每个人都会同意某件事是否应该被视为常识。如果对一条信息是否被视为常识有任何疑问,那么最好引用这条信息。虽然引文不可能太多,但缺乏足够的引文会产生严重的影响。因此,在有疑问或不确定的时候建议都加上引用。行文中可以以简短的方式进行注释,可以加在当页页脚。如果注释较多,可在本章或本节结束后将注释按序号一并给出。

撰写者应准备一份参考文献清单,并将其附在正文之后。在有附录的书面作品中,参考文献通常位于正文之后、附录之前。

(2)确保信息源的可靠性

21世纪是信息时代,但随着信息过剩,将可靠的信息源与不可靠和不准确的信息源进行分类成为一个挑战。任何人都可以在网上发布信息。当所研究的信息有争议并且涉及许多不同的利益相关者,他们都有不同的观点时,信息甄别就变得更加困难。在许多情况下,需要从各种各样的观点中筛选大量的信息,以便得出自己的结论。以下的一些方法会帮助厘清有效信息。

①学术期刊和文章由特定领域的专家撰写,通常包含该领域最新研究、发现和新闻的信息。这些来源经历了某种同行评审过程,通常由专业协会、期刊出版社或正规出版社出版。一般来说,这些都被认为是可靠的来源,并优先于其他互联网来源。

②查找有关来源作者的信息。尝试确定他们的资格和/或任何组织隶属关系。如果没有列出作者,那么请检查是否由信誉良好的组织或团体主持。如果找不到作者或主持者信息,那么需要查找其他来源。

③查看数据源的主页。从主页上,找到一个"关于我们"的链接,确定网站是由个人还是组织开发的,以及确定的实体是否信誉良好。如果找不到主页的链接,请在 URL 地址中找到第一个反斜杠("/"),删除从该点到地址末尾的所有内容,然后导航到生成的地址。

④查看来源的发布日期。许多领域的发展日新月异,旧材料可能不再有效。一定要尽量找到最新的资料来源,而且,作为一般的经验法则,尽量不要引用5年前写的东西。

⑤如果信息来源包含事实或统计数据,请查找引文或其他说明信息来源的文件。通常情况下,页面末尾会有一个参考文献列表。如果消息来源没有透露出从哪里获得信息,那么这些信息的有效性较低。可以直接访问国家或政府组织的官方网站,例如中国国家统计局数据库 http://www.stats.gov.cn/tjsj/,从官方渠道获得可靠的数据支撑。

⑥避免使用任何来自 wiki 百科网站的信息来源。在 wiki 网站上,任何人都可以修改信息,不管他们是否是最初的作者。因为无法验证这些网站上信息的作者身份。虽然在这些网页上可以找到有价值、有信誉的信息的链接,但不应将其用作直接来源。

⑦使用网站时,请查看页面上的广告。广告满天飞的网站可信度较低。广告的类型也可以表明一个网站的专业性。

3.正确使用数字

任何一篇工程技术报告或论文都不可能与数字无关。规范化的数字表达,是构成工程技术报告、学位论文或期刊论文的重要基础。国家标准 GB/T15835—2011《出版物上数字用法》规范了阿拉伯数字和汉字数字的选用与正确使用形式,主要内容包括:

(1)选用阿拉伯数字

①用于计量的数字

在使用数字进行计量的场合,为达到醒目、易于辨识的效果,应采用阿拉伯数字。

示例1:−125.03　　34.05%　　63%～68%　　1:500　　97/108

当数值伴随有计量单位时,如:长度、容积、面积、体积、质量、温度、经纬度、音量、频率等等,特别是当计量单位以字母表达时,应采用阿拉伯数字。

示例2:523.56 km(523.56 千米)　　346.87 L(346.87 升)　　5.34 m^2(5.34 平方米)

567 mm³(567 立方毫米)	605 g(605 克)	100～150 kg(100～150 千克)
34～39 ℃(34～39 摄氏度)	北纬 40°(40 度)	120 dB(120 分贝)

②用于编号的数字

在使用数字进行编号的场合,为达到醒目、易于辨识的效果,应采用阿拉伯数字。

示例: 电话号码:98888

邮政编码:100871

通信地址:北京市海淀区复兴路 11 号

电子邮件地址:x186@186.net

网页地址:http://127.0.0.1

汽车号牌:京 A00001

公交车号:302 路公交车

道路编号:101 国道

公文编号:国办发[1987]9 号

图书编号:ISBN 978-7-80184-224-4

刊物编号:CN11-1399

章节编号:4.1.2

产品型号:PH—3000 型计算机

产品序列号:C84XB—JYVFD—P7HC4—6XKRJ—7M6XH

单位注册号:02050214

行政许可登记编号:0684D10004—828

③已定型的含阿拉伯数字的词语

现代社会生活中出现的事物、现象、事件,其名称的书写形式中包含阿拉伯数字,已经广泛使用而稳定下来,应采用阿拉伯数字。

示例: 3G 手机　MP3 播放器　G8 峰会　维生素 B_{12}　97 号汽油　"5·27"事件　"12·5"枪击案

(2)选用汉字数字

①非公历纪年

干支纪年、农历月日、历史朝代纪年及其他传统上采用汉字形式的非公历纪年等等,应采用汉字数字。

示例: 丙寅年十月十五日　　庚辰年八月五日　腊月二十三　　正月初五　八月十五中秋

秦文公四十四年　　太平天国庚申十年九月二十四日　　清咸丰十年九月二十日

藏历阳木龙年八月二十六日　　　日本庆应三年

②概数

数字连用表示的概数、含"几"的概数,应采用汉字数字。

示例: 三四个月　　一二十个　　四十五六岁　　五六万套　　五六十年前

几千　　二十几　　一百几十　　几万分之一

③已定型的含汉字数字的词语

汉语中长期使用已经稳定下来的包含汉字数字形式的词语,应采用汉字数字。

示例: 万一　　一律　　一旦　　三叶虫　　四书五经　　星期五　　四氧化三铁　　八国联军

七上八下　　一心一意　　不管三七二十一　　一方面　　二百五　　半斤八两

五省一市　　五讲四美　　相差十万八千里　　八九不离十　　白发三千丈

不二法门　　二八年华　　五四运动　　　"一·二八"事变　　"一二·九"运动

（3）选用阿拉伯数字与汉字数字均可

如果表达计量或编号所需要用到的数字个数不多,选择汉字数字还是阿拉伯数字在书写的简洁性和辨识的清晰性两方面没有明显差异时,两种形式均可使用。

示例1:17 号楼（十七号楼）　　　3 倍（三倍）　　　　　第 5 个工作日（第五个工作日）

100 多件（一百多件）　　20 余次（二十余次）　　　约 300 人（约三百人）

40 左右（四十左右）　　　50 上下（五十上下）　　　50 多人（五十多人）

第 25 页（第二十五页）　　第 8 天（第八天）　　　　第 4 季度（第四季度）

第 45 份（第四十五份）　　共 235 位同学（共二百三十五位同学）　　0.5（零点五）

76 岁（七十六岁）　　　　120 周年（一百二十周年）　　　　　　1/3（三分之一）

公元前 8 世纪（公元前八世纪）　　　　　20 世纪 80 年代（二十世纪八十年代）

公元 253 年（公元二五三年）　　　　　　1997 年 7 月 1 日（一九九七年七月一日）

下午 4 点 40 分（下午四点四十分）　　4 个月（四个月）　　　12 天（十二天）

如果要突出简洁醒目的表达效果,应使用阿拉伯数字;如果要突出庄重典雅的表达效果,应使用汉字数字。

示例2:北京时间 2008 年 5 月 12 日 14 时 28 分

十一届全国人大一次会议（不写为"11 届全国人大 1 次会议"）

六方会谈（不写为"6 方会谈"）

在同一场合出现的数字,应遵循"同类别同形式"原则来选择数字的书写形式。如果两数字的表达功能类别相同（比如都是表达年月日时间的数字）,或者两数字在上下文中所处的层级相同（比如文章目录中同级标题的编号）,应选用相同的形式。反之,如果两数字的表达功能不同,或所处层级不同,可以选用不同的形式。

示例3:2008 年 8 月 8 日　二〇〇八年八月八日（不写为"二〇〇八年 8 月 8 日"）

第一章　第二章……第十二章（不写为"第一章　第二章……第 12 章"）

第二章的下一级标题可以用阿拉伯数字编号:2.1,2.2,……

应避免相邻的两个阿拉伯数字造成歧义的情况。

示例4:高三 3 个班　　高三三个班　（不写为"高 33 个班"）

高三 2 班　　　高三（2）班　（不写为"高 32 班"）

有法律效力的文件、公告文件或财务文件中可同时采用汉字数字和阿拉伯数字。

示例5:2008 年 4 月保险账户结算日利率为万分之一点五七五零（0.015750％）

35.5 元（35 元 5 角　三十五元五角　叁拾伍圆伍角）

（4）阿拉伯数字的使用

①多位数

为便于阅读,四位以上的整数或小数,可采用以下两种方式分节:

——第一种方式:千分撇

整数部分每三位一组,以","分节。小数部分不分节。四位以内的整数可以不分节。

示例1:624,000　　　92,300,000　　　19,351,235.235767　　　1256

——第二种方式:千分空

从小数点起,向左和向右每三位数字一组,组间空四分之一个汉字,即二分之一个阿拉伯数字的位置。四位以内的整数可以不加千分空。

示例2:55 235 367.346 23　　　98 235 358.238 368

注:各科学技术领域的多位数分节方式参照 GB 3101—1993 的规定执行。

②纯小数

纯小数必须写出小数点前定位的"0",小数点是齐阿拉伯数字底线的实心点".。"。

示例:0.46 不写为.46 或 0。46

③数值范围

在表示数值的范围时,可采用浪纹式连接号"～"或一字线连接号"—"。前后两个数值的附加符号或计量单位相同时,在不造成歧义的情况下,前一个数值的附加符号或计量单位可省略。如果省略数值的附加符号或计量单位会造成歧义,则不应省略。

示例:$-36\sim-8\ \text{℃}$　　400—429 页　　100—150 kg　　12 500～20 000 元

　　　9 亿～16 亿(不写为 9～16 亿)　　13 万元～17 万元(不写为 13～17 万元)

　　　15%～30%(不写为 15～30%)　　$4.3\times10^6\sim5.7\times10^8$(不写为 $4.3\sim5.7\times10^6$)

④年月日

年月日的表达顺序应按照口语中年月日的自然顺序书写。

示例 1:2008 年 8 月 8 日　　　1997 年 7 月 1 日

"年""月"可按照 GB/T 7408—2005 的 5.2.1.1 中的扩展格式,用"-"替代,但年月日不完整时不能替代。

示例 2:2008-8-8　　1997-7-1　　8 月 8 日(不写为 8-8)　　2008 年 8 月(不写为 2008-8)

四位数字表示的年份不应简写为两位数字。

示例 3:"1990 年"不写为"90 年"

月和日是一位数时,可在数字前补"0"。

示例 4:2008-08-08　　　1997-07-01

⑤时分秒

计时方式既可采用 12 小时制,也可采用 24 小时制。

示例 1:11 时 40 分(上午 11 时 40 分)　21 时 12 分 36 秒(晚上 9 时 12 分 36 秒)

时分秒的表达顺序应按照口语中时、分、秒的自然顺序书写。

示例 2:15 时 40 分　　　14 时 12 分 36 秒

"时""分"也可按照 GB/T 7408—2005 的 5.3.1.1 和 5.3.1.2 中的扩展格式,用":"替代。

示例 3:15:40　　　14:12:36

⑥含有月日的专名

含有月日的专名采用阿拉伯数字表示时,应采用间隔号"·"将月、日分开,并在数字前后加引号。

示例:"3·15"消费者权益日

⑦书写格式

(a)字体

出版物中的阿拉伯数字,一般应使用正体二分字身,即占半个汉字位置。

示例:234　　　57.236

(b)换行

一个用阿拉伯数字书写的数值应在同一行中,避免被断开。

(c)竖排文本中的数字方向

竖排文字中的阿拉伯数字按顺时针方向转 90 度。旋转后要保证同一个词语单位的文字方向相同。

示例：

> 示例一
>
> 雪花牌BCD188型家用电冰箱容量是一百八十八升，功率为一百二十五瓦，市场售价两千零五十元，返修率仅为百分之零点一五。
>
> 示例二
>
> 海军J12号打捞救生船在太平洋上航行了十三天，于一九九〇年八月六日零时三十分返回基地。

（5）汉字数字的使用

①概数

两个数字连用表示概数时，两数之间不用顿号"、"隔开。

示例：二三米　一两个小时　三五天　一二十个　四十五六岁

②年份

年份简写后的数字可以理解为概数时，一般不简写。

示例："一九七八年"不写为"七八年"

③含有月日的专名

含有月日的专名采用汉字数字表示时，如果涉及一月、十一月、十二月，应用间隔号"·"将表示月和日的数字隔开，涉及其他月份时，不用间隔号。

示例："一·二八"事变　"一二·九"运动　五一国际劳动节

④大写汉字数字

——大写汉字数字的书写形式

零、壹、贰、叁、肆、伍、陆、柒、捌、玖、拾、佰、仟、万、亿

——大写汉字数字的适用场合

法律文书和财务票据上，应采用大写汉字数字形式记数。

示例：3,504元（叁仟伍佰零肆圆）　39,148元（叁万玖仟壹佰肆拾捌圆）

⑤"零"和"〇"

阿拉伯数字"0"有"零"和"〇"两种汉字书写形式。一个数字用作计量时，其中"0"的汉字书写形式为"零"，用作编号时，"0"的汉字书写形式为"〇"。

示例："3052（个）"的汉字数字形式为"三千零五十二"（不写为"三千〇五十二"）

"95.06"的汉字数字形式为"九十五点零六"（不写为"九十五点〇六"）

"公元2012（年）"的汉字数字形式为"二〇一二"（不写为"二零一二"）

（6）阿拉伯数字与汉字数字同时使用

如果一个数值很大，数值中的"万""亿"单位可以采用汉字数字，其余部分采用阿拉伯数字。

示例1：我国1982年人口普查人数为10亿零817万5 288人

除上面情况之外的一般数值，不能同时采用阿拉伯数字与汉字数字。

示例 2：108 可以写作"一百零八"，但不应写作"1 百零 8""一百 08"

　　　4 000 可以写作"四千"，但不应写作"4 千"

4. 建立数据表格

(1)表格的意义和作用

表格可以简单清楚、条理分明地表达一组相关的事实或者观察资料，它是传达大量珍贵数据的有效手段。在学位论文中，常用表格来表达实验条件和实验结果，计算条件和计算结果，分析条件和分析结果等。

绘制表格的第一步是选择适当的信息或者数据。收集来的材料必须认真加以组织，使其符合逻辑，然后才能考虑显示的最好方式。如果每个阶段考虑的都很得当，那么制成的表格可以清楚地展现数据的内在结构，在某些情况下，表格比图更加鲜明。

在设计表格以前，应该首先回答这个问题：把它制成表格是否合适? 有时稍加考虑便会发现不如绘制一张图更好；或者说数据不足，不如在正文里叙述更好。表 10.1 的内容完全可以用文字概括为：用四氯化碳作为溶剂，在 45 ℃ 和 75 ℃ 下产率都为 79%，溶剂改为乙醇，在 45 ℃ 和 75 ℃ 下产率降低为 24%。月产率与反应温度无关。

把这些信息用表的形式呈现，并没有得到什么新的东西，也没有节省篇幅。唯一的结果只是读者被迫要注意参照相应的表。

表 10.1　不同温度下、不同溶剂里产率情况

溶剂	温度/℃	产率/%
CCl_4	40	79
CCl_4	75	79
C_2H_5OH	40	24
C_2H_5OH	75	24

每一张表格都应该是自我完整的，都必须做到即便离开正文也能成功地传达清楚的信息。这就对表题和表头提出了特别的要求，应尽量避免使用不常见的缩略语或者符号，在万不得已的情况下，必须采用表注的方式加以说明。

在设计表格时，应该注意不要一次就希望能概括许多的信息。决不可把一张表格看作只是一面橱窗，用来展示作者认为必须报告的所有的数字。相反地，应当把它看成展开论点的工具。最好的表格，只传达一个清楚的信息。任何对于传达这个信息不是绝对必要的事物，要么挪到正文里去，要么整个删去。如果同时有许多信息在一起，它们会互相遮掩，谁也显不出来。应该随时都考虑是否可以把一张复杂的表格，分两张或者更多张小表格。

每张表格都必须在正文里提到。在正文的叙述里，典型的形式是："……见表 10.1"，"……一切所研究的化合物的参数清楚地反映了……"等。为了读者的方便，表格在正文中的位置应该尽可能紧随被第一次提及之后。

(2)表格的要素与编排格式

表格的要素与编排格式要遵照 CY/T 170—2019《学术出版规范　表格》的要求执行。主要内容包括：

①构成

表格一般由表号、表题、表头、表身和表注构成。表头和表身构成表格的主体，一般分为行和栏。横线称为行线，竖线称为栏线。表头与表身之间的线称为表头线。表格的四周将

表头和表身一起围住的线统称表框线,表框线包括顶线、底线和墙线。

示例:表格的构成

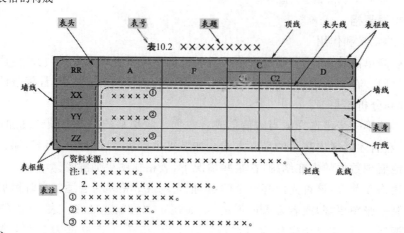

②要求

(a)表号

a.表格应有表号并应在正文中明确提及。

b.表格可全文依序编号或分章依序编号。

全文依序编号,方式如"表1""表2"。

分章依序编号,方式如"表1-1"或"表1.1",前一数字为章号,后一数字为本章内表格的顺序号,中间用分隔符"-"(短横线)或"."(下圆点)连接。

c.期刊论文宜全文依序编号,图书宜分章依序编号。

d.只有一个表格时仍应编号。期刊论文可用"表1",图书可用"表1-1"或"表1.1"。

e.全书或全刊的表格编号方式应统一。

f.表格编号方式应与正文中插图、公式的编号方式一致。

(b)表题

a.表格应有表题。

b.表题应简练并明确表示出表格的主题。

(c)表头

a.表格应有表头。

b.表头中不应使用斜线。错误的表头形式见示例1,正确的表头形式见示例2。

示例1:错误的表头形式

尺寸　　类型	A	B	C

示例2:正确的表头形式

尺寸	类型		
	A	B	C

c.表头中的栏目归类应正确,栏目名称应确切、简洁。表头可分层。

d. 表头中量和单位的标注形式应为"量的名称或符号/单位符号"。

示例 1：标注形式"量的名称/单位符号"

类型	线密度/(kg·m^{-1})	内圆直径/mm	外圆直径/mm

示例 2：标注形式"量的符号/单位符号"

类型	ρ/(kg·m^{-1})	d/mm	D/mm

e. 表格中涉及的单位全部相同时,宜在表的右上方统一标注。

示例：单位统一标注形式

单位:mm

类型	长度	内圆直径	外圆直径

(d) 表身

a. 表身中单元格内的数值不宜带单位。

b. 表身中同一量的数值修约数位应一致。如果不能一致,应在表注中说明。

c. 表身中如果一个单元格内包含两个数据,其中一个数据应用括号括起,同时需要在表头或表注中说明。

d. 表身中单元格内可使用空白或一字线"—"填充。如果需要区别数据"不适用"和"无法获得"前者可采用空白单元格,后者可采用一字线,并在正文或表注中说明这种区别。

e. 单元格内的数值为零时应填写"0"。

f. 表格中上下左右的相邻单元格内的文字、数字或符号相同时可分别写出,也可采用共用单元格的方式处理。

示例：共用单元格

RR	A	B
XX	H1	G1
XX	H1	G2
XX	H2	G3
XX	H2	G4
YY	H3	G5
YY	H3	G6
YY	H4	G7
YY	H4	G8

→

RR	A	B
XX	H1	G1
		G2
	H2	G3
		G4
YY	H3	G5
		G6
	H4	G7
		G8

(e) 表注

a. 表注宜简洁、清晰、有效。对既可在表身又可在表注中列出的内容,宜在表身中列出。

b. 表格出处注宜以"资料来源"引出。

c. 全表注宜以"注"引出。

d. 表格内容注应按在表中出现的先后顺序,在被注文字或数字的右上角标注注码(宜采用圈码),在表下排注码和注释文字。

e. 表格有两种或两种以上注释时,宜按出处注、全表注、内容注的顺序排列。

③分类

（a）全线表

表格外框有表框线,各项之间有行线、栏线的表格。

示例:全线表

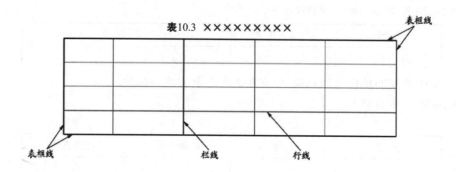

表10.3 ×××××××××

（b）省线表

省略墙线或部分行线、栏线的表格。只保留顶线、横表头线和底线的省线表为三线表。

示例1:省线表

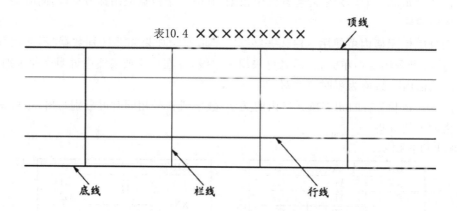

表10.4 ×××××××××

示例2:三线表

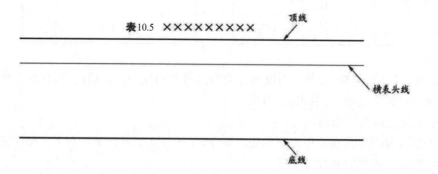

表10.5 ×××××××××

（c）无线表

既无表框线，也无行线和栏线的表格。

示例：无线表

表 10.6　番茄营养液配方

肥料名称	用量/(mg·L^{-1})
硝酸钙	590
硝酸钾	606
硫酸镁	492
过磷酸钙	680

④内容要求

（a）表格内容与正文配合应相得益彰，内容适合用表格表达。

（b）表格应具有自明性和简明性，栏目设置应科学、规范。

（c）表格中的数据应具有完整性和准确性。

（d）表格中连续数的分组应科学，不得重叠和遗漏。

（e）表格中的数值修约和极限数值的书写应符合 GB/T 8170 的规定。

（f）表格中的量和单位的名称、符号及书写应符合 GB 3100 和 GB/T 3101 的规定。

（g）表格中数字形式的使用应符合 GB/T 15835 规定。

（h）表格中的科学技术名词应符合 CY/T 119 的规定。

（i）表格中的术语、数值、符号等应与正文以及同一文本中其他表格中的表述一致。

（j）全书或全刊的表格的表号、表题、表头、表身、表注的格式应统一。

⑤编排要求

（a）一般要求

a.表格宜随文编排，排在第一次提及该表表号的正文之后。如果版面无法调整时，可适当变通。

b.表格不宜截断正文自然段，不宜跨章节编排。

（b）表格各部分的版式要求

a.表号和表题应置于表格顶线上方，宜居中排。

b.表号应置于表题之前，与表题之间留一字空。

c.表号和表题的排字宽度一般不应超过表的宽度。表题较长需要转行时，应从意义相对完整的停顿处转行。

d.多层表头应体现层级关系。三线表横表头有第二、第三层级时，每个层次之间应加细横线分隔，细横线长短以显示清楚上下层的隶属关系为准。纵表头有第二、第三层级时，宜依次右缩一字。

e.横表头各单元格内容宜居中排。纵表头各单元格内容宜左齐排。

f.表身中行和列的数字、文字、图形宜对齐。

g.表身中同一列中相同量的数值宜对齐，以个位、范围号、正号"＋"、负号"－"等为准。

h.表身各单元格中的文字为多行叙述时宜左齐排。

i.表注宜排在表格底线下方。排字宽度不宜超过表格宽度，首行距左墙线一字空或两字空排。不应与正文注释混同编排。

j.全表注的注文如果多于一条,各条之前宜加上用阿拉伯数字表示的序号。每条注文应独立排为一段,末尾用句号。

k.内容注的注文可分项接排,也可独立排为一段,注末应用句号。

(c)用线和用字

a.表框线应用粗线,其他用细线。

b.表号和表题的用字宜小于或轻于正文用字,字体宜重于表格其他部分的字体。

c.表头、表身和表注的用字宜小于正文用字。表头用字不宜大于表题用字,表身用字不宜大于或重于表头用字,表注用字不宜大于或重于表身用字。

d.格用线、用字宜全书或全刊一致。

(d)编排的技术处理

a.串文排和通栏排

• 表格宽度不超过版心宽度的 1/2 时,宜串文排。

• 表格宽度超过版心宽度的 1/2 时,宜通栏排。

b.转页接排

• 表格一面排不下时,可采用转页接排的方法处理。

• 转页接排的表格应重复排横表头和关于单位的陈述,并在横表头上方加"表××(续)"或"续表"字样。

• 前页表格最下端的行线应用细线,转页接排表格的顶线应用粗线。

c.跨页并合

• 如果表格的宽度相当于两个版心宽,可将表格排在由双码和单码两个页面拼合成的一个大版面上。

• 跨页表格应从双码面跨至单码面,表号、表题居中,表注从双码页跨至单码面。

• 跨页表格并合处的栏线应置于单码面,排正比,行线对齐。

示例:跨页并合

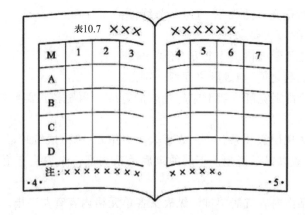

d.卧排

• 表格宽度超过版心宽度、高度小于版心宽度时,可卧排。

• 卧排应符合 CY/T 120—2015 中 6.6.2d)的规定。

• 卧排表多面接排时,从单双码面起排均可,不在一个视面上的接排表应重复横表头并加"表××(续表)"或"续表"字样。栏线应对齐。

示例:左翻书卧排表多面接排

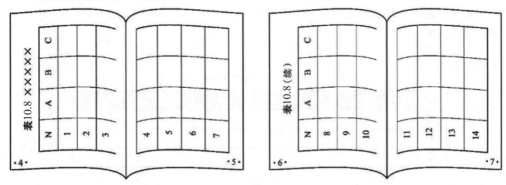

e. 长表转栏

如果表格行多栏少,竖长横窄,可将表格纵向切断,转成两栏或多栏。表格转栏排后,横表头相同,纵表头不同,各栏的行数应相等,栏间应以双竖细线相隔。

示例:长表转栏

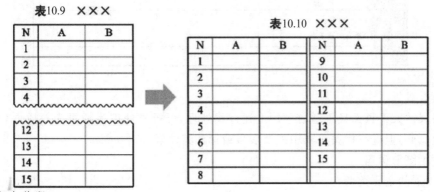

f. 宽表分段

如果表格栏多行少,横宽竖短,可将表格横向切断,排成上下叠排的两段或多段。表格分段排后,横表头不同,纵表头相同,上、下两段中间应以双横细线相隔。

示例:宽表分段

表10.11　×××××

M	1	2	3	4	5	6	7	8	9	10	11	12
A												
B												

表10.12　×××××

M	1	2	3	4	5	6
A						
B						
M	7	8	9	10	11	12
A						
B						

g. 表头互换

如果表格版面受限,或栏目设置不合理,可将横表头和纵表头作互换处理。横、纵表头互换时,表身中各单元格内容应作相应的移动。

示例:表头互换

表10.13 ×××××

M	1	2	3	...	n
A					
B					
C					

表10.14 ×××××

N	A	B	C
1		原来的纵表头	
2			
:			
n			

原来的横表头

h. 折叠处理

表格尺寸大于页面且不适合采用上述方式处理,可折叠处理为插页表。插页表不与正文连续编页码,但应在相关正文中提及表号或标注其位置。

5. 使用图形语言

(1)图形的主要类型

图形是工程技术报告中最直接、最有效的信息表达方式,是工程师必须掌握的基本能力。但是也要意识到,如果图形设计表达得不好,会给读者接收正确信息带来巨大的困扰。

工程技术报告中的图形大体可以分为数据图形和专业图纸两大类。前者主要指通过实验、现场测量、社会调查、问卷统计等方式获得数据,将其以合适的图形类型进行表达;后者是专业领域的特定需求,例如化工工艺流程图、建筑施工图、机械零部件设计图、化学物质结构与反应图等。本书不涉及专业领域,主要探讨通用数据图形。图10.4是技术报告中经常使用的图形类型,利用更专业的绘图工具还可以制造更复杂的数据图形,如叠拼图形等。

(2)图形表达分类

图有不同的分类。从形状上分有圆饼图、圆柱图和平线图等;从表达形式上分有平面图和立体图等;从功能上分有显示图、拟合图和计算图等。下面就其中常用的几种图的功能及制作技术做一介绍。

①显示图

显示图的首要功能是简明直观地表达数据,进行量之间的比较,表达量之间的关系。

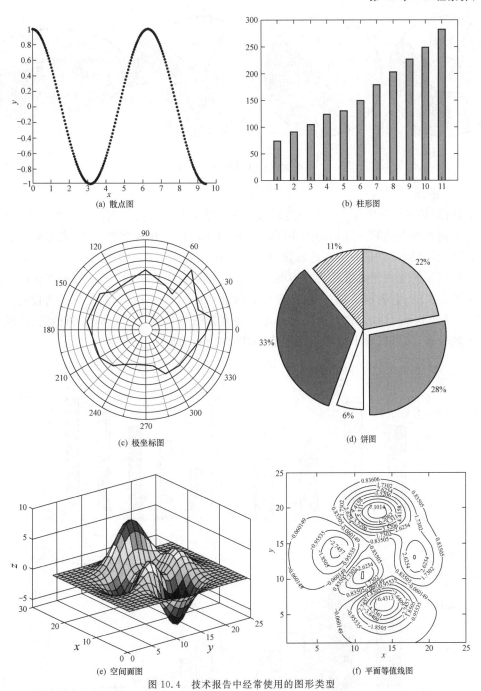

(a) 散点图　(b) 柱形图　(c) 极坐标图　(d) 饼图　(e) 空间面图　(f) 平面等值线图

图 10.4　技术报告中经常使用的图形类型

（a）圆饼图

　　圆饼图（图 10.5）也叫作面积图，它是通过扇形面积来显示被表达的量所占的比例，给人一种非常直观的概念。当要强调某一量所占的比例时，可以采用着色［图 10.5（a）、图 10.5（b）］、分离扇形［图 10.5（c）、图 10.5（d）］等方式。绘制圆饼图时，应使量间的比例与它们所在扇形中心角间的比例基本相同。但当某量所在扇形的中心角很小时，有时也采取夸大画法。

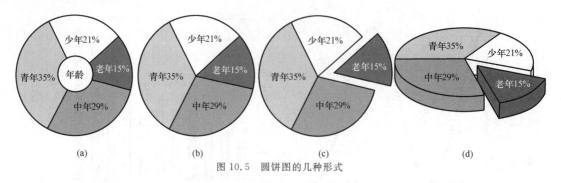

图 10.5 圆饼图的几种形式

（b）立柱图

立柱图（图 10.6）是借助于立柱的高低来显示量的大小。立柱图可以只有一个纵坐标，以表达不同条件下的某一量值的大小［图 10.6(a)］；也可以有两个坐标，以表达两个量间的关系，其中横坐标可以是一个不连续量［图 10.6(b)］，也可以是一个连续量［图 10.6(c)］，在后一种情况下的立柱图通常称为直方图。与其他几种立柱图不同，直方图中立柱（直方）的宽度是有意义的，它表示了某一量（横坐标上的量）的一个分布区间，这个区间可以是等间距的，也可以是不等间距的，视具体问题而定。将直方图与累计百分比曲线图相结合，既可以表达量的分布，又可以看出量的变化趋势，如图 10.6(d)所示。

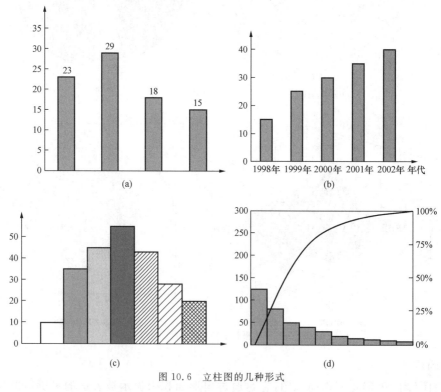

图 10.6 立柱图的几种形式

（c）散点图

将实验数据或观察值，一个个地标注在以被测量或观察的两个量为坐标的直角坐标图上，即形成了散点图。散点图可以直观地表达两个量之间的相关性，被广泛用于数据的统计分析（回归分析和曲线拟合）。

图 10.7 通过散点图表明了两个变量之间的关系。

如果两个量 X 与 Y 之间不存在相关关系,那么以这两个量为坐标所作的散点可能会杂乱无章地分布在一个区域内。图 10.8 是关于 33 种物质的比重与其熔点之间关系的散点图,显然二者之间没有任何相关关系。图 10.9 是关于这些物质的沸点和它们的比重之间关系的散点图,同样我们也看不出二者间存在相关关系。然而,这些物质的沸点和它们的熔点之间却存在着一定的相关关系,这可由它们的散点图(图 10.10)明显地反映出来。

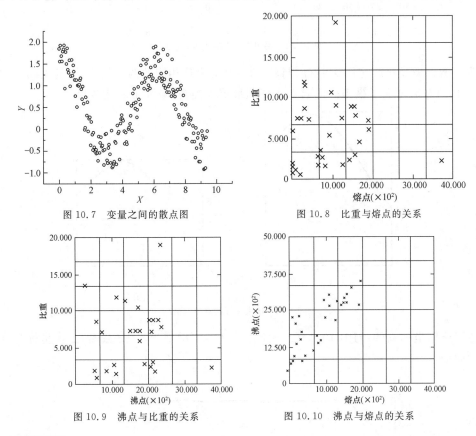

图 10.7 变量之间的散点图

图 10.8 比重与熔点的关系

图 10.9 沸点与比重的关系

图 10.10 沸点与熔点的关系

(d)平面图

平面图是平面图曲线的简称。平面图借助于一条平面曲线,来表示两个量 X 与 Y 之间的定量关系。平面图是科技论文中最常用的一种表达量之间的关系的图形,从平面图上可以清楚地看出一个量随另一个量变化的规律和趋势。平面图的另一个功能是表达两个量之间的函数关系,从而由一个量值来确定另一个量值。为了强化平面图的显示效果,在绘制平面图时应注意以下几点:

选择恰当的坐标比例:图 10.11(a)与图 10.11(b)是用相同的数据来表达两个相同量间的关系,但由于所选的坐标比例不同,显示效果就不同。如果要强调 Y 随 X 经历一段线性变化后,仍会随 X 的变化在某一个值附近上下波动的特性,那么使用图 10.11(a)的坐标比例;如果要强调 Y 经历一段线性变化后,基本上稳定于某一固定值,那么使用图 10.11(b)的坐标比例。

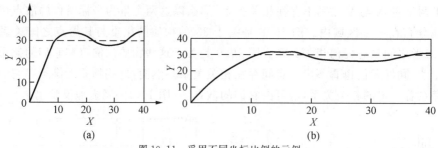

图 10.11　采用不同坐标比例的示例

适当增大坐标起点：图 10.12(a)与图 10.12(b)表达相同的两个量 X 与 Y 之间的关系，由于图 10.12(b)增大了纵坐标的起点。使图形更为美观,增强了表达效果。

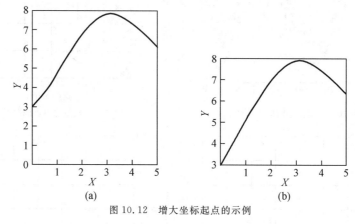

图 10.12　增大坐标起点的示例

适当压缩坐标刻度：与图 10.13(a)相比,图 10.13(b)适当压缩(截断)了横坐标刻度,表达更为简洁。

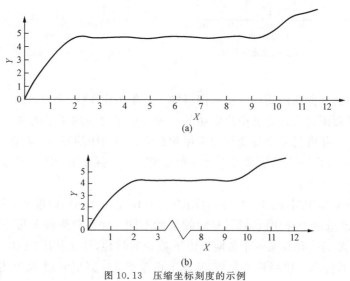

图 10.13　压缩坐标刻度的示例

(e)立体图

当需要显示三个变量间的关系时,常用立体图,最常见的是用立体图来显示某一量的分布——场(例如流场、压力场、密度场等)。图 10.14 表示压力场的空间分布图。图 10.15 显示了一条空间曲线,在每个坐标平面上还给出了这条空间曲线的投影。

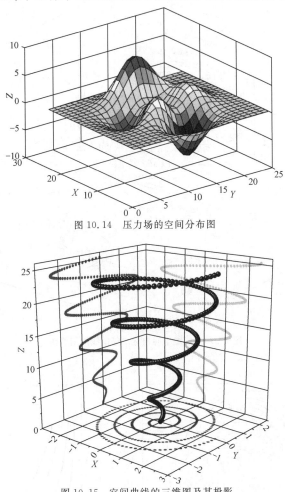

图 10.14　压力场的空间分布图

图 10.15　空间曲线的三维图及其投影

(f)等值线图

如果一个函数有三个变量,我们可以给其中一个变量一系列的数值,画出相应的另外两个变量间的一组关系曲线,这些曲线就称为等值线簇。图 10.16 是一个复杂的数学函数的等值线立体图,这个图显示了高度值是两个变量 x 和 y 的函数。图 10.17 是这一函数的平面等值线图,也就是说,在 x-y 平面内的这些曲线对应于一系列不变的高度值。另一个熟悉的例子是理想气体定律 $pV=nRT$。图 10.18 对固定的 $T=T_i$ 做出了一系列等温线,从而将其表达在平面等值线图上。

作函数 $F(x,y,z)=0$ 的等值线图的一般方法:令 z 取不同的固定值 z_i,对不同的 i,作 $F(x,y,z_i)=0$ 的曲线。气象图也经常作成等值线图的形式,有相同气压的等值线(等压线)、相同温度的等值线(等温线)及相等雨量的等值线等。假定有一个方程:

$$P(z) \cdot F(x) + Q(z) \cdot G(y) + R(z) = 0$$

如果采用变量 $X=F(x)$,$Y=G(y)$,对于 $z=z_0$ 的每一个值,就有一条直线。由于现在方程与变量的关系是线性的,我们就有方程 $P(z_0) \cdot X + Q(z_0) \cdot Y + R(z_0) = 0$。

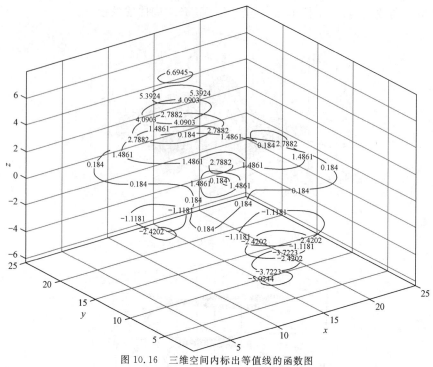

图 10.16　三维空间内标出等值线的函数图

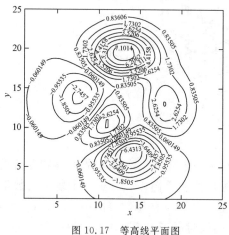

图 10.17　等高线平面图

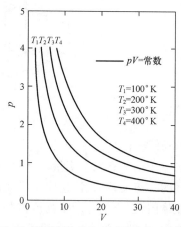

图 10.18　理想气体定律,当 T＝常数时的等值线

　　例如,方程 $x^2+y^2=z^2$ 可以表示为如图 10.19 中对 z 的等值线图,在用坐标 $X=x^2$ 和 $Y=y^2$ 时,这个方程画出的图是直线(图 10.20)。

　　②拟合图

　　尽管用图示法进行曲线拟合会在精度上受到限制,但其简便直观的特点,使其在数据处理中的应用还是受到了人们的重视。

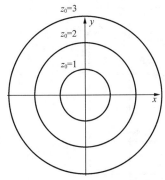 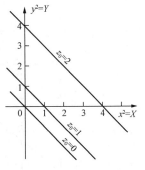

图 10.19　方程 $x^2+y^2=z^2$ 的等值线图　图 10.20　方程 $x^2+y^2=z^2$ 的线性化等值线图

（a）等权重直线拟合

在直角坐标系下，一条直线上点的坐标之间存在以下关系：$y=\beta x+\beta_0$。其中 $\beta=\tan\theta$ 为直线的斜率，β_0 为直线在 y 轴上的截距（图 10.21）。如果 x 和 y 有相同的量纲，那么 β 就是量纲一的量，否则 β 有 y/x 的量纲。

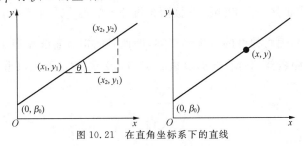

图 10.21　在直角坐标系下的直线

若 (x_1,y_1) 和 (x_2,y_2) 是直线上任意两点，则斜率 $\beta=(y_2-y_1)/(x_2-x_1)$。当实验数据点预期应落在一条直线上时，我们就会比较容易地用直尺通过数据点画出一条"直线"。问题是如何通过并不精确地落在一条直线上的若干数据点画出一条直线，而且使这条直线成为"最佳"直线。

如果所有的点都有近似相等的权重（相同的误差），那么一个简单的方法是画出一条直线，使落在直线上、下两边的点数近似相等。在图 10.22 中，画出了一个自由落体运动中速度与时间的关系。图上的点有些分散，但数据点的趋向却是一条直线。画出的这条直线使数据点呈对称分布，即在直线上、下两边的点数近似相等。我们知道，一个自由落体的物体的速度服从关系式 $v=v_0+at$。我们很快就可以在这个图上读出直线的斜率为 $a=10\ \mathrm{m/s^2}$。

（b）不等权重直线拟合

当各点具有不同的误差时，在进行直线拟合时就要考虑不同的权重。假定每一个点 (x_i,y_i) 的实验误差都在纵坐标方面，那么，对于每个 x_i，有一组数据点 $y_i\pm\Delta y_i$，以及拟合直线在 x_i 处的值 $\overline{y}_i=\beta x_i+\beta_0$，我们取平方和：

$$\sum_i \frac{(\overline{y}_i-y_i)^2}{(\Delta y_i)^2}=x^2$$

使这个和式取极小值的直线称为"最小二乘"最佳拟合直线。上式中的 $(\overline{y}_i-y_i)$ 表示了任一个 y_i 与拟合直线的偏差值，由于这个偏差值可能为正，也可能为负，因此对它平方后求和，就表明了整个 y_i 对拟合直线的总偏离程度。上式中的 $\dfrac{1}{(\Delta y_i)^2}$ 项即为权重系数，从这个权重

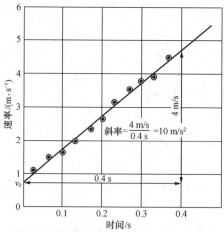

图 10.22　对自由落体运动中速度与时间关系的数据所作的拟合直线

系数的定义可以看出,当 y_i 的不确定度 Δy_i 较大时,y_i 与拟合直线的偏差值 $(\overline{y}_i - y_i)$ 对总偏离程度 $(\overline{y}_i - y_i)^2$ 的影响就较小。在极限情况下,若 $(\Delta y_i)^2$ 非常大,则 $\dfrac{1}{(\Delta y_i)^2}$ 就接近于零,使得 $(\overline{y}_i - y_i)$ 对总偏离程度的贡献趋于零,即此时的拟合直线相当于剔除了具有很大误差的 y_i 点。可以证明最佳拟合直线通过重心点 $(\overline{x}, \overline{y})$,这就是不等权重直线拟合的含义。

$$\overline{x} = \frac{\sum\limits_i \dfrac{x_i}{(\Delta y_i)^2}}{\sum\limits_i \left(\dfrac{1}{\Delta y_i}\right)^2} \tag{10.1}$$

$$\overline{y} = \frac{\sum\limits_i \dfrac{y_i}{(\Delta y_i)^2}}{\sum\limits_i \left(\dfrac{1}{\Delta y_i}\right)^2} \tag{10.2}$$

图 10.23 表示不等权重的数据点。这些点都标出了误差区段,其长度表示不确定度 Δy_i,Δy_i 通常相当于一个标准偏差。图 10.23 中画的直线是最佳拟合直线。

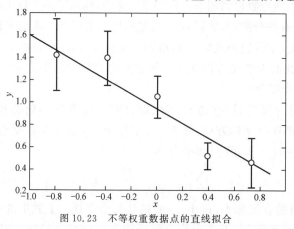

图 10.23　不等权重数据点的直线拟合

应该指出,按式(10.1)和式(10.2)得到点 $(\overline{x}, \overline{y})$ 后,过这一点的某一条直线是"最佳的",但是我们可以做出不止一条穿过这个点的直线,这些曲线(如果不是最好的)表示了在确定斜率和截距时的不确定度。图 10.24 就说明了这一点。这个图还给出了图示法的另一个功能,即外推功能。测量工作只能在 $x > 140$ 区域进行,有时要求出该直线在纵轴上的截距。但由图 10.24 可见,这种外推往往是很危险的。

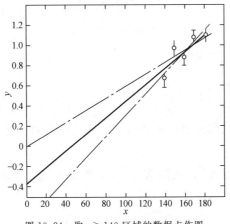

图 10.24　取 $x > 140$ 区域的数据点作图

我们仍然假定在某次测量 (x_i, y_i) 中,横坐标 x_i 为"已知",全部不确定度都在纵坐标 y_i 上,则可求出最佳拟合直线的斜率 β 和截距 β_0:

对于 N 个点 (x_i, y_i),作一和式:

$$x^2 = \sum_{i=1}^{N} \frac{(\overline{y}_i - y_i)^2}{(\Delta y_i)^2} = \sum_{i=1}^{N} \frac{(\beta x_i + \beta_0 - y_i)^2}{(\Delta y_i)^2} \tag{10.3}$$

对于 β 和 β_0,求 x^2 的极小值,得到方程:

$$\frac{\partial x^2}{\partial \beta} = 0, \quad \frac{\partial x^2}{\partial \beta_0} = 0$$

$$\beta = \frac{EB - CA}{DB - A^2}, \quad \beta_0 = \frac{DC - EA}{DB - A^2} \tag{10.4}$$

其中,

$$A = \sum_{i=1}^{N} \frac{x_i}{(\Delta y_i)^2}, B = \sum_{i=1}^{N} \frac{1}{(\Delta y_i)^2}, C = \sum_{i=1}^{N} \frac{y_i}{(\Delta y_i)^2}$$

$$D = \sum_{i=1}^{N} \frac{x_i^2}{(\Delta y_i)^2}, E = \sum_{i=1}^{N} \frac{x_i y_i}{(\Delta y_i)^2}$$

当所有的点具有相同的误差,即 $\Delta y_i =$ 常数时,式 (10.4) 简化为

$$\beta = \frac{N \sum_{i=1}^{N} x_i y_i - \left(\sum_{i=1}^{N} x_i\right)\left(\sum_{i=1}^{N} y_i\right)}{N \sum_{i=1}^{N} x_i^2 - \left(\sum_{i=1}^{N} x_i\right)^2} \tag{10.5}$$

$$\beta_0 = \frac{\left(\sum_{i=1}^{N} x_i^2\right)\left(\sum_{i=1}^{N} y_i\right) - \left(\sum_{i=1}^{N} x_i y_i\right)\left(\sum_{i=1}^{N} x_i\right)}{N \sum_{i=1}^{N} x_i^2 - \left(\sum_{i=1}^{N} x_i\right)^2} \tag{10.6}$$

它们适合于等权重的点的直线拟合。

当 x_i 和 y_i 都存在不确定度时,即给出了 $(x_i, y_i, \Delta x_i, \Delta y_i)$。在这种情况下,式(10.3)中的权重不再是 $\dfrac{1}{(\Delta y_i)^2}$,而是定义了一个有效方差 σ_i^2:

$$\sigma_i^2 = (\Delta y_i)^2 + \beta^2 (\Delta x_i)^2$$

用 $\dfrac{1}{\sigma_i^2}$ 为权重代入式(10.3)得:

$$x^2 = \sum_{i=1}^{N} \frac{(\beta x_i + \beta_0 - y_i)^2}{\sigma_i^2} = \sum_{i=1}^{N} \frac{(\beta x_i + \beta_0 - y_i)^2}{(\Delta y_i)^2 + \beta^2 (\Delta x_i)^2} \tag{10.7}$$

然后对 β 和 β_0 求极值,得出类似于式(10.5)和式(10.6)的关于 β 和 β_0 的表达式。

(c)对数图

为了作出 $y^r = ax^n$ 的曲线,可采用 $X = \log x$ 和 $Y = \log y$ 的坐标。将方程 $y^r = ax^n$ 两边取对数得:

$$r \log y = n \log x + \log a \tag{10.8}$$

在以 X, Y 为坐标轴时,式(10.8)为直线 $rY = nX + \log a$。把这个方程与常用的直线方程 $Y = \beta X + \beta_0$ 进行比较,可以看到,这条直线的斜率为 n/r,在纵轴上的截距为 $(\log a)/r$。

现在来考察常用曲线 $y = Ax^N$,利用所得到的直线 $Y = NX + \log A$,可以直接算出 A 和 N。

在该直线上取两点(不一定是数据点)(X_1, Y_1) 和 (X_2, Y_2),可得到该直线的斜率:

$$N = \frac{Y_1 - Y_2}{X_1 - X_2} = \frac{\log y_1 - \log y_2}{\log x_1 - \log x_2}$$

在纵轴上的截距为:$Y_1 = \log A = \log y_1$,因而 $A = y$。

这个结果与所取对数的底无关。在应用中,只有两个对数的底是重要的:以 10 为底的常用对数用"$\log X$"表示,以 $e = 2.718\ 281\ 83\cdots$ 为底的自然对数用"$\ln X$"表示。

把自然对数(以 e 为底)变换到常用对数(以 10 为底)时,只需要利用下述关系式:

$$10 \cdot \log x = x, \quad e \ln a = x$$

将上述两式分别取自然对数和常用对数,得到:$\log x \ln 10 = \ln x$,以及 $\ln x \cdot \log e = \log x$。因而有

$$\log x = \frac{\ln x}{\ln 10} = \ln x \log_{10} e$$

$$\ln 10 = 2.302\ 595\ 09\cdots$$

$$\log_{10} e = 0.434\ 294\ 482\cdots$$

注意到不同底的对数是互成比例的,故在常用对数坐标图上的直线转到自然对数坐标图上仍为直线,反之亦然。

例如,通过测量自由落体运动的频闪照片(频闪照片间距是 1/30 s)。将得到的数据列于表 10.15。

在线性坐标上标出了数据点 $\log t_i = X_i$,$\log x_i = Y_i$,如图 10.25 所示。这里 t 的单位为 1/30 s。

表 10.15 自由落体运动的实验数据

t	$\log t$	x/cm	$\log x$
3	0.477	0.440	0.843
4	0.602	0.787	0.896
5	0.699	1.424	1.09
6	0.778	1.796	1.25
7	0.845	2.460	1.39
8	0.903	3.218	1.51
9	0.954	4.076	1.61

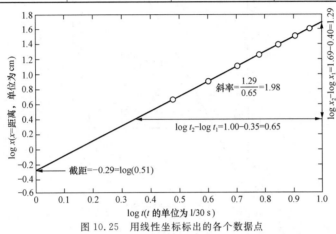

图 10.25 用线性坐标标出的各个数据点

这些数据点清楚地显示出一条直线。图 10.25 中的直线的斜率接近 2.0。注意,与此相应的方程为:

$$Y = NX + N\log\left(\frac{1}{30}\right) + \log A$$

图 10.25 中直线的斜率 $N = 1.98$,它接近于 2。这表示,距离的变化与时间的平方成正比。截距 $-0.29 = \log(0.51)$,即 $x = 0.51t^2$,t 的单位是 1/30 s。

我们期望 $x = \frac{1}{2}gt^2$,因而 $\frac{1}{2}g = 0.51$ 或 $g = 1.02$,它表示以 cm/(1/30 s^2) 为单位的加速度:

$$g = \frac{1.02}{\left(\frac{1}{30}\right)^2} = 918 \text{ cm/s}^2$$

这样就准确地确定了斜率。而截距有较大的不确定度,这是因为所谓的"杠杆臂"效应:用来确定直线的实验点离轴太远了。

数据点的对数作图的另一种方法是使用对数坐标纸。它的标度与 $\log x$ 和 $\log y$ 成比例,但坐标轴上表示的是 X 和 Y 的值,图 10.26 很明显地示出了这两种标度。

对数坐标纸的优点是不需要计算数据点的数值。表 10.15 中的数据画在全对数(log-log)坐标纸上,如图 10.26 所示。(所谓"全对数坐标"即指水平刻度和垂直刻度都是对数度。)

在图 10.26 中,直线的斜率由两个点($t = 10/30$ s,$x = 50$ cm)和($t = 2/30$ s,$x = 2$ cm)来确定。

$$斜率=\frac{\log 50-\log 2}{\log\left(\frac{10}{30}\right)-\log\left(\frac{2}{30}\right)}=2.0$$

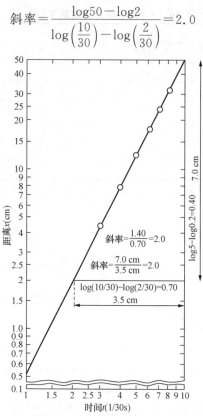

图 10.26　用表 10.15 中的数据在 log-log 图纸上作图

当然,这证实了 $x\propto t^2$。也可以用直尺量出图纸上的实际距离并确定直线的斜率。在图 10.26 中,用这个方法也可以得到斜率$=7.0$ cm$/3.5$ cm$=2.0$,而且可以直接得到垂直轴上的截距为 0.52,而不必像图 10.25 那样取反对数。

(d)半对数图

半对数图的特点是一个坐标轴要图示的变量呈线性关系,而另一个坐标轴与要图示的另一个变量的对数(任意基底)成比例。当需要显示的某一变量有很大的值域时,可考虑用半对数图。

有的数据在理论上可表达成指数函数的关系,其一般形式为:$y=Aa^{Bx}$。

这时可用半对数纸对这种数据进行图示分析。如果以任意值 b 为底取对数,则得到方程:$\log_b y=\log_b A+(B\log_b a)x$。

在 $Y=\log_b y$ 和 $X=x$ 坐标系中,其图形是一条斜率为 $B\log_b A$ 的直线。当 $a=b$ 时,上式可以简化。因此,我们对 $a=10$ 或 $a=e$ 的情况尤其感兴趣。

对于 $y=Ae^{Bx}$ 两边取自然对数得:$\ln y=\ln A+Bx$。

取 $Y=\ln y$ 和 $X=x$ 作为作图的变量。可以看到 Y 和 X 之间的关系图是一条直线,其斜率为 B,在纵轴上的截距为 $\ln A$。

例如,我们考察一个简单的电路,一个电阻 R 并联到已充电的电容 C 上。电容器在时刻 t 的电荷量 Q 与在时刻 $t=0$ 的初始电荷量 Q_0 的关系由方程 $Q=Q_0 e^{\frac{-t}{RC}}$ 表示。我们说,电容器上的电荷是以时间常数 $T=RC$ 做指数衰减的。我们做变量替换 $y=Q/Q_0$ 和 $x=t/RC$

后做出 y 和 x 之间的关系图。

在线性坐标下，x 和 y 的关系图是一条曲线(图 10.27)，但如果我们在半对数纸上画出 X 和 Y 的关系，就可得到一条直线(图 10.28)。首先注意，在垂直轴上的截距是 $\ln(Q/Q_0)=\ln A=\ln 1.0$，它表明 $A=1.0$。在直线上任取两点(不必取数据点)可以得到斜率。图 10.28 中直线上的两个点 M 和 N 是任取的，用它们确定斜率：

$$B=\frac{\Delta\ln y}{\Delta x}=\frac{\ln y_M-\ln y_N}{x_M-x_N}=\frac{\ln(0.76)-\ln(0.165)}{0.40-1.80}=-1.00$$

这样分析的结果当然仍得到原方程 $y=Q/Q_0=e^{-x}=e^{\frac{-t}{RC}}$

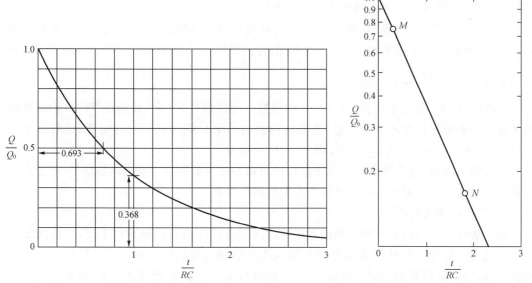

图 10.27 用线性坐标做出关系式 $Q=Q_0 e^{\frac{-t}{RC}}$　　图 10.28 用半对数坐标对关系式 $Q=Q_0 e^{\frac{-t}{RC}}$ 作图

关于图 10.28 的分析，需要注意以下几点。

a. 变量已归一化，从而曲线的极大值恰好和坐标上的极大值相对应。这是从图示分析得到的结果，是使作图误差极小的最有效的方法，因此作图纸将得到充分利用。如果为了避免归一化中的算术运算而使图示分析进行得更快一些，只要作图误差不会变得太大，不作归一也是容许的。

b. 图 10.27 和图 10.28 并不严格对应，如果第一张图 Q/Q_0 变化 10 倍，而对数图只表示有一个 10 的因子(相当于一个数量级)的变化。因而在第一张图示出的数据中，有些数据的变化在第二张图中被略去了。另一方面，如果图 10.28 的纵坐标用了两个数量级的对数坐标，那么由于可用空间没有被充分利用，会使对同样数据点的作图误差大。当然，绝不能舍去那些会系统地影响结果的数据。

c. 应该注意，半对数坐标图上各点的权重是不同的，线性坐标图上各点的权重往往是相同的。可以看到，图 10.28 中 M 点纵坐标的对数可以读出两位有效数字，而 N 点纵坐标的对数能读出三位有效数字。可能出现的问题是给予处在低纵坐标值的点以过大的权重。可靠的办法常常是对每个点给定一个误差，并通过计算传递这个误差。困难在于在半对数坐标纸上做出一条直线。自然倾向是利用尽可能分散的数据点，来得到可能最好的直线。常会遇到这样的情况:在末端的点一般有较大的误差,与另外一些具体有较小"杠杆臂"的点相比,给予前者的统计权重较小。在做最佳拟合直线时,可靠的办法仍然是标出每个点的纵坐标上的误差。注意,对于 y 来说是对称的误差,传递到 $\log y$ 或 $\ln y$ 就成了非对称误差。我们应该采用的是非对称误差。

d. 分析斜率时需要知道 M 和 N 两点纵坐标的自然对数。我们也能用这个图的两个端点得到:$B = \dfrac{\ln(1.0) - \ln(0.1)}{-2.30} = -1.00$。

当这样做时,我们只要知道 10 的自然对数的值。这是一个估计半对数图斜率的较快方法的基础。为了最有效地利用这种图示并且非常准确地读出斜率,必须用自然对数。不过,不用自然对数,用以下方法也能较快地估计出斜率:

e. 在图上选择 M, N 两点,使 y_M 和 y_N 恰好相差 10 倍(N 点是 M 点的一次十进位降落点)。取此两点的横坐标值之差,并除以 10 的自然对数 2.303,这样就得到了时间常数(若属于衰减,即为负值):$\tau = \dfrac{x_M - x_N}{2.303}$。

f. 选择点 P10,使它的纵坐标值为 10 的倍数。再找到点 P3.68,使得点 P3.68 的纵坐标值为点 P10 的纵坐标值的 0.368 倍,于是这两点的横坐标值之差即为时间常数(若属于衰减,即为负值):$\tau = x_{10} - x_{3.68}$,点 P3.68 相应于 e$-$1 点。

需要指出的是,这两种方法的特点仅仅是快和方便。要得到非常准确的结果,还是要像前面那样利用图上尽可能多的点并计算它们的自然对数。

(e)对数标度的制作

应该选择恰好容纳下数据点的图示用纸。这样做就能最有效地利用空间,且使图变得易读。当得不到合适的对数坐标纸(全对数或半对数)时,我们可以在一张合适的纸上画出对数坐标,每一对数周期的间隔可以大一点,也可以小一点。要做到这一点,只要能找到一张对数坐标,每一个对数周期的间隔比实际间隔大就可以了。这样的标度过程如图 10.29 所示。为方便起见,图 10.30 给出了一张大的、只有一个数量级的对数坐标纸,应用它就可以用上述方法进行对数标度。

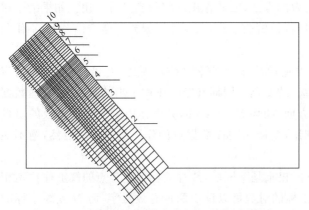

图 10.29　用已知标度的坐标纸进行新坐标标度的方法

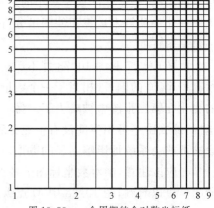

图 10.30　一个周期的全对数坐标纸

例如,将形如 $x^y = K$ 的关系式在常用全对数坐标纸上做图并做了适当的说明和重新标示后,上式可以简化为直线的形式。通过取对数,可将其改写为 $y\log x = \log K$。显然,

若图纸上 y 方向用对数标度，x 方向用对数的对数标度，即可将其转化为直线的形式了（图 10.31）。

对于常数全对数坐标，标度是 $X = \log(x)$。例如，$x = 2$ 与 $x = 10$ 之间的距离及 $x = 3$ 与 $x = 10$ 之间的距离之比为

$$\frac{\log(10) - \log(2)}{\log(10) - \log(3)} = 1.337$$

假定我们用 $x = 2$ 表示 $x = 10^2$，$x = 3$ 表示 $x = 10^3$，等等，那么上面的比值可以写为

$$\frac{\log[\log(10^{10})] - \log[\log(10^2)]}{\log[\log(10^{10})] - \log[\log(10^3)]} = 1.337$$

只要把对数坐标轴上的每一个点 x 用 10^x 来重新标示，就会得到一个坐标是对数，另一个坐标是对数的对数这样的坐标纸了。

若把 y 轴上各点变换标度，也可使关系 $y^x = K$ 简化为直线。如图 10.32 所示。

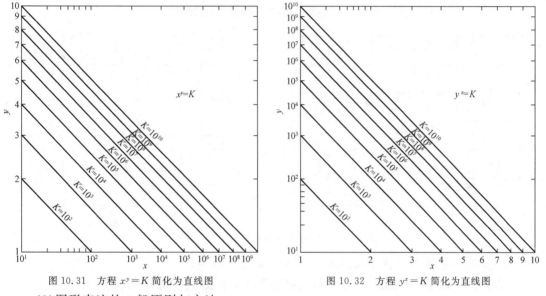

图 10.31　方程 $x^y = K$ 简化为直线图　　　图 10.32　方程 $y^x = K$ 简化为直线图

（3）图形表达的一般原则与方法

每个工程师可能都有自己偏好的数据图形表示方法，按照以下建议组织数据图形通常会有助于提升信息的传递和表达。

①最重要的原则是"所见即所得"，图形传递信息务必要清楚集中，不需要经过多层解读就能直观表现数据特点与整体趋势。

②图像呈现的信息量应适中，既不要太多也不要太少，直接突出主题。在图形绘制之前要精心设计，根据图形的功能和意义选取数据，选择合适的呈现方式。例如，表达一个因变量随多个自变量的变化趋势时，可以将多条曲线绘制在同一区域范围内，更好地表达差异性。如图 10.33 所示，该图不仅能够展示甲烷/空气混合体系的爆炸压力随时间发展的形态，更能够体现出不同实验条件（密闭容器容积）对实验结果的影响，信息集中且显著。

③清晰注释坐标轴，包括类别、代号和单位。例如，类别是"时间"，代号是"t"，单位是"s"。三者缺一不可。

④合理设置坐标轴刻度值间距，一般情况下选择 1，2，2.5，5，不选择不利于直接读取或

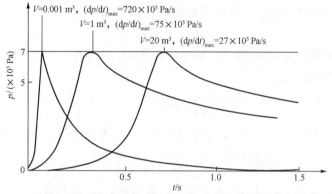

图 10.33　甲烷/空气混合体系的爆炸压力-时间关系曲线

插值估取的刻度值,如 3,7,15 等。

⑤设置主、副刻度值和水平、垂直引导线,帮助读者更容易从图形中获取数据。如图 10.34 所示,读者可以自行比较一下,哪一幅图更容易读取数据?

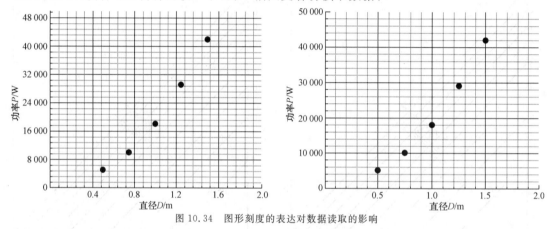

图 10.34　图形刻度的表达对数据读取的影响

⑥图例清晰,单独放置在图例区,不影响数据点的呈现。

⑦实验测试点用散点表示,计算值或理论值用线条表示。如图 10.35 所示。

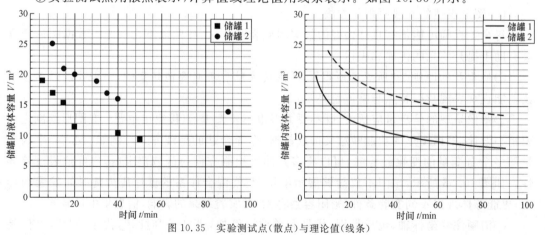

图 10.35　实验测试点(散点)与理论值(线条)

⑧采用不同的颜色、形状或线条,表达多组实验数据或理论值。如果想突出某些数据之

间的对应或对比关系,可以用带有关联关系特征的表达方式。例如,同颜色的空心与实心圆点,或同颜色的实线与虚线等。但切记不要使用黄色、粉色等浅色线条,避免在复印或只能以灰度输出时丢失图形信息。

⑨ 当报告文本中需要引入数据图形时,尽量保证:

a. 若非有特殊格式,图形的阅读方向与纸张方向一致。

b. 图形不要太小,保证能够清晰识别图中信息。

c. 配有插图序号和简短的图形说明。

6. 工程技术文档的一般架构

尽管每种类型的报告都有不同的目的,需要不同的文档架构来满足目标。但至少所有的技术报告都包括一个引言、一个正文和一个结论。

引言部分说明了报告的主要内容和重要性。它定义了报告主要的技术参数与覆盖范围,以及期望从技术报告中获得的主要结果和结论。引言即将后面正文中的内容进行提炼,使读者在了解细节之前对工程报告有整体的了解。

报告正文包含报告的所有背景和支持信息。为了便于撰写和阅读,它通常被分成几个小节。常见小节包括方法、程序、数据、计算和分析。正文内容的组织方式应使信息形成完整逻辑闭环。

最后的结论提出了作者对数据含义的专业意见以及个人分析。在结论中一定要讨论在研究中遇到的难点或限制性问题。如果这些问题在报告撰写或提交时仍未得到解决,报告中也可以包括对未来工作的建议。

科技论文和技术文档的一般架构主要包括的内容见表 10.16。

表 10.16 科技论文和技术文档的一般架构

序号	名称	主要内容
1	封面	包括题目、事由、作者、单位、时间等相关信息
2	摘要	全文内容的高度概括
3	关键词	精心提炼的全文关键点,按照关键词应能确保文献被检索到
4	目录	论文或报告的架构,一般列出至三级标题
5	引言	(1)科学或技术问题是什么? (2)前沿或最新进展是什么? (3)本文/本报告要开展的工作是什么? (4)目的和意义是什么? (5)拟采取的工作方式是什么? (6)期望的成果是什么?
6	主体内容	对实验装置与实验参数的描述、数值计算模型与有效性验证、数据处理算法等研究思路的阐述
7	结果分析与讨论	原始数据、图表等形式,深入探究机理,阐述对引言部分提出的问题的答案
8	结论	通过分析获得的、具有一定普遍意义、在一定范围内适用的一般性结论
9	参考文献	按照规范格式列出,在正文引用处注明引用序号
10	附录	复杂的背景或历史信息、详细的图表、支持文件、计算和原始数据等
10	符号表	所有出现的拉丁字母、希腊字母,含上、下标的说明
11	致谢	对组织机构、个人、项目获得的资助等致谢

（1）封面

封面也称标题页，是指包含报告标题、作者和其他相关出版物信息的页面。工程技术报告都需要封面，具体格式可由撰写者决定，或采用企业公司定制格式。

（2）摘要

摘要指用一个高度凝练的内容概括整个报告。它为读者提供了足够的信息来决定是否要阅读完整的报告。摘要阐明了论文的缘由，简要描述了报告的内容和范围，突出重点，并简要总结了研究结果。摘要放在报告介绍之前，不应包含直接从报告其他位置复制的文本。

（3）目录

对于较长的出版物，目录可以极大地帮助读者轻松地找到他们要查找的信息。目录包括报告中的所有标题和副标题，并列出每个标题和副标题的起始页码。清晰的目录使用缩进来区分标题和副标题，并将它们与适当的页码对齐。目录一般列出至三级标题。请参考以下原则进行标题的拟定：

①标题和副标题要简短。完整的句子不能用作标题或副标题。

②不要过度使用标题和副标题。这些都是为了突出重要的部分，但不是每个段落都需要一个标题。

③在论文中使用相同风格的标题。使副标题字号小于标题。

④一个标题小节中不能只有一个副标题。如果主题至少不能细分为两个主题，那么不需要副标题。

最后，使用标题和副标题的文章仍然应该在章节之间使用良好的过渡。在大多数情况下，可以先写报告，在论文完成后插入标题和副标题。因为它们是为了方便读者浏览论文，标题本身不应该取代关键的句子。即使在没有标题的情况下，也应该保证报告的流畅性和阅读性。

（4）参考文献规范格式

国家标准 GB/T7714—2015《信息与文献　参考文献著录规则》中规定了参考文献引用的规范格式。

参考文献采用顺序编码制，即参考文献的著录按论文中引用顺序排列。文献类型标志见表 10.17 和表 10.18。

表 10.17　文献类型和标识代码

序号	参考文献类型	文献类型标识代码
1	普通图书	M
2	会议录	C
3	汇编	G
4	报纸	N
5	期刊	J
6	学位论文	D
7	报告	R
8	标准	S
9	专利	P

（续表）

序号	参考文献类型	文献类型标识代码
10	数据库	DB
11	计算机程序	CP
12	电子公告	EB
13	档案	A
14	舆图	CM
15	数据集	DS
16	其他	Z

表 10.18　电子资源载体和标识代码

序号	电子资源的载体类型	载体类型标识代码
1	磁带(magnetic tape)	MT
2	磁盘(disk)	DK
3	光盘(CD-ROM)	CD
4	联机网络(online)	OL

常用类型的参考文献示例如下：

• 专著著录格式

主要责任者.题名：其他题名信息[文献类型标识/文献载体标识].其他责任者.版本项.出版地：出版者,出版年：引文页码[引用日期].获取和访问路径.数字对象唯一标识符.

示例：

[1]　陈登原.国史旧闻：第 1 卷[M].北京：中华书局,2000：29.

[2]　牛志明,斯温兰德,雷光春.综合湿地管理国际研讨会论文集[C].北京：海洋出版社,2012.

[3]　全国信息与文献标准化技术委员会.信息与文献　都柏林核心元数据元素集：GB/T 25100—2010[S].北京：中国标准出版社,2010：2-3.

• 专著中的析出文献著录格式

析出文献主要责任者.析出文献题名[文献类型标识/文献载体标识].析出文献其他责任者//专著主要责任者.专著题名：其他题名信息.版本项.出版地：出版者,出版年：析出文献的页码[引用日期].获取和访问路径.数字对象唯一标识符.

示例：

[1]　FOURNEY M E. Advances in holographic photoelasticity [C]//American Society of Mechanical Engineers. Applied Mechanics Division. Symposium on Applications of Holography in Mechanics,New York：ASME,1971：17-38.

[2]　杨梦麟,杨燕.汶川地震基岩地震动特性分析[M/OL]//同济大学土木工程防灾国家重点实验室.汶川地震震害研究.上海：同济大学出版社,2011：011-012 [2013-05-09]. http://apabi. lib. pku. edu. cn/usp/pku/pub. muv? pid ＝ book, detail&metaid ＝ m. 20120406-YPT-889-0010.

• 连续出版物中的析出文献著录格式

析出文献主要责任者.析出文献题名[文献类型标识/文献载体标识].连续出版物题名：其他题名信息,年,卷(期)：页码[引用日期].获取和访问路径.数字对象唯一标识符.

示例：

[1]　袁训来,陈哲,肖书海,等.蓝田生物群:一个认识多细胞生物起源和早期演化的新窗口[J].科学通报,2012,55(34):3219.

[2]　余建斌.我们的科技一直在追赶:访中国工程院院长周济[N/OL].人民日报,2013-01-12(2)[2013-03-20].http://paper.people.com.cn/rmrb/html/2013-01/12/nw.D110000renmrb_20130112_5-02.htm.

• 专利文献著录格式

专利申请者或所有者.专利题名:专利号[文献类型标识/文献载体标识].公告日期或公开日期[引用日期].获取和访问路径.数字对象唯一标识符.

示例：

[1]　河北绿洲生态环境科技有限公司.一种荒漠化地区生态植被综合培育种植方法:01129210.5[P/OL].2001-10-24[2002-05-28].http://211.152.9.47/sipoasp/zlijs/hyjs

• 电子资源著录格式

主要责任者.题名:其他题名信息[文献类型标识/文献载体标识].出版地:出版者,出版年:引文页码(更新或修改日期)[引用日期].获取和访问路径.数字对象唯一标识符.

示例：

[1]　萧钰.出版业信息化迈入快车道[EB/OL].(2001-12-19)[2002-04-15].http://www.ereader,com/news/20011219/200112190019.html-yx-new.asp?recid=01129210.5&leixin.

(5)附录

附录通常用于呈现支持报告中信息的材料。复杂的背景或历史信息、详细的图表、支持文件、计算和原始数据等都可能包含在附录中。附录应按报告文本中提及的顺序书写和排列。

10.3.4　撰写其他文档

1.备忘录和信函

一名工程师需要与其他公司员工、管理层和/或同事进行书面交流。所有的书面交流都应该简洁、清晰、准确。备忘录和信函是公司中常用的书面交流形式。

一般来说,备忘录是写给你工作地点以内的人,而信函是写给你工作地点以外的人。在通常情况下,备忘录用于快速传递重要信息,而信函则提供更详细的信息和理由,以便进行销售或回答问题。虽然备忘录和信函的内容可能相似,但它们的格式不同,大多数公司都有特定的格式要求。

备忘录和信函的标题都包括作者、收件人、主题、日期以及其他可能看到备忘录和信函的人的姓名。对于备忘录和信函,备忘录中提到或直接受备忘录影响的人员应收到一份副本。作者的公司名称、徽标、地址和其他联系信息都可以在信函的页面顶部找到,但这些信息在备忘录中是不需要的。

备忘录的开头是在第一句话中陈述其目的,然后是必要的信息。另一方面,一封典型的信函应该在第一段中说明目的,但不一定是第一句话。备忘录中只包括最必要的细节和解释,而信函通常包含更多的支持信息。备忘录通常以下一步要求结尾,详细说明接收者应马上开始的回应或行动。虽然在备忘录中经常省略结尾的致谢,但信函通常有一个致谢和/或要求收件人与作者联系,然后正式结束。

(1)业务备忘录示例:

ABC 咨询公司

芬顿路 12000 号,芬顿,密歇根州 48844,(800)700-10100

备忘录(Memo)

收件人:全体员工

发件人:Jackson Hutton,人力资源总监

日期:2021 年 6 月 1 日

主题:新假期政策 7 月 1 日生效

本备忘录旨在告知员工 ABC 咨询公司休假政策的变化。

请至少提前 7 天提出休假申请,以确保我们有足够的时间落实临时替补人员,如有必要,请合理安排休假的时间,保障公司的正常运作。

此次休假政策变更将于 2021 年 7 月 1 日生效。如果你有任何问题,请随时打电话给我。

(2)商务信函示例

2021 年 5 月 15 日

劳拉·萨顿博士

东凯斯基街 303 号

弗林特,密歇根州 48502

亲爱的萨顿博士:

借此机会,我要对您为我们最近的"工程实践"会议所做的宝贵贡献表示衷心的感谢,参会者一致认为您和其他演讲者的生动讲座使得这次会议非常成功。

您在"基因工程中的争议"演讲中的观点得到了参会代表的高度赞赏。我们也收到了许多您发表的关于"优生学和设计"的论文的索稿请求。相信很多听众和我一样,都被论文中的观点和您的精彩演讲所吸引。

无论是从专业角度还是从个人角度,我都非常感谢我们两人在会议休息时间在一起度过的时光。您分享的个人经历真的很吸引人。我学到了很多关于基因工程的一些独特方面以及您在工作中所面临的挑战。

再次感谢您参加我们的会议。我毫不怀疑,如果没有您的存在,会议就不会取得成功。您的热情是有感染力的,我们希望您将来能考虑再次参加我们的会议。再次感谢您的贡献。

请保持联系,并随时来我们这里拜访。

真诚地,

梅琳达·唐纳森

会议主席

2.电子邮件

电子邮件已经成为现代沟通交流不可或缺的工具。电子邮件通信包含与其他通信媒介相同的基本组成部分,如前面讨论过的信函和备忘录。因为电子邮件可以很容易地编写和发送,所以应该特别注意其中的内容。选词和语法在电子邮件中和在其他形式的信函中一样重要。请在发送之前,花一点时间来检查邮件的排版、语法错误和清晰度。此外,请记住,并非所有电子邮件收件人都会以相同的方式解读邮件。一定要留意任何可能被误解的信息。

在工作场所采用电子邮件交流应该遵守专业标准和礼仪。在专业电子邮件中,使用笑脸或其他表情符号也被认为是不合适的。

工作场所的电子邮件决不能用于个人原因。相反,保持单独的电子邮件账户供专业和个人使用。不要在工作邮件中说任何负面或冒犯性的话。避免在电子邮件中写任何你不想当面说的话。一旦发送,所有电子邮件都将成为公司和/或公共记录的一部分。

以下是通过电子邮件进行沟通时的一些提示。

(1)始终包含简短、有意义的主题。一个好的主题可以帮助接收者进行搜索、归档和过滤。

(2)在信息中始终使用适当的问候语和结束语。

(3)包含附件时,请确保为附件指定有意义的文件名,并在邮件正文中引用附件。

(4)电子邮件尽量简短。一般的经验法则是将信息限制在不必滚动的情况下可以在读者屏幕上看到的文本量。

(5)对于对话中的第一封电子邮件,请务必使用您的全名,并在签名栏中提供联系信息。

(6)只向需要接收电子邮件的人或组发送消息。接收到发送给电子邮件组的邮件时,仅在绝对必要时回复所有收件人。

(7)如果您希望收件人在收到您的邮件后采取行动,请明确您的期望。例如,如果您需要在某个日期和时间之前做出答复,请直接说明。如果您需要对多个项目执行操作,请分别列出它们。

10.4　终身学习

10.4.1　有终身学习意识

终身学习是指社会每个成员为适应社会发展和实现个体发展的需要,贯穿于人的一生的、持续的学习过程。一般来说,终身教育被理解为"人们在一生中所受到的各种培养的总和",它指开始于人的生命之初,终止于人的生命之末,包括人发展的各个阶段及各个方面的教育活动。既包括纵向的一个人从婴儿到老年期各个不同发展阶段所受到的各类教育,也包括横向的从学校、家庭、社会各个不同领域受到的教育,其最终目的在于"维持和改善个人社会生活的质量"。

国际21世纪教育委员会在向联合国教科文组织提交的报告中指出:"终身学习是21世纪人的通行证。"终身学习又特指"学会求知,学会做事,学会共处,学会做人。"这是21世纪教育的四大支柱,也是每个人一生成长的支柱,终身学习已经日益成为21世纪人们的自觉追求。

1.知识的半衰期急速缩短

《哈佛商业评论》的一篇文章中写道,目前在大学期间获得的知识只能用五年,但解决之道并不是放弃教育,而是应该养成终身学习的习惯。新时期社会的、职业的、家庭生活的急剧变化,导致人们必须更新知识观念,以获得新的适应力。

以信息技术为代表的第四次工业革命以来,社会结构发生了急剧变化,这一巨大变化不仅表现在生产、流通、消费等领域的经济结构、过程及功能方面,甚至还影响到日常生活方式和普通家庭生活,使之也发生了巨大的变化。人们面对的是全新的和不断变化发展的职业、家庭和社会生活。若要与之适应,人们就必须用新的知识、技能和观念来武装自己。终身教育强调人的一生必须不间断地接受教育和学习,以不断地更新知识,保持应变能力。终身教育要求人们必须树立终身学习意识,通过不间断的自我学习实现提升。

2.人们对自我完善的不懈追求是终身学习的动力

自动化技术、信息技术、电子技术等领域的加速换代,帮助现代人开始拥有更充裕的自由支配时间。外部条件的改善,使人们开始注重精神生活的充实,期望通过个人努力来达到自我完善。要实现高层次、高品质的精神追求,靠一次性的学校教育是难于达到的,只有依靠终身教育的支持才有可能完成。

3.改革传统教育教学体系,建立全新教育理念

首先,自近代学校教育制度建立以来,学校在担负培养和塑造年轻一代的责任方面,起到了任何其他社会活动所不能替代的作用。但总的在校教育能力和水平还不能满足广大人民群众对更广泛、更有个人针对性的教育资源的需求。这种情况下,人们普遍希望能从根本上对原有的教育制度进行改革。提倡学校教育、家庭教育和社会教育三者有机结合。

其次,数据、事实、信息和知识都在成倍增长。随着物联网、更精确的测量工具和在线追踪技术的出现,关于我们和世界的数据量正在快速增长。因此,研究人员有更多的数据来得出新的科学事实。

最后,创造和分享自己想法的人数也呈指数级增长。随着社交媒体的出现,数以百万计的人经常创造和分享他们的经验心得。

10.4.2　有终身学习的准备

终身学习是一种知识更新、知识创新的教育,其主导思想就是要求每个人必须有能力在自己的一生中利用各种机会,去更新、深化和进一步充实最初获得的知识,使自己适应快速发展的社会,每个人都需要做好长期学习的思想和能力准备。

例如,作为教师都必须具备自我发展、自我完善的能力,不断地提高自我素质,不断地接收新的知识和新的技术,不断更新自己的教育观念、专业知识和能力结构,以使自己的教育观念、知识体系和教学方法等跟上时代的变化,提高对教育和学科最新发展的了解。

10.4.3　有终身学习的能力

1.主动学习的能力

主动学习是指把学习当作一种发自内心的、反映个体需要的活动。它的对立面是被动学习,即把学习当作一项外来的、不得不接受的活动。主动学习的习惯本质上是视学习为自

己的迫切需要和愿望,坚持不懈地进行自主学习、自我评价、自我监督,必要的时候进行适当的自我调节,使学习效率更高,效果更好。

(1)学习是个人成长和进步的必然要求,是工作生活中不可分离的一部分。每个人应对学习有如饥似渴的需要,有随时随地只要有一点时间就要用来学习的劲头。

(2)对自己的学习及时有效地进行评价。一个人在学习过程中,不仅学习水平在不断变化,其兴趣和爱好也在不断地变化。对这些方面进行评价和审视,不仅有利于保证学习的速度和质量,更重要的是能保证学习方向的正确。

(3)主动调节自己的学习行为,有的放矢地规划学习内容和学习方向,以适应不同的环境和需要。

(4)遇到困难坚持不懈。多数人的学习不会一帆风顺,遇到困难能够坚持下去,是主动学习的重要内容。

2.自我更新的能力

自我更新,就是不固守已经掌握的知识和形成的能力,从发展和提高的角度,对自己的知识、认识和能力不断地进行完善。

(1)要有开放包容的心态,不断地对自己掌握的知识和能力进行联系、推敲、质疑和发展。

(2)培养对新事物、新现象的敏感性。能够敏感地发现新事物的不同之处,对于自我更新非常重要。

(3)扩大自己的视野。这是自我更新的重要源泉。

(4)虚心并重视他人的意见。

3.学以致用的能力

知识来源于整个人类的生产生活实践,是人们在实际问题的过程中不断发展和完善起来的。因此,就知识本身而言,它必然是有用的。请一定不要用"知识是否有用"来衡量知识的价值!

一方面,"学以致用"的精髓在于把间接的经验和知识还原为活的、有实用价值的知识。这个还原的过程需要有一双敏锐的眼睛和始终思考的心灵。一双敏锐的眼睛,让你去观察现实世界里的现象是什么样子的。而始终思考的心灵,则让你不断去发现现象背后隐藏的规律。

另一方面,"学以致用"的精髓在于动手。理论上行得通的东西,在实践中做起来可能远远比想象的复杂得多。"纸上得来终觉浅,绝知此事要躬行",动手做一做,比单纯的"纸上谈兵"要来得更具体、更全面,也更直观。实践是检验真理的唯一标准。

4.优化知识的能力

可以肯定地说,21世纪最重要的学习能力就是学会管理知识和处理信息。具体说,你不可能也不需要记住所有的知识,但你可以知道去哪里找你需要的知识,并且能够迅捷地找到;你不可能也不需要了解所有的信息,但你可以知道最重要的信息是什么,并且明确自己该怎么行动。

10.4.4　终身学习的方法

终身学习是持续性、长时间的自觉主动学习行为,从任何时候开始都犹为未晚,采取一些正确的方法,有利于提高学习能力和学习效果。

1. 认清自己的兴趣和目标

终身学习是关于学习者本人、而非他人要求而为。要根据自己的需求开展针对性的学习活动。学习内容既可以与工程师职业发展相关,例如,一名化学工程师学习关于流程自动监测与控制的内容,或一名技术岗位上成长起来的企业主管学习商业、金融、项目管理等内容,从长期看都会促进职业发展。也可以仅从兴趣出发进行学习,例如,历史爱好者业余时间的野外探险或以志愿者身份参加考古挖掘等都是终身学习的一种。

2. 列一张你想学什么或能做什么的清单

一旦确定了激励你的因素,探索你想要达到的特定兴趣或目标,可以列出一张学习清单,确定想学习或提升的内容。这有助于专注目标的达成,并在某段时间内获得学习收获和成果。

3. 确定你希望如何参与进来以及可用的资源

"千里之行始于足下",确定好目标和内容后迈出第一步是最重要的。充分地利用书籍、讲座、大规模线上公开课程(Massive Open Online Class,MOOC)等公共资源。从一个简单的基本概念、第一笔线条、第一个问题开始,需要将自身投入到终身学习中。

4. 把学习目标融入你的生活

把一个新的学习目标融入你繁忙的生活需要更多努力。如果你不为它腾出时间和空间,它就不会发生。"没有时间"常常成为导致挫败或完全放弃学习的主要原因。学习计划可以非常灵活,只要与正常的学习工作或家庭生活相适应就可以。例如,如果学习一门新语言是学习的目标,你能每天抽出一个小时的时间吗?或者每天抽出 15 分钟?了解你可以投入到学习目标上的时间和空间,可以帮助你长期坚持这个目标。

5. 勤学不辍,必有收获

最后一步也是最重要的一步。如果你已经设定了现实的期望,并且有自我动力去完成它,那么就要坚持不懈,按照既定的规划开展学习,随时从学习活动中体验成果反馈,形成正激励效应,终将会有收获。

习题与思考题

1. 假设你在一家电梯公司工作。请为这样的公司制订一个组织结构图。请注意到电梯属于特种设备,服从当地质监局的定期检验,在组织结构图中包括设计、制造、安装到安全运维的全部,为每个角色定义职能。

2. 请为以下工程活动的开展设计团队、角色、目标、流程和管理模式。

(1)开发一款符合中国家庭特色、适合全家出行的商用车。

(2)气瓶是可重复充装的压力容器,每一支气瓶都有唯一的出厂编号。为了保证气瓶使用安全,开发一款具有追踪气瓶制造、使用、充装次数等信息的软件。

(3)可穿戴式空调,用于在极端作业条件下保持身体状态。

(4)促进太阳能从沙漠地带向温带地区输送的系统。

(5)一种自动回收分类废物的系统。

3. 请为大学物理或化学实验中存在使用安全的实验设备写一份使用指导书。

4. 组织一个技术与财务部门的联合会议,商讨为工程实验追加经费,请为这次会议制订一份会议通知,并形成会议备忘录。

5. 写一封电子邮件给你的老师,解释未能上课的原因,并说明如何补交作业。

6. 写一封电子邮件给国外高校老师,申请奖学金。

7. 阅读关于新能源汽车的文献,撰写一份关于新能源汽车产业发展现状与未来趋势的技术报告,并以 PPT 方式在全班口头汇报,并附上格式规范的参考文献。

8. 2020 年 9 月 22 日,国家主席习近平在第七十五届联合国大会一般性辩论上发表重要讲话,宣布"中国将提高国家自主贡献力度,采取更加有力的政策和措施,二氧化碳排放力争于 2030 年前达到峰值,努力争取 2060 年前实现碳中和。"请你查找资料,使用适当的图、表和数字追踪展示全球碳排放的发展轨迹。

9. 谈谈你的兴趣和爱好,计划以怎样的方式进行学习?

10. 在你的职业规划中,需要持续性地关注哪些知识的更新?你打算如何开展终身学习?

参考文献

[1] 刘戒骄. 生产分割与制造业国际分工——以苹果、波音和英特尔为案例的分析[J]. 中国工业经济,2011(4):148-157.

[2] 陈琦,刘儒德. 当代教育心理学[M]. 3 版. 北京:北京师范大学出版社,2019.

[3] 高志敏. 关于终身教育、终身学习与学习化社会理念的思考[J]. 教育研究,2003,24(1):79-85.

[4] 顾小清,查冲平,李舒愫,等. 微型移动学习资源的分类研究:终身学习的实用角度[J]. 中国电化教育,2009(7):41-46.

[5] 顾明远. 形成全民学习、终身学习的学习型社会[J]. 求是,2003(4):42.

[6] 杨晓光,陈文勇. 终身学习理论内核——信息素养能力论建构[J]. 情报资料工作,2002(5):74-76.

[7] JONES M,MCLEAN K. Personalizing Learning in Teacher Education[M]. 1st ed. Berlin:Springer,2018.

[8] GRAVELLS A. Principles and Practices of Assessment:A guide for assessors in the FE and skills sector (Further Education and Skills) [M]. 3rd ed. Learning Matters Ltd,2015.

[9] STEPHEN D,BROOKFIELD. Powerful Techniques for Teaching Adults [M]. Jossey-Bass,2013.

[10] NUNINGER W,CHÂTELET J-M. Handbook of Research on Operational Quality Assurance in Higher Education for Life-Long Learning[M]. IGI-Global,2019.

第 11 章　工程教育及认证

11.1　导　言

广义的工程教育是指培养工程技术人才的社会活动。狭义的工程教育是指培养工程师技术人才的教育机构的教育，它包含从幼儿园开始，小学、初中、高中一直到大学教育阶段所开设的工程教育课程。工程教育包括基础工程教育（大学前）、高等工程教育（大学）和继续工程教育（大学后）。高等工程教育是工程教育的高级阶段，是以培养工程师为目标的高等学校的教育。高等工程教育包括大学工程教育和高等职业工程教育，其中大学工程教育包括本科、硕士和博士三个层次的工程教育。在没有特别说明的情况下，本书所说的工程教育是指大学本科工程专业的教育。

工程教育是由工程教育专业实施的。我国已经建立了保障工程教育专业教育质量的专业认证制度，并通过加入《华盛顿协议》使其实现了国际实质等效。作为修读工程教育专业的大学生，应该了解专业教育质量标准以及专业认证的相关知识，以便对大学学业及未来职业有一个良好规划。教育理念对于教育实践具有引导定向的意义，成果导向教育作为现阶段一种先进的教育理念，正在引领我国工程教育改革。这种改革正在冲击传统工程教育，涉及工程专业教育的设计、实施和评价等全过程。修读工程教育专业的大学生，既是工程教育改革的受益者，也是工程教育改革的参与者。了解成果导向教育理念，以及在该理念指导下的教学设计、实施和评价，对接受这一教育过程的大学生是十分重要的。

11.2　工程教育专业认证

11.2.1　《华盛顿协议》简介

《华盛顿协议》是国际工程联盟（International Engineering Alliance，IEA）的 7 个国际协议之一。国际工程联盟是一个全球性非营利组织，由来自 29 个国家 41 个管辖区的成员组成，通过教育协议和能力协议，签约成员制订并执行国际上公认的工程教育标准和工程实践预期能力，从而提高工程教育质量和工程专业的全球流动性[1]。

国际工程联盟现有的 7 个国际协议为：《华盛顿协议》（Washington Accord，WA），是一项工程教育专业认证机构之间的国际协议；《悉尼协议》（Sydney Accord，SA），是一项工程技术教育专业认证机构之间的国际协议；《都柏林协议》（Dublin Accord，DA），是一项建立技术人员所需教育基础的国际协议；《国际职业工程师协议》（International Professional Engineers Agreement，IPEA），是一项确立职业工程师独立执业能力标准的实质等效性的协议；《亚太经合组织职业工程师协议》（Asia-Pacific Economic Cooperation Professional Engineer Agreement，APECPEA），是一项承认亚太经合组织经济体中职业工程师的能力标准实质等效性的协议；《国际工程技术员协议》（International Engineering Technologists Agreement，IETA），是一项建立工程技术员执业能力标准的实质等效性的协议；《国际工程技师协议》（Agreement for International Engineering Technicians，AIET），是一项制订合格的执业技师国际基准能力标准的协议。在这 7 个国际协议中，《华盛顿协议》签署时间最早，成员最多，已经成为世界工程教育认证领域最具权威的国际工程师互认协议。

《华盛顿协议》是由美国、英国、加拿大、澳大利亚、新西兰、爱尔兰这 6 个国家的专业认证机构于 1989 年发起并成立的，至 2020 年已有 21 个签约成员和 7 个预备成员。该协议主要针对国际上本科工程学历资格互认，确认由签约成员认证的工程学历是实质等效的，毕业于任一签约成员通过认证专业的人员均应被其他签约成员视为已获得从事初级工程工作的学术资格。《华盛顿协议》主要内容包括：

（1）各签约成员所采用的工程教育认证标准、政策和程序基本等效。

（2）承认签约成员对工程教育专业的认证结论具有实质等效性。

（3）促进签约成员通过工程教育和专业训练的学生具备基本的专业能力和学术素养，为从事工程实践工作做好教育准备。

（4）要求每个签约成员认真履行职责，严格开展本国（本地区）的工程教育专业认证工作，保证各方认证工作质量，从而维护其他签约成员的利益。

（5）严格相互监督和定期评审制度，使协议的相互认可持续有效。

（6）各签约成员的认证对象不是教育机构（高等学校），而是教育机构的工程教育专业，强调的是工程教育专业的教育理念和教学目标。

《华盛顿协议》制订了工程教育专业毕业要求框架（表 11.1）[1]，它规定了通过认证专业的毕业生应该掌握的知识、应该展示的技能和应该拥有的态度。工程教育专业毕业要求框架经过十多年完善，于 2013 年被签约成员作为样本（参考点），据此评估各签约成员认证要求的实质等同性。工程教育专业毕业要求框架旨在指导签约成员和预备成员制订基于成果的认证标准，供各自在认证中使用。

表 11.1　《华盛顿协议》工程教育专业毕业要求框架

代号	核心特征	毕业要求框架
WA1	工程知识	能够将数学、自然科学、工程基础和工程专业知识（表 11.2 中 WK1～WK4）用于解决复杂工程问题（表 11.3）
WA2	问题分析	能够应用数学、自然科学和工程科学的基本原理，识别、表达、研究文献和分析复杂工程问题，以获得实质性结论。（表 11.2 中 WK1～WK4）
WA3	设计/开发解决方案	能够设计复杂工程问题的解决方案，设计满足特定需求的系统、单元（部件）或工艺流程，能在设计中适当考虑社会、健康、安全、法律、文化以及环境等因素。（表 11.2 中 WK5）
WA4	研究	能够应用基于研究的知识（表 11.2 中 WK8）和研究方法对复杂工程问题进行研究，包括设计实验、分析与解释数据和综合信息以得到合理有效结论
WA5	使用现代工具	能够针对复杂工程问题，开发、选择与使用恰当的技术、资源、现代工程工具和信息技术工具，包括对复杂工程问题的预测与模拟，并理解其局限性。（表 11.2 中 WK6）

（续表）

代号	核心特征	毕业要求框架
WA6	工程师与社会	能够应用基于背景知识的推理,评价专业工程实践和复杂工程问题解决方案对社会、健康、安全、法律以及文化的影响由此产生的责任(表 11.2 中 WK7)
WA7	环境和可持续发展	能够理解和评估针对复杂工程问题的工程工作对环境、社会可持续发展的影响(表 11.2 中 WK7)
WA8	道德规范	能够运用道德原则,遵守职业道德、职业责任和工程实践标准(表 11.2 中 WK7)
WA9	个人和团队	能够作为个人,作为成员或负责人在不同团队和在多学科环境中发挥有效作用
WA10	沟通	能够在复杂工程活动(表 11.4)中与工程界同行及社会公众进行有效沟通。例如,能够理解和撰写有效的报告和设计文档,做有效的展示,清晰发出或接收指令
WA11	项目管理与财务	能够理解并掌握工程管理原理与经济决策方法,并将其应用于自己的工作中,作为团队的成员和领导者,管理项目和多学科环境
WA12	终身学习	能够认识到在技术变化最广泛的背景下,自主学习和终身学习的必要性;并有准备和有能力在这种背景下自主学习和终身学习

　　符合《华盛顿协议》要求(表 11.1)的认证专业提供的知识层次见表 11.2[1]。这里所说的层次,是相对《悉尼协议》和《都柏林协议》而言的,这三个协议针对认证专业提供的知识结构提出了不同层次的要求。《华盛顿协议》主要面向修业年限为 4~5 年的专业(相当于我国的本科专业),《悉尼协议》主要面向修业年限为 3~4 年的专业(大致相当于我国的高等职业教育专业),《都柏林协议》主要面向修业年限为 2~3 年的专业(大致相当于我国的中等职业教育专业)。

表 11.2　《华盛顿协议》要求的认证专业提供的知识层次

代号	涉及方面	知识层次
WK1	自然科学知识	对于适用于本(一级)学科相关的自然科学有系统的、理论基础上的理解
WK2	数学与计算机知识	基于概念的数学、数值分析、统计学以及计算机和信息科学形式方面的知识,以支持适用于本(一级)学科的分析和建模
WK3	工程基础知识	本(一级)工程学科所需的系统的、基于理论的工程基础知识
WK4	专业知识	工程专业知识,为本(一级)工程学科中公认的实践领域提供理论框架和知识体系;许多知识处于学科的前沿
WK5	工程设计知识	支持实践领域工程设计的知识
WK6	实践知识	本(一级)工程学科专业领域的工程实践(技术)知识
WK7	工程与社会知识	理解工程在社会中的作用,并确定本学科工程实践中的问题;工程师对公共安全的道德和职业责任;工程活动的影响:经济、社会、文化、环境和可持续发展
WK8	基于研究的知识	处理本学科研究文献中所选的知识

　　复杂工程问题是指包括表 11.3 所列 WP1 的特征,以及 WP2~WP7 中的几方面或全部特点的工程问题[1]。《华盛顿协议》《悉尼协议》《都柏林协议》对工程问题提出了不同要求:《华盛顿协议》针对的是复杂工程问题(表 11.1),《悉尼协议》针对的是广义工程问题(Broadly-defined Problems),《都柏林协议》针对的是狭义工程问题(Well-defined Problems)。

表 11.3 复杂工程问题特征

代号	涉及方面	工程问题特征
WP1	知识深度要求	在工程知识的深度未达到 WK3、WK4、WK5、WK6 或 WK8（表 11.2）中的一方面或多方面的情况下就无法解决，这些知识需要基于基本原理的第一原则分析方法
WP2	需求冲突范围	涉及广泛或相互冲突的技术、工程和其他问题
WP3	分析深度要求	没有明确的解决方案，需要抽象的思维、独创性的分析来制订合适的模型
WP4	问题熟悉程度	涉及不经常遇到的问题
WP5	适用规范的范围	专业工程标准和实践规范不能涵盖的问题
WP6	对利益相关者的影响程度及冲突需求	涉及不同利益相关群体及其各种不同需求
WP7	相互依存性	是高阶问题，包括许多个组成部分或子问题

从事工程工作所要具备的最主要的能力特征就是处理复杂和不确定性问题，因为没有任何一项工程项目或任务与其他项目或任务完全相同（否则解决方案可以简单地购买或复制）。因此，《华盛顿协议》工程教育专业毕业要求框架（表 11.1）将复杂工程问题和复杂问题的解决作为核心概念。

复杂工程活动是指包括表 11.4 所列的几方面或全部特征的工程活动或工程项目[1]。《华盛顿协议》《悉尼协议》《都柏林协议》对工程活动提出了不同要求：《华盛顿协议》针对的是复杂工程活动（表 11.1），《悉尼协议》针对的是广义工程活动（Broadly-defined Activities），《都柏林协议》针对的是狭义工程活动（Well-defined Activities）。表 11.4 中的复杂工程活动在本科学习阶段也能遇到，例如在毕业设计环节或生产实习中。

表 11.4 复杂工程活动特征

代号	涉及方面	活动特征
EA1	资源范围	涉及使用多种资源（为此目的，资源包括人员、金钱、设备、材料、信息和技术）
EA2	交互程度	需要解决因广泛或相互冲突的技术、工程或其他问题之间的相互作用而产生的重大问题
EA3	创新程度	以新颖的方式创造性地应用工程原理和基于研究的知识
EA4	社会和环境影响	在难以预测和难以克服为特点的环境下，取得重要成果
EA5	精通程度	应用基于原理的方法，能够超越现有经验

11.2.2 我国工程教育专业认证与标准

我国自 2006 年起，开始构建工程教育专业认证体系，逐步开展专业认证工作，并把实现国际互认作为重要目标。2013 年 6 月 19 日，在韩国首尔召开的国际工程联盟大会上，全票通过我国成为《华盛顿协议》预备成员。2016 年 6 月 2 日，在马来西亚吉隆坡举行的国际工程联盟大会上，经过《华盛顿协议》组织的闭门会议，全体正式成员集体表决，全票通过了我国的转正申请。这标志着我国工程教育的质量得到了国际社会的认可，也标志着工程教育及其质量保障迈出了重大步伐[2,3]。

我国工程教育专业认证是在中国工程教育专业认证协会的领导下组织开展的、对高等教育机构开设的工程类专业教育实施的专门性认证，由专门职业或行业协会（联合会）、专业学会会同该领域的教育专家和相关行业或企业专家一起进行,旨在为相关工程技术人才进入工业界从业提供预备教育质量保证。工程教育专业认证是国际通行的工程教育质量保障制度,也是实现工程教育国际互认和工程师资格国际互认的重要基础。工程教育专业认证的核心就是要确认工科专业毕业生达到行业认可的既定质量标准要求,是一种以培养目标和毕业要求为导向的合格性评价。工程教育专业认证要求专业课程体系设置、师资队伍配备、办学条件配置等都围绕学生毕业能力达成这一核心任务展开,并强调建立专业持续改进机制,以保障专业培养目标与毕业要求的持续达成,进而使专业教育质量得到持续保障。

我国工程教育专业认证标准从 2012 年的试行版本,到 2014 年版、2015 年版,再到 2018年版,几经修订和完善。下面结合 2018 年版,对我国工程教育专业认证标准做以简介[4]。

我国工程教育专业认证标准由通用标准和专业补充标准两部分组成,前者是主体标准,后者只是针对不同专业(类)的特点补充了特殊要求。通用标准有 7 项标准项,依次是学生、培养目标、毕业要求、持续改进、课程体系、师资队伍和支持条件,它们的逻辑关系如图 11.1所示。

在 7 项标准项中,学生是第一项,体现了以学生为中心的理念;其次是培养目标、毕业要求和持续改进,体现了产出导向的理念;再次是课程体系、师资队伍和支持条件,这些是专业教育的输入性要素。7 项标准项的逻辑关系是:专业教育的输入性要素课程体系、师资队伍和支持条件的配置,要使学生能够达到毕业要求,进而实现培养目标;标准项持续改进,就像一个"宝葫芦",将上述 6 项标准项装入其中,亦即由它来保障专业教育的输入性要素课程体系、师资队伍和支持条件的合理配置,以使学生能够达到毕业要求,进而实现培养目标。下面对上述 7 项标准项的标准内容逐一做简单介绍。

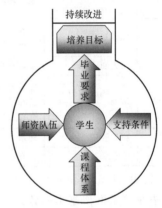

图 11.1 我国工程教育专业认证标准
项及其逻辑关系

第一标准项——学生,包括 4 项分项,依次是:

(1)具有吸引优秀生源的制度和措施。

(2)具有完善的学生学习指导、职业规划、就业指导、心理辅导等方面的措施并能够很好地执行落实。

(3)对学生在整个学习过程中的表现进行跟踪与评估,并通过形成性评价保证学生毕业时达到毕业要求。

(4)有明确的规定和相应认定过程,认可转专业、转学学生的原有学分。

第二标准项——培养目标,包括 2 项分项,依次是:

(1)公开的、符合学校定位的、适应社会经济发展需要的培养目标。

(2)定期评价培养目标的合理性并根据评价结果对培养目标进行修订,评价与修订过程有行业或企业专家参与。

第三标准项——毕业要求,总体要求:专业必须有明确、公开、可衡量的毕业要求,毕业要求应能支撑培养目标的实现。专业制订的毕业要求应完全覆盖表 11.5 的内容。

表 11.5 我国工程教育专业认证标准毕业要求

序号	核心特征	毕业要求内容
1	工程知识	能够将数学、自然科学、工程基础和专业知识用于解决复杂工程问题
2	问题分析	能够应用数学、自然科学和工程科学的基本原理,识别、表达,并通过文献研究分析复杂工程问题,以获得有效结论
3	设计/开发解决方案	能够设计针对复杂工程问题的解决方案,设计满足特定需求的系统、单元(部件)或工艺流程,并能够在设计环节中体现创新意识,考虑社会、健康、安全、法律、文化以及环境等因素
4	研究	能够基于科学原理并采用科学方法对复杂工程问题进行研究,包括设计实验、分析与解释数据,并通过信息综合得到合理有效的结论
5	使用现代工具	能够针对复杂工程问题,开发、选择与使用恰当的技术、资源、现代工程工具和信息技术工具,包括对复杂工程问题的预测与模拟,并能够理解其局限性
6	工程与社会	能够基于工程相关背景知识进行合理分析,评价专业工程实践和复杂工程问题解决方案对社会、健康、安全、法律以及文化的影响,并理解应承担的责任
7	环境和可持续发展	能够理解和评价针对复杂工程问题的工程实践对环境、社会可持续发展的影响
8	职业规范	具有人文社会科学素养、社会责任感,能够在工程实践中理解并遵守工程职业道德和规范,履行责任
9	个人和团队	能够在多学科背景下的团队中承担个体、团队成员以及负责人的角色
10	沟通	能够就复杂工程问题与业界同行及社会公众进行有效沟通和交流,包括撰写报告和设计文稿、陈述发言、清晰表达或回应指令。并具备一定的国际视野,能够在跨文化背景下进行沟通和交流
11	项目管理	理解并掌握工程管理原理与经济决策方法,并能在多学科环境中应用
12	终身学习	具有自主学习和终身学习的意识,有不断学习和适应发展的能力

比较表 11.5 与表 11.1 可见,我国工程教育专业认证标准的毕业要求内容与《华盛顿协议》的毕业要求框架基本一致。

第四标准项——持续改进,包括 3 项分项,依次是:

(1)建立教学过程质量监控机制,各主要教学环节有明确的质量要求,定期开展课程体系设置和课程质量评价。建立毕业要求达成情况评价机制,定期开展毕业要求达成情况评价。

(2)建立毕业生跟踪反馈机制以及有高等教育系统以外有关各方参与的社会评价机制,对培养目标的实现情况进行定期分析。

(3)能证明评价的结果被用于专业的持续改进。

第五标准项——课程体系,总体要求是:课程设置能支持毕业要求的达成,课程体系设计有行业或企业专家参与。课程体系必须包括:

(1)与本专业毕业要求相适应的数学与自然科学类课程(至少占总学分的 15%)。

(2)符合本专业毕业要求的工程基础类课程、专业基础类课程与专业类课程(至少占总学分的 30%)。工程基础类课程和专业基础类课程能体现数学和自然科学在本专业应用能力培养,专业类课程能体现系统设计和实现能力的培养。

(3)工程实践与毕业设计(论文)(至少占总学分的 20%)。设置完善的实践教学体系,并与企业合作,开展实习、实训,培养学生的实践能力和创新能力。毕业设计(论文)选题要结合本专业的工程实际问题,培养学生的工程意识、协作精神以及综合应用所学知识解决实际问题的能力。对毕业设计(论文)的指导和考核有行业或企业专家参与。

(4)人文社会科学类通识教育课程(至少占总学分的 15%),使学生在从事工程设计时能够考虑经济、环境、法律、伦理等各种制约因素。

第六标准项——师资队伍,包括 5 项分项,依次是:

(1)教师数量能满足教学需要,结构合理,并有行业或企业专家作为兼职教师。

(2)教师具有足够的教学能力、专业水平、工程经验、沟通能力、职业发展能力,并且能够开展工程实践问题研究,参与学术交流。教师的工程背景应能满足专业教学的需要。

(3)教师有足够的时间和精力投入到本科教学和学生指导中,并积极参与教学研究与改革。

(4)教师为学生提供指导、咨询、服务,并对学生职业生涯规划、职业从业教育有足够的指导。

(5)教师明确自己在教学质量提升过程中的责任,不断改进工作。

第七标准项——支持条件,包括 6 项分项,依次是:

(1)教室、实验室及设备在数量和功能上满足教学需要。有良好的管理、维护和更新机制,使得学生能够方便地使用。与企业合作共建实习和实训基地,在教学过程中为学生提供参与工程实践的平台。

(2)计算机、网络以及图书资料等资源能够满足学生的学习以及教师的日常教学和科研所需。资源管理规范,共享程度高。

(3)教学经费有保证,总量能满足教学需要。

(4)学校能够有效地支持教师队伍建设,吸引与稳定合格的教师,并支持教师的专业发展,包括对青年教师的指导和培养。

(5)学校能够提供达成毕业要求所必需的基础设施,包括为学生的实践活动、创新活动提供有效支持。

(6)学校的教学管理与服务规范能有效地支持毕业要求的达成。

11.3　成果导向的教育理念

成果导向教育(Outcome Based Education,OBE)是一种以学生的学习成果(Learning Outcomes)为导向的教育理念,认为教学设计和教学实施的目标是学生通过教育过程最后取得的学习成果。它由 Spady 等人于 1981 年首次提出[5],此后很快得到重视与认可,已成为美国、英国、加拿大等国家教育改革的主流理念。《华盛顿协议》全面接受了 OBE 的理念,并将其贯穿于工程教育认证标准的始终。2016 年,我国正式加入《华盛顿协议》,此后 OBE 便成为引导我国工程教育改革的核心理念。

11.3.1　成果导向的教育内涵

OBE 是指教学的设计、实施和评价的目标是学生通过教育过程最终取得的成果。OBE 强调如下 5 个问题:

(1)我们想让学生取得什么成果?

(2)我们为什么要让学生取得这样的成果?

（3）我们如何有效地帮助学生取得这样的成果？

（4）我们如何知道学生已经取得了这样的成果？

（5）我们如何保障学生取得这样的成果？

这里所说的成果是学生最终取得的学习结果，是学生通过某一阶段学习后所能达到的最大限度的能力。它具有如下6个特点[6]：

（1）成果并非先前学习结果的累计或平均，而是学生完成所有学习过程后获得的最终结果。

（2）成果不只是学生相信、感觉、记得、知道和了解，更不是学习的暂时表现，而是学生内化到其心灵深处的过程历程。

（3）成果不仅是学生所知、所掌握的内容，还包括能应用于实际的能力，以及可能涉及的价值观或其他情感因素。

（4）成果越接近"学生真实学习经验"，越可能持久存在，尤其是经过学生长期、广泛实践的成果，其存续性更高。

（5）成果应兼顾生活的重要内容和技能，并注重其实用性，否则会变成易忘记的信息和片面的知识。

（6）"最终成果"并不是不顾学习过程中的结果，学校应根据最后取得的顶峰成果，按照反向设计原则设计课程，并分阶段对阶段成果进行评价。

从如下5个方面可以更深刻地理解OBE的内涵：

（1）OBE强调人人都能成功。所有学生都能在学习上获得成功，但不一定同时成功或采用相同的方法。而且，成功是成功之母，即成功学习会促进更成功地学习。

（2）OBE强调个性化评定。根据学生个体差异，制订个性化的评定等级，并适时进行评定，从而准确掌握学生的学习状态，对教学进行及时修正。

（3）OBE强调精熟（Master Learning）。教学评价应以每位学生都能精熟内容为前提，不再区别学生成绩的高低。只要给每位学生提供适宜的学习机会，他们都能达成学习成果。

（4）OBE强调绩效责任。学校比学生更应该为学习成效负责，并且需要提出具体的评价及改进的依据。

（5）OBE强调能力本位。教育应该提供学生适应未来生活的能力，教育目标应列出具体的核心能力，每一个核心能力应有明确的要求，每个要求应有详细的课程对应。

可见，OBE要求学校和教师先确定明确的学习成果，配合多元弹性的个性化学习要求，让学生通过学习过程完成自我实现的挑战，再将成果反馈来改进原有的课程设计与课程教学。

11.3.2 成果导向的教育特点

成果导向教育能够衡量学生能做什么，而不是学生知道什么，前者是传统教育不能做到的。例如，传统教育衡量学生的常用方法是，从几个给定答案中选择一个正确答案。这种方法往往只能测试出学生的记忆力，而不能让学生展示出他们学会了什么。也就是说，重要的是理解而不是记忆。对内容的理解所体现的认知能力比对内容的记忆所体现的记忆能力重要得多。OBE要求学生将掌握内容的方式，从解决有固定答案问题的能力拓展到解决开放问题的能力。

　　OBE 要求学生通过具有挑战性的任务,例如提出项目建议、完成项目策划、开展案例研究和进行口头报告等,来展示他们的能力。这样的任务能让学生展示思考、质疑、研究、决定和呈现的能力。因此,OBE 是将学生置于发展他们的设计能力到完成一个完整过程的环境之中。OBE 更加关注高阶能力,例如创造性思维的能力、分析和综合信息的能力、策划和组织能力等。这些能力可以通过以团队的形式完成某些比较复杂的任务来获得。

11.3.3　成果导向的教育实施原则

　　OBE 的实施原则如下[6]:

　　(1)清楚聚焦:课程设计与教学要清楚地聚焦在学生完成学习过程后能达成的最终学习成果,并让学生将学习目标聚焦在学习成果上。

　　教师必须清楚地阐述并致力于帮助学生发展知识、能力和境界,使他们能够达成预期成果。清楚聚焦是 OBE 实施原则中最重要和最基本的原则,这是因为:第一,可协助教师制订一个能清楚预期学生学习成果的学习蓝图;第二,以该学习蓝图作为课程、教学、评价的设计与执行的起点,与所有学习紧密结合;第三,无论是教学设计还是教学评价,都以让学生充分展示其学习成果为前提;第四,从第一次课堂教学开始直到最后,师生如同伙伴一样,为达成学习成果而努力分享每一时刻。

　　(2)扩大机会:课程设计与教学要充分考虑学生的个体差异,要在时间和资源上保障每个学生都有达成学习成果的机会。

　　学校和教师不应以同样的方式在同一时间给所有学生提供相同的学习机会,而应以更加有弹性的方式来配合学生的个性化要求,让学生有机会证明自己所学,展示学习成果。如果学生获得了合适的学习机会,相信他们会达成预期的学习成果。

　　(3)提高期待:教师应该提高对学生学习的期待,制定具有挑战性的执行标准,以鼓励学生深度学习,促进更成功地学习。

　　提升期待有三个主要方面:一是提高执行标准,促使学生完成学习进程后达到更高水平;二是排除迈向成功的附加条件,鼓励学生达到高峰表现;三是增设高水平课程,引导学生向高标准努力。

　　(4)反向设计:以最终目标(最终成果或顶峰成果)为起点,反向进行教学设计,开展教学活动。

　　教学设计从最终成果(顶峰成果)反向设计,以确定所有迈向顶峰成果的教学的适切性。教学的出发点不是教师想要教什么,而是要达成顶峰成果需要什么。反向设计要掌握两个原则:一是从学生期望达成的顶峰成果来反推,不断增加教学难度来引导学生达成顶峰成果;二是聚焦于重要、基础、核心和高峰的成果,排除不太必要的课程或以更重要的课程取代,有效协助学生成功学习。

11.3.4　成果导向的教育实施要点

　　OBE 的实施要点(关键性步骤)如下:

　　(1)确定学习成果。最终学习成果(顶峰成果)既是 OBE 实施的终点,也是其设计的起点。学习成果应该可以清楚表述和直接或间接测评,因此往往要将其转换成绩效指标。确定学习成果要充分考虑教育利益相关者的要求与期望,这些利益相关者既包括政府、学校和用人单位,也包括学生、教师和学生家长等。

(2)构建课程体系。学习成果代表一种能力结构,这种能力主要通过课程教学来实现。因此,课程体系构建对达成学习成果尤为重要。能力结构与课程体系结构应有一种清晰的对应关系,能力结构中的每一种能力要有明确的课程来支撑,换句话说,课程体系的每门课程要对实现能力结构有确定的贡献。课程体系与能力结构的这种对应关系,要求学生完成课程体系的学习后就能具备预期的能力结构(学习成果)。

(3)确定教学策略。OBE 特别强调学生学到了什么而不是教师教了什么,特别强调教学过程的输出而不是输入,特别强调研究型教学模式而不是灌输型教学模式,特别强调个性化教学而不是"车厢"式教学。个性化教学要求教师准确把握每个学生的学习轨迹,及时把握每个人的目标、基础和进程。按照不同的要求,制订不同的教学方案,提供不同的学习机会。

(4)自我参照评价。OBE 的教学评价聚焦在学习成果上,而不是教学内容以及学习时间、学习方式。采用多元和梯次的评价标准,评价强调达成学习成果的内涵和个人的学习进步,不强调学生之间的比较。根据每个学生能达到教育要求的程度,赋予从不熟练到优秀的不同评定等级,进行针对性评价,通过对学生学习状态的明确掌握,为学校和教师改进教学提供参考。

(5)逐级达到顶峰。将学生的学习进程划分成不同的阶段,并确定每个阶段的学习目标,这些学习目标是从初级到高级,最终达成顶峰成果。这意味着,具有不同学习能力的学生将用不同时间,通过不同途径和方式,实现同一目标。

11.3.5 成果导向的教育三角形实施框架

综上,可将 OBE 的实施框架归纳为:1 个核心目标、2 个重要条件、3 个关键前提、4 个实施原则、5 个实施要点。由此构成了 OBE 的三角形实施框架(图 11.2)[6]。

其中,1 个核心目标:所有学生都要达成顶峰成果。2 个重要条件:一是描绘成果蓝图,建立一个清晰的学习成果蓝图,并勾勒出哪些是必备的能力与内容,即确定学生在毕业时应该达到的能力结构;二是创设成功环境。为学生达成预期成果提供适宜的条件和机会。3 个关键前提:一是所有学生均能通过学习达成预期成果,但不一定同时达成和通过相同途径,采用同样方式;二是成功是成功之母,学习的成功会促进更成功地学习;三是学校要对学生成功学习负责,学校掌握着成功的条件与机会,直接影响学生能否成功学习。4 个实施原则:清楚聚焦,扩大机会,提高期待和反向设计。5 个实施要点:确定学习成果,构建课程体系,确定教学策略,自我参照评价和逐级达到顶峰。

图 11.2 成果导向教育的三角形实施框架

11.3.6　成果导向教育与传统教育对比

与传统教育相比,OBE 在如下几方面具有新的突破:

(1)成果决定而不是进程决定。传统教育的课程教学严格遵循规定的进程,有统一的教学时间、内容、方式等。教学进度是以大部分学生可以完成的假设为前提预设的,如果学生在规定时间内未完成学习,将被视为达不到教学要求。OBE 的目标、课程、教材、评价、毕业要求等均聚焦于成果,而不是规定的进程。OBE 强调,学生从一开始就有明确目标和预期表现,学生清楚所期待的学习内涵,教师更清楚如何协助学生学习。因此,学生可以按照各自的学习经验、学习风格、学习进度,逐步实现目标,所有学生均有机会获得成功。

(2)扩大机会而不是限制机会。传统教育严格执行规定的学习程序,就像将学生装进了以同样速度和方式运行的"车厢",限制了他们成功。OBE 强调扩大机会,即以学习成果为导向,以评价结果为依据,适时修改、调整和弹性回应学生的学习要求。"扩大"意味着改进学习内容、方式与时间等,而非仅仅延长学习时间。

(3)成果为准而不是证书为准。传统教育中学生获得证书是以规定时间完成规定课程的学分为准,而这些课程学分的取得以教师自行设定的标准为准。OBE 获得证书是以学习成果为准,学生必须清楚地展现已达到了规定的绩效指标,才能获得学分。将学习成果标准与证书联系起来,使得证书与学生的实际表现一致,而非只是学生在规定时间内完成学业的证明。

(4)强调知识整合而不是知识割裂。传统教育只强调课程体系,实际上是将知识结构切割成了一个个课程单元,每门课程成为一个相对独立、界限清晰的知识单元,这些知识单元之间的联系被弱化了,学生的学习往往是"只见大树,不见森林"。OBE 强调知识的整合,是以知识(能力)结构出发进行反向设计,使课程体系支撑知识结构,进而使每门课程的学习都与知识(能力)结构相呼应,最终使学生达成顶峰成果。

(5)教师指导而不是教师主宰。传统教育以教师为中心,教什么、怎么教都由教师决定,学生只是被动地接受教师的安排来完成学习。OBE 强调以学生为中心,教师应该善用示范、诊断、评价、反馈以及建设性介入等策略,来引导、协助学生达成预期成果。

(6)顶峰成果而不是累积成果。传统教育将学生每次学习的结果累积起来,用平均结果代表最终成果。这样,学生某一次不成功的学习,就会影响其最终成果。OBE 聚焦的是学生最终达成的顶峰成果,学生某一次不成功的学习,只作为改进教学的依据,不带入其最终成果。

(7)包容性成功而不是分等成功。传统教育在教学进程中的评价将学生分成三六九等,而最终成果也被划分成不同等级,从而将学生分成不同等级的成功者。OBE 秉持所有学生都是成功学习者的理念,仅将学生进行结构性区分或分类,采取各种鼓励措施,创造各种机会,逐步引导每个学生都成为成功的学习者,达成顶峰成果。

(8)合作学习而不是竞争学习。传统教育重视竞争学习,通过评分将学生区分开或标签化,将教师与学生、学生与学生之间的关系置于一种竞争环境中。在这种环境中,学习成功者和学习失败者之间不可能建立一种和谐互动的关系。OBE 强调合作式学习,将学生之间的竞争转变为自我竞争,即让学生持续地挑战自己,为达成顶峰成果而合作学习。通过团队合作、协同学习等方式,学习能力较强者变得更强,学习能力较弱者得到提升。

(9)达成性评价而不是比较性评价。传统教育强调比较性评价,在学生之间区别出优、良、中、差等不同等级。OBE强调自我比较,而不是学生之间的比较。强调是否已经达到了自我参照标准,其评价结果往往用"符合/不符合""达成/未达成""通过/未通过"等表示。由于采用学生各自的参照标准,而不是学生之间的共同标准,故评价结果没有可比性,不能用于比较。

(10)协同教学而不是孤立教学。传统教育将教学单元细化为一个个孤立的课程教学,承担每门课程教学任务的教师独立开展教学工作,很少顾及不同课程教学之间的协同效应。OBE强调教学的协同性,要求每一名承担课程教学的教师,为了达到协助学生实现顶峰成果的共同目标,进行长期沟通、协同合作,来设计和实施课程教学及评价。

表11.6从学习导向、成功机会、毕业标准、成就表现、教学策略、教学模式、教学中心、评价理念、评价方法和参照标准这10个方面,对OBE和传统教育进行了对比[6]。

表11.6 成果导向教育与传统教育的对比

项目	成果导向教育	传统教育
学习导向	成果导向,学生的学习目标、课程设置、教材选用、教学过程、教学评价以及毕业标准等均以成果为导向	进程导向,强调学生根据规定程序、课表、时间和进度学习
成功机会	扩大成功机会,为确保所有学生学习成功,学校应为每一名学生提供适当的学习机会	限制成功机会,学习受限于规定程序与课表,因而限制了其发展与取得成功的机会
毕业标准	以绩效为毕业标准,学生毕业时必须证明能做什么	以学分为毕业标准,学生取得规定学分即可毕业
成就表现	以最终成果表示学生的顶峰表现,阶段性成果只用作下一阶段学习的参考	以阶段学习的累积平均结果衡量学生最终成就表现,某一阶段的欠佳表现会影响最终成就
教学策略	强调整合,协同教学,授课教师应长期协同,强化沟通合作。强化合作学习,鼓励团队合作,形成学习共同体	偏重分科,单打独斗,教师授课边界清晰,很少沟通与合作。强化竞争学习,鼓励相互竞争
教学模式	能力导向教学模式,强调学生学到什么和能做什么,重视产出与能力,鼓励批判性思考、推理、评论、反馈和行动	知识导向教学模式,强调教师教什么,重视输入,重视知识的获得与整理
教学中心	以学生为中心,教师结合具体情境并应用团队合作和协同方式,来协助学生学习	以教师为中心,教师教什么,学生学什么,学生按教师要求的方式学习
评价理念	强调包容性成功,创造各种成功机会,逐步引导学生达成顶峰成果	强调选择与分等,程度较差的学生因缺乏相应的学习机会而越来越差
评价方法	评价与学习成果相呼应,能力导向,多元评价	评价与规定程序相呼应,知识导向,常用课堂测试
参照标准	自我标准参照,重点在学生的最高绩效标准及其内涵的相互比较	共同标准参照,评价可用于学生之间比较

11.4 成果导向的教学设计

11.4.1 反向设计原理

反向设计是指课程设计从顶峰成果(培养目标)进行反向设计,以确定所有迈向顶峰成果的教学的适切性。教学的出发点不是教师想要教什么,而是要达成顶峰成果需要什么。

反向设计是针对传统的正向设计而言的。正向设计是课程导向的,教学设计从构建课程体系入手,以确定实现课程教学目标的适切性。课程体系的构建是学科导向的,它遵循专业设置按学科划分的原则,教育模式倾向于解决确定的、线性的、静止封闭问题的科学模式,知识结构强调学科知识体系的系统性和完备性,在一定程度上忽视了专业的需求。反向设计从需求开始,由需求决定培养目标,由培养目标决定毕业要求,再由毕业要求决定课程体系。由于正向设计是从课程体系开始,到毕业要求,到培养目标,再到需求,教育结果一般很难满足需求。因此,传统的正向教育对国家、社会和行业、用人单位等外部需求只能"适应",而很难"满足"。成果导向教育则不然,它是反向设计、正向实施,这时"需求"既是起点又是终点,从而最大限度保证了教育目标与结果的一致性。

反向设计过程及主要环节如图 11.3 所示。第一步,根据需求确定培养目标。首先要准确定义需求,包括外部需求和内部需求。外部需求包括国家、社会及教育发展需要,行业、产业发展及职场需求,学生家长及校友的期望等;内部需求包括学校定位及发展目标,学生发展及教职员工期望等。培养目标是对毕业生在毕业后 5 年左右能够达到的职业和专业成就的总体描述。内、外部需求与培养目标的对应关系是:前者是确定后者的依据,后者要与前者相适应。第二步,根据培养目标确定毕业要求。毕业要求也叫毕业生能力,是对学生毕业时所应该掌握的知识和能力的具体描述,包括学生通过本专业学习所掌握的技能、知识和能力,是学生完成学业时应该取得的学习成果。培养目标与毕业要求的关系是:前者是确定后者的依据,后者支撑前者的实现。第三步,根据毕业要求确定毕业要求指标点(简称指标点)。将毕业要求逐条进行分解、细化,使其成为若干更为具体、更易落实、更具可测性的指标点。毕业要求与指标点的关系是:前者决定后者,后者覆盖前者。第四步,根据指标点确定课程体系。指标点实际上为毕业生搭建了一个能力结构,而这个能力结构的实现依托于课程体系。指标点与课程体系的关系是:前者是构建后者的依据,后者支撑前者的达到。第五步,根据课程体系确定教学要求。每门课程都要有课程教学要求(简称教学要求)。如果毕业要求是毕业标准,那么教学要求就是结课标准。毕业要求与教学要求的关系是:前者决定后者,后者覆盖前者。第六步,根据教学要求确定教学内容。每门课程的教学要求与教学内容是相互呼应的,教学要求、教学内容及其呼应关系是编写教学大纲的关键。教学要求和教学内容的关系是:前者是选择后者的依据,后者支撑前者的达到。

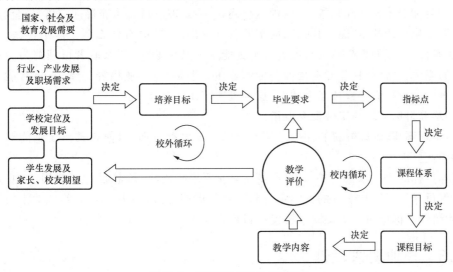

图 11.3　反向设计过程及主要环节

反向设计还包括对教学评价的设计。教学评价包括对培养目标的符合度和达成度的评价，以及对毕业要求的符合度和达成度的评价。培养目标的符合度是指它与需求的符合度，毕业要求的符合度是指它与培养目标的符合度。培养目标不仅是学校教育的结果，还包括继续教育和岗位训练的结果。也就是说，它不只是学校教育的结果，故评估起来比较复杂。目前，达成度评价主要针对毕业要求进行，前提是要明确它们之间的关系。要确定培养目标的符合度和达成度以及毕业要求的符合度和达成度的策略与方法，通过校外循环评价培养目标的符合度和达成度，通过校内循环评价毕业要求的符合度和达成度。

11.4.2 培养目标设计

培养目标设计应遵循两条原则：一是培养目标要满足内外部需求，二是培养目标的表述要精准。

前已述及，成果导向教育的反向设计是从"需求"开始的。其中，内部需求取决于教育教学规律、学校的办学思想和办学定位（包括人才培养定位），以及教学主体（学生与教师）的需要等，这些需求是传统教育教学设计的主要依据。然而，外部需求（需求主体为国家、社会和行业、用人单位等）往往是传统教育教学设计容易忽视的。国家与社会的需求为宏观需求，是制订学校层面人才培养定位与目标的主要依据；行业与用人单位的需求为微观需求，是制订专业人才培养定位与目标的主要依据。国家与社会的需求包括政治、经济、科技、文化等方面的需求，这种需求具有多变性和多样性的特点。人才培养目标的确立，应考虑当前需求与长远需求相协调，多样性的需求与学校办学定位以及人才培养定位相匹配。行业与用人单位的需求是构建专业教育知识、能力和素质结构的重要依据。

要广泛听取利益相关者的意见和建议。利益相关者包括校友、应届毕业学生、聘用毕业生的企业雇主、学界专家、学生家长、社会大众，以及学校教职员工等。可通过毕业生问卷调查、应届生就业问卷调查、在校生问卷调查、企业用人满意度问卷调查、学者与专家专题座谈等形式获取需求信息。需要注意的是，有些需求往往具有功利追求。在确定培养目标时，要正确处理这种需求的功利追求与价值理性之间以及专业性追求与专业适应性之间的矛盾。

培养目标表述要精准是指：一要内涵准确，二要条理清晰。培养目标与培养定位是不同的。培养定位强调的是"能干什么"，而培养目标突出的是"能有什么"。"能干什么"主要取决于"能有什么"。如果简单地将前者理解为能从事某种职业，那么后者可理解为能从事这种职业的缘由。然而，目前专业培养目标的表述几乎是"本专业培养具备……的，能在……领域从事……的高级工程技术人才"。这种表述存在两个问题：

（1）培养目标与培养定位概念混淆。

（2）条理不清，难以分解和评价。培养目标一定要有条理，以便将其落实到能够支撑其达成的毕业要求中去。

培养目标的每一条必须有1条或多条毕业要求来支撑，培养目标一般用4~6条来表述。培养目标一定要与学校的办学定位和发展目标相一致，因为人才培养是学校的根本任务，人才培养目标绝对不能偏离学校发展目标。

11.4.3 毕业要求设计

毕业要求设计应遵循两条原则：一是毕业要求能支撑培养目标的实现；二是毕业要求要

全面覆盖工程教育专业认证标准要求。

要使毕业要求支撑培养目标得到实现,二者之间必须有明确的对应关系。这种对应关系可以是可逆的:一条培养目标可以由多条毕业要求支撑,同时,一条毕业要求可以支撑多条培养目标。

毕业要求要全面覆盖工程教育专业认证标准要求。工程教育专业认证标准是目前工程教育唯一可遵循的标准,因为工程教育专业认证是合格评估,因此它规定了工程教育的最低限度的要求,工程教育专业必须满足该要求。

在确定培养目标和毕业要求时都强调其表述要条理化,主要是为了明确它们的对应关系。此外,毕业要求一般表述为 $10\sim15$ 条,太多或太少都会为建立与标准的覆盖关系增加难度。一般而言,这种对应关系越复杂,课程体系对毕业要求的支撑关系就越复杂,而毕业要求的达成度评价将会变得更加复杂。为了明晰毕业要求与认证标准的覆盖关系,一种推荐的做法是"只做加法,不做减法"。最简单的做法是毕业要求与认证标准的条目数及内涵完全相同,一一对应。为表述方便起见,称其为基本条目。要增加条目数,最好通过两条途径:一是在基本条目的基础上增加超出认证标准范围的条目,二是将基本条目中的某一条或某几条拆分成多条。

11.4.4 指标点设计

指标点设计应遵循两条原则:一是关联性,二是准确性。

关联性包括对应性、不可逆性及不可复制性。对应性是指指标点与毕业要求有明确的对应关系,1 条毕业要求一般要分解成若干指标点(例如 3 个左右)。不可逆性是指毕业要求与指标点的对应关系是不可逆的,即 1 条毕业要求可分解为数个指标点,但 1 个指标点不应对应多条毕业要求。不可复制性是指指标点不应直接复制毕业要求,指标点应以更具体、明确、可评价的方式表述。

准确性是指指标点呼应毕业要求的精准度,这在很大程度上取决于表述指标点所用的动词。Bloom 将认知分成记忆、理解、应用、分析、评价、创造这 6 个(依次递增)层次。应按照培养目标,准确表述认知层次,尽量不用低层次的"记忆"来表述。例如,"具备工程工作所需的数学知识"属于"记忆"层次,而"具有运用工程工作所需的数学知识的能力"属于"应用"层次,"运用工程工作所需的数学知识解决工程问题"属于"创造"层次。作为示例,表 11.7 给出了表述不同认知层次所用的动词。

表 11.7 不同认知层次表述动词示例

层次	推荐动词	层次	推荐动词
记忆	了解、认识、界定、复述、重复、描述	分析	分析、辨别、解构、重构、整合、选择
理解	掌握、比较、推论、解释、论证、预测	评价	评价、检查、判断、批判、鉴赏、协调
应用	应用、执行、实施、开展、推动、操作	创造	开发、建立、制订、解决、设计、规划

11.4.5 课程体系设计

课程体系设计应遵循两条原则:一是课程体系要有效支撑毕业要求搭建的能力结构,二是课程体系要科学合理。

　　毕业要求实际上对毕业生应具备的能力结构提出了具体要求,这种要求必须通过与之相适应的课程体系才能在教学中实现。也就是说,毕业要求必须逐条落实到每一门具体课程中。毕业要求与课程体系之间的对应关系一般要求用矩阵表达,通常称为课程矩阵,见表11.8。前已述及,为了使每条毕业要求更加准确地与某门或某几门课程相对应,将每条毕业要求分解成若干个指标点。所以,毕业要求与课程体系的对应关系其实是其指标点与课程的对应关系。

表 11.8　毕业要求指标点与课程(教学环节)的对应关系(课程矩阵)

对应关系	毕业要求 1			毕业要求 2			…	
	指标点 1	指标点 2	指标点 3	指标点 1	指标点 2	指标点 3	指标点 1	…
课程 1	√		√		√			
课程 2	√	√		√		√		
课程 3	√		√	√			√	
…								

　　课程矩阵不仅能一目了然地表明课程体系对毕业要求的支撑情况,还可以分析每门课程教学对达到毕业要求的贡献,也可以研究课程与课程之间的关系。通过课程矩阵可以分析各门课程知识点之间是互补、深化关系,还是简单重复关系,从而为重组和优化课程教学内容提供依据。

　　为使所构建的课程体系科学合理,要特别注意处理好如下几个关系:

　　(1)正确处理各类课的横向和纵向关系。横向,在同一层次课程间建立课程平台;纵向,在不同层次课程间建立课程串。同时,要合理确定各类课之间的学分比例,在保证学生具备完整知识结构的前提下尽量增加选修课比例。要对选修课程进行认真梳理,形成课程模块,防止知识的零碎与割裂。

　　(2)正确处理课内与课外的关系。要转变教学观念,改革教学方法,正确处理课堂讲授与课外学习的关系。要大力推进研究型教学模式,将知识课堂变成学问课堂,将句号课堂变成问号课堂,将教学内容在时间和空间上从课内向课外延伸,让学生真正成为学习的主人。

　　(3)正确处理显性课程与隐性课程的关系。显性课程是指传统课程,是由教师、学生和固定场所等要素组成,在规定时间、空间内完成规定教学内容的有目的、有计划的教学实践活动。隐性课程是指除此之外能对学生的知识、情感、态度、信念和价值观等的形成,起到潜移默化影响的教育因素。第二课堂是目前隐性课程的一种重要载体。要充分重视第二课堂的育人功能,紧紧围绕培养目标和培养要求,规划形式、内容与载体。要像重视第一课堂建设一样重视第二课堂建设,提升第二课堂的建设水平,增强第二课堂的育人效果。

11.4.6　教学大纲设计

　　教学大纲设计应遵循的原则是:教学大纲要明确课程教学对学生达到毕业要求的贡献是什么以及如何贡献。毕业要求与教学内容的对应关系、毕业要求与课程体系的对应关系的不同在于,前者是局部的,是某一条或某几条毕业要求与某一门或某几门课程的对应关系,而后者是整体的。也就是说,要把毕业要求逐条落实到每一门课程的教学大纲中去,从而明确某门具体课程的教学内容对达到毕业要求的贡献。

　　显然,这与传统教学设计的教学大纲有很大差异。传统教学设计的教学大纲实际上是结合教材所规定的教学内容,按照章、节顺序对讲授时间做出的安排。它规定了每一章、每一节的讲授学时以及每堂课的讲授内容,至于每一章、每一节、每堂课的教学内容与毕业要求是什么关系、对达到毕业要求有什么贡献却不过问,以致教师"教不明白"、学生"学不明白"。成果导向的教学设计要求教学大纲的编写必须首先明确本门课程对达到毕业要求的哪几条有贡献,然后针对这几条毕业要求逐一确定与之相对应的教学内容,再确定完成这些教学内容所需的教学时数。显然,成果导向教学设计的教学大纲,是按所涉及的毕业要求的条目(而不是按教材的章节)编写的。这样,对于每一堂课,无论是教师还是学生都会十分清楚,自己所教或所学对达到毕业要求的贡献,故而使教师教得明白,学生学得明白。

11.5　成果导向的教学实施

11.5.1　以学生为中心的教学理念

　　教学的基本问题是教什么(内容)、怎么教(方法)和教得怎么样(评价),以及学什么、怎么学和学得怎么样。如果教学设计主要取决于教什么,教学过程主要取决于怎么教,教学评价主要取决于教得怎么样,这是以教师为中心的教学;如果教学设计主要取决于学什么,教学过程主要取决于怎么学,教学评价主要取决于学得怎么样,这是以学生为中心的教学。要实现以教师为中心的教学向以学生为中心的教学的转变,必须正确认识和把握两个基本问题:教学本质和教学目的。

　　教学本质是对教学是什么的追问。传统的认识是:教学是"教师把知识、技能传授给学生的过程"。这实质上将教学看成定向"授"与"受"的过程,这种传统认识有 5 个局限:教学局限于教书,教书局限于课程,课程局限于课堂,课堂局限于讲授,讲授局限于教材。

　　那么,教学的本质是什么? 以学生为中心的教学本质认为:教学就是"教学生学",教学生"乐学""会学""学会"。其中"会学"是核心,要会自己学,会思中学,会做中学。思中学和做中学,就是"学思结合,知行统一"。思考是智慧的钥匙,是认知的催化剂。孔子讲:"学而不思则罔,思而不学则殆。"思维在认识世界和创造世界中具有重要作用,一个人从接受知识到应用知识的过程,实际上是一个"记"与"识"、"学"与"思"的过程。学是思的基础,思是学的深化;思是学的动力,"思竭学必勤"。孔子认为:"疑是思之始,学之端。"孟子提出:"尽信书,则不如无书。"荀子认为:"君子博学而日参省乎己,则知明而行无过矣。"南宋哲学家陆九渊也曾说过:"为学患无疑,疑则有进,小疑则小进,大疑则大进。"朱熹曾提出:"学问思辨四者,所以穷理也。"在西方,批判性思维是自古希腊以来形成的一种悠久而宝贵的学术传统。苏格拉底的问答法(称产婆术)就包含批判性思维的思想,有人将其视为一种批判性思维的教学法。批判性思维是高阶思维的核心。思考是创新的关键,知识在"质疑"中产生,创造在"反思"中孕育。

　　教学中的"知行统一",就是学习与实践相结合。我国思想家王夫之认为,"行"(实践)是"启化之源"。《论语》开篇有:"学而时习之,不亦说乎?"陆游在其教子诗《冬夜读书示子聿》中道:"纸上得来终觉浅,绝知此事要躬行。"清贾存仁的《弟子规》中有:"不力行,但学文。长浮华，成何人。"朱熹的读书六法之第四法为："切己体察。"梁绍壬在《眼镜铭》中道："读万卷书，行万里路。""习"也好，"行"也罢，强调的都是实践在认知中的重要作用。只读书不"行路"，所得必浅，学不达识。物有甘苦，尝之者识；道有夷险，履之者知。学识就像一座金山，读书只能看见它，而行路则能得到它。重知轻行，理论脱离实践，已成为课堂教学之痼疾。创新始于实践，终于实践，实践贯穿于创新的始终。创新三要素：知识是基础，思考是关键，实践是根本。学习、思考、实践三者之间彼此紧密相联，互动互进。学思结合体现了学中思和思中学，知行合一体现了学中做和做中学，思行统一体现了思中做和做中思。

教学目的是对教学为什么的追问。传统的认识是："教"是为了"教会"，"学"是为了"学会"。以学生为中心的教学目的是："教为不教，学为会学"。"教为不教"有两层含义："教"的目的是"不教"，"教"的方法是"大教"。"教是为了不教"是我国当代著名教育家叶圣陶先生的名言。这种"教"是什么？就是教学生"学"，也就是前述的教学生"乐学、会学、学会"。苏联著名教育家苏霍姆林斯基认为："只有能激发学生去进行自我教育的教育，才是真正的教育。"一所大学要始终将"不教"作为教学之目标；一名教师，要始终将"不教"作为施教之功力。那么，如何才算是行"不教"之"教"的"大教"呢？施教之功，贵在引路，妙在开窍。叶圣陶先生曾讲："教师之为教，不在全盘授予，而在相机诱导。必令学生运其才智，勤其练习，领悟之源广开，纯熟之功弥深，巧为善教者也。"可见，要做到"大教"，就得"善教"。"大教"是更高层次的教，对施教者提出了更高的要求。

11.5.2　以学生为中心的教学原则

以学生为中心的教学原则是"教主于学"。教主于学在于：教之主体在于学，教之目的在于学，教之效果在于学。钱穆曾说："孔子一生主在教，孔子之教主在学。"著名教育家陶行知先生说过："先生的责任不在教，而在教学，教学生学。"教师天职为教，其责为学。有教无学，无异于不教，教与学不可分家。

教之主体在于学。以学生为主体，是教主于学的核心。"施教"不同于"制器"，它是一个主动"加工"过程。授而受之，方能成效。在教学中一定要确立学生的主体地位，充分发挥他们学习的自主性、能动性和创造性。要激发他们迫切的学习愿望、强烈的学习动机、高昂的学习热情、认真的学习态度；让他们从自己的认知结构、兴趣爱好、主观需要出发，能动地吸收新的知识，并按照自己的方式将其纳入已有的认知结构中去，从而充实、改造、发展、完善已有的认知结构；让他们自主选择和决定学习活动，依靠自己的努力实现学习目标，形成自我评价、自我控制、自我调节、自我完善的能力；让他们在学习中有强烈的创造欲望，追求新的学习方法和思维方式，追求创造性的学习成果。学生的主体地位是自主性、能动性和创造性特征的具体体现，正如叶圣陶先生所说："学习是学生自己的事，无论教师讲得多好，不调动学生学习的积极性，不让他们自学，不培养自学能力，是无论如何学不好的。"

教之目的在于学。"教为了学"有三层含义：一是为了"乐学"，二是为了"会学"，三是为了"学会"。确立了学生在教学中的主体地位，是使他们从"要我学"变为"我要学"的前提。在强调学生在教学中的主体地位的同时，要充分发挥教师的主导作用。要解决"学会"和"会学"的问题，首先要解决"教什么"和"怎么教"的问题。"施教之功，贵在引路，妙在开窍。"孔子之教主张"不愤不启,不悱不发。举一隅不以三隅反,则不复也。"使学生"心愤愤""口悱悱"时,"启"而"发"之。要达到这种教学境界,需下大功夫。老子治学主张"行不言之教",教师要以身作则,以自己的良好行为为学生树立标范,通过身教来体现教育要求,使学生得到启示,在潜移默化中将教育内容传输给学生。教师要时时注意自己的课堂行为,处处为人师表。

教之效果在于学。"教得怎么样"最终要由"学得怎么样"来评价。如果教师教的课程有三分之一以上的学生考试不及格,就得认真分析一下原因,是自己的功夫不"到位",还是功夫不"对位"。个别教师常常抱怨:自己下的功夫越来越多,听课的学生却越来越少;考试的题目越来越简单,考试及格率却越来越低。诚然,这是一个比较复杂的综合性问题,学生(学风)、教师(教风)、管理甚至社会等因素都起作用,但有些问题值得我们认真思考:尽管存在个别学生就是不想学的现象,但不能说大多数学生都不想学;尽管考试成绩不是评定学得好坏的唯一标准,但不能说考试不及格就学得好;同样是上课,为什么学生在有的课堂上聚精会神,在有的课堂上却无精打采?同上一门课,为什么有的课堂学生场场爆满,有的课堂学生却寥寥无几?同一张考卷,为什么有的教师教的学生不及格率不到 10%,有的教师教的学生不及格率却超过 30%?如果是出"工"不出"力",那就该问问教师的良心;如果是出"力"不出"功",那就该看看教学方法。

11.5.3　以学生为中心的教学模式

传统的传输型(亦称传递接受型、继承型等)教学模式的基本特征是"三个中心":"教师中心""课堂中心""教材中心"。固然,这种教学模式有其优点,例如:

(1)能充分发挥教师的主导作用。教学过程完全由教师控制,可根据预设的学生共同的认知规律进行操作。

(2)教学效率高。可同时对大批学生实施同一内容的教学。

(3)知识传授系统。可在较短的时间内将某一方面的知识系统地呈现给学生,是学生系统学习和掌握知识的一条捷径。

然而,其缺点也是明显的,例如:

(1)过分强调教师的主导作用,忽视了学生的主体作用。学生在学习中处于被动接受的地位,难以调动学生学习的积极性和主动性,难以发挥学生主动建构知识的作用。

(2)过分强调对知识的继承性,忽视了对知识的批判性和创造性。将教学过程看成知识的静态传递过程,容易造成理论与实践的脱离,不利于学生探索知识、发现知识和创造知识的意识和能力的培养。

(3)过分强调共性培养,忽视了学生的个性发展,不利于培养学生的创新意识和创造能力。

以学生为中心的教学模式强调学生在教学中的主体地位,在教学过程中始终把学生放在"中心位置",充分体现了"以人为本"的教学理念。此时,师生的角色发生了重大转变:教师不再是知识的拥有者、传授者和控制者,而是教学过程的参与者、引导者和推动者;学生不再是知识的被动接受者,而是主动学习者、自主建构者、积极发现者和执着探索者。以学生为中心的教学模式强调发挥学生在教学中的自主性、能动性和创造性,激发他们迫切的学习愿望、强烈的学习动机、高昂的学习热情、认真的学习态度；让学生从自己的认知结构、兴趣爱好、主观需要出发，能动地吸收新的知识，并按照自己的方式将其纳入已有的认知结构，从而充实、改造、发展、完善已有的认知结构；让学生自主选择和决定学习活动，依靠努力实现学习目标，形成自我评价、自我控制、自我调节、自我完善的能力；使学生在学习中有强烈的创造欲望，追求新的学习方法和思维方式，追求创造性的学习成果。同时，以学生为中心的教学模式也十分重视发挥教师在教学中的主导作用。教师要对教学目标、教学内容、教学方式、教学过程和教学评估等教学要素进行精心设计，引导学生完成各种教学活动，达到预期的教学效果。研究型教学模式对教师的业务素质和教学水平提出了更高的要求。

以学生为中心的教学模式在知识观上与传统教学模式有很多不同，更加强调知识的创新性和实践性，注重通过研究和实践来建构知识和发展知识；强调从传递和继承知识转变到体验和发现知识，从记忆知识转变到运用知识来发展创新思维与创新品质。德国著名教育学家斯普朗格曾说："教育的最终目的不是传授已有的东西，而是要把人的创造力量诱导出来。"以学生为中心的教学模式通过自主性和探索性的教学环境和教学氛围，来呈现知识的开放性和发展性，引导和鼓励学生在继承的基础上，积极探索和发现前人尚未解决和尚未很好解决的问题，用新思路、新方法去解决这些问题；培养学生获取有效知识信息，对现有知识进行思考、判断、质疑、改造、灵活运用，也培养学生创造新知识的意识和能力。

以学生为中心的教学模式强调知识、能力、思想、境界四维度的教学目标，充分体现了"全面发展"的教学理念。教学目标不只是为了传授知识，而是积累知识、发展能力、启迪思想和提高境界并进。以学生为中心的教学模式强调知识、能力、思想和境界对人才成长与发展的重要性，强调知识、能力、思想、境界在教学过程中互相促进、相辅相成的辩证关系。知识是基础，没有知识，能力、思想、境界就成为无源之水、无本之木。能力是知识外化的表现。从教育角度看，能力是知识追求的目标。学习知识的根本目的不是占有知识，而是发展能力。知识是死的，能力是活的。一个有能力的人可以在一定知识基础上不断获得知识和创造新的知识，并在此过程中促进其综合素质的全面提升。

以学生为中心的教学模式强调教与学的密切结合。教师的"教"与学生的"学"应融为一体。教学过程为师生共同参与、互动、互进的过程，师生间应建立起一种民主、平等、合作的关系。这需要教师主动转变角色，积极投身教学实践，投入时间和精力，与学生进行零距离的交流与沟通，实现教学相长。

以学生为中心的教学模式强调课内与课外的密切结合。这种结合有两层含义，一层含义是指课程教学的开放性，即课堂教学在内容、时间和空间上的延伸性。将以"教师、教室、教材"为中心的教学转变为以"教室、实验室、图书馆"为中心的教学。另一层含义是指教育与教学的密切结合。过去，大学生的思想教育与学业教育存在相互分离的倾向。前者被视为教育管理工作，后者被视为教学工作，而且二者往往由学校的两个部门分管（例如，学生处和教务处）。学生教育工作常常被视为"课外活动"，往往会与"正常"教学活动在时间和空间上发生"冲突"。以学生为中心的教学模式的教学目标强调知识、能力、思想、境界四者之间的协调发展与综合提高，这是培养高素质人才的必然要求。要树立"大育人观"，根据培养目标，科学规划人才培养的各个环节，不能将人才培养只聚焦在"教学"上、将"课外活动"看成

"多余"甚至是"矛盾"的东西。要打破教育管理(学生管理)与教学管理的界限,实现教育与教学的无缝结合。此外,教师要教书育人,不仅要教学问,还要教做人。

11.6　成果导向的教学评价与改进

11.6.1　面向产出的教学评价

OBE 有"两条线":一条是面向产出教学的"主线",另一条是面向产出评价的"底线",如图 11.4 所示。图 11.4 左侧自上而下,反映了面向产出教学的"主线":由培养目标(专业教育产出)决定毕业要求(学生学习产出),从而形成了专业标准和培养方案;由毕业要求(学生学习产出)决定课程目标(课程教学产出),从而形成了课程标准和教学大纲;由课程目标(课程教学产出)决定课程教学(教什么、学什么,怎么教、怎么学,教得怎么样、学得怎么样),从而形成了面向产出的教与学。图 11.4 右侧自下而上,反映了面向产出评价的"底线":由面向产出的课程目标评价判断课程目标的达成情况,从而判断学生能力的达成情况和评价依据的合理性;由面向产出的毕业要求评价判断毕业要求

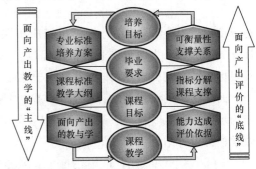

图 11.4　OBE 的"主线"与"底线"

的达成情况,从而判断毕业要求指标点分解及其支撑课程设计的合理性;由面向产出的培养目标评价判断培养目标的达成情况,从而判断培养目标的可衡量性以及毕业要求与培养目标支撑关系的合理性。OBE 要抓住"主线",守住"底线"。

面向产出评价的"底线"的逻辑起点是面向产出的课程教学评价,它是"底线"的底线。如图 11.5 所示为面向产出的课程目标评价与面向产出的毕业要求评价之间的关系。由面向产出的课程目标评价,确定每一门课程的课程目标的达成度;由支撑某一毕业要求指标点的一组课程教学目标达成度的加权平均,确定该项毕业要求指标点的达成度(例如,图 11.5 中毕业要求指标点 1-1 的达成度:$0.78 \times 0.4 + 0.75 \times 0.3 + 0.77 \times 0.3 \approx 0.77$);取毕业要求指标点达成度的最小值,作为该项毕业要求的达成度(例如,图 11.5 中毕业要求 1 的达成度应是 0.77、0.69 和 0.76 中的最小者 0.69)。显然,面向产出的课程目标评价是面向产出的毕业要求评价的基础,课程目标的评价质量直接决定毕业要求的评价质量。

面向产出的课程目标评价实质上是面向课程目标的课程教学评价,评价的目的是判断课程目标的达成情况而不是教学内容的掌握情况。这就需要对每一项课程目标的达成情况进行直接和间接评价。直接评价(例如,考试)课程目标 a 的达成度可用下式计算:

$$课程目标 a 的达成度 = \frac{参加考试的学生与课程目标 a 相关试题得分平均值的总和}{与课程目标 a 相关所有试题赋分的总和}$$

如果课程目标达成的评价方法有多种,例如,期末考试成绩占 60%、课程设计占 20%、课程作业占 20%,则课程目标 a 的达成度可用下式计算:

$$课程目标 a 的达成度 = 0.6X_1 + 0.2X_2 + 0.2X_3$$

式中,X_1 为考试评价课程目标 a 的达成度,由前式计算;X_2 为课程设计评价课程目标 a 的

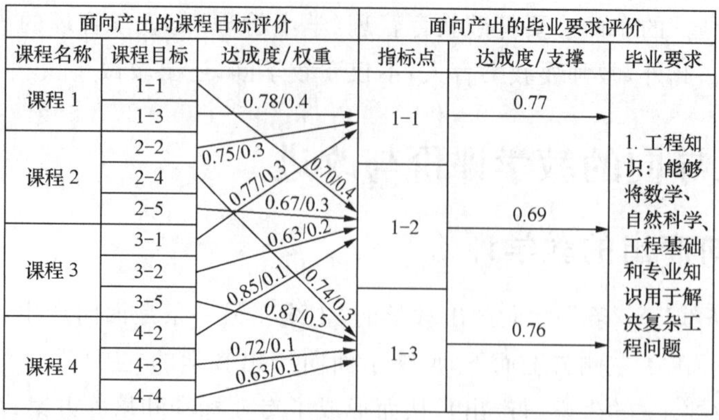

面向产出的课程目标评价			面向产出的毕业要求评价		
课程名称	课程目标	达成度/权重	指标点	达成度/支撑	毕业要求
课程1	1-1	0.78/0.4	1-1	0.77	1. 工程知识：能够将数学、自然科学、工程基础和专业知识用于解决复杂工程问题
	1-3				
课程2	2-2	0.75/0.3			
	2-4	0.77/0.3 0.70/0.4	1-2	0.69	
	2-5	0.67/0.3			
课程3	3-1	0.63/0.2			
	3-2	0.74/0.3			
	3-5	0.85/0.1 0.81/0.5	1-3	0.76	
课程4	4-2	0.72/0.1			
	4-3	0.63/0.1			
	4-4				

图 11.5　面向产出的课程目标评价与面向产出的毕业要求评价之间的关系

达成度，$X_2＝$参与课程设计的学生相应于课程目标 a 的平均分/课程设计中相应于课程目标 a 的总分；X_3 为课程作业评价课程目标 a 的达成度，$X_3＝$参与课程作业的学生相应于课程目标 a 的平均分/课程作业中相应于课程目标 a 的总分。

　　面向产出的课程教学评价设计，就是要确定每一项课程目标的评价内容与评价方式。作为示例，表 11.9 给出了某高校过程装备与控制工程专业《压力容器设计》课程面向产出的教学评价设计结果。

表 11.9　《压力容器设计》课程面向产出的教学评价设计结果

课程目标	评价内容	评价依据及成绩比例/%				成绩比例/%
		课程考试	小组自学	专题研究	作业	
1. 知识应用能力：掌握压力容器设计的基本理论与基本方法，并能将其应用于解决压力容器以及过程装备与控制工程专业领域复杂工程问题。	(1)无力矩理论、薄膜应力、圆筒、封头应力计算 (2)法兰密封原理 (3)外压容器临界稳定性 (4)压力容器分析设计应力分类及强度评定	15			3	18
2. 工程分析能力：能够应用数学、物理学以及工程力学的基本原理，分析压力容器的强度、刚度及稳定性。	(1)压力容器类型、结构与运行 (2)压力容器设计规范 (3)压力容器设计方法 (4)压力容器设计选材		10	5		15
3. 工程综合能力：能够针对压力容器的设计、制造与运行中涉及的复杂工程问题，提出合理的解决方案	(1)边缘应力成因及解决方案 (2)应力集中成因及解决方案 (3)自增强及高压圆筒抗疲劳解决方案 (4)高压密封形式及自紧密封结构创新方案	10		5	2	17
4. 工程设计能力：能够设计符合规范与工艺要求的压力容器及其附件，并能够在设计环节体现创新意识，考虑安全、经济、社会、健康、法律、文化以及环境等因素	(1)中低压容器的强度及稳定性设计 (2)容器附件的结构与强度设计及选型 (3)高压容器设计与分析设计 (4)设计参数与压力试验的确定	25			5	30

（续表）

课程目标	评价内容	评价依据及成绩比例/%				成绩比例/%
		课程考试	小组自学	专题研究	作业	
5.工程沟通能力:能够就与压力容器相关的复杂工程问题与业界同行及社会公众进行有效的沟通和交流	(1)小组自学报告展示 (2)专题研究报告展示 (3)专家讲座,小组辩论,发言		5	5		10
6.终身学习能力:能够跟踪压力容器技术前沿,不断更新相关知识结构,提升职业素养,适应压力容器行业职业发展	(1)小组自学报告展示 (2)专题研究报告展示		5	5		10
合计		50	20	20	10	100

11.6.2　面向产出的持续改进

专业应该建立一种具有"评价—反馈—改进"反复循环特征的持续改进机制,从而实现"3 个改进、3 个符合"的功能:能够持续改进培养目标,以保障其始终与内、外部需求相符合;能够持续改进毕业要求,以保障其始终与培养目标相符合;能够持续改进教学活动,以保障其始终与毕业要求相符合。

具有"评价—反馈—改进"反复循环特征的持续改进机制的建立,是基于某种持续改进模式的。美国工程与技术认证委员会(ABET)的工程准则 EC2000 提出了"双循环"持续改进模式[7],如图 11.6 所示。这个改进模式包括校内、校外两个循环:校内循环主要是对毕业要求的改进,是通过适时评价毕业要求的达成度与符合度,从而不断改进教学活动,修正毕业要求,以实现对毕业要求的持续改进;校外循环主要是对培养目标的改进,是通过适时评价培养目标的达成度与符合度,从而不断改进毕业要求,调整培养目标,以实现对培养目标的持续改进。

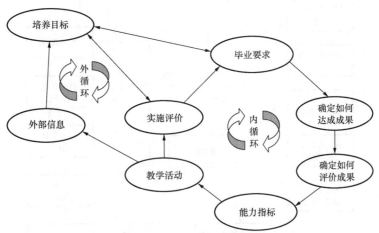

图 11.6　美国工程准则 EC2000 的"双循环"持续改进模式

图 11.7 是 Rogers 于 2004 年提出的持续改进模式[8]。该模式也包含内、外两个循环,但其特点是用箭头清楚地给出了各要素之间的影响关系。这种影响关系包括:

(1)学校办学宗旨直接影响培养目标与毕业要求。

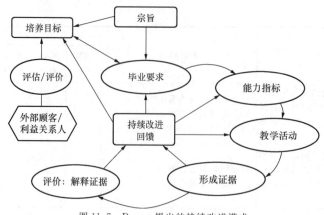

图 11.7　Rogers 提出的持续改进模式

（2）培养目标受办学宗旨、评估/评价、持续改进回馈、毕业要求的直接影响，且直接影响毕业要求。

（3）结合外部利益相关者的评估/评价直接影响培养目标，但不直接影响毕业要求。

（4）能力指标受毕业要求、持续改进回馈的直接影响，且直接影响教学活动。

（5）教学活动受能力指标和持续改进回馈的直接影响，且直接影响形成证据的评价。

（6）形成证据的评价受教学活动的直接影响，且直接影响持续改进回馈。

（7）持续改进反馈受形成证据的评价以及解释证据的评价的直接影响，且直接影响培养目标、毕业要求、能力指标、教学活动。

图 11.8 是中国台湾学者李坤崇提出的"三个循环"持续改进模式[6]。这种持续改进模式清楚地给出了实现持续改进三种功能的途径。其中，外循环是对培养目标的持续改进，内循环是对毕业要求的持续改进，成果循环是对教学活动的持续改进。

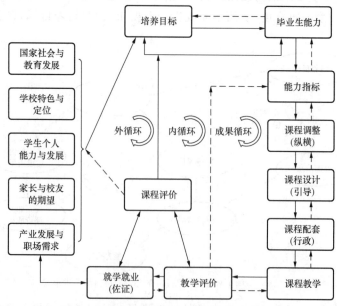

图 11.8　李坤崇提出的"三个循环"持续改进模式

不同的专业可根据其所在学校的教学质量管理体系，选择不同的持续改进模式，建立不同的持续改进机制。一个完善的持续改进机制应该具备"123"特征：1 个目标、2 条主线和

3 个改进(图 11.9)。其中:1 个目标是保障质量,2 条主线包括培养目标的符合度与达成度和毕业要求的符合度与达成度,3 个改进为培养目标的持续改进、毕业要求的持续改进和教学活动的持续改进。这 3 个改进通过前述中国台湾学者李坤崇提出的持续改进模式中的"三个循环"来实现。也就是说,通过外循环持续改进培养目标,通过内循环持续改进毕业要求,通过成果循环持续改进教学活动。每个循环中的要素之间的逻辑关系,由 Rogers 提出的持续改进模型确定。培养目标和毕业要求的符合度与达成度这两条主线,是对其符合度和达成度的评价与改进过程。首先,评价毕业要求(培养目标)是否与培养目标(内外需要)相符合,如果不符合,就要改进毕业要求(培养目标);然后,评价毕业要求(培养目标)是否达成,如果没有达成,就要改进教学活动(毕业要求)。教学活动的改进包括课程体系、师资队伍、支持条件、(学生的)学习机会、教学过程和教学评价等。教学活动的改进对毕业要求达成度来说是直接的,但对培养目标达成度来说是间接的。

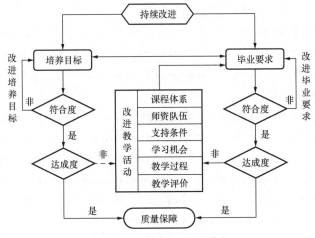

图 11.9　持续改进机制的特点

习题与思考题

1. 加入《华盛顿协议》和开展工程教育认证对工程教育有什么意义?

2. 如何理解复杂工程问题和复杂工程活动? 你能举一些实际例子进行说明吗?

3.《华盛顿协议》为什么要规定工程教育专业毕业要求框架? 我国工程教育专业认证标准为什么要规定标准毕业要求?

4. 如何理解你修读专业的毕业要求,它与我国工程教育专业认证标准规定的标准毕业要求的关系如何,能否正确反映你对大学学习的期望?

5. 如何理解你修读专业的培养目标,它与专业毕业要求的关系如何? 能否正确反映你对未来职业及职业能力的期望?

6. 如何理解你修读专业的课程体系,它与专业毕业要求的关系如何? 你是否清楚学习这些课程(环节)的目的?

7. 请列举几门你修读专业的课程,在专业的培养目标、毕业要求、课程体系、课程目标和教学内容间建立起联系。

8. 成果导向教育理念对你的大学学习有什么启示?

9. 你如何理解大学学习的三个基本问题——学什么、怎么学和学得怎么样？

10. 运用成果导向教育理念对你的大学学习做一个规划。

参考文献

[1] International Engineering Alliance. Graduate Attributes and Professional Competencies [EB/OL]. (2013-06-21) [2021-03-30]. http://www. ieagreements. org.

[2] 李志义. 对我国工程教育专业认证十年的回顾与反思之一:我们应该坚持和强化什么[J]. 中国大学教学,2016(11):10-16.

[3] 李志义. 对我国工程教育专业认证十年的回顾与反思之二:我们应该防止和摒弃什么[J]. 中国大学教学,2017(1):8-14.

[4] 中国工程教育专业认证协会. 工程教育认证标准[EB/OL]. [2021-03-30]. http://www. ceeaa. org. cn/gcjyzyrzxh/rzcxjbz/gcjyrzbz/tybz/index. html.

[5] SPADY W. Choosing Outcomes of Significance[J]. Educational Leadership, 1994,6(51):18-22.

[6] 李坤崇. 成果导向教育的大学课程革新[J]. 教育研究月刊. 2009(181):100-116.

[7] ABET. Criteria For Accrediting Engineering Programs[EB/OL]. [2021-03-30]. http://www. abet. org/ DisplayTemplates/DocsHandbook. aspx? id=3146.

[8] ROGERS G. Assessment for Continuous Improvement[EB/OL]. (2009-07-13) [2021-03-30]. http://www. abet. org/Linked％20Documents-PDATE/Assessment/Portfolios％ 20Rock_handouts. pdf.